Drogen und Psychopharmaka

Robert M. Julien

Drogen und
Psychopharmaka

Aus dem Englischen übersetzt von
Therese Apweiler und Stefan Hartung

Spektrum Akademischer Verlag   Heidelberg · Berlin · Oxford

Originaltitel: A primer of drug action: a concise, nontechnical guide to the actions, uses, and side effects of psychoactive drugs. 7th edition.
Aus dem Englischen übersetzt von Therese Apweiler und Stefan Hartung

Amerikanische Originalausgabe
© 1995, 1992, 1988, 1985, 1981, 1978, 1975 by W. H. Freeman & Company.

Die Deutsche Bibliothek – CIP-Einheitsaufnahme

Julien, Robert M.:
Drogen und Psychopharmaka / Robert M. Julien. Aus dem
Engl. übers. von Therese Apweiler und Stefan Hartung. –
Heidelberg ; Berlin ; Oxford : Spektrum, Akad. Verl., 1997
    ISBN 3-8274-0044-9

Lektorat: Frank Wigger, Marion Handgrätinger (Ass.)
Redaktion: Stefan Hartung, Beatrice Nitsche
Fachliche Beratung: Prof. Walter Zieglgänsberger, MPI für Psychiatrie, München
Produktion: Elke Littmann
Umschlaggestaltung: Kurt Bitsch, Birkenau
Satz: Stephan Meyer, Dresden
Druck und Verarbeitung: Strauss Offsetdruck, Mörlenbach

Inhalt

9. Pharmakotherapie der affektiven Störungen: Medikamente zur Behandlung der bipolaren Störung   231

10. Schmerzmittel: Opioidartige und nicht-opioidartige Analgetika   249

11. Neuroleptika (Antipsychotika) und Antiparkinsonmittel   287

Vorwort zur deutschen Ausgabe

Die Geschichte von Drogen weist lange zurück. Seit Jahrtausenden schon nutzt der Mensch pflanzliche Substanzen, die seinen psychischen Zustand verändern – ob es sich nun um Schlafmohnextrakte mit ihrer euphorisierenden und schmerzlindernden Wirkung oder um die stimulierend wirkenden Blätter des Coca-Strauches handelt. Heute kennt man die aktiven Inhaltsstoffe vieler solcher Pflanzen – Morphin und Cocain etwa – und kann sie auch im Labor synthetisch herstellen. In der Tat umfaßt die Palette der verfügbaren psychoaktiven oder psychotropen Substanzen längst mehr als die aus der Natur isolierbaren Wirkstoffe. Die „Designer-Drogen" unserer Tage sind dafür ein beredtes Beispiel. Das Spektrum ist dabei weitgespannt, und die weithin diskutierte „Rauschgiftproblematik" stellt nur eine Facette des Gesamtbildes dar. Auch Alkohol und Nicotin zählen zu den psychotropen Substanzen, deren Janusgesicht unverkennbar ist. Ihr Genuß kann angenehme Erfahrungen mit sich bringen, aber auch zur krankhaften Sucht mit all ihren physischen und sozialen Konsequenzen führen. An den Folgen von Alkoholismus und Nicotinsucht sterben weltweit immerhin etwa zehnmal so viele Menschen wie durch alle illegalen Drogen zusammen.

Die moderne Psychiatrie schließlich wäre ohne therapeutisch eingesetzte psychotrope Wirkstoffe gar nicht denkbar. So hat die Lehre von den Wirkungen dieser Substanzen, die Psychopharmakologie, ihren festen Platz im Gebäude der Naturwissenschaften. Sie erfüllt zum einen die wichtige Aufgabe, die medikamentöse Behandlung psychischer Störungen sicherer und effektiver zu machen; zum anderen helfen ihre Erkenntnisse, den biologischen Grundlagen psychischer Vorgänge allgemein auf die Spur zu kommen. Wer zu einem tieferen Verständnis der Wirkung psychotroper Substanzen – ob Alkohol oder Benzodiazepin, Haschisch oder Heroin – gelangen will, muß sich heute auch mit Neurotransmittersystemen, Rezeptorkinetiken und Signalübertragungswegen beschäftigen. Zell- und molekularbiologische Aspekte gewinnen in der modernen Psychopharmakologie immer mehr an Bedeutung. Die Mechanismen, die zu Abhängigkeit führen, beginnen ebenso auf dieser Ebene durchschaubar zu werden wie etwa die physiologischen Effekte einer therapeutisch eingesetzten Substanz. Solche Fortschritte und Erfolge sollten jedoch nicht dazu verleiten, in der Psychiatrie alles auf die „pharmakologische Karte" zu setzen. Die Vielschichtigkeit psychischer Prozesse und psychischer Störungen verlangt auch psychotherapeutische Ansätze.

Das Spannungsfeld der Psychopharmakologie ist damit umrissen. Sie stellt ein attraktives Forschungsfeld, ein interessantes Studienfach und ein öffentlichkeitswirksames Themenfeld gleichermaßen dar. Dementsprechend ist auch der Buchmarkt nicht gerade rar an Publikationen auf diesem Gebiet – vom Ratgeber über das Wissenschaftssachbuch bis hin zu Lehrbüchern und Monographien. Die vorliegende Einführung besetzt dennoch eine Nische: Robert Juliens *Primer of Drug Action* – in den USA inzwischen in der 7. Auflage – vermittelt psychopharmakologisches Grundwissen nämlich in einer Tiefe, Breite und Aktualität, die es für Psychologie-, Biologie- und Medizinstudenten zur idealen lehrbegleitenden Lektüre machen, und zugleich in einem angenehmen, leicht lesbaren Stil, der auch dem interessierten Laien ohne weiteres den Zugang erlaubt. *Drogen und Psychopharmaka* eignet sich hervorragend zum Einlesen in die Thematik, und wer weiß, vielleicht liest es auch der Oberarzt (unterm Tisch), um sein Wissen aufzufrischen und für das Gespräch mit seinen Assistenzärzten gerüstet zu sein.

Besonders wichtig erscheint mir, was der Autor, der als Arzt an einer Klinik tätig ist, über den gesellschaftlichen Umgang mit Drogen sagt. Das entsprechende Kapitel vermittelt ein detailliertes Bild über die meiner Ansicht nach sehr progressive Haltung der amerikanischen Ärzteschaft im Bereich der Drogenpolitik. Mehr als dies in Deutschland der Fall ist, wird die einschlägige Diskussion in den USA von Ärzten bestimmt. Kennzeichnend für die Grundeinstellung der amerikanischen Mediziner und Drogenfachleute ist die Betonung der biologischen Forschung in ihrer Bedeutung für die Schaffung neuer therapeutischer Zugänge. Eines der führenden Bücher zu diesem Thema trägt den Titel *From Biology to Drug Policy*. Zahlreiche der dort vorgestellten Konzepte finden sich auch in dem vorliegenden Buch. Trotz einer sehr klaren Risikoeinschätzung setzt der Autor hier durchaus nicht nur auf Sanktionen.

Juliens Einführung ist gut gegliedert und mit informativen Abbildungen versehen. Es führt den Leser – nach einem Überblick über die allgemeinpharmakologischen Grundlagen – systematisch durch die verschiedenen Gruppen von psychotropen Wirkstoffen. Ihre Wirkungsmechanismen und ihre Einsatzfelder werden ebenso erläutert wie die Problematik ihres Mißbrauchs. Die anschließenden Kapitel über „Drogen und Gesellschaft" sowie über die Integration psychopharmakologischer und psychotherapeutischer Ansätze in der Behandlung psychischer Störungen sind wichtige Elemente in der Gesamtdarstellung des Gebiets. Anhänge zur Neuroanatomie, zur Physiologie der Nervenzelle und zu den (molekularen) Mechanismen der Informationsübertragung im Nervensystem sowie ein Glossar runden das Buch ab und erhöhen seinen Nutzwert für den Nicht-Fachmann. Und wer überprüfen will, was er aus den einzelnen Kapiteln mitgenommen hat, darf sich den Aufgaben und Fragen an deren Ende zuwenden.

Den Fachmann wird es freuen, daß dieses leicht zu lesende, informative Buch, das sich ja „nur" als eine Einführung in die Problematik versteht, auch neueres Datenmaterial zu sehr aktuellen Aspekten einbindet, das sonst schwer zugänglich ist. Für mich war die Lektüre allemal aufschlußreich und spannend. In mancher Schwerpunktsetzung, Gewichtung und Darstellungsform mögen sich persönliche Vorlieben und Spezialkenntnisse des Autors sowie die Spezifika der Situation in den USA niederschlagen, aber immer vermittelt Robert Julien ein gültiges und aktuelles Bild der Fakten und arbeitet das Wesentliche heraus. (In vielen Textpassagen sind eine Anpassung an die hiesigen Verhältnisse sowie eine Einarbeitung aktueller Zahlen aus der Bundesrepublik Deutschland erfolgt, wofür nicht zuletzt dem Außenlektor, Herrn Stefan Hartung, Dank gebührt.)

Der Erfolg, den das Buch seit vielen Jahren im englischsprachigen Raum hat, wäre nun auch der deutschen Ausgabe zu wünschen. Verdient hat sie ihn.

Oktober 1996   Prof. Walter Zieglgänsberger
                              Max-Planck-Institut für Psychiatrie, München

Vorwort zur amerikanischen Originalausgabe

In den zwanzig Jahren seit der Veröffentlichung der ersten Auflage dieses Buches ist das Wissen über Substanzen, die die Psyche beeinflussen, über ihre therapeutischen Anwendungsmöglichkeiten bei psychischen Störungen und über ihr Mißbrauchpotential explosionsartig gewachsen. Damals, 1975, wurde dem Drogenmißbrauch meist mehr Interesse entgegengebracht als der Psychopharmakotherapie, der medikamentösen Behandlung psychischer Störungen. Heute ist der Drogenmißbrauch nach wie vor ein wichtiges Problem, doch ist auch das Interesse an Psychopharmaka gewachsen: Mittlerweile sind viele psychische Störungen, bei denen sich die Pharmakotherapie früher als unwirksam erwies, einer Arzneimitteltherapie zugänglich. Zu diesen Krankheiten gehören die bipolare (manisch-depressive) Störung, die Angst- und Panikstörungen, die Phobien und das Zwangssyndrom.

In der ersten Auflage dieses Buches bestand das Hauptziel darin, einen präzisen und gezielten Überblick über den aktuellen pharmakologischen Wissensstand zu liefern. Dabei sollte Fachjargon so weit wie möglich vermieden werden, um den Text für Studenten und Laien mit wenig biologischem Hintergrundwissen leicht verständlich zu halten.

Diese Philosophie wurde auch in der vorliegenden Jubiläumsauflage zum zwanzigjährigen Erscheinen dieses Buches fortgeführt. Jedoch zwangen neuere Entwicklungen in der Forschung zu einigen wichtigen inhaltlichen Veränderungen:

- Die detaillierte Erörterung der Substanzen mit Mißbrauchpotential wurde durch Ausführungen zu anabolen Steroiden, Schnüffelstoffen und „Ice", einer als freien Base vorliegenden Form des Methamphetamins, erweitert.
- Zahlreiche neue therapeutische Wirkstoffe werden vorgestellt, samt ihrer Anwendung zur Behandlung der bipolaren Störung, der Phobien und der Angst-, Panik- und Zwangsstörungen.
- Die aktuelle Forschung zur Molekularbiologie der Wirkstoffrezeptoren ermöglicht eine neuartige und wesentlich tiefschöpfendere Beschreibung jener Moleküle im Körper, auf die psychotrope Substanzen ein-

wirken. Dieser Aspekt ist zwar fachlich anspruchsvoller, trägt aber meines Erachtens erheblich dazu bei, die Wirkungen dieser Substanzen – seien sie nun Rauschdrogen oder Arzneimittel – von irgendwelchen Mythen zu befreien. Zudem erhält der Leser eine Vorstellung über die beteiligten Rezeptoren und einen grundlegenden Einblick in den Vorgang, durch welchen das „Andocken" eines psychotropen Wirkstoffes an einen Rezeptor zu Veränderungen in der Chemie einer Nervenzelle führt – die sogenannte Signaltransduktion durch intrazelluläre *second messenger*-Systeme.

- Die pharmakologische Behandlung psychischer Störungen, die der Arzneimitteltherapie früher nicht zugänglich waren, erfordert eine Beschreibung der Schnittstellen zwischen Psychopharmakotherapie und den verschiedenen Berufen, die sich mit Psychologie und Psychotherapie und mit der Beratung entsprechender Patienten beschäftigen. Wer heutzutage diese oder verwandte Berufe ergreift, muß fundierte Kenntnisse über die Pharmakologie der Arzneimittel besitzen, die seine Klienten oder Patienten einnehmen. Deswegen wird diese Schnittstelle in jedem Kapitel kurz angesprochen; ein neues Kapitel, das zusammen mit einem klinischen Psychologen verfaßt wurde, widmet sich ausschließlich diesem Thema.

Schwerpunkte der siebten Auflage

In den ersten beiden Jahrzehnten seines Erscheinens hat dieses Buch mit dazu beigetragen, Kurse und Vorlesungen zur Psychopharmakologie, zum Drogenmißbrauch und zur Aufklärung über psychotrope Substanzen zu gestalten. Zu Beginn der nunmehr dritten Dekade seiner Veröffentlichung habe ich das Buch wieder vollständig überarbeitet und aktualisiert, damit es auch weiterhin das aktuellste und verständlichste Lehrbuch über psychotrope Substanzen bleibt.

In dieser Auflage sind zwei neue Kapitel hinzugekommen (Kapitel 9 über Wirkstoffe zur Behandlung der bipolaren Störung und Kapitel 16 über die Integration von Psychotherapie und Psychopharmakotherapie). Alle anderen Kapitel wurden ausführlich überarbeitet, um jedes Thema auf den neuesten Stand zu bringen. Auch die Literaturangaben wurden aktualisiert; die meisten stammen jetzt aus den Jahren 1993 und 1994. Ferner werden gegenwärtige und zukünftige Richtungen der Arzneimittelforschung diskutiert (wobei auch neue Wirkstoffe angesprochen werden, die derzeit noch nicht, jedoch möglicherweise in naher Zukunft für die therapeutische Anwendung verfügbar sind). In diese Auflage wurden folgende Inhalte neu aufgenommen:

- neue Entwicklungen bei Substanzen mit Mißbrauchpotential, darunter die anabol wirkenden androgenen Steroide, inhalierbare Substanzen und „Ice";

- Mechanismen der substanzinduzierten „Belohnung" sowie der Zusammenhang zwischen solchen Mechanismen und dem Mißbrauchpotential einer Substanz;
- die Molekularbiologie der Wirkstoffrezeptoren, einschließlich
  - des Cannabinoidrezeptors und seines endogenen Liganden Anandamid,
  - des $GABA_A$-Rezeptors und der Wirkung der Benzodiazepine,
  - des präsynaptischen Dopamintransporters und der Wirkung von Cocain,
  - des Adenosinrezeptors und der Wirkung von Coffein,
  - des NMDA-Glutamatrezeptors und der Wirkung von Phencyclidin,
  - des präsynaptischen Serotonintransporters und der Wirkung von Antidepressiva,
  - der Antagonisten und partiellen Agonisten am $GABA_A$- und $GABA_B$-Rezeptor und ihrer Eigenschaft als Verstärker kognitiver Funktionen,
  - der Serotonin$_2$-Rezeptoren und der Wirkung psychedelischer Substanzen;
- überarbeitete Darstellungen der Behandlungsverfahren für psychische Störungen, darunter die bipolare Störung, das Zwangssyndrom, das Paniksyndrom und die Angststörungen;
- neue Arzneimittel wie
  - Clozapin,
  - Risperidon,
  - Remoxiprid,
  - Venlafaxin und andere serotoninspezifische Antidepressiva,
  - Flumazenil,
  - Zolpidem,
  - Buspiron,
  - Carbamazepin, Valproinsäure und andere Medikamente in der Therapie der bipolaren Störung,
  - reversible MAO-Hemmer,
  - Depotpräparate zur Kontrazeption und Mifepriston (RU 486).

Wie in den früheren Auflagen hoffe ich, daß der erweiterte und überarbeitete Text weiterhin den Bedürfnissen all jener gerecht wird, die eine komprimierte und klar dargestellte Einführung in die Psychopharmakologie und Psychopharmakotherapie und in den aktuellen Kenntnisstand über die Wirkungen und Auswirkungen von Drogen suchen.

Danksagungen

Mein Dank gilt Dr. Donald Lange (klinischer Psychologe, Portland, Oregon) für seinen großzügigen Beitrag zu Kapitel 16. Außerdem danke ich Dr. Jack

Elder (Professor für Pharmakologie, Creighton University, Omaha, Nebraska) für die Überprüfung des Manuskripts und Dr. Jerrell Driver (klinischer Psychologe, Southeast Missouri Hospital, Cape Girardeau, Missouri) für die Überprüfung von Kapitel 16.

November 1994   Robert M. Julien, M.D., Ph.D.

1. Die Klassifikation psychotroper Substanzen

Als psychoaktiv oder *psychotrop* bezeichnet man Substanzen, die Stimmungen, Denkprozesse oder das Verhalten verändern oder die zur Behandlung neurologischer oder psychischer Erkrankungen eingesetzt werden. Solche Wirkstoffe in Klassen zu untergliedern, ist keine leichte Aufgabe: Ihre Wirkungen sind komplex, zudem weiß man häufig nur wenig über die Entstehungsursachen der Erkrankungen, gegen die man sie gegebenenfalls als Arzneimittel anwendet. Und nicht alle sind Arzneimittel: Auch stimulierende oder berauschende Drogen – gesetzlich tolerierte wie illegale – sind psychotrop.

Die verfügbaren Klassifikationssysteme haben allesamt ihre Grenzen. Anzustreben wäre eine Einteilung, die auf den Wirkungsmechanismen der einzelnen Substanzen beruht. Bislang wissen wir jedoch nicht genug über diese Mechanismen, um ein umfassendes und in sich geschlossenes System aufstellen zu können.

Hilfsweise läßt sich auf die chemische Struktur einer Substanz als Einteilungskriterium zurückgreifen. Man geht dabei von der Annahme aus, daß ähnlich zusammengesetzte Substanzen auch ähnlich wirken. Dem ist leider nicht so: Viele chemisch verwandte Stoffe verursachen unterschiedliche pharmakologische Effekte, und umgekehrt entfalten viele Substanzen mit unterschiedlichen Strukturen nahezu dieselbe pharmakologische Wirkung. Die Molekülstruktur einer Substanz ist also nicht unbedingt ein zuverlässiger Hinweisgeber für die Art ihrer pharmakologischen Aktivität.

Die wohl zweckmäßigste Klassifikation psychotroper Substanzen geht von ihren jeweils vorherrschenden Wirkungen auf das Verhalten beziehungsweise von der häufigsten klinischen Anwendung aus. Eine Einteilung nach diesen Kriterien zeigt Tabelle 1.1.

Anmerkungen zur Klassifikation

Gegen das Klassifikationssystem in Tabelle 1.1 bestehen mehrere Vorbehalte. Erstens ist die Wirkung psychotroper Substanzen normalerweise nicht auf eine einzige funktionelle oder anatomische Untereinheit des Gehirns beschränkt.

Tabelle 1.1: Einteilung psychotroper Wirkstoffe

I.   herkömmliche, nichtselektive zentralnervös dämpfende Substanzen

    A. Barbiturate: Phenobarbital (Lepinal®, Luminal®), Amobarbital, Pentobarbital, Thiopental (Trapanal®)

    B. Schlafmittel (Hypnotika), die keine Barbiturat- oder Benzodiazepinderivate sind: Meprobamat (Visano®), Glutethimid, Methyprylon, Methaqualon, Chloralhydrat (Chloraldurat®)

    C. Ethanol

    D. Narkosemittel (Narkotika)

    E. inhalierbare Substanzen mit Mißbrauchpotential („Schnüffelstoffe")

II.   Anxiolytika (angstlösende Mittel)

    A. Benzodiazepine: Diazepam (Valium®), Lorazepam (Tavor®), Triazolam (Halcion®), andere

    B. GABA-agonistische Nicht-Benzodiazepin-Schlafmittel: Zolpidem (Bikalm®, Stilnox®)

    C. Nicht-Benzodiazepin-Anxiolytika der „zweiten Generation": Buspiron (Bespar®)

III. Antiepileptika

    A. herkömmliche Wirkstoffe: Phenytoin (Epanutin®, Phenhydan®, Zentropil®), Primidon (Liskantin®, Mylepsinum®, Resimatil®)

    B. Benzodiazepine: Clonazepam (Antelepsin®, Rivotril®), Clorazepat (Tranxilium®)

    C. Wirkstoffe, die auch zur Behandlung psychischer Störungen angewendet werden: Carbamazepin (Finlepsin®, Sirtal®, Tegretal®, Timonil®), Valproinsäure (Convulex®, Convulsofin®, Ergenyl®, Leptilan®, Mylproin®, Orfiril®), Alprazolam (Cassadan®, Tafil®, Xanax®)

    D. neuere Meprobamatderivate: Felbamat (Taloxa®)

IV.   psychomotorische Stimulantien (Psychostimulantien)

    A. Hemmer der Dopaminrückaufnahme: Cocain

    B. dopaminfreisetzende Wirkstoffe

        1. Amphetamine: Amphetamin, Methamphetamin

        2. Amphetaminderivate: Methylphenidat (Ritalin®), Pemolin (Tradon®), Ephedrin (Vencipon®), Norpseudoephedrin (Mirapront®)

    C. Adenosinrezeptorblocker: Coffein

    D. Acetylcholinrezeptorstimulantien (-Agonisten): Nicotin

---

Von wenigen Ausnahmen abgesehen wirkt eine psychotrope Substanz normalerweise auf mehrere Teile des Gehirns gleichzeitig. Dieser Umstand erschwert die Einteilung, da etwa bei unterschiedlicher Dosierung jeweils verschiedene Effekte vorherrschen können. Insofern sind einige Kompromisse unumgänglich.

Zweitens läßt sich die Wirkung einer bestimmten psychotropen Substanz letztlich durch ihre Wechselwirkungen mit einer Überträgersubstanz im Nervensystem, einem Neurotransmitter (beziehungsweise einem Neurotransmit-

Tabelle 1.1: (Fortsetzung)

V. Antidepressiva

  A. tricyclische Antidepressiva: Imipramin (Pryleugan®, Tofranil®), Amitriptylin (Amineurin®, Saroten®), andere

  B. Antidepressiva der „zweiten Generation": Maprotilin (Aneural®, Deprilept®, Ludiomil®, Mirpan®, Psymion®), Trazodon (Thombran®), Amoxapin, Bupropion

  C. Hemmer der Serotoninrückaufnahme: Fluoxetin (Fluctin®), Paroxetin (Seroxat®, Tagonis®), Sertralin, Clomipramin (Anafranil®, Hydiphen®), Venlafaxin (Trevilor®)

  D. Monoaminoxidasehemmer (MAO-Hemmer): Tranylcypromin (Parnate®), Phenelzin, Isocarboxazid, Moclobemid (Aurorix®)

VI. Substanzen zur Therapie bipolarer Störungen (*mood stabilizers*)

  A. Lithium

  B. Carbamazepin

  C. Valproinsäure

  D. unterstützend eingesetzte, unspezifische antimanisch wirksame Substanzen:
    1. Benzodiazepine: Clonazepam (Antelepsin®, Rivotril®), Lorazepam (Tavor®)
    2. Calciumkanalblocker (Calcium-Antagonisten): Verapamil (Isoptin® und andere), Nimodipin (Nimotop®)
    3. Clonidin (Catapresan® und andere)

VII. Opioidanalgetika

  A. reine Opioid-Agonisten (wie Morphin, Codein, Heroin)

  B. partielle Opioid-Agonisten (wie Nalbuphin, Pentazocin)

  C. Opioid-Antagonisten (wie Naloxon, Naltrexon)

VIII. Neuroleptika

  A. Phenothiazinderivate: Chlorpromazin (Propaphenin®)

  B. Butyrophenonderivate: Haloperidol (Buteridol®, Haldol®)

IX. psychedelische Substanzen und Halluzinogene

  A. anticholinerge Psychedelika: Scopolamin

  B. noradrenerge Psychedelika: Mescalin, DOM (STP), MDA, MMDA, TMA, DMA, Myristicin

  C. serotonerge Psychedelika: Lysergsäurediethylamid (LSD), Dimethyltryptamin (DMT), Psilocybin, Psilocin, Bufotenin, Ololiuqui, Harmin

  D. psychedelische Narkosemittel: Ketamin (Ketanest®, Velonarcon®), Phencyclidin („Angel Dust", nur noch als Rauschdroge verwendet)

  E. Tetrahydrocannabinol: Marihuana, Haschisch

In dieser Tabelle sind Substanzen aufgeführt, die Stimmungs- oder Verhaltensänderungen bewirken, zur Behandlung neurologischer und psychischer Erkrankungen geeignet sind oder zwanghaft mißbraucht werden. Handelsnamen gemäß Roter Liste 1996.

tersystem) charakterisieren. (Die neurochemischen Vorgänge, welche die Informationsübertragung zwischen den Nervenzellen vermitteln, werden in Anhang C näher erläutert.) Nun kann aber ein Neurotransmitter zu unterschiedlichen Aktivitäten des Gehirns beitragen. (Noradrenalin zum Beispiel ist an der Regulation der Körpertemperatur sowie an der Enstehung psychischer Erregungszustände, des Sättigungsgefühls und der Wut beteiligt.) Selbst wenn eine psychotrope Substanz nur mit einem einzigen Neurotransmitter in Wechselwirkung tritt, kann sie also verschiedenartige psychische Effekte auslösen, und zwar dann, wenn der betreffende Neurotransmitter an vielen unterschiedlichen Funktionen beteiligt ist.

Drittens ist zu betonen, daß psychotrope Wirkstoffe keine prinzipiell neuen psychischen oder physiologischen Reaktionen entstehen lassen: Sie verändern lediglich ablaufende Vorgänge. Nach derzeitigem Verständnis ergeben sich die verhaltensbeeinflussenden Effekte psychotroper Substanzen aus ihren Wirkungen auf biochemische und physiologische Prozesse, insbesondere auf solche, die an der synaptischen Erregungsübertragung im Gehirn beteiligt sind.

Viertens bildet die Einteilung in Tabelle 1.1 kein starres System. Wie bereits angemerkt, kann ein Wirkstoff je nach Dosierung unterschiedliche psychische Effekte oder Verhaltensreaktionen auslösen. Alkohol (Ethanol*) beispielsweise ist als nichtselektiv dämpfende Substanz aufgeführt, obwohl er in niedriger Dosierung anregend wirken kann. Die Einordnung einer Substanz in eine bestimmte Kategorie stellt also keine eindeutige Beschreibung ihrer pharmakologischen Wirkungen dar, sie liefert jedoch einen Anhaltspunkt, um verschiedene Substanzen vergleichen zu können.

Fünftens muß man bei der Einteilung zentralnervös wirksamer Substanzen auch solche Faktoren berücksichtigen, die zum zwanghaften Mißbrauch eines Wirkstoffes veranlassen können. Zu diesen Faktoren zählen physische und psychische Abhängigkeit und Toleranz. Psychotrope Substanzen unterscheiden sich in ihrem diesbezüglichen Gefährdungspotential. Ohne Zweifel gilt: Jede Substanz, die die Stimmung oder das Verhalten einer Person günstig beeinflußt, kann zur psychischen Abhängigkeit führen – also einen Zwang auslösen, die Substanz wegen ihrer angenehmen Wirkung erneut anzuwenden.

Zur Gliederung des Buches

In den folgenden Kapiteln werden spezifische Wirkstoffe aus allen der in Tabelle 1.1 aufgeführten Substanzgruppen beschrieben. Alkohol und Tetrahydrocannabinol (der Wirkstoff in Haschisch und Marihuana) erhalten jeweils ein eigenes Kapitel (5 beziehungsweise 13); beide Substanzen hätten zwar in Kapitel 3 – über sedativ-hypnotische Substanzen – mitberücksichtigt werden können, jedoch verdienen sie wegen ihrer weitverbreiteten Anwendung und leichten Verfügbarkeit sowie ihrer gesellschaftlichen und juristischen Stellung gesonderte Darstellungen. Auch den angstlösenden Benzodiazepinen und anderen neueren Anxiolytika ist ein spezielles Kapitel (Kapitel 4) gewidmet,

---

* Im gesamten Buch ist die strenge chemische Schreibweise gewählt, also Ethanol statt Äthanol, Ether statt Äther und so weiter.

obwohl ihre psychischen Effekte oberflächlich betrachtet denen der Barbiturate ähneln.

Kapitel 8 beschreibt die Antidepressiva einschließlich solcher Wirkstoffe, die wahrscheinlich in naher Zukunft verfügbar sein werden. Kapitel 9 wendet sich Substanzen zu, die den Stimmungszustand bei Patienten mit bipolarer Störung (manisch-depressiver Erkrankung) stabilisieren können. Die Antidepressiva (einschließlich des affektiv stabilisierenden Lithiums) haben breite Anwendung gefunden. Aufgrund ihrer besonderen Eigenschaften sind sie von den psychomotorischen Stimulantien (Kapitel 6) abzugrenzen.

Kapitel 14 behandelt Substanzen, welche mit körpereigenen Hormonen interagieren, die ihrerseits Gehirn und Verhalten beeinflussen. Dazu gehören orale Kontrazeptiva, fertilitätssteigernde Mittel und anabole Steroide. Obwohl es sich hierbei nicht um psychotrope Substanzen im eigentlichen Sinne handelt, rechtfertigt das große Interesse an diesen Mitteln ihre Berücksichtigung an dieser Stelle.

Kapitel 15 befaßt sich mit den soziologischen Aspekten des Substanzmißbrauchs und der Substanzabhängigkeit. Kapitel 16 schließlich beschreibt, wie sich pharmakologische und psychotherapeutische Ansätze sinnvoll kombinieren lassen, um psychische Störungen zu behandeln, und gibt dabei einen Überblick über die entsprechenden Krankheitsbilder und die Aufgaben, die den an der Behandlung beteiligten Personen zukommen – vom Patienten selbst und seinen Angehörigen über Sozialberater und Pflegekräfte bis hin zu Psychotherapeuten und Pharmakologen.

Doch zunächst betrachten wir im anschließenden Kapitel die grundlegenden Prinzipien der Wirkung von Arzneimitteln und Drogen.

2. Grundlagen der Pharmakologie

Wenn wir Kopfschmerzen haben und eine Aspirintablette nehmen, betrachten wir es als selbstverständlich, daß die Schmerzen binnen einer halben Stunde verschwinden. Treten sie nach einigen Stunden wieder auf, wundern wir uns nicht darüber, es sei denn, wir hätten zwischenzeitlich eine weitere Tablette eingenommen.

Diese alltägliche Situation veranschaulicht die wesentlichen Vorgänge der medikamentösen Schmerzlinderung und damit einer pharmakologischen Wirkung: erstens die Verabreichung und Aufnahme (*Resorption*) eines entsprechenden Wirkstoffes, zweitens die Verteilung dieser Substanz im Körper, drittens die Wechselwirkung der Substanz mit entsprechenden körpereigenen Molekülen (Rezeptoren), welche die Wirkungen der Substanz im Körper vermitteln, und viertens schließlich das Verschwinden (*Elimination*) der Substanz aus dem Körper durch Abbau und Ausscheidung.

Mit den Wechselwirkungen zwischen einem Wirkstoff und seinen Rezeptormolekülen im Körper befaßt sich die *Pharmakodynamik*. Auf sie werden wir später in diesem Kapitel eingehen; zunächst wenden wir uns der *Pharmakokinetik* zu, die sich mit der Frage beschäftigt, wie sich zugeführte Substanzen im Körper verteilen und ihre Wirkungen entfalten.[1]

Pharmakokinetik: Wie sich Substanzen im Körper verteilen

Grundsätzlich beschreibt die Pharmakokinetik den Zeitverlauf der Wirkungen einer bestimmten Substanz – den Zeitraum bis zum Einsetzen und die Dauer dieser Effekte. In der Regel entspricht dieser Zeitverlauf der Phase zwischen dem Anstieg und dem Rückgang der Konzentration der Substanz am Wirkort. Das mag simpel klingen, doch ist der Gesamtvorgang – eine Substanz von außen in den Körper und dort zum Wirkort zu bringen – ein komplexes Geschehen. Es ist in Abbildung 2.1 genauer dargestellt und soll im folgenden kurz beschrieben werden.

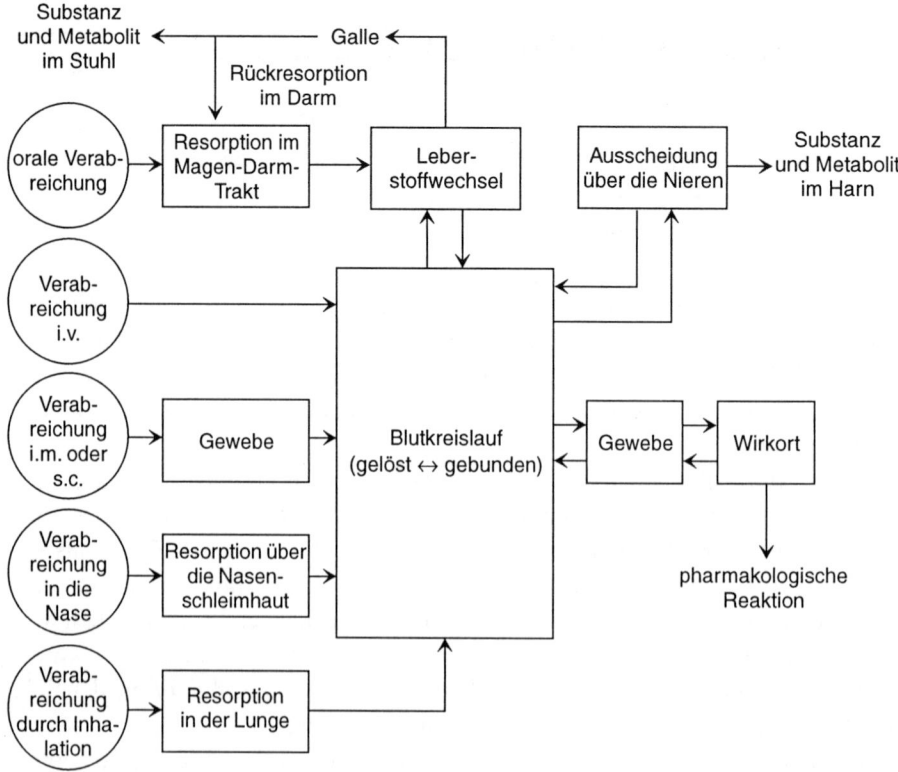

2.1 Schematische Übersicht über das Schicksal einer verabreichten Substanz im Körper. i.m. = intramuskulär; i.v. = intravenös; s.c. = subkutan. (Nach Chiang und Hawks[2].)

Resorption

Unter *Resorption* versteht man die Mechanismen, durch die eine Substanz von der Stelle ihres Eintritts in den Körper in den Blutstrom gelangt. Bei der Verabreichung einer Substanz muß man den *Verabreichungsweg*, die *Dosis* und die *Darreichungsform* (Flüssigkeit, Tablette, Kapsel, Injektion) so wählen, daß der Wirkstoff den Wirkort in einer pharmakologisch wirksamen Konzentration erreicht und daß die Konzentration über einen adäquaten Zeitraum aufrechterhalten bleibt.

Die häufigsten Verabreichungswege sind: erstens über den Mund (oral), zweitens über den Mastdarm (rektal), drittens über die Lungen (durch Inhalation), viertens durch Aufbringen auf Schleimhäute oder die Haut und fünftens durch Injektion (parenteral). Betrachten wir diese fünf verschiedenen Möglichkeiten der Verabreichung und Resorption im einzelnen.

Orale Verabreichung

Die meisten Arzneimittel werden oral eingenommen, also geschluckt. Um wirksam zu sein, muß ein oral zugeführter Wirkstoff gewöhnlich im Magensaft löslich und stabil sein, in den Darm gelangen, die Darmschleimhaut durchdringen und in den Blutstrom übertreten.

Substanzen in flüssiger Zubereitung, also Stoffe, die bereits in gelöster Form vorliegen, werden in der Regel schneller resorbiert als Substanzen in Tabletten- oder Kapselform. Alkohol beispielsweise wird in flüssiger Form zugeführt: Rund ein Viertel bis ein Drittel der getrunkenen Menge gelangt direkt aus dem Magen in das Blut. Infolge der schnellen Resorption macht sich die Wirkung des Alkohols, insbesondere bei leerem Magen, rasch bemerkbar. Wird eine Substanz in fester Form zugeführt, so bestimmen ihre Lösungsgeschwindigkeit und ihre chemischen Eigenschaften die Resorptionsgeschwindigkeit.

Nachdem eine Substanz im Magen gelöst ist, gelangt sie durch die Magen- oder Darmwand in das Blut. Dieser Transportvorgang verläuft meist passiv: als Ergebnis des Konzentrationsgefälles zwischen dem Magen- und Darminhalt einerseits und dem Blut andererseits. Die Geschwindigkeit des Transports hängt vom Verhältnis der Wasserlöslichkeit zur Lipidlöslichkeit der Substanz ab. Die vom Körper aufgenommenen Substanzen liegen nämlich als Gemisch zweier ineinander übergehender Formen vor – einer wasserlöslichen (ionisierten, also elektrisch geladenen) und einer lipidlöslichen (nichtionisierten, also ungeladenen) Form. Als wasserlösliches Molekül kann ein Wirkstoff Lipidmembranen nur schwer passieren; in seiner lipidlöslichen Form dagegen durchquert er solche Membranen ohne weiteres.

Die relativen Konzentrationen dieser beiden Formen sind abhängig vom Säuregrad (pH-Wert) der Flüssigkeit, in der sie gelöst sind, sowie von einer bestimmten Eigenschaft der betreffenden Substanz selbst (ihrem pK_a – dem pH-Wert, bei dem 50 Prozent ihrer Moleküle im ionisierten Zustand vorliegen).* Der Magensaft ist sehr sauer, während im Darminnenraum die Säurestärke abnimmt; das Plasma (der nichtzelluläre Anteil des Blutes) schließlich ist leicht basisch. Wie bereits erwähnt, diffundieren nur lipidlösliche Moleküle

---

* Das Verhältnis von lipidlöslicher (nichtionisierter) zu wasserlöslicher (ionisierter) Form bei einem beliebigen pH-Wert (und damit in jedem Kompartiment des Körpers) kann mit Hilfe der Henderson-Hasselbalch-Gleichung berechnet werden:

  $$pH = pK_a + \lg \text{ der Base oder Säure.}$$

  Für Substanzen, die schwach sauer oder schwach basisch sind, ist die ungeladene Form die Form der freien Säure beziehungsweise Base. Für eine detailliertere Darstellung dieser chemischen Grundlagen sei auf eines der im Literaturanhang aufgeführten Lehrbücher zur Pharmakologie verwiesen.

ungehindert durch Zellmembranen; somit hängt es vom Grad der Lipidlöslichkeit ab, wie schnell eine Substanz eine Lipidmembran passiert.

Ist der pH-Wert auf beiden Seiten einer Membran verschieden (wie beispielsweise zwischen Magen und Blut), so ist auch das Verhältnis von wasserlöslicher zu lipidlöslicher Form auf beiden Seiten unterschiedlich. Im Gleichgewichtszustand ist die Konzentration der lipidlöslichen Form auf beiden Seiten der Membran identisch (da wie erwähnt die lipidlösliche Form die Membran leicht durchdringen kann); die Gesamtmenge der Substanz ist jedoch auf der Seite größer, auf der auch das Verhältnis von wasserlöslicher zu lipidlöslicher Form größer ist (da die wasserlöslichen Moleküle die Membran nicht passieren können). Somit wird eine Substanz entlang ihres Konzentrationsgradienten durch passiven Transport resorbiert. Dies geschieht ohne Energieaufwand – im Gegensatz zu einem aktiven Pumpmechanismus, der Moleküle gegen einen Konzentrationsgradienten transportieren kann.

Obschon die orale Verabreichung von Arzneimitteln weit verbreitet ist, hat sie auch Nachteile. So können erstens gelegentlich Magenbeschwerden und Erbrechen auftreten. Zweitens ist zwar die Wirkstoffmenge bekannt, die in einer Tablette oder Kapsel enthalten ist, doch läßt sich aufgrund individueller Unterschiede in der Resorption sowie als Folge unterschiedlicher Verfahren bei der Herstellung des jeweiligen Medikaments nicht immer genau voraussagen, wieviel Wirkstoff tatsächlich ins Blut übertritt. (Zwischen verschiedenen Präparaten mit demselben Wirkstoff können die Resorptionsraten erheblich schwanken.) Drittens werden einige Arzneimittel, etwa die Lokalanästhetika und Insulin, bei oraler Verabreichung noch vor der Resorption von der Magensäure zerstört. Solche Medikamente müssen daher injiziert werden, um ihre Wirkung entfalten zu können.

Trotz dieser Einschränkungen gilt, daß von einem oral verabreichten Wirkstoff etwa 75 Prozent nach ein bis drei Stunden vom Körper resorbiert sind. Aufgrund von Faktoren wie Partikelgröße, Arzneimittelformulierung und Magendurchblutung kann dieser Wert allerdings erheblichen Schwankungen unterliegen.

Rektale Verabreichung

Obwohl für die meisten Medikamente die orale Verabreichung typisch ist, werden einige – vor allem bei Erbrechen, Bewußtlosigkeit oder Schluckbeschwerden – auch rektal appliziert (in der Regel in Zäpfchenform). Dabei verläuft die Resorption jedoch oft unregelmäßig, unberechenbar und unvollständig. Außerdem reizen viele Medikamente die Schleimhäute des Mastdarmes.

Inhalation

Eine immer häufiger angewandte Applikationsform ist die Inhalation, da mit ihr die Nachteile der oralen Zufuhr vermieden werden können. Substanzen, die als Gase oder Aerosole verabreicht werden, durchdringen leicht und rasch die Epithelien der Atemwege. Beispielsweise bestehen gasförmige Narkosemittel wie Lachgas oder Halothan aus kleinen, sehr lipidlöslichen Molekülen, die fast so schnell, wie sie inhaliert werden, durch das Lungenepithel ins Blut gelangen. Diese rasche Resorption ist auf den engen Kontakt der Lungenbläschen mit dem Blut zurückzuführen.

In einer neueren Variante der pulmonalen Resorption werden Substanzen, die direkt auf das Lungengewebe einwirken sollen, so zubereitet, daß sie nicht in die Blutbahn übertreten. Dadurch lassen sich Nebenwirkungen vermeiden oder zumindest begrenzen. Asthmatiker benötigen beispielsweise häufig cortisonähnliche, entzündungshemmende Steroide zur Kontrolle ihrer Asthmaanfälle. Steroide (zu denen die Glucocorticoide gehören) rufen unerwünschte Nebenwirkungen im Körper hervor, wenn sie in Dosen, die zur Asthmabehandlung erforderlich sind, oral verabreicht werden. Wird das betreffende Steroid dagegen in Form großer, schwer löslicher und schlecht resorbierbarer Partikel in einem Trägergas suspendiert, so kann das Medikament (in einer definierten Trägergasdosis) über den Mund inhaliert werden und gelangt durch tiefes Einatmen in die Luftröhre und die Lunge. Die Partikel lagern sich auf dem Lungengewebe ab und entfalten dort ihre Wirkung. Eventuell im Mund verbliebene Partikel werden zwar geschluckt, aber aufgrund ihrer Größe und schlechten Löslichkeit in Magen und Darm nicht resorbiert.

Bis heute ist über die pulmonale Resorption nichtgasförmiger Wirkstoffe, insbesondere potentiell mißbrauchter Substanzen wie Nicotin, Cocain und Marihuana, nur wenig bekannt. Diese Drogen werden in Form kleinster Partikel mit dem Rauch eingeatmet. Ihre Pharmakologie wird in späteren Kapiteln beschrieben.

Wie man weiß, schädigt die Inhalation nichtflüchtiger Substanzen wie Teer, der in großer Menge im Zigarettenrauch enthalten ist, die empfindlichen Lungengewebe. Langzeitiges Zigarettenrauchen ist die Hauptursache für Lungenkrebs, der in mindestens 90 Prozent der Fälle tödlich verläuft. In Deutschland sterben jährlich etwa 43 000 Menschen an tabakbedingtem Krebs[3]; in den USA ist der Lungenkrebs pro Jahr für über 75 000 Todesfälle verantwortlich.

Anwendung über Schleimhäute

Manche Substanzen lassen sich auch über die Mund- oder Nasenschleimhäute verabreichen. Herzpatienten beispielsweise erhalten Nitroglycerin als Mundspray oder als Zerbeißkapseln oder Tabletten, die unter die Zunge gelegt werden. Das Medikament geht hier direkt durch die Mundschleimhaut hindurch in die Blutbahn über. Abschwellend wirkende Schnupfenmittel werden direkt auf die Nasenschleimhäute gesprüht. Geschnupftes Cocainpulver setzt sich auf der Nasenschleimhaut ab und dringt von dort in das Blut; und ebenso wird Nicotin aus Schnupftabak oder Kaugummi (zum Beispiel Nicorette®) direkt über die Nasen- beziehungsweise Mundschleimhäute resorbiert.

Verabreichung über die Haut

Seit kurzem kommen verschiedene Arzneimittel in Form von Hautpflastern zum Einsatz. Das Pflaster gibt dabei seine pharmakologisch wirksamen Bestandteil an der Kontaktstelle zur Haut langsam in die Blutbahn ab. Als Beispiele für diese Verabreichungsform seien Nicotin (zur Raucherentwöhnung), Fentanyl (Durogesic®, zur Behandlung starker chronischer Schmerzen), Nitroglycerin (zur Vorbeugung gegen Angina pectoris bei koronarer Herzkrankheit), Clonidin (zur Behandlung von Bluthochdruck) und Östrogen (als Hormonersatz bei Frauen in der Postmenopause) genannt. In all diesen Fällen wird der Wirkstoff über einen Zeitraum von mehreren Tagen freigesetzt, so daß der Plasmaspiegel der Substanz relativ konstant bleibt.

Injektion

Die Verabreichung von Wirkstoffen durch Injektion* kann *intravenös* (direkt in eine Vene), *intramuskulär* (in einen Muskel) oder *subkutan* (unter der Haut) erfolgen. All diese Verabreichungswege haben Vor- und Nachteile (Tabelle 2.1). Im allgemeinen tritt die Wirkung nach einer Injektion rascher ein als nach oraler Gabe, da der injizierte Wirkstoff schneller resorbiert wird beziehungsweise bei der intravenösen Injektion direkt in die Blutbahn gelangt – hier wird die Resorption also vollständig umgangen. Injektionen erlauben zudem eine genauere Dosierung, da die unberechenbaren Resorptionsvorgänge in Magen und Darm entfallen.

Die Verabreichung von Arzneimitteln durch Injektion hat einige Nachteile. Erstens bleibt aufgrund der schnellen Resorption nur wenig Zeit, um auf eine unerwartete Wirkung oder eine unbeabsichtigte Überdosierung zu reagieren. Zweitens kann eine Injektion nicht rückgängig gemacht werden – die injizierte Substanz gelangt unwiderruflich in den Blutkreislauf. Und drittens erfordert diese Applikationsform eine sterile Technik. Welch gravierende Folgen unsterile Injektionstechniken nach sich ziehen können, wird besonders an der Aidsepidemie deutlich.

---

* Üblicherweise auch als *parenterale* Verabreichung bezeichnet – also als Wirkstoffgabe unter Umgehung des Darmes. Strenggenommen gilt dies allerdings nicht nur für die Injektion.

Tabelle 2.1: Merkmale der Injektionsverabreichung

Injektionsweg	Wirkung	Vorteile	Einschränkungen und Risiken
intravenös	sofort, da keine Resorption notwendig	Dosistitration möglich geeignet für große Volumina und verdünnte Reizsubstanzen besonders geeignet in Notfällen	erhöhtes Risiko unerwünschter Wirkungen Lösung muß in der Regel langsam injiziert werden ungeeignet für ölige Lösungen und unlösliche Substanzen
intramuskulär	rasch bei wäßrigen Lösungen langsam und anhaltend bei Depotpräparaten	geeignet für mittlere Volumina, ölige Lösungen und bestimmte Reizsubstanzen	ausgeschlossen bei gerinnungshemmender Therapie kann die Interpretation bestimmter diagnostischer Tests (z. B. Kreatinkinase) beeinflussen
subkutan	rasch bei wäßrigen Lösungen langsam und anhaltend bei Depotpräparaten	geeignet für einige unlösliche Wirkstoffe in Suspensionen sowie zum Einbringen von Festpartikeln	für große Volumina nicht geeignet bei Reizsubstanzen Schmerz und Nekrosen möglich

Nach Benet, Mitchel und Sheiner[1], S. 6.

Intravenöse Verabreichung. Bei intravenöser Injektion gelangt ein Wirkstoff direkt in die Blutbahn. So lassen sich alle Unsicherheiten umgehen, die mit der Resorption nach oraler Gabe verbunden sind. Die Injektion kann langsam erfolgen und bei Entwicklung unerwünschter Wirkungen sofort beendet werden. Überdies ist eine äußerst genaue Dosierung möglich, und man kann Arzneimittel, die in höheren Konzentrationen Reizungen der Muskeln oder Blutgefäße verursachen, verdünnen und in großen Volumina verabreichen.

Die intravenöse Zufuhr hat jedoch einige wichtige Nachteile. Erstens ist sie der gefährlichste Verabreichungsweg, da hier die pharmakologische Wirkung am schnellsten einsetzt. Zweitens können durch zu schnelle Injektion einer normalerweise unbedenklichen Dosis lebensbedrohende Reaktionen wie Atem- oder Herzstillstand eintreten. Drittens können allergische Reaktionen, die sich bei oraler Zufuhr eines Medikaments nur in geringem Maße ausbilden würden, bei intravenöser Injektion derselben Substanz äußerst gravierend sein. Viertens dürfen Medikamente, die im Blut nicht löslich oder die in öligen Flüssigkeiten gelöst sind, aufgrund des Risikos einer Thrombenbildung nicht intravenös appliziert werden. Und schließlich besteht noch die Gefahr bakterieller Kontaminationen: Wenn keine sterilen Bedingungen eingehalten werden, können Infektionskrankheiten übertragen oder Abszesse verursacht werden.

Intramuskuläre Verabreichung. Nach Injektion in die Skelettmuskulatur (normalerweise in den Arm, den Oberschenkel oder das Gesäß) werden Arzneimittel im allgemeinen recht schnell resorbiert. Aus dem Muskel gelangt eine Substanz rascher in die Blutbahn als aus dem Magen (jedoch natürlich langsamer als bei intravenöser Injektion). Die absolute Geschwindigkeit der Resorption aus dem Muskel ist abhängig von dessen Durchblutung, der Löslichkeit des Medikaments, dem injizierten Volumen und dem Lösungsmittel, in dem die Substanz gespritzt wird.

Die bei der intravenösen Verabreichung zu beachtenden Vorsichtsmaßnahmen gelten im wesentlichen auch für die intramuskuläre Injektion. Arzneimittel, die für die intramuskuläre Applikation bestimmt sind, sollten in der Regel nicht intravenös verabreicht werden. Daher ist sorgfältig darauf zu achten, daß beim Einbringen der Nadel in den Muskel kein Blutgefäß getroffen wird.

Subkutane Verabreichung. Arzneimittel werden nach Injektion unter die Haut rasch resorbiert. Die Geschwindigkeit hängt größtenteils davon ab, wie leicht die Substanz in die Blutgefäße eindringt und wie stark die Haut am Injektionsbereich durchblutet ist. Reizende Substanzen sollten nicht subkutan injiziert werden, da dies schmerzhaft ist und zu lokalen Gewebeschädigungen führt. Die allgemeinen Regeln der Sterilität sind auch bei dieser Injektionsweise einzuhalten.

Vor der Selbstinjektion eines Arzneimittels ist dringend zu warnen, es sei denn, die orale Verabreichung ist unwirksam und das Medikament wird im Rahmen einer Therapie unter ärztlicher Anleitung angewendet (ein bekanntes Beispiel ist die Insulininjektion bei Diabetikern). Die mit der Injektion eines Wirkstoffes verbundenen Risiken (Überdosierung, allergische Reaktionen und Infektion mit Krankheitserregern, zum Beispiel dem Aidsvirus) sind weitaus größer als die bei einer oralen Verabreichung derselben Substanz.

Verteilung eines Wirkstoffes im Körper

Nach der Resorption wird die zugeführte Substanz mit dem zirkulierenden Blut im ganzen Körper verteilt. Sie muß dabei mehrere Barrieren überwinden, um an ihren Wirkort zu gelangen. Zu jeder Zeit steht nur ein sehr kleiner Anteil der im Körper befindlichen Substanzmenge in Kontakt mit den entsprechenden körpereigenen Rezeptoren. Eine weitaus größere Menge hält sich stets in Bereichen des Körpers auf, die vom Wirkort der Substanz weit entfernt sind. Im Falle einer psychotropen Substanz (die auf das zentrale Nervensystem einwirkt und dadurch Stimmung oder Verhalten beeinflußt) zirkuliert ein Großteil des Wirkstoffes außerhalb des Gehirns und trägt somit nicht unmittelbar zu seiner pharmakologischen Wirkung bei. Diese großräumige Verteilung ist häufig für die Nebenwirkungen eines Arzneimittels verantwortlich. *Nebenwirkungen* sind Wirkungen, die sich von der primären, also der therapeutischen oder erwünschten Wirkung, wegen der man eine Substanz verabreicht, unterscheiden. In diesem Zusammenhang ist wichtig, daß die Gesamtmenge eines im Körper befindlichen Wirkstoffes erstens seine Passage durch die verschiedenen Gewebe und seine Elimination entscheidend beeinflußt, zweitens Dauer und Intensität seiner Wirkung(en) bestimmt und drittens viele seiner Nebenwirkungen bedingt.

Der Blutkreislauf

Bei einem durchschnittlich großen Erwachsenen pumpt das Herz jede Minute etwa fünf Liter Blut durch den Körper, was in etwa der Gesamtblutmenge im Kreislaufsystem entspricht. Das gesamte Blut des Körpers benötigt also für einen vollständigen Umlauf etwa eine Minute. Daher ist eine Substanz nach ihrer Resorption in die Blutbahn rasch (nämlich in der Regel nach dieser Zirkulationszeit von einer Minute) über das gesamte Kreislaufsystem verteilt.

Das Kreislaufsystem ist in Abbildung 2.2 schematisch dargestellt. Das Blut, das über die Venen zum Herzen zurückkehrt, wird in den Lungenkreislauf gepumpt, wo Kohlendioxid (CO_2) abgegeben und gegen Sauerstoff (O_2) ausgetauscht wird. Das sauerstoffreiche Blut kehrt zum Herzen zurück und wird in die große Körperschlagader (Aorta) gepumpt. Von dort aus fließt es in die kleineren Arterien und schließlich in die Haargefäße (Kapillaren), wo es Sauerstoff und Nährstoffe – oder auch Arzneimittel – in die Zellen der Gewebe abgibt.

Für den Stoffaustausch mit den Geweben besitzt der Körper schätzungsweise zehn Milliarden Kapillaren mit einer Gesamtoberfläche von 200 bis 1000 Quadratmetern. Wahrscheinlich ist keine einzige lebende Körperzelle mehr als 20 bis 30 Mikrometer von einer Kapillare entfernt (ein Mikrometer ist ein tausendstel Millimeter). Von den Kapillaren fließt das Blut weiter in die Venen, wo es gesammelt und zum Herzen zurücktransportiert wird.

Auf diesem Wege werden Medikamente ziemlich gleichmäßig im Blutstrom verteilt. Der Körper eines normalen, schlanken, 70 Kilogramm schweren Mannes enthält etwa 41 Liter Wasser (was 60 Prozent des Körpergewichts entspricht); ungefähr fünf Liter Wasser befinden sich im zirkulierenden Blut und rund 35 Liter in den Körpergeweben. Diese 35 Liter Wasser sind jedoch nicht vom Blut getrennt, da Flüssigkeiten (und die meisten Substanzen) zwischen dem Blut, anderen Körperflüssigkeiten und den meisten Körperzellen frei ausgetauscht beziehungsweise in ein Gleichgewicht gebracht werden. Daher wird ein resorbierter Wirkstoff nicht nur durch das Blut, sondern durch die gesamte im Körper enthaltene Wassermenge verdünnt.

Neben der Löslichkeit schränkt ein weiterer Faktor die Verteilung eines Wirkstoffes im Körper ein: die reversible Bindung an Proteine des Blutplas-

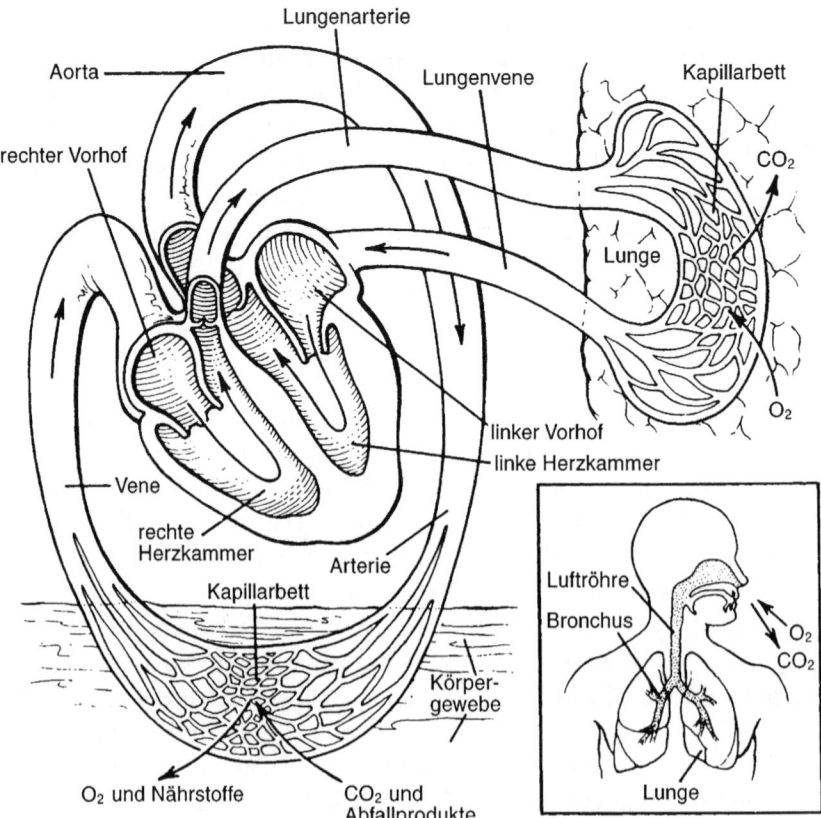

2.2 Herz- und Kreislaufsystem. Das Blut, das vom Körpergewebe über die Venen zum Herzen zurückkehrt, gelangt durch den rechten Vorhof in die rechte Herzkammer und wird bei Kontraktion des Herzens in die zu den Lungen führenden Arterien gepumpt. In den Lungen wird Kohlendioxid (CO_2) abgegeben und Sauerstoff (O_2) aufgenommen. Das sauerstoffreiche Blut kehrt über den linken Vorhof zum Herzen zurück, wird aus der linken Herzkammer in die Aorta gepumpt und in das Körpergewebe befördert, wo Sauerstoff und Nährstoffe im Kapillarbett ausgetauscht werden. Sauerstoff und Nährstoffe gelangen durch die Kapillarwände in das Körpergewebe; CO_2 und andere Abfallprodukte werden ins Blut zurückgeführt. CO_2 gelangt über die Lungen aus dem Körper, die anderen Abfallprodukte werden größtenteils über die Nieren ausgeschieden.

mas. Wie in Abbildung 2.1 angedeutet, besteht ein Gleichgewicht zwischen dem proteingebundenen und dem frei gelösten (ungebundenen) Zustand einer Substanz. Da Plasmaproteine (etwa Albumin) recht groß sind, können sie die Blutbahn nicht verlassen. Deshalb verbleibt also die Wirkstoffmenge, die an Plasmaproteine gebunden ist, innerhalb der Blutgefäße, was einen deutlichen Einfluß auf die Verteilung hat.

Abbildung 2.3 stellt die ungleiche Verteilung dreier Substanzen in den verschiedenen Flüssigkeitskompartimenten des Körpers dar. Substanz 1 ist voll-

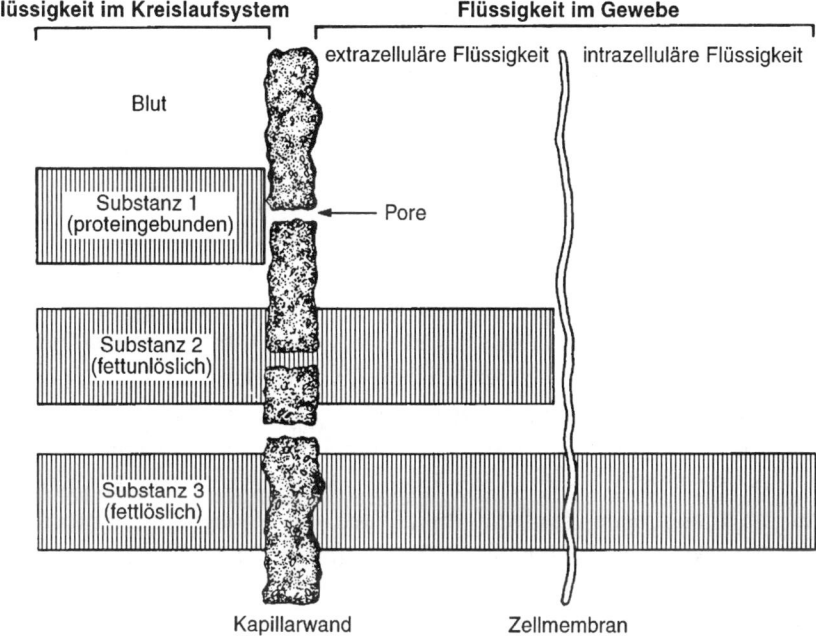

2.3 Verteilung dreier hypothetischer Wirkstoffe in verschiedenen Kompartimenten des Körpers. Substanz 1 ist an Blutproteine gebunden; Substanz 2 ist nicht gebunden und wasserlöslich, jedoch fettunlöslich; und Substanz 3 ist nicht gebunden und sowohl wasser- als auch fettlöslich. Substanz 1 ist hauptsächlich auf das zirkulierende Blut beschränkt, und Substanz 2 verteilt sich im Blut und der extrazellulären Gewebeflüssigkeit. Substanz 3 hingegen dringt in alle Körperkompartimente vor, gelangt also nach Passieren der Blut-Hirn-Schranke auch ins Gehirn.

ständig an Proteine gebunden und kann die Blutbahn daher nicht verlassen. Substanz 2 bindet sich nicht an Blutproteine und tritt leicht aus den Blutgefäßen in die Gewebeflüssigkeit über, kann aber nicht in Zellen eindringen, da sie nicht lipophil, also in Fetten (Lipiden) unlöslich ist. Substanz 3 schließlich tritt aus der Blutbahn aus und gelangt aufgrund ihrer Lipidlöslichkeit mühelos durch die Zellmembran ins Zellinnere. Ein Beispiel für den letzten Arzneimitteltyp ist Thiopental, ein gängiges Narkosemittel, das nach intravenöser Injektion innerhalb weniger Sekunden eine Narkose herbeiführt. Da Thiopental in den Lipiden der Zellmembranen äußerst gut löslich ist, verläßt es rasch den Blutkreislauf und dringt in die Gehirnzellen ein, wo es seine Wirkung entfaltet und so den Patienten schnell bewußtlos werden läßt.

Beeinflussung der Substanzverteilung durch Körpermembranen

Die Verteilung eines Wirkstoffes wird durch verschiedene Typen von Membrangrenzen im Körper beeinflußt. Die vier wichtigsten sind die Zellmembranen, die Kapillarwände, die Blut-Hirn-Schranke und die Placentarschranke.

Zellmembranen. Bei der Resorption im Darm oder beim Übertritt ins Zellinnere muß eine Substanz Zellmembranen passieren. Was ist über die Struktur und Eigenschaften solcher Membranen bekannt, und was bedingt ihre Durchlässigkeit (Permeabilität) für Substanzen? Abbildung 2.4 zeigt das Modell einer Zellmembran (einer Phospholipiddoppelschicht). In der Darstellung symbolisieren die Kugeln die wasserlöslichen (hydrophilen) Köpfe komplexer Lipidmoleküle, der sogenannten *Phospholipide*. Diese Phospholipidköpfe bilden auf der Innen- und der Außenseite der Zellmembran jeweils eine zusammenhängende Schicht. Die wellenförmigen Linien, die von den Köpfen in die Membran hineinragen, sind die Lipidketten der Phospholipidmoleküle. Für unsere Zwecke kann das Innere der Zellmembran gleichsam als ein Meer aus flüssigen Lipiden betrachtet werden, in dem große Proteine verteilt sind. Diese Struktur wird als *Flüssigmosaikmodell* bezeichnet.

In Abbildung 2.4 sind mehrere große globuläre sowie lange fadenförmige Strukturen erkennbar, die verschieden tief in die Membranschichten hineinragen oder sich durch die gesamte Membran erstrecken, deren Dicke etwa acht Nanometer (0,008 Mikrometer) beträgt. Bei diesen Strukturen handelt es sich um Proteine, die zumindest zum Teil Rezeptoren für pharmakologisch aktive Substanzen darstellen und damit deren Wirkungen vermitteln können (beispielsweise Transmembranrezeptorproteine, auf die bestimmte psychotrope Substanzen einwirken).

Diese Membran aus Proteinen und Lipiden fungiert als eine Art Schranke, die für viele, aber längst nicht alle Moleküle durchlässig ist. Das Modell läßt erkennen, daß die Diffusion (Wanderung) eines Moleküls durch die Membran und damit sein Eintritt in die Zelle von seiner Lipidlöslichkeit abhängt: Je lipophiler das Molekül ist, desto besser kann es die lipidreiche Membran durchdringen. Zusätzlich zu der geschichteten Struktur aus Protein und Lipid scheint die Membran jedoch auch kleine Poren (mit einem Durchmesser von etwa 0,8 Nanometern) zu enthalten, die kleine hydrophile Moleküle wie Alkohol oder Wasser passieren lassen.

Zellmembranen als Schranken für die Resorption und Verteilung von Substanzen spielen eine bedeutende Rolle für deren Durchtritt aus Magen und Darm in den Blutkreislauf, aus der die Zellen umgebenden Gewebeflüssigkeit in das Zellinnere, aus dem Zellinneren zurück in die extrazelluläre Flüssigkeit sowie aus den Nieren zurück in den Blutstrom.

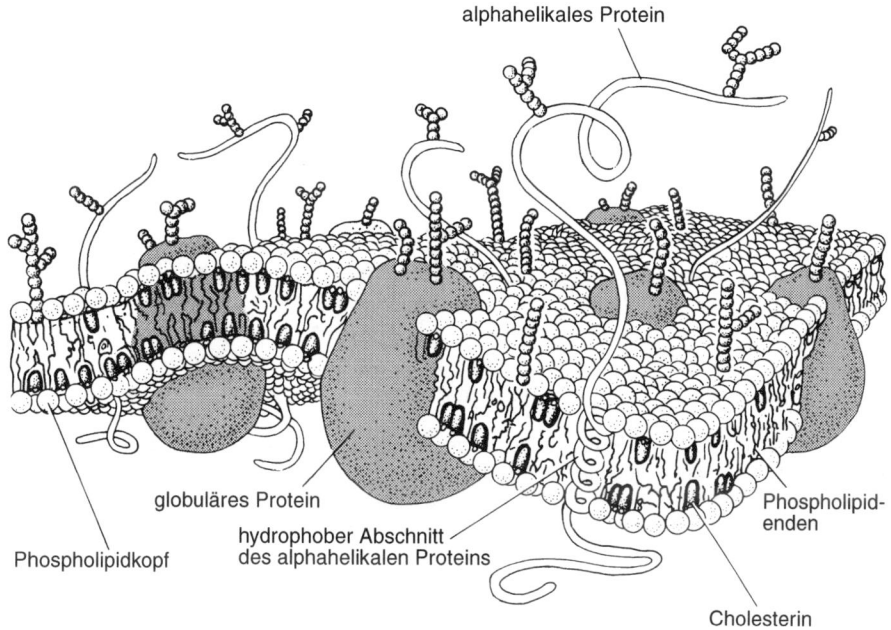

alphahelikales Protein

globuläres Protein

hydrophober Abschnitt
des alphahelikalen Proteins

Phospholipidkopf

Phospholipid-
enden

Cholesterin

2.4 Schematische Darstellung der Zellmembran. Sie besteht aus einer Phospholipiddoppelschicht, in die Cholesterin- und Proteinmoleküle eingebettet sind. Sowohl globuläre als auch helikale Proteine durchspannen die Doppelschicht. Die Cholesterinmoleküle halten die Enden der Phospholipide in der Nähe der hydrophilen Köpfe relativ fest am Platz, während die Enden, die mehr im Inneren der Membran liegen, sich frei bewegen können. (Aus Bretscher[4].)

Kapillaren. Eine Minute nach Eintritt in die Blutbahn ist eine Substanz ziemlich gleichmäßig über die gesamte Blutmenge verteilt. Allerdings verbleiben die meisten Substanzen nicht im Blutkreislauf, da zwischen den Blutkapillaren und dem Gewebe ein ständiger Stoffaustausch stattfindet.

Abbildung 2.5 zeigt eine Kapillare im Querschnitt. Kapillaren (Haargefäße) sind winzige, zylindrische Blutgefäße, deren Wände aus einer dünnen Einzelschicht eng miteinander verbundener Zellen bestehen. Zwischen diesen Zellen verlaufen kleine Durchgänge (Poren), die das Innere des Gefäßes (der Kapillare) mit dem Äußeren (dem Körpergewebe) verbinden. Der Durchmesser der Poren beträgt neun bis 15 Nanometer und ist damit größer als die meisten Wirkstoff- und viele körpereigenen Moleküle. Folglich verlassen die meisten Substanzen das Blut über diese Poren in der Kapillarwand, und es entsteht ein Gleichgewicht zwischen der Konzentration im Blut und der in der Gewebeflüssigkeit.

Daher hängt der Transport von Wirkstoffmolekülen aus den Blutkapillaren in das Gewebe und umgekehrt vom Gewebe in das Blut nicht von der Fettlös-

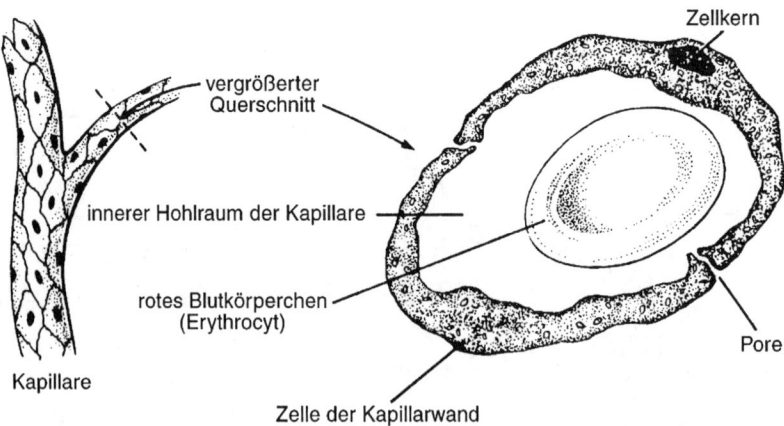

2.5 Querschnitt durch eine Blutkapillare. In der Kapillare befinden sich Flüssigkeit, Proteine und Blutzellen einschließlich der roten Blutkörperchen. Die Kapillare selbst besteht aus Zellen, die den inneren Hohlraum (das Lumen) der Kapillare begrenzen. Wassergefüllte Poren bilden Kanäle, die eine Verbindung zwischen dem Lumen und der Flüssigkeit außerhalb der Kapillare herstellen.

lichkeit ab, solange die Moleküle klein genug sind, um durch die Wandporen zu passen. Rote Blutkörperchen und Plasmaproteine sind hingegen für die Poren zu groß; sie können daher nicht aus der Blutbahn austreten. Entsprechend sind die einzigen Arzneimittel, die die Kapillarporen nicht ohne weiteres passieren, solche Substanzen, die selbst aus Proteinen bestehen, sowie solche, die an Plasmaproteine binden. Proteingebundene Wirkstoffe sind also grundsätzlich im Blutkreislauf gefangen und diffundieren nicht in das Gewebe.

Die Geschwindigkeit, mit der Wirkstoffmoleküle in bestimmte Körpergewebe eindringen, hängt von der Durchblutung des betreffenden Gewebes und von der Leichtigkeit ab, mit der die Moleküle durch die Kapillarwände treten. Da die Durchblutung im Gehirn am höchsten und in den Knochen, Gelenken und Fettgeweben wesentlich geringer ist, werden Substanzen im allgemeinen auch nach diesem Muster verteilt. Einige Kapillaren, etwa die des Gehirns, besitzen jedoch besondere Struktureigenschaften, die den Eintritt einer Substanz in das umliegende Gewebe zusätzlich erschweren können.

Die Blut-Hirn-Schranke. Um normal zu funktionieren, benötigt das Gehirn eine besondere strukturelle Barrierre, die sogenannte *Blut-Hirn-Schranke*.[5] Sie beruht auf der Funktion spezialisierter Zellen im Gehirn, die dort nahezu alle Blutkapillaren beeinflussen (Abbildung 2.6). Während die Kapillarwände im übrigen Körper Poren haben, sind die Kapillarzellen im Gehirn in einigen Strukturen lückenlos miteinander verbunden und auf der Außenseite von einer lipidreichen Hülle, der Gliascheide, umgeben, die von den benachbarten Astrocyten gebildet wird.

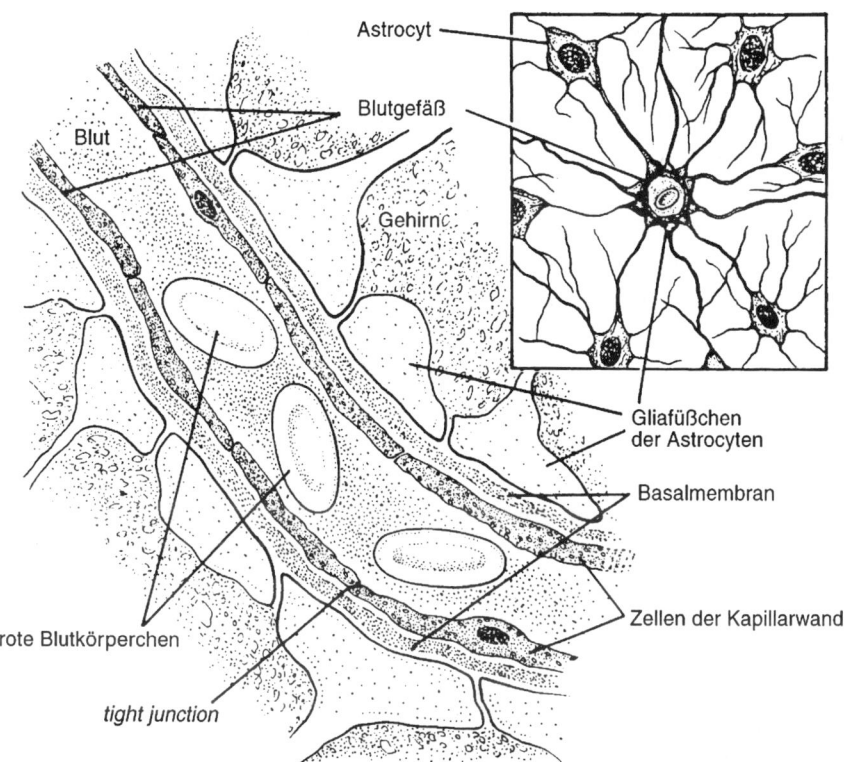

Astrocyt

Blutgefäß

Blut

Gehirn

Gliafüßchen
der Astrocyten

Basalmembran

Zellen der Kapillarwand

rote Blutkörperchen

tight junction

2.6 Die Blut-Hirn-Schranke. Blut und Gehirn werden zum einen durch dicht aneinander-liegende Kapillarwandzellen und zum anderen durch eine lipidhaltige Hülle, die Gliascheide, voneinander getrennt. Letztere besteht aus den Fortsätzen (Gliafüßchen) benachbarter Astrocyten (siehe Kasten). Eine Substanz, die aus dem Blut ins Gehirn diffundiert, muß die Zellen der Kapillarwand passieren, da diese keine Poren freilassen, sondern durch dichte Zell-Zell-Verbindungen, sogenannte *tight junctions*, fest und lückenlos miteinander ver-bunden sind. Zusätzlich muß die Substanz die Gliascheide durchdringen.

Folglich muß eine Substanz, die aus den Kapillaren des Gehirns austritt, sowohl die Wand der Kapillare selbst (da es keine Poren gibt) als auch die Membranen der Astrocyten durchqueren, um die Gehirnzellen zu erreichen. Daher hängt die Geschwindigkeit, mit der ein Wirkstoff in das Gehirn gelangt, in der Regel von seiner Lipidlöslichkeit ab. Wirkstoffe wie Penicillin, die überwiegend in Ionenform vorliegen, treten kaum ins Gehirn über, während fettlösliche Medikamente dort rasch eindringen. Arzneimittel werden oft da-nach klassifiziert, ob sie die Blut-Hirn-Schranke passieren können oder nicht. Psychotrope Substanzen, die in diesem Buch vorgestellt werden, sind in der Regel lipidlöslich und üben ihre Wirkungen erst nach Überschreiten der Blut-Hirn-Schranke aus. Medikamente, die ihre Wirkungen vorwiegend außerhalb des Zentralnervensystems entfalten, sind dagegen gewöhnlich stärker ionisiert

(somit weniger lipidlöslich) und zeigen daher meist keine besonders signifikanten Einflüsse auf das Zentralnervensystem.

Die Placentarschranke. Unter allen Membransystemen des Körpers nehmen
die Membranen der Placenta eine einzigartige Stellung ein. Sie trennen zwei
Menschen, die sich in ihrem genetischen Aufbau, ihren physiologischen Reaktionen und ihrer Empfindlichkeit gegenüber Substanzen unterscheiden. Über
die Placenta erhält der Fetus seine Nährstoffe und scheidet die Abfallprodukte seines Stoffwechsels aus – ohne Beteiligung seiner eigenen Organe, von
denen viele noch gar nicht funktionsfähig sind. Der Fetus ist aufgrund seiner
Abhängigkeit von der Mutter auf den Schutz durch die Placenta angewiesen,
wenn sich Fremdstoffe wie Arzneimittel oder Toxine im mütterlichen Blut
befinden.

Schwangere Frauen nehmen mitunter regelmäßig Arzneimittel oder andere
pharmakologisch wirksame Substanzen ein und bringen den Fetus ständig mit
potentiell toxischen Stoffen aus Nahrungsmitteln, Kosmetika, Haushaltschemi-
kalien und der Umwelt in Berührung. Welchen Einfluß diese Stoffe auf den
Fetus ausüben, ist bisher noch größtenteils ungeklärt. Die Folgen mütterlichen
Alkoholkonsums und Zigarettenrauchens auf Wachstum und Entwicklung des
Fetus sind dagegen inzwischen gut dokumentiert und werden in den Kapiteln 5
und 7 beschrieben. Auch der Konsum von Cocain wirkt sich schädlich auf die
Fetalentwicklung aus.

In der frühen Schwangerschaft, wenn die Gliedmaßen und Organsysteme
des Fetus entstehen, können viele Substanzen strukturelle Anomalien verursachen (*Teratogenese*). Das wohl dramatischste Beispiel für eine teratogene Substanz liefert Thalidomid (Contergan®), ein Beruhigungsmittel, das Anfang der
sechziger Jahre in mehreren Ländern im Handel war. Viele Ungeborene, deren
Mütter das Medikament während der fünften bis siebten Schwangerschaftswo-
che einnahmen, entwickelten mißgebildete Extremitäten.

In späteren Schwangerschaftsstadien und während der Geburt können Substanzen wie Cocain (Kapitel 6) die Atmung des Neugeborenen lähmen, da es
nicht in der Lage ist, die Substanz zu metabolisieren oder auszuscheiden.
Cocain wirkt zudem stark gefäßverengend, so daß die Durchblutung der Placenta abnimmt und der Fetus unter Umständen nicht mehr ausreichend mit
Sauerstoff versorgt wird, was erhebliche Folgeschäden nach sich zieht.

Das Gefäßsystem in der Placenta, das Substanzen zwischen Mutter und
Fetus überträgt, ist in den Abbildungen 2.7 und 2.8 schematisch dargestellt.
Die reife Placenta besteht im Prinzip aus einem Netz mütterlicher Blutgefäße
und blutgefüllter Hohlräume, in das baum- oder fingerartige Villi (Zotten)
hineinragen, die die Blutkapillaren des Fetus enthalten (Abbildung 2.8). Sauerstoff und Nährstoffe gelangen aus dem Blut der Mutter in das des Fetus, während Kohlendioxid und andere Abfallprodukte den umgekehrten Weg nehmen.

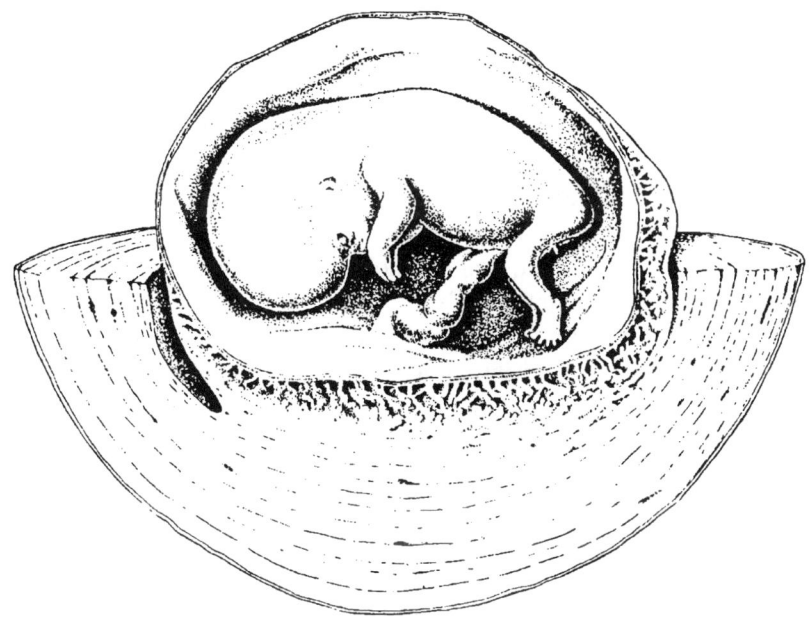

2.7 Placenta, Embryo und Anschnitt des Uterus. (Nachzeichnung aus Hamilton, Boyd und Mosman[6], Abbildung 86.)

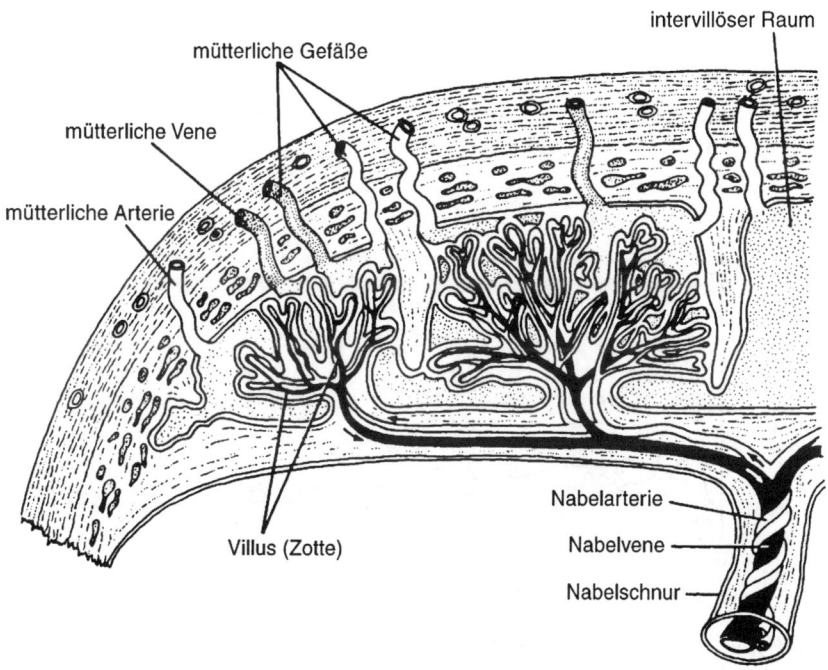

2.8 Im Gefäßnetz der Placenta sind mütterliches und fetales Blut voneinander getrennt. (Aus Goss[7], Abbildung 2.51.)

Die Membranen, die fetales und mütterliches Blut im intervillösen Bereich voneinander trennen, ähneln in ihrer Durchlässigkeit den Zellmembranen, wie sie im übrigen Körper vorkommen. Mit anderen Worten, Substanzen durchdringen die Placenta hauptsächlich durch passive Diffusion. Fettlösliche Substanzen (einschließlich aller psychoaktiven Substanzen!) diffundieren leicht, rasch und ungehindert durch die Placenta. Welche Auswirkungen pharmakologisch aktive Substanzen auf den Fetus haben, wird an den Entzugssymptomen deutlich, die man bei Kindern von alkohol-, betäubungsmittel- und kokainabhängigen Müttern beobachtet.

Beruhigungsmittel und Sedativa passieren ebenfalls leicht die Placenta. Der zeitliche Verlauf der Blutkonzentration eines Barbiturats, das Müttern während der Wehenphase intravenös verabreicht wurde, ist in Abbildung 2.9 graphisch dargestellt. Die Blutkonzentrationen des Medikaments wurden im mütterlichen und im fetalen Blut bestimmt. Wie die Abbildung verdeutlicht, gelangen signifikante Barbituratmengen in den kindlichen Organismus; die Barbituratkonzentrationen sind bei Mutter und Neugeborenem zehn Minuten nach der Injektion fast gleich.

Die Ansicht, die Placenta sei eine Barriere für psychotrope Wirkstoffe, trifft also nicht zu. Vielmehr gelangen alle von der Mutter eingenommenen psychotropen Substanzen auch in den Fetus; er ist ihnen dann unweigerlich aus-

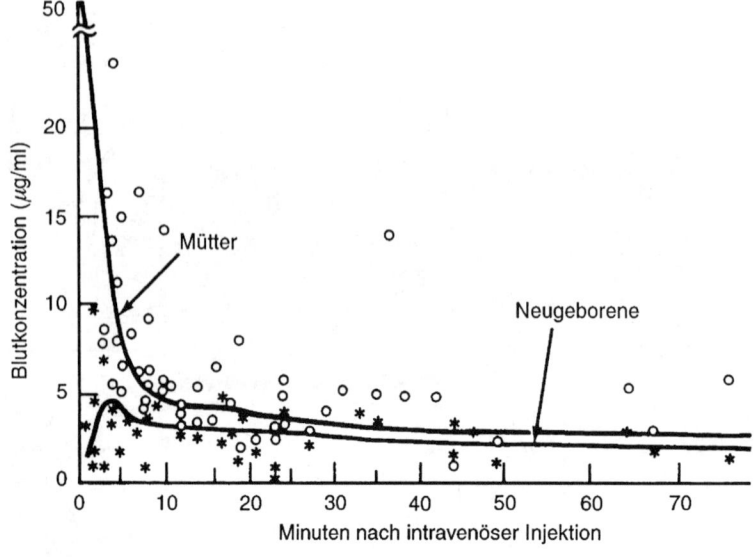

2.9 Blutkonzentrationen von Secobarbital bei Müttern und ihren Neugeborenen nach intravenöser Verabreichung der Substanz an die Mütter während der Wehen. Jeder Meßpunkt repräsentiert eine Person (*Kreise*: Mütter; *Sternchen*: Säuglinge). (Aus Root, Eichner und Sunshine[8].)

gesetzt. Dabei entspricht der fetale Wirkstoffspiegel in der Regel dem der Mutter.

Beendigung einer Substanzwirkung

Die wichtigsten Wege, über die Wirkstoffe den Körper verlassen, verlaufen über die Niere, die Lunge und die Galle. Über die Lunge werden nur leicht flüchtige oder gasförmige Wirkstoffe wie einige Narkosemittel oder – in kleinen Mengen – Alkohol („Alkoholfahne") ausgeschieden. Substanzen, die mit der Galle in den Darm gelangen, werden dort gewöhnlich rückresorbiert. Somit ist der Hauptweg der Elimination einer Substanz aus dem Körper die Ausscheidung über den Harn. Wie wir im folgenden sehen werden, machen viele Substanzen zuvor häufig einen Umweg über die Leber, wo sie abgebaut und umgewandelt werden. Mit dem Harn wird dann nicht die Substanz selbst ausgeschieden, sondern ihre Abbauprodukte (Metaboliten) aus dem Leberstoffwechsel.

Die lipophilen Eigenschaften psychotroper Substanzen, die ihren raschen Transport über Zellmembranen in das Gehirn ermöglichen, behindern im allgemeinen ihre anschließende Elimination durch die Nieren. Daher müssen solche Substanzen im Stoffwechsel (durch Leberenzyme) so umgewandelt werden, daß sie rasch und verläßlich ausgeschieden werden können. Diese Umwandlungsprozesse befreien den Körper von der Belastung durch fremde Chemikalien und sind eine wesentliche Voraussetzung für unser Überleben.[1]

Elimination über Niere und Leber

Physiologisch gesehen erfüllen die Nieren zwei wesentliche Funktionen. Zum einen scheiden sie die meisten Stoffwechselprodukte aus; zum anderen regeln sie die Konzentration der meisten in den Körperflüssigkeiten vorkommenden Substanzen. Die Nieren sind zwei bohnenförmige Organe (Abbildung 2.10) von knapp Faustgröße und etwa 120 bis 200 Gramm Gewicht. Sie liegen an der Hinterwand des Bauchraumes in Höhe der unteren Rippen.

In der Nierenrinde befinden sich etwa eine Million sogenannter *Nephrone* (Abbildung 2.11). Jede dieser funktionellen Einheiten enthält einen Knäuel aus Kapillaren (den Glomerulus), durch den das Blut von der Nierenarterie zur Nierenvene fließt. Der Glomerulus ist von der Nephronöffnung (Bowman-Kapsel) umgeben, welche die Filtrationsflüssigkeit aus den Kapillaren auffängt. Der Blutdruck im Glomerulus treibt nämlich Flüssigkeit aus den Kapillaren in die Bowman-Kapsel, aus der sie durch die geknäuelten Abschnitte des Nephrons, den Nierenkanälchen (Tubuli), schließlich in ein Sammelrohr fließt, das die Flüssigkeit aus mehreren Nephronen aufnimmt. Aus den Sammelroh-

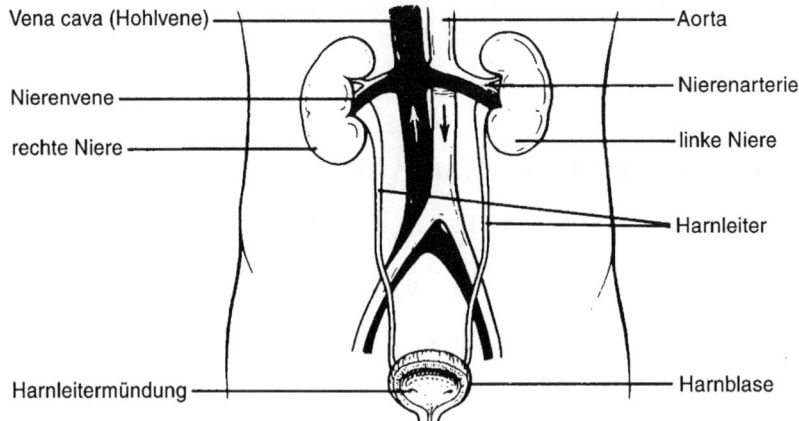

Vena cava (Hohlvene)
Nierenvene
rechte Niere
Harnleitermündung

Aorta
Nierenarterie
linke Niere
Harnleiter
Harnblase

2.10 Lage der Nieren im Körper.

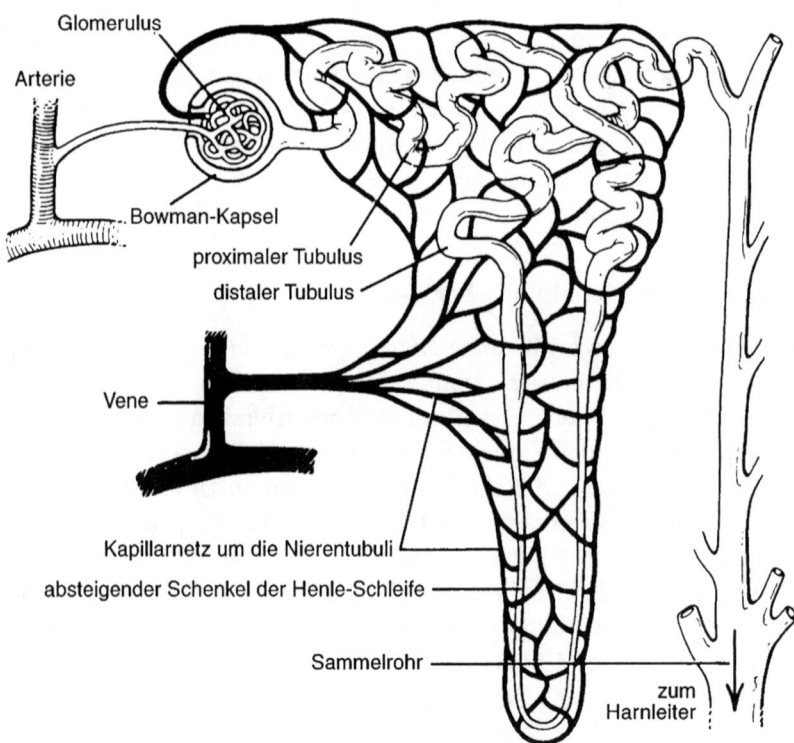

Glomerulus
Arterie
Bowman-Kapsel
proximaler Tubulus
distaler Tubulus
Vene
Kapillarnetz um die Nierentubuli
absteigender Schenkel der Henle-Schleife
Sammelrohr
zum Harnleiter

2.11 Das Nephron, die kleinste funktionelle Einheit der Niere. Man beachte die komplexe Struktur und die enge Verbindung zwischen Blutgefäßen und Nephron. Jede Niere besteht aus etwa einer Million Nephronen.

ren gelangt diese Flüssigkeit dann über die Harnleiter in die Harnblase, die von
Zeit zu Zeit entleert wird.

Bei einem Erwachsenen wird in den Nephronen der Nieren pro Minute etwa
ein Liter Plasma filtriert. Im Blutstrom verbleiben die Blutzellen, Plasmaproteine und restliches Plasma. Mit dem Filtrat gelangen die nicht rückresorbier-
ten Substanzen in die Harnblase und werden ausgeschieden.

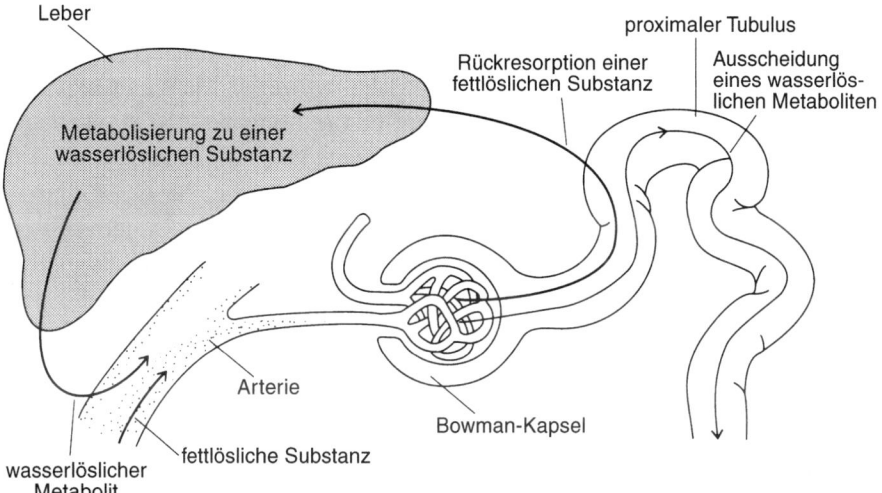

2.12 Elimination von Substanzen durch Leber und Nieren. Fettlösliche Substanzen werden
zwar in den Nieren filtriert, doch können sie zurück ins Blut diffundieren. Mit dem Blut
gelangen sie zur Leber, wo sie durch Stoffwechselvorgänge in wasserlöslichere Verbindungen umgewandelt werden. Diese sind nach der Filtration in der Niere nicht mehr
rückresorbierbar und werden daher mit dem Harn ausgeschieden.

Da die meisten Wirkstoffe kleine Moleküle sind, können sie nach der rena-
len Filtration in den Blutstrom rückresorbiert werden. Wenn die Konzentration
einer Substanz in den Nephronen als Folge der Wasserrückresorption ansteigt,
wird auch die Substanz selbst ins Plasma rückresorbiert. Die Nieren sind also
allein nicht in der Lage, Substanzen aus dem Körper zu eliminieren. Daher
wird die Rückresorption durch einen zusätzlichen Mechanismus unterbunden,
der darin besteht, daß Substanzen durch Leberenzyme in weniger fettlösliche
und damit schlechter rückresorbierbare Verbindungen umgewandelt werden
(Abbildung 2.12). Dieser Vorgang, die sogenannte *hepatische Biotransforma-
tion*, bewirkt die Umwandlung fettlöslicher Substanzen in wasserlösliche
Stoffwechselprodukte oder *Metaboliten*, die nach ihrer Filtration in die Nierentubuli kaum mehr rückresorbiert werden.

Die frei gelöste, also nicht an Plasmaproteine gebundene Substanz gelangt mit dem Blut (über Leberarterie und Pfortader) in die Leber, wo ein Teil von den Leberzellen aufgenommen und durch deren Stoffwechsel abgebaut wird. Die entstehenden Metaboliten werden wieder ins Blut abgegeben, zu den Nieren transportiert und dort ausgeschieden (Abbildung 2.12).

Gewöhnlich (jedoch nicht immer) vermindert sich die pharmakologische Wirkung einer Substanz durch die Umwandlung im Stoffwechsel. Auch wenn ein Metabolit weiter im Körper vorhanden ist, ist er gewöhnlich pharmakologisch inaktiv und ruft nicht die Wirkungen der Muttersubstanz hervor. Manchmal ist allerdings auch der Metabolit pharmakologisch wirksam (mitunter sogar stärker als die Muttersubstanz); in dem Fall wird der Metabolit normalerweise weiter zu einer unwirksamen Verbindung abgebaut. Beispiele dieses Phänomens werden uns an späterer Stelle begegnen.

Eine genaue Darstellung der Mechanismen, durch welche die Leber die chemische Struktur einer Substanz verändert, geht über den Rahmen unserer Diskussion hinaus. Wir wollen uns hier auf den Hinweis beschränken, daß die Reaktionen von einem besonderen Enzymsystem in den Leberzellen katalysiert werden. Viele psychotrope Wirkstoffe stimulieren dieses Enzymsystem, indem sie dessen Aktivität sowie die Gesamtmenge der metabolisierenden Enzyme in der Leber erhöhen. Durch diese sogenannte Enzyminduktion beschleunigen sie ihre eigene Metabolisierung (und auch die weiterer Substanzen), was wiederum die Elimination fördert. Die Enzyminduktion ist eine der Ursachen für die Entwicklung der pharmakologischen Toleranz: Höhere Dosen eines Wirkstoffes werden notwendig, um dessen Plasmaspiegel konstant zu halten und damit den gleichen Effekt hervorzurufen, der sich zuvor bei einer niedrigeren Dosierung erzielen ließ.

Da diese Enzyme eine geringe Substratspezifizität haben (das heißt, ein Enzym kann eine größere Zahl verschiedener Stoffe metabolisieren), wird durch ihre Induktion nicht nur der Abbau der induzierenden Substanz selbst beschleunigt, sondern auch der einer Reihe weiterer Substanzen. Dieser Prozeß führt zur *Kreuztoleranz*, auf die wir in diesem Kapitel noch näher eingehen werden.

Wie bereits erwähnt, werden viele Substanzen von der Mutter über die Placenta an den Fetus weitergegeben. Solange der Fetus mit der Mutter verbunden ist, können diese Substanzen durch die Nabelschnur wieder in das Blut der Mutter gelangen. Die Mutter eliminiert sie dann über ihre Leber und Nieren. Nach der Entbindung muß das Neugeborene solche Substanzen jedoch selbst entsorgen. Leider ist die Leber von Neugeborenen (insbesondere von Frühgeborenen) nur mit wenigen metabolisierenden Enzymen ausgestattet, und die Nieren sind möglicherweise noch nicht voll funktionsfähig. Daher sind Abbau und Ausscheidung von Fremdstoffen für einen Säugling äußerst problematisch. Erhält er von der Mutter eine hohe Konzentration zentralnervös dämpfender

Substanzen (etwa Narkose- oder Betäubungsmittel), so kann er durch deren Wirkung noch lange nach der Entbindung beeinträchtigt sein.

Andere Eliminationswege

Substanzen können auch über die Lunge, mit der Galle (beide Wege wurden bereits beschrieben), dem Schweiß, dem Speichel und der Muttermilch ausgeschieden werden. Viele Substanzen und Metaboliten können in den drei letztgenannten Sekreten vorkommen, in der Regel jedoch nur in niedriger Konzentration, weshalb man diese Wege normalerweise nicht als Haupteliminationswege ansieht. Mitunter ist allerdings die Abgabe psychotroper Substanzen (wie Nicotin) durch die Muttermilch an den Säugling bedenklich. Problematisch ist auch die Verabreichung von Antibiotika an Kühe, da diese Wirkstoffe in die Milch gelangen und somit vom Verbraucher unfreiwillig mitkonsumiert werden. Diese Aspekte sind für Pharmakologen und Arzneimittelzulassungsbehörden von Bedeutung und müssen bei der Erstellung von Richtlinien zur Arzneimittelanwendung wie auch in der Drogenberatung berücksichtigt werden, um die Gefahren für die Öffentlichkeit möglichst gering zu halten.

Zeitverlauf der Verteilung und Elimination von Substanzen

Begriff der Halbwertzeit

Die Kenntnis über die Beziehung zwischen der Anfangskonzentration eines Wirkstoffes im Körper und der Konzentration zu einem späteren Zeitpunkt ist entscheidend erstens zur Festlegung der optimalen Dosis und der Verabreichungsintervalle, um eine therapeutischen Wirkung zu erzielen, zweitens für die Aufrechterhaltung eines therapeutischen Wirkstoffspiegels über einen gewünschten Zeitraum und drittens zur Ermittlung der Zeit, die zur Elimination der Substanz erforderlich ist. Es ist eine Grunderkenntnis der Pharmakologie, daß zwischen der pharmakologischen oder toxischen Wirkung einer Substanz und ihrer meßbaren Konzentration beispielsweise im Blut ein Zusammenhang besteht. Zudem korreliert der therapeutische Wirkstoffspiegel (gemessen im Blut) mit der Wirkstoffkonzentration an der „Rezeptorstelle", also am Wirkort (siehe Abbildung 2.1).

Abbildung 2.13 illustriert den zeitlichen Verlauf der Konzentration am Beispiel eines Medikaments, das einer Ratte intravenös verabreicht wurde. Man erkennt, daß die Konzentration des Arzneimittels im Plasma unmittelbar nach der Injektion ihren Höchstwert erreicht, danach zunächst rasch und schließlich langsamer sinkt. Der schnelle Konzentrationsrückgang spiegelt die Arzneimit-

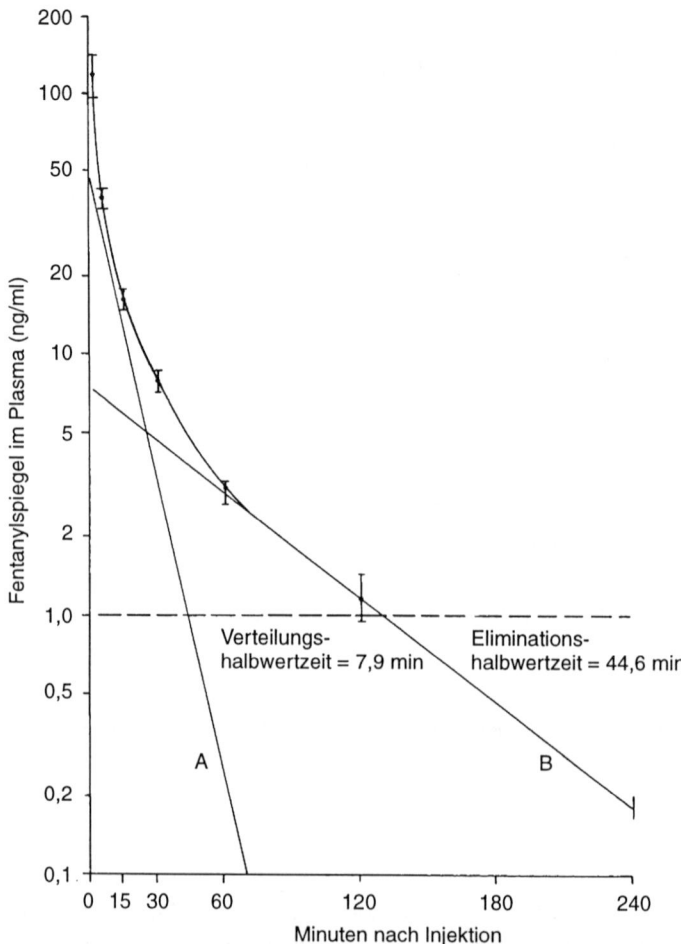

2.13 Plasmakonzentration eines Opioidanalgetikums (Fentanyl), das einer Ratte in einer einmaligen Bolusdosis von 50 Mikrogramm pro Kilogramm Körpergewicht intravenös injiziert wurde. Die Verteilungs- und Eliminationshalbwertzeiten sind mit 7,9 beziehungsweise 44,6 Minuten angegeben. Die unterbrochene horizontale Linie bei einer Plasmakonzentration von einem Nanogramm (milliardstel Gramm) pro Milliliter kennzeichnet die für den analgetischen Effekt erforderliche Mindestkonzentration. Demnach ist die Analgesie etwa 130 Minuten nach der Injektion abgeklungen. (Daten aus Hug und Murphy[9].)

telverteilung im Körper nach intravenöser Injektion wider. Der steil abfallende Kurvenanteil in Abbildung 2.13 (Tangente A) repräsentiert die Phase der von der Durchblutung unabhängigen raschen Verteilung. Die Phase der schnellen Verteilung ist durch die *Verteilungshalbwertzeit* gekennzeichnet, also durch diejenige Zeit, in der die Plasmakonzentration auf die Hälfte des nach der Verabreichung auftretenden Höchstwertes gesunken ist. Wenn die Plasmakonzentration bereits beim Verteilungsprozeß den Wert unterschreiten würde, der für die pharmakologische Wirkung erforderlich ist (dieser Wert ist durch die gestrichelte horizontale Linie gekennzeichnet), wäre kaum ein therapeutischer Effekt zu erreichen; um eine Wirkung zu erzielen, müßte also mehr von dem Medikament verabreicht werden.

Die Phase des langsameren Abfalls (Tangente B) stellt die Zeit dar, die der Körper zur Elimination des Arzneimittels durch Metabolisierung (in der Leber) und Ausscheidung der Metaboliten (über die Nieren) benötigt. Die berechnete Eliminationshalbwertzeit ist ein Maß für diese Prozesse und erlaubt, den zeitlichen Verlauf der Substanzwirkung zu bestimmen.

Abbildung 2.13 zeigt, daß die maximale schmerzdämpfende Wirkung des Opioidanalgetikums Fentanyl innerhalb von Sekunden nach intravenöser Injektion erreicht wird. Fentanyl ist sehr lipophil und wird schnell vom Blut ins Muskel- und Fettgewebe umverteilt, wodurch die Blutkonzentration des Analgetikums absinkt. Die Eliminationshalbwertzeit beträgt etwa 45 Minuten.

Tabelle 2.2: Halbwertzeit und Elimination

verstrichene Halbwertzeiten	Substanzmenge in Prozent	
	eliminiert	noch im Körper
0	0	100
1	50	50
2	75	25
3	87,5	12,5
4	93,8	6,2
5	96,9	3,1
6	98,4	1,6

Wie aus Tabelle 2.2 ersichtlich, vergehen vier Halbwertzeiten (im Falle von Fentanyl also drei Stunden) bis zur Elimination von 90 Prozent einer Substanz und sechs Halbwertzeiten (viereinhalb Stunden bei Fentanyl) bis zur Elimination von 98 Prozent. An diesem Punkt gilt der Patient für die meisten praktischen Zwecke als arzneimittelfrei. Man sollte daran denken, daß die analgetische Wirkung von Fentanyl zwar bereits nach zwei Stunden weitgehend abgeklungen, der Wirkstoff jedoch bis zu 4,5 Stunden in niedriger Konzentration im Körper des Patienten vorhanden ist. Der „Kater" nach Alkoholgenuß – ähnliche Effekte gibt es auch bei anderen Substanzen – beruht auf einer derartig langen Eliminationshalbwertzeit. Wenn es angebracht ist, werden in diesem Buch Halbwertzeiten zur Beschreibung der Wirkungsdauer psychoaktiver Substanzen im Körper angegeben. Bei manchen Substanzen bemißt sich die Halbwertzeit in Tagen; dann kann es wochenlang dauern, bis die Substanz vollständig ausgeschieden ist. Ein Beispiel für eine solche Substanz ist Diazepam (Valium®), dessen Halbwertzeit besonders bei älteren Menschen einige Tage beträgt. Wir werden in Kapitel 4 darauf zurückkommen.

Halbwertzeit, Kumulation und dynamisches Gleichgewicht

Die biologische Halbwertzeit einer Substanz gibt nicht nur die Zeit an, in der ihre Konzentration im Blut um die Hälfte absinkt, sondern ist auch für die Zeit ausschlaggebend, die zur Erreichung eines Konzentrationsgleichgewichts erforderlich ist.[10] Verabreicht man eine zweite volle Dosis einer Substanz, bevor der Körper die erste eliminiert hat, sind die Gesamtmenge der Substanz im Körper und der Maximalwert ihrer Plasmakonzentration höher als nach der ersten Dosis. Werden zum Beispiel um 12 Uhr 100 Milligramm eines Medikaments mit einer Halbwertzeit von vier Stunden verabreicht, so sind um 16 Uhr noch 50 Milligramm im Körper. Gibt man um 16 Uhr weitere 100 Milligramm, so befinden sich um 20 Uhr 75 Milligramm des Medikaments im Körper (25 Milligramm aus der ersten und 50 Milligramm aus der zweiten Dosis). Bei Fortsetzung dieses Verabreichungsschemas steigt die Arzneimittelmenge im Körper weiter an, bis ein Plateau oder Gleichgewichtszustand erreicht ist (Abbildung 2.14).

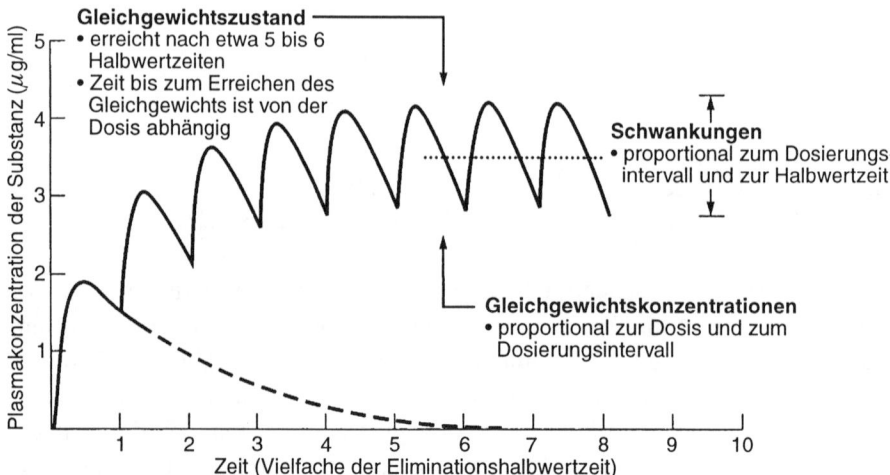

2.14 Plasmakonzentrationen einer Substanz bei wiederholter oraler Verabreichung in Intervallen, die ihrer Eliminationshalbwertzeit entsprechen. Die unterbrochene Kurve stellt den Verlauf der Elimination nach einmaliger Applikation dar. Da nur 50 Prozent jeder Dosis vor Verabreichung der nächsten Dosis eliminiert werden, kommt es zur Kumulation der Substanz, bis sich nach fünf bis sechs Halbwertzeiten ein Gleichgewicht einstellt. Die sinusförmig verlaufenden Kurven geben die maximalen und minimalen Konzentrationen zu Beginn und Ende eines jeden Dosierungsintervalls wieder. Die gepunktete Linie kennzeichnet die durchschnittliche Konzentration, die im Gleichgewicht erreicht wird.

Die Zeit bis zum Erreichen der Gleichgewichtskonzentration beträgt in der Regel etwa das Sechsfache der Eliminationshalbwertzeit und ist von der gewählten Dosierung unabhängig. Dies läßt sich folgendermaßen erklären: Nach einer Halbwertzeit ist die Konzentration auf 50 Prozent des Anfangswertes gesunken. Gibt man jetzt die zweite Dosis, liegt, wie schon erläutert, nach zwei Halbwertzeiten eine Konzentration von 75 Prozent vor; nach drei Halbwertzeiten lassen sich entsprechend 87,5 Prozent erzielen (50 Prozent aus der dritten Dosis plus 25 Prozent aus der zweiten plus 12,5 Prozent aus der ersten). Bei 98,4 Prozent (der Konzentration nach sechs Halbwertzeiten) ist im wesentlichen ein Gleichgewicht erreicht. Die *Gleichgewichtskonzentration* – also die Konzentration, die sich bei wiederholter Verabreichung in regelmäßigen Zeitabständen schließlich einstellt – liegt vor, wenn die Menge, die pro Zeiteinheit verabreicht wird, gleich der Menge ist, die pro Zeiteinheit eliminiert wird. Die Höhe der Gleichgewichtskonzentration hängt ab von der verabreichten Dosis, dem Zeitabstand zwischen den einzelnen Gaben (Dosierungsintervall), der Halbwertzeit der betreffenden Substanz und einer Reihe weiterer Faktoren, die die Eliminierung beeinflussen können.

Zusammenfassend läßt sich feststellen, daß eine kontinuierliche Dosierung in regelmäßigen Intervallen zu einer absehbaren Kumulation führt, wobei sich

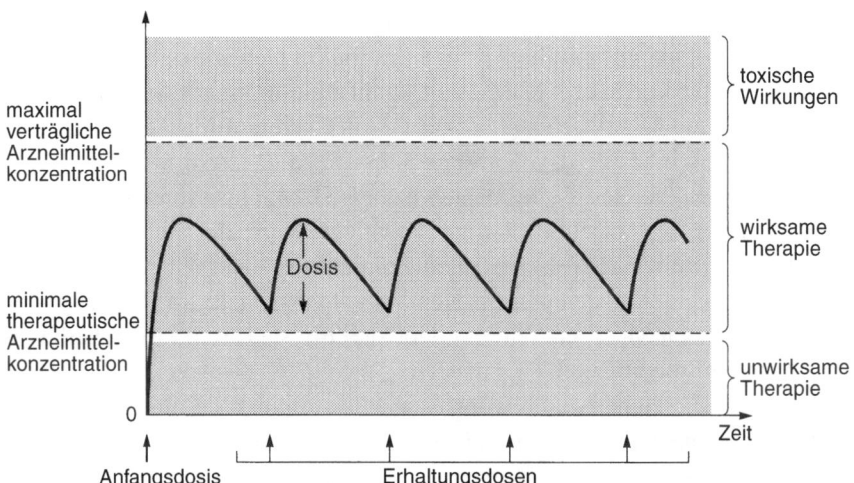

2.15 Die Blutkonzentration eines Medikaments ist hier in willkürlichen Einheiten gegen die Zeit aufgetragen. Zwischen den horizontalen unterbrochenen Linien liegt der therapeutisch wirksame Bereich, der durch die niedrigste noch therapeutisch wirksame und die maximal verträgliche Konzentration begrenzt wird. Nach Gabe der Initialdosis steigt die Konzentration auf einen therapeutisch wirksamen, aber nicht toxischen Wert. Durch die Zufuhr von Erhaltungsdosen in geeigneter Höhe und Verabreichungsfrequenz wird erreicht, daß der Wirkstoffspiegel stets oberhalb des unwirksamen und unterhalb des toxischen Bereichs bleibt. (Aus Smith und Reynard[10], S. 70.)

nach etwa sechs Halbwertzeiten eine Gleichgewichtskonzentration einstellt. Die Höhe der Konzentration ist proportional zur Dosis und zum Dosierungsintervall. In der Klinik bestimmen diese Faktoren die medikamentöse Therapie, wenn die Arzneimittelkonzentration im Blut überwacht und zu den therapeutischen Ergebnissen in Beziehung gesetzt wird (Abbildung 2.15).

Die Halbwertzeit von Substanzen ist mitunter auch von juristischer Bedeutung: Aus dem Wert des Blutalkoholgehalts zum Meßzeitpunkt läßt sich der Wert rückberechnen, der zu einem früheren Zeitpunkt (zum Beispiel während eines Verkehrsunfalls) vorgelegen haben muß.

Therapeutisches *drug monitoring*

Therapeutisches *drug monitoring* (TDM) ist die Überwachung einer medikamentösen Therapie durch Messung der Wirkstoffkonzentration im Plasma des Patienten. TDM kann entscheidend zur Verbesserung der therapeutischen Anwendung von Arzneimitteln beitragen. In der Psychopharmakologie läßt sich durch TDM die Prognose psychischer Erkrankungen erheblich verbessern, da vorher schwer behandelbare Störungen therapeutisch zugänglicher werden.[11]

TDM basiert auf dem Prinzip, daß die Plasmakonzentration eines medikamentösen Wirkstoffes an der Rezeptorstelle einen bestimmten Schwellenwert erreichen muß, damit eine pharmakologische Wirkung entsteht und aufrechterhalten wird. Von entscheidender Bedeutung ist dabei, daß die Plasmakonzentration der Substanz gut mit ihrer Konzentration im Gewebe und besonders mit der am Rezeptor korreliert. TDM stellt somit eine indirekte, jedoch gewöhnlich recht genaue Überwachung der Wirkstoffkonzentration am Rezeptor im Zielgewebe dar (im Falle psychotroper Substanzen das Zentralnervensystem). Um festzustellen, ob eine Beziehung zwischen TDM, Dosierung und therapeutischer Wirkung besteht, führt man großangelegte klinische Studien durch und entnimmt Blutproben zu verschiedenen Zeitpunkten innerhalb von Kurz- und Langzeittherapien. Aus den gemessenen Wirkstoffspiegeln im Plasma und der beobachteten therapeutischen Wirkung läßt sich die statistische Korrelation zwischen Arzneimittelgabe und Therapieerfolg ermitteln. Danach kann ein Dosierungsplan zum Erreichen des gewünschten Plasmaspiegels aufgestellt werden.

TDM hat auch seine Grenzen. Bei psychischen Erkrankungen ist eine Besserung meist schwer zu quantifizieren. Zudem wird die Korrelation zwischen Medikamentengabe und Therapieerfolg schwierig, wenn frühzeitig toxische Effekte auftreten, die nicht erkannt werden, oder die therapeutische Wirkung nur verzögert einsetzt.

TDM verfolgt zahlreiche Zielsetzungen. Dazu gehört etwa die Feststellung, ob ein Patient das Medikament wie verordnet einnimmt. Liegt die Plasmakonzentration des Medikaments unter dem therapeutischen Wert, weil der Patient die erforderliche Medikation nicht eingenommen hat, dann wird der therapeutische Erfolg gering sein. Ein weiteres Ziel ist die Vermeidung toxischer Wirkungen: Wenn der Plasmaspiegel eines Arzneimittels oberhalb des therapeutischen Wertes liegt, kann die Dosis gesenkt werden. Die Wirksamkeit bleibt dabei erhalten, gleichzeitig verringert sich die Gefahr toxischer Effekte. Ein drittes Ziel ist die Verstärkung der therapeutischen Wirkung, indem man nicht von der Arzneimitteldosis, sondern vom gemessenen Wirkstoffgehalt im Plasma ausgeht. Manche Patienten benötigen ungewöhnlich hohe Dosierungen eines Medikaments; mit TDM läßt sich das feststellen, so daß man entsprechend reagieren kann. Überdies lassen sich mit TDM nicht selten die Behandlungskosten senken, da die Erkrankung effektiver therapiert wird.

Toleranz und Abhängigkeit

Toleranz oder *Gewöhnung* kann als schrittweise Abnahme der Wirkung einer Substanz definiert werden. Wenn jemand eine Toleranz entwickelt, müssen immer höhere Dosen angewendet werden, um die Wirkung der Ausgangsdosis zu erzielen.

An der Toleranzentstehung sind mindestens drei Mechanismen beteiligt; zwei sind pharmakologischer Natur, der dritte ist verhaltensbedingt. Der erste der pharmakologischen Mechanismen ist die *metabolische Toleranz*. Hierbei induzieren Substanzen die Synthese hepatischer metabolisierender Enzyme in der Leber, die am Abbau von Wirkstoffen beteiligt sind. Aufgrund dieser Enzyminduktion werden Substanzen schneller abgebaut, so daß eine größere Substanzmenge verabreicht werden muß, um die Konzentration im Körper auf gleicher Höhe zu halten. Der zweite Mechanismus ist die *Gewöhnung durch Rezeptoradaptation* oder *pharmakodynamische Toleranz*. Dabei passen sich die Rezeptoren im Gehirn an die ständige Anwesenheit der Substanz an. Diese Anpassung wird entweder durch Erhöhung der Rezeptorzahl verursacht, so daß eine größere Substanzmenge erforderlich ist, um sie zu besetzen, oder durch Verminderung ihrer Empfindlichkeit gegenüber der Substanz (*down regulation*). Bei der pharmakodynamischen Toleranz muß die Plasmakonzentration der Substanz erhöht werden, um eine gleichbleibende biologische Wirkung zu erzielen. Dieser Effekt wird bei der Abhängigkeit von Betäubungsmitteln, Barbituraten und Alkohol beobachtet; allerdings spielt in den beiden letzteren Fällen auch die Enzyminduktion eine Rolle.

Wie man in jüngerer Zeit erkannt hat, tragen auch Prozesse der *Verhaltenskonditionierung* zur Toleranz bei. Der ständige Kontakt von Substanzen mit ihren Rezeptoren reicht allein nicht aus, um die beträchtlichen Toleranzsteigerungen zu erklären, die viele Personen gegenüber Opioiden, Barbituraten, Ethanol und anderen Substanzen entwickeln. In diesen Fällen ist eine Toleranz dann nachweisbar, wenn die betreffende Substanz in einem bestimmten, mit der Einnahme verknüpften Kontext genommen wird. Fehlt dieser Kontext, so tritt die Toleranz nicht auf.[12] Poulos und Cappell schlagen das Modell einer *homöostatischen Theorie der Toleranz* vor.[13] Sie stellten in einer Studie zur Morphinanalgesie fest, daß die Versuchsbedingungen Einfluß auf die Ausprägung der Toleranz hatten: In einer Umgebung, in der bereits früher eine Toleranz entstanden war, trat sie wieder in Erscheinung und ließ sich durch auslösende Reize dieser Umgebung aufrechterhalten. Diese „bedingte Toleranz" gilt allgemein und stellt einen generellen Mechanismus dar, der der Entwicklung aller Formen der systemischen Gewöhnung zugrunde liegt.

> »Die Umstände, die gewöhnlich mit der Substanzzufuhr verbunden sind, werden zu konditionierenden Reizen, die eine konditionierte Reaktion auslösen. Diese Reaktion kompensiert die direkten Effekte der Substanz. Wie sich bei Konditionierungsexperimenten zeigt, nimmt das Ausmaß der konditionierten kompensatorischen Reaktion zu und wirkt den direkten Substanzeffekten entgegen – es entsteht Toleranz.«[14]

Ein Beispiel für eine Toleranz durch Enzyminduktion zeigt Tabelle 2.3. In diesem Experiment erhielten Kaninchen, die drei Tage mit je einer Dosis des kurzwirksamen Barbiturats Pentobarbital vorbehandelt worden waren, eine einmalige Versuchsdosis Pentobarbital. Die Schlafdauer der Kaninchen und die Pentobarbitalmenge in ihrem Blut zum Zeitpunkt des Erwachens wurden gemessen und mit den entsprechenden Werten bei nicht vorbehandelten Kaninchen verglichen, die die gleiche einmalige Versuchsdosis erhalten hatten. Obwohl die vorbehandelten Tiere weniger als halb so lange schliefen wie die Kontrolltiere, war in beiden Gruppen die Konzentration des Barbiturats im Blut nach dem Aufwachen nahezu gleich. Die Vorbehandlung hatte eine Toleranz gegenüber dem Barbiturat entstehen lassen, und zwar nicht durch Beeinflussung des „Schlafzentrums" im Gehirn, sondern durch Induzierung von Leberenzymen, die den Abbau und die Ausscheidung der Substanz beschleunigten.

Die *physische Abhängigkeit* ist ein völlig andersartiges Phänomen, auch wenn sie in den meisten Fällen mit einer Toleranzentwicklung einhergeht. Bei physischer Abhängigkeit bedarf der Organismus immer wieder der Zuführung der Substanz, um seine normalen Funktionen aufrechtzuerhalten. Diese Form

Tabelle 2.3: Auswirkung der Vorbehandlung mit Pentobarbital auf die Dauer der Pentobarbitalwirkung

Vorbehandlung	Schlafdauer	Plasmaspiegel von Pentobarbital beim Erwachen (mg/ml)	Halbwertzeit von Pentobarbital im Plasma (min)
keine	67 ± 4	9,9 ± 1,4	79 ± 3
Pentobarbital	30 ± 7	7,9 ± 0,6	26 ± 2

Aus Remmer[15].
Anmerkung: Kaninchen wurden drei Tage lang mit je einer subkutan verabreichten Dosis von 60 mg/kg Pentobarbital vorbehandelt und erhielten dann eine einmalige Versuchsdosis von 60 mg/kg.

der Abhängigkeit äußert sich durch das Auftreten von Entzugssymptomen (*Abstinenzsyndrom*), wenn die Substanz nicht mehr genommen wird. Bei erneuter Verabreichung der Substanz verschwinden diese Entzugssymptome.

Pharmakodynamik: Substanz-Rezeptor-Wechselwirkungen

Ehe eine Substanz eine pharmakologische Wirkung hervorrufen kann, muß sie mit einem oder mehreren Zellbestandteilen interagieren. Die Zellkomponente, die zuerst mit der Substanz in Wechselwirkung tritt, wird als Rezeptor bezeichnet. Einer grundlegenden Theorie der Pharmakologie zufolge binden sich Wirkstoffmoleküle an spezifische Rezeptoren, die sich auf der Zellmembran oder im Zellinneren befinden. Die Bindung der Substanz an den Rezeptor ändert die funktionellen Eigenschaften der betreffenden Zelle und ruft dadurch eine pharmakologische Wirkung hervor. Wie im folgenden noch beschrieben wird, aktiviert diese Bindung den Rezeptor (*agonistische* Wirkung) oder inaktiviert ihn (*antagonistische* Wirkung). Die Wechselwirkung zwischen Substanz und Rezeptor löst eine Kaskade zellulärer Ereignisse aus, die zu Veränderungen der subzellulären Komponenten der Zielzelle führen, wodurch schließlich die klinisch relevanten therapeutischen Wirkungen und Nebenwirkungen entstehen.[16, 17]

Abbildung 2.16 veranschaulicht einige wichtige Aspekte der Substanz-Rezeptor-Wechselwirkungen.[17] Erstens befinden sich die Rezeptoren gewöhnlich an der Oberfläche membrandurchziehender Proteine. Diese Proteine wiederum haben eine oder mehrere Arten von Bindungsstellen, in der Regel für einen endogenen, also körpereigenen Überträgerstoff (*Ligand*), zum Beispiel einen Neurotransmitter. Diese verschiedenen Arten von Bindungsstellen lassen sich pharmakologisch unterscheiden.

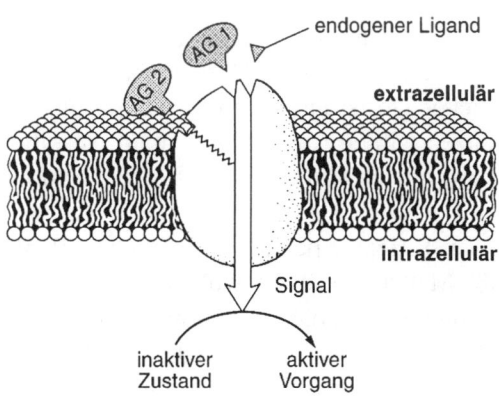

2.16 Schematische Darstellung eines klassischen Rezeptors. Der Rezeptor befindet sich auf einem Protein, das die Zellmembran durchzieht. Ein Typ-I-Agonist (AG 1) paßt auf die Bindungsstelle für den endogenen Liganden. Ein Typ-II-Agonist (AG 2) bindet an eine benachbarte Stelle und beeinflußt (verstärkt) damit die Signalübertragung. Die Signalübertragung aktiviert intrazelluläre Vorgänge, die bei fehlender Rezeptoraktivierung nicht stattfinden.

Zweitens aktiviert die Anlagerung (reversible Bindung) des rezeptorspezifischen endogenen Liganden den Rezeptor normalerweise durch strukturelle Veränderung des Proteins. Diese Veränderung erzeugt ein Signal, das durch die Membran hindurch in das Innere der Zelle übertragen wird.

Drittens hängt die Stärke des entstehenden Transmembransignals entweder von dem Anteil der verfügbaren Rezeptoren ab, die von dem endogenen Liganden (oder dem exogenen, von außen zugeführten Agonisten) besetzt werden, oder von der Geschwindigkeit der reversiblen Bindung des Liganden oder der agonistischen Substanz.

Viertens kann eine Substanz die Entstehung, die Übertragung oder den Empfang des Transmembransignals entweder verstärken oder abschwächen, indem sie sich an den Rezeptor für einen endogenen Liganden bindet. Wird durch diese Bindung die Aktivität des natürlichen Liganden imitiert, entsteht eine agonistische (oder stimulierende) Wirkung. Besetzt die Substanz dagegen den Rezeptor, ohne eine ligandenähnliche Aktivierung hervorzurufen, so wird eine antagonistische (oder inhibitorische) Wirkung ausgelöst, da der Zugang zum Rezeptor für den Liganden nun blockiert ist. Agonisten wie Antagonisten können sich entweder zur direkten Aktivierung beziehungsweise Hemmung der Signalübertragung (Transduktion) an die Ligandenbindungsstelle selbst anlagern oder an andere Stellen des Rezeptors binden, welche die Signalübertragung beeinflussen, oder schließlich mit intrazellulären Empfangsstellen des Signals in Wechselwirkung treten (Abbildung 2.16).

Affinität zwischen Rezeptor und Wirkstoff

Ein Wirkstoffrezeptor zeichnet sich durch eine hohe (jedoch nicht absolute) Spezifität oder *Affinität* für die Moleküle „seines" Wirkstoffes aus. Eine scheinbar geringe oder unbedeutende Veränderung in der chemischen Struktur des Wirkstoffes kann die Intensität der zellulären Reaktion erheblich beeinflussen. Beispielsweise haben sowohl Amphetamin als auch Methamphetamin eine stark erregende Wirkung auf das Zentralnervensystem. Trotz der ausgeprägten Strukturähnlichkeit der beiden Substanzen ist Methamphetamin wesentlich wirksamer und ruft bei gleicher Dosis eine weitaus stärkere psychische Erregung hervor. Beide Substanzen wirken wahrscheinlich auf dieselben Rezeptoren im Gehirn, Methamphetamin jedoch in erheblich stärkerem Maße als Amphetamin.

Das Molekül, das am besten auf den Rezeptor paßt, löst die stärkste Reaktion in der Zelle aus. Folglich paßt Methamphetamin wohl besser auf den Rezeptor als Amphetamin. Man vermutet derzeit, daß die Bindung eines Wirkstoffes an seinen Rezeptor indirekt Konformationsänderungen in der Zellmembran auslöst, die schließlich die Hirn- oder Körperfunktionen verändern.

Die Selektivität oder Spezifität der Wirkung einer Substanz entsteht nicht durch eine selektive Verteilung der Substanzmoleküle; vielmehr beruht sie auf der Spezifität der betreffenden Substanz für bestimmte Rezeptoren, auf der selektiven Verteilung dieser Rezeptoren, auf der Stärke der Bindung an den Rezeptor und auf den Folgen der Wechselwirkung zwischen Substanz und Rezeptor.

In der Arzneimittelforschung versucht man zur Zeit, die primären Orte und Mechanismen der Wirkung von Substanzen auf molekularer Ebene und immer detaillierter zu charakterisieren. Häufig stellt sich heraus, daß eine Substanz mit einem scheinbar breiten Wirkungsspektrum recht spezifisch auf einen bestimmten Zell- oder Gewebebestandteil wirkt, etwa auf ein Enzym, einen spezifischen Neurotransmitter oder auf ein DNA-Molekül. Aspirin beispielsweise übt eine Vielzahl von Wirkungen aus, darunter analgetische, entzündungshemmende und fiebersenkende. Diese Wirkungen lassen sich größtenteils auf eine Hemmung der Aktivität eines oder mehrerer Enzyme zurückführen, die an Entzündungsprozessen beteiligt sind. Ebenso entfalten Tranquilizer vom Benzodiazepintyp ihre sedativen, angstlösenden und antiepileptischen Effekte durch Interaktion mit spezifischen Rezeptorstellen im Gehirn, wodurch die Wirkung eines inhibitorischen Neurotransmitters, der γ-Aminobuttersäure (GABA), verstärkt wird (Kapitel 4). Ein Ziel dieses Buches ist, wo immer möglich, die jeweiligen Einzelmechanismen darzustellen, auf die das breite Wirkungsspektrum einer Substanz oder einer bestimmten Substanzgruppe zurückgeht.

Aus der Tatsache, daß pharmakologisch aktive Substanzen auf spezifische molekulare Rezeptoren wirken, lassen sich drei wichtige Erkenntnisse ableiten. Erstens kann eine Substanz unter Umständen die Geschwindigkeit verändern, mit der eine Funktion des Körpers – einschließlich des Gehirns – abläuft. Zweitens erzeugt eine Substanz keine neuen Effekte, sondern moduliert lediglich vorhandene Funktionsabläufe. Und drittens kann eine Substanz eine Zelle nicht auf neue Funktionen umprogrammieren.

Die Affinität einer Substanz für ihren Rezeptor – also ihre Fähigkeit, an den Rezeptor zu binden –, ihre Aktivität als Agonist oder Antagonist und die Stärke ihrer Wirkung stehen in engem Zusammenhang mit ihrer chemischen Struktur. Die chemischen Formeln, die in diesem Buch vorgestellt werden, sollen in erster Linie zeigen, daß geringfügige strukturelle Veränderungen an einem Wirkstoffmolekül massive Unterschiede in der Wirkung nach sich ziehen können. Diese Unterschiede sind vermutlich darauf zurückzuführen, daß auch kleine Strukturabwandlungen die Paßform einer Substanz für ihren Rezeptor beträchtlich verändern können, wodurch die substanzinduzierten Konformationsänderungen in der dreidimensionalen Struktur des Rezeptors erheblich beeinflußt werden.

Es sei erwähnt, daß die Rezeptoren selbst vielen regulatorischen, intrinsischen und homöostatischen Einflüssen unterliegen und daß sich ihre Empfindlichkeit und auch ihre absolute Zahl in beide Richtungen ändern können. Derartige Vorgänge sind offenbar an den Mechanismen der pharmakodynamischen Toleranz, der genetischen Variabilität und anderen Phänomenen beteiligt.

Beziehung zwischen Dosis und Wirkung

Eine Methode zur Quantifizierung der Substanz-Rezeptor-Wechselwirkungen, also der Bildung reversibler Substanz-Rezeptor-Komplexe, ist die Erstellung sogenannter *Dosis-Wirkungs-Kurven*. In Abbildung 2.17 sind zwei verschiedene Typen von Dosis-Wirkungs-Kurven dargestellt. Diagramm A zeigt die Beziehung zwischen der Dosis und dem Prozentsatz der Personen, bei denen eine charakteristische Wirkung auftritt. In Diagramm B wird die Dosis mit der Stärke der Wirkung bei einer einzelnen Person in Beziehung gesetzt. Wie beide Kurven zeigen, gibt es einerseits eine Minimaldosis mit nur noch geringer oder nicht mehr meßbarer Wirkung, andererseits eine Maximaldosis, jenseits derer keine Wirkungssteigerung mehr erzielt werden kann.

Aus den Dosis-Wirkungs-Kurven lassen sich wichtige Charakteristika einer Substanz ableiten. Dazu gehören die *Potenz* – sie beschreibt die Beziehung zwischen einer bestimmten (üblicherweise der halbmaximalen) Wirkungsstärke und der dafür erforderlichen Substanzmenge –, die Wirksamkeit (die maximal erreichbare Wirkung) und die Dosis, die zur Erzielung der maximalen Wirkung mindestens notwendig ist (siehe Kurve B in Abbildung 2.17). Außerdem können anhand der Dosis-Wirkungs-Kurven die Schwankungsbreite der Wirkungen und die Sicherheit einer Substanz beurteilt werden. Darauf werden wir in diesem Kapitel noch zurückkommen.

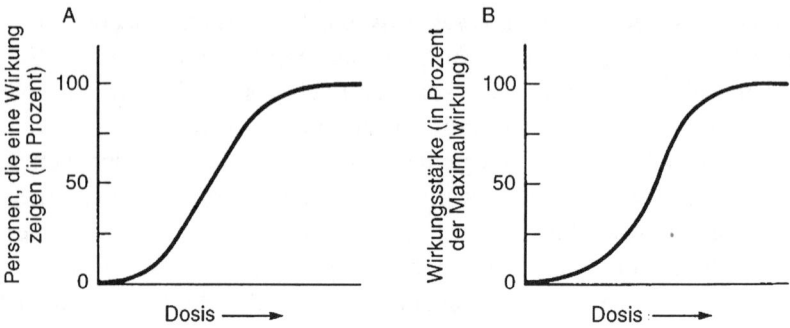

2.17 Zwei Arten von Dosis-Wirkungs-Kurven. Jeweils als Funktion der Dosis zeigt Kurve A den prozentualen Anteil der Personen, die eine bestimmte Wirkung zeigen, und Kurve B die Wirkungsstärke bei einer Einzelperson.

Die Lage der Dosis-Wirkungs-Kurve relativ zur x-Achse spiegelt die Potenz eines Wirkstoffes wider. Wenn zwei Arzneimittel sedierend wirken, das eine diese Wirkung bereits bei einer halb so hohen Dosis auslöst wie das andere, so ist die erste Substanz doppelt so potent wie die zweite. Die Potenz ist allerdings eine relativ unwichtige Eigenschaft eines Wirkstoffes, denn es ist unerheblich, ob die wirksame Dosis nun 0,1 Gramm oder zehn Gramm beträgt, solange der Wirkstoff in der benötigten Dosis keine übermäßigen toxischen Wirkungen hervorruft. Somit ist die potentere Substanz nicht unbedingt die bessere. Eine hohe Potenz ist in der Regel sogar ein Nachteil, da eine hochpotente Substanz gegenüber einer niedrigpotenten wesentlich toxischer (also gefährlicher) sein kann und eine weitaus größere Umsicht bei der Verabreichung erfordert, um die erwünschte therapeutische Wirkung zu erzielen.

Zur Beurteilung der *Steilheit* einer Dosis-Wirkungs-Kurve betrachtet man ihren mehr oder weniger linearen, mittleren Teil. Eine steil ansteigende Kurve bedeutet, daß zwischen der Dosis, die eine gewünschte Wirkung hervorruft, und der toxischen Dosis nur ein geringer Unterschied besteht. Je steiler die Kurve, desto kleiner ist der Dosierungsspielraum zwischen minimaler und maximaler Wirkung.

Das Plateau, in das die Dosis-Wirkungs-Kurve schließlich ausläuft, kennzeichnet die maximale Wirkung oder Wirksamkeit einer Substanz. Diese Wirksamkeit läßt sich durch weitere Dosissteigerung nicht mehr erhöhen. Nicht alle psychoaktiven Substanzen erreichen den gleichen Wirkungsgrad. Coffein beispielsweise kann auch in massiven Dosen nicht das gleiche Ausmaß an zentralnervöser Erregung hervorrufen wie Amphetamin. Ebenso kann Aspirin in der Regel nicht den starken analgetischen Effekt erzeugen, der sich mit Morphin erzielen läßt. Somit ist die Höhe der Maximalwirkung eine inhärente Eigenschaft einer Substanz und stellt ein Maß für ihre Wirksamkeit dar. Die meisten psychotropen Substanzen werden jedoch nicht in ihrer maximal wirksamen Dosis eingesetzt, da der obere Dosisbereich durch Nebenwirkungen belastet ist. Die Anwendbarkeit einer Substanz ist folglich eingeschränkt, da man ihre theoretische Maximalwirkung in der Regel nicht ausschöpfen kann.

Um sich diese Überlegungen nochmals zu verdeutlichen, betrachte man die drei Kurven in Abbildung 2.18. Die Substanzen A und B erzeugen die gleiche maximale Wirkung, Substanz C hat dagegen eine deutlich geringere Wirksamkeit. Substanz A ist etwa zehnfach potenter als Substanz B, die Potenzen von Substanz B und Substanz C sind gleich. Die Kurve von Substanz C verläuft flacher als die von Substanz A und B. Somit kann Substanz C trotz der geringeren Wirksamkeit einfacher verabreicht werden. Die Kurven geben allerdings keine Auskunft über Sicherheit, Nebenwirkungen, Toxizität oder therapeutische Überlegenheit.

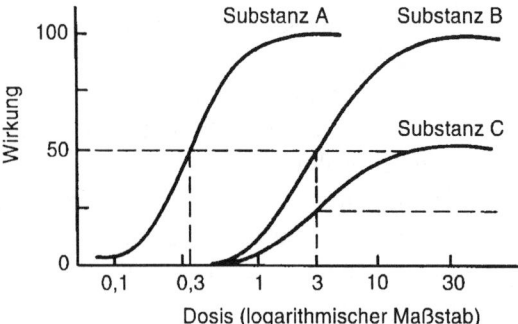

2.18 Dosis-Wirkungs-Kurven dreier Substanzen. Erläuterung siehe Text.

Sicherheit und Wirksamkeit

Variabilität der Reaktion auf eine Substanz

Die *Variabilität* ist ein weiterer Faktor, der bei der Beurteilung von Substanzwirkungen berücksichtigt werden muß. Die Dosis, die eine bestimmte Wirkung hervorruft, ist von Person zu Person recht unterschiedlich. Abbildung 2.19 zeigt die Variabilität der Reaktionen auf eine Substanz in einer Tierpopulation. Die glockenförmige Kurve entspricht der Gauß-Normalverteilung. Die mittlere Dosis für eine bestimmte Wirkung läßt sich bei dieser Population zwar leicht berechnen (sie ist durch die unterbrochene vertikale Linie gekennzeichnet), doch sprechen einige Tiere bereits auf Substanzgaben an, die erheblich unter der mittleren Dosis liegen, während andere erst bei wesentlich höheren Dosen eine Reaktion zeigen. Somit ist eine individuelle Dosisbestimmung bei allen Wirkstoffen äußerst wichtig, und Verallgemeinerungen über „Durchschnittsdosen" sind riskant. Die Gauß-Verteilung ermöglicht allerdings die Ermittlung der Substanzdosis, die die gewünschte Wirkung in 50 Prozent der Fälle hervorruft. Diese Dosis wird als die ED_{50} der Substanz bezeichnet (die effektive Dosis in 50 Prozent der getesteten Individuen). In ähnlicher Weise kann die LD_{50} (die letale Dosis in 50 Prozent der getesteten Individuen) bestimmt werden. Die LD_{50} wird genauso berechnet wie die ED_{50}, nur trägt man die Dosis gegen die Anzahl der Tiere auf, die nach Verabreichung jeweils unterschiedlicher Dosen der Substanz sterben. Sowohl die ED_{50} als auch die LD_{50} müssen bestimmt werden, um substanzbedingte Todesfälle bei Menschen zu vermeiden. ED_{50} und LD_{50} werden gewöhnlich an Labormäusen ermittelt. Das Verhältnis von LD_{50} zu ED_{50} dient als Maß für die therapeutische Breite oder Sicherheit eines Pharmakons.

Zur Veranschaulichung dieser Zusammenhänge sind in Abbildung 2.20 zwei Dosis-Wirkungs-Kurven für ein Schlafmittel dargestellt. Die linke Kurve zeigt die Beziehung zwischen der Dosis und dem prozentualen Anteil einer Mäuse-

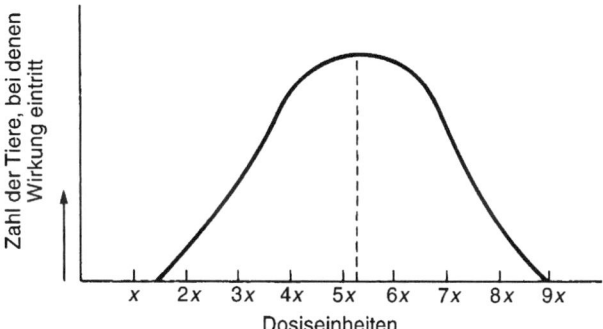

2.19 Biologische Streuung der Ansprechbarkeit auf Substanzen. Die Kurve folgt einer Gauß-Verteilung. Die Substanzdosis wurde gegen die Anzahl der Tiere aufgetragen, bei denen nach Gabe der jeweiligen Dosis eine bestimmte Wirkung eintrat. Zu beachten ist, daß einige Tiere für diese Wirkung nur eine geringe Substanzmenge benötigen, andere dagegen erst bei einer Dosis reagieren, die erheblich höher liegt als im Durchschnitt erforderlich.

population, der nach Gabe der jeweiligen Dosis einschläft; die rechte Kurve gibt in entsprechender Weise den Prozentsatz wieder, auf den die jeweilige Dosis tödlich wirkt. In diesem Beispiel ist das Verhältnis zwischen LD_{50} und ED_{50} 100 zu 10, also 10. Das scheint ein relativ großer Wert zu sein, doch ist zu bedenken, daß bei einer Dosis von 50 Milligramm erst 95 Prozent der Mäuse einschlafen, aber bereits fünf Prozent der Mäuse sterben. Diese Überschneidung verdeutlicht die biologische Streuung der individuellen Reaktionen auf Substanzen und läßt die Schwierigkeit bei der Bewertung der relativen Sicherheit eines Wirkstoffes erkennen, zumal wenn er in großen Populationen angewendet wird. Im Falle der Substanz aus Abbildung 2.20 gibt es keine Dosis, bei der mit Sicherheit alle Mäuse schlafen und keine stirbt. Ein nützli-

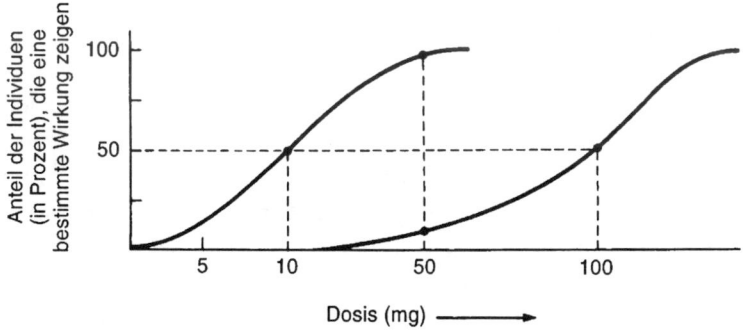

2.20 Zwei Dosis-Wirkungs-Kurven. In der linken Kurve sind die Substanzdosen aufgetragen, die zur Auslösung einer bestimmten Wirkung notwendig sind. Die rechte Kurve gibt die Letaldosen wieder.

cherer Indikator für den Sicherheitsabstand ist daher der Quotient LD_1/ED_{99}, also das Verhältnis der Dosis, die bei einem Prozent der Population letal wirkt, zur Dosis, die bei 99 Prozent der Population effektiv ist. Ein Schlafmittel mit dem Quotienten LD_1/ED_{99} von 1 wäre sicherer als die Substanz in Abbildung 2.20.

Allerdings sind diese Indizes, die bei Labortieren ermittelt werden, nur von begrenztem Nutzen, da sie keine Aussage über gelegentlich auftretende unerwartete Reaktionen erlauben, die bei Menschen zu schweren Schädigungen führen können. Die Variabilität unter verschiedenen Personen oder bei derselben Person in unterschiedlichen Situationen ist zurückzuführen auf: 1) unterschiedliche Konzentrationen der Substanz am Wirkort (bei gleicher Dosis); 2) unterschiedliche physiologische Reaktionen bei gleichen Substanzkonzentrationen; und 3) ungewöhnliche, etwa genetisch oder allergisch bedingte Reaktionen, die völlig unerwartet eintreten.

Variationen des ersten Typs sind die Folge unterschiedlicher Wirkungen einer gegebenen Wirkstoffdosis aufgrund von Unterschieden in der Resorption, Verteilung und Ausscheidung (pharmakokinetische Variation). Variationen des zweiten Typs resultieren aus unterschiedlichen Reaktionen auf eine ähnliche Wirkstoffkonzentration am Rezeptor (pharmakodynamische Variation), etwa aufgrund von Unterschieden in der Rezeptorempfindlichkeit. Alter, genetische Faktoren, Wechselwirkungen mit anderen Substanzen und bestimmte Krankheiten können die Empfindlichkeit eines Rezeptors gegenüber dem entsprechenden Wirkstoff beeinflussen und verändern. Diese Ursachen der pharmakologischen Variabilität werden jeweils in Zusammenhang mit den einzelnen Substanzen erläutert.

Die Variabilität ist eng mit der Toxizität einer Substanz verknüpft. Daher sind die unvermeidlichen Nebenwirkungen einer Substanz ebenso wie ihre ernsthafteren toxischen Wirkungen (einschließlich der tödlichen) stets in Betracht zu ziehen.

Wechselwirkungen zwischen Substanzen

Es ist bekannt, daß die Wirkungen einer Substanz durch die gleichzeitige Verabreichung einer anderen verändert werden können. Dieser Umstand ist gerade in der Psychopharmakologie von erheblicher Bedeutung.[18] Beispielsweise verstärkt Alkohol nach Einnahme einer Schlaftablette oder eines Beruhigungsmittels die Sedierung und die auftretenden Koordinationsstörungen. Diese synergistische Wirkung mag geringe Folgen haben, wenn die Substanzen jeweils in niedrigen Dosen eingenommen wurden; doch höhere Dosen einer oder beider Substanzen können sowohl für den Konsumenten als auch für seine Mitmenschen gefährlich werden. Jemand, der in geringen Mengen Alkohol trinkt, mag normalerweise noch in der Lage sein, ohne bedeutende Beeinträchtigung der Kontrolle oder Koordination ein Fahrzeug zu führen. Nimmt er jedoch gleichzeitig ein Beruhigungsmittel zu sich, so kann seine Fahrtüchtigkeit erheblich eingeschränkt sein, was ihn selbst, seinen Beifahrer und andere Verkehrsteilnehmer gefährdet, wenn er sich ans Steuer setzt. Hier ließen sich zahlreiche weitere Beispiele anführen, und man sollte sich stets der Gefahr bewußt sein, daß bei gleichzeitiger Einnahme mehrerer Substanzen erhebliche Wechselwirkungen auftreten können.

Zwei der Hauptfaktoren, die zu Wechselwirkungen zwischen Substanzen beitragen, wurden schon erwähnt: Es sind die Bindung von Substanzen an Proteine und die Kreuztoleranz, die durch metabolisierende Enzyme hervorgerufen wird. Beide Vorgänge sind relativ unspezifisch und können zu klinisch bedeutsamen Wechselwirkungen führen. Wenn beispielsweise im Falle der Bindung an Plasmaproteine zwei Substanzen um denselben Bindungsort konkurrieren und die eine die andere verdrängt, wird mehr von der letzteren, vorher gebundenen Substanz aus dem Blut freigesetzt und ist daher für den entsprechenden Rezeptor verfügbar. Folglich könnte ein stärkerer Effekt verursacht werden, weil die verdrängende Substanz die Wirkungen oder die Toxizität der verdrängten Substanz steigert.

Wie zu erkennen ist, wird die Wirkung eines Arzneimittels im Körper durch viele Faktoren beeinflußt. Dadurch wird die gleichzeitige Anwendung von mehreren Wirkstoffen riskant, gleichgültig ob die Substanzen getrennt oder gemeinsam verabreicht werden. Kombinationspräparate erschweren häufig die Therapie, da in vielen Fällen nicht geklärt wurde, ob mehr als ein Wirkstoff überhaupt erforderlich ist. Und wenn toxische Wirkungen auftreten, ist es schwieriger, die verantwortliche Substanz ausfindig zu machen.

Toxizität

Alle Wirkstoffe können sowohl schädliche als auch günstige Wirkungen herbeiführen. Die unerwünschten Effekte können ihrer Ursache nach unterteilt werden in Wirkungen, die mit der pharmakologischen Hauptwirkung einer Substanz zusammenhängen, und in Wirkungen, die damit nicht in Verbindung stehen.[19]

Die schädlichen Effekte sollten nach ihrem Schweregrad eingeteilt werden, wobei man zwischen Effekten unterscheidet, die vorübergehendes Unwohlsein oder leichte Beschwerden verursachen, und solchen, die zu einer bleibenden Behinderung oder gar zum Tod führen können. Viele unerwünschte Wirkungen der ersten Kategorie lassen sich bei Kenntnis der Wirkungsmechanismen einer Substanz vorhersagen.

Praktisch alle Wirkstoffe beeinflussen jeweils mehrere Körperfunktionen, auch wenn man normalerweise nur an einem einzigen oder einigen wenigen

Wirkungen interessiert ist. Die erwünschte Wirkung wird gewöhnlich als die *Hauptwirkung* angesehen, während man die unerwünschten Wirkungen als *Nebenwirkungen* bezeichnet. Um die Hauptwirkung zu erzielen, müssen die Nebenwirkungen in Kauf genommen werden, was bei leichteren Nebenwirkungen möglich ist. Schwerwiegendere Nebenwirkungen können dagegen die Anwendung einer Substanz einschränken.

Die Unterscheidung zwischen Haupt- und Nebenwirkungen ist relativ und hängt vom Zweck der Anwendung ab. Was in dem einen Fall als Nebenwirkung gilt, kann in dem anderen Fall die Hauptwirkung sein. Zum Beispiel wird Morphin dem einen Patienten wegen seiner schmerzlindernden Eigenschaften verabreicht, wobei die durch Morphin verursachte Obstipation eine hinzunehmende unerwünschte Wirkung ist. Bei einem anderen Patienten steht möglicherweise die Behandlung einer Diarrhö im Vordergrund, so daß hier die Obstipation die Hauptwirkung darstellt und die Schmerzlinderung zur Nebenwirkung wird.

Manche Substanzen verursachen nicht nur Nebenwirkungen, die bloß lästig sind, sondern lösen mitunter auch ernstzunehmende Reaktionen aus. Zu solchen Nebenwirkungen zählen schwere Allergien, hämatologische Störungen, Leber- und Nierenschäden und Anomalien der fetalen Entwicklung. Glücklicherweise treten derart schwere toxische Effekte relativ selten auf.

Allergische Reaktionen auf Substanzen können verschiedener Art sein, angefangen von leichten Hautausschlägen bis hin zum tödlichen Schock. Im Gegensatz zu den meisten anderen Nebenwirkungen, die sich durch einfache Dosissenkung beseitigen oder zumindest erträglich machen lassen, ist eine Wirkstoffallergie durch Dosissenkung häufig nicht beeinflußbar. Bereits der Kontakt mit kleinsten Mengen der allergenen Substanz kann für einen betroffen Patienten gefährlich sein und unter Umständen zu katastrophalen Folgen führen.

Leber- und Nierenschäden gehen auf die Beteiligung dieser Organe bei der Konzentrierung, Metabolisierung und Ausscheidung toxischer Substanzen zurück. Ein Beispiel für eine substanzbedingte Leberschädigung ist die durch Alkohol verursachte Leberzirrhose. Die Phenothiazine (zum Beispiel Chlorpromazin) liefern ein weiteres Beispiel: Sie können die Viskosität der Galle erhöhen und dadurch eine Gelbsucht auslösen.

Die Thalidomidtragödie (Contergan®) veranschaulichte auf dramatische Weise, wie eine Substanz die fetale Entwicklung beeinträchtigen kann. Wie schwerwiegend das Problem der Wirkungen von Substanzen auf den Fetus und wie breit das Spektrum der möglichen Konsequenzen ist, wurde bereits 1968 erkannt:

»Es ist klar, daß die Risiken einer chemischen Teratogenese ... während des ersten Schwangerschaftsdrittels erhöht sind. Solange wir über keine näheren Informationen verfügen, sollte allein die Vielfalt der bereits bekannten Teratogene und Mutagene (Substanzen, die die Chromosomenstruktur in der Zelle verändern) zur Vorsicht gebieten. ... Außer in drin-

genden Fällen sollte eine Frau bei vorliegender Schwangerschaft im ersten Drittel überhaupt nicht mit Arzneimitteln oder anderen Wirkstoffen in Kontakt kommen. So häufig
konsumierte Substanzen wie Coffein, Nicotin und Alkohol müssen, zumindest solange sich
ihre Unbedenklichkeit nicht durch experimentelle oder statistische Untersuchungen bewei-
sen läßt, in den ersten drei Schwangerschaftsmonaten als potentiell gefährlich für den Fetus
gelten.«[20]

Auf die embryotoxische Wirkung gesellschaftlich mißbrauchter Substanzen
muß hingewiesen werden. Daß Nicotin und Alkohol den Fetus schädigen, ist
mittlerweile durch eine Vielzahl wissenschaftlicher Studien eindeutig belegt.
Diese beiden Substanzen sind wahrscheinlich für die meisten vermeidbaren
Embryonalschädigungen verantwortlich und gehören derzeit zu den Hauptge-
sundheitsgefahren in unserer Gesellschaft. In jüngerer Zeit wurde man auch
auf die embryotoxischen Auswirkungen des Cocainmißbrauchs zunehmend
aufmerksam. Da der Cocainkonsum in Deutschland und anderen westlichen
Ländern steigende Tendenzen zeigt, besteht die Gefahr, daß auch die Zahl
cocainbedingter Embryopathien wachsen wird.

Placeboeffekte

Der Begriff *Placebo* bezeichnet eine pharmakologisch unwirksame Substanz,
die gleichwohl eine eindeutige therapeutische Reaktion auslöst. Placebos wirken am besten bei Symptomen oder Erkrankungen, die zeitlichen Schwankungen unterliegen. Die bemerkenswertesten Beispiele sind endogene Depressionen und chronische Schmerzen.[21-24] Da die Placebowirkung nicht von den
chemischen Eigenschaften einer Substanz abhängt, entsteht sie im wesentlichen aufgrund der Erwartungen oder Wünsche des Patienten. Eine Placebowirkung kann auf die geistige Bereitschaft des Patienten oder auf die gesamten
äußeren Umstände, unter denen die Substanz eingenommen wird, zurückgehen. Bei bestimmten prädisponierten Personen kann ein Placebo äußerst starke
Reaktionen mit weitreichenden Folgen hervorrufen. Placebos können therapeutisch sogar den Patienten befähigen, seine psychophysiologischen Fähigkeiten zur Selbstkontrolle zu stimulieren. Mögliche Mechanismen des Place-
boeffekts sind Konditionierung, Erwartungshaltung und Freisetzung endogener
Überträgersubstanzen einschließlich der Endorphine und der adrenalinähnli-
chen Catecholamine (auf die noch näher eingegangen wird).

Wie sich sogar zeigen ließ, können Placebos ähnliche und ebenso langanhaltende Verhaltensänderungen hervorrufen wie pharmakologisch aktive Substanzen. Mithin muß man bei der Beurteilung einer psychoaktiven Substanz die
Erwartungshaltung, das soziale Umfeld und die Prädisposition der mit Placebo
behandelten Personen besonders berücksichtigen, wenn man die pharmakologischen Wirkungen einer Substanz präzise beschreiben will.

Der Placeboeffekt ist für das Verständnis der oft vernachlässigten psychologischen Aspekte einer Therapie von Bedeutung. Man kann lernen, auch ohne Zuhilfenahme von Wirkstoffen oder Placebos Reaktionen herbeizuführen, die den Wirkungen pharmakologisch aktiver Substanzen stark ähneln. Zum Beispiel lassen sich durch Meditationstechniken sehr ähnliche Zustände erreichen – insbesondere eines veränderten Bewußtseins –, wie sie durch bestimmte Substanzen ausgelöst werden. Man kann Meditation dazu einsetzen, die Aktivität bestimmter Hirnzentren in einer Weise zu verändern, die der Wirkung einer entsprechend geeigneten Substanz gleichkommt. Es ist daher nicht überraschend, daß der Placeboeffekt erheblichen Einfluß auf substanzbedingte Wirkungen haben kann.

Entwicklung neuer Arzneimittel

Zum Abschluß dieses Kapitels soll noch auf die Entwicklung und Prüfung neuer Arzneimittel eingegangen werden.

Die ersten medizinischen Präparate waren gewöhnlich natürlichen Ursprungs: pulverisierte Blätter oder Wurzeln oder Extrakte aus verschiedensten Pflanzen und Tieren. Zu den größten Fortschritten des 20. Jahrhunderts zählt die Entwicklung der organischen Chemie: Man kann heute Wirkstoffmoleküle synthetisieren, deren pharmakologisches Potential oft größer ist als das vieler natürlicher Produkte. Auch wenn neue Wirkstoffe gelegentlich durch Zufall entdeckt werden, sind sie gewöhnlich das Ergebnis systematischer und langwieriger Laboruntersuchungen und sorgfältiger wissenschaftlicher Beobachtung.

Die Entwicklung und die Zulassung neuer Medikamente wird in Deutschland durch das Arzneimittelgesetz geregelt. Oberste Kontrollbehörde ist das Bundesinstitut für Arzneimittel und Medizinprodukte in Berlin. Bevor ein Wirkstoff zur allgemeinen klinischen Anwendung als Arzneimittel in den Handel gelangt, muß im Labor und in klinisch-pharmakologischen Studien seine Wirksamkeit und Unbedenklichkeit nachgewiesen worden sein. Die pharmakologischen Wirkungen einer neuen Substanz müssen zunächst umfassend an Tieren analysiert werden, bevor Studien am Menschen zugelassen werden. Ziel der Tierstudien ist die Ermittlung der wirksamen Dosis, des Dosisbereichs, bei dem Nebenwirkungen auftreten, und der letalen Dosis, die man bei verschiedenen Tierarten bestimmt. Die Sicherheit der Substanz wird sowohl nach Verabreichung von Einzeldosen als auch bei Langzeitanwendung beurteilt. Anhand all dieser Studien wird ein Nutzen-Risiko-Verhältnis ermittelt. Da die Ergebnisse solcher Studien von Tierart zu Tierart sehr unterschiedlich sein können, muß man diese Untersuchungen gewöhnlich an mindestens drei verschiedenen Tierarten durchführen. In dieser vorläufigen Phase tierexperimenteller Untersuchungen müssen weder der Mechanismus der Arzneimittelwirkung noch das mögliche klinische Anwendungsspektrum vollständig beschrieben werden. Allerdings sind Resorption, Verteilung, Metabolisierung und Ausscheidung der Substanz sorgfältig zu dokumentieren.

Tabelle 2.4: Übersicht über die Phasen der klinischen Arzneimittelprüfung

Phase	Kennzeichen der Phase	Hauptziel der Untersuchung	Personen, an denen die Untersuchung durchgeführt wird	Anzahl der untersuchten Personen
I	Pharmakologie beim Menschen	Verträglichkeit, Dosierung, Wirkungen, Kinetik (der Verteilung, Wirkung und Elimination)	gesunde Versuchspersonen	10−20
II	erste Anwendung an Patienten	therapeutisch erwünschte und unerwünschte Wirkungen: Dosierung, Kinetik	Patienten in Kliniken	30−300
III	kontrollierter klinischer Versuch oder gleichwertige Methode	Wirksamkeit, unerwünschte Wirkungen	stationäre und ambulante Patienten, meist in mehreren Prüfzentren	einige 100 bis mehrere 1000
nach der Zulassung durch das Bundesinstitut für Arzneimittel und Medizinprodukte:				
IV	Überwachung der Anwendung unter Routine- und Praxisbedingungen	wie Phase III	stationäre und ambulante Patienten	möglichst viele

Nach Forth et al.[25], ergänzt.

Sobald die Unbedenklichkeit einer Substanz im Tierversuch nachgewiesen ist, kann die klinische Prüfung beginnen, die normalerweise sowohl mit gesunden Probanden als auch mit Patienten durchgeführt wird. Sie besteht aus vier Phasen (Tabelle 2.4). In Phase I analysiert man die Verträglichkeit, die Wirkungen und Nebenwirkungen sowie die Verteilungs- und Ausscheidungskinetik der Substanz an gesunden Probanden und vergleicht die Ergebnisse mit den Tierversuchen. Rechtfertigen die Ergebnisse die weitere Prüfung des Wirkstoffes, folgen Untersuchungen an Patienten. In Phase II stehen die Feststellung der Wirksamkeit der Substanz sowie die Erfassung unerwünschter Begleitwirkungen im Vordergrund. Man führt zudem Dosisfindungsstudien durch, eventuell auch Vergleichsstudien mit Placebo. Erscheint die Substanz danach immer noch als vielversprechend, so schließt sich Phase III an, eine klinische Untersuchung über einen längeren Zeitraum und auf breiter Basis, in der Regel an 1000 bis 5000 Patienten. Die Studien dieser Phase erfolgen gewöhnlich multizentrisch, das heißt gleichzeitig in mehreren Kliniken und Arztpraxen, mitunter auch in verschiedenen Ländern. Dabei soll die Wirksamkeit der Substanz statistisch erhärtet und gegebenenfalls mit der von bereits zugelassenen Arzneimitteln verglichen werden; zudem sammelt man weitere klinisch relevante Erkenntnisse, unter anderem über Sicherheit und Nebenwirkungen, über den Dosierungsbereich, über mögliche Wirkungsschwankungen und Wechselwirkungen mit anderen Medikamenten.

Besteht ein Arzneimittel all diese Prüfungen, so kann beim Bundesinstitut für Arzneimittel und Medizinprodukte die Zulassung beantragt werden. Es folgt Phase IV, die der Kontrolle der Anwendung unter Routine- und Praxisbedingungen dient.

Derzeit kostet die Entwicklung eines neuen Arzneimittels bis hin zur Marktreife mindestens 30 bis 50 Millionen DM. Das Zulassungsverfahren mag aufwendig erscheinen, doch ist es zum Vorteil der Öffentlichkeit. Die meisten Arzneimittel, die sich derzeit im Handel befinden, haben ein vernünftiges Nutzen-Risiko-Verhältnis. Auch wenn kein Medikament völlig ungefährlich ist, sind die meisten bei fachkundiger Anwendung relativ sicher.

Aufgaben

1. Unterscheiden Sie zwischen *Pharmakokinetik* und *Pharmakodynamik*.
2. Warum muß eine psychotrope Substanz im Körper durch Stoffwechselvorgänge verändert werden, damit sie ausgeschieden werden kann?
3. Erörtern Sie die Vor- und Nachteile der verschiedenen Arzneimittelverabreichungswege.
4. Nennen Sie die verschiedenen Membranbarrieren, die die Arzneimittelverteilung beeinflussen können.
5. Welchen Einfluß hat die Placentarschranke auf die Verteilung psychotroper Substanzen?
6. Wie lange dauert es, bis die einmalige Dosis eines Medikaments mit einer Halbwertzeit von sechs Stunden aus dem Körper ausgeschieden ist?
7. Was versteht man unter *Toleranz* gegenüber einem Wirkstoff, und wie kommt es dazu? Beschreiben Sie drei Mechanismen der Toleranzentwicklung.
8. Unterscheiden Sie zwischen *Agonist* und *Antagonist* hinsichtlich der Substanz-Rezeptor-Wechselwirkungen.
9. Erörtern Sie die Faktoren, die den Zeitverlauf einer Substanzwirkung im Körper beeinflussen.
10. Wie können zwei Substanzen im Körper miteinander interagieren?
11. Was versteht man unter dem Begriff *therapeutisches drug monitoring* (TDM)? Welchen Einfluß hat TDM auf die therapeutische Arzneimittelanwendung?

Literatur

1. Benet L. Z.; Mitchell J. R. und Sheiner L. B. *Pharmacokinetics: The Dynamics of Drug Absorption, Distribution and Elimination.* In: Gilman A. G.; Rall T. W.; Nies A. S. und Taylor P. (Hrsg.) *Goodman and Gilman's The Pharmacological Basis of Therapeutics*, 8. Aufl., New York, Pergamon, 1990, S. 3–32.

2. Chiang C. N.; Hawks R. L. *Implications of Drug Levels in Body Fluids: Basic Concepts.* In: Hawks R. L.; Chiang C. N. (Hrsg.) *Urine Testing for Drugs of Abuse*, NIDA Research Monograph 73, Rockville (MD), National Institute on Drug Abuse, 1986, S. 63.

3. Deutsche Hauptstelle gegen Suchtgefahren (Hrsg.) *Jahrbuch Sucht '96.* Geesthacht, Neuland, 1995, S. 78.

4. Bretscher M. S. *Die Moleküle der Zellmembran.* In: *Spektrum der Wissenschaft* 12 (1985), S. 94.

5. Bradbury M. W. B. *The Structure and Function of the Blood-Brain Barrier.* In: *Federation Proceedings* 43 (1984), S. 186–190.

6. Hamilton W. J.; Boyd J. D. und Mossman H. W. *Human Embryology: Prenatal Development of Form and Function.* Baltimore, Williams & Wilkins, 1962, S. 85.

7. Goss C. M. (Hrsg.) *Gray's Anatomy of the Human Body*, 29. Aufl., Philadelphia, Lea & Febiger, 1973, S. 40.

8. Root B.; Eichner E. und Sunshine I. *Blood Secobarbital Levels and Their Clinical Correlation in Mothers and Newborn Infants.* In: *American Journal of Obstetrics and Gynecology* 81 (1961), S. 948.

9. Hug jr. C. C.; Murphy M. R. *Tissue Redistribution of Fentanyl and Termination of Its Effects in Rats.* In: *Anesthesiology* 55 (1981), S. 369–375.

10. Smith C. M.; Reynard A. M. *Textbook of Pharmacology.* Philadelphia, Saunders, 1992, S. 67–71.

11. Preskorn S. H.; Burke M. J. und Fast G. A. *Therapeutic Drug Monitoring: Principles and Practice.* In: Dunner D. L. (Hrsg.) *The Psychiatric Clinics of North America* 16 (1993) S. 611–641.

12. Siegel S. *Drug Anticipation and the Treatment of Dependence.* In: Ray B. A. (Hrsg.) *Learning Factors in Substance Abuse*, NIDA Research Monograph 85 (1988), S. 1–24.

13. Poulos C. X.; Cappell H. *Homeostatic Theory of Drug Tolerance: A General Model of Physiological Adaptation.* In: *Psychological Reviews* 98 (1991), S. 390–408.

14. Tiffany S. T.; Maude-Griffin P. M. *Tolerance to Morphine in the Rat: Associative and Nonassociative Effects.* In: *Behavioral Neuroscience* 102 (1988), S. 534–543.

15. Remmer H. *Drugs as Activators of Drug Enzymes.* In: Brodie B. B.; Erdos

E. G. (Hrsg.) *Metabolic Factors Controlling Duration of Drug Action.* Proceedings of the First International Pharmacological Meeting, Bd. 6, New York, Macmillan, 1962, S. 235.

16. Ross E. M. *Pharmacodynamics: Mechanisms of Drug Action and the Relationship Between Drug Concentration and Effect.* In: Gilman A. G.; Rall T. W.; Nies A. S. und Taylor, P. (Hrsg.). *Goodman and Gilman's The Pharmacological Basis of Therapeutics,* 8. Aufl., New York, Pergamon, 1990, S. 33.

17. Wingard L. B.; Brody T. M.; Larner J. und Schwartz A. *Human Pharmacology: Molecular to Clinical.* St. Louis, Mosby Year Book, 1991, S. 10–17.

18. Callahan A. M.; Fava M. und Rosenbaum J. F. *Drug Interactions in Psychopharmacology.* In: Dunner D. L. (Hrsg.) *The Psychiatric Clinics of North America* 16 (1993), S. 647–671.

19. Rang H. P.; Dale M. M. *Pharmacology.* Edinburgh, Churchill Livingstone, 1987, S. 692.

20. Goldstein A.; Aronow L. und Kalman S. M. *Principles of Drug Action.* New York, Harper & Row, 1968, S. 733.

21. Rothschild R.; Quitkin F. M. *Review of the Use of Pattern Analysis to Differentiate True Drug and Placebo Responses.* In: *Psychotherapy and Psychosomatics* 58 (1992), S. 170–177.

22. Peselow E. D.; Sanfilipo M. P.; Difiglia C. und Fieve R. R. *Melancholic/Endogenous Depression and Response to Somatic Treatment and Placebo.* In: *American Journal of Psychiatry* 149 (1992), S. 1324–1334.

23. Peck C.; Coleman G. *Implications of Placebo Theory for Clinical Research and Practice in Pain Management.* In: *Theoretical Medicine* 12 (1991), S. 247–270.

24. White L; Tursky B. und Schwartz G. E. (Hrsg.) *Placebo: Theory, Research, and Mechanisms.* New York, Guilford, 1985.

25. Forth H.; Henschler D.; Rummel W. und Starke K. (Hrsg.) *Allgemeine und spezielle Pharmakologie und Toxikologie,* 7. neubearb. Aufl., Heidelberg, Spektrum Akademischer Verlag, 1996, S. 86.

3. Zentralnervös dämpfende Substanzen: Grundlagen und herkömmliche Wirkstoffe

Substanzen mit dämpfender Wirkung auf das Zentralnervensystem (ZNS) besitzen unterschiedliche chemische Strukturen. Trotz ihrer strukturellen Vielfalt sind alle dazu in der Lage, die Aktivitäten im ZNS zu dämpfen und dadurch Angstlösung, Enthemmung, Sedierung, Schlaf, Bewußtlosigkeit, Narkose und Koma zu erzeugen (Abbildung 3.1). Man teilt sie in fünf Gruppen ein: Barbiturate, Nicht-Barbiturat-Schlafmittel, Narkosemittel, Ethanol und Benzodiazepine. Dieses Kapitel behandelt die ersten drei Gruppen sowie inhalierbare Substanzen mit Mißbrauchpotential („Schnüffelstoffe"). Den Benzodiazepinen ist wegen ihrer Popularität, ihres Wirkungsmechanismus und ihrer verbreiteten klinischen wie auch mißbräuchlichen Anwendung ein gesondertes Kapitel gewidmet (Kapitel 4). Auch der in unserem Kulturkreis weitverbreitete Konsum von Alkohol rechtfertigt eine besondere Behandlung dieser Substanz (Kapitel 5).

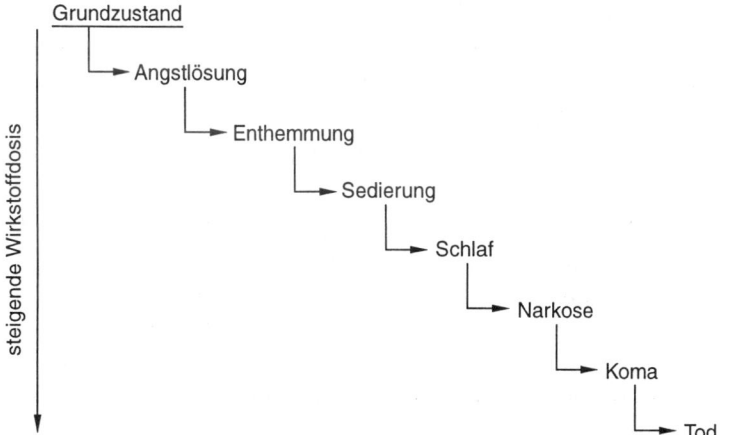

3.1 Kontinuum der Dämpfungswirkung auf das Zentralnervensystem. Mit steigender Dosis setzen sedativ-hypnotische Substanzen die Verhaltensaktivität zunehmend herab.

Allgemeine Vorbemerkungen

Die Bezeichnungen *Sedativum* (Beruhigungsmittel), *Tranquilizer*, *Anxiolytikum* (angstlinderndes Mittel) und *Hypnotikum* (Schlafmittel) lassen sich prinzipiell auf jede zentralnervös dämpfende Substanz anwenden, da sie alle die Wahrnehmungsfähigkeit, die Spontaneität und die körperliche Aktivität herabsetzen können: Hohe Dosen rufen Benommenheit und Lethargie hervor, und bei weiterer Dosissteigerung stellt sich Schlaf ein. Die einzelnen Substanzen unterscheiden sich nur geringfügig in ihrer Pharmakokinetik, ihrer klinischen Anwendung und ihrer Fähigkeit, die verschiedenen Stadien der zentralnervösen Dämpfung hervorzurufen. Sie unterscheiden sich jedoch deutlich in ihrer Potenz und ihrem chemischen Aufbau, so daß ihr Schicksal im Körper jeweils anders verläuft.

Älteren Vorstellungen der Pharmakologie zufolge üben allgemein dämpfende Substanzen eine aktivitätsmindernde Wirkung auf sämtliche Neuronen im Gehirn aus (daher der Ausdruck „nichtselektiv dämpfende Substanzen"). Man nahm an, daß die Enthemmung, wie sie etwa mit dem Alkoholkonsum zunächst einhergeht, eine Folge der frühzeitigen Dämpfung inhibitorischer Synapsen sei, die bei niedrigeren Dosen eintrete als die, die zur Dämpfung der exzitatorischen, also erregenden Neurotransmission erforderlich sei. Das würde jedoch voraussetzen, daß die Enthemmung des Verhaltens mit der Blockade inhibitorischer Synapsen korreliert – ein Zusammenhang, der so nicht besteht. Wahrscheinlich spielen hier spezifischere, bisher noch ungeklärte neuronale Wirkungen eine Rolle.

In den vergangenen Jahren wurden niedrige Dosen zentral dämpfender Substanzen therapeutisch zur Beruhigung ängstlicher Patienten angewendet. Heute werden zur Sedierung tagsüber meist nur noch Benzodiazepine eingesetzt, da sie wegen ihrer pharmakologischen Eigenschaften vergleichsweise ungefährlich sind. Die Anwendung von Barbituraten und Nicht-Barbiturat-Sedativa ist dagegen stark zurückgegangen. Sie werden inzwischen praktisch nur noch zur Einleitung oder Durchführung einer Narkose und als Antiepileptika eingesetzt. Aber auch für diese Zwecke werden die Barbiturate zunehmend von neueren Substanzen verdrängt.

Für weitgehend alle zentralnervös dämpfenden Substanzen (die traditionellen Wirkstoffe sowie Alkohol und die Benzodiazepine) gelten die folgenden allgemeinen Grundsätze.

Die Wirkungen verschiedener ZNS-dämpfender Substanzen verstärken sich gegenseitig und können außerdem durch den vorher bestehenden psychischen Zustand des Einnehmenden verstärkt werden (Additionseffekt). Beispielsweise intensiviert Alkohol eine durch Barbiturate verursachte Dämpfung des ZNS, und Barbiturate verschlechtern ihrerseits etwa die nach Alkoholkonsum bereits eingeschränkte Fahrtüchtigkeit um ein weiteres. Ebenso kann dieselbe Dosis einer dämpfenden Substanz bei jemanden, der depressiv oder müde ist, eine weit stärkere Wirkung hervorrufen als bei jemandem, der sich in normaler oder erregter Verfassung befindet.

Die dämpfenden Wirkungen sedierender Substanzen sind häufig sogar mehr als nur additiv. So kommt es nach Einnahme mehrerer Wirkstoffe mitunter zu einer Sedierung, die in ihrem Ausmaß die theoretische Summe der Einzelwirkungen weit übersteigt. Eine derart starke Dämpfung tritt oft unvorhersehbar und unerwartet ein und kann gefährliche, mitunter sogar tödliche Folgen nach sich ziehen. In Kombination sollten ZNS-dämpfende Substanzen daher nur unter fachkundiger ärztlicher Anleitung genommen werden, zumal wenn es sich bei einer der Substanzen um Ethanol (Alkohol) handelt (Kapitel 5).

Der Antagonismus zwischen ZNS-dämpfenden Substanzen und Psychostimulantien ist unspezifisch. Befindet sich jemand nach Einnahme eines Sedativums in einem lethargischen Zustand, so hebt die nachfolgende Einnahme eines Psychostimulans (einer Substanz mit erregender Wirkung auf das ZNS) die Wirkung des Sedativums nicht exakt auf. Der Betreffende kehrt also nicht in den Normalzustand zurück, obwohl das Stimulans möglicherweise einen vorübergehend erregenden Effekt auf ihn ausübt. Mitunter richtet ein Stimulans in einem solchen Fall sogar mehr Schaden als Nutzen an, da mit dem Nachlassen seiner Wirkung eine noch stärkere Dämpfung der ZNS-Aktivitäten eintreten kann.

Klinisch besteht seit langem ein Bedarf für spezifische Antagonisten ZNS-dämpfender Wirkstoffe – für Mittel also, welche die dämpfende Substanz von ihren Rezeptoren im Gehirn verdrängen und dadurch ihre Wirkung sofort beenden. Derartige Antagonisten wären lebensrettend, besonders nach Selbsttötungsversuchen durch Einnahme letaler Mengen eines ZNS-dämpfenden Wirkstoffes. Der erste große Schritt in diese Richtung gelang 1992, als der spezifische Benzodiazepin-Antagonist Flumazenil (Kapitel 4) für die klinische Anwendung verfügbar wurde. Spezifische Antagonisten für Barbiturate und Alkohol gibt es bislang nicht.

In der Regel ist eine Einzeldosis einer ZNS-dämpfenden Substanz und die daraus resultierende Herabsetzung der Verhaltensaktivität unproblematisch. Mit der Metabolisierung und Ausscheidung der Substanz läßt die Dämpfung nach, und der Normalzustand kehrt zurück. Werden jedoch hohe Dosen einer zentral dämpfenden Substanz wiederholt über einen langen Zeitraum verabreicht, so kann sich nach Abklingen der dämpfenden Wirkung als Rebound-Effekt* eine mitunter heftige Übererregbarkeit einstellen. Dies ist der Grund, warum zentral dämpfende Substanzen eine physische Abhängigkeit hervorrufen können.

---

* Als *Rebound* bezeichnet man eine überschießende, der Substanzwirkung entgegengesetzte Reaktion nach dem Absetzen einer Substanz.

Die Einnahme einer ZNS-dämpfenden Substanz ist immer mit dem Risiko der psychischen Abhängigkeit und Toleranzentstehung verbunden. Während die psychische Abhängigkeit wahrscheinlich durch verhaltensverstärkende Wirkungen der jeweiligen Substanz verursacht wird (Kapitel 15), geht die Entwicklung einer Toleranz auf die Induktion abbauender Enzyme in der Leber und auf die Anpassung der Gehirnzellen zurück. Außerdem kann Kreuztoleranz entstehen, das heißt, die Toleranz gegenüber einer Substanz führt zur Wirkungseinbuße einer anderen. Gleichfalls ist die Entstehung einer Kreuzabhängigkeit (*cross dependency*) möglich, bei der eine Substanz die Entzugssymptome verhindern kann, die bei physischer Abhängigkeit von einer anderen Substanz nach deren Absetzen entstehen.

Grundsätzlich kann eine zentral dämpfende Substanz, ungeachtet ihrer chemischen Struktur, durch eine beliebige andere zentral dämpfende Substanz ersetzt werden. Diese Tatsache ist klinisch nutzbar: So werden etwa Benzodiazepine zur Linderung der Symptome des Alkoholentzugs angewendet.

Historischer Rückblick

»Seit undenklichen Zeiten sind die Menschen auf der Suche nach Mitteln und Wegen, die sie von subjektiv belastender und behindernder Angst befreien und die ihnen bei kräftezehrender Schlaflosigkeit den notwendigen Schlaf verschaffen.«[1]

Alkohol ist sicherlich die älteste sedativ-hypnotische Substanz. Sie wird zur Linderung von Angst-, Spannungs- und Erregungszuständen eingenommen und um den Trinkenden in den Schlaf zu lullen. Die *Opiumalkaloide* wurden ebenfalls schon in geschichtlicher Zeit benutzt, um schläfrige Dämmerzustände und dadurch Angstlinderung herbeizuführen. Da sie jedoch zur Abhängigkeit und bei Überdosierung auch zum Tod führen können, ist ihre (gewöhnlich illegale) Anwendung auf eine Minderheit beschränkt.

Ende des 19. Jahrhunderts wurden mit *Bromid* und *Chloralhydrat* sicherere und verläßlichere Alternativen zu Alkohol und Opium als sedierende Wirkstoffe verfügbar. Im Jahre 1912 folgte dann die Einführung von *Phenobarbital* zur medizinischen Anwendung als Sedativum, womit die ständige Suche nach noch sichereren sedativ-anxiolytischen Substanzen begann. Zwischen 1912 und 1950 kamen etwa 50 weitere Barbiturate in den Handel.

Anfang der fünfziger Jahre stand mit *Meprobamat* der erste „moderne" Tranquilizer zur Verfügung. Das erste Benzodiazepin, *Chlordiazepoxid* (Librium®), kam 1960 auf den Markt, einige Jahre später folgte *Diazepam* (Valium®). Im Gegensatz zu den bisherigen Substanzen wirken Benzodiazepine auf einen spezifischen Neurotransmitterrezeptor (Kapitel 5); diese Wirkungen sind unabhängig von der bei höheren Dosen auftretenden unspezifischen neuronalen Dämpfung. Als man die Grenzen der Benzodiazepinanwendung erkannte, suchten Wissenschaftler nach potentiell überlegenen Substanzen. Diese Suche fand ihren Höhepunkt Mitte der neunziger Jahre mit der Einführung zweier chemisch einzigartiger Anxiolytika: Buspiron und Zolpidem. Die Suche nach Substanzen, die klinisch genauso nützlich sind wie die Benzodiazepine, jedoch weniger unerwünschte Wirkungen und ein geringeres Abhängigkeitspotential haben, geht freilich weiter.

Wirkorte und Wirkungsmechanismen

Barbiturate, Nicht-Barbiturat-Sedativa, Ethanol sowie Narkosemittel üben alle eine reversible dämpfende Wirkung auf die Aktivität sämtlicher erregbaren Körpergewebe aus, einschließlich des besonders empfindlichen Zentralnervensystems.[2] Bei Verabreichung niedriger und normaler Dosen dieser Verbindungen werden als erstes die polysynaptischen, diffusen Hirnstammbahnen gedämpft.[3] Dieser Effekt ist auch für das tiefe Koma und den Tod nach einer Barbituratüberdosis verantwortlich. Neuere Wirkstoffe üben nur minimale Effekte auf diese polysynaptischen Hirnstammbahnen aus.

Das Modell der polysynaptischen Dämpfung des Hirnstammes durch sedativ-hypnotische Substanzen erklärt jedoch nicht, warum die betreffenden Neuronen in ihrer Aktivität gehemmt werden. Obwohl es auf diese Frage keine eindeutige und umfassende Antwort gibt, soll in diesem und im nächsten Kapitel dennoch eine Erklärung versucht werden.

Als Wirkort einer dämpfenden Substanz betrachten wir zunächst den Rezeptor für die Überträgersubstanz γ-Aminobuttersäure (GABA, siehe Anhang C), genauer gesagt, einen spezifischen Subtyp dieses Rezeptors, den GABA$_A$-Rezeptor. Der GABA$_A$-Rezeptor ist ein Ionenkanal, der quer durch die Membran verläuft (Abbildung 3.2). Er kommt im gesamten ZNS vor. Wenn der Neurotransmitter GABA aus präsynaptischen Nervenendigungen freigesetzt wird, bindet er sich an diesen Rezeptor auf der Membran der postsynapti-schen Nervenzelle und löst eine Konformationsänderung des Rezeptormoleküls aus. Dadurch bildet das Rezeptormolekül eine Pore durch die Membran, einen Ionenkanal, der negativ geladene Chloridionen in die postsynaptische Nervenzelle einströmen läßt. Dieser Einstrom führt zur Hyperpolarisierung der postsynaptischen Nervenzellmembran, so daß die Erregbarkeit der Zelle durch andere Transmitter abnimmt (Anhang C). Auf der äußeren Oberfläche des GABA$_A$-Rezeptors befinden sich zusätzliche spezifische Bindungsstellen für Benzodiazepine und Barbiturate (Abbildung 3.3). Am Rezeptor gebunden, beeinflussen Substanzen beider Klassen die Struktur des Ionenkanals, so daß sich dieser leichter öffnet oder länger geöffnet bleibt. Dieser Effekt verstärkt oder potenziert die inhibitorische Wirkung des Neurotransmitters GABA.

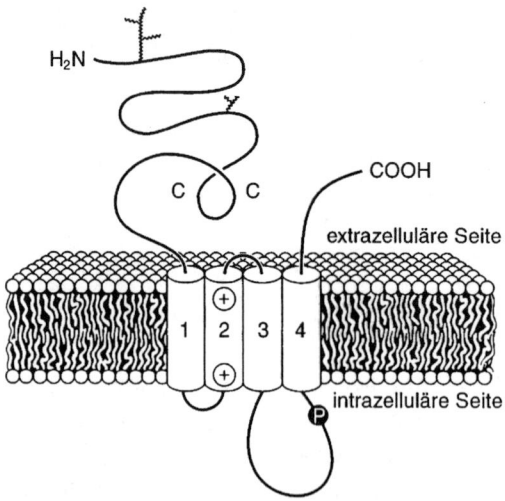

3.2 Modell einer Untereinheit des GABA_A-Rezeptors. Die Abbildung zeigt das Amino-säurerückgrat der Untereinheit (dunkle Linie) mit dem amino- (H$_2$N) und dem carboxy-terminalen Ende (COOH), beide im Extrazellularraum, und den vier hydrophoben Protein-domänen (Zylinder), die die Transmembranregionen bilden. Im Bereich des Aminoterminus befinden sich Glykosylierungsstellen (Verzweigungen). Eine Disulfidbrücke zwischen zwei Cysteinresten (C) führt zu einer extrazellulären Schleife im Molekül. Positiv geladene Amino-säuren (+) an der extra- und intrazellulären Seite des Transmembranbereichs treten mit den Chloridionen in Wechselwirkung, wenn diese den Kanal durchströmen. An der intrazellulären Schleife zwischen dem dritten und dem vierten Transmembransegment der β- und der γ$_2$-Untereinheit findet man eine Consensussequenz für die Phosphorylierung (P) durch die cAMP-abhängige Proteinkinase. (Aus Zorumski und Isenberg[4], S. 167.)

Barbiturate und Benzodiazepine binden sich jeweils an unterschiedliche Stellen des GABA_A-Rezeptors. Durch die Bindung erhöhen Barbiturate die Affinität des Rezeptors für GABA und verlängern die Öffnungsdauer des Chloridionenkanals um das Vier- bis Fünffache.[4,5] In hoher Konzentration öffnen Barbiturate die Chloridionenkanäle auch ohne GABA[6], was ihre einschläfernde und narkotisierende Wirkung bei hohen Dosen zumindest teilweise erklärt. Die Wirkungen von Benzodiazepinen auf GABA_A-Rezeptoren werden in Kapitel 4 ausführlich behandelt.

Anwendungsgebiete

Die Anwendung von Barbituraten und Nicht-Barbiturat-Sedativa ging in den letzten Jahren aus mehreren Gründen stark zurück.

1. Sie haben keine selektive ZNS-Wirkung.

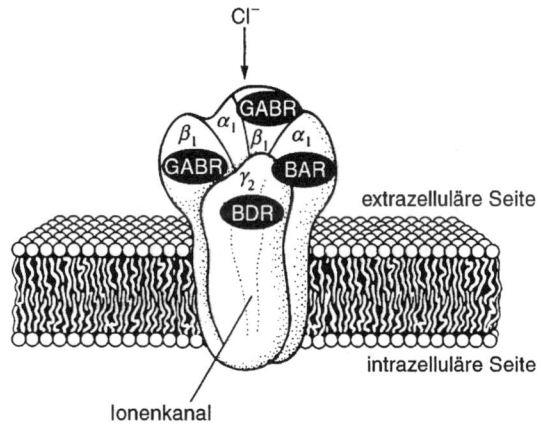

Cl⁻

extrazelluläre Seite

intrazelluläre Seite

Ionenkanal

3.3 Modell des durch γ-Aminobuttersäure (GABA) gesteuerten Chloridionenkanals. Die Bindung von GABA an die entsprechende Rezeptorstelle (GABR) aktiviert und öffnet den Kanal, wodurch es zu einem erhöhten Einstrom von Chloridionen in die Zelle kommt. Benzodiazepine binden sich ebenfalls an einen spezifische Rezeptorbereich (BDR) auf dem Kanalkomplex und verstärken die GABA-Wirkung. Desgleichen gibt es eine Bindungsstelle für Barbiturate (BAR), die dort die GABA-induzierte Öffnung des Ionenkanals verlängern. In hohen Dosen öffnen Barbiturate den Chloridionenkanal möglicherweise auch direkt. (Aus Zorumski und Isenberg[4], S. 168.)

2. Sie sind nicht so sicher wie die Benzodiazepine.
3. Sie besitzen ein hohes Gewöhnungs- und Abhängigkeitspotential.
4. Sie zeigen gefährliche Wechselwirkungen mit vielen anderen Substanzen.

Trotz dieser Nachteile werden die Barbiturate weiterhin therapeutisch als Antikonvulsiva (Antiepileptika) und als intravenös verabreichte Narkosemittel eingesetzt. In seltenen Fällen verwendet man die Barbiturate in der Psychiatrie auch zur Sedierung und in der Neurologie zum Schutz des Gehirns nach schweren Kopfverletzungen (durch Senkung der neuronalen Aktivität, der Hirndurchblutung und des intrakranialen Drucks). Einige der älteren Chloralhydratderivate werden immer noch als Schlafmittel für ältere Patienten angewendet. Die meisten anderen Sedativa sind wegen ihrer langen Wirkungsdauer für ältere Menschen nur eingeschränkt verwendbar. Da sie allmählich vom Markt verschwinden, sind der nichtmedizinische Gebrauch und der Mißbrauch von Barbituraten seltener geworden.

Substanzbedingtes hirnorganisches Psychosyndrom

Bestimmte psychische und neurologische Störungen, wie etwa die Demenzen, führen zu charakteristischen Veränderungen des Verhaltens und der intellektuellen und kognitiven Leistungen. Sedativ-hypnotische Substanzen können einen Zustand hervorrufen, welcher der Demenz recht ähnlich ist. Eine Methode zur Diagnose eines durch Substanzen ausgelösten demenzähnlichen Zustands (eines substanzbedingten Psychosyndroms) ist die Durchführung eines Tests zur geistigen Verfassung (*mini mental status*), bei dem man zwölf Bereiche mentaler Funktionen beurteilt (Tabelle 3.1).

Tabelle 3.1: Zwölf Kriterien zur Beurteilung der geistigen Funktionen (*mini mental status*)

1. Allgemeineindruck
2. Sensorium (Bewußtseinslage)
   a. Orientierung nach Zeit, Ort und Person
   b. Denken: klar oder getrübt
3. Verhalten und Verhaltensauffälligkeiten
4. Redefluß
5. Kooperationsbereitschaft
6. Stimmung (innerer Gefühlszustand)
7. Affekt (Gefühlsausdruck in Mimik und Gestik)
8. Wahrnehmung
   a. Illusionen (Verkennung der Realität)
   b. Halluzinationen (ohne realen Hintergrund)
9. Denkprozesse: logisch strukturiert oder seltsam und bizarr
10. Gedächtnisinhalt (Wissensvorrat)
11. intellektuelle Funktionen (Auffassungsgabe, Fähigkeit zu Schlußfolgerungen)
12. Einsichts- und Urteilsfähigkeit

Verschiedene psychische Störungen manifestieren sich in diesem Test durch unterschiedliche geistige Mängel. Bei einem Schizophrenen beispielsweise sind Bewußtseinslage, Gedächtnis und Verhalten oft normal, er ist kooperativ und zeigt meist einen normalen Redefluß. Jedoch offenbart der Test Denkstörungen, die durch fehlende Logik und häufige Verkennung der Realität charakterisiert sind. (Die pathologischen Prozesse bei der Schizophrenie werden in Kapitel 11 erläutert.)

Bei einer reversiblen Dämpfung der neuronalen Aktivität durch Alkohol, nichtselektiv dämpfende Substanzen oder Benzodiazepintranquilizer oder bei einer irreversiblen Zerstörung der Neurone (wie bei einer Demenz) findet man bei fünf der zwölf Testbereiche (Sensorium, Affekt, Gedächtnisinhalt, intellektuelle Funktionen sowie Einsichts- und Urteilsvermögen) besonders starke Veränderungen. Das Bewußtsein eines Betroffenen trübt sich, was zur

Desorientierung in bezug auf Ort und Zeit führt; das Gedächtnis ist beeinträchtigt, was sich in Vergeßlichkeit und einem Nachlassen des Kurzzeitgedächtnisses äußert; die intellektuellen Fähigkeiten gehen zurück, und das Urteilsvermögen ist verändert. Affekte werden oberflächlich und wechseln rasch – der Betroffene wird überempfindlich gegenüber äußeren Reizen, kann in einem Moment mürrisch und launisch sein und sich im nächsten Augenblick in einen Wutausbruch hineinsteigern. Liegt ein solcher geistiger Zustand vor, wird ein Psychosyndrom aufgrund der Dämpfung neuronaler Funktionen diagnostiziert.

Bei bestimmten Personen (beispielsweise bei alten Menschen), bei denen bereits ein natürlicher Verlust der Nervenzellfunktion eingetreten ist, wirken sich dämpfende Substanzen besonders schädlich aus, so daß es zu einer gesteigerten Desorientierung und verstärkten Bewußtseinstrübung kommt. Häufig zeigen diese Personen einen Zustand substanzbedingter „paradoxer Erregung", der durch eine labile Persönlichkeit mit ausgeprägten Wutanfällen, Wahnvorstellungen, Halluzinationen und Konfabulationen (Erzählen zufälliger Einfälle ohne Bezug zur Situation) gekennzeichnet ist. Die Behandlung einer solchen substanzbedingten Störung erfordert das Absetzen des Sedativums.

Vier Substanzgruppen mit dämpfender Wirkung auf das Zentralnervensystem

Barbiturate

Die Barbiturate bildeten 50 Jahre lang, von 1912 bis etwa 1960, das Fundament für die Behandlung von Angst- und Schlafstörungen. Während dieses Zeitraums kam es zu Tausenden von Selbstmordfällen, Todesfällen wegen unbeabsichtigter Einnahme, verbreiteter Abhängigkeit und häufigem Mißbrauch sowie vielen schweren Wechselwirkungen von Barbituraten mit anderen Arzneimitteln und Alkohol. Dennoch stellen Barbiturate den klassischen Prototyp eines sedativ-hypnotischen Arzneimittels dar, mit dem neuere Wirkstoffe verglichen werden.

Pharmakokinetik

Die Barbiturate werden nach ihren pharmakokinetischen Eigenschaften klassifiziert. Wie in Tabelle 3.2 dargestellt, sind ihre Halbwertzeiten sehr unterschiedlich, von kurz (drei Minuten Umverteilungshalbwertzeit für Thiopental) über relativ lang (24 bis 48 Stunden Eliminationshalbwertzeit für Amobarbital, Pentobarbital und Secobarbital) bis zu sehr lang (80 bis 100 Stunden Eliminationshalbwertzeit für Phenobarbital). Die schlafauslösende Wirkung der ex-

Tabelle 3.2: Molekülstrukturen, Halbwertzeiten und Anwendungsgebiete einiger Barbiturate

Grundformel

Substanz**	R$_1$	R$_2$	R$_3$	Halbwertzeit der Verteilung (Minuten)	der Elimination (Stunden)	Anwendung bei Schlafstörungen	zur Narkose	bei Epilepsie
Amobarbital	Ethyl	Isopentyl	H		10–40	x		
Aprobarbital	Allyl	Isopentyl	H		12–34	x		
Butabarbital	Ethyl	sek. Butyl	H		34–42	x		
Mephobarbital	Ethyl	Phenyl	CH$_3$		50–120			x
Methohexital (Brevimytal®)	Allyl	1-Methyl-2-pentinyl	CH$_3$		1–2		x	
Pentobarbital	Ethyl	Methylbutyl	H		15–50	x		
Phenobarbital (z. B. Luminal®)	Ethyl	Phenyl	H		24–120	x		x
Secobarbital	Allyl	Methylbutyl	H		15–40	x		
Talbutal	Allyl	sek. Butyl	H					
Thiamylal	Allyl	Methylbutyl	H				x	
Thiopental (Trapanal®)	Ethyl	Methylbutyl	H	3	3–6		x	

* Thiamylal und Thiopental enthalten an dieser Position ein Schwefel-, die übrigen Verbindungen ein Sauerstoffatom.
** Bei in Deutschland noch erhältlichen Präparaten Handelsnamen in Klammern.

tremkurz wirksamen Barbiturate (wie Thiopental) wird durch die Umverteilung ins Fettgewebe beendet, während die Wirkungsdauer anderer Barbiturate von ihrer Metabolisierung und Ausscheidung abhängt.

Bei oraler Einnahme werden die Barbiturate schnell und vollständig resorbiert und verteilen sich gut in den meisten Körpergeweben. Die extremkurz wirksamen Barbiturate sind besonders lipidlöslich, überwinden rasch die Blut-Hirn-Schranke und entfalten ihre einschläfernde Wirkung innerhalb von Sekunden. Da die länger wirksamen Barbiturate schlechter fettlöslich sind, dringen sie langsamer in das ZNS ein. Daher wird der Schlaf durch diese Verbindungen nur verzögert ausgelöst, und die Umverteilung ins Fettgewebe ist für die Beendigung der klinischen Wirkung unbedeutend. Da die Plasmahalbwertzeit der meisten Barbiturate zwischen zehn und 48 Stunden liegt, kommt es zu einem ausgeprägten „Medikamentenkater".

Der Nachweis von Barbituraten (wie auch anderer potentiell mißbrauchter psychotroper Substanzen) erfolgt durch Urinanalysen. Barbiturate sind je nach Substanz zwischen 30 Stunden und mehreren Wochen nach Einnahme nachweisbar. Um zu bestimmen, welches Barbiturat vorliegt, sind spezifischere Untersuchungen notwendig.

Pharmakologische Wirkungen

»Die Barbiturate besitzen eine geringe Selektivität und einen niedrigen therapeutischen Index. Somit ist es nicht möglich, den gewünschten Effekt ohne Anzeichen einer allgemeinen Dämpfung des Zentralnervensystems zu erzielen. Schmerzwahrnehmung und Schmerzreaktion bleiben bis zum Eintreten der Bewußtlosigkeit relativ unbeeinträchtigt; in kleinen Dosen erhöhen Barbiturate sogar die Reaktion auf schmerzhafte Reize. Daher kann man nicht mit Sicherheit davon ausgehen, daß sie bei auch nur mittelschweren Schmerzen sedierend oder schlafauslösend wirken. Bei manchen Personen und unter gewissen Umständen, zum Beispiel bei Schmerzen, verursachen Barbiturate gelegentlich Erregungszustände anstelle einer Sedierung.«[3]

Solche Erregungszustände gehen auf das substanzbedingte Psychosyndrom zurück. Der Erregungsgrad hängt zum einen von der Person und zum anderen von den Umständen ab, unter denen das Arzneimittel eingenommen wurde. Während der Intoxikation kann es, insbesondere bei Schmerzen und bei Paranoia oder paranoiden Vorstellungen, zu gewalttätigem Verhalten kommen.

Das Schlafmuster wird von den Barbituraten erheblich beeinflußt. Die anfänglichen durch Barbiturate induzierten Veränderungen der Gehirnwellen im Elektroenzephalogramm (EEG) ähneln einem Muster mit hoher Amplitude und niedriger Frequenz, wie es für bestimmte Phasen des Nicht-REM-Schlafes typisch ist. Der REM-Schlaf (REM = *rapid eye movement*, schnelle Augenbewegungen) ist deutlich unterdrückt. Da Träume während des REM-Schlafes auftreten und während des Nicht-REM-Schlafes größtenteils fehlen, unterscheidet sich die Qualität des barbituratinduzierten Schlafes vom der des normalen Schlafes, was sich auch im EEG widerspiegelt. Das Fehlen der REM-

Schlafphasen (und der Träume) kann schädlich sein und sogar psychotische Episoden verursachen. Zudem kommt es bei plötzlichem Absetzen des Mittels zu vermehrtem und lebhaftem Träumen. Eine derartiges „Überschießen" des Träumens, als *REM-Rebound* bezeichnet, ist eines der Entzugssymptome nach längerer Barbiturateinnahme. Die intensiven Träume können sogar zu Schlafstörungen führen, denen oft mit einer erneuten Verabreichung des Medikaments begegnet wird. Damit wird zwar eine Besserung erreicht, aber der Entzugsversuch ist gescheitert.

Müdigkeit (als Katereffekt) und subtile Veränderungen des Urteilsvermögens, der motorischen Fähigkeiten und des Verhaltens können stunden- oder tagelang anhalten, bis das Barbiturat vollständig abgebaut und ausgeschieden ist.

In sedierender Dosierung haben Barbiturate nur einen geringen Effekt auf die Atmung, sie können aber bei Überdosierung tödlich wirken. Auf das Herz-Kreislauf-System, den Magen-Darm-Trakt, die Nieren und einige andere Organe wirken sie sich unterhalb toxischer Dosen offenbar kaum aus. In der Leber stimulieren Barbiturate allerdings die Synthese der Enzyme, die sie und andere Substanzen metabolisieren; diese Wirkung führt zu einer signifikanten Toleranzentwicklung auch gegenüber anderen Substanzen.

Psychische Wirkungen

Viele der psychischen Barbituratwirkungen ähneln dem Alkoholrausch und sind mitunter von diesem nicht zu unterscheiden. Geringe Dosen bewirken meist eine Angstlinderung (dem erwarteten Effekt), sie können aber auch emotionalen Rückzug, Niedergeschlagenheit, aggressives und gewalttätiges Verhalten oder andere unerwartete Reaktionen auslösen. Welche dieser Reaktionen eintritt, hängt von Faktoren wie der psychischen Verfassung des Einnehmenden, der Umgebung, in der er sich befindet, oder seinem sozialen Umfeld ab. Höhere Dosen (oder niedrige Dosen in Kombination mit einem anderen zentral dämpfenden Mittel) verursachen eine eher allgemeine Dämpfung der Verhaltensaktivität sowie Schlaf.

Eine wichtige verhaltensändernde Wirkung, die mit der Einnahme von Barbituraten oder anderen zentral dämpfenden Substanzen einhergeht, ist die gestörte Bewegungskoordination (Ataxie), erkennbar beispielsweise am unsicheren Gang. Zudem wird als unvermeidliche und absehbare Folge die Fahrtüchtigkeit ernsthaft beeinträchtigt. Wie erwähnt, verstärken die Wirkungen der Barbiturate die Effekte anderer zentral dämpfender Substanzen, einschließlich des Alkohols.

Unerwünschte Wirkungen

Nebenwirkungen und Toxizität. Zu den Hauptwirkungen der Barbiturate zählt die Müdigkeit, die natürlich in vielen Fällen der erwünschte Effekt ist.

Barbiturate beeinträchtigen erheblich die motorischen und intellektuellen Fähigkeiten wie auch das Urteilsvermögen:

>»Jemand muß nicht unbedingt stocktrunken sein, bevor seine motorischen Funktionen und, was wohl noch wichtiger ist, seine Urteilsfähigkeit deutlich herabgesetzt sind. In den meisten Fällen ist Alkohol wohl der Grund des Übels ... Gleichzeitig aber ist zu betonen, daß alle Sedativa in ihren Wirkungen dem Alkohol entsprechen, daß ihre Wirkungen durch Alkohol verstärkt werden und daß dieser Effekt länger andauert, als man gemeinhin annimmt.«[7]

Gegen die schwerwiegenden Effekte der Barbituratüberdosierung gibt es keine spezifischen Gegenmittel. Die wichtigsten Maßnahmen zur Therapie der Überdosierung sind die Freihaltung der Atemwege und die Aufrechterhaltung der Atem- und Kreislauffunktionen, bis die Substanz abgebaut und ausgeschieden ist.

Toleranz. Barbiturate können durch die beiden bereits erläuterten Mechanismen eine Toleranz (Gewöhnung) induzieren: durch Induktion der metabolisierenden Leberenzyme und durch Adaptation der Neuronen im Gehirn an die Anwesenheit der Substanz. Jemand, der regelmäßig ein Barbiturat einnimmt, entwickelt jedoch keine gleichmäßige Toleranz gegenüber allen Effekten des Wirkstoffes. Die Toleranz entsteht hauptsächlich gegenüber der sedierenden und in wesentlich geringerem Ausmaß gegenüber der atemlähmenden Wirkung. Folglich nimmt der Sicherheitsspielraum ab. Viele unbeabsichtigte Barbituratvergiftungen sind vermutlich auf die Atemdepression zurückzuführen.

Physische Abhängigkeit. Barbiturate können zu körperlicher Abhängigkeit führen; dazu ist jedoch eine wesentlich höhere Dosis erforderlich, als man normalerweise für therapeutische Zwecke einsetzt. Während beispielsweise bereits eine Dosis von 100 Milligramm Pentobarbital für die schlafinduzierende Wirkung ausreicht, wird eine körperliche Abhängigkeit erst bei Tagesdosen von 800 Milligramm und mehr hervorgerufen. Nur nach derartig hohen Dosen führt das Absetzen der Substanz zu schweren Entzugssymptomen. Damit soll nicht gesagt werden, daß normale Barbituratdosen überhaupt keine körperliche Abhängigkeit verursachen können, jedoch sind eventuell auftretende Entzugssymptome in der Regel nicht schwerwiegend oder lebensbedrohend. Es kommt gewöhnlich zu einem REM-Rebound mit verlängerten und intensiveren Traumphasen, wobei Alpträume und Schlafstörungen auftreten können. Der Entzug von hohen Barbituratdosen kann mit Halluzinationen, Unruhe, Desorientiertheit und sogar lebensbedrohenden Krampfanfällen einhergehen.

Psychische Abhängigkeit. Unter psychischer Abhängigkeit versteht man den Zwang zum Gebrauch einer Substanz wegen ihres angenehmen Effekts. Dieses Phänomen wird gewöhnlich durch eine entsprechende Wirkung der Substanz auf die Belohnungszentren des Gehirns (Kapitel 15) hervorgerufen.

Alle zentral dämpfenden Substanzen, besonders Alkohol, üben einen derartigen Effekt aus und werden daher auch zwanghaft mißbraucht. Die Umstände des Mißbrauchs sind vielfältig und je nach Substanz und angestrebter psychischer Wirkung – Angstlinderung, Sedierung oder Euphorisierung – unterschiedlich.

Risiken in der Schwangerschaft. Wie alle psychotropen Substanzen werden auch Barbiturate ungehindert an den Fetus weitergegeben. Wenn die Mutter kurz vor der Entbindung Barbiturate eingenommen hat, kann die zentralnervöse Dämpfung beim Neugeborenen noch recht lange andauern, da es nur über eingeschränkt funktionsfähige Metabolisierungs- und Ausscheidungssysteme verfügt. Wurden von der Mutter vor der Geburt regelmäßig Barbiturate eingenommen, können beim Neugeborenen Entzugssymptome auftreten. Daher sollten Barbiturate und andere Sedativa während der Schwangerschaft nicht genommen werden. Als Ausnahme gilt die Verabreichung eines extremkurz wirksamen Barbiturats zur Narkoseeinleitung für einen Kaiserschnitt in einer Notfallsituation. Hierbei kommt es nur zu einer geringfügigen zentralen Dämpfung des Neugeborenen, und Entzugssymptome treten nicht auf.

Zwar gibt es nur eine geringe Zahl entsprechender Studien, doch diese lassen vermuten, daß Barbiturate Entwicklungsstörungen verursachen können. Falls trotzdem eine Verabreichung während der Schwangerschaft unumgänglich ist, muß sie genauestens überwacht werden. So benötigen Epileptikerinnen Antiepileptika (darunter Barbiturate) zur Anfallsprävention. Obwohl bei Kindern von Epileptikerinnen einige angeborene Störungen beobachtet wurden, überwiegt der Nutzen, den die Fortführung der Medikation auch während der Schwangerschaft für die Mutter bietet, das geringe Risiko angeborener Mißbildungen. Grundsätzlich sind Barbiturate und andere Sedativa jedoch während der Schwangerschaft kontraindiziert.

Herkömmliche Nicht-Barbiturat-Schlafmittel

Anfang der fünfziger Jahre kamen drei barbituratfreie Sedativa mit sedativen, anxiolytischen und schlafinduzierenden Wirkungen auf den Markt: Glutethimid, Ethchlorvynol und Methyprylon. Hinsichtlich der Molekülstruktur zeigen sie gewisse Ähnlichkeiten mit den Barbituraten, ebenso sind sie in bezug auf Toxizität und Mißbrauchspotential mit diesen vergleichbar. Da sie kaum Vorteile boten, sind sie in Deutschland nicht mehr im Handel.

Methaqualon ist ein viertes zentral dämpfendes Nicht-Barbiturat, dessen Eigenschaften seine ehemals weite Verbreitung kaum rechtfertigen. Der illegale Methaqualongebrauch war Ende der siebziger und Anfang der achtziger Jahre sehr verbreitet, in den USA beispielsweise so stark, daß dort nur Marihuana und Alkohol noch häufiger mißbraucht wurden. Das große Interesse an Methaqualon war auf den unverdienten Ruf als Aphrodisiakum zurückzuführen. Wegen des verbreiteten illegalen Gebrauchs und zahlreicher Todesfälle wurde Methaqualon in Deutschland dem Betäubungsmittelgesetz unterstellt und ist heute nicht mehr im Handel. Auch in den USA wurde es vom Markt genommen. Methaqualon ist pharmakologisch mit den Barbituraten vergleichbar und stellt wegen seiner sedierenden Eigenschaften wohl eher das Gegenteil eines Aphrodisiakums dar. Es ist lediglich eines aus einer Reihe nichtselektiv dämpfender Mitteln, von denen Konsumenten eine angenehme Wirkung erwarteten, wenn sie sie in der entsprechenden Atmosphäre und mit einer bestimmten Erwartungshaltung einnahmen.[8]

Meprobamat (Visano®), heutzutage eher von historischem Interesse, kam Mitte der fünfziger Jahre als weiteres Anxiolytikum und Beruhigungsmittel in den Handel und wurde als Alternative zu den Barbituraten angeboten. Damals entstand die Bezeichnung *Tranquilizer*, ein Marketing-Versuch mit dem Ziel, Meprobamat gegen die Barbiturate abzugrenzen, wofür aber real kein Grund bestand. Meprobamat bewirkt eine lang andauernde Sedierung, leichte Euphorie und Angstlinderung. Wegen seiner relativ geringen Potenz und Wirksamkeit ist bei seinen therapeutischen Wirkungen von einer starken Placebokomponente auszugehen. Meprobamat ist teratogen und somit während der Schwangerschaft kontraindiziert.

Meprobamat kann Toleranz sowie körperliche und psychische Abhängigkeit verursachen. Da seine dämpfende Wirkung auf die Atemfunktion schwächer ist als die der Barbiturate, hat es einen größeren Sicherheitsspielraum. Suizidversuche mit Meprobamat verlaufen nur selten erfolgreich. Zwar geht die klinische Anwendung zurück, doch Mißbrauch und Abhängigkeit kommen weiterhin vor und sind schwer zu behandeln.[9]

Chloralhydrat ist eine weitere Substanz von überwiegend historischem Interesse, die seit Ende des 19. Jahrhunderts klinisch verfügbar ist. Chloralhydrat wird im Stoffwechsel rasch zu Trichlorethanol (einem Ethanolderivat) umgewandelt, das eine nichtselektive zentral dämpfende Wirkung hat und die aktive Form von Chloralhydrat darstellt. Der REM-Schlaf wird durch Chloralhydrat offenbar nicht besonders stark beeinträchtigt, und ein REM-Rebound nach Absetzen der Substanz tritt kaum auf. Chloralhydrat scheint eine relativ sichere und wirksame sedativ-hypnotische Substanz zu sein, deren Plasmahalbwertzeit zwischen vier und acht Stunden beträgt. „Katersymptome" sind weniger wahrscheinlich als bei Verbindungen mit längeren Halbwertzeiten. Das Gewöhnungs- und Abhängigkeitspotential von Chloralhydrat ist mit dem der Barbiturate vergleichbar. Gelegentlich wird Chloralhydrat als Schlafmittel für ältere Patienten verwendet. In Kombination mit Alkohol kann Chloralhydrat zur Bewußtlosigkeit führen.

Narkosemittel

Narkosemittel sind Substanzen, die eine reversible Dämpfung des ZNS bewirken und dadurch Schmerzunempfindlichkeit und Bewußtlosigkeit auslösen. Die Narkose ist somit die stärkste beabsichtigte arzneimittelinduzierte ZNS-Dämpfung. Als Narkotika werden zum einen Substanzen verwendet, die durch Inhalation über die Lungen verabreicht werden, und zum anderen Substanzen, die injiziert werden.

Zu den derzeit verwendeten Inhalationsnarkotika zählen ein Gas – Distickstoffmonoxid (N_2O, Stickoxydul, Lachgas) – und vier schnell verdampfende Flüssigkeiten – Isofluran, Halothan, Desfluran und Enfluran –, deren Dämpfe über Narkosegeräte in die Lunge des Patienten gelangen. Diese Narkotika bewirken eine allgemeine, graduelle, dosisabhängige Hemmung aller Funktionen des ZNS: Nach einer anfänglichen Sedierungsphase schläft der Patient ein. Mit tieferer Narkose werden die Reflexe zunehmend unterdrückt, und Analgesie (Schmerzunempfindlichkeit) entsteht. Wenn die Vollnarkose erreicht ist, sind Reflexe und Schmerzempfinden ausgeschaltet, Atmung und Hirnerregbarkeit gedämpft, und Amnesie tritt ein.

Von den Injektionsnarkotika werden Thiopental und Methohexital (ultrakurz wirksame Barbiturate) am häufigsten benutzt. Des weiteren werden in bestimmten Situationen Propofol und Etomidat verwendet. Die beiden letzteren Narkotika haben wahrscheinlich den gleichen Wirkungsmechanismus wie die Barbiturate, also eine nichtselektive ZNS-Dämpfung, die als Folge einer Besetzung des $GABA_A$-Rezeptors und einer Hemmung der synaptischen Transmission in polysynaptischen Bahnen eintritt.

Seit gut hundert Jahren erforschen herausragende Wissenschaftler die möglichen Wirkungsmechanismen der Inhalationsnarkotika.[10] Die vorgeschlagenen Mechanismen sind so divers, daß ein neueres Lehrbuch der Pharmakologie diesem Problem immerhin sieben Seiten widmet[11]; Tabelle 3.3 enthält eine

Tabelle 3.3: Wirkorte und Wirkungsmechanismen von Narkosemitteln

I.   neuronale Systeme, die selektiv und funktionell durch Narkotika beeinflußt werden
    A. Bewußtsein
       1. Großhirnrinde
       2. retikuläres und andere aufsteigende aktivierende Systeme
       3. EEG läßt auf zwei Klassen von Narkotika schließen: zur einen gehören Halothan, Chloroform und Trichlorethylen, zur anderen N_2O, Diethylether und Cyclopropan
    B. Gedächtnis/Amnesie
       1. Großhirnrinde, Hippocampus, Amygdala
    C. Analgesie/Schmerzempfinden
       1. absteigende schmerzmodulierende Systeme, zentrales Höhlengrau, graue Substanz des Rückenmarkhinterhorns (Endorphinfreisetzung nach N_2O, Ethanol)

Tabelle 3.3 (Fortsetzung)

II. neuronale Systeme, die durch höhere Konzentrationen der meisten Narkotika funktionell beeinträchtigt werden
   A. Atmung
      1. Atmungszentrum, Carotis-Chemorezeptoren durch Halothan, Enfluran
   B. Blutdruck
      1. zentrale Steuerung von Herz und Kreislauf durch Hypothalamus über vegetatives Nervensystem
   C. Bewegung und Tonus der Skelettmuskulatur
      1. System des Kleinhirns, des Mittelhirns, der Basalganglien und der Großhirnrinde, die an der Bewegungsauslösung beteiligt sind, Rückenmark

III. synaptische Prozesse, die durch Narkotika beeinflußt werden können
   A. Transmittersynthese
   B. Transmitterfreisetzung – Halothan (Großhirnrinde)
   C. Stoffwechsel von Transmittersubstanzen
   D. postsynaptische Wirkungen
      1. Verstärkung der Inhibition
      2. verstärkte oder verlängerte präsynaptische Inhibition (Benzodiazepine, Barbiturate, Ethanol, Ether)
      3. verstärkte Endorphinfreisetzung (N_2O, möglicherweise Ether, nicht Halothan)
      4. verstärkte GABA-induzierte Hemmung
   E. Unterdrückung der transmitterinduzierten postsynaptischen Erregung (alle Inhalationsnarkotika bei hoher Konzentration, Barbiturate, Ethanol)
   F. Veränderung der Neurotransmitter-Rezeptorproteine (nachgewiesen an einem Acetylcholinrezeptor); Narkotika verursachen Desensitivierung von Rezeptoren und beschleunigte Schließung zugehöriger Ionenkanäle (Einfluß von Narkotika auf weitere Rezeptorsysteme und -proteine wahrscheinlich)

IV. direkte Wirkungen auf Nervenzellen
   A. Unterdrückung der Membranerregbarkeit, verminderte Natriumleitfähigkeit, möglicherweise infolge erhöhter Membrandicke, erhöhte Membranfluidität
      1. Hyperpolarisierung kleiner Fasern in der Großhirnrinde
      2. intrazelluläre Komponenten: Hemmung des mitochondrialen Oxidationssystems (Hypoxie führt zu Bewußtlosigkeit, Hypoxie und Narkotika wirken additiv oder synergistisch); Hemmung kalziumvermittelter mitochondrialer Funktionen durch Narkotika
      3. selektive Anreicherung von Narkotika in Lipiden und Bindung an hydrophobe Proteinregionen; narkotische Potenz korreliert mit der Lipidlöslichkeit und der Hyperpolarisierung kleiner Fasern

V. Übersicht über die unterschiedlichen Wirkungen verschiedener Narkotika
   A. erhebliche Unterschiede in der Molekülstruktur; einige Wirkungen offenbar *rezeptorvermittelt*, bei anderen keine Rezeptoren bekannt
   B. unterschiedliche EEG-Muster bei unterschiedlichen Wirkstoffen
   C. Unterschiede in der Sicherheitsbreite und in den Spektren der neuronalen Wirkungen
   D. unterschiedliche Empfindlichkeit verschiedener synaptischer und neuronaler Systeme gegenüber den verschiedenen Wirkstoffen
   E. genetische Unterschiede in der Wirkstoffempfindlichkeit
   F. genetische Einflüsse an Maus, *Drosophila* und Nematoden nachgewiesen

Aus Smith und Reynard[11], S. 189.

Übersicht. Trotz all dieser Theorien ist immer noch unklar, ob die Narkose ein physikalisches Phänomen (wie im folgenden näher erläutert) oder eine spezifische, schnelle reversible Rezeptorwechselwirkung ist, an der der GABA-Rezeptor[12] oder andere Rezeptoren[13] beteiligt sind.

Nach Ansicht des Autors läßt sich die Wirkung der Narkotika am einfachsten durch eine Veränderung der physikochemischen Eigenschaften der Nervenzellmembranen erklären. Dies kann man aus der linearen Korrelation (Abbildung 3.4) zwischen der narkotischen Potenz verschiedener Substanzen und ihrer Lipidlöslichkeit ableiten. Wenn sich narkotische Wirkstoffe in der inneren Lipidschicht der Membran einer Nervenzelle lösen, verändert diese Schicht ihre Struktur, was sich auf die Funktion der Ionenkanäle und Membranproteine auswirken könnte. Tatsächlich wiesen Diliger und Mitarbeiter vor kurzem nach, daß Narkotika die Ionenströme durch Acetylcholinrezeptorkanäle hindurch unterbrechen können – eine Wirkung, die entweder über direkte Wechselwirkungen des Narkotikums mit dem Kanalprotein selbst zustande kommt oder aber durch physikalische Vorgänge im Kontaktbereich zwischen Kanalprotein und der durch das Narkotikum veränderten Lipidmembran.[14] Die Unterbrechung des Ionenstromes durch die Membranen der Nervenzellen legt deren Funktion lahm: Narkose tritt ein. Nach Absetzen des Narkotikums wird die Substanz in den Blutstrom rückresorbiert und über die Lungen ausgeatmet, wodurch die normale Membranstruktur und -funktion zurückkehrt.

Mitunter werden bestimmte Narkotika auch mißbraucht. Ein Beispiel dafür ist Distickstoffmonoxid (Lachgas), ein Gas mit niedriger narkotischer Potenz. In einer Mischung mit 50 Prozent Sauerstoff löst es einen Zustand aus, der durch Enthemmung des Verhaltens, Analgesie und milde Euphorie gekennzeichnet ist. Weil zur Erzielung dieser Wirkungen mindestens 50 Prozent der inhalierten Gasmischung auf Distickstoffmonoxid entfallen müssen, ist wegen der Gefahr einer Hypoxie (Sauerstoffmangelversorgung) äußerste Vorsicht geboten. Daher ist die Verabreichung über eine Narkoseapparatur oder ein vergleichbares Gerät notwendig. Würde Lachgas nur mit Raumluft gemischt, käme es zur Hypoxie, die eine irreversible Hirnschädigung zur Folge hätte. Diese Gefahr besteht auch beim Mißbrauch anderer inhalierbarer Substanzen, die im folgenden beschrieben werden.

Inhalierbare Substanzen mit Mißbrauchpotential

Neben Lachgas und anderen Inhalationsnarkotika werden auch andere inhalierbare Substanzen (Schnüffelstoffe) mißbraucht und gezielt zur Erzeugung eines Rauschzustands eingeatmet. Eine Klassifikation dieser Substanzen ist schwierig, da sie in pharmakologischer Hinsicht wenig gemeinsam haben. Gemeinsam ist ihnen lediglich der Verabreichungsweg.

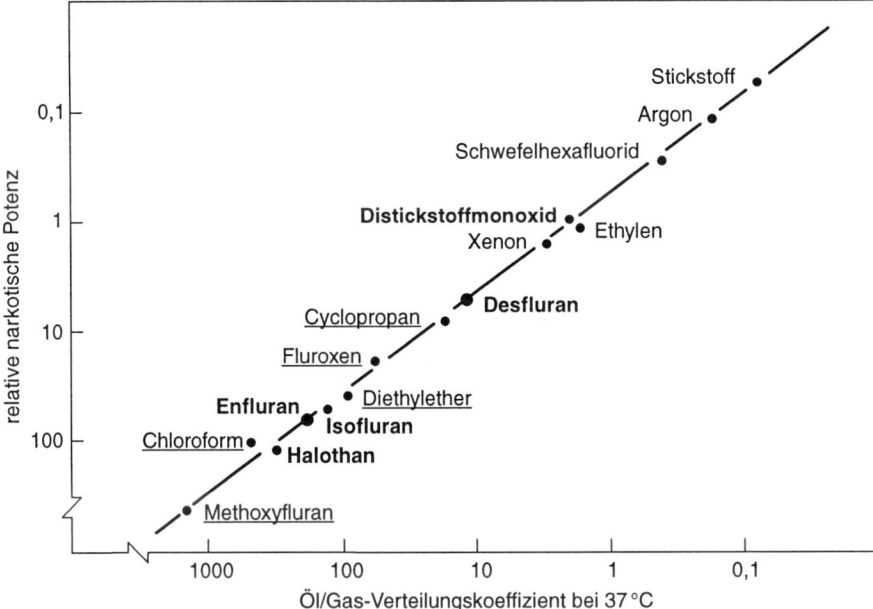

3.4 Korrelation zwischen narkotischer Potenz und Öl/Gas-Verteilungskoeffizient für eine Reihe von Narkotika sowie für einige inerte Gase, die normalerweise nicht zur Narkose verwendet werden. Man beachte die logarithmische Skala und die strenge Korrelation zwischen Lipidlöslichkeit und Potenz über den gesamten Bereich. Wirkstoffe, die heute in der Anästhesie Verwendung finden, sind fettgedruckt, früher benutzte Narkotika unterstrichen.

Die mißbräuchlich inhalierten Substanzen bilden eine Gruppe flüchtiger oder gasförmiger Substanzen, die zur Veränderung der psychischen Verfassung verwendet und praktisch nur durch Inhalation aufgenommen werden.[15] Zu diesen Substanzen gehören:

1. Narkosemittel (insbesondere Lachgas und Halothan);
2. organische Lösungsmittel für Haushalt, Industrie und Büro (zum Beispiel Farbverdünner, Entfettungs- und Schnellreinigungsmittel, Lösungsmittel in Klebstoffen, in Korrekturflüssigkeit und Faserschreibern);
3. Gase in Haushalts- und Gewerbeprodukten (zum Beispiel in Feuerzeugen, Sprühsahnebereitern und Propanflaschen);
4. Aerosole als Treibmittel in Haushaltssprühdosen (zum Beispiel in Farb-, Haar-, Reinigungs- und Imprägniersprays);
5. aliphatische Nitrite.

Unter den aliphatischen Nitriten sind die wichtigsten Amylnitrit (in Ampullen für Patienten mit Herzkrankheiten) und Butylnitrite (in geruchsvertreibenden Raumsprays). Einige der Substanzen, die in den oben genannten Produkten vorkommen, sind in Tabelle 3.4 aufgeführt. Beim Einatmen erweitern diese Substanzen die Blutgefäße, senken dadurch den Blutdruck, vermindern die Durchblutung des Gehirns und erzeugen Schwindel und Hitzewallungen.

Bestimmte inhalierbare Substanzen (so die flüchtigen Nitrite) werden in Verbindung mit sexueller Aktivität verwendet, da sie die Orgasmusfähigkeit steigern sollen.[15] Der Personenkreis, der inhalierbare Substanzen mißbraucht, umfaßt hauptsächlich

1. (überwiegend männliche) Jugendliche zwischen 14 und 20 Jahren,
2. inhalantienabhängige Erwachsene und
3. Konsumenten mehrerer Substanzen.

Ein besonderes Problem ist die Verbreitung des „Schnüffelns" unter Kindern und Jugendlichen. In Deutschland haben ein bis zehn Prozent der zehn- bis

Tabelle 3.4: Inhalierbare psychotrope Stoffe in Haushalts- und anderen Produkten

	Produkte	häufige Inhaltsstoffe
Klebstoffe	Klebstoffe für Haushalts- und Bastelbedarf, Spezialkleber	Toluol, Ethylacetat, Hexan, Methyl-chlorid, Aceton, Methylethylketon, Trichlorethylen, Tetrachlorethylen
Treibmittel in Sprühdosen	Farb- und Lacksprays, Reinigungs- und Imprägniersprays, Haarsprays, Deodorants, „Raumluftverbesserer"	Butan, Propan, andere Kohlen-wasserstoffe, Fluorkohlenwasser-stoffe, Fluorchlorkohlenwasser-stoffe (FCKW), Toluol, Trichlor-ethan, Dimethylether
Arzneimittel	Narkotika, Lokalanästhetika und andere	Distickstoffmonoxid, Halothan, Enfluran, Ethylchlorid, Amylnitrit
Reinigungsmittel	chemische Reinigungsmittel, Fleck-entferner, Entfettungsmittel	Tetrachlorethylen, Trichlorethan, Trichlorethylen, andere Chlor-kohlenwasserstoffe, Xylol, andere Kohlenwasserstoffe
Lösungsmittel und Kraftstoffe	Nagellackentferner	Aceton, Ethylacetat
	Farbentferner und -verdünner	Toluol, Methylenchlorid, Methanol, Aceton, Ethylacetat, andere Kohlenwasserstoffe, Ester
	Korrekturflüssigkeit	Trichlorethan, Trichlorethylen
	Faserschreibstifte	Toluol, Xylol
	Feuerzeuge	Propan, Butan, Benzin
	Wasch- und Fahrzeugbenzin	Benzin

Nach Sharp[15], S. 4–5, verändert
Anmerkung: Aufgrund der Klimadiskussion werden FCKW als Spraytreibmittel zunehmend ersetzt, allerdings nicht selten durch Propan oder Butan, die bei Inhalation ebenfalls psychotrope Wirkungen entwickeln. Faserschreibstifte und Korrekturflüssigkeiten (z. B. Tipp-Ex®) gibt es auch auf wasserlöslicher Basis; als Quellen inhalierbarer berauschender Wirkstoffe sind sie dann ungeeignet.

25jährigen Erfahrungen mit dem Mißbrauch inhalierbarer Substanzen. Differenziertere Erhebungen aus anderen europäischen Ländern zeigen, daß zwei bis fünf Prozent der Kinder und Jugendlichen bis zu 17 Jahren schon (mindestens) einmal Schnüffelstoffe mißbraucht haben.[16] In den USA liegt der Anteil der Schüler bis zum achten Schuljahr mit Mißbraucherfahrungen sogar bei 20 Prozent. Dort sind etwa 90 Prozent der Todesopfer inhalierbarer Substanzen männlich, und zwar überwiegend Jugendliche, gefolgt von Erwachsenen im Alter zwischen 20 und 30 Jahren.[17] Die meisten dieser Todesfälle gehen wahrscheinlich auf das Einatmen von Butan oder Propan aus entsprechenden Produkten zurück.

Schnüffelstoffe wirken offenbar wie Narkotika und rufen das in Abbildung 3.1 dargestellte Sedierungskontinuum hervor, das von Euphorie über einen alkoholähnlichen Rauschzustand und Enthemmung bis zu Bewußtlosigkeit und mitunter – selbst beim erstmaligen Mißbrauch – zum Tod führt. Gewisse Umstände des Mißbrauchs ziehen erhebliche Gefahren nach sich.

1. Zur Inhalation flüchtiger Substanzen werden häufig Plastiktüten oder Tücher benutzt, die über das Gesicht oder den Kopf gelegt werden. Auch das direkte Einsprühen des Gases in den Mund ist verbreitet. Es besteht stets Erstickungsgefahr, insbesondere wenn Tüten oder Tücher benutzt werden.

2. Bei der Inhalation verdrängen die Dämpfe der „geschnüffelten" Substanz die Luft und damit den Sauerstoff, als Folge entsteht Hypoxie bis hin zur Anoxie (einer völlig unzureichenden Sauerstoffkonzentration im Gewebe). Dies gilt um so mehr, wenn eine Plastiktüte über das Gesicht gestülpt wird und dadurch gar keine Luft mehr nachströmen kann.

3. Atmung und Herz-Kreislauf-System werden nicht überwacht (wie dies während einer Operation durch einen Anästhesisten geschehen würde).

4. Die Hypoxie kann in Verbindung mit den direkten kardiotoxischen Wirkungen vieler Inhalantien zur Ischämie des Herzgewebes, zu lebensbedrohenden Herzrhythmusstörungen und zu akutem Herzversagen führen.

5. Bei chronischem Mißbrauch treten folgenschwere Hirn- und Nervenschäden und/oder Leber- und Nierenfunktionsstörungen auf.

Leser, die an einer ausführlichen Darstellung dieses Themas interessiert sind, seien auf die Literaturangaben 15 bis 18 verwiesen.

Aufgaben

1. Nennen Sie die verschiedenen Klassen der Substanzen mit nichtselektiv dämpfender Wirkung auf das ZNS. Geben Sie Beispiele für jede Klasse.
2. Beschreiben Sie die Wirkungsabfolge nichtselektiv zentral dämpfender Substanzen bei steigender Dosis.
3. Erläutern Sie, was unter „überadditiver ZNS-Dämpfung" zu verstehen ist.
4. Beschreiben Sie zwei Arten der Gewöhnung, die durch wiederholte Verabreichung von Barbituraten entstehen kann.
5. Beschreiben Sie den Wirkungsmechanismus nichtselektiv zentral dämpfender Substanzen.
6. Was versteht man unter einem „substanzbedingten hirnorganischen Psychosyndrom"?
7. Welche Mechanismen sind für die unterschiedliche Wirkungsdauer der verschiedenen Barbiturate verantwortlich?
8. Beschreiben Sie, wie Barbiturate das Schlafmuster beeinflussen. Welche Änderungen treten beim Entzug auf?
9. Vergleichen Sie die Wirkungen von Barbituraten und von Chloralhydrat auf ältere Menschen.
10. Vergleichen Sie den Wirkungsmechanismus der Barbiturate mit dem eines Inhalationsnarkotikums.
11. Schildern Sie kurz einige Probleme, die mit dem Mißbrauch inhalierbarer Substanzen zusammenhängen.

Literatur

1. Janicak P. G.; Davis J. M.; Preskorn S. H. und Ayd jr. F. J. *Principles and Practice of Psychopharmacotherapy.* Baltimore, Williams & Wilkins, 1993, S. 405.
2. Rall T. W. *Hypnotics and Sedatives: Ethanol.* In: Gilman A. G.; Rall T. W.; Nies A. S. und Taylor P. (Hrsg.) *Goodman and Gilman's The Pharmacological Basis of Therapeutics*, 8. Aufl., New York, Pergamon, 1990, S. 345.
3. Ibid., S. 358–360.
4. Zorumski C. F.; Isenberg K. E. *Insights Into the Structure and Function of GABA-Benzodiazepine Receptors: Ion Channels and Psychiatry.* In: *American Journal of Psychiatry* 148 (1991), S. 162–173.
5. Olsen R. W. *GABA-Drug Interactions.* In: *Progress in Drug Research* 31 (1987), S. 224–238.
6. Twyman R. E.; Rogers C. J. und MacDonald R. L. *Pentobarbital and*

Picrotoxin Have Reciprocal Actions on Single GABA_A Receptor Channels. In: *Neuroscience Letter* 96 (1989), S. 89–95.

7. Meyers H; Jawetz E. und Goldfien A. *Review of Medical Pharmacology*, 3. Aufl., Los Altos (CA), Lange Medical Publications, 1972, S. 219.

8. Wetli C. V. *Changing Patterns of Methaqualone Abuse.* In: *Journal of the American Medical Association* 249 (1983), S. 621.

9. Roache J. D.; Griffiths R. R. *Lorazepam and Meprobamate Dose Effects in Humans: Behavioral Effects and Abuse Liability.* In: *Journal of Pharmacology and Experimental Therapeutics* 243 (1987), S. 978.

10. Tinker J. H. *Voices From the Past: From Ice Crystals to Fruit Flies in the Quest for a Molecular Mechanism of Anesthetic Action.* In: *Anesthesia and Analgesia* 77 (1993), S. 1–3.

11. Smith C. M.; Reynard A. M. *Textbook of Pharmacology.* Philadelphia, Saunders, 1992, S. 188–194.

12. Tanelian D. L.; Kosek P.; Mody I. und MacIver M. B. *The Role of the GABA_A Receptor/Chloride Channel Complex in Anesthesia.* In: *Anesthesiology* 78 (1993), S. 757–776.

13. Allada R.; Nash H. A. Drosophila melanogaster *as a Model for Study of General Anesthesia: The Quantitive Response to Clinical Anesthetics and Alkanes.* In: *Anesthesia and Analgesia* 77 (1993), S. 19–26.

14. Diliger J. P.; Vidal A. M.; Mody H. I. und Liu Y. *Evidence for Direct Actions of General Anesthetics on an Ion Channel Protein.* In: *Anesthesiology* 81 (1994), S. 431–442.

15. Sharp C. W. *Introduction to Inhalant Abuse.* In: Sharp C. W., Beauvais P. und Spence R. (Hrsg.) *Inhalant Abuse: A Volatile Research Agenda*, NIDA Research Monograph 129, Rockville (MD), U.S. Department of Health and Human Services, 1992, S. 1–10.

16. Thomasius R. *Schnüffelstoffe.* In: Deutsche Hauptstelle gegen die Suchtgefahren (Hrsg.) *Jahrbuch Sucht '96.* Geesthacht, Neuland, 1995, S. 178–190.

17. Ramsey J.; Anderson H. R.; Bloor K. und Flanagan R. J. *An Introduction to the Practice, Prevalence and Chemical Toxicology of Volatile Substance Abuse.* In: *Human Toxicology* 8 (1989), S. 261–269.

18. Garriott J. C. *Death Among Inhalant Abusers.* In: Sharp C. W., Beauvais P. und Spence R. (Hrsg.) *Inhalant Abuse: A Volatile Research Agenda*, NIDA Research Monograph 129, Rockville (MD), U.S. Department of Health and Human Services, 1992, S. 181–191.

4. Zentralnervös dämpfende Substanzen: Benzodiazepine, Anxiolytika der „zweiten Generation" und Antiepileptika

Angst läßt sich als Besorgnis, Anspannung oder Unruhe vor einer erwarteten Gefahr beschreiben. Angst kann eine Reaktion auf äußere Reize sein oder ohne einen erkennbaren Auslöser auftreten.[1] Überdies ist sie ein Grundgefühl und eine normale Reaktion auf ein Erlebnis, das einer früheren, als unangenehm empfundenen Erfahrung ähnelt.

Angst ist ein Komplex aus subjektiven Gefühlen und charakteristischen Verhaltensmerkmalen, darunter Anspannung, Furcht, Sorge, Hilflosigkeit, Beklommenheit, Konzentrationsschwierigkeiten und Schlafstörungen. Als körperliche Symptome können Kopfschmerzen, Übelkeit, Diarrhö, Herzklopfen, Kurzatmigkeit, Zittern, Muskelanspannung, Unruhe und Müdigkeit auftreten. All diese inneren und äußeren Zeichen der Angst sind sicherlich normale, angemessene und notwendige Reaktionen, um in einer feindlichen Welt überleben zu können – sie stellen die kognitiven und emotionalen Begleiterscheinungen eines psychischen Alarmsystems dar. Doch extreme Angst, ob als psychische Reaktion auf äußere Einflüsse oder als Folge einer neurochemischen Dysfunktion, kann auch schädlich sein. Die Differenzierung zwischen den beiden Ursachen ist von entscheidender Bedeutung, da im Falle einer Dysfunktion möglicherweise eine längere pharmakologische Therapie erforderlich ist.

Die Unterscheidung der verschiedenen Angststörungen und eine genaue Diagnose sind deswegen besonders wichtig, weil sowohl die pharmakologische als auch die nichtmedikamentöse Behandlung von der Art der Störung abhängen (Kapitel 16). Man unterscheidet im wesentlichen folgende Formen:

1. generalisierte Angststörung;
2. streßbedingte Angst;
3. Panikstörungen;
4. Phobien;

5. Angst als Folge einer organischen Krankheit (zum Beispiel Schilddrü-
   senüberfunktion, Cushing-Syndrom und koronare Herzkrankheit);
6. Angst als Begleiterscheinung einer anderen, primären psychischen
   Störung (zum Beispiel Schizophrenie, Drogenmißbrauch, Demenz,
   Depression, posttraumatische Belastungsstörung, Zwangsstörung);
7. substanzinduzierte Angst (zum Beispiel durch Cocain, Coffein, Asthmamittel, nasenschleimhautabschwellende Mittel oder bei Entzug von
   Alkohol oder Sedativa).

Im folgenden wird die Anwendung von Arzneimitteln zur Behandlung dieser
Störungen, insbesondere der generalisierten Angststörung und der Phobien,
beschrieben.

Die Unterscheidung zwischen „normaler" und „pathologischer" Angst ist
schwierig. Häufig wird daher versucht, eine vorhandene Angstbelastung mit
Hilfe von Anxiolytika zu lindern, obwohl das nicht immer der angemessene
Weg ist. Aufgrund der unsicheren Diagnose und der weiten Verbreitung von
Angst in unserer Gesellschaft gehören die Benzodiazepine zu den meistverord-
neten Arzneimitteln.

> »In Anbetracht der hohen Prävalenz in der Bevölkerung und dem signifikanten Morbidi-
> tätsgrad, der mit der Angst einhergeht, überrascht es nicht, daß angstlösende Medikamente
> zu den meistbenutzten Arzneimitteln zählen. Angstlösende Substanzen sind die vierthäu-
> figst verordnete Arzneimittelklasse, wobei allein die Benzodiazepine 1989 über 55 Millio-
> nen Mal verschrieben wurden.«[2]

Die im Zitat erwähnte Zahl gilt für die USA. In Deutschland wurden 1994
allein von den gesetzlichen Krankenkassen mehr als 600 Millionen Tagesdosen der verschiedenen Benzodiazepine abgerechnet, was etwa 30 bis 40 Millionen Verschreibungen entsprechen dürfte.

Benzodiazepine und verwandte Substanzen sind in der Lage, die Angst bei
vielen der oben aufgezählten Syndrome zu lindern; am besten eignen sie sich
vielleicht zur Behandlung der streßbedingten Angst. Doch sollte, wie noch
erläutert, ihre therapeutische Anwendung in der Regel auf kurze Zeiträume
von etwa ein bis sechs Wochen begrenzt werden und nur bei Störungen erfolgen, auf die sich eine solche Kurzzeittherapie auch günstig auswirkt. Dazu
gehören akute situationsbezogene Trauer, akute behindernde Streßreaktionen
sowie Schlafstörungen, die durch Angst vor kurzfristigen äußeren Ereignissen
verursacht werden.

Bei chronischen Angststörungen und bei Depressionen, in Situationen, in
denen die Feinmotorik oder geistige Wachheit gefordert sind, oder in Situationen, in denen Alkohol oder andere zentral dämpfende Mitteln genommen werden, sowie im Falle älterer oder abhängigkeitsgefährdeter Personen werden
diese Anxiolytika gewöhnlich nicht angewendet. Doch gibt es Ausnahmen. Ein
neueres, benzodiazepinfreies Anxiolytikum der zweiten Generation (Buspiron)

hat möglicherweise ein geringeres Mißbrauchpotential. Zudem, so schreiben Unlenhuth und Mitarbeiter, »profitieren viele Patienten auch weiterhin von einer Langzeittherapie mit Benzodiazepinen. ... Ein Arzt, der es strikt ablehnt, diese Medikamente anzuwenden, würde damit unter Umständen seinen Angstpatienten eine angemessene Therapie vorenthalten.«[3] In Frage kämen hier vielleicht solche Patienten, bei denen die Angst auf einer neurochemischen Grundlage beruht; in diesen Fällen könnte eine Fortsetzung der Therapie vorteilhaft sein, zumindest solange keine Anzeichen einer Abhängigkeit oder eines Mißbrauchs vorliegen. Allerdings bleiben Langzeitbehandlungen wohl auch weiterhin umstritten.

Benzodiazepine

Die Benzodiazepine wurden zum Mittel der Wahl für die pharmakologische Kurzzeittherapie streßbedingter Angstzustände und Schlafstörungen und trugen so zum weiteren Rückgang in der Anwendung der Barbiturate bei. Die Geschichte der Benzodiazepine läßt sich in drei Phasen unterteilen.[4] Die erste begann mit der Einführung von Chlordiazepoxid (Librium®) im Jahre 1960 und dauerte bis 1977. Während dieses Zeitraumes nahm die klinische Anwendung (und der therapeutische Mißbrauch) der Benzodiazepine exponentiell zu, und es kamen ein Dutzend konkurrierender Wirkstoffe in den Handel. Mit der Zeit erkannte man ihre Grenzen und Nebenwirkungen, ihre Toxizität und ihr Mißbrauchpotential.

Die zweite Phase begann 1977 mit dem Nachweis, daß sich Diazepam (Valium®) spezifisch und mit hoher Affinität an eine bestimmte Rezeptorpopulation im Gehirn bindet. Seitdem hat die klinische Anwendung der Benzodiazepine zwar nicht mehr wesentlich zugenommen, doch sind unsere Kenntnisse über ihre Wirkungsmechanismen und überdies unser Verständnis der neurochemischen Grundlagen der Angst- und Panikstörungen erheblich gewachsen. (Auf die dritte Phase werden wir später in diesem Kapitel noch eingehen.)

Der Benzodiazepin-GABA-Rezeptor

In Kapitel 3 haben wir den $GABA_A$-Rezeptor bereits als Wirkort der Barbiturate kennengelernt. Heute weiß man, daß die meisten, wenn nicht alle Wirkungen der Benzodiazepine ebenfalls durch die spezifische Bindung an den $GABA_A$-Rezeptor vermittelt werden. Die Affinität der verschiedenen Benzodiazepine für diesen Rezeptor steht sogar in enger Beziehung zu ihrer jeweiligen pharmakologischen Potenz.

Der Neurotransmitter GABA (γ-Aminobuttersäure) hemmt die neuronale Erregbarkeit, indem er den Chloridionenstrom durch die Nervenzellmembran selektiv erhöht. Dazu bindet er sich an den GABA$_A$-Rezeptor und öffnet infolge der Bindung den durch die Membran reichenden Chloridkanal, der ein integraler Bestandteil dieses komplexen Rezeptormoleküls ist. Die Bindungsstellen für Benzodiazepine und Barbiturate auf dem GABA$_A$-Rezeptor sind voneinander getrennt. Die Benzodiazepinbindungsstelle befindet sich neben der GABA-Bindungsstelle (Abbildung 4.1), und beide sind wahrscheinlich auf derselben Proteinuntereinheit lokalisiert.[4,5] Die Benzodiazepinbindung verstärkt den GABA-induzierten Anstieg der Durchlässigkeit des Ionenkanals (und damit der Membranleitfähigkeit) für Chlorid, wodurch wiederum erregende synaptische Wirkungen auf die betreffende Nervenzelle gehemmt werden.

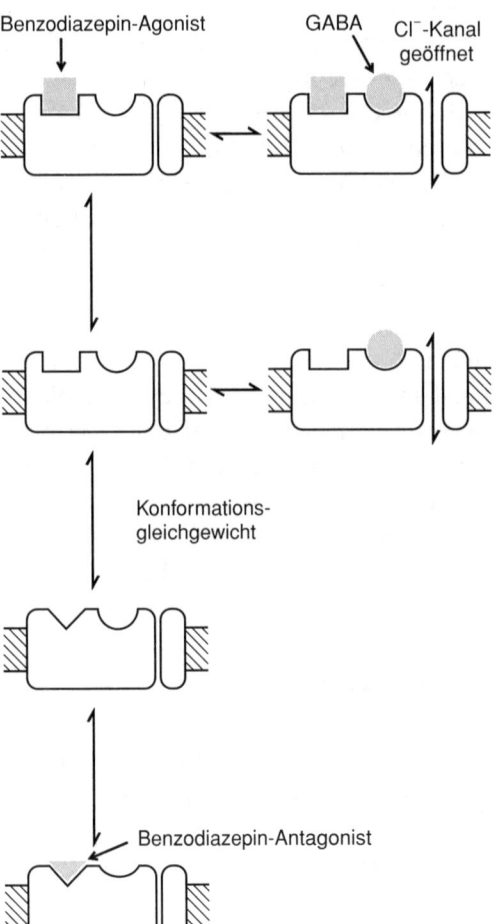

4.1 Wechselwirkungen zwischen dem GABA$_A$-Rezeptor und Benzodiazepinen. Benzodiazepin-Agonisten (wie Diazepam) und -Antagonisten (wie Flumazenil) binden wahrscheinlich an eine andere Stelle des GABA-Rezeptors als GABA selbst. Diese Benzodiazepinbindungsstelle kann zwei verschiedene Konformationszustände annehmen, die miteinander im Gleichgewicht stehen. Der eine Zustand erlaubt die Bindung eines Agonisten (oben), der andere die eines Antagonisten (unten). In letzterem Zustand ist die Affinität des Rezeptors für GABA stark herabgesetzt, so daß der Chloridkanal geschlossen bleibt. (Nach Rang und Dale[5], Abbildung 25.6.)

Zwei zusätzliche Punkte komplizieren dieses Modell. Zum einen gibt es mindestens zwei Typen von GABA-Rezeptoren, und zwar den $GABA_A$- und den $GABA_B$-Rezeptor. Die $GABA_A$-Rezeptoren bewirken wie beschrieben eine Erhöhung der Chloridionenleitfähigkeit (und induzieren so schnell wirksame inhibitorische postsynaptische Potentiale [IPSPs; siehe Anhang B]). Zudem sind sie der Wirkort für Barbiturate und Benzodiazepine. $GABA_B$-Rezeptoren wurden zu Beginn der achtziger Jahre nachgewiesen; über ihre Funktion wird erst jetzt, nach der Entdeckung spezifischer $GABA_B$-Rezeptorblocker, Näheres bekannt.*

Zum anderen entsteht die Anxiolyse nicht als unmittelbare Folge der Vorgänge am $GABA_A$-Rezeptor; vielmehr sind wahrscheinlich andere Neurotransmitter zwischengeschaltet, deren Wirkungen durch GABA modifiziert werden. Die Bedeutung dieses zweiten Aspekts wird später klar, wenn wir uns zwei neuen Wirkstoffen, Zolpidem und Buspiron, zuwenden.

Ein neuerer Benzodiazepin-Antagonist (Flumazenil, Anexate®) kann die Benzodiazepinbindungsstelle des $GABA_A$-Rezeptors ebenfalls besetzen. Dabei verändert sich die GABA-Bindungsstelle, wodurch die Bindung von GABA reduziert wird und die Chloridionenkanäle geschlossen bleiben (Abbildung 4.1). Flumazenil wird klinisch eingesetzt, um Benzodiazepine von den $GABA_A$-Rezeptoren zu verdrängen und so die dämpfenden Effekte einer Überdosierung zu beenden. Dies könnte bei Benzodiazepin-Abhängigkeit zur Auslösung akuter Angstreaktionen führen.

Die Existenz spezifischer endogener Benzodiazepin-Agonisten und -Antagonisten ist zwar postuliert worden, nachweisen konnte man solche körpereigenen Substanzen bislang allerdings nicht. Die These ist faszinierend und hat einiges für sich, denn die Evolution wird den $GABA_A$-Rezeptor wohl kaum deswegen mit einer Benzodiazepinbindungsstelle ausgestattet haben, damit wir einmal Beruhigungsmittel nehmen können. Als endogene Anxiolytika sind mehrere Substanzen (unter anderem natürliche Benzodiazepine) vorgeschlagen worden; und umgekehrt nimmt man von verschiedenen körpereigenen Substanzen an, daß sie „anxiogene" (angstinduzierende) Wirkungen besitzen.[2,5]

---

* $GABA_B$-Rezeptoren fungieren als Neuromodulatoren. Sie befinden sich an den präsynaptischen Nervenendigungen von Neuronen, die Neurotransmitter wie GABA, Glutamat, Dopamin, Noradrenalin, Serotonin und Substanz P ausschütten. Diese $GABA_B$-Rezeptoren sind über intrazelluläre G-Proteine mit Kaliumionenkanälen gekoppelt (siehe Anhang C), und sie vermitteln späte IPSPs. Ein $GABA_B$-Rezeptor-Agonist (wie GABA selbst) würde die Freisetzung verschiedener Neurotransmitter und Neuropeptide hemmen. Baclofen ist der einzige derzeit verfügbare selektive $GABA_B$-Rezeptor-Agonist; klinisch ist diese Substanz als Muskelrelaxans und Antispastikum geeignet. Die Wirkungen der $GABA_B$-Antagonisten werden an späterer Stelle in diesem Kapitel beschrieben.

Pharmakokinetik

Im Handel befinden sich derzeit mehr als 20 verschiedene Benzodiazepinderivate, die als Sedativa, Anxiolytika, Muskelrelaxantien, Injektionsnarkotika und Antikonvulsiva verwendet werden. Sie unterscheiden sich hauptsächlich in bezug auf pharmakokinetische Eigenschaften wie Lipidlöslichkeit, Geschwindigkeit ihrer Metabolisierung zu pharmakologisch wirksamen Zwischenprodukten sowie der Plasmahalbwertzeit der Ausgangssubstanz und etwaiger aktiver Metaboliten.

Die Grundstruktur der Benzodiazepine sowie eine Auswahl derzeit erhältlicher Derivate zeigt Abbildung 4.2. Man beachte, daß alle Substanzen die gleiche Grundstruktur besitzen und sich nur in ihren Substituenten unterscheiden.

Substanz	R_1	R_2	R_3	R_4	R_5
Diazepam	Cl	CH_3	=O	H_2	H
Nitrazepam	NO_2	H	=O	H_2	H
Flurazepam	Cl	$(CH_2)_2N(C_2H_5)_2$	=O	H_2	F
Flunitrazepam	NO_2	CH_3	=O	H_2	F
Oxazepam	Cl	H	=O	OH	H
Temazepam	Cl	CH_3	=O	OH	H
Clonazepam	NO_2	H	=O	H_2	Cl
Lorazepam	Cl	H	=O	OH	Cl
Clorazepat	Cl	H	=O	COOH	H
Nordazepam	Cl	H	=O	H_2	H

4.2 Struktur einiger Benzodiazepine.

Resorption und Verteilung

Benzodiazepine werden nach oraler Verabreichung gut resorbiert; im Plasma sind Höchstkonzentrationen nach etwa einer Stunde erreicht. Einige Substanzen (zum Beispiel Oxazepam und Lorazepam) werden langsamer resorbiert, andere (zum Beispiel Triazolam) schneller.

Tabelle 4.1: Benzodiazepine im deutschen Arzneimittelhandel

Freiname (Beispiel für Handelsnamen)	Darreichungsform	dominierende Halbwertzeit der Substanz / des aktiven Metaboliten in Stunden
langwirksame Benzodiazepine		
Diazepam (Duradiazepam®, Faustan®, Lamra®, Stesolid®, Tranquase®, Valium®)	oral, parenteral, rektal	24–48 / 50–80
Chlordiazepoxid (Librium®, Multum®, Radepur®)	oral	10–15 / 50–90
Flurazepam (Beconerv®, Dalmadorm®, Staurodorm®)	oral	1,5 / 50–100
Clobazam (Frisium®)	oral	18–42 / 36–120
Prazepam (Demetrin®)	oral	– / 50–90
Dikaliumclorazepat (Tranxilium®)	oral, parenteral	– / 25–82
Medazepam (Rudotel®)	oral	2–5 / 50–80
mittellangwirksame Benzodiazepine		
Clonazepam (Antelepsin®, Rivotril®)	oral, parenteral	39–40 / –
Nitrazepam (Dormalon® Nitrazepam®, Dormo-Puren®, Eatan®, Imeson®, Mogadan®, Novanox®, Radedorm®)	oral	18–30 / –
Bromazepam (Bromazanil®, Durazanil®, Gityl®, Lexostad®, Lexotanil®, neoOPT®, Normoc®)	oral	15–28 / –
Metaclazepam (Talis®)	oral	7–23 / –
Flunitrazepam (Flunioc®, Rohypnol®)	oral, parenteral	18 / –
Lorazepam (Duralozam®, Laubeel®, Pro Dorm®, Punktyl®, Somagerol®, Tavor®, Tolid®)	oral, parenteral	13–14 / –
Alprazolam (Cassadan®, Tafil®, Xanax®)	oral	12–15 / –
Oxazepam (Adumbran®, Antoderin®, Azutranquil®, Durazepam®, Mirfudorm®, Noctazepam, Praxiten®, Sigacalm®, Uskan®)	oral	5–15 / –
Clotiazepam (Trecalmo®)	oral	5–15 /
Lormetazepam (Ergocalm®, Loretam®, Noctamid®, Repocal®, Lormeta®)	oral	10–14 / –
Temazepam (Neodorm®, Norkotral®, Tema®, Planum®, Pronervon®, Remestan®)	oral	5–13 /–
kurzwirksame Benzodiazepine		
Brotizolam (Lendormin®)	oral	4,4–6,9 / –
Triazolam (Halcion®)	oral	2,3 / 4
Midazolam (Dormicum®)	oral, parenteral	1,5–2,5 / –

Angaben laut Rote Liste 1996.

Tabelle 4.1 gibt einen Überblick über die derzeit in Deutschland erhältlichen Benzodiazepine, ihre Verabreichungsformen und ihre Halbwertzeiten (und/oder die ihrer aktiven Metaboliten, siehe unten).

Metabolisierung und Ausscheidung

Wie wir aus Kapitel 2 wissen, werden die meisten psychotropen Substanzen im Stoffwechsel zu pharmakologisch unwirksamen wasserlöslichen Produkten umgewandelt und anschließend mit dem Urin ausgeschieden. Dies gilt grundsätzlich auch für die Benzodiazepine, doch aus einigen entstehen im Körper zunächst Zwischenprodukte, die ebenfalls pharmakologisch wirksam und oft sogar für den Hauptanteil der Wirkung verantwortlich sind. Diese aktiven Metaboliten müssen dann über weitere Stoffwechselwege entgiftet werden, bevor sie ausgeschieden werden können. Wie Abbildung 4.3 zeigt, werden viele langwirkenden Verbindungen in Nordazepam (*N*-Desmethyldiazepam) umgewandelt, dessen Halbwertzeit im Mittel etwa 60 Stunden beträgt (siehe auch die Halbwertzeiten in Tabelle 4.1). Abbildung 4.4 verdeutlicht die Anreicherung und langsame Metabolisierung des aktiven Metaboliten im menschlichen Körper. Kurzwirksame Benzodiazepine werden dagegen direkt zu unwirksamen Produkten abgebaut.

Bei älteren Menschen ist die Fähigkeit, langwirkende Benzodiazepine und ihre aktiven Zwischenprodukte zu metabolisieren, stark vermindert. So kann bei ihnen die Eliminationshalbwertzeit (der Ausgangssubstanz und des aktiven Metaboliten) mehr als zehn Tage betragen. Da es etwa sechs Halbwertzeiten

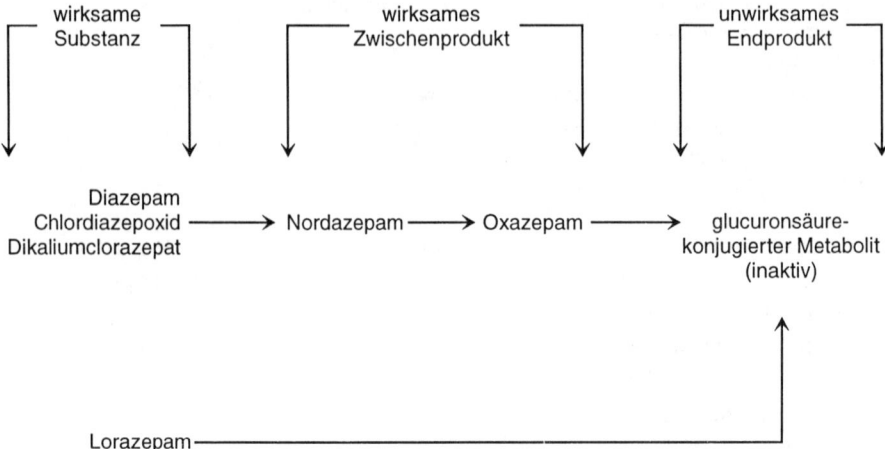

4.3 Metabolisierung der Benzodiazepine. Beim Abbau vieler Wirkstoffe entsteht das aktive Zwischenprodukt Nordazepam, das weiter zu dem gleichfalls wirksamen Oxazepam umgewandelt wird. Oxazepam ist auch als eigenständiges Medikament im Handel (zum Beispiel Adumbran®).

dauert, bis eine Substanz vollständig aus dem Körper entfernt ist (Tabelle 2.2), würde ein älterer Patient 60 Tage brauchen, um auch nur eine einzige Diazepamdosis vollständig zu eliminieren. Langwirksame Benzodiazepine können

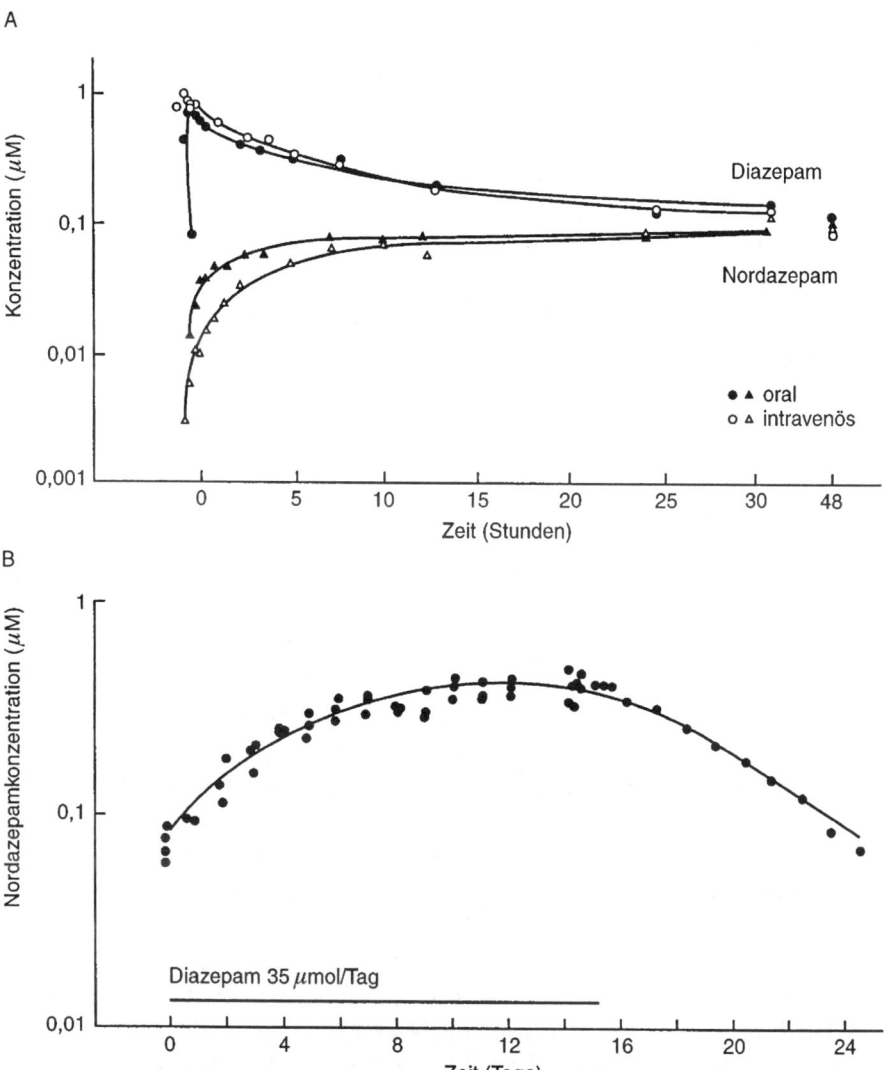

4.4 Pharmakokinetik von Diazepam beim Menschen. A) Konzentration von Diazepam und seines aktiven Metaboliten Nordazepam nach Verabreichung einer einmaligen oralen oder intravenösen Dosis. Während der Diazepamgehalt im Plasma absinkt, steigt die Konzentration von Nordazepam an. Der eine Wirkstoff wird also durch den anderen ersetzt, so daß die Wirkung insgesamt nur verzögert abnimmt. B) Kumulation von Nordazepam während der täglichen Verabreichung von Diazepam über zwei Wochen, gefolgt von einer langsamen Abnahme (Halbwertzeit etwa drei Tage) nach Beendigung der Diazepamgaben. (Aus Rang und Dale[5], Abbildung 25.8, S. 636.)

ein hirnorganisches Psychosyndrom auslösen, das bei älteren Patienten in eine schwere und mitunter bleibende arzneimittelinduzierte Demenz übergehen kann. Daher sollten ältere Patienten generell keine langwirksamen Benzodiazepine erhalten. Rang und Dale schreiben hierzu:

>>Im Alter von 91 Jahren wurde die Großmutter eines der Autoren immer vergeßlicher und leicht schrullig; sie nahm seit Jahren wegen Schlafstörungen regelmäßig Nitrazepam ein. Zur ewigen Schande des Autors bedurfte es eines gewitzten Allgemeinarztes, um das Problem zu diagnostizieren. Nachdem ihr kein Nitrazepam mehr verschrieben wurde, trat eine erhebliche Besserung ein.<<[6]

Dem möchte der Autor dieses Buches hinzufügen, daß seiner 85jährigen Großmutter das gleiche Problem mit Diazepam widerfuhr. Zwei Monate nach Absetzen des Medikaments verschwand ihre Demenz, und sie blieb in den folgenden zehn Jahren bis zu ihrem Tod geistig rege.

Aufgrund der langen Eliminationszeit sind diese Substanzen nach längerer Anwendung noch viele Tage bis zu mehreren Wochen nach Beendigung der Einnahme im Urin nachweisbar.

Pharmakodynamik

Die klinischen und psychischen Wirkungen der Benzodiazepine entstehen alle als Folge der GABA-induzierten neuronalen Hemmung in den verschiedenen Regionen des Zentralnervensystems, in denen $GABA_A$-Rezeptoren vorkommen. Geringe Dosen vermindern durch ihre Effekte auf die im Hippocampus und im Corpus amygdaloideum (Amygdala, Mandelkern) lokalisierten Rezeptoren Angst, Erregung und Furcht. Geistige Verwirrung und Amnesie scheinen mit den Wirkungen auf die GABA-Neuronen in der Großhirnrinde und im Hippocampus zusammenzuhängen. Die sedativ-hypnotischen Wirkungen werden offenbar durch Effekte auf Rezeptoren in der Großhirnrinde ausgelöst. Die leicht muskelentspannenden Eigenschaften der Benzodiazepine werden vermutlich durch ihre anxiolytische Wirkung und durch gewisse Effekte auf GABA-Rezeptoren im Rückenmark, Kleinhirn und Hirnstamm hervorgerufen, und ihre antiepileptischen Wirkungen sind wahrscheinlich durch Effekte auf GABA-Rezeptoren unter anderem im Neocortex und im Hippocampus bedingt. Das Mißbrauchpotential und die psychische Abhängigkeit schließlich entstehen möglicherweise infolge der Wirkungen auf GABA-Rezeptoren, welche die Erregung solcher Neuronen modulieren, die am verhaltensverstärkenden System im Gehirn beteiligt sind und Belohnungsgefühle vermitteln (Kapitel 15).

Da es vermutlich zahlreiche Subtypen von $GABA_A$-Rezeptoren gibt, könnten jeweils unterschiedliche „Neigungen", an bestimmte Subtypen zu binden, für die leichten Verschiebungen im Wirkungsspektrum der verschiedenen Benzodiazepine verantwortlich sein. So bewirkt zum Beispiel Alprazolam häufig eine schwächere Sedierung als Diazepam (und hat mitunter sogar eine antidepressive Wirkung); und Clonazepam und Alprazolam sind zur Behandlung von Panikattacken meist besser geeignet als andere Benzodiazepine. Diazepam wiederum ist besonders wirksam zur Lösung von Muskelkrämpfen, während sich Clonazepam vor allem als Antiepileptikum eignet. Bis eine umfassende Klassifizierung der Benzodiazepinwirkungen vorliegt, bleibt noch vieles zu tun.

Höhere Benzodiazepindosen verursachen ein durch Sedierung und Schläfrigkeit gekennzeichnetes Syndrom, wie es auch für die Barbiturate charakteristisch ist. Eine Toleranz scheint sich gegenüber der Sedierung, jedoch nicht so sehr gegenüber den angstlösenden Wirkungen zu entwickeln.[7]

Anwendungsgebiete

Die Hauptindikation für die Benzodiazepinbehandlung sind Angstzustände, die so behindernd sind, daß sie das Leben, die Arbeit und die zwischenmenschlichen Beziehungen des Patienten gravierend beeinträchtigen. Allerdings kann die absolute Notwendigkeit einer begleitenden psychologischen Unterstützung und Beratung nicht oft genug betont werden (Kapitel 16).

Im Englischen werden Benzodiazepine als *minor tranquilizers* bezeichnet, um sie von den sogenannten *major tranquilizers*, den antipsychotisch wirksamen Substanzen oder Neuroleptika, abzugrenzen (näheres zu letzteren in Kapitel 11). Benzodiazepine sind kein Ersatz für antipsychotische Wirkstoffe und zur Behandlung depressiver Psychosen untauglich. Jedoch zeigen einige Benzodiazepine (besonders Alprazolam) günstige Wirkungen bei Patienten, die an einer von schwerer Angst begleiteten Depression leiden.

Panikattacken und Phobien werden inzwischen häufig mit dem Benzodiazepin Alprazolam behandelt.[8-10] Doch die Wirksamkeit von Benzodiazepinen, insbesondere im Vergleich zu Antidepressiva wie Imipramin (Kapitel 8), ist schwer einzuschätzen. Das liegt wohl daran, daß man Panikstörungen und Phobien als chronische und wiederkehrende Erkrankungen ansehen muß, bei denen es nach Kurzzeittherapie häufig zu Rückfällen kommt. Zur Pharmakotherapie dieser Störungen werden zur Zeit kontrollierte Studien durchgeführt. Die Therapie der Panikattacken und Phobien wird in Kapitel 16 ausführlicher beschrieben.

Da Benzodiazepine als Ersatz für Alkohol dienen können, werden sie häufig, insbesondere in den USA, sowohl zur Behandlung des akuten Alkoholentzugs als auch in der Langzeittherapie angewendet, um einem Rückfall in frühere Trinkgewohnheiten entgegenzuwirken.[11]

Alle Benzodiazepine besitzen antiepileptische Wirkungen, da sie die Krampfschwelle im Hippocampus erhöhen.

Nebenwirkungen und Toxizität

Häufige akute Nebenwirkungen der Benzodiazepintherapie sind dosisabhängige Übersteigerungen der beabsichtigten Wirkungen. Dazu gehören Sedierung, Schläfrigkeit, Störungen der Bewegungskoordination (Ataxie), Lethargie, geistige Verwirrtheit und Desorientiertheit, undeutliche Sprache, Amnesie und Auslösung oder Verstärkung von Demenzsymptomen. In höheren Dosen überwiegen Beeinträchtigungen geistiger und psychomotorischer Funktionen.

Die Atmung wird durch Benzodiazepine nicht ernsthaft beeinträchtigt, auch nicht bei hohen Dosen. Entsprechend verlaufen Selbsttötungsversuche durch Überdosierung selten erfolgreich, es sei denn, das Benzodiazepin wird zusammen mit einem anderen zentral dämpfenden Mittel, etwa Alkohol, eingenommen. Bei dieser Kombination können in der Tat äußerst schwere (und mitunter tödliche) Substanzwechselwirkungen auftreten.

Das Schlafmuster kann sich erheblich verändern. Nimmt man vor dem Zubettgehen ein kurzwirksames Benzodiazepin, so wacht man meist schon am frühen Morgen auf und kann in der nächsten Nacht nicht einschlafen. Und nach der Einnahme einer langwirksamen Substanz am Abend hält die Sedierung gewöhnlich auch am nächsten Tag noch an, was nicht immer erwünscht ist und zu Problemen führen kann.

Überdies werden häufig die motorischen Fähigkeiten – also auch die Fahrtüchtigkeit – beeinträchtigt. Erschwerend kommt hinzu, daß sich unter dem Einfluß der Substanz gleichfalls die Fähigkeit vermindert, den Grad der eigenen körperlichen und geistigen Beeinträchtigung zu erkennen.

Bei der Benzodiazepinanwendung sind erhebliche kognitive Ausfälle feststellbar. Als GABA$_A$-Agonisten sind diese Substanzen äußerst wirksame amnestische Wirkstoffe – ein erwünschter Effekt in der Anästhesie, aber eine potentiell schwere Nebenwirkung, wenn es auf die volle geistige Funktionsfähigkeit ankommt. Benzodiazepine haben auch einen deutlich störenden Einfluß auf das Lernen. Auf den möglichen Nutzen von GABA-Antagonisten als kognitive Verstärker wird im folgenden noch eingegangen.

Zu den möglichen Nebenwirkungen einer langfristigen Anwendung von Benzodiazepinen gehört die Beeinträchtigung der geistigen Leistungsfähigkeit mit demenzähnlichen Erscheinungen. Gedächtnis, Denken und andere kognitive Funktionen sind in erheblicher Weise betroffen, was sich besonders bei älteren Menschen in Demenzsymptomen äußern kann. Wegen der langen Halbwertzeit vieler Benzodiazepine ist eine längere Phase der Abstinenz notwendig, um die normale geistige Fähigkeit eines Patienten genau beurteilen zu können.

Toleranz und Abhängigkeit

Bei Langzeitanwendung von Benzodiazepinen entwickeln sich Abhängigkeits-erscheinungen. Selbst in therapeutischen Dosen kann die tägliche Einnahme von Benzodiazepinen über einen längeren Zeitraum zu einem Abstinenz- oder Entzugssyndrom führen, sobald die betreffende Substanz abgesetzt wird.[12,13] Zunächst treten meist die Symptome wieder auf, gegen die das Medikament ursprünglich verabreicht wurde, mitunter in intensiverer Ausprägung.[14,15] Mit dem Absinken des Benzodiazepinspiegels im Blut nehmen Schlaflosigkeit, Unruhe, Erregung, Reizbarkeit und Muskelspannung zu. Je kürzer die Wirk-samkeit der Substanz, desto schneller das Einsetzen dieser Entzugssymptome. In seltenen Fällen kommt es zu Halluzinationen, Psychosen und Krampfanfäl-len. Die meisten dieser Entzugssymptome bilden sich, je nach Halbwertzeit des verabreichten Medikaments, nach ein bis vier Wochen zurück. Die Be-handlung der Abhängigkeit von einer kurzwirksamen Substanz besteht in der schrittweisen Dosisreduktion (Ausschleichen) und eventuell der substituieren-den Gabe eines langwirksamen Benzodiazepins. Beim Benzodiazepinentzug werden Benzodiazepinbindungsstellen, die vorher von dem Wirkstoff besetzt waren, plötzlich wieder frei; zudem ist die Anzahl der Rezeptoren als Reaktion auf die chronische Anwesenheit der Substanz erhöht.[13]

Es kann zu einer Toleranzerhöhung kommen, die geringe Dosissteigerungen erforderlich macht. Diese Gewöhnung ist jedoch bei weitem nicht so ausge-prägt wie nach einer Langzeitanwendung von Barbituraten. Die Toleranzent-wicklung geht auf eine Anpassung der Rezeptoren (im Sinne einer Gegen-steuerung sowohl hinsichtlich der Bindungsaktivität als auch der Funktion der Benzodiazepin-GABA$_A$-Rezeptoren) zurück.[13] Pharmakokinetische Verände-rungen im Stoffwechsel sind nicht beteiligt, da Benzodiazepine nicht die Pro-duktion metabolisierender Enzyme in der Leber induzieren.[16]

Risiken in der Schwangerschaft

Bei Benzodiazepinverabreichung während des ersten Schwangerschaftsdrittels sind fetale Mißbildungen beobachtet worden, wobei aber unklar war, ob die Mütter auch andere Substanzen eingenommen hatten. Andere Ergebnisse las-sen einen derartigen Zusammenhang bezweifeln.[17] Allerdings kann der Fetus offenbar eine Benzodiazepinabhängigkeit entwickeln, so daß nach der Geburt Entzugssymptome möglich sind. Benzodiazepine sollten daher während der Schwangerschaft gemieden werden, außer wenn die Anwendung absolut not-wendig ist (etwa im Falle von Epileptikerinnen, die mit einem Benzodiazepin therapiert werden).

Benzodiazepine gehen auch in die Muttermilch über. Wenn eine stillende Mutter Benzodiazepine einnehmen muß, sollten die zugeführten Wirkstoffmengen sowie Zustand sowie Verhalten des Säuglings sorgfältig überwacht werden.

Nichtmedizinischer Gebrauch und Mißbrauch

Die Benzodiazepine kamen in den sechziger Jahren auf den Markt. In den USA erreichte ihre Verbreitung Mitte der siebziger Jahre mit 100 Millionen Verordnungen pro Jahr ein Maximum. Nachdem man die übermäßig starke Anwendung erkannt hatte, wurden 1981 nur noch 65 Millionen Verordnungen ausgestellt; 1990 stieg die Zahl der Verordnungen allerdings wieder auf 80 Millionen an.[18] In Deutschland wurden 1992 allein von den Kassenärzten etwa 830 Millionen Tagesdosen verschrieben, 1994 waren es noch 660 Millionen.[19] Aus diesen Zahlen allein läßt sich jedoch nicht auf einen gleichermaßen weitreichenden Mißbrauch schließen; zum überwiegenden Teil dürften sie den legitimen medizinischen Gebrauch repräsentieren, etwa zur Behandlung kurzzeitiger Angstzustände, Panikstörungen und der Epilepsie. Allerdings sind die Übergänge zwischen angemessenem Gebrauch einerseits und Mißbrauch und Abhängigkeit andererseits fließend. Ein gewisses Problem stellt hier die überdurchschnittlich häufige Verschreibung von Benzodiazepinen an ältere Menschen dar, auf deren verminderte Metabolisierungsfähigkeit bereits hingewiesen wurde. Benzodiazepine werden immer noch häufiger von Frauen als von Männern verwendet, was wohl daher rührt, daß Männer eher ungern zum Arzt gehen und überdies meist den Alkohol bevorzugen, wenn sie ihre Ängste lindern wollen.[1]

Der Mißbrauch von Benzodiazepinen ist stets ein vorrangiges Thema auf Konferenzen über den Arzneimittelmißbrauch[20], obwohl

»... Benzodiazepine nur selten primär mißbraucht werden – daß sie jemand ausschließlich wegen ihrer Rauschwirkung einnimmt, ist eher die Ausnahme. Die meisten Menschen ohne Angststörungen mögen die Effekte der Benzodiazepine nicht. Menschen, die andere sedierende Wirkstoffe mißbrauchen, unter anderem Alkoholiker, empfinden die Wirkungen der Benzodiazepine mitunter zwar als erstrebenswert, sie benutzen sie jedoch nur äußerst selten als primäre Rauschmittel.«[16]

Die nichtmedizinische Anwendung der Benzodiazepine erreichte ihren Höhepunkt zwischen 1975 und 1977 und nimmt seitdem mäßig ab. Der eindeutige Mißbrauch eines Benzodiazepins als einzige Substanz ist eher selten, typischer ist ein Mißbrauch im Zusammenhang mit einer Mehrfachabhängigkeit. Menschen, die viele Substanzen mißbrauchen, nehmen häufig auch Benzodiazepine (vor allem Diazepam und Alprazolam), um euphorisierende Wirkungen zu erzielen oder den euphorisierenden Effekt anderer Rauschmittel zu verstärken.[21] Bei Patienten, die Methadon als Substitutionstherapie zur Behandlung ihrer Opioidabhängigkeit erhalten (Kapitel 10), können Benzodiazepine die häufig bestehenden Ängste vermindern. Clonazepam ist bei Teilnehmern von Methadon-Programmen zu einer häufig mißbrauchten Substanz geworden.[20] Viele Alkohol- und Cocainabhängige nehmen Benzodiazepine, vermutlich wegen ihrer verstärkenden und angstlösenden Eigenschaften beziehungsweise zur Selbstbehandlung der toxischen Symptome des Cocainmißbrauchs.

GABA$_A$- und GABA$_B$-Rezeptor-Antagonisten

GABA-Antagonisten und kognitive Fähigkeiten

Benzodiazepine unterdrücken kognitive Funktionen vermutlich dadurch, daß sie über die Steigerung der GABA-Funktion letztlich neuroplastische Vorgänge und Neuronen unterdrücken. Umgekehrt könnten Benzodiazepin-Antagonisten die kognitiven Fähigkeiten möglicherweise steigern, indem sie diese cholinergen Neuronen selektiv disinhibieren.[22] Miller und Mitarbeiter[23] wiesen vor kurzem nach, daß ein experimenteller GABA$_A$-Antagonist in Tiermodellen die Lernfähigkeit durch sekundäre Verstärkung der cholinergen Funktion in der Hirnrinde und im Hippocampus erhöhen kann. Dieser Mechanismus scheint auf einer Bindung des Antagonisten an eine Stelle des GABA$_A$-Rezeptors zu beruhen, die sich von der Benzodiazepinbindungsstelle unterscheidet. Die Substanz induzierte im Tierversuch weder Angst noch Krampfanfälle, was nahelegt, daß das Gehirn keinen endogenen GABA-Agonisten enthält, der diese Zustände spezifisch unterdrückt.

Bittiger und Mitarbeiter[24] beschrieben unlängst in einem Übersichtsartikel die pharmakologischen Eigenschaften verschiedener selektiver Antagonisten des GABA$_B$-Rezeptors und die therapeutischen Anwendungen, die sich aus der Blockade dieses Rezeptors ergeben könnten. Die betreffenden Wirkstoffe (darunter Phaclofen) unterdrücken nicht nur die muskelrelaxierenden Wirkungen des GABA$_B$-Agonisten Baclofen, sondern fördern auch die Freisetzung von Neurotransmittern in der Großhirnrinde.

Zu den potentiellen therapeutischen Anwendungsgebieten der GABA$_B$-Rezeptor-Antagonisten zählen der Einsatz als kognitive Verstärker, als Antidepressiva und als Antikonvulsiva zur Behandlung bestimmter Epilepsieformen (Absence-Epilepsie oder Petit mal). Die Steigerung der Gedächtnis- und anderer kognitiver Leistungen wurde von Mondadori, Preiswerk und Jaekel[25] untersucht, die den Leistungszuwachs auf eine verstärkte Transmitterfreisetzung, eine Verminderung später inhibitorischer postsynaptischer Potentiale und eine erhöhte neuronale Erregbarkeit zurückführen. Pratt und Bowery[26] zufolge verändert das Antidepressivum Desipramin (Kapitel 8) GABA$_B$-Rezeptoren in einer Weise, die mit seiner antidepressiven Wirkung im Einklang steht. Mithin könnten GABA_B-Rezeptor-Antagonisten antidepressive Wirkungen unterstützen. Und schließlich unterdrücken GABA_B-Antagonisten das charakteristische EEG-Muster der Absence-Epilepsie.

Flumazenil: Ein GABA_A-Antagonist

Flumazenil (Anexate®) ist eine mit den Benzodiazepinen strukturell verwandte Substanz, die sich mit hoher Affinität an die Benzodiazepinbindungsstelle des GABA_A-Komplexes heftet (Abbildung 4.1), jedoch nach der Bindung nicht die Wirkung der Benzodiazepine entfaltet. Flumazenil konkurriert also mit den pharmakologisch aktiven Benzodiazepinen um die spezifischen Bindungsstellen[27] und blockiert diesen den Zugang, so daß es ihre angstlösenden und sedierenden Effekte aufhebt.

Flumazenil wird recht schnell in der Leber metabolisiert und hat eine kurze Halbwertzeit (50 bis 70 Minuten). Weil seine Halbwertzeit damit wesentlich kürzer ist als die der meisten Benzodiazepine, können deren Wirkungen nach der Elimination von Flumazenil erneut auftreten und somit eine erneute Injektion des Antagonisten erforderlich machen. Flumazenil wird inzwischen routinemäßig eingesetzt, wenn bei einem Komapatienten Verdacht auf Benzodiazepinüberdosis besteht. Dabei eignet es sich als diagnostisches Hilfsmittel wie auch – falls sich der Verdacht bestätigt – als therapeutisches Gegengift, da es die Wirkungen einer Benzodiazepinüberdosierung neutralisiert. Außerdem liegen Hinweise vor, daß Flumazenil zur Differentialdiagnose einiger kognitiver Störungen und zur Diagnose von Panikstörungen geeignet sein könnte.[28]

Anxiolytika der „zweiten Generation"

Derzeit befinden wir uns in der dritten Phase der Benzodiazepingeschichte: Man beginnt, die Vielfalt der Angststörungen und anderer psychischer Erkrankungen zu erfassen. Aus diesem Verständnis heraus können ausgewogenere und genauer zugeschnittene Therapieansätze entwickelt werden (Kapitel 16). Überdies erhofft man sich von den Anxiolytika der „zweiten Generation", die auf andere Rezeptorpopulationen einwirken als die Benzodiazepine, daß sie sich diesen gegenüber als pharmakologisch überlegen erweisen.

Zolpidem

Zolpidem (Bikalm®, Stilnox®) ist ein neuer Wirkstoff, der für die Kurzzeitbehandlung von Schlafstörungen zugelassen ist.[29] Obwohl chemisch nicht mit den Benzodiazepinen verwandt, bindet Zolpidem an einen spezifischen Subtyp (Typ 1) des GABA$_A$-Rezeptors.[30,31] Zolpidem wurde daher als spezifischer Agonist des Benzodiazepin-GABA$_A$-Typ-1-Rezeptors klassifiziert. Als solcher weist er einige, jedoch nicht alle Wirkungen der anderen Benzodiazepin-Agonisten auf, die sich, wie bereits erwähnt, an alle GABA$_A$-Rezeptorsubtypen binden.

Pharmakokinetik

Zolpidem wird nach oraler Verabreichung schnell und vollständig vom Magen-Darm-Trakt resorbiert. Die Konzentration im Plasma erreicht nach etwa einer Stunde ihr Maximum. Nach Metabolisierung in der Leber werden die Endprodukte über die Nieren ausgeschieden. Die metabolische Halbwertzeit beträgt etwa 2,5 Stunden (länger bei älteren Menschen). Wegen dieser kurzen Halbwertzeit wird die Substanz zumeist mit Triazolam (Halcion®) verglichen.

Pharmakodynamik

In einer Dosis von fünf bis zehn Milligramm bewirkt Zolpidem eine Sedierung und begünstigt ein physiologisches Schlafmuster, ohne anxiolytische, antikonvulsive oder muskelrelaxierende Wirkungen zu entfalten. In dieser Dosierung wird das Gedächtnis anscheinend weniger beeinträchtigt als nach vergleichbaren Dosen von Triazolam, selbst bei älteren Patienten.[32] Abhängigkeit, vermehrte Schlafstörungen nach Absetzen als Rebound-Effekt oder Entzugssymptome wurden bisher nicht beobachtet.

Unerwünschte Wirkungen

Zu den dosisabhängigen unerwünschten Wirkungen zählen Müdigkeit, Benommenheit und Übelkeit. Bei alten Menschen, die 20 Milligramm oder mehr einnehmen, sind Verwirrtheit, erhöhte Sturzneigung, Gedächtnisverlust und psychotische Reaktionen beobachtet worden. Übelkeit und Erbrechen bei Einnahme hoher Dosen erschweren eine Überdosierung, etwa im Falle von Suizidversuchen. Überdosen bis zu 400 Milligramm (das 20igfache einer hohen therapeutischen Dosis) waren bislang nicht tödlich. Flumazenil scheint ein wirksamer Antagonist der Wirkungen von Zolpidem zu sein. Zusammenfassend läßt sich feststellen:

> »Zolpidem ist ein wirksames Nicht-Benzodiazepin-Hypnotikum, das an Benzodiazepinrezeptoren im Gehirn bindet. Sein geringer Einfluß auf die Schlafphasen stellt einen Vorteil gegenüber den Benzodiazepinhypnotika dar. Ob Zolpidem in geringerem Ausmaß als die Benzodiazepine Residualwirkungen am nächsten Tag verursacht, Gewöhnung induziert oder mißbraucht wird, muß noch geklärt werden.«[29]

Buspiron

Buspiron (Bespar®) ist eine angstlösende Substanz, die sich von den Benzo-diazepinen sowohl chemisch als auch pharmakologisch unterscheidet. Diese Substanz stellt nicht nur ein wirksames Therapeutikum für bestimmte Angstzu-stände dar, sondern ist auch ein geeignetes Mittel zur Untersuchung der neuro-chemischen Grundlagen der Angst. Buspiron lindert Ängste auf einzigartige Weise:

1. Die anxiolytische Wirkung geht selbst bei einer Überdosierung nicht mit einer wesentlichen Sedierung, Müdigkeit oder schlafauslösenden Wirkung einher.
2. Amnesie, geistige Verwirrtheit und psychomotorische Beeinträchti-gung treten kaum auf oder fehlen ganz.
3. Buspiron verstärkt nicht die dämpfenden Wirkungen, die Alkohol, Benzodiazepine oder anderer Sedativa auf das Zentralnervensystem aus-üben – es finden also keine synergistischen Wechselwirkungen statt.
4. Buspiron eignet sich nicht zur Substitution während eines Benzodiaze-pinentzugs und besitzt in der Therapie von Angststörungen andere Anwendungsschwerpunkte als die Benzodiazepine.
5. Zwischen Buspiron und den Benzodiazepinen entsteht keine Kreuzto-leranz oder Kreuzabhängigkeit.
6. Buspiron hat nur ein geringes Abhängigkeits- oder Mißbrauchpotential.
7. Neben seinen anxiolytischen besitzt Buspiron auch antidepressive Ei-genschaften, so daß es es sich zur Therapie von depressiven Störungen eignen könnte, die mit Angst einhergehen (Kapitel 8).
8. Die Wirkung von Buspiron setzt verzögert und allmählich ein, wäh-rend die der Benzodiazepine sofort beginnt.
9. Buspiron hat keine schlafinduzierende Wirkung.

Wirkungsmechanismus

Bei den zuvor besprochenen Anxiolytika ist die angstlindernde Wirkung mit der Bindung an $GABA_A$-Rezeptoren verknüpft. Buspiron hingegen bindet sich als bislang einziges Anxiolytikum selektiv an eine bestimmte Untergruppe der Rezeptoren für Serotonin (5-Hydroxytryptamin, abgekürzt 5-HT), und zwar an die $5\text{-}HT_{1A}$-Rezeptoren. Nach der Bindung übt Buspiron einen leicht stimulie-renden Effekt aus; die Substanz wirkt also als schwacher oder partieller Ago-nist am $5\text{-}HT_{1A}$-Rezeptor. Die Bindung steht mit der anxiolytischen Wirkung in Zusammenhang, da eine Zerstörung dieser serotonergen Neuronen mit ei-nem Verlust der anxiolytischen Wirkung einhergeht.[33] Außerdem ist die selek-tive Rezeptorbindung auf solche Hirnareale beschränkt, die vermutlich an der

Angstentstehung beteiligt sind – auf den Hippocampus, den Neocortex und die Raphe-Kerne (letztere sind Nervenzellanhäufungen in der Brückenregion und im verlängerten Mark nahe der Mittellinie, der „Raphe").*

Klinische Anwendung

Buspiron wird als Mittel der Wahl für die pharmakologische Behandlung der generalisierten Angststörung, chronischer Angstzustände und der Angst bei älteren Patienten angesehen. Es wird auch vielen Patienten aller Altersgruppen verordnet, die unter kombinierten Angst- und Depressionssymptomen leiden.[35] Dagegen erscheint Buspiron zur Behandlung von Panikstörungen weniger geeignet.

> »Buspiron scheint besonders hilfreich bei solchen Angstpatienten zu sein, die weder eine unmittelbare Erleichterung noch die rasch eintretende Wirkung der Benzodiazepine verlangen. Das langsamere und allmähliche Einsetzen der Angstlinderung durch Buspiron wird durch die höhere Sicherheit und das Fehlen abhängigkeitserzeugender Eigenschaften ausgeglichen.«[35]

Klinische Effekte manifestieren sich erst nach mehrwöchiger kontinuierlicher Einnahme von drei Dosen pro Tag. Patienten, die vorher mit Benzodiazepinen behandelt wurden, sprechen schlecht auf Buspiron an. Deshalb entstand vielfach der Eindruck, Buspiron besitze außer der geringeren Toxizität auch eine geringere Wirksamkeit als die Benzodiazepine. Dies erinnert an die tricyclischen Antidepressiva (Kapitel 8), deren Wirksamkeit ebenfalls während der ersten 20 Jahre ihrer Anwendung vielfach bezweifelt wurde. Erst mit zunehmender Erfahrung wird sich zeigen, ob dieses Anxiolytikum der zweiten Generation eine Alternative zu den Benzodiazepinen darstellt oder nicht.

Antiepileptika in der Behandlung psychischer Störungen

Krampfanfälle sind Manifestationen abnormer, übermäßiger elektrischer Entladungen im Gehirn. Als *Epilepsie* werden ZNS-Störungen bezeichnet, die durch relativ kurze, rasch einsetzende und chronisch wiederkehrende Anfälle

---

* Yocca gibt folgende Zusammenfassung: »Buspiron ... bindet selektiv an präsynaptische (in den dorsalen Raphe-Kernen) und postsynaptische (im Hippocampus und Cortex) 5-HT$_{1A}$-Rezeptorbindungsstellen. ... Allgemein wirken Azaspirone als partielle Agonisten an postsynaptischen 5-HT$_{1A}$-Rezeptoren, die mit der Adenylatcyclase negativ gekoppelt sind, und zeigen offenbar ein ähnliches Profil in den 5-HT-reaktiven pyramidalen CA$_1$-Neuronen des Hippocampus. Über ihre Wirkung auf präsynaptische 5-HT$_{1A}$-Rezeptoren inhibieren diese Wirkstoffe ... in dosisabhängiger Weise sowohl die 5-HT-Synthese im Cortex und im Hippocampus als auch das Feuern der 5-HT-enthaltenden Neuronen in der dorsalen Raphe. ... Diese Wechselwirkungen lösen langzeitige Veränderungen in der zentralen 5-HT-Neurotransmission aus.«[34]

gekennzeichnet sind. Epileptische Anfälle gehen häufig mit fokalen Läsionen (lokalen Schädigungen) im Gehirn einher. Im Tierversuch können epileptische Anfälle durch verschiedene Methoden provoziert werden. Eine davon, als *kindling* („Anzünden") bezeichnet, ist die wiederholte Elektrostimulation bei niedriger Spannung, wodurch die Empfindlichkeit von Neuronen im limbischen System erhöht wird.

Interessanterweise läßt sich nach Post und Weiss[36] durch *kindling* nicht nur ein epileptischer Anfall auslösen, sondern auch die bipolare (manisch-depressive) Störung beeinflussen. Möglicherweise sind also bei beiden Krankheits-

Tabelle 4.2: Antiepileptika

Beginn der klinischen Anwendung	Freiname	Handelsnamen in Deutschland (laut Rote Liste 1996)
1912	Phenobarbital	Lepinal®, Luminal®, Phenaemal®
1935	Mephobarbital	–
1938	Phenytoin	Epanutin®, Phenhydan®, Zentropil®
1946	Trimethadion	–
1947	Mephenytoin	–
1949	Paramethadion	–
1951	Phenacemid	–
1952	Metharbital	–
1953	Phensuximid	–
1954	Primidon	Liskantin®, Mylepsinum®, Resimatil®
1957	Mesuximid	Petinutin®
1957	Ethotoin	–
1960	Ethosuximid	Petnidan®, Pyknolepsinum®, Suxilep®, Suxinutin®
1968	Diazepam	Valium®, anderea*
1974	Carbamazepin	Carbagamma®, Finlepsin®, Fokalepsin®, Sirtal®, Tegretal®, Timonil®
1975	Clonazepam	Antelepsin®, Rivotril®
1978	Valproinsäure	Convulex®, Convulsofin®, Ergenyl®, Leptilan®, Mylproin®, Orfiril®
1981	Clorazepat	Tranxilium®
1981	Lorazepam	Tavor®, andere*
1993	Felbamat	Taloxa®
1994	Gabapentin	Neurontin®

Die Tabelle zeigt eine Auswahl antiepileptischer Wirkstoffe. Ergänzt nach Julien *Antiepileptic Drugs*, in Smith und Corbascio (Hrsg.) *Drug Interactions in Anesthesia*, 2. Aufl., Philadelphia, Lea & Febiger, 1986, S. 246.
* Siehe Tabelle 4.1.

bildern ähnliche neurophysiologische Mechanismen beteiligt. Die Anwendung von Antiepileptika bei der Behandlung „gestörter nichtepileptischer psychiatrischer Patienten" fand bereits in der Vergangenheit einige wenige Befürworter.[37] Beispielsweise wird Phenytoin zur Behandlung unkontrollierter manischer, panischer oder aggressiver Schübe eingesetzt. Phenytoin wirkt dadurch, daß es die Nervenzellmembranen „stabilisiert" und die Aktivität GABA-ausschüttender Neuronen erhöht – mit dem Ergebnis, daß sich abnorme Entladungen im Gehirn nur begrenzt ausbreiten können und ein Anfall folglich unterdrückt wird. Dieser Wirkungmechanismus legt nahe, daß Phenytoin auch zur Therapie nichtepileptischer psychischer Störungen geeignet ist. Seit kurzem wird untersucht, inwieweit sich neuere Antiepileptika (wie Carbamazepin, Valproat und Clonazepam) ebenfalls zur Behandlung psychischer Störungen einsetzen lassen.

Die These, daß Epilepsie und Manie mit ähnlichen Substanzen behandelbar sind, wird durch die Tatsache gestützt, daß Barbiturate und Benzodiazepine nicht nur anxiolytische, sondern auch antiepileptische Eigenschaften besitzen. Welche antiepileptischen Wirkstoffe es gibt und seit wann man sie anwendet, zeigt Tabelle 4.2.

Beziehungen zwischen Struktur und Wirkung

Die meisten Antiepileptika gehören zu einer relativ kleinen Anzahl chemischer Strukturklassen, von denen einige schon besprochen wurden. Abbildung 4.5 zeigt einige wichtige Substanzen. Die Barbiturate (wie Phenobarbital), die die älteste Substanzgruppe darstellen, und die Hydantoine (wie Phenytoin) waren lange die meistverwendeten Antiepileptika. In jüngerer Zeit haben sich auch verschiedene Benzodiazepine als äußerst geeignet erwiesen.

Weitere traditionelle Antiepileptika sind die *Succinimide* (wie Ethosuximid) und die *Oxazolidine* (wie Trimethadion), die beide gewisse Strukturübereinstimmungen mit den Hydantoinen besitzen, sowie *Primidon*, das den Barbituraten ähnelt. Da diese Wirkstoffe nicht zur Therapie nichtepileptischer psychischer Störungen angewandt werden, gehen wir hier nicht näher auf sie ein. Zwei weitere strukturell verschiedene Substanzen, die Ende der siebziger Jahre aufkamen, sind jedoch in der Behandlung der Epilepsie wie auch nichtepileptischer psychischer Störungen wirksam: *Carbamazepin* und *Valproinsäure*. Carbamazepin zeigt einige strukturelle Ähnlichkeiten sowohl zu Phenytoin als auch zu Imipramin. Valproinsäure verstärkt u. a. auch GABAerge Übertragungsmechanismen.

Vor kurzem wurden *Felbamat* und *Gabapentin* als neuartige wirksame Antiepileptika eingeführt. Felbamat ähnelt in seiner Struktur dem Meprobamat (Kapitel 3), was andeutet, daß eine Substanz sowohl zur Behandlung neurolo-

4.5 Wichtige Wirkstoffe zur Behandlung der Epilepsie.

gischer als auch psychischer Störungen wirksam sein kann.[38] Obwohl die chemische Ähnlichkeit mit Meprobamat eine anxiolytische Wirkung vermuten läßt, liegen bislang keine Berichte über die nichtepileptische, psychische Anwendung von Felbamat als Anxiolytikum vor. Felbamat, von dem man zunächst annahm, es sei frei von schweren Nebenwirkungen, verlor in den USA Ende 1994 wegen ernsthafter hämatologischer Reaktionen vorübergehend die Zulassung. Es wird derzeit nur noch angewendet, wenn es sich nicht durch ein anderes Antiepileptikum ersetzen läßt.

Gabapentin, ein Strukturanaloges zu GABA, wurde als GABAmimetische Substanz synthetisiert, welche die Blut-Hirn-Schranke durchdringt. Es ist ein wirksames therapieunterstützendes Antiepileptikum und wird zusammen mit anderen Medikamenten für bestimmte Anfallsformen angewendet.[39] Einem vor kurzem veröffentlichten Fallbericht zufolge ließen sich bei einer Patientin eine Angststörung (Phobie) und ein Schmerzsyndrom (sympathische Algodystrophie) wirksam mit Gabapentin behandeln.[40] Gabapentin bindet im Neocortex und im Hippocampus; seine Rezeptoren und biochemischen Wirkungen sind jedoch noch unbekannt.

Barbiturate

Phenobarbital (Kapitel 3), das 1912 auf den Markt kam, war das erste Antiepileptikum mit breiter Wirksamkeit. Es ersetzte den toxischeren Wirkstoff Bromid, der viele Jahre verwendet wurde. In den USA werden zudem zwei weitere Barbiturate mitunter zur Behandlung der Epilepsie verabreicht: Mephobarbital und Metharbital.

Wegen ihrer vergleichsweise geringen Toxizität werden Barbiturate gelegentlich immer noch als Antiepileptika benutzt, obwohl man heute effektivere, spezifischere und weniger sedierende Wirkstoffe vorzieht. Da sie relativ lange wirken, können Barbiturate nur einmal täglich verabreicht werden. Bei epileptischen Kindern, die Barbiturate erhalten, können unerwünschte neuropsychische Wirkungen (Hyperaktivität und Lernstörungen) auftreten.

Primidon ist ein Antiepileptikum, das dem Phenobarbital strukturell sehr ähnelt (Abbildung 4.5). Primidon wird zu Phenobarbital metabolisiert, das wohl die wichtigste aktive Form dieses Medikaments darstellt.

Hydantoine

Phenytoin, das 1938 eingeführt wurde, wird auch heute noch als Antikonvulsivum verwendet (und übrigens auch als Antiarrhythmikum zur Behandlung von Herzrhythmusstörungen). In wirksamer Dosierung ruft Phenytoin eine geringere Sedierung hervor als die Barbiturate. Die Wirkung von Phenytoin besteht offenbar darin, daß es die epileptische Erregung der Nervenzellen und damit die Ausbreitung der abnormen Entladungen begrenzt. Das Medikament wird bei oraler Zufuhr langsam, aber vollständig resorbiert und hat eine Halbwertzeit von 24 Stunden. Folglich kann eine eventuelle Sedierung am Tage gering gehalten werden, wenn der Patient die volle Tagesdosis am Abend einnimmt. Phenytoin wurde versuchsweise zur Behandlung manischer Zustände eingesetzt, doch waren die Ergebnisse insgesamt enttäuschend.

Benzodiazepine

Alle Benzodiazepine (Tabelle 4.1) haben antiepileptische und anxiolytische Eigenschaften. Clonazepam wird in Deutschland als Antelepsin® und Rivotril® speziell zur Behandlung bestimmter epileptischer Anfallsformen angeboten (wie Petit-mal-Epilepsien und generalisierte tonisch-klonische Krisen). Wenn Benzodiazepine bei Kindern mit chronischer Epilepsie angewendet werden, sind arzneimittelinduzierte Persönlichkeitsveränderungen und Lernbehinderungen sorgfältig zu überwachen.

Diazepam und Midazolam sind in parenteraler Formulierung erhältlich und werden zur raschen Kontrolle des Status epilepticus (ein Notfallzustand, der durch rasch wiederkehrende, intensive Anfälle gekennzeichnet ist) intravenös verabreicht.

Außer zur Epilepsiebehandlung werden Benzodiazepine, und zwar vorrangig Alprazolam, zur Therapie des Paniksyndroms in Begleitung einer Depression verwendet.[41,42] Ferner liegen eingehende Studien über Lorazepam und Clonazepam zur Behandlung der akuten Manie und anderer agitierter psychotischer Zustände vor, wobei diese Benzodiazepine gewöhnlich in Kombination mit anderen Wirkstoffen verabreicht werden, die den Gemütszustand (die Affektivität) stabilisieren (Kapitel 9). Clonazepam werden dabei weniger „gemütsstabilisierende" Eigenschaften (als *mood stabilizer*), sondern eher „verhaltensabschwächende" Wirkungen (als *behavioral suppressor*) zugeschrieben.[43]

Carbamazepin

Carbamazepin ist chemisch sowohl mit dem tricyclischen Antidepressivum Imipramin (Kapitel 8) als auch mit dem Antikonvulsivum Phenytoin verwandt. Als Antiepileptikum wird es allein oder in Kombination mit anderen Antiepileptika zur Behandlung komplex-partieller und generalisierter motorischer Anfälle verabreicht. Zur Behandlung von Kindern wird Carbamazepin oft dem Phenobarbital vorgezogen. Carbamazepin ist auch bei der Behandlung psychomotorischer Formen der Epilepsie wirksam, die auf Phenytoin nicht ansprechen. Die sedierende Wirkung von Carbamazepin ist wesentlich geringer als die anderer Antiepileptika, was möglicherweise mit seiner chemischen Ähnlichkeit zu Imipramin zusammenhängt. Zu den wichtigsten ungünstigen Eigenschaften von Carbamazepin gehören seltene, jedoch potentiell schwerwiegende Blutbildveränderungen (verminderte Zahl der weißen Blutkörperchen), die wohl durch Effekte auf das Knochenmark verursacht werden.

Im psychiatrischen Bereich wird Carbamazepin zunehmend zur Phasenprophylaxe bei der bipolaren (manisch-depressiven) Störung angewendet. Zur Behandlung der akuten Manie ist es nicht ganz so wirksam wie Lithium, gegenüber letzterem jedoch zur Stabilisierung und Vorbeugung etwas besser geeignet.[44-46] Dieses Anwendungsgebiet wird in Kapitel 9 ausführlich behandelt.

Valproinsäure

Valproinsäure (Valproat) ist eine einfache organische Verbindung (Abbildung 4.5), die viele Anfallsformen unterdrückt. Das Mittel ist bei Petit-mal- und generalisierten motorischen Anfällen im Kindesalter recht wirksam. Wie die Benzodiazepine verstärkt Valproinsäure die postsynaptische GABA-Wirkung. Valproinsäure wird rasch resorbiert, muß aber wegen der kurzen Halbwertzeit (etwa sechs bis zwölf Stunden) mehrmals täglich verabreicht werden. Ungefähr 75 Prozent der Epileptiker sprechen gut auf eine Therapie mit Valproinsäure an. Schwere Nebenwirkungen, darunter Leberversagen bei Kindern, treten nur selten auf.

Angesichts der antiepileptischen Wirkung und der GABAergen Effekte überrascht es nicht, daß Valproinsäure auch versuchsweise zur Behandlung affektiver Psychosen eingesetzt wird. Im Rahmen einer Erhaltungstherapie bei der bipolaren Störung (Kapitel 9) ist Valproinsäure geeignet, um akute manische Phasen zu behandeln.[47–49] »Zur Zeit ist Valproinsäure eines der bestuntersuchten Medikamente zur affektiven Stabilisierung und erweist sich bei akuter Manie zunehmend als hochwirksame Alternative zu Lithium.«[50]

Aufgaben

1. Beschreiben Sie die Fortschritte, die im Verständnis der Wirkungsmechanismen der Benzodiazepine erzielt wurden.
2. Welche Hinweise sprechen für und welche gegen das Vorkommen eines „natürlichen Anxiolytikums" im Gehirn?
3. Beschreiben Sie die Struktur und Funktion des Benzodiazepinrezeptors.
4. Wie würden Sie Angst oder Panik als neurophysiologischen Vorgang auf der Ebene von Rezeptoren und Neurotransmittern beschreiben?
5. Führen Sie einige der klinischen Anwendungsgebiete der Benzodiazepine auf.
6. Nennen Sie drei Vorgänge, die die Halbwertzeit von Benzodiazepinen verlängern können.
7. Warum sollten ältere Patienten möglichst keine langwirksamen Benzodiazepine erhalten?
8. Beschreiben Sie die wichtigste Wechselwirkung der Benzodiazepine mit anderen Wirkstoffen.
9. Äußern Sie sich zum Benzodiazepinentzug und seiner Behandlung.
10. Was ist Flumazenil, und wozu kann es eingesetzt werden?
11. Welche klinischen Anwendungsmöglichkeiten bieten GABA-Rezeptor-Antagonisten und warum?
12. Welche Gemeinsamkeiten und welche Unterschiede bestehen zwischen den Benzodiazepinen und Buspiron?
13. Nennen Sie die drei neuesten Antiepileptika. Für welche Anwendungsbereiche außer epileptischen Anfällen sind zwei dieser Medikamente geeignet?

Literatur

1. American Medical Association *Drugs Used for Anxiety and Sleep Disorders*. In: *Drug Evaluations Annual 1994*. Milwaukee (WI), American Medical Association, 1993, S. 219.
2. Breier A; Paul S. M. *The GABA-A/Benzodiazepine Receptor: Implications for the Molecular Basis of Anxiety*. In: *Journal of Psychiatric Research* 24, Suppl. 2 (1990), S. 91–104.
3. Unlenhuth H.; DeWit H.; Balter M. B.; Johanson C. E. und Mellinger G. D. *Risks and Benefits of Long-Term Benzodiazepine Use*. In: *Journal of Clinical Psychopharmacology* 8 (1988), S. 161–167.
4. Hommer D. W.; Skolnick P. und Paul S. M. *The Benzodiazepine/GABA Receptor Complex and Anxiety*. In: Meltzer H. Y. (Hrsg.) *Pharmacology: The Third Generation of Progress*. New York, Raven, 1987, S. 977–983.
5. Rang H. P.; Dale M. M. *Pharmacology*, 2. Aufl., Edinburgh, Churchill Livingstone, 1991, S. 634–635.
6. Ibid., S. 637.
7. DiGregorio G. J. *Antianxiety Drugs*. In: DiPalma J. R.; DiGregorio G. J. (Hrsg.) *Basic Pharmacology in Medicine*, 3. Aufl., New York, McGraw-Hill, 1990, S. 222–229.
8. Schweizer E.; Rickels K.; Weiss S. und Zavodnick S. *Maintenance Drug Treatment of Panic Disorder: 1. Results of a Prospective, Placebo-Controlled Comparison of Alprazolam and Imipramine*. In: *Archives of General Psychiatry* 50 (1993), S. 51–60.
9. Rickels K.; Schweizer E.; Weiss S. und Zavodnick S. *Maintenance Drug Treatment of Panic Disorder: 2. Short- and Long-Term Outcome After Drug Taper*. In: *Archives of General Psychiatry* 50 (1993), S. 61–68.
10. Greenblatt D. J.; Harmatz J. S. und Shader R. I. *Plasma Alprazolam Concentrations: Relations to Efficacy and Side Effects in the Treatment of Panic Disorder*. In: *Archives of General Psychiatry* 50 (1993), S. 715–722.
11. Saitz R.; Mayo-Smith M. F.; Roberts M. S.; Redmond H. A.; Bernard D. R. und Calkins D. R. *Individualized Treatment for Alcohol Withdrawal: A Randomized Double-Blind Controlled Trial*. In: *Journal of the American Medical Association* 272, S. 519–523.
12. DuPont R. L. *A Practical Approach to Benzodiazepine Discontinuation*. In: *Journal of Psychiatric Research* 24, Suppl. 2 (1990), S. 81–90.
13. Greenblatt D. J.; Miller L. G. und Shader R. L. *Benzodiazepine Discontinuation Syndromes*. In: *Journal of Psychiatric Research* 24, Suppl. 2 (1990), S. 73–80.

14. Salzman C. *The APA Task Force Report on Benzodiazepine Dependence, Toxicity, and Abuse.* In: *American Journal of Psychiatry* 148 (1991) S. 151–152.

15. American Psychiatric Association *Benzodiazepine Dependence, Toxicity and Abuse: A Task Force Report of the American Psychiatric Association.* Washington (D.C.), American Psychiatric Association, 1990.

16. American Psychiatric Association *Clinical Pharmacology of Benzodiazepines.* In: *Benzodiazepine Dependence, Toxicity and Abuse: A Task Force Report of the American Psychiatric Association.* Washington (D.C.), American Psychiatric Association, 1990, S. 3–6.

17. Cohen L. S.; Heller V. C. und Rosenbaum J. F. *Treatment Guidelines for Psychiatric Drug Use in Pregnancy.* In: *Psychosomatics* 30 (1989), S. 25–33.

18. Winick C. *Epidemiology of Alcohol and Drug Abuse.* In: Lowinson J. H.; Ruiz P.; Millman R. B. und Langrod J. G. (Hrsg.) *Substance Abuse: A Comprehensive Textbook*, 2. Aufl., Baltimore, Williams & Wilkins, 1992, S. 15–29.

19. Glaeske G. *Arzneimittel 1994.* In: Deutsche Hauptstelle gegen die Suchtgefahren (Hrsg.) *Jahrbuch Sucht '96.* Geesthacht, Neuland, 1995, S. 118–121.

20. Wesson D. R.; Smith D. E. und Seymour R. B. *Sedative-Hypnotics and Tricyclics.* In: Lowinson J. H.; Ruiz P.; Millman R. B. und Langrod J. G. (Hrsg.) *Substance Abuse: A Comprehensive Textbook*, 2. Aufl., Baltimore, Williams & Wilkins, 1992, S. 271–279.

21. American Psychiatric Association *Abuse Liability of Benzodiazepines.* In: *Benzodiazepine Dependence, Toxicity and Abuse: A Task Force Report of the American Psychiatric Association.* Washington (D.C.), American Psychiatric Association, 1990, S. 49–53.

22. Sarter M.; Bruno J. P. und Dudchenko P. *Activating the Damaged Basal Forebrain Cholinergic System: Tonic Stimulation Versus Signal Amplification.* In: *Psychopharmacology* 101 (1990), S. 1–17.

23. Miller J. A.; Dudley M. W.; Kehne J. H.; Sorensen S. M.; Kane J. M. *MDL 26,479: A Potential Cognition Enhancer With Benzodiazepine Inverse Agonist-Like Properties.* In: *British Journal of Pharmacology* 107 (1992), S. 78–86.

24. Bittiger H.; Froestl W.; Mickel S. J. und Olpe H.-R. *GABA_B-Receptor Antagonists: From Synthesis to Therapeutic Applications.* In: *Trends in Pharmacological Sciences* 14 (1993), S. 391–394.

25. Mondadori C.; Jaekel J. und Preiswerk G. *CGP 36742: The First Orally Active GABA_B Blocker Improves the Cognitive Performance of Mice, Rats, and Rhesus Monkeys.* In: *Behavioral and Neural Biology* 60 (1993), S. 62–68.

26. Pratt G. D.; Bowery N. G. *Repeated Administration of Desipramine and a GABA-B Receptor Antagonist, CGP 36742, Discretely Up-Regulates GABA-B Receptor Binding Sites in Rat Frontal Cortex.* In: *British Journal of Pharmacology* 110 (1993), S. 724–735.

27. Nilsson A. *Autonomic and Hormonal Responses After the Use of Midazolam and Flumazenil.* In: *Acta Anaesthesiologica Scandinavica*, Suppl. 92 (1990), S. 51–54.

28. Nutt D. J.; Glue P.; Lawson C. und Wilson S. *Flumazenil Provocation of Panic Attacks. Evidence for Altered Benzodiazepine Receptor Sensitivity in Panic Disorder.* In: *Archives of General Psychiatry* 47 (1990), S. 917–925.

29. *Zolpidem for Insomnia.* In: *The Medical Letter on Drugs and Therapeutics* 35, Nr. 895 (30. April 1993), S. 35–36.

30. Berlin I.; Warot D.; Hergueta T.; Molinier P.; Bagot C. und Puech, A. J. *Comparison of the Effects of Zolpidem and Triazolam on Memory Functions, Psychomotor Performances, and Postural Sway in Healthy Subjects.* In: *Journal of Clinical Psychiatry* 13 (1993), S. 100–106.

31. Ruana D.; Benavides J.; Machado A. und Vitorica J. *Regional Differences in the Enhancement by GABA of (3H)Zolpidem Binding to Omega-1 Sites in Rat Brain Membranes and Sections.* In: *Brain Research* 600 (1993), S. 134–140.

32. Roger M.; Attali P. und Coquelin J. P. *Multicenter, Double-Blind, Controlled Comparison of Zolpidem and Triazolam in Elderly Patients With Insomnia.* In: *Clinical Therapeutics* 15 (1993), S. 127–136.

33. Taylor D. P.; Mood S. L. *Buspirone and Related Compounds as Alternative Anxiolytics.* In: *Neuropeptides* 19, Suppl. (1991), S. 15–19.

34. Yocca F. D. *Neurochemistry and Neurophysiology of Buspirone and Gepirone: Interactions at Presynaptic and Postsynaptic 5-HT$_{1A}$ Receptors.* In: *Journal of Clinical Psychopharmacology* 10, Suppl. 3 (1990), S. 6S–12S.

35. Rickels K. *Buspirone in Clinical Practice.* In: *Journal of Clinical Psychiatry* 51, Suppl. (1990), S. 51–54.

36. Post R. M.; Weiss S. R. B. *Sensitization, Kindling, and Anticonvulsants in Mania.* In: *Journal of Clinical Psychiatry* 50, Suppl. 12 (1989), S. 23–30.

37. Rall T. W.; Schleifer L. S. *Drugs Effective in the Therapy of the Epilepsies.* In Gilman A. G.; Goodman L. S. und Gilman A. (Hrsg.) *Goodman and Gilman's The Pharmacological Basis of Therapeutics*, 6. Aufl., New York, MacMillan, 1980, S. 455.

38. Palmer K. J.; McTavish D. *Felbamate: A Review of Its Pharmacodynamic and Pharmacokinetic Properties, and Therapeutic Efficacy in Epilepsy.* In: *Drugs* 46 (1993), S. 1041–1065.

39. Mattson R. H. (Hrsg.) *Managing Epilepsy: The Role of Gabapentin.* In: *Neurology* 44, Nr. 6, Suppl. 5 (1994).

40. Mellick G. A.; Seng M. L. *The Use of Gabapentin in the Treatment of*

Reflex Sympathetic Dystrophy and a Phobic Disorder. In: *American Journal of Pain Management* 5 (1995), S. 7–9.

41. Janicak P. G.; Davis J. M.; Preskorn S. H. und Ayd F. J. *Principles and Practice of Psychopharmacotherapy*. Baltimore, Williams & Wilkins, 1993, S. 239–240.

42. Klerman G. L., Argyle N. und Deltito J. A. *The Effects of Alprazolam, Imipramine, and Placebo on the Depressive Symptoms Associated With Panic Disorder*. In: *Journal of Clinical Psychopharmacology*. Im Druck.

43. Janicak; Davis; Preskorn und Ayd *Principles and Practice ...*, S. 358.

44. Ibid., S. 369.

45. Small J. G. und andere *Carbamazepine Compared with Lithium in the Treatment of Mania*. In: *Archives of General Psychiatry* 48 (1991), S. 915–921.

46. Coxhead N.; Silverstone T. und Cookson J. *Carbamazepine Versus Lithium in the Prophylaxis of Bipolar Affective Disorder*. In: *Acta Psychiatrica Scandinavia* 85 (1992), S. 114–118.

47. Janicak P. G.; Newman R. und Davis J. M. *Advances in the Treatment of Mania and Related Disorders: A Reappraisal*. In: *Psychiatric Annals* 22 (1992), S. 92–103.

48. Pope H. G.; McElroy S. L.; Keck P. E. und Hudson J. L. *A Placebo-Controlled Study of Valproate in Mania*. In: *Archives of General Psychiatry* 48 (1991), S. 62–68.

49. Freeman T. W.; Clothier J. L.; Pazzaglia P.; Lesem M. C. und Swann A. C. *A Double-Blind Comparison of Valproate and Lithium in the Treatment of Acute Mania*. In: *American Journal of Psychiatry* 149 (1992), S. 108–111.

50. Janicak; Davis; Preskorn und Ayd *Principles and Practice ...*, S. 382.

5. Zentralnervös dämpfende Substanzen: Alkohol

Wenn wir den Begriff *Alkohol* in der Umgangssprache verwenden, meinen wir eigentlich Ethylalkohol oder Ethanol – eine psychotrope Substanz, die in vielerlei Hinsicht den sedativ-hypnotischen Wirkstoffen ähnelt. Der wesentliche Unterschied zu anderen zentral dämpfenden Substanzen liegt darin, daß Alkohol vorwiegend zu Genußzwecken und nicht aus medizinischen Gründen genommen wird. Gemessen an der Häufigkeit des Gebrauchs steht Alkohol unter allen psychotropen Substanzen weltweit an zweiter Stelle (nach Coffein). Das bringt besondere Probleme mit sich, sowohl für den einzelnen Konsumenten als auch für die Gesellschaft insgesamt.

Pharmakologie des Alkohols

Pharmakokinetik

Resorption. Alkohol ist ein einfaches Molekül, das zwei Kohlenstoffatome enthält; eines davon trägt eine Hydroxylgruppe (OH; Abbildung 5.1). Als wasser- und fettlösliche Substanz diffundiert Alkohol leicht durch biologische Membranen. Daher wird er schnell und vollständig vom gesamten Magen-Darm-Trakt resorbiert, wobei die Hauptmenge über die große Oberfläche des Dünndarms aufgenommen wird.

5.1 Struktur von Ethanol (CH_3CH_2OH).

Die Resorptionsgeschwindigkeit hängt von verschiedenen Faktoren ab. Bei leerem Magen werden etwa 20 Prozent einer Einzeldosis Alkohol bereits dort resorbiert, und zwar gewöhnlich recht schnell. Die übrigen 80 Prozent gelangen dann rasch und vollständig im oberen Dünndarm ins Blut. Der einzige limitierende Faktor ist die Zeit bis zur nächsten Magenentleerung: Diese ist bei vollem Magen verzögert, so daß die Alkoholresorption im Dünndarm erst später einsetzen kann. Folglich steigt der Blutalkoholgehalt bei jemandem, der nichts gegessen hat, wesentlich schneller als bei jemandem, der gerade eine große Mahlzeit verdaut. In beiden Fällen wird der Alkohol jedoch schließlich vollständig resorbiert.

Verteilung. Nach der Resorption verteilt sich Alkohol gleichmäßig in allen Geweben und Körperflüssigkeiten. Die Blut-Hirn-Schranke ist dabei kein Hindernis: Wenn Alkohol mit dem Blut zum Gehirn gelangt, durchdringen 90 Prozent praktisch sofort die Blut-Hirn-Schranke, so daß sich rasch ein Gleichgewicht zwischen der Alkoholkonzentration im Plasma und der im Gehirn einstellt.

Ebenso ungehindert gelangt Alkohol vom Blut einer schwangeren Frau in das des Fetus. Er passiert mühelos sowohl die Placentar- als auch die Blut-Hirn-Schranke des Ungeborenen; der fetale Blutalkoholgehalt erreicht dasselbe Niveau wie der der Mutter. Alkohol ist während der Schwangerschaft im Fruchtwasser und nach der Geburt im Atem und im Blut des Neugeborenen nachweisbar. Wie entsprechende Untersuchungen erkennen ließen, leiden 30 bis 50 Prozent aller Kinder alkoholabhängiger Mütter unter schweren angeborenen Defekten infolge einer *Alkoholembryopathie* (fetales Alkoholsyndrom) Dieses pränatale Fehlbildungsmuster kann auftreten, wenn die Schwangere während der entscheidenden Phasen der Embryonalentwicklung Alkohol zu sich nimmt.[1] Darauf werden wir in diesem Kapitel noch genauer eingehen.

Metabolismus und Ausscheidung. Etwa fünf Prozent einer konsumierten Alkoholmenge gelangen unverändert wieder aus dem Körper, hauptsächlich über die Lunge.* Der größte Teil wird im Körper abgebaut, und zwar von dem Enzym Alkoholdehydrogenase, das vor allem in der Leber, aber auch in der Magenschleimhaut aktiv ist.[2] Der Abbau im Magen erfolgt, wenn Alkohol über die Magenwand in den Blutstrom resorbiert wird (intestinaler *first-pass*-Effekt); er kann bis zu 15 Prozent des Gesamtabbaus betragen. Das bedeutet, daß bis zu 15 Prozent einer konsumierten Alkoholmenge beim Durchtritt durch die Magenschleimhaut abgefangen werden und den Blutkreislauf gar nicht mehr erreichen. Das trägt nicht unerheblich zur Minderung der toxischen Wirkungen bei. Frauen, so berichten Frezza und Mitarbeiter[3], erreichen höhere Blutalkoholwerte als Männer, wenn sie eine bezogen auf das Körpergewicht vergleich-

---

* Ein allseits bekanntes Phänomen ist die „Fahne", die durch das Ausatmen von Alkohol entsteht. Das Verhältnis zwischen dem Alkoholgehalt in der ausgeatmeten Luft und dem im venösen Blut beträgt 1 : 2 100, so daß man, wenn man den Alkoholanteil in der Atemluft mißt, leicht auf die Konzentration im Blut rückschließen kann. Darauf basieren die „Pusteröhrchen" zur Alkoholkontrolle.

bare Menge an Alkohol trinken. Tatsächlich ist der *first-pass*-Metabolismus bei Frauen um 50 Prozent niedriger als bei Männern, da sie, seien sie Alkoholikerinnen oder nicht, eine geringere Konzentration der Alkoholdehydrogenase im Magen aufweisen. Dieser Umstand trägt zur verstärkten Anfälligkeit vieler Frauen gegenüber den akuten Rauschwirkungen und gegenüber den Folgen des chronischen Alkoholismus bei.

Nach der Resorption wird Alkohol in der Leber in zwei Schritten metabolisiert (Abbildung 5.2).[2] Der erste Schritt wird durch die Alkoholdehydrogenase eingeleitet, die Alkohol in Acetaldehyd umwandelt. Im zweiten Schritt wird Acetaldehyd unter Beteiligung des Enzyms Aldehyddehydrogenase in Essigsäure umgewandelt, die schließlich unter Freisetzung von nutzbarer Energie in Kohlendioxid und Wasser abgebaut wird. Außer als Kalorienträger hat Alkohol keinen ernährungsphysiologischen Wert.

Der Abbau von Alkohol in der Leber ist ungewöhnlich, da er nicht konzentrationsabhängig, sondern zeitlich linear verläuft (biochemisch entspricht dies einer „Reaktion nullter Ordnung"). Man kann also für Ethanol keine konstante Halbwertzeit angeben, da pro Zeiteinheit immer die gleiche Menge abgebaut wird – dadurch wird die „Halbwertzeit" mit abnehmender Konzentration immer kürzer. Der Abbau praktisch aller anderen Substanzen folgt einer „Reaktion erster Ordnung", was bedeutet, daß die Menge, die pro Zeiteinheit metabolisiert wird, von der Menge (oder Konzentration) im Blut abhängt.

Ungeachtet der vorliegenden Konzentration im Blut baut der Stoffwechsel eines Erwachsenen pro Stunde etwa zehn Milliliter reinen Ethanol ab. Mit ande-

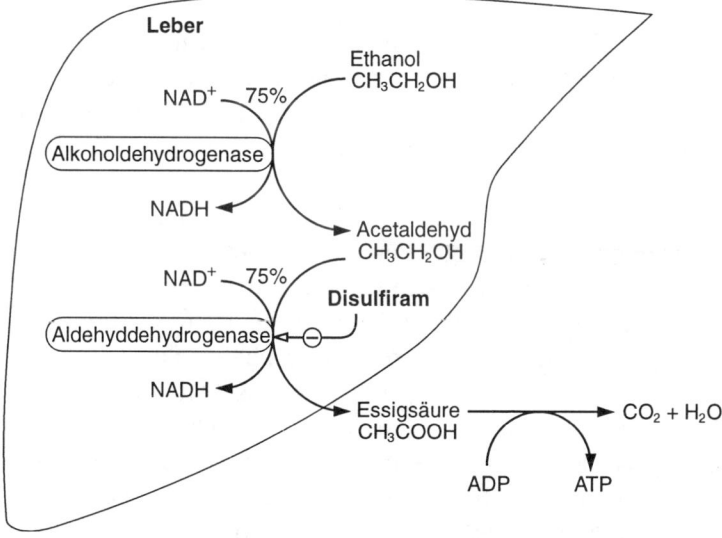

5.2 Abbau von Ethanol im Körper.

ren Worten dauert es rund eine Stunde, um die Alkoholmenge von zwei Zenti-liter 40prozentigem Schnaps, 0,1 Liter Wein oder 0,2 Liter Bier zu beseitigen. Trinkt man also pro Stunde eine derartige Menge, bleibt der Alkoholspiegel im Blut relativ konstant. Nimmt man dagegen mehr Alkohol zu sich, als im glei-chen Zeitraum abgebaut wird, steigt der Blutspiegel. Folglich gibt es einen Grenz-wert für die Menge, die man pro Stunde trinken kann, ohne betrunken zu werden.

Faktoren, die diese absehbare Metabolisierungsgeschwindigkeit von Alko-hol verändern können, sind in der Regel klinisch nicht signifikant. Bei Lang-zeitkonsum jedoch kann Alkohol die metabolisierenden Enzyme in der Leber induzieren und somit seine eigene Abbaugeschwindigkeit (Toleranz) und die anderer alkoholähnlicher Substanzen (Kreuztoleranz) erhöhen.

An dieser Stelle sei Disulfiram (Antabus®) erwähnt, ein Medikament, das häufig zur Behandlung des chronischen Alkoholmißbrauchs verabreicht wird. Es inhibiert die Aldehyddehydrogenase, also das Enzym, das Acetaldehyd in Essigsäure umwandelt (Abbildung 5.2). Als Folge sammelt sich Acetaldehyd im Körper an; der Patient fühlt sich dann äußerst unwohl, leidet unter Kopf-schmerzen, Übelkeit, Brechreiz, Benommenheit, Kater und so weiter. Disulfi-ram bewirkt also, daß Alkoholikern nach Alkoholkonsum so elend wird, daß sie vom Trinken ablassen.

>Disulfiram ist kein Heilmittel gegen den Alkoholismus; der Entzugswillige erhält ledig-lich ein Hilfsmittel, das den ernsthaften Wunsch, mit dem Trinken aufzuhören, stärken kann. Der Hintergrund für die Anwendung von Disulfiram besteht darin, daß der Patient weiß, daß er mindestens drei bis vier Tage nach Einnahme von Disulfiram nicht trinken darf, wenn er die verheerende Erfahrung des „Acetaldehyd-Syndroms" vermeiden will.«[4]

Pharmakodynamik

Der Wirkungsmechanismus von Alkohol ist wegen seiner vielfältigen psychi-schen und neurochemischen Wirkungen nach wie vor schwer zu bestimmen. Eine „einheitliche" Hypothese, die sämtliche Alkoholwirkungen über einen einzelnen neurochemischen Vorgang erklären würde, ist vielleicht überhaupt nicht möglich.

Nahezu 90 Jahre lang vermutete man, Ethanol (als niedermolekulare organi-sche Substanz mit relativ geringer Potenz) habe denselben Wirkungsmechanis-mus, den man den Narkotika zuschrieb – eine allgemein dämpfende Wirkung auf Nervenzellmembranen und Synapsen. Als zugleich wasserlösliche (hydro-phile) und lipidlösliche (lipophile oder hydrophobe) Substanz kann Ethanol sowohl mit Wasser als auch mit Lipiden in Wechselwirkung treten und sich in beiden lösen. Diese Eigenschaft führte zu der Hypothese, daß sich Ethanol in die Lipiddoppelschicht der Zellmembran einlagere und dadurch deren Struktur verändere, sie „aufquellen" lasse und dünnflüssiger mache. Dadurch wiederum würden physiologische Vorgänge an der Membran gestört: Ihre veränderte Struktur könnte Ionenkanäle und synaptische Rezeptoren beeinflussen und so die elektrische Signalübertragung, die Ionenströme durch die Membran und die Freisetzung von Neurotransmittern an den Synapsen verändern – mit dem Ergebnis, daß neuronale Funktionen beeinträchtigt werden. Dieses Modell, für das Begriffe wie *membrane lipid perturbation, membrane fluidization* oder schlicht *membrane hypothesis* geprägt wurden, könnte die unspezifische neuronale und synaptische Dämpfung durch Alkohol erklären.[5]

Die Membranhypothese mag zwar auf die narkotischen Eigenschaften hoher Alkoholdosen zutreffen, sie erklärt aber kaum die Wirkungen, die von niedrigen Dosen ausgehen, wie etwa positive Verstärkung (*behavioral reinforcement*), Anxiolyse, Beeinträchtigung der Koordinationsfähigkeit, der kognitiven Fähigkeiten und des Erinnerungsvermögens. Zudem liefert sie keine Erklärung für die Entstehung von Toleranz und Abhängigkeit.

Eine entscheidende Frage ist, ob Alkohol spezifische Rezeptoren beeinflußt. Welche Wirkungen Ethanol auf die durch GABA, Dopamin, Enkephalin, Glutamat und Serotonin vermittelten Signalübertragungsvorgänge zwischen Nervenzellen ausübt, fassen Tabakoff und Hoffman[6] sowie Samson und Harris[7] zusammen. Samson und Harris schreiben:

>»Die Neurotransmission an zwei exzitatorischen Rezeptortypen, dem nicotinischen Acetylcholin- und dem Serotoninrezeptor, werden durch akute Ethanolexposition verstärkt. Die meisten anderen exzitatorischen Rezeptoren werden durch Alkohol gehemmt, während die inhibitorischen Systeme verstärkt werden. ... Was den Wirkungsmechanismus von Alkohol angeht, wissen wir derzeit am meisten über den $GABA_A$-Rezeptor. Sowohl Verhaltensstudien als auch neurochemische Untersuchungen belegen, daß Alkohol die GABA-Rezeptoraktivität heraufsetzt.«[7]

Die Wirkung von Alkohol auf den $GABA_A$-Rezeptor unterscheidet sich von der der Barbiturate und Benzodiazepine. Er bindet auch an eine andere Stelle dieses Rezeptors als die letzteren beiden Substanzgruppen – für seine aktivierende Wirkung ist eine bestimmte Rezeptoruntereinheit (die gamma-2L-Untereinheit) erforderlich, die für die Wirkung anderer GABA-Agonisten nicht notwendig ist.[8] An der Wirkung des Alkohols auf diese Untereinheit scheinen enzymatische Phosphorylierungsvorgänge beteiligt zu sein, durch welche die Kanalfunktion des Rezeptorkomplexes verändert wird. Zudem ändert sich bei chronischem Konsum offenbar der $GABA_A$-spezifische mRNA-Gehalt entsprechender Nervenzellen. Das legt nahe, daß langzeitiger Alkoholmißbrauch die Genexpression beeinflussen kann und daß über diesen Weg eine Anpassung der Nervenzellen an sein Vorhandensein stattfindet.[9-11] Die GABA-agonistische Aktivität wirkt sich auf andere Transmittersysteme aus, von denen hier drei von Bedeutung sind: das Acetylcholin-, das Glutamat- und das Dopaminsystem.

Alkohol hemmt die Freisetzung von Acetylcholin im Zentralnervensystem (ZNS), hat also eine anticholinerge Wirkung. Cholinerge Mechanismen sind an Lernvorgängen und am Gedächtnis beteiligt – die anticholinerge Substanz Scopolamin (Kapitel 12) beispielsweise wirkt stark amnestisch –, so daß diese

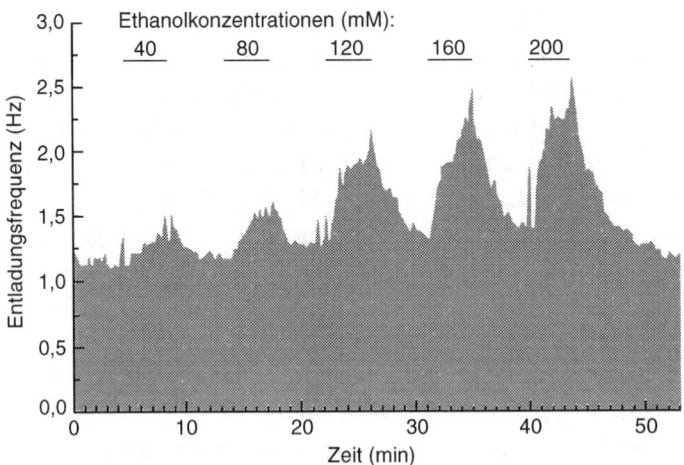

5.3 Entladungsfrequenz eines einzelnen, vermutlich dopaminhaltigen Neurons in der Area tegmentalis ventralis. Die Meßreihe verdeutlicht den Effekt von Ethanol auf die spontane neuronale Aktivität eines isolierten Gehirnschnittes. Die horizontalen Striche geben die Dauer an, mit der der Schnitt mit Ethanol (in steigender Konzentration) umspült wurde. Die Häufigkeit, mit der das Neuron ein elektrisches Signal erzeugt, wurde jeweils über einen Zeitraum von zwölf Sekunden gemittelt und ist in den vertikalen Balken dargestellt. Man erkennt, daß das Neuron mit steigender Ethanolkonzentration immer häufiger „feuert". (Aus Harris, Brodie und Dunwiddie[12].)

Wirkung des Alkohols wahrscheinlich zur Beeinträchtigung der kognitiven Fähigkeiten beiträgt.

Alkohol hemmt zudem eine Rezeptorklasse für den exzitatorischen Neurotransmitter Glutamat, und zwar solche vom NMDA-Typ (für *N*-Methyl-d-Aspartat). Diese Wirkung könnte an den lernbehindernden und antiepileptischen Effekten der Substanz sowohl im akuten Rauschzustand als auch bei chronischem Konsum beteiligt sein. Die Bindung an NMDA-Rezeptoren verändert ebenfalls Ionenkanalströme und steht in Zusammenhang mit der Hemmung intrazellulärer Nucleotide, die die Nervenzellfunktion beeinflussen.[6]

Und schließlich ließ sich eine Verbindung zwischen der GABA-agonistischen Wirkung des Alkohols und seinen verhaltensverstärkenden Eigenschaften* herstellen.[7,12] Das Mißbrauchpotential von Alkohol entsteht letztlich aus einer Aktivierung dopaminerger Neurotransmittersysteme, insbesondere der dopaminergen Nervenbahnen, die von der Area tegmentalis ventralis (ATV,

---

* Positive Verhaltensverstärkung (*behavioral reinforcement*) liegt vor, wenn ein bestimmtes Verhalten ein Belohnungsgefühl hervorruft und dieses Verhalten dadurch häufiger ausgeführt wird. Wenn Substanzen in diesem Buch als positive Verhaltensverstärker bezeichnet werden, dann ist damit gemeint, daß ihre Einnahme ein Belohnungsgefühl erzeugt, das den Einnehmenden dazu veranlaßt, die Einnahme zu wiederholen. Siehe dazu auch Kapitel 15.

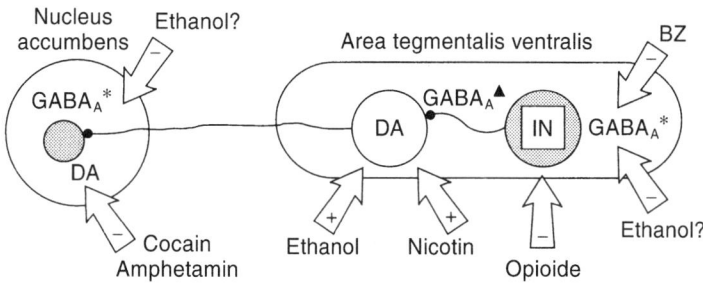

GABA$_A$*   empfindlich gegenüber Ethanol   + verstärktes Feuern der Neuronen

GABA$_A$▲   unempfindlich gegenüber Ethanol   − vermindertes Feuern der Neuronen

5.4 Mögliche pharmakologische Angriffspunkte der positiven Verstärkung. Das Schema verdeutlicht, wie potentiell mißbrauchte Substanzen das dopaminerge System der Area tegmentalis ventralis und des Nucleus accumbens beeinflussen könnten. Cocain und Amphetamin intensivieren wahrscheinlich die Wirkungen von Dopamin (DA) im Nucleus accumbens, wodurch die neuronale Signalimpulsrate überwiegend gedämpft wird. Nicotin dagegen wirkt offenbar exzitatorisch auf dopaminerge Neuronen (DA) in der Area tegmentalis ventralis. Opiate, Benzodiazepine (BZ) und Ethanol könnten über Wechselwirkungen auf Opioidrezeptoren beziehungsweise auf einen ethanolempfindlichen GABA$_A$-Rezeptor die Impulsrate inhibitorischer Interneuronen (IN) herabsetzen; diese Interneuronen würden dann ihrerseits die DA-Zellen unter Beteiligung von GABA$_A$-Rezeptoren inhibieren, die gegenüber Ethanol unempfindlich sind. Möglicherweise stimuliert Ethanol aber auch direkt die DA-Zellen, ohne daß ein GABAerger Rezeptor zwischengeschaltet ist. (Aus Harris, Brodie und Dunwiddie[12].)

einer Region der Mittelhirnhaube) zum Nucleus accumbens (einer Anhäufung von Nervenzellen im Vorderhirn) und zum frontalen Cortex (vordere Großhirnrinde) verlaufen (Kapitel 15). Wie Abbildung 5.3 zeigt, erhöht Alkohol die Entladungsrate von Neuronen in der ATV. Harris, Brodie und Dunwiddie vermuten, daß »die exzitatorischen Effekte von Ethanol auf die dopaminergen Neuronen in der ATV infolge einer durch GABA$_A$-Rezeptoren vermittelten Hemmung der inhibitorischen Interneuronen zustande kommen.«[12]

Denselben Autoren zufolge könnte Ethanol aber auch direkt die Aktivität der dopaminergen Neuronen erhöhen, ohne daß Interneuronen zwischengeschaltet sein müssen. Abbildung 5.4 skizziert die möglichen neuronalen Wirkungen des Alkohols (und anderer psychotroper Substanzen).

Pharmakologische Wirkungen

Die wichtigste pharmakologische Wirkung des Alkohols ist eine zunehmende und reversible Dämpfung zentralnervöser Funktionen. Die Atmung wird bei geringer Dosis zwar zunächst stimuliert, bei weiterer Dosissteigerung jedoch immer stärker gehemmt, bis schließlich bei sehr hohem Blutalkoholgehalt eine

Atemlähmung und damit der Tod eintritt. Alkohol wirkt auch antiepileptisch, wird aber für diesen Zweck nicht klinisch angewendet. Umgekehrt geht der Entzug nach chronischem Alkoholkonsum mit einer längeren Phase der Übererregbarkeit einher, in der epilepsieartige Anfälle auftreten können; die Anfallsaktivität erreicht ihr Maximum etwa acht bis zwölf Stunden nach dem letzten Glas.

Alkohol und andere sedativ-hypnotische Substanzen wirken zumindest additiv: In Kombination genommen rufen sie eine intensivere Sedierung hervor und beeinträchtigen die motorischen und intellektuellen Fähigkeiten sowie die Aufmerksamkeit (und damit die Fahrtüchtigkeit) stärker als bei Einzelgebrauch. Häufig zusammen mit Alkohol genommen werden andere sedierende Wirkstoffe (besonders Benzodiazepine) und Marihuana oder Haschisch.

Der kombinierte Gebrauch von Alkohol und Sedativa ist gefährlich, da sich die Wirkungen unter Umständen sogar mehr als nur additiv verstärken: Herz- und Atemfunktionen können so stark herabgesetzt werden, daß der Tod eintritt.

Unter den Wirkungen auf Herz und Kreislauf ist zunächst die Erweiterung der Blutgefäße in der Haut zu nennen, die zu einem subjektiven Wärmegefühl, gleichzeitig aber zu einer erhöhten Wärmeabgabe und damit zum Absinken der Körpertemperatur führt. Es ist also sinnlos und womöglich gefährlich, bei kaltem Wetter Alkohol zu trinken, wenn man sich warm halten will. Langzeitiger Alkoholkonsum steht in Verbindung mit Herzmuskelerkrankungen, die schließlich zu Herzversagen führen können. Andererseits kann der tägliche Konsum geringer Alkoholmengen (bis zu 30 Gramm, und nicht nur in Form von Rotwein, wie immer wieder behauptet wird) einer Reihe von Studien zufolge das Risiko der koronaren Herzkrankheit senken. Dieser schützende Effekt ist auf einen alkoholinduzierten Anstieg des HDL (*high densitiy lipoprotein*) im Blut und einer gleichzeitigen Abnahme des LDL (*low density lipoprotein*) zurückzuführen. (Je höher die HDL- und je niedriger die LDL-Konzentration, desto geringer ist die Gefahr, eine koronare Herzkrankheit zu entwickeln.) Allerdings geht dieser kardioprotektive Effekt mäßigen Alkoholkonsums bei Rauchern verloren.

Alkohol steigert die Diurese aufgrund seiner Effekte auf die Nierenfunktion. Diese harntreibende Wirkung ist zum einen allein schon durch die Aufnahme großer Flüssigkeitsmengen bedingt und zum anderen dadurch, daß Alkohol die Sekretion eines antidiuretischen Hormons vermindert. Struktur und Funktion der Nieren werden durch Alkohol offenbar nicht geschädigt.

Wie alle dämpfenden Substanzen ist Alkohol kein Aphrodisiakum. Die psychische Enthemmung, die unter Alkoholeinfluß zunächst eintritt, hebt zwar die Zurückhaltung in gewissem Maße auf, doch die dämpfenden Wirkungen des Alkohols auf die Körperfunktionen beeinträchtigen die sexuelle Leistungsfähigkeit. Wie es Shakespeare in *Macbeth* beschreibt: »Buhlerei befördert und dämpft er zugleich: er befördert das Verlangen und dämpft das Tun.«

Psychische Wirkungen

Die kurzzeitigen psychischen und verhaltensbeeinflussenden Wirkungen des Alkohols beschränken sich hauptsächlich auf das Zentralnervensytem. Abbildung 5.5 setzt die Wirkungen des Alkohols mit der Blutalkoholkonzentration in Beziehung. Wie sich die zunächst einsetzende psychische Enthemmung auf das Verhalten auswirkt, ist unvorhersehbar und hängt vor allem von der jeweiligen Persönlichkeit des Trinkenden, seinen Erwartungen und den äußeren Umständen des Trinkens ab. In einer entsprechenden Umgebung kann Alkohol entspannend und euphorisierend wirken, in einer anderen fördert er dagegen Aggressionen oder Selbstrückzug. Erwartungen und Umfeld verlieren jedoch mit steigender Dosis an Bedeutung, da die sedierenden Effekte zu überwiegen beginnen und die Verhaltensaktivität nachläßt.

Trinkt man nur geringe Alkoholmengen, ist man in der Regel noch weitgehend Herr seiner Sinne, wenngleich leichte Koordinationsstörungen bereits auftreten. Doch schon in diesem Zustand könnte man sich und auch andere durch Autofahren oder andere Tätigkeiten in Gefahr bringen. Trinkt man weiter, nehmen Konzentrationsfähigkeit, Einsichts- und Erinnerungsvermögen fortlaufend ab und gehen schließlich ganz verloren. Je mehr die Alkoholdosis steigt, desto stärker werden die Hirnfunktionen des Trinkenden behindert.

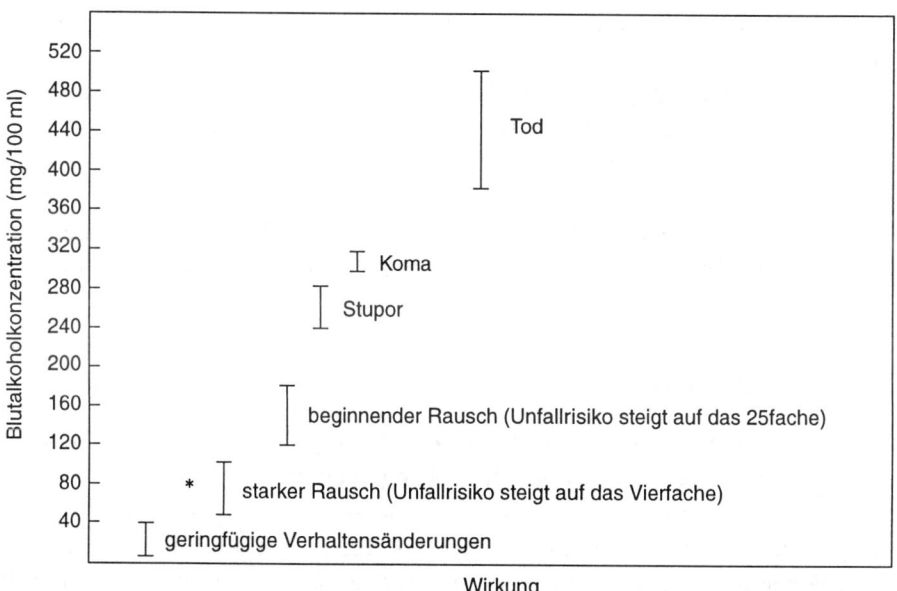

5.5 Beziehung zwischen dem Ethanolspiegel im Blut und dem Grad der Intoxikation. Die Grenze des Blutalkoholgehalts, ab der man kein Fahrzeug mehr führen darf, liegt in Deutschland bei 0,8 Promille (*).

Der Alkoholrausch und die damit verbundene Enthemmung spielen eine erhebliche Rolle bei vielen Gewaltverbrechen einschließlich Vergewaltigungen und Notzuchtdelikten sowie bestimmter abweichender Verhaltensweisen.[13] Deutschen Kriminalstatistiken zufolge ereignen sich rund 30 Prozent aller Gewaltverbrechen unter Alkoholeinfluß, bei bestimmten Delikten (Totschlag, Sexualmord) ist die Quote mit rund 50 Prozent sogar deutlich höher.[14] Jedes zweite Verkehrsopfer geht auf das Konto alkoholbedingter Unfälle. In den USA geschehen über 50 Prozent aller Verbrechen und Verkehrsunfälle unter Alkoholeinfluß, und diese Zahl hat sich in 20 Jahren kaum geändert.[15] Dort leiden mehr als zehn Millionen Menschen unter den Folgen des Alkoholmißbrauchs, eingerechnet polizeiliche Festnahmen, Verkehrs- und, Arbeitsunfälle, Gewalt, gesundheitliche Schäden und Arbeitsplatzverluste. Hierbei sind noch nicht die zehn Millionen Menschen berücksichtigt, die in den USA als alkoholabhängig gelten (und selbst unter den damit verbundenen negativen Konsequenzen leiden). In Deutschland sind etwa 2,5 Millionen Menschen behandlungsbedürftig alkoholkrank. Man kann insgesamt davon ausgehen, daß mindestens zehn Prozent unserer Gesellschaft persönlich oder mittelbar von den Folgen des Alkoholmißbrauchs betroffen sind.

Chronischer Alkoholkonsum kann sich je nach Trinkgewohnheit auf viele Organe des Körpers auswirken. Während mäßige Mengen auch nach längerer Zeit offenbar kaum physiologische, psychische oder verhaltensspezifische Veränderungen hervorrufen, führt starkes Trinken langfristig zu einer Reihe schwerer neurologischer, psychischer und körperlicher Störungen, auf die wir im Abschnitt über den Alkoholismus näher eingehen werden.

Wie bereits erwähnt, hat Alkohol außer seinem hohen Kaloriengehalt keinen weiteren ernährungsphysiologischen Wert. Man könnte sich zwar jahrelang von einer „Kost" ernähren, die überwiegend aus alkoholischen Getränken besteht, doch würden sich allmählich Vitaminmangel und ernährungsbedingte Erkrankungen entwickeln, die den Körper massiv schwächen. Alkoholmißbrauch ist in unserer Gesellschaft vermutlich sogar die Hauptursache für den Mangel an Vitaminen und Spurenelementen bei Erwachsenen.[16]

Toleranz und Abhängigkeit

Die Muster und Mechanismen der Toleranzentwicklung und der Entstehung körperlicher und psychischer Alkoholabhängigkeit ähneln denen aller anderen zentralnervös dämpfenden Verbindungen. Das Ausmaß der Toleranz hängt von der Menge, dem Muster und der Dauer des Alkoholkonsums ab. Jemand, der nur gelegentlich übermäßige Mengen trinkt oder der zwar regelmäßig, aber in moderaten Mengen trinkt, entwickelt eine geringe oder keine Toleranz; bei regelmäßigem Konsum großer Alkoholmengen dagegen nimmt die Toleranz deutlich zu. Man kann dabei zwischen drei Formen der Toleranz unterscheiden:

1. Pharmakokinetische oder metabolische Toleranz, bei der die Leber ihre metabolisierenden Enzyme vermehrt bildet – diese Form trägt höchstens mit 25 Prozent zur entstehenden Alkoholtoleranz bei.
2. Pharmakodynamische oder funktionelle Toleranz, bei der sich die Nervenzellen im Gehirn an die vorhandene Substanzmenge anpassen – Personen mit dieser Art der Toleranz benötigen für eine vergleichbare Rauschwirkung eine etwa doppelt so hohe Blutalkoholkonzentration wie Normalpersonen.
3. Assoziative, bedingte oder homöostatische Toleranz[17], bei der offenbar bestimmte Umgebungseinflüsse die Wirkungen des Alkohols vermindern; solche neutralisierenden Einflüsse können mitunter zur Toleranz beitragen.

Die Beziehung zwischen Toleranz und der Entwicklung übermäßiger Trinkgewohnheiten ist noch ungeklärt.[7] Eine Gewöhnung an die positiven Verstärkereigenschaften des Alkohols wurde bislang nicht nachgewiesen; Toleranz entwickelt sich lediglich gegenüber den motorischen, hypothermischen, sedierenden, anxiolytischen und antikonvulsiven Wirkungen.

Entsteht bei chronischem Alkoholkonsum eine physische Abhängigkeit, kommt es bei Entzug innerhalb von Stunden zu einer überschießenden Erregbarkeit, die zu Krampfanfällen und sogar zum Tod führen kann. Es treten Zittern, Halluzinationen, psychomotorische Erregung, Verwirrtheit und Desorientiertheit, Schlafstörungen und eine Reihe weiterer Begleitbeschwerden auf – ein Syndrom, das als *Delirium tremens* (DT) bezeichnet wird (ausführlichere Darstellung im Abschnitt über Alkoholismus).

Nebenwirkungen und Toxizität

Viele der Nebenwirkungen und toxischen Effekte des Alkohols wurden zwar bereits angerissen, doch sollen sie noch einmal zusammengefaßt und ausführlicher erläutert werden. Bei akutem Mißbrauch entsteht ein reversibles substanzbedingtes Psychosyndrom. Dieses Syndrom manifestiert sich in Form einer Bewußtseinseintrübung mit Desorientiertheit, beeinträchtigter Einsichts- und Urteilsfähigkeit, Amnesie („Blackout") und eingeschränkten intellektuellen Fähigkeiten. Der Stimmungszustand wird mitunter labil, so daß geringfügige Anlässe zu übersteigerten Gefühlsausbrüchen führen können. Bei starkem Trinken kann es zu Wahnvorstellungen, Halluzinationen und Konfabulationen kommen. Die Unberechenbarkeit des enthemmten Zustands eines Betrunkenen, seine gestörte Bewegungskoordination und nicht zuletzt seine beeinträchtigte Fahrtüchtigkeit vermindern seine soziale Kompetenz.

Die schwerwiegendste physiologische Langzeitfolge des übermäßigen Alkoholkonsums ist ein Leberschaden. Irreversible strukturelle und funktionelle

Veränderungen der Leber sind häufig: Etwa drei Viertel aller alkoholbedingten Todesfälle werden durch Leberzirrhose verursacht.[18] Die Zirrhose ist offenbar auf eine alkoholbedingte Störung der körperlichen Immunfunktionen zurückzuführen und kann als klarer Beleg für den immunsuppressiven Effekt von Ethanol gelten.[19]

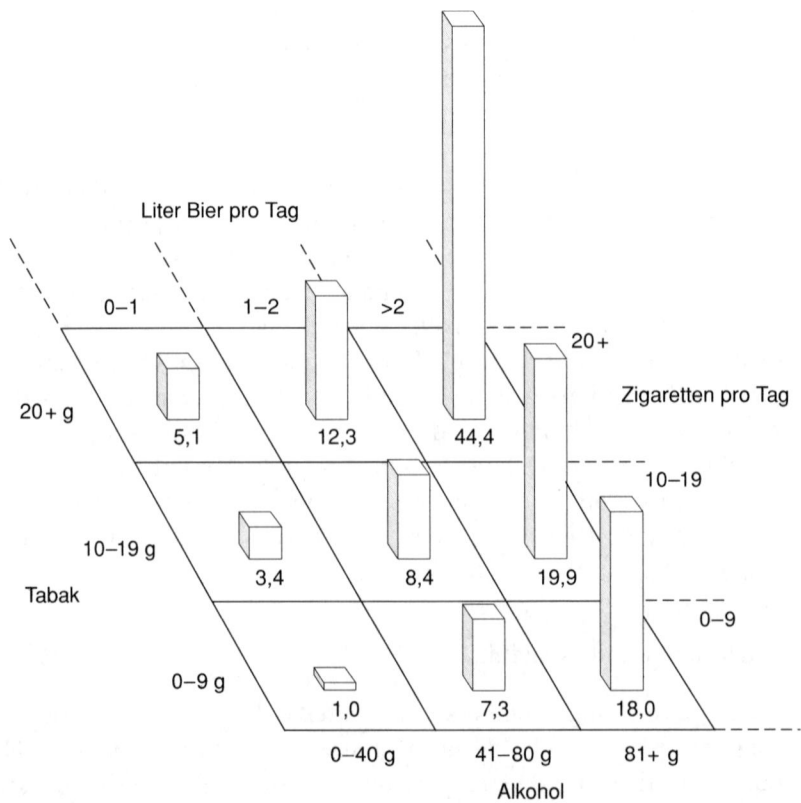

5.6 Relatives Risiko, an Speiseröhrenkrebs zu erkranken, in Abhängigkeit vom Alkohol- und Tabakkonsum. Konsumiert man täglich 20 Gramm Tabak oder mehr und 80 Gramm Alkohol oder mehr (oberer rechter Block), so erkrankt man mit einer 44,4fach höheren Wahrscheinlichkeit an einem solchen Tumor als jemand, der gar nicht oder nur wenig raucht und trinkt (unterer linker Block). 40 Gramm Ethylalkohol entsprechen etwa 50 Milliliter und sind in rund einem Liter Bier, in knapp einem halben Liter Wein oder in zwölf Zentilitern (drei „Doppelten") einer 40prozentigen Spirituose enthalten. Diese Tagesmenge entspricht dem von der WHO vorgegebenen Grenzwert, ab dem bei Männern der schädliche Alkoholkonsum beginnt. Für Frauen liegt er um die Hälfte niedriger. (Aus *Third Special Report to the U.S. Congress on Alcohol and Health*[22]. Daten aus Tuyns, Pequignot und Jenson *Le cancer de l'oesophage en Ille et Vilaine en fonction des niveaux de consommation d'alcool et de tabac: Des risques qui se multiplient*. In: *Bulletin du Cancer* 65, Nr. 1 (1977), S. 45–60.)

Überdies kann Alkohol bei Langzeittrinkern Nervenzellen irreversibel zerstören, wodurch ein bleibendes Psychosyndrom mit Demenzsymptomen (Korsakow-Syndrom) entsteht. Zudem kann der Verdauungstrakt von den schädlichen Auswirkungen des Alkohols betroffen sein. Pankreatitis (Entzündung der Bauchspeicheldrüse), chronische Gastritis (Magenschleimhautentzündung) und Magengeschwüre treten häufig auf.

Mittlerweile ist epidemiologisch nachgewiesen, daß übermäßiger Alkoholkonsum langfristig einen Hauptrisikofaktor für Krebs darstellt. Zwar ist Ethanol selbst möglicherweise nicht karzinogen, jedoch erhöht starkes Trinken das Risiko der Krebsentstehung im Mund- und Rachenraum sowie in der Leber.[20] Diese krebsbegünstigende Wirkung läßt sich dadurch erklären, daß Alkohol die Wirkung anderer krebserregender Substanzen potenziert. So wirken Alkohol und Tabak eindeutig synergistisch. Beispielsweise ist das Risiko, an Tumoren im Kopf- und Halsbereich zu erkranken, für starke Trinker, die gleichzeitig auch Raucher sind, sechs- bis 15mal so hoch wie für Personen, die weder trinken noch rauchen. Das Risiko für Speiseröhrenkrebs ist bei starkem Alkohol- und Tabakkonsum auf das 44fache erhöht (Abbildung 5.6). Alkohol fördert also das Tumorwachstum – eine Wirkung, die möglicherweise als Folge seiner immunsuppressiven Eigenschaften und der daraus resultierenden Schwächung der körpereigenen Abwehrmechanismen gegen Tumorzellen entsteht.[19]

Mitte der achtziger Jahre wurden Befunde veröffentlicht, denen zufolge schon ein geringer Alkoholkonsum bei Frauen die Wahrscheinlichkeit erhöht, an Brustkrebs zu erkranken. Neuere Ergebnisse widersprechen dieser These,[21] so daß man gegenwärtig von keiner engen Verknüpfung ausgeht.

Teratogene Wirkungen

Alkohol ist eindeutig teratogen (mißbildungsfördernd). Wenn eine schwangere Frau ihr Ungeborenes während entscheidender Phasen seiner Entwicklung hohen Blutalkoholkonzentrationen aussetzt, so entsteht bei diesem ein bestimmtes Fehlbildungsmuster, das als Alkoholembryopathie (oder fetales Alkoholsyndrom) bezeichnet wird. Bereits 1977 veröffentlichte das US-amerikanische National Institute on Alcohol Abuse and Alcoholism dazu folgendes:

»Starker Alkoholkonsum von Frauen während der Schwangerschaft kann beim Kind ein Muster von Anomalien hervorrufen, das als Alkoholembryopathie bezeichnet wird und bestimmte angeborene Anomalien und Verhaltensabweichungen umfaßt. Ergebnisse aus tierexperimentellen Untersuchungen erhärten die anfänglichen Beobachtungen am Menschen und weisen zudem auf eine erhöhte Inzidenz von Totgeburten, Fruchtauflösungen und spontanen Aborten hin. Sowohl das Risiko als auch das Ausmaß der Anomalien sind offenbar dosisabhängig und nehmen zu, je mehr Alkohol während der Schwangerschaft konsumiert wird. Bei Untersuchungen am Menschen hat sich Alkohol unzweifelhaft als auslösender Faktor herausgestellt, wenn das Vollbild der Alkoholembryopathie vorliegt.«[22]

In einer weiteren Veröffentlichung aus dem Jahre 1987 wird das Syndrom genauer charakterisiert. Zu den Merkmalen des Syndroms gehören:[23]

1. ZNS-Dysfunktionen mit verminderter Intelligenz, Mikrocephalie (abnorm kleiner Kopf), geistigen Entwicklungsverzögerungen und Behinderungen sowie Verhaltensstörungen (oft in Form von Hyperaktivität und erschwerter sozialer Integration);
2. verlangsamtes Körperwachstum;
3. Gesichtsveränderungen (kurze Lidspalten, kurze Nase, weit auseinanderstehende Augen und kleine Wangenknochen);
4. andere anatomische Anomalien (beispielsweise angeborene Herzfehler und mißgebildete Augen oder Ohren).

Ethanol oder sein Metabolit Acetaldehyd können die embryonale Zellteilung und das Zellwachstum in der Frühschwangerschaft hemmen. Die Gesichtsentwicklung ist in der Frühphase der Schwangerschaft (bis zur vierten bis sechsten Woche) betroffen, während die Gehirnentwicklung zu einem späteren Zeitpunkt gestört wird. Es liegen auch Hinweise auf eine fetale Mangelernährung vor, die durch Schädigung der Placenta verursacht wird. Überdies zeigen einige Kinder mit Alkoholembryopathie deutliche Störungen des Immunsystems, die ihre Infektionsanfälligkeit erhöhen.

In Deutschland werden jährlich schätzungsweise 7 000 Kinder alkoholkranker Mütter geboren, davon leidet jedes dritte (etwa 2 200) an den Auswirkungen der Alkoholembryopathie[24]. In den westlichen Industriestaaten ist im Mittel eines von 300 Neugeborenen von diesem Syndrom betroffen, und ein »geringeres Schädigungsausmaß, die sogenannten *fetalen Alkoholeffekte*, dürfte bei einer von 100 Lebendgeburten auftreten«[25]. Damit ist Alkohol einer der häufigsten Ursachen angeborener geistiger Entwicklungsverzögerungen und rangiert in Deutschland noch vor dem Down-Syndrom (Trisomie 21, Häufigkeit 1 : 650). Im Gegensatz zu letzterem ist die Alkoholembryopathie jedoch vermeidbar. Mit Sicherheit ist Alkohol die häufigste Ursache teratogenbedingter Geistesschwächen in den westlichen Industriestaaten.[26]

Eine Studie an mehr als 31 000 Schwangerschaften ergab, daß der tägliche Konsum von ein oder zwei Gläsern alkoholischer Getränke das Risiko einer Wachstumsverzögerung des Kindes bereits erheblich steigert.[27] Ein Glas pro Tag hat zwar nur eine minimale Auswirkung, kann aber nicht als unbedenklich angesehen werden – eine sichere Schwellendosis scheint es nicht zu geben.

Trotz dieser statistischen Befunde konsumieren amerikanischen Untersuchungen zufolge 20 Prozent aller Schwangeren auch weiterhin Alkohol.[28] Damit wird das Ungeborene einem großen Risiko ausgesetzt, schon vor der Geburt eine erhebliche Schädigung davonzutragen. Die höchsten Alkoholkonsumraten während der Schwangerschaft wurden unter rauchenden (37 Prozent) und ledigen Frauen (28 Prozent) festgestellt. Wie noch näher erläutert wird, erhöht auch das Zigarettenrauchen die Gefahr einer fetalen Schädigung, so daß sich durch Kombination von Nicotin und Alkohol die Risiken für das Ungeborene vervielfachen. Es muß also noch viel Aufklärungs- und Überzeugungsarbeit geleistet werden, besonders unter ledigen, rauchenden, weniger gebildeten und jungen werdenden Müttern, damit die Bedeutung der Alkoholabstinenz während der Schwangerschaft allgemein bekannt wird und sich möglichst viele Schwangere entsprechend verhalten.

Die Auswirkung des väterlichen Alkoholkonsums oder Alkoholismus auf den Fetus sind unbekannt. Über 25 Prozent aller Schwangeren, die mäßig bis stark trinken, geben an, daß die Väter ihrer Kinder auch starke Trinker sind. Ob dieser Faktor von Bedeutung ist, ist derzeit noch nicht geklärt.

Alkoholismus

Die Definition des Begriffs *Alkoholismus* sowie die Erkenntnis, daß Alkoholismus ein facettenreicher Krankheitsprozeß ist, sind relativ neu.

> »Um die Jahrhundertwende war der Begriff Alkoholismus noch nicht geprägt. Chronische Trunkenheit, wie der Zustand damals bezeichnet wurde, galt allgemein als hoffnungsloses Übel, dessen Opfer zu einem düsteren Ende in Gefängnissen, Irrenanstalten oder auf dem Armenfriedhof verdammt waren.«[29]

Mit der Gründung der Anonymen Alkoholiker 1935 in den USA bot sich den Alkoholikern eine inzwischen weltweit verbreitete Gemeinschaft, die sich um Verständnis, Akzeptanz und Heilung vom zwanghaften Alkoholkonsum bemüht.[29] In seinem Buch *The Disease Concept of Alcoholism* stellt E. M. Jellinek die These auf, daß Alkoholismus als Krankheit gelten muß.[30] Ende der fünfziger Jahre wurde das Alkoholismussyndrom von der American Medical Association als Krankheit anerkannt; und auch in Deutschland setzte sich diese Sichtweise in den sechziger Jahren – auch versicherungsrechtlich – schließlich durch.

Mitte der siebziger Jahre definierte man Alkoholismus als »chronische, fortschreitende und potentiell tödliche Krankheit. Sie ist durch Gewöhnung und körperliche Abhängigkeit oder durch pathologische Organveränderungen oder durch beides charakterisiert – und zwar als direktes oder indirektes Ergebnis des Alkoholkonsums.«[31] In dieser Definition werden allerdings nicht die biologischen und psychosozialen Faktoren berücksichtigt, die die Entwicklung des Alkoholismus beeinflussen. Eine neuere Definition schließt auch diese Aspekte mit ein:

> »Alkoholismus ist eine primäre und chronische Krankheit mit genetischen, psychosozialen und umgebungsbedingten Faktoren, die seine Entwicklung und seine Ausprägungsformen beeinflussen. Die Krankheit verläuft häufig progressiv und tödlich. Sie ist gekennzeichnet

> durch Kontrollverlust über das Trinken, durch Zentrierung des Denkens auf die Droge
> Alkohol, durch Konsum trotz nachteiliger Folgen sowie durch Denkverzerrungen und vor
> allem Leugnung. Jedes dieser Symptome kann fortwährend oder zeitweilig auftreten.«[32]

In dieser Definition beziehen sich „nachteilige Folgen" beispielsweise auf Beeinträchtigungen der körperlichen und psychischen Gesundheit, der zwischenmenschlichen Beziehungen und sozialen Kompetenz, der beruflichen Leistungsfähigkeit sowie auf rechtliche, finanzielle und seelische Probleme.[32] Unter „Leugnung" ist ein weiter Bereich psychischer Verdrängungsmechanismen zu verstehen, die einen Betroffenen an der Erkenntnis hindern, daß der Alkoholkonsum die Ursache seiner Probleme ist und nicht deren Lösung. Leugnung wird zu einem festen Bestandteil der Krankheit und stellt fast immer ein wesentliches Hindernis für die Heilung dar.[32]

Rund 30 Prozent aller Deutschen beiderlei Geschlechts im Alter zwischen 25 und 69 Jahren trinken täglich eine Alkoholmenge, die den Grenzwert zum „schädlichen" Konsum überschreitet.[33] Dieser Wert liegt laut Richtlinien der Weltgesundheitsorganisation für Männer bei 40 Gramm (das entspricht rund einem Liter Bier, einem halben Liter Wein oder 120 Millilitern Schnaps), für Frauen bei 20 Gramm pro Tag, wobei die WHO allerdings einräumt, daß es keine Grenze gibt, unterhalb derer Alkohol ohne jedes Risiko konsumiert werden kann. Rund 2,5 Millionen Deutsche gelten als behandlungsbedürftig alkoholkrank, und die Folgekosten, die der Alkoholkonsum verursacht, werden auf jährlich mehr als 30 Milliarden Mark geschätzt. In anderen westlichen Ländern ist die Situation vergleichbar. So haben von 160 Millionen US-Amerikanern, die älter als 21 Jahre sind, 14 Millionen schwere Alkoholprobleme, und etwa die Hälfte davon (sieben Millionen) gelten als Alkoholiker.[29,34]

> »Sieht man einmal vom Zigarettenrauchen ab, so stellt Alkohol in den USA und den
> meisten anderen Ländern bei weitem das schwerste Drogenproblem dar. Gemessen an
> Unfällen, Produktivitätsverlust, Kriminalität, Tod oder Gesundheitsschäden überstiegen die
> gesamten sozialen Kosten des Problemtrinkens in den USA 1980 schätzungsweise 89
> Milliarden Dollar. Der Tribut, den der Alkohol darüber hinaus an zerrütteten Familien,
> vergeudeten Lebensläufen, Verlusten für die Gesellschaft und an menschlichem Elend insgesamt fordert, entzieht sich jeder Kostenberechnung.«[35]

Langzeitiger Alkoholismus geht häufig mit Mangelernährung einher und kann zu chronischem körperlichen Verfall führen. Dies äußert sich in einem aufgedunsenen Gesicht, schlaffen Muskeln, feinschlägigem Tremor (Zittern), verringerter körperlicher Leistungsfähigkeit und Ausdauer sowie in einer erhöhten Infektionsanfälligkeit. Obwohl ein solcher chronischer Verfall bei den meisten jener Alkoholiker, die sich ausgewogen ernähren, nicht auftritt, schützt auch eine vernünftige Ernährung weder das Gehirn noch die Leber noch den Verdauungstrakt hinreichend vor einer Schädigung.[36]

Die Frage ist, in welchen Mengen und unter welchen Umständen Alkohol eine körperliche Abhängigkeit hervorruft und wann er den Körper schädigt.

Grenzwerte anzugeben, ist schwierig; sie sind im Laufe der Zeit immer weiter nach unten korrigiert worden. Es ist jedenfalls klar, daß langzeitige hohe Alkoholkonzentrationen im Körper eine körperliche Abhängigkeit hervorrufen.[37] Da der Körper etwa zehn Milliliter Ethanol pro Stunde metabolisiert, kommt es bei Zufuhr einer größeren Menge zur Kumulation.

Es besteht eine recht gute Korrelation zwischen Trinkgewohnheiten, maximaler Blutkonzentration und Intensität des Entzugssyndroms. Bei leichter Abhängigkeit kommt es während des Alkoholentzugs zu veränderten Schlafmustern, Übelkeit, Angstzuständen, Ruhelosigkeit und leichtem Tremor; diese Symptome dauern etwa einen Tag an. Bei starker Abhängigkeit tritt ein *Alkoholentzugssyndrom* auf; die eben genannten Symptome sind intensiver und gehen mit Erbrechen, Krämpfen, Alpträumen und zeitweisen Halluzinationen einher. Dauern die Halluzinationen an, so spricht man von einer *Alkoholhalluzinose*.[37] Mit fortschreitender Abhängigkeit treten bei Entzug Verwirrtheit, Desorientiertheit, Erregtheit, Verfolgungswahn und grobschlägiger Tremor oder Krampfanfälle auf. Diese Spätphase wird als *Alkoholentzugsdelir* oder *Delirium tremens* bezeichnet. Nach dem Abklingen der akuten Entzugssymptome können depressive Zustände, Schlafstörungen, kognitive Ausfälle und andere Veränderungen der Hirnfunktion noch monatelang andauern.

In der neueren Definition des Alkoholismus wird von einer primären Störung gesprochen, was bedeutet, daß sie nicht mit anderen pathopsychophysiologischen Zuständen in Zusammenhang steht. Goodwin schreibt allerdings dazu: »Inzwischen gibt es zahlreiche Hinweise dafür, daß viele, wenn nicht sogar die meisten Alkoholiker *nicht* unter primärem Alkoholismus leiden. Bei ihnen geht der Alkoholismus mit einer anderen Psychopathologie einher, unter anderem mit der Abhängigkeit von anderen Drogen.«[31] Wie Goodwin ferner ausführt, erfüllen 30 bis 50 Prozent aller Alkoholiker die Kriterien einer endogenen Depression (*major depression*), bei 33 Prozent liegt eine begleitende Angststörung vor (soziale Phobien bei Männern, Agoraphobie bei Frauen), 14 Prozent weisen eine antisoziale Persönlichkeit auf, drei Prozent sind schizophren und 36 Prozent von anderen Drogen abhängig. Offensichtlich ist also stets eine duale Diagnose in Betracht zu ziehen.

Medikamente zur Behandlung des Alkoholismus

>»Da Alkoholismus auf der Ingestion [oralen Aufnahme] von Alkohol beruht, stellt die Unterbindung der Ingestion eine offensichtliche therapeutische Strategie dar.«[38]

Früher waren die Barbiturate und Chloralhydrat (Kapitel 3) die Eckpfeiler in der Behandlung des Alkoholentzugssyndroms. In jüngerer Zeit werden vielfach Benzodiazepine und in Deutschland auch Clomethiazol (Distraneurin®) verwendet, um die Entzugssymptome unter Kontrolle zu halten. Zwar ersetzt man damit eine abhängigkeitserzeugende Substanz durch eine andere, doch kann dies durchaus sinnvoll sein, wenn die Entzugsymptome zu heftig werden und die Substitutionsbehandlung unter kontrollierten Bedingungen erfolgt. Durch substituierende Verabreichung einer langwirksamen Substanz lassen sich die Entzugssymptome verhindern oder unterdrücken.[39, 40]* Die Ersatzsubstanz wird dann entweder in möglichst niedrigen Erhaltungsdosen verabreicht, so daß der Zustand des Patient weitgehend normal bleibt, oder sie wird schrittweise abgesetzt.

Disulfiram (Antabus®) wird seit langem zur Behandlung des Alkoholismus eingesetzt. Wie bereits erwähnt, verändert diese Substanz den Alkoholmetabolismus und führt zu einer Anhäufung von Acetaldehyd im Körper. Dadurch entsteht ein *Acetaldehydsyndrom*, wenn der Patient innerhalb eines Zeitraumes von mehreren Tagen nach der Einnahme von Disulfiram Alkohol trinkt. Bei täglicher Gabe führt Disulfiram bei der überwiegenden Mehrheit der Patienten zu völliger Abstinenz. Wie jedes wirksame Medikament hilft aber auch Disulfiram nicht, wenn man es nicht einnimmt![38]

Haloperidol (zum Beispiel Haldol®) und andere antipsychotische Wirkstoffe (Kapitel 11) können zur Behandlung der Halluzinationen bei schwerem Delirium tremens gegeben werden. Bei Auftreten von Krampfanfällen ist Haloperidol nicht anwendbar, da es die Krampfschwelle senkt. Überdies befürchtet man, daß Butyrophenon- und Phenothiazinderivate möglicherweise die alkoholbedingte Leberschädigung verstärken.

Negative Verhaltenskonditionierung – eine antrainierte Vermeidung oder Aversion – etwa mit Hilfe von brechreizinduzierenden Wirkstoffen (Emetika) sind ebenfalls zur Behandlung des Alkoholismus eingesetzt worden. Kurz nach der Einnahme des Emetikums trinkt der Patient eine Dosis Alkohol. Wenn Übelkeit und Erbrechen auftreten, verbindet der Patient diese unangenehme Reaktion mit dem Trinken von Alkohol. Alkohol wird so zu einem konditionierten Auslöser für Übelkeit und Erbrechen. Allerdings wird das Verfahren kaum noch angewendet; gelegentlich versucht man jedoch, durch Gabe niedriger Apomorphindosen das unstillbare Verlangen (*craving*) nach Alkohol abzuschwächen.[39]

Wie bereits angemerkt, leiden viele Alkoholiker unter einer begleitenden endogenen Depression (*major depression*). Nach dem Alkoholentzug besteht die Depression möglicherweise weiter und bedarf einer Therapie. Daher setzt man in den Monaten nach dem Entzug häufig tricyclische Antidepressiva (Kapitel 8) ein. Allerdings ist die Wirksamkeit dieses Behandlungsansatzes nicht nachgewiesen.[39]

Wie sich 1989 und 1990 zeigte, können Antidepressiva, die selektiv die Serotoninwiederaufnahme hemmen (Kapitel 8), in den Frühphasen des Alkoholismus den täglichen Alkoholkonsum verringern helfen.[41–43] Zur Zeit sind zwei derartige Wirkstoffe verfügbar, von denen einer, Fluoxetin (Fluctin®),

---

* Siehe auch Literaturangabe 11 in Kapitel 4.

unbedenklicher und besser untersucht ist. Neuere Studien an Tieren[44,45] und Untersuchungen mit männlichen Alkoholikern[46] bestätigen zwar eine Verringerung der konsumierten Menge, doch fiel dieser Rückgang in den Humanstudien nur gering aus (14 Prozent) und hielt nicht länger als eine Woche an. Über dieses interessante Behandlungskonzept wird man sicherlich noch mehr erfahren. Fluoxetin wird in Kapitel 8 ausführlich beschrieben.

Im Tierversuch können Benzodiazepin-Antagonisten wie Flumazenil[47] und Ro19-4603[48] die Ethanolwirkungen blockieren und die freiwillig aufgenommene Ethanolmenge herabsetzen. Diese Beobachtungen stützen die These, daß ein GABA-agonistischer Mechanismus an den positiven Verstärkereigenschaften des Alkohols beteiligt ist, und lassen auf die Entwicklung klinisch wirksamer Medikamente hoffen, die das Trinkverhalten bei Alkoholikern günstig beeinflussen.

Einige Forscher haben die Hypothese geprüft, daß das endogene Opioidsystem (Kapitel 10) möglicherweise eine Rolle bei der Beeinflussung des Alkoholkonsums spielt.[49] So reduzierte Naltrexon (ein langwirksamer oral verabreichter Opioid-Antagonist) bei zwölfwöchiger Verabreichung an Alkoholiker das unstillbare Verlangen (*craving*) nach Alkohol wie auch die Rückfallrate[50] und verbesserte den Therapieerfolg solcher Maßnahmen, die auf das Erlernen von Bewältigungstechniken und auf die Rückfallsverhinderung abzielen.[51] In den USA wurde Naltrexon 1995 zur Behandlung des Alkoholismus zugelassen; der Wirkstoff ist in Deutschland zwar ebenfalls im Handel (Nemexin®), eine Zulassung für die Anwendung bei Alkoholismus steht jedoch noch aus.

Anlaß zu Hoffnungen gibt der neue Wirkstoff Acamprosat (Campral®), der sich seit 1996 in Deutschland im Handel befindet. Diese Substanz wirkt als Modulator an Glutamatrezeptoren vom NMDA-Typ und unterdrückt das Verlangen nach Alkohol. Acamprosat besitzt offenbar kein eigenes Abhängigkeitspotential und kann bisherigen Untersuchungen zufolge die Abstinenzrate deutlich erhöhen.[52]

Konzepte zur Behandlung des Alkoholismus

Wie Collins anmerkt,

> »besteht die gegenwärtige Alkoholismusbehandlung ... aus einem Bündel medizinischer, psychologischer, psychosozialer und seelisch-unterstützender Maßnahmen, die in einem mehr oder weniger organisierten Rahmen zusammenwirken, um dem einzelnen zu einem zufriedenen Leben ohne Alkohol zu verhelfen«[29].

Eine derartige Behandlung ist aber nur im Anschluß an eine Therapie der Entzugssymptome und nach Einhaltung einer Abstinenzphase möglich. Gessner betont:

> »Starker chronischer Ethanolkonsum führt zu einer Beeinträchtigung des Gedächtnisses und der kognitiven Fähigkeiten. Ein Alkoholiker muß jedoch sehr viel lernen, wenn er

abstinent bleiben, und noch mehr, wenn er stabile und normale Trinkgewohnheiten entwikkeln will. Es überrascht daher nicht, daß das Ausmaß der kognitiven Beeinträchtigung zu Therapiebeginn eines der wesentlichen Kriterien für die Prognose ist: je größer die Beeinträchtigung, desto geringer die Erfolgschance der Therapie. Unter Abstinenz geht diese Beeinträchtigung teilweise wieder zurück. Mithin ist eine anfängliche Abstinenzphase in jedem Falle therapeutisch erwünscht, unabhängig davon, welche Therapieziele langfristig angestrebt werden.«[53]

Nach dem Entzug und einer Abstinenzphase verfolgt die Therapie zwei Ziele[31,54]: zum einen die stabile Enthaltsamkeit, zum anderen die Besserung der psychischen Störungen, die mit dem Alkoholismus einhergehen. Die Abstinenzphase gewährleistet, daß der Therapeut den Patienten im nüchternen Zustand untersuchen und psychische Begleitstörungen diagnostizieren und behandeln kann. Darüber hinaus lernt der Patient, daß er sein Leben auch ohne Alkohol meistern kann.

Fest umrissene Therapieansätze zur Behandlung des Alkoholismus oder zur Vermeidung von Rückfällen nach anfänglicher Enthaltsamkeit gibt es allerdings nicht. Eine Erörterung der verschiedenen Ansätze würde über den Rahmen dieses Buches hinausgehen. Zur Behandlung werden medikamentöse Therapien und psychotherapeutische Verfahren wie Verhaltens-, Gruppen-, Gesprächs- und Aversionstherapie herangezogen; zusätzliche Unterstützung kann der Patient bei den Anonymen Alkoholikern und anderen Selbsthilfegruppen finden. Alle diese Maßnahmen geben Anlaß zur Hoffnung und zeigen begrenzte bis mäßige Erfolge; eine verläßliche Heilung gewährleistet allerdings keine. Wie in einem Artikel aus dem Jahre 1987 zu lesen war, ist »die Entgiftung relativ einfach; der schwierige und frustrierende Teil der Behandlung ist die Rückfallvermeidung«[55].

Aufgrund individueller Unterschiede leidet jeder Betroffene unter einem eigenen Spektrum von Beeinträchtigungen. So kann der eine exzessiv trinken, ohne daß seine körperliche Gesundheit oder Arbeitsfähigkeit übermäßig beeinträchtigt wird – beispielsweise ein Manager, der zwar Alkoholiker ist, sich aber ausgewogen ernährt und sozial und familiär unterstützt wird. Andererseits kann sich die Gesundheit eines Alkoholikers unter vollkommener Abstinenz zwar bessern, doch bleiben möglicherweise andere persönliche Probleme, etwa soziale, familiäre oder emotionale Schwierigkeiten, ungelöst oder verschlimmern sich sogar. Wegen dieser Unterschiede sind bei jedem einzelnen Patienten individuell ausgerichtete Behandlungskonzepte und entsprechend angepaßte Zielvorgaben anzuwenden. Beispielsweise kann man von einer Person mit relativ intakter Lebensführung durchaus eine Enthaltsamkeit erwarten, während eine Mäßigung der Trinkgewohnheiten mit einer gewissen Besserung der Gesundheit alles sein mag, was ein stärker beeinträchtigter Alkoholiker zu erreichen imstande ist.

Konzepte für eine derart individuell ausgerichtete Behandlung befinden sich noch im Anfangsstadium, da die gesellschaftliche Verachtung, die dem Alkoholiker entgegenschlägt, erst seit neuerer Zeit nachgelassen hat und der Alkoholismus auch im Bewußtsein der Öffentlichkeit zunehmend als behandlungsbedürftige Krankheit betrachtet wird. Zukünftige Therapieprogramme sollten nicht unbedingt die absolute Alkoholabstinenz für jeden Alkoholiker anstreben, sondern sich eher auf die Behandlung der Begleitstörungen konzentrieren sowie auf Hilfeleistungen bei der Lösung der persönlichen Probleme, die mit dem Trinken verbunden sind.

Aufgaben

1. Beschreiben Sie die Beziehung zwischen Alkohol und nichtselektiv zentralnervös dämpfenden Substanzen.
2. Wie wird Ethanol im menschlichen Stoffwechsel verarbeitet? Auf welche Weise greift Disulfiram dabei ein, und wie macht man sich diese Wirkung in der Behandlung des Alkoholismus zunutze?
3. Erläutern Sie, wie Alkohol seine Wirkungen auf das Zentralnervensystem entfaltet.
4. Welche Folgeschäden für die individuelle Gesundheit und welche gesellschaftlichen Probleme entstehen durch Alkohol?
5. Beschreiben Sie die Alkoholembryopathie. Welche Alkoholmenge ist während der Schwangerschaft unbedenklich?
6. Warum kann zur Behandlung der körperlichen Alkoholabhängigkeit ein Benzodiazepin als Alkoholersatz gegeben werden?
7. Geben Sie einen Überblick über die Medikamente und Verfahren, die zur Behandlung des Alkoholismus eingesetzt werden können.
8. Beschreiben Sie Alkoholismus als Krankheit.
9. Wie ist Alkohol an der Entstehung bestimmter Krebsarten beteiligt?

Literatur

1. Hanson J. W.; Jones K. L. und Smith D. W. *Fetal Alcohol Syndrome.* In: *Journal of the American Medical Association* 235 (5. April 1976), S. 1458–1460.
2. Caballeria J.; Frezza M.; Hernandez-Munoz R.; DiPadova C.; Korsted M. A.; Baraona E. und Lieber C. S. *Gastric Origin of the First-Pass Metabolism of Ethanol in Humans: Effect of Gastrectomy.* In: *Gastroenterology* 97 (1989), S. 1205–1209.
3. Frezza M; DiPadova C.; Pozzato G.; Terpin M.; Baraona E. und Lieber C. S. *High Blood Alcohol Levels in Women. The Role of Decreased Gastric*

Alcohol Dehydrogenase Activity and First-Pass Metabolism. In: *New England Journal of Medicine* 322 (1990), S. 95–99.

4. Rall T. W. *Hypnotics and Sedatives: Ethanol.* In: Gilman A. G.; Rall T. W.; Nies A. S. und Taylor P. (Hrsg.) *Goodman and Gilman's The Pharmacological Basis of Therapeutic,* 8. Aufl., New York, Pergamon, 1990, S. 379.

5. Goldstein A. *Addiction: From Biology to Drug Policy.* New York, W. H. Freeman & Company, 1994, S. 125–127.

6. Tabakoff B.; Hoffman P. L. *Alcohol: Neurobiology.* In: Lowinson J. H.; Ruiz P; Millman R. B. und Langrod J. G. (Hrsg.) *Substance Abuse: A Comprehensive Textbook,* 2. Aufl., Baltimore, Williams & Wilkins, 1992, S. 152–179.

7. Samson H. H.; Harris R. A. *Neurobiology of Alcohol Abuse.* In: *Trends in Pharmacological Sciences* 13 (1992), S. 206–211.

8. Wafford K. A.; Burnett D. M; Leidenheimer N. J.; Burt D. R.; Wang J. B.; Kofuji P.; Dunwiddie T. V.; Harris R. A. und Sikela J. M. *Ethanol Sensitivity of the GABA$_A$ Receptor Expressed in Xenopus Oocytes Requires 8 Amino Acids Contained in the Gamma 2L Subunit.* In: *Neuron* 7 (1991), S. 27–33.

9. Montpied P.; Morrow A. L.; Karanian J. W.; Ginns E. I.; Martin B. M. und Paul S. M. *Prolonged Ethanol Inhalation Decreases GABA$_A$ Receptor Alpha Subunit mRNAs in the Rat Cerebral Cortex.* In: *Molecular Pharmacology* 39 (1991), S. 157–163.

10. Buck K. J.; Hahner L.; Sikela J. und Harris R. A. *Chronic Ethanol Treatment Alters Brain Levels of Gamma-Aminobutyric Acid$_A$ Receptor Subunit mRNAs: Relationship to Genetic Differences in Ethanol Withdrawal Seizure Activity.* In: *Journal of Neurochemistry* 57 (1991), S. 1452–1455.

11. Buck K. J.; Harris R. A. *Neuroadaptive Responses to Chronic Ethanol.* In: *Alcoholism, Clinical and Experimental Research* 15 (1991), 460–470.

12. Harris R. A.; Brodie M. S. und Dunwiddie T. V. *Possible Substrates of Ethanol Reinforcement: GABA and Dopamin.* In: *Annals of the New York Academy of Sciences* 654 (1992), S. 61–69.

13. Woods S. C.; Mansfield J. G. *Ethanol and Disinhibition: Physiological and Behavioral Links.* In: Room R.; Collins S. (Hrsg.) *Alcohol and Disinhibition: Nature and Meaning of the Link.* Washington (D.C.), U.S. Government Printing Office, 1983, S. 4–23.

14. Klein M. *Gewaltverhalten unter Alkoholeinfluß: Bestandsaufnahme, Zusammenhänge, Perspektiven.* In: Deutsche Hauptstelle gegen die Suchtgefahren (Hrsg.) *Jahrbuch Sucht '96.* Geesthacht, Neuland, 1995, S. 53–68.

15. Niven R. G. *Alcoholism – A Problem in Perspective.* In: *Journal of the American Medical Association* 252 (1984), S. 1912–1914.

16. Edkardt M. J. und andere *Health Hazards Associated With Alcohol Consumption.* In: *Journal of the American Medical Association* 246 (1981), S. 648–666.

17. Poulos C. X.; Cappel H. *Homeostatic Theory of Drug Tolerance: A General Model of Physiologic Adaptation.* In: *Psychological Review* 98 (1991), S. 390–408.

18. Lieber C. S. *Alcoholism: Medical Implications.* In: *Annals of the New York Academy of Sciences* 362 (1981), S. 132–135.

19. Mufti S. I.; Darban H. R. und Watson R. R. *Alcohol, Cancer, and Immunomodulation.* In: *Critical Reviews in Oncology/Hematology* 9 (1989), S. 243–261.

20. Palmer S. *Diet, Nutrition and Cancer.* In: *Progress in Food and Nutrition Science* 9 (1985), S. 283–341.

21. Harris R. E.; Spritz N. und Wynder E. L. *Studies of Breast Cancer and Alcohol Consumption.* In: *Preventive Medicine* 17 (1988), S. 676–682.

22. U.S. Department of Health, Education, and Welfare *Alcohol and Health: Third Special Report to the U.S. Congress.* Washington (D.C.), U.S. Government Printing Office, 1978.

23. National Institute on Alcohol and Alcoholism *Alcohol and Birth Defects: The Fetal Alcohol Syndrome and Related Disorders.* In: U.S. Department of Health and Human Services Publication Number ADM 87-1531. Washington (D.C.), U.S. Government Printing Office, 1987, S. 6–10.

24. Löser H. *Alkoholembryopathie und Alkoholeffekte.* In: Deutsche Hauptstelle gegen die Suchtgefahren (Hrsg.) *Jahrbuch Sucht '96.* Geesthacht, Neuland, 1995, S. 41–52.

25. Finnegan L. P.; Kandall S. R. *Maternal and Neonatal Effects of Alcohol and Drugs.* In: Lowinson J. H.; Ruiz P.; Millman R. B. und Langrod J. G. (Hrsg.) *Substance Abuse: A Comprehensive Textbook*, 2. Aufl., Baltimore, Williams & Wilkins, 1992, S. 650.

26. Rall *Hypnotics and Sedatives ...*, S. 373.

27. Mills J. L. und andere. *Maternal Alcohol Consumption and Birth Weight.* In: *Journal of the American Medical Association* 252 (1984), S. 1875–1879.

28. Serdula M.; Williamson D. F.; Kendrick J. S.; Anda R. F. und Byers T. *Trends in Alcohol Consumption by Pregnant Women.* In: *Journal of the American Medical Association* 265 (1991), S. 876–879.

29. Collins G. B. *Contemporary Issues in the Treatment of Alcohol Dependence.* In: *Psychiatric Clinics of North America* 16 (1993), Nr. 1, S. 33–48.

30. Jellinek E. M. *The Disease Concept of Alcoholism.* New Haven, Hillhouse Press, 1960.

31. Goodwin D. W. *Alcohol: Clinical Aspects.* In: Lowinson J. H.; Ruiz P.; Millman R. B. und Langrod J. G. (Hrsg.) *Substance Abuse: A Comprehensive Textbook*, 2. Aufl., Baltimore, Williams & Wilkins, 1992, S. 650.

32. Morse R. M.; Flavin D. K. *The Definition of Alcoholism.* In: *Journal of the American Medical Association* 268 (1992), S. 1012–1014.

33. Junge B. *Alkohol*. In: Deutsche Hauptstelle gegen die Suchtgefahren (Hrsg.) *Jahrbuch Sucht '96*. Geesthacht, Neuland, 1995, S. 9–30.

34. Cloninger G. B.; Dunwiddie S. H. und Reich T. *Epidemiology and Genetics of Alcoholism*. In: *Annual Reviews of Psychiatry* 8 (1989), S. 331–346.

35. Jaffe J. H. *Drug Addiction and Drug Abuse*. In: Gilman A. G.; Goodman L. S.; Rall T. W. und Murad F. (Hrsg.) *Goodman and Gilman's The Pharmacological Basis of Therapeutics*, 7. Aufl., New York, Macmillan, 1985, S. 548.

36. U.S. Department of Health and Human Services *Fifth Special Report to the U.S. Congress on Alcohol and Health*. Washington (D.C.), U.S. Government Printing Office, 1984.

37. Jaffe J. H. *Drug Addiction and Drug Abuse*. In: Gilman A. G.; Rall T. W.; Nies A. S. und Taylor P. (Hrsg.) *Goodman and Gilman's The Pharmacological Basis of Therapeutics*, 8. Aufl., New York, Pergamon, 1990, S. 538–539.

38. Gessner P. K. *Alcohols*. In: Smith C. M.; Reynard A. M. *Textbook of Pharmacology*. Philadelphia, Saunders, 1992, S. 264.

39. Kranzler H. R.; Orrok B. *The Pharmacotherapy of Alcoholism*. In: *Annual Reviews of Psychiatry* 8 (1989), S. 397–417.

40. Nutt O.; Adinoff B. und Linniola M. *Benzodiazepines in the Treatment of Alcoholism*. In: *Recent Developments in Alcoholism* 7 (1989), S. 283–313.

41. Gorelick D. A. *Serotonin Uptake Blockers and the Treatment of Alcoholism*. In: *Recent Developments in Alcoholism* 7 (1989), S. 267–281.

42. Naranjo C. A.; Kadlee K. E.; Sanjueze P. und Woodley-Remus D. *Fluoxetine Differentially Alters Alcohol Intake and Other Consummatory Behaviors in Problem Drinkers*. In: *Clinical Pharmacology and Therapeutics* 47 (1990), S. 490–498.

43. Naranjo C. A.; Sellers E. M. *Serotonin Uptake Inhibitors Attenuate Ethanol Intake in Problem Drinkers*. In: *Recent Developments in Alcoholism* 7 (1989), S. 255–266.

44. Lu M. R.; Wagner G. C. und Fisher H. *Ethanol Consumption Following Acute Fenfluramine, Fluoxetine, and Dietary Tryptophan*. In: *Pharmacology, Biochemistry and Behavior* 44 (1993), S. 931–937.

45. Meert T. F. *Effects of Various Serotonergic Agents on Alcohol Intake and Alcohol Preference in Wistar Rats Selected at Two Different Levels of Alcohol Preference*. In: *Alcohol and Alcoholism* 28 (1993), S. 157–170.

46. Gorelick D. A.; Pareded A. *Effect of Fluoxetine on Alcohol Consumption in Male Alcoholics*. In: *Alcoholism, Clinical and Experimental Research* 16 (1992), S. 261–265.

47. Buck K. J.; Heim H. und Harris R. A. *Reversal of Alcohol Dependence and Tolerance by a Single Administration of Flumazenil*. In: *Journal of Pharmacology and Experimental Therapeutics* 257 (1991), S. 984–989.

48. Balakleevsky A.; Colombo G.; Fadda F. und Gessa G. L. *Ro 19-4603, a Benzodiazepine Receptor Inverse Agonist, Attenuates Voluntary Ethanol Consumption in Rats Selectively Bred for High Ethanol Preference.* In: *Alcohol and Alcoholism* 25 (1990), S. 449–452.

49. Volpicelli J. R.; O'Brien C. P.; Alterman A. I. und Hayashida M. *Naltrexone and the Treatment of Alcohol Dependence: Initial Observations.* In: Reid L. B. (Hrsg.) *Opioids, Bulimia, Alcohol Abuse and Alcoholism.* New York, Springer, 1990, S. 195–214.

50. Volpicelli J. R.; Alterman I.; Hayashida M. und O'Brien C. P. *Naltrexone in the Treatment of Alcohol Dependence.* In: *Archives of General Psychiatry* 49 (1992), S. 876–880.

51. O'Malley S. S.; Jaffe A. J.; Chang G.; Schottenfeld R. S.; Meyer R. E. und Rounsaville B. *Naltrexone and Coping Skills Therapy for Alcohol Dependence.* In: *Archives of General Psychiatry* 49 (1992), S. 881–887.

52. Sass H.; Soyka M.; Mann K. und Zieglgänsberger W. *Relapse Prevention by Acamprosate: Results From a Placebo-Controlled Study in Alcohol Dependence.* In: *Archives of General Psychiatry* 53 (1996), S. 673–680.

53. Gessner P. K. *Alcohols.* In: Smith C. M.; Reynard A. M. *Textbook of Pharmacology.* Philadelphia, Saunders, 1992, S. 267–268.

54. Castaneda R.; Cushman P. *Alcohol Withdrawal: A Review of Clinical Management.* In: *Journal of Clinical Psychiatry* 50 (1989), S. 278–284.

55. *Treatment of Alcoholism, Part I.* In: *The Harvard Medical School Mental Health Letter* 3, Nr. 12 (Juni 1987), S. 1–4.

6. Psychostimulantien: Cocain und die Amphetamine

Cocain und die Amphetamine sind starke Psychostimulantien, welche die psychischen Funktionen und das Verhalten deutlich beeinflussen. Zu ihren Wirkungen zählen psychische Erregung, erhöhter Wachheitsgrad, Euphorie, vermindertes Schlafbedürfnis und gesteigerte motorische Aktivität. Bevor wir uns der Pharmakologie dieser Psychostimulantien zuwenden, wollen wir sie von anderen Substanzen abgrenzen, die ebenfalls das Zentralnervensystem (ZNS) stimulieren, die Stimmung heben oder einer Depression entgegenwirken. Tabelle 6.1 gibt einen Überblick über solche Wirkstoffe.

Zu den Psychostimulantien gehören beispielsweise:

1. Cocain;
2. die Amphetamine: Amphetamin und Methamphetamin (früher als Benzedrin beziehungsweise Pervitin im Handel);

Tabelle 6.1: **Einteilung zentralnervös stimulierender Substanzen**

Klasse	Wirkungsmechanismus	Beispiele
verhaltensbeeinflussende Stimulantien	Anstieg der Noradrenalin- und Dopaminmenge an entsprechenden Synapsen	Cocain Amphetamine Methylphenidat (Ritalin®) Pemolin (Tradon®) Phenmetrazin
klinische Antidepressiva	Hemmung der Noradrenalin-wiederaufnahme	Imipramin (z. B. Tofranil®) Amitryptilin (z. B. Saroten®)
	Noradrenalinanstieg infolge MAO-Hemmung	Tranylcypromin (Parnate®)
	Hemmung der Serotonin-wiederaufnahme	Fluoxetin (Fluctin®)
Coffein*	Blockade von Adenosin-rezeptoren	
Nicotin*	Stimulation von Acetylcholin-rezeptoren	

* Siehe Kapitel 7.

3. Amphetaminderivate zur Behandlung von Aufmerksamkeitsschwä-
   chen bei hyperaktiven Kindern: Methylphenidat (Ritalin®), Pemolin
   (Tradon®) und andere;
4. Appetitzügler: Fenfluramin (Ponderax®), Phenmetrazin und andere.

All diese Substanzen sind verhaltensbeeinflussende Stimulantien; sie wirken
als positive Verhaltensverstärker und können zu zwanghaftem Mißbrauch führen. Sie zeigen erhebliche Nebenwirkungen und toxische Effekte. Einige von
ihnen werden unter bestimmten Bedingungen noch therapeutisch eingesetzt.
    Darüber hinaus gibt es noch zwei andere zentralnervöse Stimulantien – Cof-
fein und Nicotin. Coffein ist der psychotrope Hauptwirkstoff in Kaffee und
anderen coffeinhaltigen Getränken, Nicotin der Hauptwirkstoff im Tabak. Die
pharmokologischen Eigenschaften dieser beiden Wirkstoffe werden in Kapitel
7 beschrieben.
    Cocain und die Amphetamine (Abbildung 6.1) wirken stimmungsaufhellend
und euphorisierend, vermitteln ein Gefühl erhöhter Energie und steigern Aufmerksamkeit, Wachheitsgrad und Leistungsfähigkeit, senken den Appetit und
vertreiben Müdigkeit und Langeweile. Häufige Nebenwirkungen sind Angstgefühle, Schlafstörungen und Reizbarkeit. Bei höheren Dosen nehmen Angst
und Reizbarkeit zu, und psychotische Verhaltensmuster können auftreten. Insgesamt haben Cocain und die Amphetamine bemerkenswert ähnliche Auswirkungen auf das Verhalten. In niedriger Dosis rufen sie eine durch Wachsamkeit
und angespannte Erregung charakterisierte Reaktion hervor, die sich von einer
physiologischen Reaktion auf eine Alarm- oder Streßsituation nicht wesentlich
unterscheidet. So steigen Blutdruck und Puls, die Pupillen erweitern sich, die
Durchblutung verlagert sich von der Haut und den inneren Organen zur Mus-

6.1 Molekülstruktur einiger Amphetamine, des Dopamins und des Cocains.

kulatur, und die Sauerstoff- und die Glucosekonzentration im Blut steigen an. Diese Effekte kommen dadurch zustande, daß Cocain und Amphetamine die Wirkungen von Dopamin und Noradrenalin im Körper und im Gehirn verstärken. Im Ergebnis entspricht dieser Vorgang dem der physiologischen Freisetzung biologischer Amine (zum Beispiel Adrenalin), wie sie in Situationen erfolgt, in denen ein Zustand erhöhter Alarmbereitschaft gefordert ist – als Schreckreaktion und Vorbereitung auf Kampf oder Flucht (*fight/flight/ fright*-Reaktion, siehe auch Anhang C). Die Wirkung des Cocains und der Amphetamine setzt also an einem Ausschnitt unseres natürlichen Verhaltensrepertoires an und stellt praktisch eine überhöhte Mobilisierung der normalen *fight/flight/fright*-Reaktion dar.

Cocain

Cocain ist in den Blättern des in Peru und Bolivien heimischen Cocastrauches *Erythroxylum coca* enthalten. Die Droge wurde jahrhundertelang von den Völkern der Andenregion aus religiösen, mystischen, sozialen, stimulierenden und medizinischen Gründen verwendet, vornehmlich zur Förderung der Ausdauer, zur Steigerung des Wohlbefindens und zur Unterdrückung des Hungergefühls. Die übliche Tagesdosis betrug bis zu 200 Milligramm. »Aus medizinischer Sicht sind in der Geschichte des Cocains vor allem die Veränderungen interessant, die sich im Lauf der Zeit hinsichtlich der Dosierung, des Verabreichungsweges, der Umstände des Gebrauchs und der Methoden zur Herstellung entwickelt haben.«[1]

Das aktive Alkaloid des Cocastrauches wurde im Jahre 1859 isoliert und Cocain genannt. Siegmund Freud empfahl 1884 in einer Veröffentlichung (*Über Coca*) die Anwendung der Substanz zur Behandlung von Depressionen und zur Bekämpfung chronischer Müdigkeit und unterstellte ihr geradezu magische Fähigkeiten.[2] Im selben Jahr wies Koller ihre örtlich betäubenden Eigenschaften nach und führte die Substanz als Lokalanästhetikum bei Augenoperationen ein. Freud, der selbst Cocain zur Behandlung eigener Depressionen nahm, pries den Wirkstoff enthusiastisch als ein Mittel, das intensive Hochgefühle und anhaltende Euphorie hervorrufe, die sich in keiner Weise von der normalen Euphorie gesunder Menschen unterscheide.[2] Freilich entgingen ihm zunächst die Nebenwirkungen: Gewöhnung, Abhängigkeit, psychotische Zustände und Entzugsdepression.

Etwa um das Jahr 1885 wurde Cocain (zusammen mit Coffein) einem als Allheilmittel angebotenen Getränk namens Coca-Cola zugesetzt. 1891 lagen bereits mindestens 200 Berichte über Cocainintoxikationen vor, und 13 Todesfälle wurden bekannt. Bis 1903 enthielt ein Liter Coca-Cola etwa 250 Milligramm Cocain.[1] 1914 wurde in den USA der Zusatz von Cocain in Getränken und rezeptfreien Arzneimitteln gesetzlich verboten.

1924 prüfte die American Medical Association 43 Todesfälle von Patienten, die eine Lokalanästhesie mit Cocain erhalten hatten, und führten 26 dieser Todesfälle auf cocainbedingte toxische Wirkungen zurück. Daraufhin wurden Richtlinien für die Anwendung von Cocain erlassen.[3]

Nachdem der Cocainkonsum in den zwanziger Jahren stark zugenommen hatte, ging er in den dreißiger Jahre mit dem Aufkommen der Amphetamine zurück, vermutlich weil letztere billiger waren und ihre Wirkung länger anhält. Diese Tendenz bestand bis Ende der sechziger Jahre. Dann wurde Cocain wieder attraktiver, weil die Verbreitung der Amphetamine durch gesetzliche Auflagen erschwert wurde und die Preise entsprechend stiegen. Da sie sich in ihren Wirkungen nicht merklich unterscheiden, können Cocain und Amphetamine nahezu austauschbar als euphorisierende Rauschmittel benutzt werden. Verfügbarkeit, Preis und soziokulturelle Aspekte bestimmen nun im wesentlichen, welche der beiden Drogen beliebter ist.

In den siebziger Jahren kam Cocain in den USA wieder in Mode; und Mitte der achtziger Jahre begann mit dem Rauchen konzentrierter Cocainpräparate (Crack und *free base*-Cocain) eine neue Ära des Cocainmißbrauchs, die durch Konsum hoher Dosen, schnellen Wirkungseintritt und rasche Entwicklung einer Abhängigkeit charakterisiert ist. Auch in Deutschland wird Cocain wieder häufiger konsumiert und gewinnt – zusammen mit den Amphetaminen und ihren synthetischen Abkömmlingen (Ecstasy, Kapitel 12) – unter den „harten" Drogen zunehmend an Bedeutung.

In den USA haben schätzungsweise 20 bis 30 Millionen Menschen (rund zehn Prozent der Bevölkerung) Erfahrungen mit Cocain[4]; etwa vier Millionen machen regelmäßig davon Gebrauch, und rund zwei Millionen gehören zum „harten Kern" der Cocainkonsumenten.[5] Auf dem Höhepunkt der Cocainwelle nahmen 800 000 Amerikaner täglich Cocain; heute ist eine Zahl um 300 000 wahrscheinlicher. Dieser Rückgang, insbesondere des unregelmäßigen Gebrauchs, ist auf die kürzlich durchgeführte intensive Anti-Cocain-Kampagne in den USA zurückzuführen. Die Anzahl der abhängigen Konsumenten hat allerdings nicht deutlich abgenommen. In Deutschland ist der Bevölkerungsanteil mit Cocainerfahrungen offenbar um einiges geringer. Bei den Repräsentativerhebungen des Bundesministeriums für Gesundheit aus den Jahren 1990 und 1994 zum Drogenkonsum gab jeweils rund ein Prozent der Befragten in den alten Bundesländern an, schon mindestens einmal Cocain genommen zu haben. Damit dürfte die Zahl der Personen mit Cocainerfahrungen in Deutschland, grob geschätzt, bei einer halben bis einer Million liegen. In der Umfrage von 1990 gaben 30 Prozent der Cocainerfahrenen an, die Substanz mindestens einmal innerhalb der letzten zwölf Monate konsumiert zu haben, und zwei Prozent hatten sie in diesem Zeitraum mindestens 20mal genommen. Die Tendenz des Konsums ist steigend: 1993 und 1994 erhöhte sich die Zahl der polizeilich erstmals auffälligen Cocainkonsumenten um ein Drittel (von 3200 auf 4300), ebenso nahm ihr prozentualer Anteil unter den Konsumenten harter Drogen zu.[6]

Amerikanischen Untersuchungen zufolge sind typische Cocainabhängige jung (zwölf bis 39 Jahre), von mindestens drei Drogen abhängig und männlich (75 Prozent); sie leiden häufig unter einer psychischen Begleitstörung (30 Prozent haben Angststörungen, 67 Prozent leiden unter klinischer Depression, und 25 Prozent sind paranoid). Etwa 85 bis 90 Prozent sind alkoholabhängig. Überdies spielt der Cocaingebrauch mitunter bei gewaltsamen Todesfällen durch Totschlag, Mord, Selbstmord oder Unfall eine Rolle.[1]

In seinen späteren Schriften bezeichnete Freud Cocain als die „dritte Geißel" der Menschheit, nach Alkohol und Heroin. Dies ist wohl die treffendere Beschreibung.

Chemie

Die Blätter des Cocastrauches enthalten etwa 0,5 bis ein Prozent Cocain. Nach Einweichen und Zerkleinern der Blätter wird Cocain in Form der Cocapaste mit 60 bis 80 Prozent Cocaingehalt extrahiert. Da das Rauchen dieser Paste häufig zu psychopathologischen Zuständen und starker Ahängigkeit führt und mit äußerst toxischen Wirkungen verbunden ist, wird sie vor dem Export gewöhnlich zu Cocainhydrochlorid weiterverarbeitet. Dieses wird verdünnt (zur Vergrößerung der Menge und Verringerung der Potenz) und gelangt in Pulverform als „Koks" oder „Schnee" in den illegalen Handel. Mit einer geschnupften „Linie" gelangen etwa 20 bis 50 Milligramm Cocainhydrochlorid in die Nase des Konsumenten.

Bis vor einigen Jahren war das verdünnte Hydrochlorid die meistverbreitete Cocainform. Doch entstand der Wunsch nach stärkeren und schneller einsetzenden Wirkungen. In der Regel läßt sich eine solche Wirkungsintensivierung nur durch parenterale (gewöhnlich intravenöse) Injektion erreichen. Da aber die intravenöse Verabreichung von Genußdrogen zunehmend abgelehnt wird, entwickelte man eine rauchbare Form. Cocainhydrochlorid selbst ist nicht rauchbar, da der Wirkstoff in dieser Form bei der Verdampfungstemperatur zerfällt.

Zur Lösung dieses Problems wird das Hydrochlorid chemisch in die basische Form umgewandelt, die man anschließend durch Extraktion konzentriert. Dies geschieht entweder durch Extraktion in Ether (für die „freie Base") oder, was heutzutage verbreiteter ist, durch Kochen der Droge in einer Backpulverlösung, bis das Wasser verdampft ist. Der Rückstand, der bei der letzteren Methode entsteht, ist eine Form der Cocainbase, die wegen der knackenden Geräusche beim Erhitzen gewöhnlich als „Crack" bezeichnet wird. Diese basische Form des Cocains verdampft schon bei niedrigeren Temperaturen und kann mit einer erhitzten Pfeife inhaliert werden. Heute ist Crack die Cocainform, die von der überwiegenden Mehrheit der Cocainabhängigen in den USA konsumiert wird. Durch das Crackrauchen lassen sich mit 250 Milligramm bis zu einem Gramm deutlich höhere Dosen als durch das Schnupfen des Hydrochlorids resorbieren. Da die vielen Wirkungen des Cocains dosisabhängig sind, hat diese Dosissteigerung gravierende Folgen.

Pharmakokinetik

Cocain wird je nach Art der Einnahme von den Schleimhäuten, dem Magen-Darm-Trakt oder in der Lunge resorbiert. Der Abbau erfolgt im Blutplasma und in der Leber. Nur geringe Mengen werden unverändert ausgeschieden.

Resorption

Die wichtigsten Aufnahmewege des Cocains verlaufen oral (Kauen der Blätter), intranasal (Schnupfen des Hydrochlorids), intravenös (*mainlining*) oder über die Inhalation (Rauchen oder *free basing*). Tabelle 6.2 zeigt einige pharmakokinetische Daten der verschiedenen Verabreichungsmethoden. Bei oraler Aufnahme wird Cocainhydrochlorid langsam und unvollständig resorbiert. Die Resorption erfolgt über einen Zeitraum von etwa einer Stunde, wobei etwa 75 Prozent der resorbierten Droge gleich nach dem Übertritt ins Blut bereits in der Leber wieder metabolisiert werden. Daher gelangen nur etwa 25 Prozent einer oralen Dosis zum Gehirn, und zwar über einen langen Zeitraum, so daß das Gefühl der Rauschüberflutung ausbleibt, das sich mit anderen Verabreichungswegen erzeugen läßt.

Bei intranasaler Applikation (Schnupfen) wird Cocainhydrochlorid nur mäßig resorbiert, da es schlecht die Nasenschleimhäute durchdringt. Außerdem verengt es die Blutgefäße und limitiert dadurch seine eigene Resorption. Immerhin werden 20 bis 30 Prozent der Droge resorbiert, wobei Maximalkonzentrationen im Blut nach 30 bis 60 Minuten erreicht sind (Abbildung 6.2). Die pharmakologischen Wirkungen dauern ungefähr 30 bis 60 Minuten an, die Substanz ist allerdings erst nach etwa sechs Stunden weitgehend aus dem Blut verschwunden.

Wird Cocain als Base verdampft und geraucht, setzt die Wirkung binnen Sekunden ein, da der Wirkstoff in der Lunge fast vollständig und vor allem sehr rasch resorbiert wird. Der Rausch hält etwa fünf bis zehn Minuten an. Allerdings wird ein großer Teil der Substanz bereits vor der Inhalation durch Pyrolyse zerstört, so daß nur ungefähr sechs bis 32 Prozent der Ausgangsmenge ins Plasma gelangen.

Tabelle 6.2: Pharmakokinetische Merkmale der verschiedenen Cocainverabreichungsweisen

Aufnahmeweg	Aufnahmeart	Zeit bis zum Wirkungseintritt (s)	Dauer des Rauschgefühls (min)	mittlere akute Dosis (mg)	Höchstwerte im Plasma (ng/ml)	Wirkstoffgehalt des Ausgangsmaterials (Prozent)	Bioverfügbarkeit* (Prozent)
oral	Kauen der Cocablätter	300–600	45–90	20–50	150	0,5–1	25
oral	Cocain-HCl	600–1800		100–200	150–200	20–80	20–30
intranasal	Schnupfen von Cocain-HCl	120–180	30–45	5·30	150	20–80	20–30
intravenös	Cocain-HCl	30–45	10–20	25–50 >200	300–400 1000–1500	20–100	100
durch Rauchen	Cocapaste	8–10	5–10	60–250	300–800	40–85	6–32
	freie Base	8–10	5–10	250–1000	800–900	90–100	6–32
	Crack	8–10	5–10	250–1000	?	50–95	6–32

Aus Gold[1], Tabelle 16.5, S. 209.
* Wirkstoffanteil des Ausgangsmaterials, der tatsächlich das Blut erreicht.

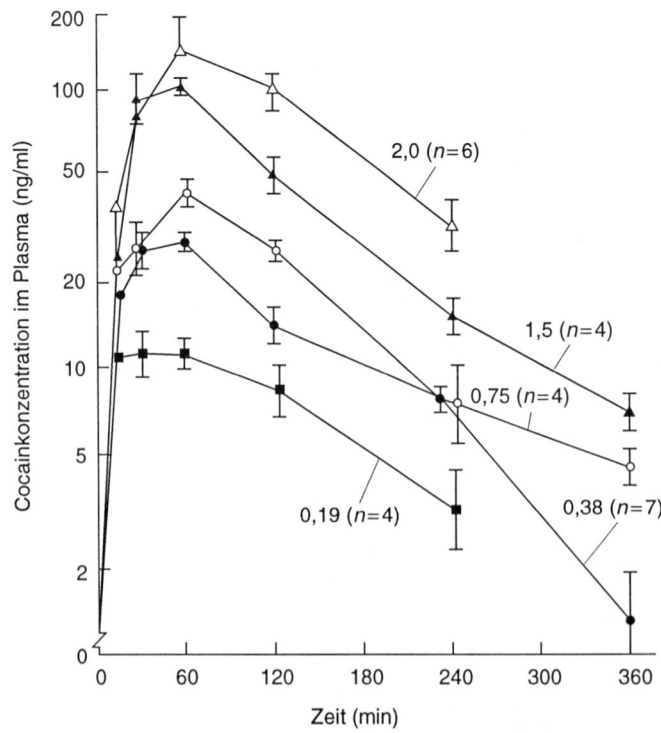

6.2 Zeitverlauf des Plasmacocainspiegels nach intranasaler Aufnahme unterschiedlicher Cocaindosen (0,38–2,0 mg/kg). Gezeigt sind Mittelwerte ± Standardfehler. (Aus Fleming, Byck und Barash[3], Abbildung 2, S. 520.)

Bei der intravenösen Injektion von Cocainhydrochlorid umgeht man sämtliche Resorptionsbarrieren und bringt die Droge direkt in den Blutkreislauf. 30 bis 60 Sekunden nach der Injektion hat der Wirkstoff das Gehirn erreicht, und die Wirkung setzt ein.

Verteilung

Cocain durchdringt rasch die Blut-Hirn-Schranke und erreicht im Gehirn zunächst weit höhere Konzentration im Plasma, wird dann aber schnell in andere Gewebe umverteilt. Ebenso durchdringt die Substanz ungehindert die Placentarschranke, so daß im Ungeborenen die gleiche Konzentration vorliegt wie in der Mutter.

Elimination

Cocain hat eine biologische Halbwertzeit von 30 bis 90 Minuten und wird fast vollständig von Enzymen im Plasma und in der Leber metabolisiert. Eine

geringe Cocainmenge wird in ein aktives Zwischenprodukt (*Norcocain*) umgewandelt, der Hauptmetabolit ist jedoch die inaktive Verbindung *Benzoylecgo-
nin*, die im Urin etwa drei Tage lang, bei chronischem Konsum jedoch wesentlich länger (15 bis 22 Tage) nachweisbar ist.[7] Die lange Präsenz im Urin läßt
darauf schließen, daß die Droge sich bei Dauerkonsum im Körpergewebe an-
reichert. Dieser „zwischengelagerte" Anteil muß erst wieder ins Plasma rückresorbiert werden, bevor er metabolisiert und ausgeschieden werden kann, so
daß sich die Elimination entsprechend verzögert. Bei Menschen mit einem
erblich bedingten Mangel des cocainmetabolisierenden Plasmaenzyms kann
es zu einer längeranhaltenden Wirkung kommen. Es ist nicht ausgeschlossen,
daß Cocainmetaboliten unter bestimmten Umständen die Leber schädigen können.[3]

Pharmakodynamik

Cocain hat drei hervorstechende pharmakologische Wirkungen:

1. Es ist ein sehr wirksames Lokalanästhetikum.
2. Es verengt die Blutgefäße.
3. Es ist ein starkes Psychostimulans mit ausgeprägten Verstärkungseigenschaften.

Da die psychostimulierende Wirkung des Cocains diejenige ist, die zum
zwanghaftem Mißbrauch führt[8], wollen wir uns auf die Vorgänge konzentrieren, die zu dieser Psychostimulation führen und die für die belohnungserzeugenden und damit verhaltensverstärkenden Eigenschaften der Droge (*behavioral reinforcement*, Kapitel 15) verantwortlich sind.
   Wie seit langem bekannt ist, intensiviert Cocain die synaptischen Wirkungen
von Dopamin, Noradrenalin und Serotonin. Dieser Effekt kommt dadurch zustande, daß Cocain die aktive Wiederaufnahme der genannten Transmitter in
die präsynaptischen Nervenendigungen hemmt, aus denen sie freigesetzt werden (Anhang B). Ende der achtziger Jahre wußte man, daß die Wirkung von
Cocain auf das dopaminerge System für die verhaltensverstärkenden und psychostimulierenden Eigenschaften von entscheidender Bedeutung ist.[9,10]

»Dopaminerge Bahnen im Mittelhirn spielen offenbar eine zentrale Rolle für viele der
verhaltensspezifischen und psychischen Auswirkungen des Cocains, insbesondere was die
Verhaltensverstärkung und die Hyperaktivität anbelangt. Aus dem ventralen tegmentalen
Areal des Mittelhirns ... entspringen dopaminhaltige neuronale Bahnen, die die mesolimbi-
schen Hirnareale innervieren, unter anderem den medialen präfrontalen Cortex und den
Nucleus accumbens sowie den Amygdalakomplex und den Hippocampus. Die Wirkung des
Cocains auf die mesolimbischen dopaminergen Nervenendigungen stellt wahrscheinlich
den Schlüssel zu den verhaltensverstärkenden Eigenschaften der Substanz dar.«[11]

Mehrere neuere Studien haben unsere Kenntnisse über diese Wirkung auf das dopaminerge System erheblich erweitert.[11–15] Wie diese Studien zeigen, vermindern Dopamin und Cocain die Entladungsfrequenz von Neuronen in der Area tegmentalis ventralis und im Nucleus accumbens (Abbildung 6.3). Dies weist darauf hin, daß Dopamin auf die postsynaptischen Rezeptoren hemmend wirkt. Die dompaminvermittelte Abnahme der Entladungsfrequenz wird durch Cocain deutlich gefördert: Dadurch, daß Cocain die Wiederaufnahme des Dopamins in die präsynaptische Endigung hemmt, erhöht es die extrazelluläre

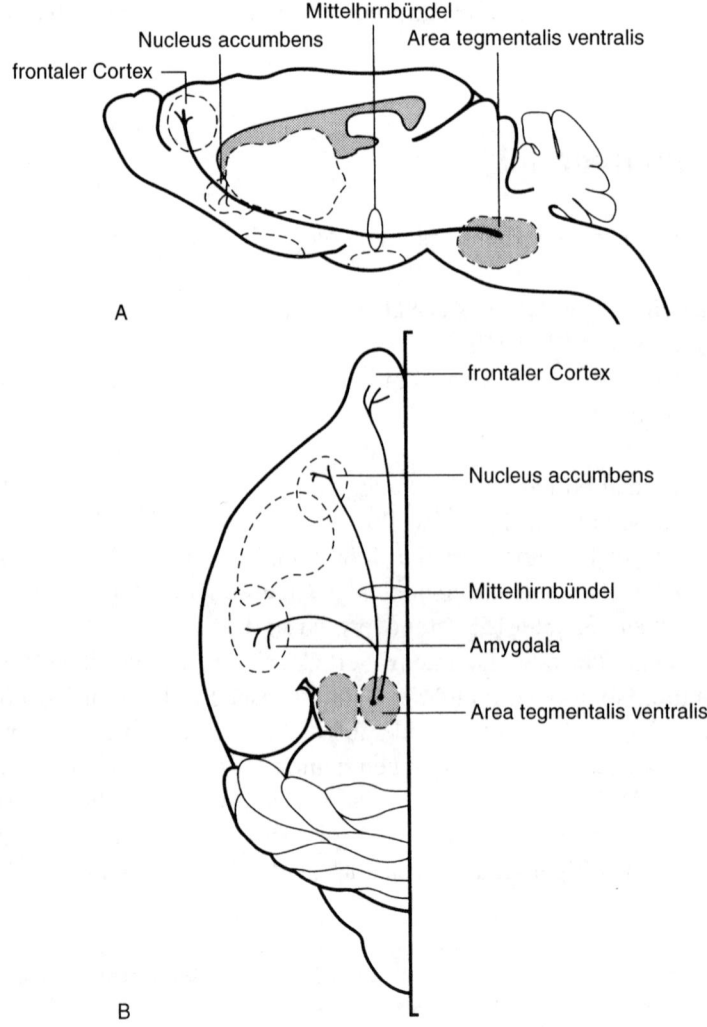

6.3 Schematische Darstellung der aufsteigenden dopaminergen Bahnen, die vermutlich die Verstärkungseffekte von Cocain vermitteln. A) Sagittalschnitt (Ansicht von der Seite); B) Transversalschnitt (Ansicht von oben).

Konzentration dieses Neurotransmitters an der Synapse und verstärkt damit dessen inhibitorische Wirkung.[16] Wie die Aktivität des Dopamins als inhibitorischer synaptischer Transmitter allerdings in positive Verhaltensverstärkung umgesetzt wird, ist noch unklar. Die daran beteiligten Mechanismen sind sicherlich äußerst komplex.[13]

Unlängst wurde das Transportprotein kloniert und charakterisiert, welches das freigesetzte Dopamin in die präsynaptische Zelle zurückschleust und an dem die Cocainwirkung ansetzt.[17,18] Dieser Transporter ist ein aus 619 Aminosäuren bestehendes Protein, das wahrscheinlich zwölfmal die Cytoplasmamembran durchspannt; beide Enden des Proteins befinden sich intrazellulär im Cytoplasma des präsynaptischen Neurons (Abbildung 6.4). Wenn Cocain an den Dopamintransporter bindet, verändert sich wahrscheinlich dessen Konformation im Bereich der Dopaminerkennungs- oder -bindungsstelle, so daß seine Affinität für Dopamin sinkt und er die Transmittersubstanz nicht mehr oder nur noch eingeschränkt aus dem synaptischen Spalt entfernen kann.[16]

An den verhaltensbeeinflussenden und psychischen Wirkungen, die infolge der Cocainbindung am Dopamintransporter schließlich entstehen, sind zumindest zwei der fünf bislang bekannten Dopaminrezeptortypen beteiligt.[16] Dopamin$_2$-Rezeptoren scheinen die positive Verstärkung, die allgemein verhaltens-

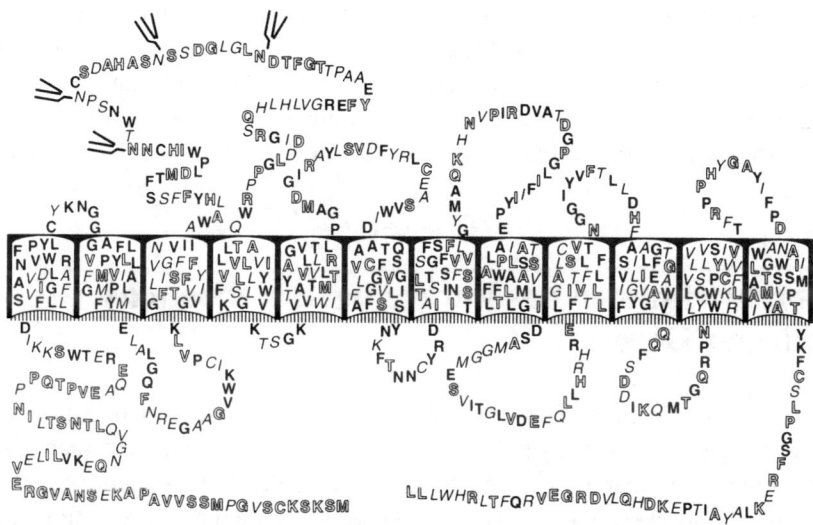

6.4 Schematische Darstellung des Dopamintransporters und seiner wahrscheinlichen Ausrichtung in der Plasmamembran. Halbfett gesetzte Buchstaben symbolisieren Aminosäuren, die im GABA-, Dopamin- und Noradrenalintransporter gleich sind, kursive Buchstaben kennzeichnen Übereinstimmungen zwischen dem Dopamin- und dem Noradrenalintransporter, und in Konturschrift gesetzte Buchstaben repräsentieren Aminosäuren, die an der jeweiligen Sequenzposition nur im Dopamintransporter vorkommen. (Aus Shimada et al.[17], Abbildung 1, S. 577.)

stimulierenden Effekte, die Auswirkungen auf die Bewegungsaktivität und die stereotypen Verhaltensweisen zu vermitteln, die bei Tieren nach Cocainverabreichung beobachtet werden. Dopamin$_1$-Rezeptoren, über die weniger bekannt ist, haben vermutlich eine „permissive" Funktion beim Zustandekommen dopaminvermittelter Verhaltensäußerungen.[16]

Auch Serotonin ist offenbar an den Wirkungen von Cocain beteiligt:

> »Ein Mangel an Serotonin steigert die Wirksamkeit von Cocain als positivem Verstärker. Das wirft die Frage auf, ob cocainbedingte Einflüsse auf Serotoninsysteme zu einer Aversion gegenüber Cocain beitragen und damit die Selbstverabreichung begrenzen können. Zudem ... kann der Serotoninwiederaufnahmehemmer Fluoxetin die diskriminativen Reizwirkungen des Cocains verstärken.«[16]

Schließlich stellt sich die Frage, welche neuronalen Mechanismen der Toleranz zugrunde liegen, die bei langzeitigem Cocaingebrauch entsteht. Trotz vieler noch ungeklärter Details steht fest, daß der chronische Kontakt der postsynaptischen Dopaminrezeptoren mit den erhöhten Dopaminmengen, die sich durch die cocainbedingte Hemmung der Rückaufnahme ansammeln, dazu führt, daß zum einen die postsynaptische Zelle die Zahl ihrer Dopaminrezeptoren verringert und zum anderen die präsynaptische Zelle die Zahl ihrer Dopamintransportermoleküle erhöht.[12] Folglich nimmt die Empfindlichkeit der postsynaptischen Zelle gegenüber Dopamin ab (da sie weniger Rezeptoren trägt), und die Fähigkeit der präsynaptischen Zelle, Dopamin aus dem synaptischen Spalt zurückzuholen, nimmt bei Abwesenheit von Cocain zu. Johanson und Fischman bemerken in einem Übersichtsartikel über die physiologischen und adaptiven Mechanismen der Cocaintoleranz, daß »das Ausmaß der Toleranzentwicklung offenbar begrenzt ist: Es ließ sich höchstens eine Verdoppelung beobachten. ... Überdies bildet sich eine entstandene Toleranz relativ schnell zurück.«[9]

Nebenwirkungen des kurzzeitigen Gebrauchs niedriger Dosen

Zu den nichttoxischen physiologischen Reaktionen, die Teil der erwähnten cocaininduzierten *fight/flight/fright*-Reaktion sind, gehören gesteigerte Aufmerksamkeit, motorische Hyperaktivität, Anstieg der Pulsfrequenz, Gefäßverengung, Blutdruckerhöhung, Erweiterung der Bronchien und Bronchiolen, Anstieg der Körpertemperatur, Pupillenerweiterung, erhöhte Glucoseverfügbarkeit und Verlagerung der Durchblutung von den inneren Organen zu den Muskeln. Höhere Cocaindosen verursachen erhebliche toxische Wirkungen, auf die wir noch zurückkommen.

Die angenehmen psychischen Wirkungen niedriger bis mäßiger Cocaindosen (25 bis 150 Milligramm) setzen ein, sobald Cocain das Gehirn erreicht; in welcher Form sich die Wirkungen ausprägen, hängt ab von der Dosis, dem Toleranzniveau und dem Verabreichungsweg.

»Die wichtigsten psychischen Funktionen, die von Cocain beeinflußt werden, sind Stimmungslage, Kognition, Triebzustände – wie Hunger, Libido und Durst – und das Bewußtsein. Es entsteht eine sofortige und intensive Euphorie, vergleichbar mit einem Orgasmus, die Sekunden oder gewöhnlich Minuten anhält. ... Andere Veränderungen infolge der gehobenen Stimmung sind Leichtfertigkeit, gesteigerte Selbstsicherheit und starke Prahlerei. Anschließend geht die Stimmungslage in eine milde, mit Angstgefühlen gemischte Euphorie über, die 60 bis 90 Minuten anhalten kann und der sich ein ausgeprägterer Angstzustand von mehreren Stunden anschließt. Bei akuter und subakuter Intoxikation beginnen die Gedanken zu rasen, der Betroffene redet viel und schnell, gleichsam als werde er dazu getrieben, bis hin zur übersteigerten Redseligkeit mit abschweifenden und unzusammenhängenden Äußerungen.«[5]

Appetit, Schlafbedürfnis und Müdigkeit werden unterdrückt und kehren später um so stärker wieder zurück. Bewußtseinsklarheit und geistige Präsenz nehmen zu und gehen anschließend in Erschöpfung über. Die motorische Aktivität wird erhöht, was mit Erregtheit, Unruhe und einem Gefühl ständiger Bewegung einhergeht. Doch vor allem anderen ist Cocain ein hochwirksamer positiver Verhaltensverstärker. Das bedeutet, daß jemand, der die Cocainwirkung spürt, noch mehr Cocain nehmen will und im Zuge dessen andere und physiologisch wichtige positive Verstärker – zum Beispiel ein genußvolles Mahl oder Nahrungsmittel überhaupt – quasi vergißt.

Cocain fungiert bei mehreren Tierarten auch als diskriminativer Stimulus[9,16], was bedeutet, daß die Cocainwirkung als solche erkannt wird. Dies ist ein Mechanismus von grundlegender Bedeutung, durch den eine Droge das Verhalten kontrollieren kann. Des weiteren wurde berichtet, daß nach Cocainverabreichung ein gesteigertes Verlangen nach der Substanz (craving oder Stoffhunger) entsteht, »ein Effekt, der wie die positiv verstärkende Wirkung die Wahrscheinlichkeit des weiteren Cocaingebrauchs erhöht«[16]. Versuchstiere führen sich die Substanz sogar dann weiterhin zu, wenn die Selbstverabreichung bestraft wird, und Entsprechendes gilt auch für Menschen, die Cocain gebrauchen.[9] Der Stoffhunger wird durch die kurze Wirkungsdauer der Droge noch verstärkt. Auf das Rauschgefühl folgen Angst, Depression und paranoide Wahnvorstellungen. Aufgrund dieses schnellen Wechsels entsteht das Verlangen, erneut Cocain zu nehmen, um die kurz zuvor verspürte Euphorie wiederherzustellen. Der Stoffhunger wird intensiv und »stellt einen klar erkennbaren Teil des Cocainentzugssyndroms dar«[1]. Bei höheren Dosen werden all diese Effekte ebenso wie die anschließende Depression noch intensiver. Es kommt zu einem fortschreitenden Koordinationsverlust, später treten Tremor und schließlich Krampfanfälle auf. Der ZNS-Stimulierung folgen Depression, Dysphorie (Verstimmung), Angst, Schläfrigkeit und Stoffhunger.

Obwohl das sexuelle Interesse durch Cocaingebrauch steigen kann – hohe Cocaindosen, die injiziert oder geraucht werden, werden manchmal als „orgasmisch" bezeichnet –, ist Cocain kein Aphrodisiakum: Sexuelle Dysfunktion ist unter starken Konsumenten weit verbreitet. Geht die Dysfunktion mit der häufig bei Cocainabhängigen bestehenden Isolierung einher, so können normale zwischenmenschliche, sinnliche und sexuelle Beziehungen beeinträchtigt werden.

Überdies sind die jeweiligen Verabreichungsmethoden mit bestimmten medizinischen Komplikationen verknüpft. Bei Schnupfen von Cocain kann es zu chronischer Entzündung der Nasenschleimhaut, Perforation der Nasenscheidewand und Verlust des Geruchssinnes kommen. Bei intravenöser Verabreichung sind Krankheiten, die durch unsaubere Injektionsnadeln übertragen werden (beispielsweise Hepatitis und Aids), sowie bakterielle Endokarditis (Entzündung der Herzinnenhaut und der Herzklappen) nicht ungewöhnlich. Schließlich kann es durch Rauchen von Crack zu Lungenkomplikationen und schwarzem Sputum kommen.

Toxische und psychotische Wirkungen des Dauergebrauchs hoher Dosen

Während niedrige Cocaindosen eine überwiegend angenehme oder euphorisierende ZNS-Stimulierung hervorrufen, verursachen höhere Dosen toxische Symptome wie Angst, Schlafmangel, übersteigerte Wachheitszustände, Mißtrauen, Wahnvorstellungen und Verfolgungsangst. Die Realitätswahrnehmung kann stark verändert sein, und infolge des Verfolgungswahnes können sich ausgeprägte Aggressionsneigungen und Tötungsabsichten entwickeln.[4] Dieser Symptomenkomplex wird als *toxische paranoide Psychose* bezeichnet.

Andere Auswirkungen des chronischen Konsums hoher Cocaindosen sind sexuelle Störungen, zwischenmenschliche Konflikte (aufgrund des Isolationsgefühls und der Wahnvorstellungen), schwere depressive Verstimmungen, Dysphorie sowie bizarre und massive psychotische Störungen, die oft tage- oder wochenlang nach Absetzen der Droge anhalten. Johanson und Fischman fassen zusammen:

> »Eine der hervorstechendsten Folgen des Cocainmißbrauchs ist die Entwicklung pathologischer Verhaltensmuster bei chronischen Konsumenten. Im Extremfall kann eine Cocainpsychose auftreten, die geprägt ist von paranoiden Wahnvorstellungen, beeinträchtigtem Realitätssinn, Angst, stereotypen und zwanghaft wiederholten Verhaltensmustern sowie intensiven visuellen, akustischen und taktilen Halluzinationen, darunter etwa die Vorstellung von Insekten, die unter der Haut krabbeln. Zu den subtileren Verhaltensänderungen ... zählen Reizbarkeit, Überwachheit, extreme psychomotorische Aktivierung, wahnhaftes Denken, beeinträchtigte zwischenmenschliche Beziehungen sowie Eß- und Schlafstörungen.«[9]

Eine akut toxische Cocaindosis liegt bei schätzungsweise ein bis zwei Milligramm pro Kilogramm Körpergewicht. Somit wären 70 bis 150 Milligramm

Cocain eine toxische Einzeldosis für einen 70 Kilogramm schweren Menschen. Nach noch höheren Dosen treten gravierende physiologische Schäden auf.

Vor kurzem befaßte sich ein Symposium über akute Cocainintoxikation mit den kardiovaskulären[19] und neurovaskulären[20] Folgen des Cocainkonsums. Diese Folgen können schwerwiegend sein; zu ihnen zählen Schlaganfälle bei gesunden, jungen Personen, dauerhafte Veränderungen der Hirndurchblutung, unzureichende Sauerstoffversorgung des Herzens, Herzrhythmusstörungen und Krampfanfälle.

Der chronische Cocaingebrauch kann die unterschiedlichsten psychiatrischen Syndrome hervorrufen, darunter affektive Störungen, schizophrenieähnliche Zustände, Persönlichkeitsstörungen und zahlreiche andere. Rounsaville und Mitarbeiter[21] untersuchten 300 Cocainsüchtige, die eine Behandlung ihres Drogenmißbrauchs anstrebten. Sie stellten fest, daß 56 Prozent der Personen die Kriterien einer akuten neurologischen oder psychischen Störung (endogene Depression, Angststörung, bipolare affektive Störung, antisoziale Persönlichkeitsstörung oder Vorgeschichte einer Aufmerksamkeitsdefizit-/Hyperaktivitätsstörung in der Kindheit) erfüllten und bei 73 Prozent eine solche Störung im Laufe des bisherigen Lebens aufgetreten war. Somit können psychopathologische Symptome auf toxische Effekte hoher Cocaindosen und/oder auf eine begleitende neurologische oder psychische Störung hindeuten. Einem Bericht zufolge

»weisen Cocainabhängige, ähnlich wie Alkoholiker und Heroinabhängige, bei Persönlichkeitstests häufig ein bestimmtes Profil auf – sie sind leichtsinnig, rebellisch, zeigen eine geringe Frustrationstoleranz und einen gesteigerten Erlebnisdrang. Die meisten sind zusätzlich alkohol- oder heroinabhängig gewesen oder werden es sein. Sie gebrauchen Opiate und Alkohol, um die Cocaineffekte zu verstärken oder um sich selbst wegen unerwünschter Begleitwirkungen zu behandeln – um das Zittern und die Nervosität zu dämpfen, die Wahrnehmung zu vernebeln und Wahnvorstellungen bis hin zur Gleichgültigkeit einzudämmen. Bei intravenösem Drogenkonsum wird häufig eine als „Speedball" bezeichnete Mixtur aus Cocain und Heroin injiziert. Wahrscheinlich sind mehr als die Hälfte der Personen, die wegen Cocainmißbrauchs behandelt werden, auch Alkoholiker; überdies ist die Alkoholikerrate in den Familien Cocainabhängiger hoch.«[22]

Weddington fügt dem hinzu:

»Bei wiederholter oder chronischer Intoxikation entsteht Toleranz. Die Intensität der Euphorie läßt nach, zudem berichten chronische Cocainkonsumenten regelmäßig über ausgeprägte Verstimmungen, über Angst und Gefühle des Kontrollverlusts mit verminderter Selbstachtung, über Mißtrauen bis hin zur Paranoia, über Aggressivität und Verwirrtheit. Darüber hinaus können die umfeldbezogenen Folgen der Cocainsucht, etwa der Verlust sozialer und familiärer Bindungen, finanzielle Einbußen oder strafrechtliche Schwierigkeiten, zusätzlich zu der wachsenden Verstimmung und Verzweiflung beitragen, die ein Cocainabhängiger bei chronischem Mißbrauch erlebt.«[7]

Auswirkungen auf die vorgeburtliche Entwicklung

Eine der Tragödien des späten 20. Jahrhunderts ist die Geburt von Hunderttausenden von Kindern, die bereits im Uterus durch Drogen geschädigt und in elende soziale Verhältnisse hineingeboren werden. Eine herausragende Stellung unter diesen Drogen nimmt Cocain ein, da es für Säuglinge, die mit neurologischen Störungen (*jittery baby syndrome*) auf die Welt kommen, und für die sogenannten „Crack-Babies" verantwortlich ist. Aufgrund des breiten Spektrums embryotoxischer Effekte ist eine Cocainembryopathie nur schwer definierbar, da »die meisten Auswirkungen auf den Fetus mit der Gefäßverengung und der Hypertonie in Zusammenhang stehen sowie mit Infarkten, die in allen möglichen Geweben und zu jedem beliebigen Zeitpunkt während der Schwangerschaft auftreten können«[23]. Cocain kann also im gesamten Zeitraum der Schwangerschaft jedes Organ und jedes Gewebe des ungeborenen Kindes schädigen.[23]

Um zu erkennen, welche Effekte auf den Fetus möglich sind, müssen nicht nur die indirekten Wirkungen des mütterlichen Organismus auf die Embryonalentwicklung, sondern auch die direkten teratogenen Wirkungen untersucht werden (Abbildung 6.5).

Indirekte Cocaineffekte auf den Fetus werden durch die gefäßverengende Wirkung des Cocains auf den mütterlichen Organismus hervorgerufen, eine Wirkung, die zu einer verminderten Durchblutung des Uterus und damit zu einer Sauerstoffunterversorgung des Fetus führt. Zu den Folgen einer solchen fetalen Hypoxie zählen Placentaablösung, Placentainsuffizienz, Früh- und Sturzgeburt, intrauteriner Fruchttod (Totgeburt) und niedriges Geburtsgewicht.[24,25] Sauerstoffmangel während der Fetalentwicklung kann zu Wachstumsverzögerungen, abnorm kleinem Kopf (Mikrocephalie) und potentiellen Anomalien bei der Gehirnentwicklung führen. Kain, Rimer und Barash[26] zufolge kann praktisch jedes Organ des Neugeborenen geschädigt werden, wenn die Durchblutung des betreffenden Organs während der Embryonalentwicklung gestört war.

Wie Volpe in seinem ausführlichen Übersichtsartikel über die direkten Auswirkungen von Cocain auf den Fetus anmerkt[27], erfolgt der erste Kontakt mit Cocain mitunter sogar schon vor der Befruchtung, da die Droge sich an die Spermien eines männlichen Konsumenten binden kann. Während der fetalen Gehirnentwicklung kann Cocain schwere Schädigungen verursachen. Als deren Folge entsteht beim Neugeborenen ein neurologisches Syndrom, das durch anomale Schlafmuster, Zittern, Eßstörungen, Reizbarkeit, gelegentliche Krampfanfälle und ein erhöhtes Risiko des plötzlichen Kindstodes (*sudden infant death syndrome*, SIDS) gekennzeichnet ist.[26]

Doch sind diese Schlußfolgerungen nicht unumstritten.[28] Nach anderer Sichtweise ist die Cocainembryopathie nicht so eindeutig definierbar wie die

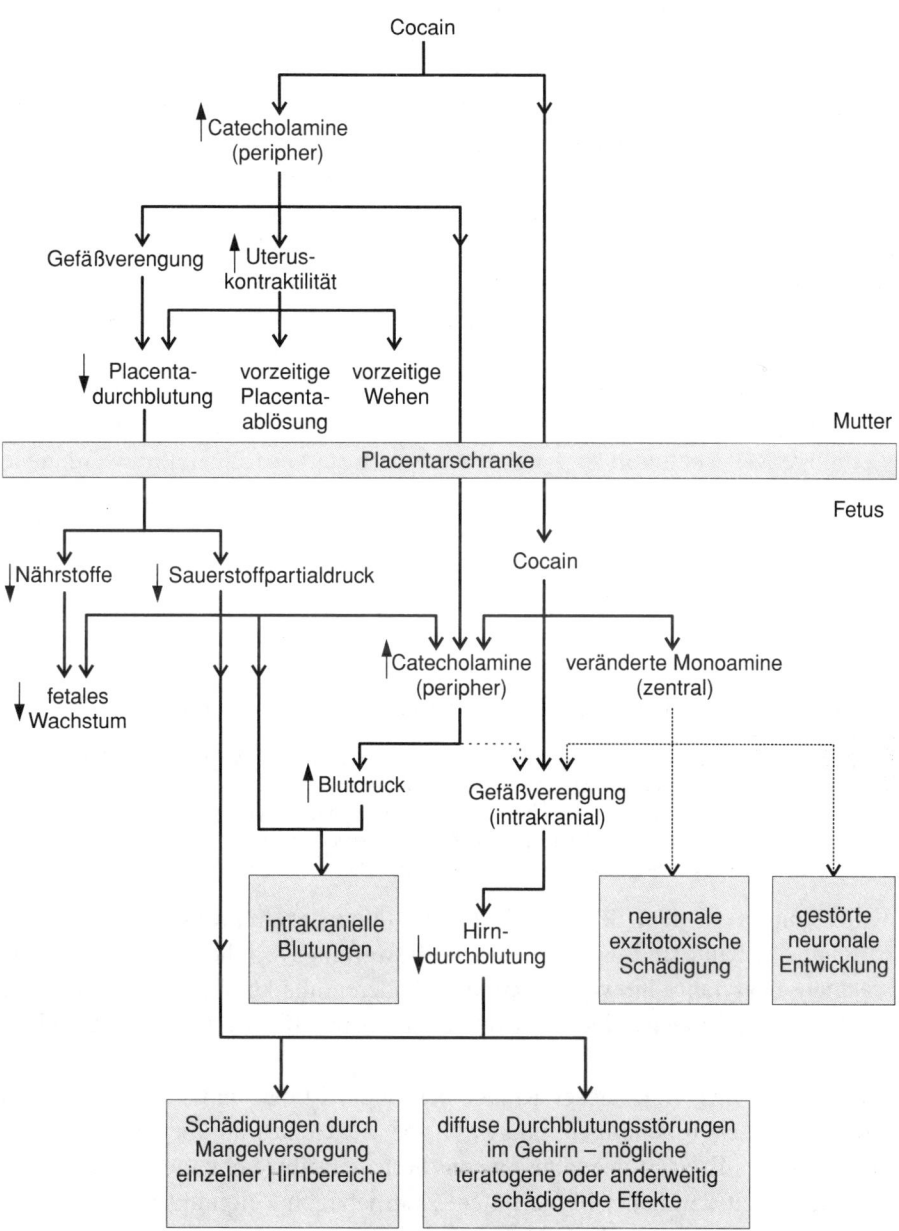

6.5 Schädliche Einflüsse des mütterlichen Cocainkonsums auf den Fetus. Punktierte Linien kennzeichnen Wirkungen, die nach derzeitigen Erkenntnissen zwar wahrscheinlich, aber noch nicht vollständig gesichert sind. Die kurzen, nach oben oder unten gerichteten Pfeile bedeuten erhöht beziehungsweise erniedrigt. (Aus Volpe[27], Abbildung 1, S. 401.)

Alkoholembryopathie (Kapitel 5), und der mütterliche Cocainkonsum »ist nur einer von vielen nachteiligen Einflüssen im Leben betroffener Kinder. ... Vernachlässigung und Mißbrauch durch süchtige Eltern stellen eine größere Gefahr dar.« Daher erfahren Kinder, die in ein durch Drogenkonsum und gegebenenfalls auch durch Armut geprägtes Umfeld hineingeboren werden, meist unzureichende Fürsorge und nur geringe emotionale Zuwendung, so daß sich ihre Bindungsfähigkeit kaum oder gar nicht entwickeln kann. Jedoch bleiben die Statistiken zum mütterlichen Cocainkonsum und dem Gesundheitszustand der Neugeborenen davon unberührt, ebenso wie die Tatsache, daß in den USA »jedes Jahr 50 000 bis 100 000 Kinder geboren werden, deren Mütter während der Schwangerschaft zumindest gelegentlich Cocain konsumiert haben«[28].

Mit ihrem Eintritt in das Schulleben werden die Probleme betroffener Kinder besonders augenfällig. Es fällt ihnen schwer, Bindungen einzugehen und vielfältige Reize sinnvoll zu verarbeiten. Bei zu starker Reizvielfalt werden sie entweder aggressiv oder ziehen sich zurück. Sie haben Schwierigkeiten beim spontanen Spiel und eine geringe Frustrationstoleranz; zudem können sie Informationen nur schlecht strukturieren. Mit anderen Worten leiden Crack-Babies, wenn sie ins Schulalter kommen, häufig an einer Aufmerksamkeitsdefizit-/Hyperaktivitätsstörung. Dieses Syndrom ist wahrscheinlich eine Folge der kombinierten Auswirkungen der pränatalen Drogenexposition und des Aufwachsens in problematischen Familienverhältnissen oder Heimen.

> »Diese Kinder bilden eine *„Bio-Unterklasse"* – eine Kohorte von Kindern, die aufgrund ihrer physiologischen Schädigung in Kombination mit äußeren sozioökonomischen Nachteilen von vornherein zu einem schlechteren Leben verdammt sind. Mit anderen Worten wächst eine Generation von Kindern heran, die neurologisch und umfeldbedingt so geschädigt sind, daß ihre Unterlegenheit von Geburt an feststeht.«[29]

Volpe kommt zu dem Schluß: »Zur Ermittlung der Auswirkungen von Cocain auf das Kind sind womöglich neue Bewertungsverfahren und eine Überwachung über Jahre hinweg notwendig. Anderenfalls könnten wir die Effekte des Cocainmißbrauchs einer Schwangeren auf das Kind ernsthaft unterschätzen.«[27]

Fest steht, daß viele dieser Kinder besondere Pflege und Fürsorge für ein „normales" Leben benötigen, und zwar von der Geburt an über die Schulzeit bis ins frühe Erwachsenenalter, wenn Verhaltensabweichungen und soziale Unterlegenheit deutlicher hervortreten. Zum jetzigen Zeitpunkt fehlt uns jede Vorstellung, ob das Aufmerksamkeitsdefizitsyndrom cocainvorgeschädigter Kinder auch im Erwachsenenalter zu Anpassungsproblemen (gleich welcher Art) führen kann. Die Kosten für die Gesellschaft könnten jedenfalls erheblich sein.

Behandlung des Cocainmißbrauchs

Verschiedene psychologische, verhaltensbeeinflussende und pharmakologische Ansätze sind zur Therapie des Cocainmißbrauchs vorgeschlagen worden[1,7,9,10,19], doch werden alle Therapieversuche durch eine Reihe von Problemen erschwert. Als erstes ist die Intensität der Drogenwirkung und des verhaltensverstärkenden Effekts von Cocain zu erwähnen. Zweitens ist eine ausgeprägte Rückfalltendenz erkennbar, wobei die Droge selbst als Auslöser für einen stärkeren Stoffhunger fungiert. Drittens sind praktisch alle Cocainabhängigen zusätzlich von anderen Drogen abhängig und/oder leiden unter psychischen Störungen, beispielsweise unter affektiven Störungen, bipolarer Störung, Borderline-Persönlichkeitsstörung, antisozialer Persönlichkeitsstörung und Eßstörungen. In Anbetracht dieser Komplikationen bestehen mindestens fünf Anforderungen an die Therapie der Cocainabhängigkeit:

1. sofortige Abstinenz;
2. Diagnose etwaiger Begleitstörungen;
3. Feststellung, ob die Cocainabhängigkeit eine primäre Störung ist oder als Folge anderer Störungen auftritt;
4. ausreichend lange Abstinenzphase, um Begleitstörungen zu diagnostizieren und deren Behandlung einzuleiten;
5. Rückfallprävention.

Die Therapieansätze sind vielfältig und reichen von klassischen „Zwölf-Punkte"-Entziehungsprogrammen, die mit denen der Anonymen Alkoholiker vergleichbar sind, bis hin zu experimentellen Therapieverfahren, die sich psychopharmakotherapeutischer und psychotherapeutischer Ansätze oder der kognitiven Verhaltenstherapie bedienen.[7,9] In jedem Fall aber ist die Abstinenz von entscheidender Bedeutung und muß durch häufige, unangekündigte Urintests zum Nachweis von Cocain und anderen mißbrauchten Substanzen überwacht werden.

Gawin und Kleber[30] entwickelten ein Drei-Phasen-Modell der Abstinenzsymptomatik nach Cocainmißbrauch. Die Phasen, als *crash* („Zusammenbruch"), *withdrawal* („Entzug") und *extinction* („Löschung") bezeichnet, verlangen zumeist jeweils spezifische Behandlungsmaßnahmen. Die Crash-Phase ist relativ kurz (neun Stunden bis vier Tage); in dieser Zeit ist der Abhängige niedergeschlagen und müde, und es ist ihm eher gleichgültig, ob er Cocain nimmt oder nicht. Die Entzugsphase, die ein bis zehn Wochen dauert, ist die Zeit mit dem höchsten Rückfallpotential und dem größten Stoffhunger. Die Löschungsphase schließlich ist von praktisch unbegrenzter Dauer; hier benötigen die Patienten ständige Überwachung, da konditionierte Auslöser, die gelöscht werden müssen, noch immer den Stoffhunger auslösen und zu einem Rückfall führen können.

Zumindest theoretisch bieten sich vier psychopharmakotherapeutische Ansätze zur Behandlung des Cocainmißbrauchs an:

1. Antagonisierung der Cocain-Rezeptor-Wechselwirkungen;
2. Herbeiführung einer Aversionsreaktion gegenüber dem Cocaingebrauch (ähnlich wie mit Disulfiram bei Alkoholismus);
3. Behandlung der etwaigen psychischen Begleitstörung;
4. Unterdrückung des Stoffhungers und der Entzugssymptome.

Bis heute gibt es weder spezifische Antagonisten noch aversionserzeugende Substanzen. Daher zielt die Pharmakotherapie darauf ab, mit Hilfe von Medikamenten den Stoffhunger zu drosseln. Die Erinnerung an die cocaininduzierte Euphorie ist allerdings so übermächtig, daß selbst nach monate- oder jahrelanger Abstinenz der unwiderstehliche Drang ausbrechen kann, die Substanz erneut zu nehmen. Das Antidepressivum Desipramin (Kapitel 8) läßt sich einsetzen, um den Stoffhunger zu lindern und den Entzug zu erleichtern.[31] Jedoch ist dessen Wirkung nicht vorhersehbar, seine günstigen Effekte sind kurzlebig, und möglicherweise stellt eine etwaige begleitende endogene Depression (*major depression*), die bei 30 Prozent der Cocainsüchtigen besteht, das eigentliche Ziel einer solchen Behandlung dar.

Versuchsweise eingesetzt wurden das Antiparkinsonmittel Bromocriptin, das als Agonist an Dopaminrezeptoren wirkt, die Aminosäure Tyrosin, die den Serotoninspiegel im Gehirn anheben kann, Phenothiazine, die antipsychotisch wirken, da sie Dopaminrezeptoren blockieren, andere Antidepressiva, das affektiv stabilisierende Lithium, das Antikonvulsivum Carbamazepin und viele andere.

Vor kurzem verglichen Carroll und Mitarbeiter[32] kognitive Verhaltenstherapie (basierend auf rückfallvermeidenden Prinzipien) und Behandlung mit Desipramin, jeweils allein und in randomisierter Kombination, hinsichtlich der Wirksamkeit zur ambulanten Behandlung Cocainabhängiger. Alle Behandlungsansätze reduzierten signifikant den Cocainkonsum. Desipramin war weniger wirksam als die nichtpharmakologische Behandlung, konnte aber als kurzzeitiges Adjuvans die Wirksamkeit der Psychotherapie offenbar günstig beeinflussen. Personen mit schwerer Cocainabhängigkeit schienen am besten auf die Rückfallpräventionstherapie anzusprechen. Weniger intensive Ansätze (wie Desipramin ohne begleitende Psychotherapie) waren nur bei gering ausgeprägtem Mißbrauch hilfreich. Gold sieht in der Prävention den besten Behandlungsansatz:

»Die Erziehung zur Prävention sollte eigentlich schon vor der Zeugung eines Kindes vorbereitet werden... Nach der Geburt sollten Drogenerziehung und -aufklärung zu Hause beginnen ... und im Kindergarten, in der Schule und auch während des Studiums fortgesetzt werden. Ärzte sollten eine wichtige Rolle bei der Eindämmung der Cocainepidemie spielen, indem sie niemals die Möglichkeit eines Drogenmißbrauchs außer acht lassen ... und ihre Patienten, insbesondere die jüngeren, gewissenhaft und genau über diese gefährliche und tödliche Droge informieren.«[1]

Amphetamine und verwandte Substanzen

Amphetamin (Abbildung 6.1), die potentere Form D-Amphetamin, das Methylderivat Methamphetamin und eine Reihe weiterer Derivate (zum Beispiel Methylphenidat, Fenfluramin und Pemolin) bilden eine Wirkstoffgruppe mit psychostimulierenden Eigenschaften, die denen des Cocains sehr ähnlich sind.

Amphetamin wurde erstmals Ende der achtziger Jahre des vorigen Jahrhunderts synthetisiert. Für medizinische Zwecke wurde es erst Anfang der dreißiger Jahre dieses Jahrhunderts eingesetzt, als man die blutdruckerhöhende, zentralnervös stimulierende und bronchienerweiternde Wirkung feststellte. 1935 wurde Amphetamin zur Behandlung der Narkolepsie angewendet, einer Störung, die durch einen unüberwindlichen Schlafzwang am Tage charakterisiert ist. Vergleichbar mit Freuds Einstellung zu Cocain in den achtziger Jahren des letzten Jahrhunderts war man in den dreißiger Jahren dieses Jahrhunderts der Meinung, daß Amphetamin nur eine geringe Gefahr für die Gesundheit darstelle – ein Eindruck, der sich aber innerhalb der folgenden zehn Jahre ändern sollte. Zwischen 1935 und 1946 entstand eine Liste mit 39 Indikationen für Amphetamin, darunter Schizophrenie, Morphinabhängigkeit, Tabakrauchen, Herzblock, Schädel-Hirn-Trauma, Strahlenkrankheit, Hypotonie, Seekrankheit, schwerer Schluckauf und Coffeinabhängigkeit. Während des Zweiten Weltkrieges diente Amphetamin zur Bekämpfung der Müdigkeit und zur Leistungssteigerung bei Soldaten.

Der Mißbrauch von Amphetamintabletten begann in großem Ausmaß Ende der vierziger Jahre und war hauptsächlich unter Studenten und Lastwagenfahrern verbreitet. Amphetamin wurde zudem als Appetitzügler angewendet (und mißbraucht). Ende der sechziger Jahre änderte sich das Mißbrauchmuster mit der Einführung injizierbarer Amphetaminformen. Diese legal hergestellten Präparate sind mittlerweile nicht mehr im Handel.

Amphetamin wird legal und illegal für eine Vielzahl klinischer und nichtmedizinischer Zwecke verwendet. Die Wirkungen der Amphetaminderivate sind denen des Amphetamins ähnlich; daher wird Amphetamin im folgenden ausführlich beschrieben, und die Derivate werden mit ihm verglichen.

Wirkungsmechanismus

Die Amphetamine entfalten praktisch all ihre zentralnervösen Wirkungen dadurch, daß sie in indirekter Weise neusynthetisierte Catecholamine (vor allem

Dopamin) aus präsynaptischen Speicherorten freisetzen.[33,34] King und Ellinwood[35] beschreiben die Folgen dieser Wirkung in einem Übersichtsartikel, der hier zusammengefaßt werden soll. Die Verhaltensstimulierung und erhöhte psychomotorische Aktivität scheinen durch eine Stimulierung der Dopaminrezeptoren im mesolimbischen System (unter anderem im Nucleus accumbens) hervorgerufen zu werden. An dem durch hohe Dosen ausgelösten stereotypen Verhalten (beispielsweise ständige Wiederholung sinnloser Tätigkeiten) sind offenbar dopaminerge Neuronen in den Basalganglien beteiligt, und zwar im Schweifkern (Nucleus caudatus) und in der Außenschicht des Linsenkerns (Putamen).

Die Wirkungen, die zu einer Zunahme des aggressiven Verhaltens führen, sind komplex und werden vornehmlich bei Erwachsenen beobachtet. Bei Kindern dagegen werden Amphetaminderivate therapeutisch zur Abschwächung aggressiven Verhaltens und zur Aktivitätsdämpfung bei vorliegender Aufmerksamkeitsdefizit-/Hyperaktivitätsstörung eingesetzt. Die neuroanatomische Lokalisierung dieser Wirkungen ist unklar.

Amphetamine sind wirksame Appetitzügler und werden seit vielen Jahren klinisch zur Gewichtsreduzierung angewendet. An dieser Wirkung ist wahrscheinlich der laterale Hypothalamus beteiligt, möglicherweise auch serotonerge Neuronen, die im aktivierten Zustand ein Sattheitsgefühl erzeugen.

Pharmakologische Wirkungen

Die Amphetamine werden pharmakologisch als indirekt wirkende Catecholamin-Agonisten eingestuft, die ihre peripheren und zentralen Wirkungen durch Freisetzung neusynthetisierten Noradrenalins und Dopamins aus präsynaptischen Nervenendigungen ausüben[35] (Anhang C). Dieser Wirkungsmechanismus liegt sämtlichen körperlichen und psychischen Effekten der Amphetamine zugrunde. Hervorzuheben ist, daß die amphetamininduzierte Ausschüttung von Dopamin dessen Menge an den postsynaptischen Rezeptoren ebenso erhöht wie die cocaininduzierte Blockade der präsynaptischen Wiederaufnahme dieses Transmitters. Die molekularen Wirkungsmechanismen von Amphetamin und Cocain sind mithin zwar unterschiedlich, doch das Ergebnis ist dasselbe: Die Dopaminmenge im synaptischen Spalt erhöht sich.

Die pharmakologischen Reaktionen auf Amphetamin sind je nach Dosis, Verabreichungsform und Dauer der Einnahme unterschiedlich. Grundsätzlich kann man unterscheiden zwischen Wirkungen, die nach niedrigen bis mäßigen, gewöhnlich oral verabreichten Dosen (fünf bis 50 Milligramm) auftreten, und Wirkungen, die sich bei hohen, oft intravenös applizierten Dosen (mehr als 100 Milligramm) beobachten lassen.

Allerdings sind diese Dosisbereiche nicht für alle Amphetamine gleich. So ist das rechtsdrehende Enantiomer des Amphetamins (D-Amphetamin) drei-

bis viermal wirksamer als das linksdrehende. Niedrige bis mäßige D-Amphet-
amindosen bewegen sich im Bereich von 2,5 bis 20 Milligramm, während
Dosen ab 50 Milligramm als hoch gelten. Da Methamphetamin („Speed")
noch potenter ist, muß man hier den Dosisbereich um einiges niedriger ansetzen.

In niedrigen oralen Dosen erhöhen alle Amphetamine den Blutdruck, beschleunigen den Puls, entspannen die Bronchialmuskulatur und führen zu einer
Reihe weiterer Reaktionen, die den biochemischen Vorbereitungen des Körpers im Zuge einer Schreck-, Flucht- oder Angriffsreaktion entsprechen. An
zentralnervösen Reaktionen ruft Amphetamin als wirksames psychomotorisches Stimulans gesteigerte Aufmerksamkeit, Euphorie, Erregung, Wachheit,
ein vermindertes Müdigkeitsgefühl, Appetitverlust, Stimmungsaufhellung,
verstärkte motorische Aktivität und Rededrang sowie ein Gefühl der Stärke
hervor. Die Leistungsfähigkeit nimmt kurzfristig zu, doch können sich Ge-
schicklichkeit und Feinmotorik verschlechtern. Amphetamine werden mit dem
Urin ausgeschieden und sind bis zu 48 Stunden nach der Einnahme leicht
nachweisbar.

In mäßigen Dosen (20 bis 50 Milligramm) führt Amphetamin zu einer Stimulierung der Atmung, leichtem Zittern, Unruhe, weiterer Steigerung der motorischen Aktivität, Schlafstörungen und ausgeprägteren Erregungszuständen.
Müdigkeit und Appetit werden stärker unterdrückt, der Konsument ist hell-
wach und empfindet kein Schlafbedürfnis. Da der biologische Schlafbedarf
jedoch nicht endlos zurückgestellt werden kann, kommt es nach Absetzen der
Substanz zu tiefem Schlaf. Die vollständige Normalisierung des Schlafmusters
kann viele Wochen dauern. Sowohl nach der längeren Anwendung niedriger
Amphetamindosen als auch nach der einmaligen Einnahme einer hohen Dosis
folgen der Verhaltensstimulierung und Euphorie schließlich ausgeprägte Depressionen und Müdigkeit als typische Gegenreaktion.

Bei chronischem Konsum hoher Amphetamindosen zeigt sich ein anderes
Wirkungsmuster. Es kommt zu stereotypen Verhaltensweisen mit sinnlosen,
ständig und wiederholt ausgeführten Tätigkeiten, zu unvermittelten Ausbrüchen aggressiven und gewalttätigen Verhaltens, zu paranoiden Wahnvorstellungen und starker Appetitlosigkeit. Eine Amphetaminpsychose kann sich ausbilden, die sich von einem akuten schizophrenen Schub oft kaum unterscheidet.

Bei Tieren führt die chronische Amphetaminverabreichung zu einem anhaltenden Mangel an Dopamin und dem Enzym Tyrosinhydroxylase, das für die
Synthese von Dopamin benötigt wird (Anhang C). Das legt nahe, daß Amphetamin potentiell toxisch auf dopaminfreisetzende Neuronen wirkt. Da die nachgeschalteten Neuronen wahrscheinlich nicht mehr auf die derart erniedrigten
endogenen Dopaminmengen ansprechen, kann durch den Amphetaminge-
brauch die belohnende Wirkung natürlicher, physiologisch sinnvoller Verhal-

tensverstärker verlorengehen.[35] Anders ausgedrückt, eine positive Verstärkung – ein Belohnungsgefühl – läßt sich unter Umständen nur noch durch den Gebrauch der Droge (Amphetamin oder Cocain) erzeugen, da die herabgesetzte endogene biochemische Aktivität dazu nicht mehr ausreicht.

Weitere schädliche Auswirkungen bei hochdosiertem Gebrauch sind unter anderem Psychosen und psychische Störungen, Gewichtsverlust, Hautentzündungen und Infektionen infolge des vernachlässigten Gesundheitszustands. Diese Folgen gehen zum Teil auf die Amphetaminwirkungen an sich zurück oder entstehen indirekt – durch unzureichende Ernährung, Schlafmangel oder den Gebrauch unsteriler Injektionsbestecke. Bei den meisten Konsumenten hoher Dosen ist eine fortschreitende Vernachlässigung der sozialen, persönlichen und beruflichen Angelegenheiten zu beobachten. Zudem können Amphetaminpsychosen mit Wahnvorstellungen auftreten. Die meisten Abhängigen müssen wegen solcher psychotischer Episoden zeitweise stationär behandelt werden.

Die toxische Amphetamindosis schwankt erheblich. Ernsthafte Reaktionen können bereits bei niedrigen Dosen (20 bis 30 Milligramm) auftreten. Andererseits überlebten Personen, die noch keine Toleranz entwickelt hatten, bereits Dosen von 400 bis 500 Milligramm, und chronische Konsumenten vertragen noch größere Mengen. Der Satz „Speed kills" bezieht sich nicht nur auf die unmittelbar tödliche Wirkung einer Überdosis Amphetamin, sondern auch auf die Verschlechterung der geistigen und körperlichen Verfassung abhängiger Konsumenten.

Abhängigkeit und Toleranz

Als starkes psychomotorisches Stimulans und verhaltensverstärkender Wirkstoff kann Amphetamin psychische Abhängigkeit erzeugen, die sich sowohl beim Menschen als auch bei Versuchstieren rasch entwickelt. Sie folgt dem Modell der klassischen Konditionierung – die Belohnung in Form der euphorisierenden Wirkung führt zu weiterem Substanzgebrauch.

Auch eine Toleranz entsteht schnell und geht mit Verstimmung, Sedierung, Trägheit und einem starken Verlangen nach der Substanz einher. Dieser Zustand läßt einen Betroffenen zu immer höheren Amphetamindosen greifen, womit ein Teufelskreis von Drogenkonsum und -entzug beginnt. In dieser Phase entwickelt sich eine Toleranz gegenüber den euphorisierenden Wirkungen, und es treten Perioden längeren exzessiven Drogenkonsums auf. Die Gewöhnung und die Erinnerung an den drogeninduzierten Rauschzustand führen zu weiterem Drogenkonsum, sozialem Rückzug und einer Zentrierung des Denkens auf die Beschaffung der Drogen.

Therapeutische Anwendungen

Die medizinische Anwendung von Amphetaminen ist heutzutage stark eingeschränkt und häufig umstritten. Zu den Indikationen gehören:

1. Narkolepsie (zwanghafte Schlafanfälle);
2. Aufmerksamkeitsdefizit-/Hyperaktivitätsstörung bei Kindern;
3. Übergewicht.

Trotz gelegentlicher anderslautender Berichte sind Amphetamine zur Behandlung der endogenen Depression (*major depression*) nicht besonders gut geeignet, da sie bei dieser Störung therapeutisch kaum wirksam sind und zudem ihr großes Abhängigkeitspotential gegen eine derartige Anwendung spricht. Die Anwendung bei Narkolepsie stellt eine besondere neurologische Indikation dar und wird hier nicht weiter besprochen. Im folgenden wollen wir uns auf die Anwendung der Amphetamine und ihrer Derivate zur Behandlung der Aufmerksamkeitsdefizit-/Hyperaktivitätsstörung und des Übergewichts konzentrieren.

Aufmerksamkeitsdefizit-/Hyperaktivitätsstörung

Amphetamine werden etwa seit 1936 zur Behandlung der Aufmerksamkeitsdefizit- und Hyperaktivitätsstörung (*attention deficit hyperactivity disorder*, abgekürzt ADHD) angewendet. Dieses im Kindesalter auftretende Syndrom wurde früher mit Amphetamin und D-Amphetamin behandelt, inzwischen verwendet man Methylphenidat (Ritalin®), Pemolin (Tradon®) und neuerdings auch das Antidepressivum Nortriptylin.[36] Im Laufe der Zeit entstanden für diese Störung viele unterschiedliche Bezeichnungen, darunter hyperaktives oder hyperkinetisches Syndrom des Kindesalters und Aufmerksamkeitsdefizitsyndrom, im Englischen sprach man auch von *minimal brain dysfunktion* oder *minimal brain disorder*. Mangels eines geeigneten Tiermodells ließ sich bislang keine definierte pathologischen Veränderung im ZNS nachweisen, die zu dieser Störung führt. Doch gibt es die Theorie, daß Dopamin daran beteiligt ist, und Levy beschreibt ADHD in einem entsprechenden Übersichtsartikel[37] als eine »Störung der polysynaptischen dopaminergen Schaltkreise zwischen Zentren im präfrontalen Cortex und Striatum«. Damit besteht eine Verbindung zum geschilderten Wirkungsmechanismus von Amphetamin und Cocain im Nucleus accumbens.

ADHD betrifft bis zu sechs Prozent der Kinder im Schulalter und ist durch Unaufmerksamkeit, impulsives Verhalten und Hyperaktivität gekennzeichnet. Diese Verhaltensstörung ist anhaltend und so schwer, daß sie soziale und intellektuelle Fähigkeiten beeinträchtigt und betroffene Kinder Schwierigkeiten in der Schule, zu Hause und beim Umgang mit Gleichaltrigen bekommen. Einige Befunde deuten darauf hin, daß erbliche Faktoren eine Rolle spielen.[38]

Es besteht ein geringer, doch zunehmender Verdacht, daß die Symptome bei einem erheblichen Anteil der betroffenen Kinder bis ins Erwachsenenalter andauern.[39] Lie überprüft die These, daß ADHD in der Kindheit ein begünstigender Faktor für Kriminalität und Drogen- oder Alkoholmißbrauch im Erwachsenalter sei:

> »Zumindest bei einem Drittel der Betroffenen scheint ADHD auch im frühen Erwachsenenalter weiterzubestehen. Personen mit vorheriger ADHD hatten im Jugend- und frühen Erwachsenenalter nicht mehr psychische Probleme als Vergleichspersonen, vorausgesetzt, sie verfügten über eine normale Intelligenz und hatten keine zusätzlichen Behinderungen oder geistigen Störungen. ... Betrachtet man den Zusammenhang zwischen ADHD und Kriminalität, so deutet einiges auf eine hohe Rate von Gesetzesbrüchen im Erwachsenenalter hin.«[40]

Viele Autoren teilen die Meinung, daß ADHD im Erwachsenenalter fortbestehen kann und daß eine wirksame Behandlung während der Kindheit die Prognose im Erwachsenenalter verbessert. Es ist denkbar, daß eine wirksame Therapie, die in der frühen Kindheit einsetzt, den weiteren Verlauf der Störung günstig zu beeinflussen vermag, womit die Wahrscheinlichkeit abnimmt, in der Jugend eine Verhaltens- oder Anpassungsstörung und als Erwachsener eine antisoziale Persönlichkeitsstörung mit ihren verschiedenen Komplikationen (wie Alkohol- und Drogenmißbrauch und Kriminalität) zu entwickeln.

Zur Zeit wird die pharmakologische Behandlung der Aufmerksamkeitsdefizit-/Hyperaktivitätsstörung mit Beginn der Pubertät abgebrochen, da Jugendliche vermutlich eher zum Mißbrauch amphetaminähnlicher Psychostimulantien neigen als Kinder. Überdies könnten die möglichen wachstumsvermindernden Eigenschaften dieser Medikamente den normalen pubertären Wachs- tumsschub bremsen (auch bei längerer Unterbrechung der Medikamenteneinnahme). Doch wenn Residualsymptome über die Pubertät hinaus fortbestehen, kann eine Fortsetzung der medikamentösen Behandlung während des Jugendalters und sogar bis zum Erwachsenenalter angezeigt sein.[41]

Eine korrekte Diagnose vorausgesetzt, verbessern Stimulantien bei 50 bis 75 Prozent der Kinder das Verhalten und die Lernfähigkeit.[42] Die Wirkstoffe unterscheiden sich hauptsächlich im Hinblick auf ihre pharmakokinetischen Eigenschaften (Tabelle 6.3).

Methylphenidat, das am häufigsten verabreichte Mittel zur ADHD-Behandlung, ist durch einen raschen Wirkungseintritt und eine kurze Wirkungsdauer gekennzeichnet. Es wird morgens und mittags verabreicht. Gegen Abend sinkt der Blutspiegel und ermöglicht einen normalen Schlaf. Jedoch ist die kurze Halbwertzeit für solche Kinder problematisch, bei denen nach Abklingen der Wirkung die Verhaltensstörungen verstärkt auftreten (Rebound-Effekt). Versuche mit Methylphenidat-Depotpräparaten verliefen enttäuschend.

Tabelle 6.3: Psychostimulantien in der Behandlung der Aufmerksamkeitsdefizit-/ Hyperaktivitätsstörung

	Methylphenidat	Pemolin	D-Amphetamin
Eliminationshalbwertzeit	2–3	2–12	6–7
Zeit bis zum Erreichen der maximalen Plasmakonzentration	1–3	1–5	3–4
Zeit bis zum Einsetzen der verhaltensregulierenden Wirkung	1	3–4 Wochen	1
Dauer der Verhaltenswirkung	3–4	keine Daten verfügbar	4
Dosisbereich			
mg/kg/Tag	0,6–0,7	0,5–30	0,3–1,25
mg/Tag	10–60	37,5–112,5	5–40

Aus Janicak, Davis, Preskorn und Ayd *Principles of Psychopharmacotherapy*. Baltimore, Williams & Wilkins, 1993, Tabelle 14.1, S. 493.
Hinweis: Zeitangaben in Stunden, soweit nicht anders vermerkt.

Pemolin hat eine wesentlich längere, jedoch schwankende Halbwertzeit und wird einmal täglich verabreicht. Zu den Nachteilen zählen ein äußerst langsamer Wirkungseintritt und eine möglicherweise geringere therapeutische Wirksamkeit.

Amphetamine, insbesondere D-Amphetamin, werden heutzutage nur selten zur ADHD-Behandlung des hyperkinetischen Syndroms eingesetzt. D-Amphetamin kann jedoch bei solchen Kindern hilfreich sein, die auf Methylphenidat oder Pemolin nicht ansprechen.

Antidepressiva (Kapitel 8) werden kaum zur Therapie von ADHD angewendet; eines aber, Nortriptylin, wurde für diese Indikation geprüft.[36] Die entsprechende retrospektive Studie wurde mit Patienten durchgeführt, die auf andere Medikamente nicht ansprachen und von denen 84 Prozent außer ADHD noch mindestens eine weitere Störung hatten. Wie die Autoren angeben, zeigte Nortriptylin in Konzentrationen zwischen 50 und 150 Nanogramm pro Milliliter Plasma bei 76 Prozent der Patienten eine günstige Wirkung. Weitere Studien zur Anwendung von Nortriptylin bei Jugendlichen erscheinen sinnvoll, da Antidepressiva als Arzneimittel ohne Mißbrauchpotential gelten (Kapitel 8).

Übergewicht

Die Anwendung von Amphetaminen zur Behandlung des Übergewichts (Adipositas) ist weit verbreitet, war aber schon immer äußerst umstritten. Nebenwirkungen, Abhängigkeit, Sucht und die rasch einsetzende Toleranz gelten als Hinderungsgründe für ihre Anwendung. Zwar ist ein geringer Gewichtsverlust (weniger als 500 Gramm pro Woche) mit der Verabreichung von Amphetamin und anderen dopaminverstärkenden Substanzen verbunden, doch geht diese

Wirkung bereits nach wenigen Behandlungswochen verloren. In der amerikanischen Packungsbeilage dieser Wirkstoffe ist zu lesen:

> »Die natürliche Geschichte des Übergewichts bemißt sich in Jahren, während die bisherigen Studien auf eine Dauer von wenigen Wochen beschränkt sind. Daher muß der Gesamteffekt eines medikamentös herbeigeführten Gewichtsverlusts gegenüber dem einer reinen Diät klinisch als begrenzt angesehen werden.«

Substanzen, die appetitzügelnde Wirkungen durch eine Dopaminverstärkung entfalten, sind unter anderem Benzphetamin, Phendimetrazin, Amfepramon (Regenon®, Tenuate®), Mazindol, Phentermin, Phenylpropanolamin und Norpseudoephedrin (zum Beispiel Mirapont®). Viele Wissenschaftler sind der Auffassung, daß »für kein einziges dieser Medikamente ein klinischer Bedarf zur Behandlung des Übergewichts besteht«[43]. Daher geht die Suche nach amphetaminverwandten Appetitzüglern ohne Mißbrauchpotential und ohne anwendungsbegleitende Toleranzentwicklung weiter.

Drei relativ neue Mittel – Fenfluramin, Fluoxetin und Sertralin – verstärken nicht die dopamin-, sondern die serotoninvermittelte Neurotransmission. Wie bereits erwähnt, könnte Amphetamin seine appetithemmende Wirkung durch Verstärkung der dopaminergen Neurotransmission im lateralen Thalamus entfalten; dadurch werden wiederum Serotoninneuronen aktiviert, die ihrerseits ein Sättigungsgefühl erzeugen. Die drei neuen Substanzen verstärken direkt die serotonerge Signalübertragung; der Umweg über Dopamin entfällt und damit auch die dopamininduzierte Verhaltensverstärkung, deren Folge Mißbrauch und Abhängigkeit sein können.

Fenfluramin (Ponderax®, Isomerid®), die am besten untersuchte der drei serotonergen Substanzen, »inhibiert partiell die Wiederaufnahme von Serotonin und führt zur Serotoninfreisetzung aus der Nervenendigung. Der Anstieg der Serotoninmenge im neuronalen (synaptischen) Spalt bremst vermutlich die Nahrungsaufnahme«[43]. Außerdem »steigerte Fenfluramin zusammen mit Phentermin den Gewichtsverlust über das Maß hinaus, das sich mit dem besten Verhaltensänderungs-, Bewegungs- und Ernährungsprogramm erreichen ließ, und der Effekt hielt nahezu vier Jahre an«[43,44].

Nach Schlußfolgerung von Weintraub und Mitarbeiter[44] können appetitsenkende Mittel dabei helfen, abzunehmen und das verringerte Körpergewicht über längere Zeit zu halten, ohne daß eine größere Gefahr der Entwicklung eines Mißbrauchverhaltens bei der Arzneimitteleinnahme bestehe. Die Autoren heben die positiven psychischen Wirkungen hervor, die mit der Gewichtsabnahme einhergehen. Mit der kombinierten Anwendung eines dopaminergen und eines serotonergen Wirkstoffes könnte also eine neue Ära in der pharmakologischen Behandlung des Übergewichts bginnen.

Fluoxetin (Fluctin®) und Sertralin (in Deutschland noch nicht zugelassen) sind antidepressiv wirksame Serotoninwiederaufnahmehemmer (Kapitel 8). Beide Substanzen können Sättigungsgefühle erzeugen und dadurch die Nahrungsaufnahme bremsen. Allerdings entwickelt sich nach mehreren Wochen offenbar eine Toleranz gegenüber dieser appetithemmenden Wirkung. Über eine Kombination einer dieser beiden Wirkstoffe mit Phentermin liegen noch keine Berichte vor.

Bei der Betrachtung all dieser Aspekte der Pharmakotherapie darf man nicht vergessen, daß die Adipositas eine andauernde, chronische Krankheit ist. Adipositas läßt sich selten heilen; realistisches Ziel ist immerhin die Symptombegrenzung. Eine Gewichtszunahme unter der medikamentösen Therapie ist nicht unbedingt ein Zeichen dafür, daß das Medikament unwirksam ist, sondern häufig ein Hinweis darauf, daß ein Arzneimittel nur wirkt, wenn es auch eingenommen wird.[43] Jede planvolle medikamentöse Therapie der Adipositas muß zudem mit Hilfen zur Verhaltens- und Ernährungsumstellung und mit Bewegungstherapie kombiniert werden.

Nasenschleimhautabschwellende Mittel

Mittel zur Abschwellung der Nasenschleimhaut sind chemisch mit Amphetamin verwandt. Sie können die synaptischen Wirkungen von Noradrenalin im Gehirn und im peripheren Nervensystem verändern. Die meisten nasenschleimhautabschwellenden Mittel wirken eher auf das periphere Nervensystem als auf das Gehirn. Repräsentative Wirkstoffe sind Ephedrin (in Kombinationspräparaten), Tetryzolin (zum Beispiel Tyzine®, Rhinopront®), Metaraminol, Phenylephrin, Pseudoephedrin, Xylometazolin (zum Beispiel Otriven®, Olynth®), Nylidrin, Propylhexedrin, Phenmetrazin, Naphazolin (zum Beispiel Piniol®) und Oxymetazolin (zum Beispiel Nasivin®).

Diese Verbindungen unterscheiden sich hauptsächlich in der Intensität ihrer Wirkungen auf den Körper (auf Herzfrequenz, Atmung und dergleichen) und ihrer verhaltensstimulierenden Wirksamkeit. Im allgemeinen sind die Wirkungen dieser Medikamente mit den peripheren Wirkungen von Amphetamin vergleichbar; die meisten haben sehr wenige zentralnervöse Effekte. Nach Absetzen eines abschwellenden Mittels kann es zu einer stärker verstopften Nase kommen, eine Reaktion, die mit der verstopften Nase nach Cocainkonsum vergleichbar ist. Ephedrin ist der wirksame Bestandteil vieler illegaler Präparate, die auf dem Drogenmarkt als Amphetamin angeboten werden.

„Ice": Methamphetamin als „freie Base"

Methamphetamin ist potenter als D-Amphetamin und läßt sich aus preiswerten und leicht erhältlichen Chemikalien (wie Ephedrin) ohne große Kosten und in großen Mengen illegal synthetisieren. Die Substanz steht in Verdacht, neurotoxisch zu sein; zumindest bei Tieren fand man entsprechende Hinweise. Inzwischen gibt es eine hochwirksame, rauchbare Methamphetaminzubereitung, die Anlaß zu großer Besorgnis gibt.

Wie im Falle von Cocain ist auch das Hydrochlorid des Methamphetamins nicht rauchbar, da es bei den entstehenden Temperaturen zerfällt. Als Base jedoch geht Methamphetamin beim Rauchen in ausreichenden Mengen in die Gasphase über und wird mit dem Rauch inhaliert. Diese Methamphetaminform trägt die Jargonbezeichnung „Ice", sie wird auch „Crank", „Crystal", „Glass", „Super-Speed" und „Freebase-Speed" genannt. Als rauchbare freie Base der Ausgangssubstanz verhält sich Ice zu Methamphetamin wie Crack zu Cocain. Und wie bei Crack entstehen durch die Dosis und den Verabreichungsweg zusätzliche Probleme hinsichtlich des Mißbrauchs und seiner Folgen.

Der Mißbrauch von Ice nahm seinen Anfang in Hawaii und breitete sich von dort zunächst nach Japan (wo es „Shabu" heißt) und nach Kalifornien aus.[45,46] Ice enthält in der Regel 90 bis 100 Prozent Methamphetamin. Wie schon bei Crack entsteht auch hier durch die Gebrauchsform des Rauchens beim Konsumenten der Eindruck, er nehme keine „harte Droge" zu sich: Die Schwelle zum intravenösen Drogenkonsum wird nicht überschritten, Injektionsspuren bleiben aus, mit Aids und Hepatitis kann er sich nicht infizieren. Dieser Eindruck täuscht allerdings über die pharmakologischen Wirkungen und die Toxizität dieser Droge hinweg.

Pharmakokinetik

Wenn Methamphetamin als Ice geraucht wird, erfolgt rasche Resorption ins Blut, die über vier Stunden anhält, wonach die Konzentration im Plasma allmählich wieder sinkt.[47] Dabei gelangen etwa 90 Prozent des gerauchten Wirkstoffes schließlich ins Plasma. Im Gegensatz zu der sehr kurzen Wirkungsdauer von Cocain beträgt die biologische Halbwertzeit von Methamphetamin mehr als elf Stunden.[48] Die Substanz verteilt sich im Gehirn, gleichzeitig beginnt der Abbau in der Leber. Etwa 60 Prozent werden langsam in der Leber metabolisiert und die Endprodukte über die Nieren ausgeschieden, der verbleibende Rest verläßt den Körper überwiegend unverändert und zu einem kleinen Anteil in Form des pharmakologisch aktiven Metaboliten Amphetamin ebenfalls über die Nieren. Die lange Wirksamkeit des Methamphetamins ist ein Ergebnis seines langsamen und unvollständigen Abbaus im Stoffwechsel; Cocain wird demgegenüber von Enzymen im Plasma und in der Leber schnell und vollständig abgebaut.

Wirkungen und Toxizität

Die Wirkungen von Methamphetamin ähneln stark denen des Cocains und sind häufig von diesen nicht unterscheidbar. Beide Drogen sind starke psychomotorische Stimulantien und positive Verstärker, wodurch die Kontrolle und eine Veränderung des Einnahmeverhaltens äußerst schwierig werden. Der wiederholte und hochdosierte Konsum von Methamphetamin ist mit gewalttätigem Verhalten und paranoiden Psychosen verbunden und verringert langfristig die im Gehirn vorhandenen Mengen an Dopamin und Serotonin. Diese Veränderungen können über mehr als ein Jahr nach dem Drogenkonsum fortbestehen und sind daher anscheinend irreversibel. Der toxische Effekt betrifft die Neuronen, die Dopamin und Serotonin synthetisieren und ausschütten, doch manifestieren sich die biochemischen Veränderungen nicht in deutlichen Verhaltensstörungen. Dauerhafte neurochemische Veränderungen können sich allerdings negativ auf den Schlaf und die Sexualfunktion auswirken und Depressionen, Bewegungsstörungen und schizophrene Zustände auslösen.

Wie bereits erörtert, treten nach längerem Cocainkonsum häufig Psychosen auf, die einer paranoiden Schizophrenie ähneln. Ein vergleichbares akut wahnhaftes und psychotisches Verhaltensmuster entsteht auch nach dem Rauchen von Ice. Im Unterschied zu Cocain kann eine durch Ice ausgelöste Psychose jedoch tage- oder wochenlang anhalten und wesentlich früher auftreten.[49]

Die bislang bekannt gewordenen Todesfälle gehen auf kardiotoxische Wirkungen zurück, die sich entweder als Lungenödem oder Herzversagen manifestierten.[50] Da Crack zunehmend durch Ice verdrängt wird, sind weitere Erkenntnisse über die Toxizität von Methamphetamin zu erwarten.

Aufgaben

1. Stellen Sie die Gemeinsamkeiten und Unterschiede von Cocain und Amphetamin dar.
2. Erläutern Sie die Wirkungen von Cocain und Amphetamin im Hinblick auf die physiologischem Reaktionen des Körpers in Alarmsituationen.
3. Was ist Crack? Was ist Ice?
4. Beschreiben Sie die drei Hauptwirkungen von Cocain.
5. Erörtern Sie die Wirkungen von Cocain auf den Fetus.
6. Beschreiben Sie die Verhaltensänderungen, die bei Konsumenten hoher Amphetamindosen beobachtet werden.
7. Erläutern Sie die Wirkungen von Amphetamin auf Neurotransmitter.
8. Warum können amphetaminähnliche Medikamente zur Behandlung von Kindern mit Aufmerksamkeitsdefizit-/Hyperaktivitätsstörung geeignet sein?
9. Stellen Sie die Gemeinsamkeiten und Unterschiede von Psychostimulantien und klinischen Antidepressiva heraus.
10. Was ist mit dem Satz „Speed kills" gemeint?

Literatur

1. Gold M. S. *Cocaine (and Crack): Clinical Aspects.* In: Lowinson J. H.; Ruiz P.; Millman R. B. und Langrod J. G. (Hrsg.) *Substance Abuse: A Comprehensive Textbook*, 2. Aufl., Baltimore, Williams & Wilkins, 1992, S. 205.
2. Byck R. (Hrsg.) *Cocaine Papers.* New York, Stonehill, 1974, S. 49–73.
3. Fleming J. A.; Byck R. und Barash P. G. *Pharmacology and Therapeutic Applications of Cocaine.* In: *Anesthesiology* 73 (1990), S. 518–531.
4. Jaffe J. H. *Drug Addiction and Drug Abuse.* In: Gilman A. G.; Rall T. W.; Nies A. S. und Taylor P. (Hrsg.) *Goodman and Gilman's The Pharmacological Basis of Therapeutics*, 8. Aufl., New York, Pergamon, 1990, S. 539–545.
5. Gold M. S.; Miller N. S. und Jonas J. M. *Cocaine (and Crack): Neurobiology.* In: Lowinson J. H.; Ruiz P.; Millman R. B. und Langrod J. G. (Hrsg.) *Substance Abuse: A Comprehensive Textbook*, 2. Aufl., Baltimore, Williams & Wilkins, 1992, S. 226.
6. Peterson R. *Rauschgiftlage 1994.* In: Deutsche Hauptstelle gegen die Suchtgefahren (Hrsg.) *Jahrbuch Sucht '96.* Geesthacht, Neuland, 1995, S.136.
7. Weddington W. W. *Cocaine: Diagnosis and Treatment.* In: *Psychiatric Clinics of North America* 16, Nr. 1 (1993), S. 88.
8. Clouet D.; Asqhar K. und Brown R. (Hrsg.) *Mechanisms of Cocaine Abuse and Toxicity.* NIDA Research Monograph 88, Rockville (Md.), National Institute on Drug Abuse, 1988.
9. Johanson C.-E.; Fischman M. W. *The Pharmacology of Cocaine Related to Its Abuse.* In: *Pharmacological Reviews* 41 (1989), S. 35.
10. Gawin F. H. *Cocaine Addiction, Psychology, and Neurophysiology.* In: *Science* 251, Nr. 3 (1991), S. 1580–1586.
11. Qiao J.-T.; Dougherty P. M.; Wiggins R. C. und Dafny N. *Effects of Microiontophoretic Application of Cocaine, Alone and With Receptor Antagonists, upon Neurons of the Medial Prefrontal Cortex, Nucleus Accumbens and Caudate Nucleus of Rats.* In: *Neuropharmacology* 29 (1990), S. 379–385.
12. Peterson S. L.; Olsta S. A. und Matthews R. T. *Cocaine Enhances Medial Prefrontal Cortex Neuron Response to Ventral Tegmental Area Activation.* In: Brain Research Bulletin 24 (1990), S. 267–273.
13. Einhorn L. C.; Johansen P. A. und White F. J. *Electrophysiological Effects of Cocaine in the Mesoaccumbens Dopamine System: Studies in the Ventral Tegmental Area.* In: *Journal of Neuroscience* 8 (1988), S. 100–112.
14. Lacey M. G.; Mercuri N. B. und North R. A. *Actions of Cocaine on Rat*

Dopaminergic Neurons in vitro. In: *British Journal of Pharmacology* 99 (1990), S. 731–735.

15. Uchimura N.; North R. A. *Actions of Cocaine on Rat Nucleus Accumbens Neurons* in vitro. In: *British Journal of Pharmacology* 99 (1990), S. 736–740.

16. Woolverton W. L.; Johnson K. M. *Neurobiology of Cocaine Abuse*. In: *Trends in Pharmacological Sciences* 13 (1992), S. 193–200.

17. Shimada S.; Kitayama S.; Lin C.-L.; Patel A.; Nanthakumar E.; Gregor P.; Kuhar M. und Uhl G. *Cloning and Expression of a Cocaine-Sensitive Dopamine Transporter Complementary DNA*. In: *Science* 254 (1991), S. 576–578.

18. Kilty J. E.; Lorang D. und Amara S. G. *Cloning and Expression of a Cocaine-Sensitive Rat Dopamine Transporter*. In: *Science* 254 (1991), S.576–580.

19. Goldfrank L. R.; Hoffmann R. S. *The Cardiovascular Effects of Cocaine – Update 1992*. In: Sorer H. (Hrsg.) *Acute Cocaine Intoxication: Current Methods of Treatment*. NIDA Research Monograph 123, Publ. Nr. 93-3498, Rockville (Md.), National Institutes of Health, 1993, S. 70–109.

20. Miller B. L.; Chiang F.; McGill L.; Sadow T.; Goldberg M. A. und Mena I. *Cerebrovascular Complications From Cocaine: Possible Long-Term Sequelae*. In: Sorer H. (Hrsg.) *Acute Cocaine Intoxication: Current Methods of Treatment*. NIDA Research Monograph 123, Publ. Nr. 93-3498, Rockville (Md.), National Institutes of Health, 1993, S. 129–146.

21. Rounsaville B. J.; Anton S. F.; Carroll K.; Budde D.; Prusoff B. A. und Gawin F. *Psychiatric Diagnoses of Treatment-Seeking Cocaine Abusers*. In: *Archives of General Psychiatry* 48 (1991), S. 43–51.

22. *Update on Cocaine, Part II*. In: *The Harvard Mental Health Letter* 10, Nr. 3 (September 1993), S. 2.

23. Plessinger M. A.; Woods jr. J. R. *Maternal, Placental, and Fetal Pathophysiology of Cocaine Exposure during Pregnancy*. In: *Clinical Obstetrics and Gynecology* 36 (1993), S. 267–278.

24. Chasnoff I. J.; Burns W. J.; Schnoll S. H. und Burns K. A. *Cocaine Use in Pregnancy*. In: *New England Journal of Medicine* 313 (1985), S. 666–669.

25. Chasnoff I. J.; Hunt C. E. und Kaplan D. *Prenatal Cocaine Exposure as Associated With Respiratory Pattern Abnormalities*. In: *American Journal of Diseases of Childhood* 143 (1989), S. 583–587.

26. Kain Z. N.; Rimar S. und Barash P. G. *Cocaine Abuse in the Parturient and Effects on the Fetus and Neonate*. In: *Anesthesia and Analgesia* 77 (1993), S. 835–845.

27. Volpe J. J. *Effects of Cocaine Use on the Fetus*. In: *New England Journal of Medicine* 327, Nr. 6 (6. August 1992), S. 399–407.

28. *Update on Cocaine, Part I.* In: *The Harvard Mental Health Letter* 10, Nr. 2 (August 1993), S. 3.
29. Rist M. C. *The Shadow Children.* In: *The American School Board Journal* (Januar 1990), S. 19–24.
30. Gawin F. H.; Kleber H. D. *Abstinence Symptomatology and Psychiatrc Diagnoses in Cocaine Abusers.* In: *Archives of General Psychiatry* 43 (1986), S. 107–113.
31. Gawin F. H.; Kleber H. D.; Byck R.; Rounsaville B. J.; Kosten T. R.; Jatlow P. I. und Morgan C. *Desipramine Facilitation of Initial Cocaine Abstinence.* In: *Archives of General Psychiatry* 46 (1989), S. 117–121.
32. Carroll K. M.; Bruce B. J.; Rounsaville J.; Gordon L. T.; Nich C.; Jatlaw P.; Bishighini R. M. und Gawin F. H. *Psychotherapy and Pharmacotherapy for Ambulatory Cocaine Abusers.* In: *Archives of General Psychiatry* 51 (1994), S. 177–187.
33. Gold L. H.; Gold M. A. und Koob G. F. *Neurochemical Mechanisms Involved in Behavioral Effects of Amphetamines and Related Designer Drugs.* In: Asqhar K.; DeSouza E. (Hrsg.) *Pharmacology and Toxicology of Amphetamine and Related Designer Drugs.* NIDA Research Monograph 94, Rockville (Md.), National Institute on Drug Abuse, 1989, S. 101–126.
34. Groves P. M; Ryan L. J.; Diana M.; Young S. Y. und Fisher L. J. *Neuronal Actions of Amphetamine in the Rat Brain.* In: Asqhar K.; DeSouza E. (Hrsg.) *Pharmacology and Toxicology of Amphetamine and Related Designer Drugs.* NIDA Research Monograph 94, Rockville (Md.), National Institute on Drug Abuse, 1989, S. 127–145.
35. King G. R.; Ellinwood jr. E. H. *Amphetamines and Other Stimulants.* In: Lowinson J. H.; Ruiz P.; Millman R. B. und Langrod J. G. (Hrsg.) *Substance Abuse: A Comprehensive Textbook*, 2. Aufl., Baltimore, Williams & Wilkins, 1992, S. 247–266.
36. Wilens T. E.; Biederman J.; Geist D. E.; Steingard R. und Spencer T. *Nortriptyline in the Treatment of ADHD: A Chart Review of 58 Cases.* In: *Journal of the American Academy of Child and Adolescent Psychiatry* 32 (1993), S. 343–349.
37. Levy F. *The Dopamine Theory of Attention Deficit Hyperactivity Disorder.* In: *Australian and New Zealand Journal of Psychiatry* 25 (1991), S. 277–283.
38. Biederman J. und andere *A Family Study of Patients With Attention Deficit Disorder and Normal Controls.* In: *Journal of Psychiatry Research* 20 (1986), S. 263–274.
39. Weiss G.; Hechtman L.; Milroy T. und Perlman T. *Psychiatric Status of Hyperactives as Adults: A Controlled Prospective 15-Year Follow-up of 63*

Hyperactive Children. In: *Journal of the American Academy of Child and Adolescent Psychiatry* 24 (1985), S. 211–220.

40. Lie N. *Follow-Ups of Children With Attention Deficit Hyperactivity Disorder (ADHD): Review of Literature.* In: *Acta Psychiatrica Scandinavica* 368 (1992), S. 1–40.

41. Wender P. H. *The Hyperactive Child, Adolescent, and Adult: Attention Deficit Disorder Through the Lifespan.* New York, Oxford University Press, 1987.

42. Jacobitz D.; Sroufe A.; Stewart M. und Leffert N. *Treatment of Attentional and Hyperactivity Problems in Children With Sympathomimetic Drugs: A Comprehensive Review.* In: *Journal of the American Academy of Child and Adolescent Psychiatry* 29 (1990), S. 677–688.

43. Bray G. A. *Use and Abuse of Appetite-Suppressant Drugs in the Treatment of Obesity.* In: *Annals of Internal Medicine* 119 (1993), S. 708–709.

44. Weintraub M.; Sundaresan P. R.; Madan M.; Schuster B.; Balder A.; Lasagna L. und Cox C. *Long-Term Weight Control Study: I-VII.* In: *Clinical Pharmacology and Therapeutics* 51 (1992), S. 581–646.

45. Nestor T. A.; Tamamoto W. I.; Kam T. H. und Schultz T. *Crystal Methamphetamine-Induced Acute Pulmonary Edema: A Case Report.* In: *Hawaii Medical Journal* 48 (1989), S. 457–458.

46. Derlet R. W.; Heischober B. *Methamphetamine: Stimulant of the 1990s?* In: *Western Journal of Medicine* 153 (1990), S. 625–628.

47. Perez R. M; White W. R.; McDonald S. A.; Hill J. M. und Jeffcoat A. R. *Clinical Effects of Methamphetamine Vapor Inhalation.* In: *Life Sciences* 49 (1991), S. 953–959.

48. Cook C. E.; Jeffcoat A. R.; Hill J. M.; Pugh D. E.; Patetta P. K.; Sadler B. M.; White W. R. und Perez-Reyes M. *Pharmacokinetics of Methamphetamine Self-Administration to Human Subjects by Smoking S-(+)-Methamphetamine Hydrochloride.* In: *Drug Metabolism and Disposition: The Biological Fate of Chemicals* 21 (1993), S. 717–723.

49. American Society for Pharmacology and Experimental Therapeutics and the Committee on Problems of Drug Dependence *Anticipating a New ICE Age: The Pharmacology and Abuse Implications of Methamphetamine.* Vortrag auf einem Symposium am 6. März 1990. Im Druck.

50. Hong R.; Matsuyama E. und Nur K. *Cardiomyopathy Associated With the Smoking of Crystal.* In: *Journal of the American Medical Association* 265 (1991), S. 1152–1154.

7. Psychostimulantien: Coffein und Nicotin

Coffein

Coffein, der weltweit beliebteste und meistkonsumierte psychotrope Wirkstoff, ist in Kaffee, Tee, Colagetränken, Schokolade und Kakao enthalten.[1] Wie aus Tabelle 7.1 hervorgeht, enthält eine durchschnittliche Tasse Kaffee etwa 50 bis 150 Milligramm Coffein. In einer 333-Milliliter-Dose Cola befinden sich zwischen 35 und 55 Milligramm, wovon ein Großteil vom Hersteller zusätzlich beigegeben wird. Der Coffeingehalt von Halbbitterschokolade kann bis zu 90 Milligramm pro 100 Gramm betragen. Der jährliche Kaffeekonsum allein in den USA wird auf etwa sieben Millionen Kilogramm geschätzt, wobei der tägliche Pro-Kopf-Verbrauch von Coffein durchschnittlich zwischen 170 und 200 Milligramm liegt.[2] 80 Prozent der Erwachsenen trinken jeden Tag zwischen drei und fünf Tassen Kaffee.

Man fragt sich nach der Ursache für den enormen Verbrauch dieses legalen, weitverbreiteten und sozial akzeptierten psychotropen Wirkstoffes. Coffein muß ein *behavioral reinforcer* sein, also eine verhaltensverstärkende, belohnungserzeugende Wirkung besitzen, anders wäre der Anreiz zum Konsum kaum zu erklären. Aber welcher Mechanismus ist für diese Verhaltensverstärkung verantwortlich? Entsteht sie – wie im Falle von Cocain und den Amphetaminen – im mesolimbischen System, oder kommt sie durch einen anderen Mechanismus zustande? Angesichts des nahezu universell verbreiteten Gewohnheitskonsums coffeinhaltiger Getränke stellt sich zudem die Frage, ob Coffein eine körperliche Abhängigkeit auslösen kann.

Pharmakokinetik

Bei oraler Aufnahme wird Coffein schnell resorbiert; innerhalb von 30 bis 45 Minuten sind nennenswerte Konzentrationen im Blutplasma erreicht. Nach weiteren 90 Minuten ist die Resorption abgeschlossen, so daß maximale Plasmakonzentrationen nach etwa zwei Stunden vorliegen.

Tabelle 7.1: Coffeingehalt von Getränken, Nahrungsmitteln und Medikamenten

Produkt	Coffeingehalt	
	Durchschnitt (mg)	Streubereich
Kaffee (je Tasse, 150 ml)	100	50–150
Tee (je Tasse, 150 ml)	50	25–90
Kakao (je Tasse, 150 ml)	5	2–20
Halbbitterschokolade (100 g)	90	50–110
Vollmilchschokolade (100 g)	15	3–35
Colagetränke (333 ml)	40	35–55
energy drinks (z. B. Flying Horse®, Red Bull®, je 250 ml)	80	
rezeptfreie Stimulantien (je Tablette), Beispiele:		
Halloo-Wach® N	30	
Percoffedrinol® N	50	
autonic 200, Coffeinum N	200	
rezeptfreie Schmerzmittel, Beispiele		
Aspirin®, Doppel-Spalt® compact,		
Thomapyrin® (je Tablette)	50	
rezeptfreie Grippemittel, Beispiele:		
Grippostad® C (je Kapsel)	25	
ilvico® N (je Dragee)	10	

Da sich Coffein gleichmäßig in allen Körperflüssigkeiten verteilt, ist die Coffeinkonzentration in sämtlichen Körperregionen einschließlich des Gehirns nahezu dieselbe. Die Substanz wird größtenteils in der Leber metabolisiert, bevor sie über die Nieren ausgeschieden wird; nur etwa zehn Prozent der Wirkstoffmenge verlassen den Körper unverändert. Die Halbwertzeit von Coffein beträgt bei den meisten Erwachsenen etwa 3,5 bis fünf Stunden, bei Kindern, Schwangeren und älteren Menschen ist sie länger, bei Rauchern kürzer. Wie alle psychotropen Substanzen tritt Coffein ungehindert durch die Placenta in den fetalen Organismus über. Eskenazi schreibt dazu:

>»Coffein hat im menschlichen Fetus eine längere Halbwertzeit als beim Erwachsenen, da dem Fetus die abbauenden Leberenzyme fehlen. Bei Schwangeren erhöht sich die Halbwertzeit des Coffeins in den späteren Schwangerschaftsphasen von drei auf zehn Stunden.«[3]

Die Coffeinkonzentration in der Muttermilch entspricht der im mütterlichen Plasma oder übersteigt diese sogar.

Pharmakologische Wirkungen

Coffein ist ein wirksames Psychostimulans und wird eingenommen, um »einen Belohnungseffekt zu erzielen, der gewöhnlich als Gefühl gesteigerter Wachheit und Leistungsfähigkeit beschrieben wird«[4]. Zuerst wirkt Coffein auf die Großhirnrinde, da sie empfindlicher gegenüber dieser Substanz ist als die Hirn-stammstrukturen. Das Rückenmark wird nur bei toxischen Coffeindosen sti-muliert. Infolge der Großhirnstimulation entstehen als früheste verhaltensbe-einflussende Effekte gesteigerte Aufmerksamkeit, beschleunigter und klarerer Gedankenfluß, ein erhöhtes Wachheitsgefühl und Unruhe; Müdigkeit wird un-terdrückt, und das Bedürfnis nach Schlaf stellt sich erst verzögert ein.

Die erhöhte geistige Aktivität kann über längere Zeit die intellektuelle Lei-stungsfähigkeit fördern, ohne daß dabei Störungen der intellektuellen oder motorischen Koordination auftreten, wie dies gewöhnlich nach Beeinflussung der Medulla oblongata (des verlängerten Marks) der Fall ist, etwa durch Am-phetamine oder Cocain. Jedoch werden Tätigkeiten, die eine gut abgestimmte Feinmotorik oder besondere arithmetische Fähigkeiten verlangen, unter Um-ständen nachteilig beeinflußt.[5] Die Wirkungen auf die Großhirnrinde treten bereits nach oralen Dosen von 100 bis 200 Milligramm auf, also nach ein bis zwei Tassen Kaffee. Starker Konsum (zwölf Tassen Kaffee beziehungsweise 1,5 Gramm Coffein oder mehr am Tag) verursachen intensivere Effekte wie Erregungs- und Angstzustände, Zittern, Kurzatmigkeit und Schlafstörungen.

Das Rückenmark wird erst nach massiven Dosen (wahrscheinlich zwei bis fünf Gramm) stimuliert. Die letale Dosis Coffein liegt bei ungefähr zehn Gramm, was 100 Tassen Kaffee entspräche. Man kann sich also mit Coffein kaum umbringen, und die Substanz wird allgemein als wenig toxisch erachtet. Trotzdem führt sie in großen Mengen zu akuten Vergiftungen, die im Abschnitt über Coffeinismus näher beschrieben werden.

Coffein hat eine leicht anregende Wirkung auf das Herz; es steigert dessen Kontraktilität und Auswurfleistung und erweitert die Herzkranzgefäße. Auf die Hirngefäße übt Coffein allerdings den gegenteiligen Effekt aus: Es verengt sie und vermindert dadurch die Hirndurchblutung. Dieser Effekt kann bei Kopf-schmerzen, insbesondere bei Migräne, zu einer bemerkenswerten Linderung führen. Herzrhythmusstörungen nach Coffeinkonsum sind nicht ungewöhn-lich, doch nur selten schwerwiegend.

Außerdem wirkt Coffein harntreibend, entspannt die Bronchialmuskulatur (wirkt somit antiasthmatisch) und erhöht die Magensäuresekretion.

Wirkungsmechanismus

Der Wirkungsmechanismus des Coffeins ist mittlerweile weitgehend aufge-klärt. Wie Anfang der achtziger Jahre vorgeschlagen[6] und kürzlich von Greden und Walters[7] sowie von Daly[8] in Übersichtsartikeln beschrieben wurde, gehen die dosisabhängigen verhaltensstimulierenden Wirkungen des Coffeins auf sei-ne Bindung an Adenosinrezeptoren im Zentralnervensystem (ZNS) und deren Blockade zurück.[9] Coffein wird daher als kompetitiver Antagonist von Adenosin betrachtet. Die Adenosinrezeptoren befinden sich auf Zellmembranen im ZNS und im peripheren Nervensystem.[10] Um die pharmakologischen Eigenschaften des Coffeins zu verstehen, müssen wir uns die Funktion des Adenosins im Gehirn näher ansehen.

Adenosin ist ein *Autakoid**, das auf spezifische Rezeptoren auf der Zelloberfläche wirkt und dadurch Sedierung hervorruft, den Sauerstofftransport zu den Zellen beeinflußt, verschiedene Stoffwechselvorgänge reguliert, die Herzkranz- und Hirngefäße erweitert und auch Bronchospasmen (Asthma) auslösen kann. Spezifische adenosinerge Bahnen scheint es im ZNS allerdings nicht zu geben, vielmehr hemmt Adenosin durch seine Bindung an coffeinsensitive Rezeptoren offenbar die Freisetzung zahlreicher neuronaler Überträgerstoffe, darunter Noradrenalin, Dopamin, Acetylcholin, Glutamat und GABA.[7,8] Wenn Coffein die Adenosinrezeptoren blockiert, erhöht sich der Umsatz dieser Neurotransmitter. Besonders ausgeprägt ist ein Anstieg der Aktivität dopaminerger Systeme, wie durch die Potenzierung cocain- und amphetamininduzierter zentralnervöser Wirkungen sowie durch die schwach verhaltensverstärkenden Effekte des Coffeins deutlich wird.[8] Während die Aktivität in der Area tegmentalis ventralis nach Coffeinzufuhr ansteigt, wird die Aktivität im Nucleus accumbens allerdings nur unwesentlich beeinflußt.[8]

7.1 Molekülstrukturen von Coffein und Adenosin.

Die psychischen und verhaltensbeeinflussenden Wirkungen des Coffeins entstehen nach diesem Modell also dadurch, daß Coffein Adenosinrezeptoren blockiert – man beachte die strukturellen Ähnlichkeiten zwischen Adenosin und Coffein (Abbildung 7.1). Nach dem Genuß einiger Tassen Kaffee sind

---

* Der Begriff *Autakoid*, gebildet aus den griechischen Wörtern *autos* („selbst") und *akos* („Medizin" oder „Heilmittel"), bezeichnet verschiedene lokal wirkende hormon- oder transmitterähnliche Substanzen, die zelluläre Funktionen regulieren. Untersuchungen zu Adenosin und Coffein lassen vermuten, daß Adenosin als Neuromodulator fungiert und daß adenosinausschüttende Neuronen ein wichtiges zentralnervös dämpfendes System darstellen, das durch Coffein blockiert wird.[11]

etwa 50 Prozent der Adenosinrezeptoren mit Coffein besetzt; entsprechend sinkt die hemmende Wirkung, die Adenosin innerhalb neuronaler Schaltkreise ausüben kann.[12]

Seine Wirkung als milder positiver Verstärker – als Stimulator der Belohnungs- und Lustzentren im Gehirn – entfaltet Coffein wahrscheinlich nicht auf direktem Weg, sondern eher dadurch, daß es die inhibitorische Modulation zurücknimmt, die Adenosin auf die dopaminerge Aktivität im mesolimbischen System ausübt.[13,14]

Shi und Mitarbeitern[15] zufolge erhöht die Langzeitverabreichung sehr hoher Coffeindosen (100 mg/kg/Tag) bei Mäusen die Dichte bestimmter Adenosinrezeptoren (Adenosin-1-Rezeptoren) in der Großhirnrinde. Das läßt darauf schließen, daß der Körper bei chronischem Kontakt mit Coffein die Zahl seiner Adenosinrezeptoren heraufsetzen kann, um ihrer permanenten Blockade entgegenzuwirken (ein möglicher Mechanismus der Coffeintoleranz). Ebenfalls erhöht wird die Dichte von Rezeptoren für Serotonin, für Acetylcholin und für GABA, die Dichte der β-adrenergen Rezeptoren nimmt dagegen ab. Coffein ist also nicht nur ein Adenosin-Antagonist, sondern kann offenbar ein großes Spektrum biochemischer Veränderungen im ZNS auslösen.[15]

Unerwünschte Wirkungen

Trotz einiger entsprechender Berichte aus der Vergangenheit deutet heute nur wenig darauf hin, daß Coffein beim Menschen Krebs begünstigen oder verursachen kann.[16] Auch ließen frühere Berichte vermuten, daß bei Frauen der Coffeinkonsum mit der Entstehung oder Vergrößerung gutartiger Knoten (fibrocystischer Läsionen) in der Brust verknüpft sei, doch nach gegenwärtiger Auffassung besteht hier kein ursächlicher Zusammenhang.[17] Trotzdem erscheint es ratsam, Patientinnen mit nachgewiesenen fibrocystischen Läsionen eine coffeinfreie Diät zu empfehlen, um festzustellen, ob die Läsionen sich verkleinern oder weniger schmerzhaft werden.[18]

Coffeinismus

Der Coffeinismus (akute Coffeinvergiftung) ist ein klinisches Syndrom, das durch übermäßigen Coffeinkonsum hervorgerufen wird und durch zentralnervöse und periphere Symptome charakterisiert ist. Als zentralnervöse Symptome treten Angst, Schlafstörungen und Stimmungsänderungen auf; zu den peripheren Symptomen zählen Herzrasen, Bluthochdruck, Herzrhythmusstörungen und Magen-Darm-Beschwerden. Coffeinismus ist normalerweise dosisabhängig, wobei Tagesdosen von über 500 bis 1000 Milligramm die unangenehmsten Wirkungen erzeugen.[7,11] Die Symptome lassen nach Absetzen von Coffein nach.

Panikattacken

Patienten mit Panikstörungen können besonders empfindlich auf die Wirkungen von Coffein reagieren. In einer entsprechenden Studie[19] aus dem Jahre 1985 lösten mäßige Coffeindosen (ungefähr vier bis fünf Tassen Kaffee) bei etwa der Hälfte der Patienten Panikattacken aus. Daraus kann man zweierlei folgern: Zum einen könnte Coffein bei Patienten, die unter Panikattacken leiden, eine mögliche und leicht behandelbare Ursache darstellen; und zum anderen ist jedem, der bereits Panikattacken erlebt hat, zu empfehlen, coffeinhaltige Produkte zu meiden oder zumindest nur in Maßen zu konsumieren und dabei auf Symptome einer beginnenden Attacke zu achten. Greden und Walters[7] zufolge löst Coffein bei normalen Personen keine Panikattacken aus. Jedoch können die peripheren und zentralnervösen Wirkungen des Coffeins bei Menschen, die zu Panikstörungen neigen, übersteigert auftreten.

Risiken für Herz und Kreislauf

Die bereits erwähnten kardiovaskulären Wirkungen des Coffeins sind zwar in der Regel harmlos, könnten aber für bestimmte Herzpatienten schädlich sein. Obwohl darüber nicht unbedingt Einhelligkeit besteht, kann man davon ausgehen, daß »der Konsum coffeinhaltigen Kaffees oder die Einnahme von Coffein das Risiko einer koronaren Herzkrankheit oder eines Schlaganfalls nur unmerklich erhöht«[20].

Vorsichtigen Empfehlungen zufolge sollten Personen mit erhöhtem Risiko für Herzkrankheiten (also Männer, Raucher und Personen, in deren Familie Herzkrankheiten, Übergewicht, Hypertonie oder erhöhte Cholesterinwerte aufgetreten sind) Coffein nur in Maßen zu sich nehmen. Doch auch der Konsum coffeinfreien Kaffees ist möglicherweise mit einem „marginal signifikant" erhöhten Risiko der koronaren Herzkrankheit verbunden: »Es scheint wenig dafür zu sprechen, von coffeinhaltigem zu coffeinfreiem Kaffee zu wechseln, wenn man das Risiko für Herz- und Kreislaufkrankheiten senken will.«[20]

Auswirkungen während der Schwangerschaft

> »Ist Coffein während der Schwangerschaft unbedenklich? Coffein, der meistverwendete psychotrope Wirkstoff, wird von mindestens 75 Prozent aller Schwangeren in Form coffeinhaltiger Getränke konsumiert. Trotz seines verbreiteten Gebrauchs steht die Unbedenklichkeit dieser Gewohnheit während der Schwangerschaft noch nicht fest.«[3]

Seit über dreißig Jahren weiß man, daß Coffein (aufgrund seiner strukturellen Verwandtschaft mit den Purinbasen der DNA) in sehr hohen Dosen bei einer Reihe nichtmenschlicher Spezies Chromosomenaberrationen hervorrufen kann.[21,22] Von Ergebnissen aus tierexperimentellen Studien ausgehend, gab 1980 die amerikanische Food and Drug Administration (die oberste US-Kontrollbehörde für Lebens- und Arzneimittel) schwangeren Frauen den Rat, ihren Coffeinkonsum auf ein Minimum zu reduzieren.

Die zu diesem Thema veröffentlichten Daten waren schon immer widersprüchlich und umstritten. So erschienen 1993 im *Journal of the American Medical Association* zwei Studien, die zu unterschiedlichen Schlußfolgerungen kamen. In der ersten Studie wurde berichtet, daß Coffein in mäßigen Dosen (weniger als 300 Milligramm pro Tag oder weniger als drei mittelgroße Tassen Kaffee täglich; siehe Tabelle 7.1) relativ unbedenklich sei.[23] Bei höheren Dosen wurden gehäuft intrauterine Wachstumsverzögerungen beobachtet. Der zweiten Studie zufolge erhöhen bereits niedrige Coffeindosen (etwa 160 Milligramm täglich) im ersten Schwangerschaftsdrittel das Risiko einer intrauterinen Wachstumsverzögerung; starker Konsum (mehr als 300 Milligramm täglich), selbst im Monat vor der Schwangerschaft, »verdoppelte nahezu das Risiko eines spontanen Aborts«[24].

Man kann also zusammenfassen:

»Die Hinweise sprechen dafür, daß hoher Coffeinkonsum (300 mg/Tag) während der Schwangerschaft schädlich sein kann. ... Wir können daraus nicht folgern, daß ein geringerer Konsum unbedenklich ist, da die Studien zu widersprüchlichen Ergebnissen kommen und die Expositionsbeurteilung problematisch ist.«[3]

Dem sei hinzugefügt, daß eine Einschränkung des Coffeinkonsums während der Schwangerschaft möglicherweise nicht ausreicht, um eine Schädigung zu verhindern. Denn zum einen ist die Schwangerschaft zum Zeitpunkt des Nachweises normalerweise schon ziemlich weit fortgeschritten (etwa zur achten bis zehnten Woche); zum anderen ist Coffein möglicherweise bereits dann schädlich, wenn die Schwangerschaft noch gar nicht eingetreten ist.[24] Daher sollten Frauen ihren Coffeinkonsum schon begrenzen, wenn sie eine Schwangerschaft in Erwägung ziehen. Ebenso sollten stillende Mütter auf Coffein verzichten, da der in die Muttermilch übergehende Wirkstoff die neurologische Entwicklung des Kindes beeinträchtigen könnte. Kurzum, »es ist ratsam, Coffein während der Schwangerschaft und (wenn möglich) sogar schon vor der Empfängnis zu vermeiden«[4] und dies während der Stillphase fortzusetzen.

Toleranz und Abhängigkeit

Chronischer Coffeinkonsum »ist oft mit Gewohnheitsbildung und Toleranz verbunden, und ... nach Abbruch der Einnahme kann ein Entzugssyndrom entstehen«[7]. In einer entsprechenden Studie »beklagten sich die gewohnheitsmäßig starken Kaffeetrinker unter den Probanden, nachdem sie Placebo erhalten hatten, am nächsten Morgen über Kopfschmerzen, Benommenheit, Müdigkeit und eine allgemein schlechte Gemütsverfassung; hatten sie am Vortag Coffein erhalten, war das nicht der Fall«[4]. Solche Entzugssymptome sind eher die leichteren. Andere Symptome, die man beobachtet hat, umfassen beeinträchtigte intellektuelle und motorische Leistungen, Konzentrationsschwierigkeiten, Verlangen (*craving* oder Stoffhunger) nach Coffein und weitere psychische Beschwerden.[25] Wie bereits erwähnt, erhöht Coffein möglicherweise die Anzahl der Adenosinrezeptoren – ein Effekt, der mit einer erhöhten Empfindlichkeit der entsprechenden Zellen gegenüber Adenosin einhergeht.[12] Da wohl über 80 Prozent aller Erwachsenen mehr als 200 Milligramm Coffein täglich zu sich nehmen, kann man von einer nahezu universellen Coffeinabhängigkeit sprechen. Jedoch scheint dies nur geringfügige Folgen zu haben, denn »bei mäßigem Coffeinkonsum treten keinerlei toxische Effekte auf. ... Und selbst bei langfristigem Konsum verursacht Coffein – anders als Alkohol oder Tabak – keine nachweisbaren Organschäden.«[4]

Weitgehende Übereinstimmung besteht auch darin, daß Coffein eine gewisse Toleranz erzeugen kann, die wahrscheinlich sowohl pharmakokinetisch als auch pharmakodynamisch bedingt ist (Kapitel 2). Gewohnheitsmäßige Kaffeetrinker haben bei vergleichbaren Coffeinkonzentrationen im Blut geringere Schlafschwierigkeiten als Personen, die keinen Kaffee trinken.[4] Chronische Konsumenten werden mithin dem Wirkstoff gegenüber unempfindlicher – ein Effekt, der nicht vom Coffeinspiegel im Blut abhängt und daher wahrscheinlich auf eine herabgesetzte Rezeptorempfindlichkeit zurückgeht.

Nicotin

Zusammen mit Coffein und Ethylalkohol gehört Nicotin zu den drei meistkonsumierten psychotropen Substanzen in unserer Gesellschaft. Wenngleich Nicotin wenig oder keine therapeutische Anwendung in der Medizin findet, kommt ihm aufgrund seiner Potenz, seines verbreiteten Konsums und seiner Toxizität doch erhebliche Bedeutung zu. Wie neuere Daten erkennen lassen, sind Nicotin und andere Tabakbestandteile für vielfältige Gesundheitsprobleme und für eine erhebliche Zahl von Todesfällen verantwortlich: Tag für Tag sterben allein in Deutschland 300 Menschen an den Folgen des Rauchens! In der gesamten Europäischen Union gehen jährlich mehr als eine halbe Million Todesfälle auf das Rauchen zurück[26], in den USA sind es mehr als 400 000.[27]

Vom Ende des Zweiten Weltkrieges bis zur Mitte der sechziger Jahre galt Zigarettenrauchen als schick und wurde kaum mit gesundheitsschädigenden Wirkungen in Verbindung gebracht. Doch in den letzten 30 Jahren ist so viel über die schädlichen Folgen des Tabakkonsums bekannt geworden, daß Rauchen zunehmend verpönt ist, besonders in den USA.[28-30] Vor 30 Jahren traten noch bekannte Schauspieler und Sportler in Reklamespots für Zigaretten auf, heute wäre so etwas praktisch undenkbar. Zudem muß Zigarettenwerbung inzwischen gesetzlich vorgeschriebene Warnhinweise enthalten. Doch nach wie vor wird in der Werbung von den Gesundheitsgefahren abgelenkt und der Eindruck vermittelt, Rauchen sei jugendlich und abenteuerlich. Die Tabakwerbung ist weiterhin »trügerisch, verführerisch und auf Minderjährige und Kinder zugeschnitten«[27].

Immerhin zeichnen sich Tendenzen zum Aufhören ab, zumindest in den USA. Dort hat die Hälfte aller Personen, die jemals Zigaretten geraucht haben, diese Gewohnheit eingestellt, und der Raucheranteil unter den Erwachsenen ist zwischen 1965 und 1989 von 50 auf 29 Prozent zurückgegangen. Etwa eine Million potentieller Todesfälle sind dadurch verhindert oder hinausgezögert worden, und Millionen weiterer vorzeitiger Todesfälle lassen sich so in den neunziger Jahren vermeiden.[28] In Deutschland findet zwar ebenfalls ein Umdenken statt, doch wie schnell sich dadurch die Rauchgewohnheiten in der Bevölkerung ändern werden, bleibt abzuwarten. Immerhin nahm der Zigarettenverbrauch seit Beginn der neunziger Jahre ab, stieg allerdings 1994 gegenüber dem Vorjahr wieder um fast fünf Prozent an. Der Raucheranteil unter den erwachsenen Deutschen hat sich in den letzten Jahren nicht wesentlich verändert und liegt um 35 Prozent.[26]

Eine negative Entwicklung ist die erhebliche Zunahme des individuellen Zigarettenkonsums (zwischen 1949 und 1978 von täglich 14 auf 22 Zigaretten bei männlichen Rauchern und von sieben auf 17 Zigaretten bei Raucherinnen). Der typische „chronische" Zigarettenraucher raucht zehn bis 50 Zigaretten pro Tag. Der Anstieg des durchschnittlichen Verbrauchs hängt möglicherweise mit der Reduzierung des Nicotingehalts zusammen, so daß der süchtige Raucher mehr rauchen muß, um einen konstanten Nicotinspiegel im Blut aufrechtzuerhalten.

Unter den Jugendlichen fiel der Anteil der rauchenden 13- bis 18jährigen Schüler in den USA zwischen Ende der siebziger Jahre und 1990 von 30 auf 20 Prozent. In Deutschland ist eine ähnliche Entwicklung zu beobachten, wenngleich die Prozentzahlen hier insgesamt höher liegen. Die amerikanischen Zahlen berücksichtigen allerdings nicht die Schulabbrecher, von denen 1990 75 Prozent rauchten. Diese jungen Raucher stellen eine sehr große Bevölkerungsgruppe mit geringem Bildungsniveau dar, die letzten Endes – als unmittelbare Folge ihres Zigarettenkonsums – von einer höheren Morbidität und Mortalität betroffen sein werden. Wie der Leiter des öffentlichen Gesundheitswesens in den USA, der Surgeon General, feststellte, »wird das Rauchen noch viele Jahre die Hauptursache für vermeidbare vorzeitige Todesfälle bleiben«[28].

Bei dieser Diskussion ist zu bedenken, daß Nicotin, der wichtigste pharmakologisch aktive Inhaltsstoff des Tabaks, lediglich eine von etwa 4 000 Verbindungen ist, die bei der Verbrennung von Tabak freigesetzt werden. Nicotin ist für die akuten pharmakologischen Wirkungen des Rauchens sowie für die Abhängigkeit verantwortlich. Die unerwünschten kardiovaskulären, pulmonalen und krebserregenden Langzeitwirkungen des Rauchens sind dagegen überwiegend auf die zahlreichen anderen Verbindungen zurückzuführen, die im Tabak enthalten sind beziehungsweise bei dessen Verbrennung entstehen.

Pharmakokinetik

Wie Jarvik und Schneider berichten, »wird Nicotin leicht von allen Oberflächen im oder auf dem Körper resorbiert, unter anderem von der Lunge, der Mund- und Nasenschleimhaut, der Haut und dem Magen-Darm-Trakt«[31]. Diese leichte und vollständige Resorption bildet die Grundlage für das Rauchen, Kauen und Schnupfen von Tabak sowie für die medizinische Anwendung von Nicotin in Kaugummis und Hautpflastern.

Nicotin ist in den winzigen Partikeln des Zigarettenrauches verteilt und tritt nach Inhalation des Rauches rasch in den Blutkreislauf über. In einer Zigarette können sich acht bis zehn Milligramm des Wirkstoffes befinden, wobei ein großer Teil beim Rauchen zerfällt. Der Rauch einer Zigarette enthält im Durchschnitt je nach Marke zwischen 0,1 und 1,4 Milligramm Nicotin. Davon werden etwa 70 Prozent tatsächlich inhaliert und gelangen schließlich in die Blutbahn des Rauchers – wobei dieser Anteil von der „Rauchtechnik" abhängt und daher stark schwanken kann (siehe unten). Die physiologischen Wirkungen einer gerauchten Zigarette lassen sich durch intravenöse Injektion der entsprechenden Nicotinmenge nahezu verdoppeln. Diese Nicotinmenge liegt weit unterhalb der letalen Dosis von ungefähr 60 Milligramm. Außerdem ist eine akute Vergiftung beim Rauchen leicht vermeidbar, da die Inhalation als Verabreichungsform eine außergewöhnlich gute Kontrolle der Dosierung ermöglicht.[32] Über die Anzahl der „Züge" pro Zeit, die Inhalationstiefe, die Verweildauer des Rauches in der Lunge und die Zahl der gerauchten Zigaretten kann der Raucher die Nicotinzufuhr und damit auch den Nicotinspiegel im Blut beeinflussen.

Bei oraler Nicotinzufuhr in Form von Schnupftabak, Kautabak oder Kaugummi werden im Blut ähnliche Wirkstoffkonzentrationen wie beim Rauchen erreicht (Abbildung 7.2).

Nicotin verteilt sich rasch und gleichmäßig im Körper, dringt schnell in das Gehirn ein und passiert die Placentarschranke. Es gelangt in alle Körperflüssigkeiten, auch in die Muttermilch. Daher kann der gestillte Säugling eine ebenso hohe Nicotinkonzentration im Blut aufweisen wie die Mutter. Die Leber metabolisiert etwa 80 bis 90 Prozent des oral oder durch Rauchen zugeführten Nicotins, bevor es über die Nieren ausgeschieden wird. Die Eliminationshalbwertzeit von Nicotin beträgt bei einem chronischen Raucher etwa zwei Stunden, so daß zur Vermeidung von Entzugssymptomen (die unweigerlich beim morgendlichen Aufwachen verspürt werden) eine häufige Verabreichung der Droge notwendig ist.

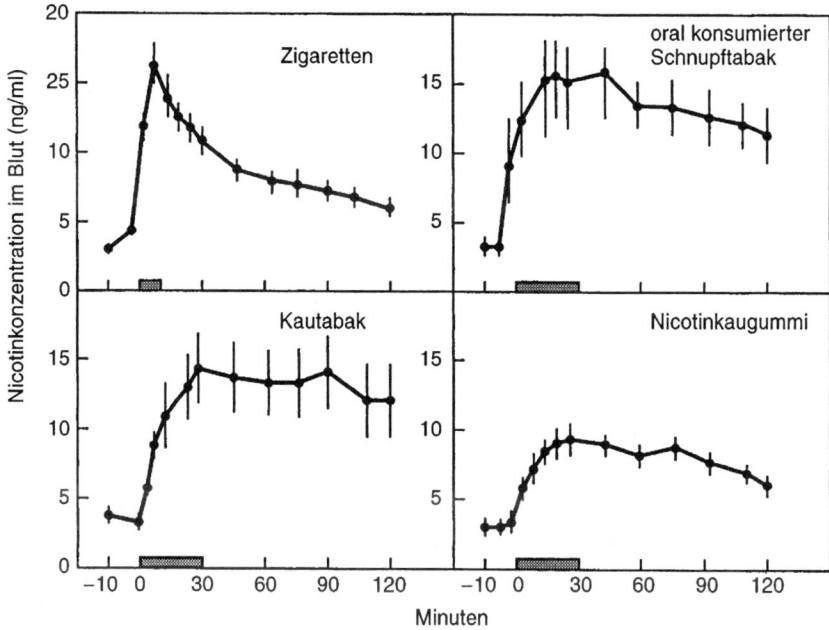

7.2 Nicotinkonzentration im Blut während und nach dem Konsum von Zigaretten, oral zugeführtem Schnupftabak, Kautabak und Nicotinkaugummi (zwei zwei-Milligramm-Stücke). Die Daten stellen Mittelwerte für zehn Probanden dar; vertikale Balken symbolisieren Standardfehler. Schattierte Balken oberhalb der Zeitachse geben die Zeit der Exposition mit Tabak oder Nicotinkaugummi an. (Aus Benowitz, Porchet, Skeiner und Jacob *Nicotine Absorption and Cardiovascular Effects With Smokeless Tabacco Use: Comparison With Cigarettes and Nicotine Gum.* In: *Clinical Pharmacology and Therapeutics* 44 (1988), S. 24.)

Pharmakologische Wirkungen

Nicotin ist neben den karzinogenen Teerbestandteilen wahrscheinlich der einzige pharmakologisch aktive Wirkstoff im Tabakrauch. Es übt starke Wirkungen auf das Gehirn, das Rückenmark, das periphere Nervensystem, das Herz und verschiedene andere Körperstrukturen aus.

Die Substanz stimuliert spezifische (*nicotinische*) Acetylcholinrezeptoren im ZNS, unter anderem in der Großhirnrinde, und steigert auf diese Weise die psychomotorische Aktivität[33], die kognitiven Funktionen[34], die sensomotorische Leistung, die Aufmerksamkeit und die Merkfähigkeit.[35] Nicotin kann auch Tremor und, bei toxischer Überdosierung, Krampfanfälle hervorrufen. Wie bei allen Stimulantien tritt später eine depressive Phase ein.

Raucht man zum ersten Mal, verursacht Nicotin Übelkeit und Erbrechen, da es das Brechzentrum im Hirnstamm und sensorische Rezeptoren im Magen anregt. Gegenüber dieser Wirkung entwickelt sich rasch eine Toleranz. Nicotin stimuliert im Hypothalamus die Ausschüttung des antidiuretischen Hormons (ADH), das eine Flüssigkeitsretention bewirkt. Außerdem vermindert Nicotin die Aktivität der von den Muskeln ausgehenden afferenten Nervenfasern, was zu einer Herabsetzung des Muskeltonus führt. Diese Wirkung könnte (zumindest teilweise) an dem Gefühl der Entspannung beteiligt sein, das beim Rauchen häufig erlebt wird. Zudem reduziert Nicotin, vermutlich durch Senkung des Appetits, die Gewichtszunahme.

Nicotin übt einen erheblichen verhaltensverstärkenden (belohnungserzeugenden) Effekt aus, der in den Anfangsphasen des Rauchens besonders ausgeprägt ist. Die verstärkende Wirkung ist wahrscheinlich auf eine indirekte Aktivierung der dopaminergen Neuronen im Mittelhirn zurückzuführen.[34] Dieser Wirkungsmechanismus wird im nächsten Abschnitt erläutert.

Bei langjährigen Rauchern läßt der Verstärkungseffekt offenbar nach; der Konsument raucht hauptsächlich, um die Entzugssymptome zu mildern oder zu vermeiden. In den Spätphasen richten Raucher ihren Nicotinkonsum so ein, daß ein Spiegel zwischen 30 und 40 Nanogramm Nicotin pro Milliliter Plasma aufrechterhalten wird.[31] Aufgrund der kurzen Halbwertzeit des Nicotins sinkt dessen Konzentration in Blut und Gehirn über Nacht so weit ab, daß Raucher jeden Morgen praktisch nicotinfrei und im Zustand des Entzugs aufwachen: »Die erste morgendliche Zigarette hat eine massive (verstärkende) Wirkung, da sie eine Erleichterung der Entzugsbeschwerden herbeiführt. Jede weitere Zigarette überschwemmt das Gehirn mit einem steilen Anstieg der Nicotinkonzentration.«[32]

Abgesehen von den zentralnervösen Wirkungen können die üblichen Nicotindosen die Herzfrequenz, den Blutdruck und die Herzkontraktilität erhöhen. Gesunde Herzkranzgefäße werden durch Nicotin erweitert, so daß die Durchblutung zunimmt und der erhöhte Sauerstoffbedarf des Herzmuskels gedeckt werden kann. Bei atherosklerotischen Herzkranzgefäßen (die sich nicht erweitern können) kann es zur Ischämie kommen, wenn die Sauerstoffversorgung nicht zur Deckung des erhöhten Sauerstoffbedarfs ausreicht, der durch die nicotinbedingte Herzstimulierung entsteht. Diese Unterversorgung kann eine Angina pectoris oder einen Herzinfarkt auslösen.

Wirkungsmechanismus

Nicotin entfaltet die meisten seiner zentralnervösen und peripheren Wirkungen, indem es Acetylcholinrezeptoren vom Nicotintyp aktiviert. Im peripheren Nervensystem kommen solche nicotinische Rezeptoren auf sensorischen und motorischen Axonen sowie auf vielen Synapsen vor, unter anderem in den autonomen Ganglien. Die Aktivierung dieser Rezeptoren bewirkt den Anstieg von Blutdruck und Herzfrequenz, die Freisetzung von Adrenalin aus den Ne-

bennieren (wodurch Symptome hervorgerufen werden, wie sie für die körperliche Reaktion in Alarmsituationen charakteristisch sind) und die Erhöhung von
Tonus und Aktivität des Magen-Darm-Trakts.

Innerhalb des ZNS befinden sich die nicotinempfindlichen Acetylcholinrezeptoren

>im medialen Nucleus habenulae und interpeduncularis, im Thalamus und in den Projek-
tionsarealen der Schichten III und IV der Großhirnrinde sowie, was für die positive Verstärkung ausschlaggebend ist, in der Substantia nigra und der Area tegmentalis ventralis, wo
sie mit den Zellkörpern dopaminerger Neuronen assoziiert sind. Die Bahnen vom ventralen
tegmentalen Areal zum Nucleus accumbens sind für die Entstehung von Belohnungsgefühlen im Zuge der Dopaminfreisetzung wichtig. ... Nicotinische Rezeptoren kommen auf
präsynaptischen dopaminergen und serotonergen Neuronen vor, was erklärt, wie Nicotin
diese Neurotransmitter freisetzen könnte.«[31]

Daher ähnelt der verhaltensverstärkende Effekt des Nicotins dem des Cocains
und der Amphetamine, abgesehen davon, daß die Nicotinwirkung indirekt ist
und eine geringere dopaminerge Stimulation in den Belohnungszentren des
Gehirns auslöst.

Toleranz und Abhängigkeit

Nicotin induziert vermutlich keine ausgeprägte biologische Toleranz. Wie ja
bereits erwähnt, können Raucher offenbar lernen, die Selbstdosierung so zu
regulieren, daß der Nicotinspiegel im Blut in einem relativ engen Bereich (30
bis 40 Nanogramm pro Milliliter) konstant bleibt. Die Anzahl der Zigaretten,
die dazu erforderlich sind, liegt zwischen zehn und 50 pro Tag und hängt von
zahlreichen Variablen bei der Inhalation ab.

Nicotin erzeugt zweifellos sowohl körperliche als auch psychische Abhängigkeit. Bereits 1988 kam der Surgeon General der USA zu folgenden Schlußfolgerungen:

>Zigaretten und andere Tabakformen sind suchterzeugend.

Nicotin ist der Wirkstoff im Tabak, der die Sucht verursacht.

Die pharmakologischen und verhaltensbeeinflussenden Vorgänge, die die Tabaksucht bedingen, sind denen ähnlich, die der Sucht nach Drogen wie Heroin und Cocain unterliegen.

Mehr als 300 000 zigarettensüchtige Amerikaner sterben jährlich infolge ihrer Sucht.«[32]

Mittlerweile ist die Zahl der tabakbedingten Todesfälle in den USA auf jährlich 435 000 gestiegen.[36]

Zu den Kosten der Zigarettenabhängigkeit schreibt Cocores:

>Die Krise des amerikanischen Krankenversicherungssystems und das Staatsdefizit sind
beide zum Teil ein Ergebnis der Nicotinabhängigkeit, die Amerika jährlich 52 Milliarden
Dollar kostet. Das Recht einer Minderheit auf Nicotinkonsum beeinträchtigt die Rechte der

Nichtkonsumenten auf saubere Luft, auf ein geringeres Risiko für Lungenkrebs und Lungenemphysem, auf niedrigere Beiträge zur Kranken-, Lebens- und Invaliditätsversicherung sowie auf niedrigere Steuern.«[27]

Hört ein Abhängiger mit dem Rauchen auf, stellt sich ein Entzugssyndrom ein. Zu dessen Symptomen gehören das unbeherrschbare Verlangen (*craving*) nach Nicotin, Reizbarkeit, Angst, Wut, Konzentrationsschwierigkeiten, Unruhe, Ungeduld, Appetitzunahme und Schlafstörungen.[37] Die Entzugsphase kann sehr ausgeprägt sein und dauert oft mehrere Monate.[37] Die Hartnäckigkeit einer Zigarettenabhängigkeit wird an der Tatsache deutlich, daß es Rauchern, die eine Behandlung anderer Drogen- oder Alkoholprobleme aufsuchen, häufig schwerer fällt, mit dem Rauchen aufzuhören, als den Konsum der anderen Drogen zu beenden. Schon um die Jahrhundertwende

»setzte Freud seine Gewohnheit des Zigarrenrauchens (20 pro Tag) bis zu seinem Tode fort, trotz einer endlosen Serie von Operationen wegen Krebs im Mund- und Kieferbereich (der Kiefer wurde schließlich vollständig entfernt), trotz hartnäckiger Herzprobleme, die durch das Rauchen verschlimmert wurden, und trotz zahlreicher Versuche, das Rauchen aufzugeben«[38].

Das Abhängigkeitspotential des Nicotins gerät immer wieder in die Diskussion. Die meisten Fachleute an Universitäten und öffentlichen Instituten erachten Nicotin als abhängigkeitserzeugend gemäß anerkannter Kriterien.[39,40] Demgegenüber argumentieren der Tabakindustrie nahestehende Wissenschaftler, Zigaretten seien ein »Hilfsmittel, das dem Raucher notwendige und vorteilhafte psychische Wirkungen verschafft – erhöhte geistige Präsenz, Angstlinderung, Streßbewältigung«[41]. Die „Gewohnheit" des Rauchens erfülle nicht die Kriterien der Abhängigkeit. Der interessierte Leser mag die Argumente für und wider die abhängig machenden Eigenschaften des Nicotins selbst in den entsprechenden Veröffentlichungen[39–42] nachverfolgen und sollte dabei im Auge behalten, wes Brot die jeweiligen Autoren essen.

Toxische Wirkungen

Die toxischen Substanzen im Zigarettenrauch sind Nicotin, Kohlenmonoxid und Kondensate („Teer").[43] Mit jeder Zigarette verkürzt sich das Leben eines Rauchers um 14 Minuten – jemand, der 20 Jahre lang täglich zwei Schachteln Zigaretten raucht, verliert rund acht Jahre seines Lebens. Schätzungen zufolge sterben jedes Jahr in den 15 Mitgliedstaaten der EU mehr als eine halbe Million Menschen an den Auswirkungen des Tabakkonsums, davon über 200 000 an Krebs (vor allem Lungenkrebs), 160 000 an Herz- und Kreislaufkrankheiten und 100 000 an Atemwegserkrankungen.[26] In den USA werden 50 Millionen der heute lebenden Einwohner, also ein Fünftel der Bevölkerung, vorzeitig an den Folgen des Zigarettenrauchens sterben. Damit ist das

Rauchen in den Industrieländern eine der häufigsten Ursachen für Krankheit, Invalidität und Tod – wenn nicht sogar die häufigste schlechthin. Und paradoxerweise zugleich die am leichtesten vermeidbare.[44] Weltweit ist der Tabakkonsum nach Schätzungen für 2,5 Millionen Todesfälle pro Jahr verantwortlich[45], mit steigender Tendenz, da die Zahl der Raucher in den Entwicklungsländern wahrscheinlich wachsen wird. So gehen beispielsweise in Lateinamerika und den Karibikstaaten einem entsprechenden US-Regierungsbericht von 1992 zufolge jährlich 100 000 Todesfälle auf den Zigarettenkonsum zurück.[30]

1964 wurde in den USA der erste Bericht des Surgeon General über die gesundheitlichen Folgen des Rauchens veröffentlicht. Bereits dieser Bericht bezeichnete das Rauchen als Ursache für Krebs und andere schwere Krankheiten. Die wichtigsten Schlußfolgerungen aus mehr als 20 Berichten des Surgeon General zum Thema Rauchen sind in den Tabellen 7.2 und 7.3 zusammengefaßt. Fünf Punkte seien herausgegriffen:

1. Die Prävalenz des Rauchens unter Erwachsenen ging in den USA von 40 Prozent im Jahre 1965 auf 29 Prozent im Jahre 1987 zurück. Fast die Hälfte aller erwachsenen US-Bürger, die schon einmal geraucht haben, hat damit aufgehört.
2. Durch Verzicht auf das Rauchen wurden zwischen 1964 und 1985 in den USA etwa 750 000 tabakbedingte Todesfälle verhindert oder hinausgezögert.
3. Rauchen ist unter Schwarzen, Arbeitern und Personen mit niedrigerem Bildungsniveau weiterhin stärker verbreitet als in der amerikanischen Gesamtbevölkerung. Die Prävalenz nahm bei Frauen wesentlich langsamer ab als bei Männern.
4. Rauchen beginnt hauptsächlich in der Kindheit und Jugend. Das Anfangsalter ist im Laufe der Zeit gesunken, besonders bei Frauen. Nach einem Rückgang in den Jahren zuvor stagnierte die Zahl der rauchenden 17- bis 18jährigen amerikanischen Schüler im Zeitraum von 1980 bis 1987.
5. Rauchen ist für mehr als jeden sechsten Todesfall in den USA verantwortlich. Rauchen bleibt die wichtigste verhinderbare Einzeltodesursache in unserer Gesellschaft.[46,47]

Herz- und Gefäßkrankheiten

Kohlenmonoxid bindet sich an den Blutfarbstoff und verdrängt dabei den Sauerstoff. Dadurch verringert es die Sauerstoffmenge, die zum Herzmuskel transportiert wird, während Nicotin die Belastung des Herzens steigert (durch Erhöhung der Herzfrequenz und des Blutdruckes). Sowohl Kohlenmonoxid als

Tabelle 7.2: Bericht des Surgeon General über Rauchen und Gesundheit, 1964–1988

Jahr	Thema/Stichworte
1964	Erster offizieller Bericht der US-Bundesregierung über Rauchen und Gesundheit. Schlußfolgerungen: Zigarettenrauchen stellt eine Gesundheitsgefährdung von ausreichender Bedeutung dar, um Gegenmaßnahmen zu rechtfertigen. Zigarettenrauchen ist eine Ursache von Lungenkrebs bei Männern und eine vermutliche Ursache von Lungenkrebs bei Frauen. Weitere Kausalbeziehungen zu anderen Krankheiten.
1967	Schlußfolgerungen von 1964 bestätigt und untermauert:»Die Indizien, die das Zigarettenrauchen als Hauptursache für Lungenkrebs ausweisen, sind überwältigend.« Hinweise, daß »Zigarettenrauchen zum Tod infolge koronarer Herzkrankheit führen kann«. (Der vorherige Bericht sprach nur von einer „Beziehung".) »Zigarettenrauchen ist die wichtigste Ursache chronischer nichtneoplastischer bronchopulmonaler Krankheiten in den USA.« Angaben zum Ausmaß der tabakbedingten Morbidität.
1968	Aktualisierung des Berichts von 1967. Schätzungen zur Verringerung der Lebenserwartung durch Rauchen: um acht Jahre bei „starken Rauchern" (mehr als zwei Packungen täglich), um vier Jahre bei „leichten Rauchern" (weniger als eine halbe Packung täglich).
1969	Aktualisierung des Berichts von 1967. Beziehung zwischen Rauchen während der Schwangerschaft und niedrigem Geburtsgewicht bestätigt. Hinweise für erhöhte Häufigkeit von Frühgeburten, spontanen Aborten, Totgeburten und frühem Säuglingstod.
1971	Zusammenfassung der neueren Literatur über Rauchen und Gesundheit. Hinweise auf Zusammenhänge zwischen Rauchen und peripheren Gefäßkrankheiten, Atherosklerose der Aorta und der Herzkranzgefäße, erhöhte Häufigkeit und Schwere von Atemwegsinfektionen sowie erhöhte Mortalität durch Hirngefäßverschluß und nichtsyphilitisches Aortenaneurysma. Schlußfolgerung, daß Beziehung zwischen Rauchen und Krebs in der Mundhöhle und in der Speiseröhre besteht. »Rauchen während der Schwangerschaft hat einen verzögernden Einfluß auf das Fetalwachstum.«
1972	Bestandsaufnahme über immunologische Wirkungen des Tabaks und des Tabakrauches, über schädliche Bestandteile im Tabakrauch und die »Belastung der Öffentlichkeit durch Luftverschmutzung mit Tabakrauch«. Schlußfolgerungen: Tabak und Tabakrauch sind bei Mensch und Tier antigen wirksam und können die Schutzmechanismen des Immunsystems beeinträchtigen; Tabakrauch kann allergische Symptome bei Nichtrauchern verstärken; Kohlenmonoxid in rauchgefüllten Räumen kann für Menschen mit chronischen Lungen- oder Herzkrankheiten gesundheitsgefährdend sein; Tabakrauch enthält Hunderte von Substanzen, von denen mehrere nachweislich krebserregende, tumorauslösende oder tumorfördernde Wirkungen zeigen. Kohlenmonoxid, Nicotin und Teer sind die Rauchbestandteile, die mit größter Wahrscheinlichkeit für die gesundheitlichen Gefahren des Rauchens verantwortlich sind.
1973	Auswirkungen des Pfeife- und Zigarrerauchens auf die Gesundheit: Mortalität gegenüber Nichtrauchern erhöht, doch niedriger als bei Zigarettenrauchern. Zigarettenrauchen vermindert die körperliche Leistungsfähigkeit gesunder, junger Männer. Weitere Belege, daß Rauchen ein Risikofaktor für periphere Gefäßkrankheiten und für Schwangerschaftskomplikationen ist.

Tabelle 7.2: (Fortsetzung)

Jahr	Thema/Stichworte
1974	Hauptgesundheitsgefahren des Rauchens weiter erhärtet. Hinweise auf eine Beziehung zwischen Rauchen und atherosklerotischem Hirninfarkt. Hinweise auf synergistischen Effekt von Rauchen und Asbest bei der Verursachung von Lungenkrebs.
1975	Erkenntnisse über die gesundheitsschädlichen Auswirkungen ungewollten Einatmens von Tabakrauch (Passivrauchen). Verbindung zwischen elterlichem Rauchen und Bronchitis und Lungenentzündung bei Kindern im ersten Lebensjahr.
1976	Zusammenstellung ausgewählter Kapitel aus den Berichten von 1971 bis 1975.
1977–78	Kombinierter Zweijahresbericht mit Schwerpunkt auf frauenspezifische Gesundheitsschäden durch Rauchen. Hinweise darauf, daß orale Kontrazeptiva die schädlichen Auswirkungen des Rauchens auf das Herz-Kreislauf-System verstärken.
1979	Umfassendste Übersicht über die Gesundheitsschäden durch Rauchen, die bislang veröffentlicht wurde. Erstmals eingehende Erörterung verhaltensspezifischer, pharmakologischer und sozialer Faktoren, die das Rauchen beeinflussen. Erstmals Überlegungen zur Erziehung und Aufklärung von Jugendlichen und Erwachsenen, um das Nichtrauchen zu fördern. Erster Bericht über die gesundheitlichen Folgen des rauchfreien Tabakkonsums. Zahlreiche neue Kapitel, darunter eines über die wesentliche Beteiligung des Rauchens an Substanzwechselwirkungen im menschlichen Körper.
1980	Aktualisierung der Befunde über tabakbedingte Gesundheitsschäden bei Frauen: frühere Erkenntnisse erhärtet und neue hinzugekommen. Lungenkrebs wird Brustkrebs als häufigste Ursache der Krebssterblichkeit unter Frauen wahrscheinlich ablösen. Zunahme des Rauchens unter weiblichen Jugendlichen.
1981	Auswirkungen „leichter" Zigaretten mit niedrigem Nicotin- und Kondensatgehalt auf die Gesundheit: Lungenkrebsrisiko offenbar geringer, doch keine schlüssigen Hinweise auf vermindertes Risiko für Herz- und Kreislaufkrankheiten, chronisch-obstruktive Lungenerkrankungen und fetale Schädigungen. Mögliche Gefahren durch Zusatzstoffe und deren Verbrennungsprodukte. Potentielle Risikoverminderung durch das Rauchen leichter Zigaretten wird möglicherweise durch kompensatorisches Rauchverhalten wieder aufgehoben. Betonung, daß es keine unbedenkliche Zigarette gibt und daß die mit dem Rauchen von Leichtzigaretten eventuell verbundene Risikosenkung unbedeutend sei gegenüber den Vorteilen, die das Nichtrauchen bietet.
1982	Zusammenfassung und Aktualisierung des Kenntnisstandes über das Rauchen als ursächlicher oder begünstigender Faktor für zahlreiche Krebserkrankungen. Zunehmende epidemiologische Hinweise auf offenbar erhöhtes Lungenkrebsrisiko bei nichtrauchenden Ehefrauen rauchender Männer, zwar bislang nicht ausreichend, um einen gesicherten Kausalzusammenhang herzustellen, doch »möglicherweise ein ernstes öffentliches Gesundheitsproblem«.
1983	Auswirkungen des Rauchens im Hinblick auf Herz-Kreislauf-Erkrankungen. Schlußfolgerung: Zigarettenrauchen ist eine von drei unabhängigen Hauptursachen für die koronare Herzkrankheit und angesichts seiner Verbreitung wahrscheinlich der bedeutendste unter den bekannten beeinflußbaren Risikofaktoren für diese Krankheit. Zusammenhänge zwischen Rauchen und weiteren Formen kardiovaskulärer Erkrankungen.

Tabelle 7.2: (Fortsetzung)

Jahr	Thema/Stichworte
1984	Rauchen als Hauptursache chronisch-obstruktiver Lungenerkrankungen: in den USA verantwortlich für 80 bis 90 Prozent aller Todesfälle durch solche Erkrankungen. Aufgrund der starken und langanhaltenden Beeinträchtigung der Erkrankten ist nicht nur die Mortalität, sondern auch die Morbidität von großer sozialer Bedeutung.
1985	Rauchen und Schadstoffe am Arbeitsplatz als Krankheitsursache: Unter Rauchern ist das Rauchen die häufigere Ursache für Tod und Behinderung als die Schadstoffbelastung am Arbeitsplatz. Lungenkrebsrisiko durch Asbestbelastung vervielfältigt sich durch Rauchen. Prävention des Rauchens unter Arbeitern besonders wichtig, da diese stärker schadstoffbelastet sind und häufiger rauchen als die Restbevölkerung.
1986	Schwerpunkt Passivrauchen: Unfreiwilliges Rauchen ist eine Ursache für Lungenkrebs und andere Krankheiten bei Nichtrauchern. Kinder von Rauchern weisen gehäuft Infektionen und andere Erkrankungen der Atemwege sowie eine verminderte Lungenfunktion auf. Bestandsaufnahme der zunehmenden Beschränkungen des Rauchens in öffentlichen Bereichen und am Arbeitsplatz: Einfache Trennung von Rauchern und Nichtrauchern im gleichen Luftraum vermindert zwar die Belastung letzterer mit Tabakrauch, beseitigt sie aber nicht.
1987	Sonderbericht zu den Folgen des rauchfreien Tabakkonsums: Schnupf- und Kautabak kann beim Menschen Krebs und Nicotinabhängigkeit erzeugen.
1988	Einstufung von Nicotin als stark abhängigkeitserzeugende Substanz, die in ihren diesbezüglichen physiologischen und psychischen Wirkungen mit anderen Suchtmitteln vergleichbar ist.

Aus Levin[34].

auch Nicotin erhöhen die Inzidenz der Atherosklerose* (Gefäßverengung durch Wandablagerungen) und der Thrombose (Gerinnselbildung) in den Herzkranzgefäßen. Diese (und weitere) Effekte sind offenbar die Ursache für das bei Rauchern im Vergleich zu Nichtrauchern fünf- bis 19fach erhöhte Risiko, an koronarer Herzkrankheit zu sterben. Leidet ein Raucher bereits an Hypertonie oder Diabetes, ist das Risiko noch größer.

---

* Atherosklerose manifestiert sich zuerst in Form von Fettablagerungen in den großen Arterien und schreitet dann fort bis zum Verschluß von Arterien überall im Körper; klinische Folgen sind Schlaganfälle, Infarkte und periphere Gefäßkrankheiten („Raucherbein"). Wie sich in einer umfangreichen Studie an Arterien gewaltsam ums Leben gekommener junger Männer erwies, geht das Zigarettenrauchen mit einer drei- bis vierfach erhöhten Häufigkeit atherosklerotischer Veränderungen der Herzkranzgefäße und der Abdominalaorta einher.[48] Dies war der erste Bericht über zigaretteninduzierte schwere Atherosklerose bei Personen unter 25 Jahren. Er läßt erkennen, daß eine durch das Rauchen bedingte Gefäßschädigung bei Männern bereits in jungen Jahren einsetzt und daß die Grundvoraussetzung zur langfristigen Vermeidung von atherosklerotischen Gefäßkrankheiten darin besteht, das Rauchen zumindest einzuschränken

Atemwegserkrankungen

In der Lunge führt Rauchen langfristig zu einem Syndrom, das durch Atem-schwierigkeiten, pfeifendes Atmen, Schmerzen im Brustkorb, obstruktive Bronchitis und erhöhte Infektionsanfälligkeit der Atemwege gekennzeichnet ist. Zigarettenrauchen beeinträchtigt die Ventilation und erhöht erheblich das Risiko eines Emphysems (einer irreversiblen Lungenschädigung). So leiden in den USA infolge des Rauchens etwa neun Millionen Menschen an chronischer Bronchitis und am Lungenemphysem.

Krebs

Der Zusammenhang zwischen Rauchen und Krebs steht mittlerweile außer Frage. Zigarettenrauchen ist bei Männern und Frauen gleichermaßen die Hauptursache für Lungenkrebs, an dem pro Jahr in Deutschland etwa 30 000, in den USA etwa 112 000 Menschen sterben. Ebenso ist Rauchen eine wichtige Ursache für bösartige Tumoren im Mundraum, im Rachen und im Kehlkopf. Gleichzeitiger Alkoholkonsum steigert deutlich die Inzidenz dieser Krebser-krankungen. Überdies ist das Rauchen eine der Hauptursachen für Blasen-krebs, der in den USA jährlich fast 10 000 Todesopfer fordert, und für Bauch-speicheldrüsenkrebs. Und schließlich besteht offenbar ein Zusammenhang zwischen Rauchen und Gebärmutterhalskrebs (Bericht des Surgeon General 1989). Wie die Inhaltsstoffe des Zigarettenrauches Krebs verursachen, ist im Detail noch nicht geklärt, doch wurden bereits mindestens 23 der über 2 000 Verbindungen im Kondensat als karzinogen eingestuft. Das Rauchen ist für etwa 30 Prozent aller tödlichen Krebserkrankungen verantwortlich – jedes Jahr für 228 000 Krebstote in der EU und 154 000 in den USA. Diese Menschen würden nicht oder nicht so früh an Krebs sterben, wenn sie nicht geraucht hätten.[49]

Da der Anteil der weiblichen Raucher im Laufe der Jahrzehnte gewachsen ist, spielen tabakbedingte Gesundheitsschäden auch bei Frauen eine weit grö-ßere Rolle als früher.[50] So sterben inzwischen mehr Frauen an Lungenkrebs infolge des Rauchens als an Brustkrebs, und Rauchen stellt mittlerweile die Hauptursache für tödliche Krebserkrankungen bei Frauen dar. Raucherinnen sind zudem einem höheren Risiko für koronare Herzkrankheit und Herzinfarkt ausgesetzt als Nichtraucherinncn.

Neben den direkten Folgen für den Raucher selbst kann der Zigarettenrauch in der Raumluft auch zu nachteiligen Auswirkungen auf anwesende Nichtrau-cher führen.[49,50] In Deutschland sterben nach Berechnungen des Deutschen Krebsforschungszentrums pro Jahr etwa 400 Menschen an Lungenkrebs infol-ge des Einatmens fremden Zigarettenrauches (Passivrauchen). Amerikanische Schätzungen liegen höher, dort geht man von jährlich 4 000 Lungenkrebstoten und weiteren 37 000 Toten infolge von Herzerkrankungen durch Passivrauchen

Tabelle 7.3: Zusammenfassung der wichtigsten gesundheitsschädlichen Auswirkungen des Rauchens

Auswirkung	erstmalige Erwähnung im Bericht des Surgeon General	Kenntnisstand 1989
Mortalität und Morbidität		
Gesamtmortalität bei Männern erhöht	1964	Gesamtmortalität bei Männern und Frauen erhöht
Gesamtmorbidität erhöht	1967	Gesamtmorbidität erhöht
Herz-Kreislauf-System		
koronare Herzkrankheit, Mortalität bei Männern erhöht	1964	Hauptursache für koronare Herzkrankheit bei Männern und Frauen
Hirngefäßverschluß (Schlaganfall), Mortalität erhöht	1964	Ursache für Verschlußkranheit der Hirngefäße
atherosklerotisches Aortenaneurysma, Mortalität erhöht	1967	erhöhte Mortalität durch atherosklerotisches Aortenaneurysma
atherosklerotische Verschlußkrankheit peripherer Gefäße, Risikofaktor	1971	Ursache und Hauptrisikofaktor für periphere atherosklerotische Verschlußkrankheit
Krebs		
Lungenkrebs, Hauptursache bei Männern	1964	Hauptursache für Lungenkrebs bei Männern und Frauen
Kehlkopfkrebs, Ursache bei Männern	1964	Hauptursache für Kehlkopfkrebs bei Männern und Frauen
Lippenkrebs, Ursache (Pfeiferauchen)	1964	Hauptursache für Krebs im Mundbereich (Lippe, Zunge, Rachen, Mundhöhle)
Speiseröhrenkrebs, Zusammenhang	1964	Hauptursache für Speiseröhrenkrebs
Blasenkrebs, Zusammenhang	1964	begünstigender Faktor für Blasenkrebs
Krebs der Bauchspeicheldrüse, erhöhte Mortalität	1967	begünstigender Faktor für Bauchspeicheldrüsenkrebs
Nierenkrebs, erhöhte Mortalität	1968	begünstigender Faktor für Nierenkrebs
Magenkrebs, Zusammenhang	1982	Zusammenhang mit Magenkrebs
Gebärmutterhalskrebs, möglicher Zusammenhang	1982	Zusammenhang mit Gebärmutterhalskrebs
Atemwege		
chronische Bronchitis, Hauptursache	1964	Hauptursache für chronische Bronchitis
Lungenemphysem, erhöhte Mortalität	1964	Hauptursache für Emphysem

Tabelle 7.3: (Fortsetzung)

Auswirkung	erstmalige Erwähnung im Bericht des Surgeon General	Kenntnisstand 1989
Schwangerschaft		
erniedrigtes Geburtsgewicht, Zusammenhang	1964	Ursache für verzögertes Fetalwachstum
fehlgeschlagene Schwangerschaft, Zusammenhang	1980	wahrscheinliche Ursache für fehlgeschlagene Schwangerschaft
Verschiedenes		
Angewohnheit des Rauchens, Bezug zu psychischen und sozialen Antrieben	1964	abhängigkeitserzeugende Wirkung des Rauchens und anderen Formen des Tabakkonsums
Passivrauchen, Reizwirkung	1972	Ursache für Lungenkrebs und andere Krankheiten bei Nichtrauchern
Ulcuskrankheit, Zusammenhang	1964	wahrscheinliche Ursache für Ulcuskrankheit
nachteilige Wechselwirkungen mit Schadstoffen am Arbeitsplatz	1971	zusätzlich erhöhtes Krebsrisiko bei gleichzeitiger berufsbedingter Schadstoffbelastung
nachteilige Wechselwirkung mit Alkohol	1971	zusätzlich erhöhtes Krebsrisiko bei gleichzeitigem Alkoholkonsum
nachteilige Wechselwirkung mit anderen Drogen und Wirkstoffen	1979	nachteilige Wechselwirkung mit anderen Drogen und Wirkstoffen
gutartige Geschwülste im Mundraum, Zusammenhang	1969	Zusammenhang mit gutartigen Geschwülsten im Mundraum
Schnupf- und Kautabak, Zusammenhang mit Krebs im Mundraum	1979	Schnupf- und Kautabak verursachen Krebs im Mundraum

Nach dem U.S. Department of Health and Human Services.[35]

aus.[51] Das Risiko, an koronarer Herzkrankheit zu sterben, ist bei Nichtrauchern, die fremdem Zigarettenrauch ausgesetzt sind, um 20 bis 70 Prozent erhöht.[52]

Auswirkungen während der Schwangerschaft

Mittlerweile ist zweifelsfrei belegt, daß Zigarettenrauchen die Fetalentwicklung nachteilig beeinflußt.[53] Rauchen erhöht die Rate von Spontanaborten, Totgeburten und frühzeitigem Säuglingstod. So ließen sich 1988 in den USA 2 552 Fälle von Säuglingstod auf das Rauchen der Mutter zurückführen. Totgeburten sind bei Schwangeren, die rauchen, etwa doppelt so häufig wie bei nichtrauchenden Müttern, wobei ein direkter Zusammenhang zwischen der Anzahl der täglich gerauchten Zigaretten und der Wahrscheinlichkeit einer Totgeburt besteht. Die Neugeborenen rauchender Mütter weisen in der Regel ein niedrigeres Geburtsgewicht auf als die nichtrauchender Mütter. Das Rauchen vermindert die Sauerstoffversorgung des Fetus und kann dadurch bei diesem zu bleibenden intellektuellen und körperlichen Defiziten führen. Nicotin sollte also während der Schwangerschaft und auch während der Stillperiode gemieden werden, ebenso bereits dann, wenn eine Schwangerschaft angestrebt wird.

Staatliche Maßnahmen

Seit 1970 sind in den USA Zigarettenpackungen mit gesetzlich vorgeschriebenen Warnhinweisen versehen, die auch in der Zigarettenwerbung auftauchen müssen: „Warning: The Surgeon General has determined that cigarette smoking is dangerous to your health". Die Bundesrepublik folgte 1980/81 diesem Beispiel: „Der Bundesgesundheitsminister: Rauchen gefährdet Ihre Gesundheit". Trotz Widerstand der Zigarettenhersteller, die sich zur Verbreitung fremder Meinungen gezwungen sahen, sind die Warnhinweise in den USA wie auch in der EU inzwischen eindeutiger geworden und machen auf konkrete Gefahren aufmerksam. So stehen jetzt auf in Deutschland verkauften Zigarettenpackungen außer dem allgemeinen Warnhinweis Sätze wie:

> Die EG-Gesundheitsminister: Rauchen gefährdet die Gesundheit Ihres Kindes bereits in der Schwangerschaft.
>
> Die EG-Gesundheitsminister: Rauchen verursacht Herz- und Gefäßkrankheiten.
>
> Die EG-Gesundheitsminister: Rauchen verursacht Krebs.
>
> Die EG-Gesundheitsminister: Wer das Rauchen aufgibt, verringert das Risiko schwerer Erkrankungen.

Zwar stellen diese Aufdrucke eine Verbesserung gegenüber dem früheren allgemein gehaltenen Warnhinweis dar, doch werden sie dem tatsächlichen Ausmaß der Gefahr, die vom Rauchen ausgeht, immer noch nicht gerecht. Eine positive, praktisch weltweit zu beobachtende Entwicklung ist, daß Rauchen am Arbeitsplatz und in öffentlichen Räumen zunehmend eingeschränkt und verboten wird. Vor amerikanischen Gerichten finden überdies Schadenersatzklagen gesundheitsgeschädigter Tabakverbraucher gegenüber dem Hersteller ihrer Marke immer häufiger Erfolg.

Den Bemühungen, das Zigarettenrauchen einzuschränken, stehen vor allem folgende Umstände entgegen:

1. die Verharmlosung und Leugnung der toxischen und abhängigkeitserzeugenden Eigenschaften des Tabaks durch die Zigarettenindustrie;
2. auf Jugendliche ausgerichtete Zigarettenwerbung;
3. Rauchen durch Jugendliche;
4. widersprüchliche politische Entscheidungen.

Zu den Widersprüchen in der Politik zählt etwa, daß einerseits über die Tabaksteuer Einnahmen erzielt werden, andererseits der Tabakanbau sowohl in der EU als auch in den USA subventioniert wird, und dies trotz des gesundheitspolitischen Zieles, den Zigarettenverbrauch einzudämmen, und trotz der enormen Gesundheits- und sozialen Kosten, die der Gesellschaft durch die Folgeschäden des Rauchens entstehen.

Aufgrund des Abhängigkeitspotentials von Zigaretten und Nicotin wird sich der Traum von einer rauchfreien Gesellschaft in absehbarer Zukunft kaum verwirklichen lassen. Weitere Fortschritte bei der Einschränkung und in der Behandlung des Rauchens lassen sich nur durch ein konsequentes politisches Handeln erzielen, das mit den Erkenntnissen und Warnungen unabhängiger Fachleute in Einklang steht.

Vor kurzem schlugen Henningfield, Kozlowski und Benowitz vor, Zigarettenpackungen mit ähnlichen Angaben zu den Inhaltsstoffen zu versehen, wie es bei Lebensmitteln üblich ist.[54] Neben den in Deutschland bereits vorgeschriebenen Angaben zum Nicotin- und Kondensatgehalt im Rauch sollten diese Kennzeichnungen über den Gehalt an Kohlenmonoxid und weiterer Schadstoffe sowie über die Nicotinfreisetzung und -aufnahme in der Lunge informieren. Solche Angaben würden hoffentlich das Gesundheitsbewußtsein der Raucher steigern und sie stärker motivieren, das Rauchen aufzugeben.

Therapie der Nicotinabhängigkeit

Die Behandlung der Nicotinabhängigkeit umfaßt – wie bei allen Abhängigkeitssyndromen – Entzug, Diagnose und Therapie etwaiger Begleitstörungen, Reduzierung des Verlangens nach der Droge und Rückfallprävention. Der Behandlungsansatz besteht meist »in der medikamentösen Entwöhnung (mit Hilfe eines Nicotinhautpflasters sowie eines tricyclischen Antidepressivums) in Kombination mit einer Psychotherapie (kognitive Verhaltenstherapie zur Rückfallprävention)«[27].

Durch das Rauchen von Zigaretten mit niedrigerem Nicotingehalt läßt sich der Nicotinkonsum gewöhnlich nicht reduzieren, da man dann lediglich mehr Zigaretten raucht. Ebenso schlagen Versuche fehl, die Nicotinabhängigkeit durch nicotinfreie Zigaretten zu bekämpfen.

Der erste nicotinhaltige Zigarettenersatz war das verschreibungspflichtige Kaugummi Nicorette®, das pro Stück zwei oder vier Milligramm Nicotin in einem Depotharzkomplex enthält.[38] Mit diesem Kaugummi kann ein Raucher, der aufhören will, die Nicotinzufuhr so regulieren, daß er Entzugssymptome vermeidet. Der Kaugummi kann einen ersten Schritt zur Entwöhnung darstellen, da er dem Raucher die Möglichkeit bietet, seine psychische Abhängigkeit und die sozialen Begleitumstände des Rauchens in den Griff zu bekommen, ohne daß er das erlernte Selbstdosierungsverhalten verändern und auf den konstanten Nicotinspiegel im Blut verzichten muß. Später kann der Kaugummikonsum langsam reduziert werden.

Eventuell ist es ratsam, das Kaugummi schließlich durch ein Nicotinpflaster zu ersetzen, womit die Selbstbehandlungskomponente wegfällt und im Blut ein gleichmäßigerer Nicotinspiegel entsteht als mit dem Kaugummi. Solche Pflaster sind jeweils 24 Stunden wirksam und verringern daher das morgendliche Verlangen nach einer Zigarette. Da die Pflaster in verschiedenen Dosierungen erhältlich sind, läßt sich die Dosis allmählich reduzieren. Wie Fiore und Mitarbeiter kürzlich feststellten, kann sich die Erfolgsquote des Aufhörens mit einem Nicotinpflaster verdoppeln.[55]

Abgesehen von Nicotinersatz- und Nicotinreduzierungstherapien gibt es noch andere pharmakologische Möglichkeiten, um den „Nicotinhunger" zu drosseln oder Angstzustände, depressive Verstimmungen und andere Entzugssymptome zu lindern. Clonidin reduziert über einen zentralnervösen Wirkungsmechanismus die Noradrenalin- und Adrenalinfreisetzung. Dadurch senkt es den Blutdruck (was seine klinische Hauptanwendung darstellt) und vermindert bei starken Rauchern das Nicotinverlangen und die Entzugssymptome. Mit Hilfe dieses Mittels läßt sich der Anteil der Personen, die sechs Monate oder länger abstinent bleiben, verdoppeln (von 30 auf 60 Prozent).[38] Der Wirkungsmechanismus von Clonidin ist noch nicht geklärt, doch einer Reihe von Veröffentlichungen aus dem Gebiet der Schmerzbehandlung und Anästhesie zufolge ist Clonidin offenbar ein wirksames Analgetikum, wenn man es direkt in den Rückenmarkskanal injiziert.[56,57] Zwischen dieser Wirkung und der Verwendung von Clonidin als Hilfsmittel bei der Therapie von Entzugssyndromen könnte ein enger Zusammenhang bestehen.

Andere Medikamente, die Entzugssymptome lindern, sind Antidepressiva (Kapitel 8) und Anxiolytika (Kapitel 4). Aus der letzteren Arzneimittelgruppe könnte sich Buspiron am vielsprechendsten erweisen. Eine ausführliche Beschreibung therapeutischer Strategien zur Raucherentwöhnung findet sich bei Fiore.[36]

Aufgaben

1. Unterscheiden Sie zwischen den zentral stimulierenden Wirkungen von Coffein und denen von Amphetaminen und Cocain.
2. Beschreiben Sie den Wirkungsmechanismus von Coffein. Wie lassen sich die klinisch relevanten Auswirkungen des Coffeins durch diesen Mechanismus erklären?
3. Welche Verbindung besteht zwischen Panikattacken und Coffein?

4. Erläutern Sie die Effekte von Coffein auf das Herz-Kreislauf-System.
5. Welche Erkenntnisse sprechen für und welche gegen den Coffeinkonsum von schwangeren oder stillenden Frauen?
6. Erörtern Sie die gesundheits- und wirtschaftspolitischen Widersprüche im Zusammenhang mit Tabak.
7. Nennen Sie einige statistische Zahlen, die die gesundheitsschädlichen Auswirkungen des Rauchens verdeutlichen.
8. Unterscheiden Sie zwischen den akuten Nicotinwirkungen und den Langzeiteffekten des Rauchens. Welche Folgeschäden hat ein Raucher langfristig zu erwarten?
9. Machen Zigaretten abhängig, oder sind sie nur gewohnheitsbildend? Verteidigen Sie Ihre Position.
10. Erläutern Sie die medizinische Anwendung und Grenzen nicotinhaltiger Kaugummis.

Literatur

1. Grady D. *Don't Get Jittery Over Caffeine*. In: *Discover* 7, Nr. 7 (1986), S. 73–79.
2. Clementz G. L.; Dailey J. W. *Psychotropic Effects of Caffeine*. In: *American Family Physician* 37 (1988), S. 167–172.
3. Eskenazi B. *Caffeine During Pregnancy: Grounds for Concern*. In: *Journal of the American Medical Association* 270 (1993), S. 2973–2974.
4. Goldstein A. *Addiction: From Biology to Drug Policy*. New York, W. H. Freeman & Company, 1994, S. 179–189.
5. Rall T. W. *Drugs Used in the Treatment of Asthma*. In: Gilman A. G.; Rall T. W.; Nies A. S. und Taylor P. (Hrsg.) *Goodman and Gilman's The Pharmacological Basis of Therapeutics*, 8. Aufl., New York, Pergamon, 1990, S. 618–637.
6. Dunwiddie T. V. *The Physiological Role of Adenosine in the Central Nervous System*. In: *International Review of Neurobiology* 27 (1985), S. 63–139.
7. Greden J. F.; Walters A. *Caffeine*. In: Lowinson J. H.; Ruiz P.; Millman R. B. und Langrod J. G. (Hrsg.) *Substance Abuse: A Comprehensive Textbook*, 2. Aufl., Baltimore, Williams & Wilkins, 1992, S. 357–370.
8. Daly J. W. *Mechanism of Action of Caffeine*. In: Garattini S. (Hrsg.) *Caffeine, Coffee, and Health*. New York, Raven Press, 1993.
9. Kaplan G. B.; Greenblatt D. J.; Kent M. A.; Cotreau M. M.; Arcelin G. und Shader R. I. *Caffeine-Induced Behavioral Stimulation is Dose-Dependent and Associated With A1 Adenosine Receptor Occupancy*. In: *Neuropsychopharmacology* 6 (1992), S. 145–153.

10. Biaggioni I.; Paul S.; Puckett A. und Arzubiaga C. *Caffeine and Theophylline as Adenosine Antagonists in Humans.* In: *Journal of Pharmacology and Experimental Therapeutics* 258 (1991), S. 588–593.
11. Marangos P. J.; Boulenger J. P. *Basic and Clinical Aspects of Adenosinergic Neuromodulation.* In: *Neuroscience and Biobehavioral Reviews* 9 (1988), S. 421–430.
12. Snyder S. H.; Sklar P. *Behavioral and Molecular Actions of Caffeine: Focus on Adenosine.* In: *Journal of Psychiatric Research* 18 (1984), S. 91–106.
13. Gold L. H.; Geyer M. A. und Koob G. F. *Neurochemical Mechanisms Involved in Behavioral Effects of Amphetamines and Related Designer Drugs.* In: *NIDA Research Monograph* 94 (1989), S. 101–126.
14. Pulvirenti L.; Swerdlow N. R. und Koob G. F. *Nucleus Accumbens NMDA Antagonist Decreases Locomotor Activity Produced by Cocaine, Heroin, or Accumbens Dopamine, but Not Caffeine.* In: *Pharmacology, Biochemistry and Behavior* 40 (1991), S. 841–845.
15. Shi D.; Nokodijevic O.; Jacobson K. A. und Daly J. W. *Chronic Caffeine Alters the Density of Adenosine, Adrenergic, Cholinergic, GABA, and Serotonin Receptors and Calcium Channels in Mouse Brain.* In: *Cellular and Molecular Neurobiology* 13 (1993), S. 247–261.
16. Phelps H. M.; Phelps C. E. *Caffeine Ingestion and Breast Cancer. A Negative Correlation.* In: *Cancer* 61 (1988), S. 1051–1054.
17. Levinson W.; Dunn P. M. *Nonassociation of Caffeine and Fibrocystic Breast Disease.* In: *Archives of Internal Medicine* 146 (1986), S. 1773–1775.
18. Russel L. C. *Caffeine Restriction as Initial Treatment for Breast Pain.* In: *Nurse Practitioner* 14 (1989) S. 36–37.
19. Charney D. S.; Heniger G. R. und Jatlow P. L. *Increased Anxiogenic Effects of Caffeine in Panic Disorders.* In: *Archives of General Psychiatry* 42 (1985), S. 233–243.
20. Grobbee D. E.; Rimm E. B.; Giovannucci E.; Colditz G.; Stampfer M. und Willett W. *Coffee, Caffeine, and Cardiovascular Disease in Men.* In: *New England Journal of Medicine* 323 (1990), S. 1026–1032.
21. Morris M. S.; Weinstein L. *Caffeine and the Fetus: Is Trouble Brewing?* In: *American Journal of Obstetrics and Gynecology* 140 (1981), S. 607–610.
22. Dlugosz L.; Bracken M. S. *Reproductive Effects of Caffeine: A Review and Theoretical Analysis.* In: *Epidemiology Review* 14 (1992), S. 83–100.
23. Mills J. L. und andere *Moderate Caffeine Use and the Risk of Spontaneous Abortion and Intrauterine Growth Retardation.* In: *Journal of the American Medical Association* 269 (1993), S. 593–597.

24. Infante-Rivard C.; Fernandez A.; Gauthier R.; David M. und Rivard G.-E. *Fetal Loss Associated With Caffeine Intake Before and During Pregnancy.* In: *Journal of the American Medical Association* 270 (1993), S. 2940–2943.

25. Griffiths R. R.; Evans S. M.; Heishman S. J.; Preston K. L.; Sannerud C. A.; Wolf B. und Woodson P. P. *Low-Dose Caffeine Physical Dependence in Humans.* In: *Journal of Pharmacology and Experimental Therapeutics* 255 (1990), S. 1123–1132.

26. Junge B. *Tabak.* In: Deutsche Hauptstelle gegen die Suchtgefahren (Hrsg.) *Jahrbuch Sucht '96.* Geesthacht, Neuland, 1995, S. 69–83.

27. Cocores J. *Nicotine Dependence: Diagnosis and Treatment.* In: *Psychiatric Clinics of North America* 16 (1993), S. 49.

28. U.S. Department of Health and Human Services *Reducing the Health Consequences of Smoking: 25 Years of Progress. A Report of the Surgeon General.* Rockville (Md.), U.S. Department of Health and Human Services, 1989, S. IV.

29. U.S. Department of Health and Human Services *The Health Benefits of Smoking Cessation. A Report of the Surgeon General.* Rockville (Md)., U.S. Department of Health and Human Services, 1990.

30. U.S. Department of Health and Human Services *Smoking and Health in the Americas.* DHHS Publication No. (CDC)92-8419, Atlanta (Ga.), U.S. Department of Health and Human Services, Centers for Disease Control, Office on Smoking and Health, 1992.

31. Jarvik M. E.; Schneider N. G. *Nicotine.* In: Lowinson J. H.; Ruiz P.; Millman R. B. und Langrod J. G. (Hrsg.) *Substance Abuse: A Comprehensive Textbook,* 2. Aufl., Baltimore, Williams & Wilkins, 1992, S. 339–340.

32. U.S. Department of Health and Human Services *The Health Consequences of Smoking: Nicotine Addiction. A Report of the Surgeon General.* Rockville (Md.), U.S. Department of Health and Human Services, 1988, S. 9.

33. Sherwood N.; Kerr J. S. und Hindmarch I. *Psychomotor Performance in Smokers Following Single and Repeated Doses of Nicotine Gum.* In: *Psychopharmacology* 108 (1992), S. 432–436.

34. Levin E. D. *Nicotine Systems and Cognitive Function.* In: *Psychopharmacology* 108 (1992), S. 417–431.

35. Warburton D. M.; Rusted J. M. und Fowler J. *A Comparison of the Attentional and Consolidation Hypothesis for the Facilitation of Memory by Nicotine.* In: *Psychopharmacology* 108 (1992), S. 443–447.

36. Fiore M. C. *Trends in Cigarette Smoking in the United States: The Epidemiology of Tabacco Use.* In: *The Medical Clinics of North America* 76 (März 1992), S. 289–304.

37. Hughes J. R.; Gust S. W.; Skoog K.; Keenan R. M. und Fenwick J. W. *Symptoms of Tabacco Withdrawal: A Replication and Extension*. In: *Archives of General Psychiatry* 48 (1991), S. 52–59.

38. Gessner P. K. *Substance Abuse Treatment*. In: Smith C. M.; Reynard A. M. (Hrsg.) *Textbook of Pharmacology*. Philadelphia, Saunders, 1992, S. 1160.

39. West R. *Nicotine Addiction: A Re-Analysis of the Arguments*. In: *Psychopharmacology* 108 (1992), S. 408–410.

40. Hughes J. R. *Smoking Is a Drug Dependence: A Reply to Robinson and Pritchard*. In: *Psychopharmacology* 113 (1993), S. 282–283.

41. Robinson J. H.; Pritchard W. S. *The Role of Nicotine in Tabacco Use*. In: *Psychopharmacology* 108 (1992), S. 397–407.

42. Robinson J. H.; Pritchard W. S. *The Meaning of Addiction: Reply to West*. In: *Psychopharmacology* 108 (1992), S. 411–416.

43. Jarvik M. E. *Biological Factors Underlying the Smoking Habit*. In: Jarvik M. E.; Cullen J. W.; Gritz E. R.; Vogt T. M. und West L. J. (Hrsg.) *Research on Smoking Behavior*. National Institute on Drug Abuse Research Monograph 17, Washington (D.C.), U.S. Government Printing Office, 1977, S. 122–146.

44. Pollin W. In: Jarvik M. E.; Cullen J. W.; Gritz E. R.; Vogt T. M. und West L. J. (Hrsg.) *Research on Smoking Behavior*. National Institute on Drug Abuse Research Monograph 17, Washington (D.C.), U.S. Government Printing Office, 1977, S. V–VI.

45. Barry M. *The Influence of the U.S. Tobacco Industry on the Health, Economy, and Environment of Developing Countries*. In: *New England Journal of Medicine* 324 (1991), S. 917–920.

46. U.S. Department of Health and Human Services *Reducing the Health Consequences of Smoking*, S. 16–17.

47. Ibid., S. 98–99.

48. Pathobiological Determinants of Atherosclerosis in Youth (PDAY) Research Group *Relationship of Atherosclerosis in Young Men to Serum Lipoprotein Cholesterol Concentrations and Smoking*. In: *Journal of the American Medical Association* 264 (1990), S. 3018–3024.

49. Newcomb P. A.; Carbone P. P. *The Health Consequences of Smoking: Cancer*. In: *The Medical Clinics of North America* 76 (März 1992), S. 305–332.

50. U.S. Department of Health, Education and Welfare *The Health Consequences of Smoking for Women. A Report of the Surgeon General*. Washington (D.C.), U.S. Government Printing Office, 1980.

51. U.S. Department of Health and Human Services *The Health Consequences of Involuntary Smoking. A Report of the Surgeon General*. Washington (D.C.), U.S. Government Printing Office, 1986.

52. Wells A. J. *Passive Smoking as a Cause of Heart Disease.* In: *Journal of the American College of Cardiology* 24 (1994), S. 546–554.

53. U.S. Department of Health and Human Services *Reducing the Health Consequences of Smoking*, S. 71–76.

54. Henningfield J. E.; Kozlowski L. T. und Benowitz N. L. *A Proposal to Develop Meaningful Labeling for Cigarettes.* In: *Journal of the American Medical Association* 272 (27. Juli 1994), S. 312–314.

55. Fiore M. C.; Smith S. S.; Jorenby D. E. und Baker T. B. *The Effectiveness of the Nicotine Patch for Smoking Cessation.* In: *Journal of the American Medical Association* 271 (22./29. Juni 1994), S. 1940–1947.

56. DeKock M.; Crochet B.; Morimont C. und Scholtes J. L. *Intravenous or Epidural Clonidine for Intra- and Postoperative Analgesia.* In: *Anesthesiology* 79 (1993), S. 525–531.

57. Quan D. B.; Wandres D. L. und Schroeder D. J. *Clonidine in Pain Management.* In: *Annals of Pharmacotherapy* 27 (1993), S. 313–315.

8. Pharmakotherapie der affektiven Störungen: Medikamente zur Behandlung der Depression

Die *Depression* (*major depression**) und die *bipolare Störung* (manisch-depressive Erkrankung) sind affektive Störungen oder „Gemütskrankheiten". Affektive Störungen sind durch extreme oder länger anhaltende Stimmungsabweichungen gekennzeichnet, die sich als Niedergeschlagenheit und Apathie oder als manische Hochstimmung äußern. Bei einer unipolaren depressiven Störung treten nur depressive Episoden auf, während bei einer bipolaren Störung manische und depressive Episoden miteinander abwechseln. Aufgrund dieses Unterschieds erfolgt die Pharmakotherapie der beiden Störungen nach recht unterschiedlichen Ansätzen, wenngleich es zu gewissen Überschneidungen kommt. In diesem und dem folgenden Kapitel wollen wir die beiden Störungen jedoch weitgehend getrennt behandeln. Während sich das vorliegende Kapitel mit den Medikamenten zur Behandlung der Depression – den Antidepressiva – befaßt, geht es in Kapitel 9 um Wirkstoffe zur Behandlung der bipolaren Störung (Lithium und die Antiepileptika Carbamazepin und Valproinsäure).

Depressive Episoden sind durch Niedergeschlagenheit und Verlust des Interesses oder der Freude an allen (oder fast allen) normalen Tätigkeiten und Freizeitbeschäftigungen gekennzeichnet. Mit diesem Zustand einher gehen Gefühle ausgeprägter Traurigkeit und Verzweiflung, Antriebsmangel, Libido-

---

* Der Begriff *major depression* wird auch in der deutschen Fachsprache verwendet. Eine *major depression* ist eine depressive Störung, die durch eine Dauer von mindestens zwei Wochen, bestimmtem Mindestschweregrad und bestimmter Mindestzahl von Symptomen gekennzeichnet ist und nicht als Folge eines medizinischen Krankheitsfaktors (etwa Hyperthyreose oder Schlaganfall) oder einer Substanzeinwirkung (Drogen, Medikamente, Toxine) auftritt. Auch eine Depression infolge einer Lebenskrise oder seelischen Erschütterung kann unter bestimmten Umständen, wenn sie die entsprechenden Kriterien erfüllt und den Betroffenen stark beeinträchtigt, eine *major depression* sein.

verlust, verlangsamtes Denken und Konzentrationsschwierigkeiten, Pessimis-
mus, Gefühle der Hilflosigkeit und Wertlosigkeit, Selbstvorwürfe, unangemessene Schuldgefühle, wiederkehrende Gedanken an Tod oder Selbstmord, Hoff-
nungslosigkeit, Affektabstumpfung, Appetitlosigkeit, Müdigkeit und/oder
Schlafstörungen. Eine Depression wird oft von Angstzuständen begleitet, die
mitunter zu einer Fehldiagnose und zu einer unzureichenden oder unangemes-
senen Behandlung führen. Etwa 15 Prozent der an einer Depression leidenden
Menschen sterben durch Suizid.[1,2]

Sicherlich ist Traurigkeit ein normales menschliches Gefühl als Reaktion auf
bestimmte Erlebnisse. Eine Depression ohne offensichtliche Ursache oder eine
chronische Depression, welche die normale Lebensführung beeinträchtigt, ist
jedoch ein pathologischer Zustand. Einem Bericht zufolge »leiden nahezu acht
Prozent der US-Bevölkerung irgendwann im Laufe ihres Lebens an einer affektiven Störung; fast fünf Prozent der Bevölkerung entwickeln eine *major
depression*, von der Frauen doppelt so häufig betroffen sind wie Männer.«[2]

In einem anderen Bericht ist zu lesen:

> »Zu jedem beliebigen Zeitpunkt sind etwa fünf Prozent der erwachsenen Bevölkerung der
> Vereinigten Staaten von einer Depression betroffen. ... Im Laufe ihres Lebens leiden etwa
> 30 Prozent der erwachsenen Bevölkerung an einer Depression. Bleibt die Krankheit unbe-
> handelt, begehen 25 bis 30 Prozent der depressiven Erwachsenen Suizid. ... Über 50 Pro-
> zent der Selbstmörder suchten einen Monat vor ihrem Tod einen Arzt auf. Bei diesen
> Patienten wurde jedoch keine Depression diagnostiziert. Statistiken des Jahres 1991 ...
> melden 30 000 Suizide. Dies ist die achthäufigste Todesursache in den USA.«[3]

Die *major depression* manifestiert sich gewöhnlich im Alter zwischen 25 und
30 Jahren; sie kann sich freilich in jedem Alter entwickeln, auch bei älteren
Menschen. Bei über 50 Prozent der Betroffenen treten die depressiven Episoden wiederholt auf, durchschnittlich fünf- bis sechsmal im Laufe eines Lebens.
Heute steht fest, daß

> »die Depression eine Krankheit ist, die auf biochemische Veränderungen im Gehirn zu-
> rückgeht. Sie wird oft unzureichend behandelt. Erhebungen ... zeigen, daß etwa 70 Prozent
> der depressiven Patienten *nicht* behandelt werden. ... Die überwiegende Mehrheit der Be-
> troffenen spricht auf die hervorragenden Behandlungsmöglichkeiten an, die uns heute zur
> Verfügung stehen. Etwa 85 Prozent lassen sich erfolgreich behandeln.«[3]

Zur Behandlung depressiver Episoden sind verschiedene Antidepressiva in
Kombination mit einer Psychotherapie geeignet. In schweren, therapieresistenten Fällen kommt auch eine Elektrokrampftherapie in Betracht.

Patienten, die eine reaktive oder exogene Depression durchleben, zeigen nur
selten psychotische Symptome; eine solche Depression entspringt offenbar
keiner besonderen genetischen Disposition. Diese Patienten weisen häufig
Angst- und Erregungszustände auf und/oder betreiben Substanzmißbrauch.
Zur symptomatischen Behandlung solcher Patienten sind Antidepressiva ebenfalls geeignet. Häufig können die Probleme, die bei einer reaktiven Depression

bestehen, schon durch fachkundige ärztliche oder psychologische Beratung gelöst werden.

Wirkungsmechanismus

Versuche, die Ursache depressiver Störungen zu ergründen, führten bisher zu keinen eindeutigen Ergebnissen.[4,5] Die meisten Forscher gehen davon aus, daß ein neurochemisches Ungleichgewicht eine Rolle spielt, welches zumindest in einigen Fällen genetisch bedingt ist. Pharmakologische Befunde deuten auf die Beteiligung mindestens zweier, vielleicht auch dreier biogener Amine im Gehirn hin – Noradrenalin, Serotonin und möglicherweise Dopamin.

Die Monoaminhypothese zur Entstehung der Manie und Depression wurde erstmals Mitte der sechziger Jahre aufgestellt. Diesem Modell zufolge wird die Depression durch einen funktionellen Mangel an spezifischen Überträgerstoffen an bestimmten Orten im Gehirn verursacht, während die Manie auf einen funktionellen Überschuß derselben Neurotransmitter zurückgeht.

Die These wird durch eine Reihe von Befunden gestützt. Erstens verringert Reserpin, ein älteres Medikament, das schwere Depressionen induziert, die Menge an Noradrenalin und Serotonin in solchen Nervenzellen, die diese Neurotransmitter ausschütten. Zweitens wirken Antidepressiva auf diese beiden Transmitter und verstärken deren Aktivität. Drittens ließen deutliche Hinweise auf eine erbliche Veranlagung der Depression die Vorstellung entstehen, daß depressive Episoden mit einer abnormen Abnahme der noradrenalin- und serotoninvermittelten Neurotransmission oder einer verminderten Funktion der entsprechenden Rezeptoren einhergehen.

Obwohl der medikamentös induzierte Anstieg der Noradrenalin- und Serotoninkonzentration recht gut mit einer positiven, stimmungsaufhellenden Wirkung bei depressiven Patienten korreliert, gilt dieser Zusammenhang offensichtlich nicht ohne Einschränkungen und Unstimmigkeiten. So weicht die biochemische Wirkung in ihrem Zeitverlauf erheblich von der klinischen Wirkung ab. Während die serotonerge und die noradrenerge Neurotransmission sehr bald nach der Medikamentengabe zunehmen, dauert es zwei Wochen oder länger, bis sich ein klinischer antidepressiver Effekt einstellt. Daher stellt die Erhöhung der Neurotransmittermengen möglicherweise nur einen ersten Schritt zur Linderung der Depression dar; diesem könnte eine Reihe komplexerer zellulärer Ereignisse folgen, die schließlich die sekundären adaptiven Veränderungen auslösen.

Ein zweite Unstimmigkeit im Zusammenhang zwischen den Neurotransmittermengen und der antidepressiven Wirkung liegt darin, daß Cocain und die Amphetamine zwar die Neurotransmission der biogenen Amine verstärken (Kapitel 6), jedoch nicht als Antidepressiva wirksam sind, obwohl sie eine

Manie oder Psychose hervorrufen können. Vielleicht beruht diese Diskrepanz darauf, daß Amphetamine und Cocain bevorzugt auf dopaminerge Neuronen einwirken und weniger auf noradrenerge und serotonerge Neuronen. Baldessarini meint dazu:

»Diese Beobachtungen sowie die klinischen und psychischen Wirkungen der Antidepressiva erlauben einige vorsichtige Verallgemeinerungen. Erstens scheint die Blockade des *Dopamin*transports eher mit einer *stimulierenden* als mit einer antidepressiven Aktivität verknüpft zu sein. Zweitens könnte die Hemmung der *Serotonin*rückaufnahme sehr wohl zu einer antidepressiven Aktivität beitragen. Und schließlich scheint auch die Inhibition der Rückaufnahme von *Noradrenalin* mit der antidepressiven Wirkung vereinbar zu sein. Jedoch kommen zunehmend Zweifel auf, ob die Hemmung der Noradrenalin- oder Serotoninrückaufnahme an sich die antidepressive Wirkung dieser Medikamente ausreichend erklären kann.«[5]

Eine Weiterentwicklung der Monoamintheorie geht von einer postsynaptischen Rezeptordesensitivierung aus. Nach diesem Modell ist die Depression weniger durch einen Noradrenalinmangel bedingt, sondern eher durch eine übermäßig starke Ansprechbarkeit der postsynaptischen Rezeptoren, die durch eine verminderte Verfügbarkeit von Noradrenalin verursacht wird.[6] Blockiert man die Noradrenalinrückaufnahme, normalisiert sich gewissermaßen die präsynaptische Aktivität – ausreichende Transmittermengen werden am Rezeptor verfügbar –, und die Empfindlichkeit der postsynaptischen Rezeptoren geht langsam auf ihr normales Maß zurück. Eine derartige adaptive Veränderung erklärt das langsame Einsetzen der klinischen Wirkung, schließt jedoch nicht aus, daß auf die Rückaufnahmehemmung ein zweiter Schritt im Wirkungsmechanismus folgt.

Die Serotoninhypothese ist eine neuere Abwandlung der Rezeptordesensitivierungstheorie. Nach dieser These ist die Serotoninrückaufnahmehemmung klinisch wirksamer als die Hemmung der Noradrenalinrückaufnahme. Durch die adaptiven Veränderungen der Serotoninrezeptoren läßt sich auch der langsame Eintritt der antidepressiven therapeutischen Wirkung erklären. Während die traditionelleren Antidepressiva im allgemeinen eher die Noradrenalinrückaufnahme hemmen, sind die neueren Antidepressiva der „zweiten Generation" zumeist selektiver und führen zu einer stärkeren Hemmung der Serotoninrückaufnahme. Paul stellt fest:

»Es wird vermutet, daß Veränderungen der serotonergen Neurotransmission an einer Reihe neurologischer und psychischer Störungen beteiligt sind – darunter die Depression, die generalisierte Angststörung und die Zwangsstörung –, obwohl die genaue Rolle von Serotonin in der Ätiologie oder Pathogenese dieser Störungen noch unklar ist. ... Die therapeutischen Wirkungen verschiedener Psychopharmaka, beispielsweise der Antidepressiva, könnten zumindest zum Teil durch die Verstärkung der serotonergen Neurotransmission entstehen. ... Praktisch alle wirksamen antidepressiven Therapien verstärken die serotonerge Neurotransmission; daher könnte das serotonerge System die „gemeinsame Zielgerade" darstellen, in die die Wirkungsmechanismen dieser Medikamente schließlich einlaufen und die ihren therapeutischen Effekten zugrunde liegt.«[7]

In der von Paul herausgegebenen Publikation über die Bedeutung von Serotonin für die Wirkung der Antidepressiva wird die Schlußfolgerung gezogen, daß die verschiedenen Formen der Depressionsbehandlung alle die serotonerge Neurotransmission verstärken*, wenngleich über verschiedene Mechanismen.[7] Blier, de Montigny und Chaput fassen in ihrem Beitrag zusammen:

> »Tricyclische Antidepressiva und die Elektrokrampftherapie sensibilisieren postsynaptische Neuronen gegenüber Serotonin. Monoaminoxidasehemmer erhöhen unter anderem die Verfügbarkeit von Serotonin. Serotoninrückaufnahmehemmer erhöhen die Wirksamkeit der serotonergen Übertragung, indem sie die auf den serotonergen Nervenendigungen lokalisierten Serotoninautorezeptoren desensitivieren.«[9]

Bis 1991 wußte man nur wenig über die Struktur und Regulation des präsynaptischen Rücktransporters für Serotonin. Man vermutete, der Transporter könnte dem Dopamintransporter, der von Cocain blockiert wird (Kapitel 6), ähneln. Blakely und Mitarbeiter[10] sowie Hoffman und Mitarbeiter[11] isolierten und klonierten schließlich 1991 die komplementäre DNA des Serotonintransporters, deren Sequenz auf ein Protein aus 653 Aminosäuren und mit zwölf bis 13 mutmaßlichen Transmembrandomänen schließen läßt. Dieses Protein weist eine starke Ähnlichkeit mit den GABA-, Dopamin- und Noradrenalintransportern auf.

Wie sich bald nach der Identifizierung des präsynaptischen Serotonintransporters nachweisen ließ, wird dessen Aktivität von einem cyclischen Nucleotid, dem cyclischen Adenosinmonophosphat (cAMP), reguliert.[12,13] Der Transporter unterliegt also regulatorischen Einflüssen, und möglicherweise sind diese Einflüsse während depressiver Episoden in abnormer und noch unbekannter Weise verändert.[14,15] Bei einer solchen Plastizität des Serotoninsystems[16] sollte es schließlich auch gelingen, die spezifischen serotonergen Veränderungen zu ermitteln, auf denen eine Depression beruht.

Tabelle 8.1 vergleicht verschiedene Antidepressiva hinsichtlich ihrer (experimentell ermittelten) Potenz, die Noradrenalin-, Serotonin- und Dopaminrückaufnahme zu hemmen, sowie hinsichtlich ihrer Selektivität für Serotonin im Verhältnis zu Noradrenalin. Die meisten der neueren Wirkstoffe – Fluoxetin, Fluvoxamin, Sertralin, Paroxetin und Citalopram – sind selektive Serotoninrückaufnahmehemmer, eine weitere neue Substanz – Bupropion – jedoch nicht. Janicak und Mitautoren geben eine Übersicht über andere, weniger anerkannte Hypothesen zum Wirkungsmechanismus der Antidepressiva.[6]

---

* Mit der Molekularbiologie der Serotoninrezeptoren beschäftigen sich Harrington und Mitarbeiter.[8] Diese Rezeptoren fungieren wahrscheinlich als Wirkort von Migränemitteln; einige spielen auch für die Wirkung der Antidepressiva eine wichtige Rolle. Antidepressiva blockieren eher das präsynaptische Serotonintransporterprotein, das sich strukturell und funktionell von postsynaptischen Serotoninrezeptoren unterscheidet.

Tabelle 8.1: Potenz und Selektivität verschiedener Antidepressiva

Wirkstoff	Potenz[a]			Selektivität[b]
	Noradrenalin	Serotonin	Dopamin	
Amitriptylin	4,2	1,5	0,043	0,36[c]
Amoxapin	23	0,21	0,053	0,0091
Bupropion	0,043	0,0064	0,16	0,15
Clomipramin	3,6	18	0,057	5,3[d]
Desipramin	110	0,29	0,019	0,0026
Doxepin	5,3	0,36	0,018	0,067
Fluoxetin	0,36	8,3	0,063	23
Imipramin	7,7	2,4	0,020	0,31
Maprotilin	14	0,030	0,034	0,0021
Nortriptylin	25	0,38	0,059	0,015
Paroxetin	3,0	136	0,059	45
Protriptylin	100,0	0,36	0,054	0,0036
Sertralin	0,46	29	0,38	64
Trazodon	0,020	0,53	0,0070	26
Trimipramin	0,20	0,040	0,029	0,20
zum Vergleich				
D-Amphetamin[e]	2,00	–	1,2	

Aus Richelson[3], Tabelle 2, S. 468, mit freundlicher Genehmigung.
[a] $10^{-7} \cdot 1/K_i$; K_i = Inhibitionskonstante in mol/l.
[b] Verhältnis der Potenz der Serotonin- zur Potenz der Noradrenalinrückaufnahmehemmung.
[c] Der Wert sagt aus, daß Amitryptilin die Noradrenalinrückaufnahme wirksamer hemmt als die Serotoninrückaufnahme, und zwar mit einer 2,8fach (1/0,36fach) höheren Potenz.
[d] Dieser Wert sagt aus, daß Clomipramin die Serotoninrückaufnahme wirksamer hemmt als die Noradrenalinrückaufnahme, und zwar mit einer 5,3fach höheren Potenz.
[e] Kein Antidepressivum, nur zum Vergleich aufgeführt.

Neueren Untersuchungen zufolge üben Antidepressiva einen deutlichen Einfluß auf neuroendokrine Systeme aus, insbesondere auf die sogenannte HPA-Achse (*hypothalamic-pituitary-adrenocortical*). Die Konzentration von Cortisol ist während der Depression bei zahlreichen Patienten erhöht und normalisiert sich häufig nach der klinischen Remission. Diese klinischen Beobachtungen werden auch durch tierexperimentelle Untersuchungen gestützt.[16a]

Entwicklung der antidepressiven Pharmakotherapie

Die Pharmakotherapie der endogenen Depression begann Anfang der fünfziger Jahre, als man zunächst die antidepressive Wirkung von Iproniazid, einem Monoaminoxidasehemmer (MAO-Hemmer), erkannte; einige Jahre später wurde das erste tricyclische Antidepressivum Imipramin verfügbar. Während der sechziger Jahre wurden Analoga dieser Medikamente entwickelt und auf den Markt gebracht. Ende der siebziger Jahre waren in den USA sieben tricyclische Antidepressiva (TCA) und drei MAO-Hemmer im Handel. Bis 1980 stellte sich heraus, daß diese Medikamente zwar für die meisten depressiven Patienten therapeutisch geeignet sind, ein Drittel der behandelten Patienten jedoch nicht adäquat darauf anspricht. Zudem wurde die medikamentöse Behandlung bei vielen Patienten durch unerwünschte Nebenwirkungen der TCA (Sedierung, Mundtrockenheit, Hypotonie und Veränderungen der Erregungsleitung im Herz) wie auch der MAO-Hemmer (tyraminassoziierte Blutdruckerhöhungen) weiter eingeschränkt.

In den achtziger Jahren kamen neue Wirkstoffe zur Behandlung der Depression auf, die Antidepressiva der „zweiten Generation". Dazu gehören Trazodon, Maprotilin, Mianserin, Amoxapin* und Bupropion*. Keines bot eine deutliche Verbesserung der therapeutischen Wirksamkeit, doch traten bestimmte Nebenwirkungen (die Mundtrockenheit aufgrund anticholinerger Wirkungen und die Veränderungen der Herzerregungsleitung) seltener auf. Allerdings hatten diese Substanzen wiederum ihre eigenen Nebenwirkungen, auf die noch an späterer Stelle in diesem Kapitel eingegangen wird.

Die neuesten antidepressiven Wirkstoffe sind serotoninspezifische Rückaufnahmehemmer (*serotonin-specific reuptake inhibitors*, SSRI): Fluoxetin, Fluvoxamin, Paroxetin, Citalopram und Sertralin. Diese Substanzen sind zur Behandlung leichter bis mittelschwerer Depressionen offenbar ebenso wirksam wie die älteren Antidepressiva; ob sie auch bei schweren Depressionen gleich gut wirksam sind, ist noch umstritten.[17] Die SSRI haben nur einen geringfügigen Effekt auf die kardiale Erregungsleitung, sind aber mit anderen Nebenwirkungen verbunden.

Trotz dieser Fortschritte in der Arzneimittelentwicklung sprechen 20 Prozent der Patienten mit einer Depression nicht gut auf eine Therapie mit Antidepressiva an; andere können die Nebenwirkungen der Medikamente nicht vertragen. Somit geht die Suche nach besseren Wirkstoffen zur Therapie der Depression weiter.

Die Antidepressiva können entweder nach ihrer chemischen Struktur (Abbildung 8.1) oder nach ihrem Wirkungsmechanismus klassifiziert werden:

1. Tricyclische Antidepressiva, zu deren Wirkungen die Blockade der aktiven präsynaptischen Wiederaufnahme von Noradrenalin und/oder Serotonin gehört.
2. Antidepressiva der zweiten Generation, die sich chemisch von den TCA unterscheiden, aber ansonsten ähnliche Wirkungen haben; neuere serotoninspezifische Rückaufnahmehemmer.

---

* In Deutschland nicht im Handel.

klassische tricyclische Antidepressiva

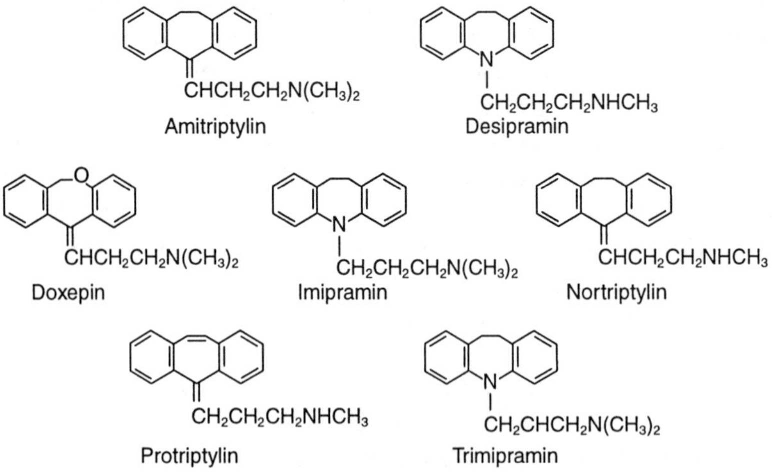

CHCH2CH2N(CH3)2
Amitriptylin
N
CH2CH2CH2NHCH3
Desipramin
O
CHCH2CH2N(CH3)2
Doxepin
N
CH2CH2CH2N(CH3)2
Imipramin
CHCH2CH2NHCH3
Nortriptylin
CH2CH2CH2NHCH3
Protriptylin
N
CH2CHCH2N(CH3)2
Trimipramin

Antidepressiva der zweiten Generation (keine SSRI)

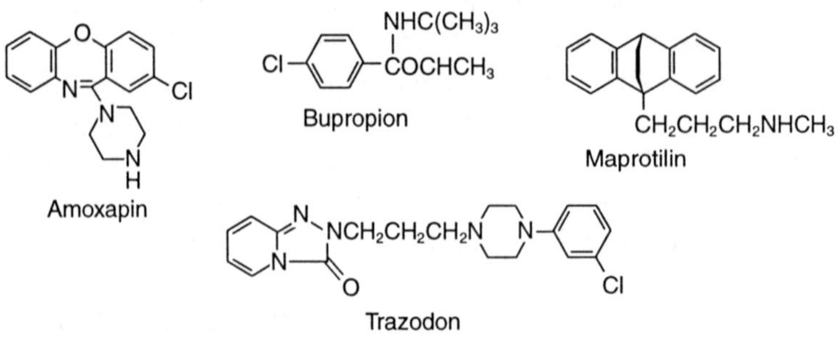

O
N
Cl
N
N
H
Amoxapin
NHC(CH3)3
Cl
COCHCH3
Bupropion
CH2CH2CH2NHCH3
Maprotilin
N
NCH2CH2CH2N
N
N
O
Cl
Trazodon

Antidepressiva der zweiten Generation (SSRI)

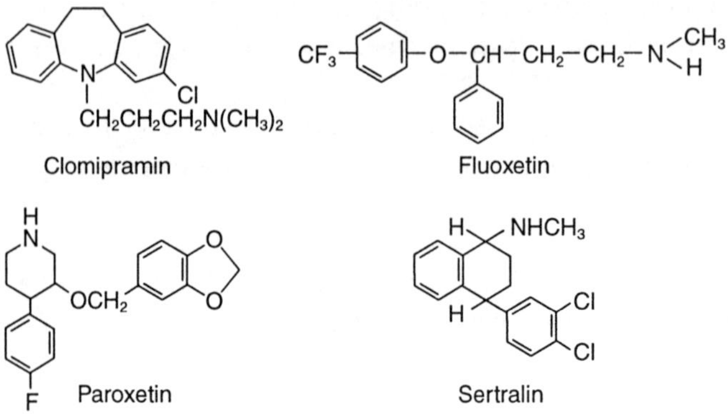

N
Cl
CH2CH2CH2N(CH3)2
Clomipramin
CF3
O–CH–CH2–CH2–N
CH3
H
Fluoxetin
H
N
OCH2
O
O
F
Paroxetin
H
NHCH3
H
Cl
Cl
Sertralin

8.1 Chemische Strukturen einiger antidepressiver Wirkstoffe.

3. Monoaminoxidasehemmer, die das Enzym hemmen, das normalerweise Noradrenalin, Dopamin und Serotonin metabolisiert, und dadurch die Mengen dieser Transmitter erhöhen.

Abgesehen von den pharmakologischen Ansätzen zur Behandlung der Depression hat sich die Elektrokrampftherapie als wirksam erwiesen, wird aber nicht als primäres Behandlungsverfahren empfohlen.

Tricyclische Antidepressiva

Die *tricyclischen Antidepressiva* sind eine Klasse von Wirkstoffen, die eine Drei-Ring-Struktur besitzen (Abbildung 8.1). TCA gelten allgemein als Mittel der Wahl zur Behandlung der Depression, obwohl zum einen an ihre Stelle auch die antidepressiv wirksamen und inzwischen oft bevorzugten SSRI treten können und sie zum anderen nur bei etwa zwei Dritteln der depressiven Patienten wirksam sind.

Imipramin, das erste TCA, wurde anfänglich auf antipsychotische Wirksamkeit geprüft, bis man seine stimmungsaufhellende Wirkung entdeckte. Aktives Zwischenprodukt von Imipramin ist Desipramin, das ebenfalls im Handel erhältlich ist. Gleiches gilt für Nortriptylin, den Metaboliten von Amitryptilin. Diese beiden Zwischenprodukte sind wahrscheinlich für einen Großteil der antidepressiven Wirkung von Imipramin und Amitriptylin verantwortlich.

Alle TCA hemmen den Rücktransport von Noradrenalin und Serotonin in die präsynaptische Nervenendigung (Abbildung 8.2). TCA sind für die klinische Anwendung nicht unbedingt ideal, da sie ihre Wirkung nur langsam entfalten, unangenehme Nebenwirkungen verursachen und eine Überdosierung schwierig zu behandeln ist.

Da TCA bei gesunden Menschen kaum zu erkennbaren psychischen Effekten führen, besitzen sie weder verhaltensverstärkende Eigenschaften noch einen Wert als Genußdroge. Mißbrauch und psychische Abhängigkeit stellen daher kein Problem dar. Die Wahl des Wirkstoffes hängt von der Wirksamkeit und Verträglichkeit ab. TCA heben die Stimmung, steigern die körperliche Aktivität und beeinflussen Appetit und Schlafmuster in günstiger Weise. Sie sind sowohl zur Behandlung akuter depressiver Episoden als auch zur Prävention von Rückfällen geeignet, so daß man sie bei Patienten, die zu häufigen depressiven Episoden neigen, auch als stabilisierende Therapie einsetzen kann.

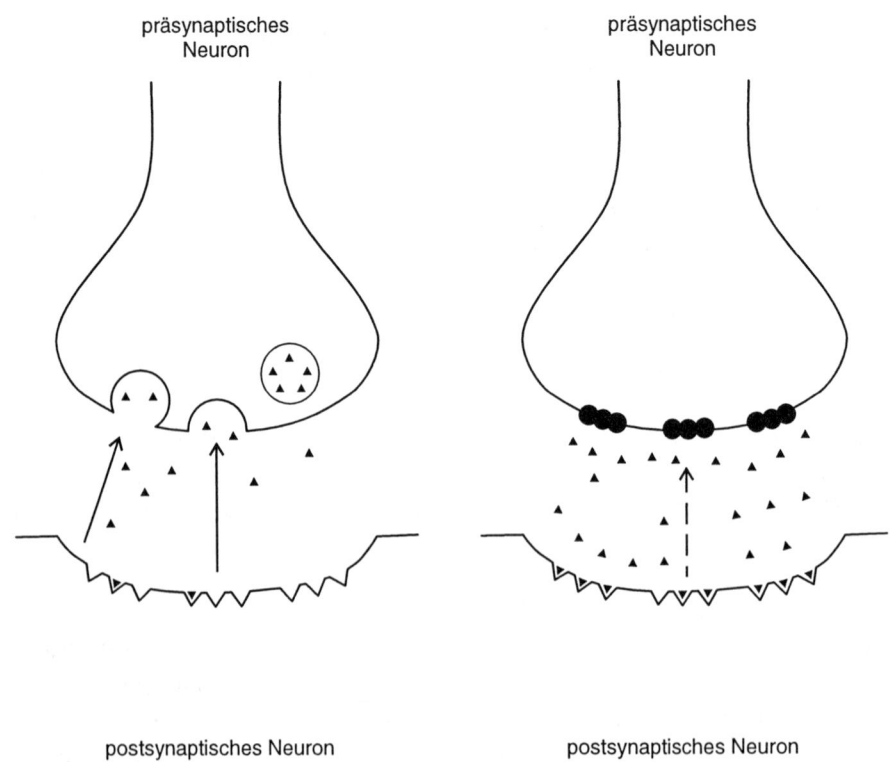

präsynaptisches
Neuron

präsynaptisches
Neuron

postsynaptisches Neuron

postsynaptisches Neuron

▲ Noradrenalin oder Serotonin

● tricyclisches Antidepressivum

8.2 Normalerweise werden Noradrenalin und Serotonin im synaptischen Spalt inaktiviert, indem sie in die präsynaptische Nervenendigung zurücktransportiert werden (links). Tricyclische Antidepressiva hemmen diesen Rücktransport (rechts). (Aus Snyder *Chemie der Psyche. Drogenwirkungen im Gehirn*. Heidelberg, Spektrum Akademischer Verlag, 1988, S.111.)

Pharmakologische Wirkungen

Zentralnervensystem. Sowohl die erwünschten als auch die unerwünschten Wirkungen der TCA entstehen durch die Blockade von Histamin-, Acetylcholin-, Dopamin- und Noradrenalin- beziehungsweise (genauer) α-adrenergen Rezeptoren (Tabelle 8.2). Die Hemmung des Serotonin- und Noradrenalinrücktransports beziehungsweise die langfristige Herabsetzung der Empfindlichkeit und/oder Dichte (*down regulation*) von Rezeptoren sind für die therapeutische Wirksamkeit verantwortlich. Die Besetzung von Acetylcholinrezeptoren ruft Mundtrockenheit, Verwirrtheit und verschwommenes Sehen hervor.

Da die meisten TCA ziemlich potente Blocker von Histaminrezeptoren sind, kommt es häufig zu Benommenheit. Infolge der Blockade von α-adrenergen Rezeptoren kann eine Hypotonie entstehen (insbesondere bei raschem Lagewechsel des Patienten). Als unangenehme Nebenwirkung der Dopaminrezeptorblockade können sich sehr selten parkinsonähnliche Bewegungsstörungen entwickeln.

Tabelle 8.2: Affinität antidepressiver Wirkstoffe zu Neurotransmitterrezeptoren im menschlichen Gehirn

Wirkstoff	Histamin (H$_1$)*	Acetylcholin	Noradrenalin	Dopamin (D$_2$)
Amitriptylin	91	5,6	3,7	0,10
Amoxapin	4,0	0,10	2,003	0,62
Bupropion	0,015	0,0021	0,022	0,00048
Clomipramin	3,2	2,7	2,63	0,53
Desipramin	0,91	0,50	0,77	0,030
Doxepin	420	1,2	4,2	0,042
Fluoxetin	0,016	0,050	0,0169	0,015
Imipramin	9,1	1,1	1,1	0,050
Maprotilin	50	0,18	1,1	0,29
Nortriptylin	10	0,7	1,7	0,083
Paroxetin	0,0045	0,93	0,029	0,0031
Protriptylin	4,0	4,0	0,77	0,043
Sertralin	0,0041	0,16	0,27	0,0093
Trazodon	0,29	0,00031	2,8	0,026
Trimipramin	370	1,7	4,2	0,56
*zum Vergleich***				
Diphenhydramin	7,1	–	–	–
Atropin	–	42	–	–
Phentolamin	–	–	6,7	–
Haloperidol	–	–	–	26

Aus Richelson[3], Tabelle 3, S. 469, mit freundlicher Genehmigung.
* $10^{-7} \cdot 1/K_d$; K_d = Dissoziationskonstante in mol/l.
**Diese Substanzen sind keine Antidepressiva..

Bei einer Langzeittherapie mit TCA entsteht eine Toleranz gegenüber den meisten dieser Nebenwirkungen. Erfolgt die Wahl des Antidepressivums unter Berücksichtigung seiner Nebenwirkungen, läßt sich ein Nachteil sogar in einen therapeutischen Vorteil verwandeln. Beispielsweise haben Amitriptylin und Doxepin von allen TCA den stärksten sedierenden Effekt, womit sie besonders zur Behandlung von Patienten geeignet sind, deren Depression von ängstlicher

Erregtheit und Unruhe begleitet wird oder bei denen eine Verbesserung der Schlafqualität erwünscht ist. In Tabelle 8.3 sind die klinischen Wirkungen aufgeführt, die sich aus der Blockade der jeweiligen Rezeptortypen ergeben.

Tabelle 8.3: Pharmakologische Eigenschaften der Antidepressiva und mögliche klinische Folgen

Eigenschaft	mögliche Folgen
Blockade der Noradrenalinrück- aufnahme an Nervenendigungen	Tremor Tachykardie Erektions- und Ejakulationsstörungen Blockade der antihypertensiven Wirkungen von Guanethidin (Esimil®) Verstärkung der blutdrucksteigernden Wirkungen sympathomimetischer Amine
Blockade der Serotoninrückaufnahme an Nervenendigungen	Verstärkung oder Abschwächung von Angstzuständen (dosisabhängig) sexuelle Dysfunktion Wechselwirkungen mit L-Tryptophan, Monoaminoxidasehemmern und Fenfluramin
Blockade der Dopaminrückaufnahme an Nervenendigungen	psychomotorische Aktivierung Antiparkinsonwirkung Verstärkung von Psychosen
Blockade von Histamin-H_1-Rezeptoren	Verstärkung zentralnervös dämpfender Wirkstoffe Sedierung, Benommenheit Gewichtszunahme Hypotonie
Blockade von Acetylcholinrezeptoren	Akkomodationsstörungen trockener Mund Sinustachykardie Obstipation Harnretention
Blockade von α-adrenergen Rezeptoren	Verstärkung der Wirkung von Antihypertonika orthostatische Hypotonie, Schwindel Reflextachykardie
Blockade von Dopamin-D_2-Rezeptoren	extrapyramidale Bewegungsstörungen endokrine Veränderungen sexuelle Dysfunktion (bei Männern)

Aus Richelson[3], Tabelle 4, S. 471, mit freundlicher Genehmigung.

Außerdem sind die möglichen Effekte der TCA auf Gedächtnis und kognitive Funktionen von Bedeutung. Zu unterscheiden sind hierbei die direkten kognitiven Wirkungen, die durch die intrinsischen Eigenschaften der TCA bedingt sind, und die indirekten Wirkungen, die durch die Stimmungsaufhellung hervorgerufen werden.[18] TCA mit sedierenden oder anticholinergen Wirkungen können die Aufmerksamkeit, die Reaktionsgeschwindigkeit und das Gedächtnis ungünstig beeinflussen.[19] Diese Auswirkungen sind nicht überraschend, da auch Sedativa (wie die Barbiturate) und anticholinerge Substanzen (wie Scopolamin) das Gedächtnis und die kognitiven Fähigkeiten beeinträchtigen, und zwar in erheblicher Weise. TCA mit relativ schwachem Sedierungspotential und geringen anticholinergen Nebenwirkungen hingegen wirken sich nur marginal auf Psychomotorik oder Gedächtnis aus. Ältere Menschen sind offenbar etwas empfindlicher gegenüber anticholinerg bedingten Gedächtnisstörungen, obwohl die entstehenden Beeinträchtigungen »geringfügig und nicht mit jenen bei Alzheimerpatienten vergleichbar sind«[20].

Im Gegensatz zu diesen direkten Effekten wirkt sich das Abklingen der Depression günstig auf Aufmerksamkeit, Kognition und Gedächtnis aus.[21] Darauf werden wir bei der Erörterung der Antidepressiva der zweiten Generation zurückkommen.

Peripheres Nervensystem. Die TCA entfalten verschiedene Effekte auf das periphere Nervensystem (Tabellen 8.2 und 8.4; Zusammenfassung in Tabelle 8.3). Hierbei sind besonders die Wirkungen der TCA auf das Herz zu erwähnen, da ihre Anwendung sowohl zur Dämpfung der Herztätigkeit als auch zu Störungen der Erregungsleitung führen kann (letztere äußern sich als Herzrhythmusstörungen). Die Dämpfung der Herzfunktion kann bei Überdosierung, etwa im Falle eines Suizidversuchs, lebensgefährlich sein. Patienten mit einer Überdosis sind zunächst meist erregt und zeigen Delirium und Krampfanfälle; danach folgen Atemdepression und Koma. Herzarrhythmien können zu Kammerflimmern, Herzstillstand und Tod führen. Diese Herzrhythmusstörungen sind schwer zu behandeln. Alle TCA sind also in den Dosen, die depressiven Patienten üblicherweise zur Ver- fügung stehen, potentiell tödlich. Daher »ist es unklug, mehr als eine Wochenra- tion eines Antidepressivums an einen akut depressiven Patienten abzugeben«[5].

Pharmakokinetik

Die TCA werden bei oraler Verabreichung gut resorbiert. Da die meisten eine relativ lange Halbwertzeit haben (Tabelle 8.4), sollten sie nur einmal täglich eingenommen werden, und zwar meist vor dem Schlafengehen, um die unerwünschten Wirkungen (besonders die anhaltende Sedierung) gering zu halten. Die TCA werden in der Leber metabolisiert, wobei aus zwei TCA, wie bereits erwähnt, zunächst pharmakologisch aktive Zwischenprodukte entstehen, die anschließend weiter abgebaut werden (Abbildung 8.3). Die kombinierte Aktivität des Ausgangswirkstoffes und seines Metaboliten führt zu einem klinischen Effekt, der bis zu vier Tagen und bei älteren Patienten noch länger anhält.

Tabelle 8.4: Wirkstoffe zur Behandlung affektiver Störungen: Antidepressiva

Wirkstoff[a]	sedierende Wirkung	anticholinerge Wirkung[b]	Halbwertzeit (Stunden)	Rückaufnahmehemmung		
				Noradrenalin	Serotonin	Dopamin
tricyclische Antidepressiva						
Imipramin (Tofranil®, Pryleugan®)	+	+	5–20	+	+	0
Desipramin (Pertofran®, Petylyl®)	+	+	12–75	+++	0	0
Trimipramin (Stangyl®, Herphonal®)	+++	+++	8–10	+	0	0
Protriptylin	+	+	55–125	+	+/–	0
Nortriptylin (Nortrilen®)	+	+	15–35	+	+	0
Amitriptylin (Amineurin®, Novoprotect®, Saroten®, Syneudon®)	+++	+++	20–35	+	+	0
Doxepin (Aponal®, Doneurin®, Mareen®, Sinquan®)	+++	+++	8–24	+	+	0
Antidepressiva der zweiten Generation						
Amoxapin[c]	+	+	8–10	+	0	0
Maprotilin (Aneural®, Deprilept®, Ludiomil®, Mapro-GRY®, Maprolu®, Mirapan®, Psymion®)	+	+	27–58	+	0	0
Trazodon (Thombran®)	+	+	6–13	0	+	0
Fluoxetin (Fluctin®)	0	0	24–96	0	+++	0
Bupropion	0	0	14	+/–	0	+
Sertralin	0	0	26	0	+++	0
Paroxetin (Seroxat®, Tagonis®)	0	0	24	+	+++	0
Clomipramin (Anafranil®, Hydiphen®)	0	0	10–37	+	+++	0
Venlafaxin (Trevilor®)	0	0	3–11	+	+++	0

Tabelle 8.4: (Fortsetzung)

Wirkstoff[a]	sedierende Wirkung	anticholinerge Wirkung[b]	Halbwertzeit (Stunden)	Rückaufnahmehemmung		
				Noradrenalin	Serotonin	Dopamin
MAO-Hemmer (irreversibel)						
Phenelzin	+	0	2–4[d]	0	0	0
Isocarboxazid	0	0	1–3[d]	0	0	0
Tranylcypromin (Parnate®)	0	0	1–3[d]	0	0	0
MAO-Hemmer (reversibel)						
Moclobemid (Aurorix®)	0	+	1–3	0	0	0
Brofaramin	0	+	12–15	0	0	0
Climoxaton	0	+	9–16	0	0	0

0 = keine Wirkung,
+ = geringe Wirkung,
++ = mäßige Wirkung,
+++ = starke Wirkung.
[a] Beispiele für deutsche Handelsnamen gemäß Roter Liste 1996.
[b] Zu den anticholinergen Wirkungen gehören Mundtrockenheit, Akkomodationsstörungen, Tachykardie, Harnretention und Obstipation.
[c] Hat durch Blockade von Dopaminrezeptoren auch antipsychotische Wirkung.
[d] Halbwertzeit korreliert nicht mit klinischer Wirkung (siehe Text).

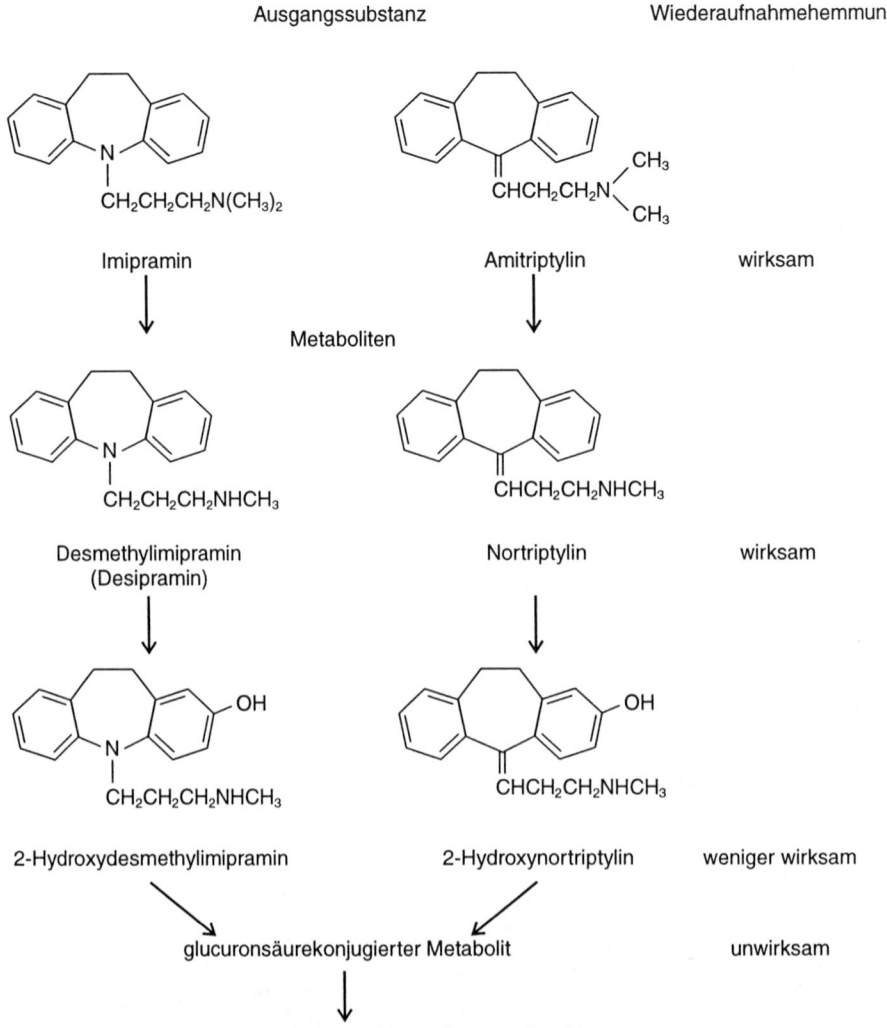

8.3 Metabolismus von Imipramin und Amitriptiylin. Die beiden aktiven Zwischenprodukte sind auch als eigenständige Medikamente im Handel.

Verabreichung

Nach der Therapieeinleitung muß das Medikament gewöhnlich vier bis acht Wochen verabreicht werden, bevor eine Wirksamkeitsbeurteilung möglich ist. Während der ersten Behandlungswochen kann zunächst eine deutliche Sedierung auftreten. Manche Patienten reduzieren daher von sich aus die Dosis. Wenn also ein Patient auf die Behandlung nicht ausreichend anspricht, muß zuerst festgestellt werden, ob das Arzneimittel auch wirklich regelmäßig in adäquater Menge eingenommen wurde. Ein geeignetes Verfahren hierfür ist das therapeutische Monitoring (Bestimmung des Wirkstoffspiegels im Blut).

Bei einer Langzeittherapie sollte die Dosis des Medikamentes, die zur Rückbildung der Depression geführt hat, kontinuierlich weiter genommen werden. Die Therapie wird gewöhnlich mindestens für sechs Monate nach dem Eintreten der klinischen Wirkung fortgesetzt. Danach kann die Dosierung vorsichtig gesenkt werden. Werden Rückfallsymptome beobachtet, sollte man wieder zur wirksameren Anfangsdosierung zurückkehren. Bei älteren Patienten sind Arzneimittel mit kurzen Halbwertzeiten und unwirksamen Metaboliten zu wählen (Tabelle 8.4), zudem sollte man die Plasmaspiegel im Blut genau überwachen. Ältere Patienten mit Herzkrankheiten neigen in besonderem Maße zu schweren Nebenwirkungen.

Wechselwirkungen der TCA mit anderen Arzneimitteln treten häufig auf und sind potentiell gefährlich. TCA verstärken die Wirkungen von Alkohol erheblich. Die Berücksichtigung dieser Probleme und eine genaue Überwachung des Patienten sind daher unabdingbar.

Ihre Hauptanwendung finden die TCA bei der Behandlung der *major depression*. Darüber hinaus sind TCA wirksam in der Behandlung der Enuresis (Bettnässen) im Kindesalter, bei Eß- und Zwangsstörungen, Panikattacken, chronischen Schmerzzuständen, Migräne, posttraumatischer Belastungsstörung und sogar bei peptischem Ulcus (wegen der Blockade der Histamin$_1$-Rezeptoren).[22]

Antidepressiva der „zweiten Generation" (atypische Antidepressiva)

Wie bereits erwähnt, hoffte man in den achtziger Jahren, daß sich durch chemisch modifizierte Wirkstoffe einige Nachteile der TCA vermeiden ließen. Erste Bemühungen (Ende der siebziger bis Mitte der achtziger Jahre) brachten die Antidepressiva der „zweiten Generation" oder „atypischen" Antidepressiva hervor. Ihre pharmakokinetischen Daten und ein Vergleich mit den Standard-TCA sind den Tabellen 8.4 und 8.5 zu entnehmen. Im weiteren Verlauf der Forschung entwickelte man die serotoninspezifischen Rückaufnahmehemmer (*serotonin-specific reuptake inhibitors*, SSRI), die später beschrieben werden.

Nicht-SSRI-Antidepressiva

Maprotilin (zum Beispiel Ludiomil®) war eines der ersten klinisch verfügbaren Antidepressiva mit einer Abwandlung der tricyclischen Grundstruktur (Abbildung 8.1). Es hat eine lange Halbwertzeit, blockiert die Noradrenalinrückaufnahme und ist ebenso wirksam wie Imipramin (die „Standardsubstanz" der

Tabelle 8.5: Vor- und Nachteile der neueren gegenüber den tricyclischen Antidepressiva

Wirkstoff	Vorteile	Nachteile
Maprotilin	sedierend und möglicherweise bei Erregungszuständen geeignet antagonisiert nicht die antihypertensive Wirkung von Clonidin	erhöhte Inzidenz von Anfällen erhöhte Letalität bei Überdosierung lange Halbwertzeit, daher Kumulationsneigung erhöhte Inzidenz von Hautausschlägen
Amoxapin	nur geringe sedierende Wirkung nur geringe anticholinerge Wirkung möglicherweise wirksam zur Monotherapie der psychotischen Depression rascher Wirkungseintritt möglich	kann zu parkinsonähnlichen Nebenwirkungen und Spätdyskinesien führen Trennung der antidepressiven und „antipsychotischen" Wirkung nicht möglich erhöhte Letalität bei Überdosierung
Trazodon	relativ sicher bei Überdosierung sedierend (kann bei aggressivem Verhalten von geriatrischen Patienten geeignet sein)	kann Kammerarrhythmie auslösen oder verstärken kann Priapismus begünstigen
Fluoxetin	nur gering sedierende, anticholinerge und hypotensive Nebenwirkungen keine Gewichtszunahme (begünstigt möglicherweise sogar Gewichtsabnahme) keine Störung der kardialen Erregungsleitung wirksam bei Zwangsstörungen	kann Agitiertheit (Unruhe), Übelkeit und Schlafstörungen verursachen lange Halbwertzeit, daher Kumulationsneigung ungeklärte Wirksamkeit bei Panik möglicherweise indirekte dopaminblockierende Wirkungen pharmakokinetische Wechselwirkungen mit tricyclischen Antidepressiva (Erhöhung des Plasmaspiegels)
Bupropion	nur geringe sedierende, anticholinerge und hypotensive Nebenwirkungen keine Gewichtszunahme	nicht selten „Überstimulierung" mit Schlaflosigkeit und Angstzuständen Auftreten von Krampfanfällen kann Wahrnehmungsstörungen auslösen verursacht Anstieg des Prolactinspiegels

tricyclischen Antidepressiva), besitzt jedoch, wenn überhaupt, nur wenige therapeutische Vorteile. Ein wesentlicher Nachteil des Maprotilins besteht darin, daß es – häufiger als andere Antidepressiva – Krampfanfälle auslösen kann, was wahrscheinlich auf eine Kumulation aktiver Metaboliten zurückzuführen ist. Allain und Mitarbeitern[23] zufolge bewirkt Maprotilin keine Verschlechterung kognitiver Funktionen.

Amoxapin (in Deutschland nicht im Handel) gehört ebenfalls zu den ersten Antidepressiva, die sich von den TCA chemisch unterscheiden. Es besitzt die gleiche Wirksamkeit wie Imipramin, ist jedoch mitunter zur Linderung von Angst- und Erregungszuständen etwas besser geeignet. Amoxapin führt nicht selten zu schweren parkinsonähnlichen neuroleptischen Nebenwirkungen – es blockiert Dopaminrezeptoren –, die manchmal sogar noch nach Beendigung der Therapie auftreten. Amoxapin kann bei Überdosierung tödlich sein. Einigen Berichten zufolge ist es – genaue Patientenüberwachung vorausgesetzt – möglicherweise hilfreich zur Behandlung von Panikstörungen.[24]

Trazodon (Thombran®) ist ein weiteres Antidepressivum mit einer atypischen Struktur. Therapeutisch soll es genauso wirksam wie die TCA.[25] Der Mechanismus der antidepressiven Wirkung ist unklar, da es weder die Noradrenalin- noch die Serotoninrückaufnahme sonderlich stark unterdrückt. Jedoch blockiert es eine Unterklasse der Serotoninrezeptoren (5-HT$_2$-Rezeptoren), und es scheint »entweder die Noradrenalin- oder die Serotoninrezeptoren herunterzuregulieren«[26]. Benommenheit, die häufigste Nebenwirkung, tritt bei etwa 20 Prozent aller Patienten auf. In seltenen Fällen wird die Anwendung bei männlichen Patienten durch Priapismus (abnorm lange und schmerzvolle Erektionen) eingeschränkt. Über die Wirkung von Trazodon auf kognitive Funktionen liegen widersprüchliche Aussagen vor: In einer Studie fand man Hinweise auf Sedierung und psychomotorische Beeinträchtigungen[27], in einer anderen ließen sich keine nachteiligen Auswirkungen auf die kognitiven Leistungen depressiver Patienten feststellen.[28]

Bupropion, in Deutschland nicht im Handel, wurde auch in den USA mehrere Jahre wegen schwerer Nebenwirkungen vom Markt zurückgehalten. Jetzt ist es dort als Antidepressivum erhältlich, da es bei depressiven Patienten, die auf andere Substanzen nicht ansprechen, mitunter hilfreich sein kann. Bupropion unterscheidet sich von anderen Antidepressiva insofern, als es selektiv die Dopaminrückaufnahme hemmt (eine cocainähnliche Wirkung). Da es dopaminerge Wirkungen verstärkt, ist es erfolgreich bei Kindern mit Aufmerksamkeitsdefizitstörung angewendet worden.[29] Zu den Nebenwirkungen von Bupropion zählen Angstzustände, Unruhe, Tremor und Schlafstörungen; ernstere Nebenwirkungen sind generalisierte Anfälle und die Auslösung zuvor nicht aufgetretener Psychosen. Ein Potential zum zwanghaften Mißbrauch ist nicht zweifelsfrei auszuschließen, da der Wirkstoff den psychomotorischen Stimulantien ähnelt und möglicherweise mehr mit diesen gemein hat als mit den Antidepressiva. Einer neueren Studie zufolge können Patienten, die an einer durch Fluoxetin (siehe unten) ausgelösten sexuellen Funktionsstörung leiden, nach Umstellung auf Buprorion ihre Orgasmusfähigkeit wiedererlangen und größere sexuelle Befriedigung empfinden, ohne daß es zu einer erneuten depressiven Episode kommt.[30]

SSRI-Antidepressiva

Wie bereits erläutert, wird eine Störung im Serotoninstoffwechsel als eine von vielen Ursachen depressiver Erkrankungen postuliert. Wirkstoffe, welche die aktive präsynaptische Wiederaufnahme des Serotonins unterdrücken und dadurch die serotoninvermittelte Neurotransmission verstärken, müßten demnach klinisch zur Behandlung der Depression geeignet sein.

Heute sind in Deutschland mehrere SSRI zur Behandlung der Depression in Gebrauch: Zum Beispiel Paroxetin, Fluoxetin, Fluvoxamin, Clomipramin und Citalopram (Abbildung 8.1). Sertralin – in den USA bereits im Handel – befindet sich im Zulassungsverfahren, weitere werden wohl folgen.

Fluoxetin (Fluctin®) ist in den USA mittlerweile das meistverordnete Antidepressivum (dort unter dem Handelsnamen Prozac®) und wird auch in Deutschland häufig angewendet. Die Wirksamkeit ist mit der der TCA vergleichbar, doch zeigt es weniger Nebenwirkungen; vor allem bleiben bei Überdosierung die schwerwiegende Komplikationen (zum Beispiel Herzrhythmusstörungen) aus.

Fluoxetin hat mit ein bis vier Tagen eine lange Halbwertzeit, sein aktiver Metabolit Norfluoxetin mit etwa ein bis drei Wochen sogar eine noch längere. Bei wiederholter Verabreichung steigert sich daher mit fortlaufender Behandlung die antidepressive Wirkung, weil vermutlich auch die Konzentrationen der Ausgangssubstanz und ihres aktiven Zwischenprodukts im Blut ständig zunehmen. So dauert es viele Wochen, bis sich eine Gleichgewichtskonzentration der beiden Wirkstoffe im Blut eingestellt hat. Dieser Umstand könnte zumindest teilweise die lange Latenzzeit bis zum Erreichen der maximalen therapeutischen Wirkung erklären. Wegen der langen Halbwertzeiten von Fluoxetin und Norfluoxetin muß zwischen der Beendigung der Anwendung des Medikaments und dem Beginn einer Pharmakotherapie mit irreversiblen MAO-Hemmern ein fünfwöchiges arzneimittelfreies Intervall eingehalten werden.

Die Beziehungen zwischen klinischer Wirkung, Blutkonzentration und Tagesdosis bei der Anwendung von Fluoxetin sind noch weitgehend ungeklärt.

Fluoxetin wird auch zur Behandlung von Zwangsstörungen eingesetzt[31-33], da bei diesen ebenfalls eine Fehlfunktion der serotoninvermittelten Neurotransmission vorzuliegen scheint.[34,35] Daher spielen Antidepressiva, die die Serotoninrückaufnahme hemmen, eine wesentliche Rolle in der Pharmakotherapie des Zwangssyndroms, vor allem Fluoxetin und Clomipramin (siehe unten).

Überdies scheint Fluoxetin in sehr niedriger Dosierung wirksam zur Behandlung von Panikstörungen zu sein[36,37]; dabei wird das Medikament allein oder in Kombination mit dem Benzodiazepinderivat Alprazolam gegeben.[34,38]

Wie in Kapitel 6 erörtert, läßt sich Übergewicht mit Hilfe von Medikamenten langfristig nur schwierig therapieren. Als Unterstützung zu nichtmedikamentösen Behandlungsmaßnahmen zeigen allerdings zwei pharmakologische Ansätze inzwischen sehr vielversprechende Ergebnisse. Der erste, bereits in Kapitel 6 erwähnt, besteht in der Kombination von Fenfluramin und Phentermin. Als zweite Möglichkeit scheinen die SSRI geeignet, die Nahrungsaufnahme zu reduzieren und so zur Gewichtsabnahme beizutragen.

1987 wiesen Forscher der Lilly Research Laboratories zum ersten Mal die Wirksamkeit und Unbedenklichkeit von Fluoxetin zur Behandlung der Adipositas nach.[39] Daß Fluoxetin bei nichtdepressiven übergewichtigen Personen die Eßexzesse reduzieren und zu einer Gewichtsabnahme führen kann, ließ sich in weiteren Studien bestätigen.[40-43]

Es schien zunächst so, daß Fluoxetin und andere serotoninverstärkende Antidepressiva den Alkoholkonsum bei starken Trinkern reduzieren könnten.[44-47] Neuere Ergebnisse stellen allerdings den Nutzen dieser Anwendung in Frage, da der beobachtete Rückgang des Alkoholkonsums von 14 Prozent nur in der ersten Woche auftrat und im weiteren Verlauf nicht anhielt.[48] Kapitel 5 beschäftigt sich ausführlicher mit der medikamentösen Therapie des Alkoholismus.

In den USA hat Fluoxetin mittlerweile wohl die gleiche Popularität erreicht wie die Benzodiazepine Librium® und Valium® während der sechziger Jahre. So berichtete das Magazin *Newsweek* unlängst, daß das Mittel immer häufiger bei Beschwerden angewendet wird, für die es gar nicht zugelassen ist, wie beispielsweise gegen normale Stimmungsschwankungen, Lampenfieber und prämenstruelles Syndrom.[49]

Zu den Nebenwirkungen von Fluoxetin gehören Nervosität, Angstzustände, sexuelle Dysfunktion, Schlafstörungen, Übelkeit, Appetitverlust, motorische Unruhe und Muskelversteifungen. Wie stark diese Nebenwirkungen die therapeutische Anwendung einschränken, wird noch geprüft. Doch besteht allgemeine Übereinstimmung, daß Fluoxetin sich nicht nachteilig auf Gedächtnis und kognitive Funktionen auswirkt.[28] Gedächtnisstörungen infolge von Depressionen lassen sich mit Fluoxetin und anderen SSRI sogar häufig abschwächen.[18]

Sertralin, in Deutschland noch nicht im Handel, kam in den USA nach Fluoxetin als zweiter SSRI auf den Markt. Bei Patienten mit mittelschwerer bis schwerer Depression ist dieses Medikament mindestens ebenso wirksam wie die TCA. Auch bei älteren Menschen ist das Mittel wirksam und gut verträglich.

Sertralin besitzt im Vergleich zu Fluoxetin eine höhere Selektivität und eine vier- bis fünffache Potenz zur Blockade der Serotoninrückaufnahme. Vor allem wird die Gleichgewichtskonzentration im Plasma bereits nach fünf bis sieben Tagen erreicht, und die Metaboliten sind pharmakologisch weniger aktiv und kumulieren nicht in dem Ausmaß wie bei Fluoxetin. Sertralin kann auch zur Behandlung von Zwangsstörungen geeignet sein und ist dabei in seiner Wirksamkeit mit anderen SSRI vergleichbar. Das Mittel »hat deutlich weniger anticholinerge, antihistaminische und kardiovaskuläre Nebenwirkungen als die TCA; zudem ist das Risiko toxischer Wirkungen bei Überdosierung geringer.«[50]

Paroxetin (Seroxat®, Tagonis®) ist hinsichtlich seiner therapeutischen Wirksamkeit mit den TCA vergleichbar und Placebos deutlich überlegen. Paroxetin »ist besonders gut wirksam, um die Angst zu vermindern, die bei der depressiven Erkrankung ein häufiges Symptom ist.«[25]

Wie Sertralin ist auch Paroxetin ein selektiverer Serotoninrückaufnahmehemmer als Fluoxetin. Die Metaboliten von Paroxetin besitzen nur geringe pharmakologische Aktivität. Die metabolische Halbwertzeit beträgt ungefähr 24 Stunden; eine Gleichgewichtskonzentration stellt sich nach etwa sieben Tagen ein. Eine ausführliche Übersicht über die Anwendung von Paroxetin als Antidepressivum wurde unlängst von Boyer und Feighner herausgegeben.[51]

Clomipramin (Anafranil®), ein starker Serotoninrückaufnahmehemmer, wird in Europa und Kanada bereits seit langem zur Behandlung von Zwangsstörungen angewendet und wurde 1990 auch in den USA für diese Indikation zugelassen. Etwa 40 bis 75 Prozent der Patienten mit Zwangssyndromen sprechen positiv darauf an. Durch eine zusätzliche Verhaltenstherapie läßt sich die Wirkung noch verbessern. Außerdem wird Clomipramin weltweit zur Therapie der Depression und der Panikstörung angewendet. Das Medikament entspricht in seiner Wirksamkeit und seinem Nebenwirkungsprofil den TCA.

Mit *Venlafaxin* kam 1994 in den USA und 1996 in Deutschland (als Trevilor®) ein weiteres Antidepressivum auf den Markt, das seine Wirkung unter anderem durch Blockade der aktiven Serotoninrückaufnahme entfaltet. Als strukturell atypisches Antidepressivum (Abbildung 8.1) hemmt Venlafaxin auch die aktive Rückaufnahme von Noradrenalin und zeigt einen geringen Effekt auf die Dopaminrückaufnahme.[52] Venlafaxin hat auf cholinerge, histaminerge und adrenerge Rezeptoren nur einen geringen oder gar keinen Einfluß und hemmt auch nicht die Monoaminoxidase. Die Wirkungen auf die kardiale Erregungsleitung sind allenfalls geringfügig.[53] Daher rechnet man mit einem günstigen Nebenwirkungsprofil. Der primäre Metabolit des Venlafaxins ist pharmakologisch aktiv, während die weiteren Stoffwechselprodukte relativ unwirksam sind. Die Halbwertzeit der Muttersubstanz beträgt drei bis fünf, die des primären Metaboliten neun bis elf Stunden. Die klinische Wirksamkeit von Venlafaxin ist TCA und SSRI vergleichbar. In einer Studie wurde eine Verbesserung psychomotorischer und kognitiver Funktion beobachtet[54], die vermutlich auf die Linderung der Depression sowie auf das Fehlen sedierender und anticholinerger Effekte zurückzuführen sind.

Fluvoxamin (Fevarin®), strukturell verwandt mit Fluoxetin, ist in Deutschland seit 1984 als Antidepressivum im Handel. In den USA wird es seit 1995 zur Therapie von Zwangsstörungen angewendet.[55] Zur Behandlung und präventiven Erhaltungstherapie der Depression, der Panik- und der Zwangsstörungen werden wahrscheinlich weitere SSRI, zum Beispiel Citalopram, zugelassen werden.[34]

Monoaminoxidasehemmer

Die herkömmlichen Monoaminoxidasehemmer (MAO-Hemmer) gelten seit langem als alternative Medikamente zur Behandlung der Depression. Seit ihrer Einführung Ende der fünfziger Jahre hatten sie eine bewegte und umstrittene Geschichte. Kurz nach ihrer Zulassung bemerkte man schwere, unter Umständen sogar tödliche Wechselwirkungen mit anderen Arzneimitteln und mit bestimmten Nahrungsmitteln. Zu ersteren gehören unter anderem adrenalinähnliche Substanzen, die in Nasensprays vorkommen, sowie Asthmamittel, Erkältungsmittel und Cocain. Zu den betreffenden Lebensmitteln zählen solche, die Tyramin enthalten (bestimmte Käsesorten, Rotwein, Leber und einige Bohnensorten). Die Wechselwirkungen führen zu einem starken Blutdruckanstieg, der mitunter tödlich verlaufen kann. Daher wurden die MAO-Hemmer etwa 20 Jahre lang als zu risikoreich angesehen; bei Beachtung strenger Diätvorschriften können sie aber unbedenklich angewendet werden. Heute erleben diese Medikamente aus mehreren Gründen ein Comeback:

1. Bei Einhaltung der entsprechenden Diätvorschriften sind sie genauso unbedenklich und sicher in der Anwendung wie TCA.
2. Bei Patienten, die auf TCA und SSRI schlecht ansprechen, erweisen sie sich oft als wirksam.
3. Bei „atypischer" Depression mit verlängerter Schlafdauer, Appetitsteigerung und Gewichtszunahme scheinen sie sogar effizienter zu sein als TCA.

Die Monoaminoxidase (MAO) ist ein Enzym, das Neurotransmitter wie Noradrenalin und Serotonin abbaut (Anhang B). Es gibt zwei Typen dieses Enzyms: Die MAO-A kommt in noradrenergen und serotonergen Nervenendigungen vor, die MAO-B in dopaminausschüttenden Neuronen. Die medikamentös induzierte Inhibition der MAO-A ist vermutlich für die antidepressive Wirkung verantwortlich, während durch Hemmung der MAO-B die Nebenwirkungen, etwa die oben erwähnten schweren Substanzwechselwirkungen, verursacht werden.

Durch die medikamentös ausgelöste Blockade der MAO (insbesondere der MAO-A) können sich große Transmittermengen in den Nervenendigungen ansammeln. Folglich werden mehr Transmittermoleküle freigesetzt, wenn die Neuronen stimuliert werden. Die bisher erwähnten MAO-Hemmstoffe inhibieren nichtselektiv und irreversibel MAO-A und MAO-B; neuerdings gibt es jedoch auch kurzwirksame reversible und spezifische MAO-A-Hemmer.

Irreversible MAO-Hemmer

Von den MAO-Hemmern, die zu einer irreversiblen Blockade der MAO-A und der MAO-B führen, wird in Deutschland nur Tranylcypromin (Parnat®) verwendet, in den USA sind daneben noch Phenelzin und Isocarboxazid erhältlich. In der Pharmakologie sind irreversible Effekte eher ungewöhnlich – die meisten der in diesem Buch besprochenen Substanzen entfalten reversible Wirkungen, indem sie mit natürlich vorkommenden Neurotransmittern um Rezeptoren konkurrieren. Die irreversiblen MAO-Hemmer jedoch gehen mit der Monoaminoxidase eine feste chemische Bindung ein. Daher kehrt die Enzymfunktion erst nach der Synthese neuer Enzymmoleküle zurück.

Pharmakokinetik und Wirkungsmechanismus. Wie aus Tabelle 8.4 ersichtlich, beträgt die Eliminationshalbwertzeit von Tranylcypromin etwa zwei Stunden. Aufgrund dieser raschen Eliminationsgeschwindigkeit sinkt zwar der Plasmaspiegel des Medikaments schnell (Abbildung 8.4A), doch nicht das Ausmaß der MAO-Inhibition (Abbildung 8.4B). Diese fehlende Korrelation ist dadurch bedingt, daß Tranylcypromin nach seiner Resorption zu einem aktiven Zwischenprodukt metabolisiert wird, das kovalent und irreversibel an die MAO-A und die MAO-B bindet. Überschüssiges, nicht in das Zwischenprodukt umgewandeltes Tranylcypromin wird rasch abgebaut und ausgeschieden.[56] Der Verlauf dieser Vorgänge ist in Abbildung 8.4B dargestellt. Das obere Diagramm zeigt den raschen Wechsel zwischen Anstieg und Abfall des Tranylcprominspiegels im Plasma bei täglich dreimaliger oraler Verabreichung über sieben Tage. Da die Leber das Medikament rasch metabolisiert, kommt es nur zu einer geringen Kumulation. Die irreversible MAO-Hemmung setzt langsam ein; eine Inhibition von 70 Prozent ist am siebten Tag erreicht. Nach Absetzen des Medikaments kehrt die MAO-Aktivität mit der Neusynthese biologisch aktiven Enzyms sehr langsam wieder zurück.

Wirksamkeit. Die nichtselektiven irreversiblen MAO-Hemmer kamen etwa zehn Jahre vor den TCA als die ersten klinisch wirksamen Arzneimittel zur Behandlung der Depression auf den Markt. Daß ihre Anwendung immer weiter zurückging, lag nicht an ihrer mangelnden Wirksamkeit, sondern an den beschriebenen Nebenwirkungen. Was ihre Wirksamkeit angeht, scheinen die MAO-Inhibitoren durchaus mit den TCA vergleichbar zu sein. Vor allem aber sind sie häufig bei solchen Patienten wirksam, bei denen die Therapie mit TCA und SSRI fehlgeschlagen ist. Bei angemessener Einhaltung der Diätvorschriften ist die Anwendung der irreversiblen MAO-Hemmer relativ unbedenklich. Dennoch bestand ein Bedarf für reversible MAO-Hemmer mit kürzerer Wirkungsdauer und einem größeren Sicherheitsspielraum.

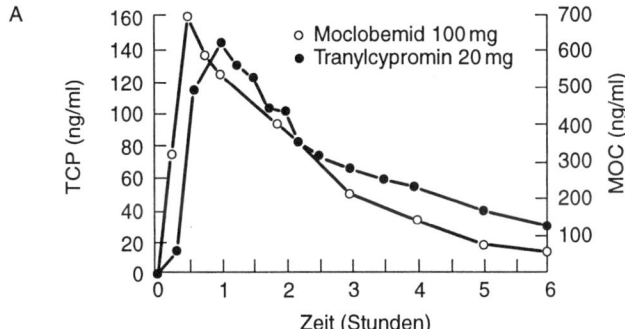

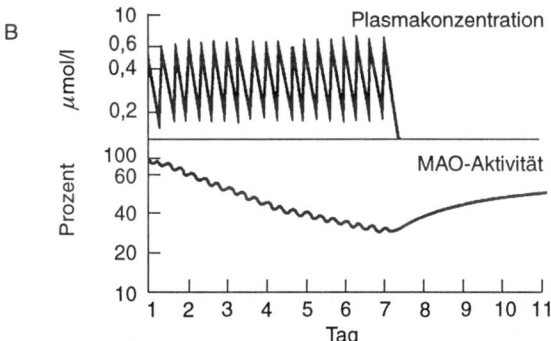

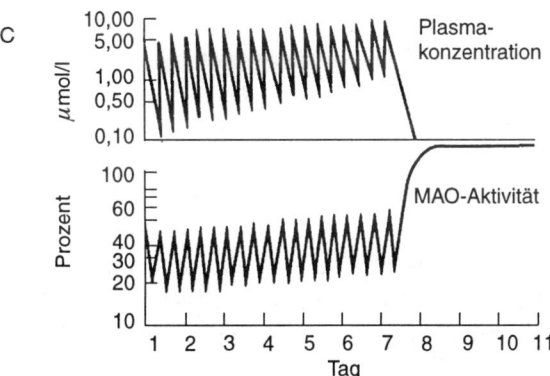

8.4 A) Konzentrationsprofile von Moclobemid (MOC) und Tranylcypromin (TCP) nach einmaliger oraler Verabreichung. B) Plasmaspiegel von Tranylcypromin (10 mg dreimal täglich) und MAO-Aktivität. C) Plasmaspiegel von Moclobemid (150 mg dreimal täglich) und MAO-Aktivität. (Aus Amrien et al.[56])

Reversible MAO-Hemmer

Mehrere kurzwirksame, selektive und reversible MAO-Inhibitoren sind inzwischen entwickelt worden. Am besten untersucht ist bisher *Moclobemid*, das in Deutschland bereits zugelassen ist (Aurorix®). Dieser Wirkstoff und andere derzeit geprüfte Substanzen zeichnen sich durch die Fähigkeit aus, hochselektiv und in reversibler Weise die MAO-A zu hemmen. Da sie kaum Wechselwirkungen mit Tyramin aus Nahrungsmitteln zeigen, sind sie wesentlich sicherer als die bisherigen irreversiblen MAO-Inhibitoren.[57]

Die neuen Substanzen sollen ebenso wirksam sein wie die TCA, besitzen aber weniger Nebenwirkungen. Wenn sich diese ersten vielversprechenden Ergebnisse bestätigen, könnten weitere reversible MAO-Hemmer zur Therapie der Depression zugelassen werden.

Wie Abbildung 8.4 zeigt, sind die Halbwertzeiten und der zeitliche Verlauf der Konzentrationen im Plasma bei Moclobemid und Tranylcypromin praktisch identisch. Doch korreliert im Falle von Moclobemid (sieben Tage lang dreimal täglich oral verabreicht) die MAO-Hemmung mit der Plasmakonzentration des Wirkstoffes (Abbildung 8.4C). Mit jeder Verabreichung sinkt die MAO-Aktivität und steigt nach Metabolisierung der Substanz und Absinken des Wirkstoffspiegels wieder an. Nach Beendigung der Therapie kommt es zu einer raschen Normalisierung der MAO-Aktivität. Dieses Wirkungsmuster entspricht dem der meisten anderen Arzneimittel – im Gegensatz zu Tranylcypromin geht Moclobemid keine irreversible kovalente Bindung mit seinem Zielmolekül ein. Abbildung 8.4C zeigt auch, daß die MAO-Hemmung ihren Höchstwert bereits nach einer Einzeldosis Moclobemid erreicht. Insgesamt sind also die Wirkungen von Moclobemid gut kontrollierbar: Sie korrelieren mit der Konzentration im Plasma, sind von kurzer Dauer, und Nachwirkungen treten nicht auf. Da spezifisch die MAO-A blockiert wird, sind überdies kaum Nebenwirkungen zu befürchten.

Wie Allain und Mitarbeiter[23] berichten, verschlechtert Moclobemid nicht die kognitiven Funktionen, vielmehr scheint es sogar zu einer Besserung der Aufmerksamkeit und Konzentrationsfähigkeit sowie einiger wichtiger Elemente der Gedächtnisfunktion zu führen. Diese günstigen Effekte könnten mit der MAO-A-Hemmung und dem Fehlen anticholinerger Wirkungen zusammenhängen.

Insgesamt bieten die neueren selektiven und reversiblen MAO-Inhibitoren gegenüber den bisherigen Wirkstoffen also gewisse Vorteile. Man hat sie wegen der besseren Verträglichkeit auch als die »sanften MAO-Hemmer« bezeichnet.[57]

Aufgaben

1. Unterscheiden Sie zwischen *major depression* und bipolarer Störung.
2. Welche Beziehung besteht zwischen der Depression und den als Neurotransmitter fungierenden biogenen Aminen im Gehirn?
3. Grenzen Sie Cocain und die Amphetamine von den Antidepressiva ab.
4. Wodurch könnte die Latenzzeit von zwei bis drei Wochen bis zum Einsetzen der therapeutischen Wirkung bei der Behandlung mit einem Antidepressivum bedingt sein?
5. Beschreiben Sie die Gemeinsamkeiten und Unterschiede von Imipramin und Fluoxetin.
6. Erläutern Sie, welche Folgen die Überdosierung eines tricyclischen Antidepressivums hat. Welche Patienten sind besonders gefährdet? Welche Therapiemöglichkeiten gibt es?
7. Wie wird durch MAO-Hemmung eine antidepressive Wirkung erzielt?
8. Beschreiben Sie die Gemeinsamkeiten und Unterschiede von Tranylcypromin und Moclobemid.
9. Was ist der präsynaptische Serotonintransporter? Welcher Zusammenhang besteht zwischen diesem Transporter und der antidepressiven Wirkung eines Medikaments?

Literatur

1. American Medical Association *Drugs Used in Mood Disorders*. In: *Drug Evaluations, Annual 1994*. Milwaukee (Wis.), American Medical Association, 1993, S. 287–318.
2. U.S. Congress, Office of Technology Assessment *The Biology of Mental Disorders*. OTA-BA-538, Washington (D.C.), U.S. Government Printing Office, September 1992, S. 8, 56.
3. Richelson E. *Treatment of Acute Depression*. In: *The Psychiatric Clinics of North America* 16 (September 1993), S. 462.
4. Rang H. P.; Dale M. M. *Drugs Used in Affective Disorders*. In: Rang H. P.; Dale M. M. (Hrsg.) *Pharmacology*, 2. Aufl., Edinburgh, Churchill Livingstone, 1991, S. 660–665.
5. Baldessarini R. J. *Drugs and the Treatment of Psychiatric Disorders*. In: Gilman A. G.; Rall T. W.; Nies A. S. und Taylor P. (Hrsg.) *Goodman and Gilman's The Pharmacological Basis of Therapeutics*, 8. Aufl., New York, Pergamon, 1990, S. 408.
6. Janicak P. G.; Davis J. M.; Preskorn S. H. und Ayd jr. F. J. *Principles and*

Practice of Psychopharmacotherapy. Baltimore, Williams & Wilkins, 1993, S. 211–219.

7. Paul S. M. *Introduction: Serotonin and Its Effects on Human Behavior.* In: *Journal of Clinical Psychiatry* 51, Nr. 4, Suppl. (April 1990), S. 3.

8. Harrington M. A.; Zhong P.; Garlow S. J. und Ciaranello R. D. *Molecular Biology of Serotonin Receptors.* In: *Journal of Clinical Psychiatry* 53, Suppl. (Oktober 1992), S. 8–27.

9. Blier P.; de Montigny C. und Chaput Y. *A Role for the Serotonin System in the Mechanism of Action of Antidepressant Treatments: Preclinical Evidence.* In: *Journal of Clinical Psychiatry* 51, Nr. 4, Suppl. (April 1990), S. 14–21.

10. Blackely R. D.; Berson H. E.; Fremeau jr. R. T.; Caron M. G.; Peek M. M.; Prince H. K. und Bradley C. C. *Cloning and Expression of a Functional Serotonin Transporter From Rat Brain.* In: *Nature* 354 (1991), S. 66–70.

11. Hoffman B. J.; Mezey E. und Brownstein M. J. *Cloning of a Serotonin Transporter Affected by Antidepressants.* In: *Science* 254 (1991), S. 579–580.

12. Cool D. R.; Leibach F. H.; Bhalla V. K.; Mahesh V. B. und Ganapathy V. *Expression and Cyclic AMP-Dependent Regulation of a High Affinity Serotonin Transporter in the Human Placental Choriocarcinoma Cell Line (JAR).* In: *Journal of Biological Chemistry* 266 (1991), S. 15750–15757.

13. King S. C.; Tiller A. A.; Chang A. S. und Lam D. M. *Differential Regulation of the Imipramine-Sensitive Serotonin Transporter by cAMP in Human JAR Choriocarcinoma Cells, Rat PC12 Pheochromocytoma Cells, and C33-14-B1 Transgenic Mouse Fibroblast Cells.* In: *Biochemical & Biophysical Research Communications* 183 (1992), S. 487–491.

14. Risch S. C.; Nemeroff C. B. *Neurochemical Alterations of Serotonergic Neuronal Systems in Depression.* In: *Journal of Clinical Psychiatry* 53, Suppl. (Oktober 1992), S. 3–7.

15. Ramamoorthy S.; Bauman A. L.; Moore K. R.; Han H.; Yang-Feng T.; Chang A. S.; Ganapathy V. und Blakely R. D. *Antidepressant- and Cocaine-Sensitive Human Serotonin Transporter: Molecular Cloning, Expression, and Chromosomal Localization.* In: *Proceedings of the National Academy of Sciences USA* 90 (1993), S. 2542–2546.

16. Azmitia E. C.; Whitaker-Azmitia P. M. *Awakening the Sleeping Giant: Anatomy and Plasticity of the Brain Serotonergic System.* In: *Journal of Clinical Psychiatry* 52, Suppl. (Dezember 1991), S. 4–16.

16a. Holsboer F.; Barden N. *Antidepressants and Hypothalamic-Pitritary-Adrenocortical Regulation.* In: *Endocrine Reviews* 17/2 (1996), S. 187–205.

17. Cantu T. C.; Korek J. S. und Romanoski A. J. *Focus on Venlafaxine: A New Option for the Treatment of Depression.* In: *Hospital Formulary* 29 (1994), S. 25–33.

18. Danion J. M. *Antidepresseurs et Memoire*. In: *Encephale* 19, Spec. No. 2 (Juli 1993), S. 417–422.

19. Curran H. V.; Sakulsriprong M. und Lader M. *Antidepressants and Human Memory: An Investigation of Four Drugs With Different Sedative and Anticholinergic Profiles*. In: *Psychopharmacology* 95 (1988), 520–527.

20. Marcopulos B. A.; Graves R. E. *Antidepressant Effect on Memory in Depressed Older Persons*. In: *Journal of Clinical and Experimental Neuropsychology* 12 (1990), S. 655–663.

21. Spring B.; Gelenberg A. J.; Garvin R. und Thompson S. *Amitriptyline, Clovoxamine and Cognitive Function: A Placebo-Controlled Comparison in Depressed Outpatients*. In: *Psychopharmacology* 108 (1992), S. 327–332.

22. Orsulak P. J.; Waller D. *Antidepressant Drugs: Additional Clinical Uses*. In: *Journal of Family Practice* 28 (1989), S. 209–216.

23. Allain H.; Liery A.; Brunet-Bourgin F.; Mirabaud C.; Trebon P.; LeCoz F. und Gandon J. M. *Antidepressants and Cognition: Comparative Effects of Moclobemide, Viloxazine, and Maprotiline*. In: *Psychopharmacology* 106, Suppl. (1992), S. S56–S61.

24. Gold D. D. *Management of Panic Disorder: Case Reports Support a Potential Role for Amoxapine*. In: *Hospital Formulary* 25 (1990), S. 1178–1184.

25. Janicak; Davis; Preskorn und Ayd *Principles and Practice ...*, S. 230–232.

26. Roth J. A. *Antidepressants – Drugs Used in the Treatment of Mood Disorders*. In: Smith C. M.; Reynard A. M. (Hrsg.) *Textbook of Pharmacology*. Philadelphia, Saunders, 1992, S. 317.

27. Sakulsripong M.; Curran H. V. und Lader M. *Does Tolerance Develop to the Sedative and Amnesic Effects of Antidepressants? A Comparison of Amitriptyline, Trazodone and Placebo*. In: *European Journal of Clinical Pharmacology* 40 (1991), S. 43–48.

28. Fudge J. L.; Perry P. J.; Garvey M. J. und Kelly M. W. *A Comparison of the Effect of Fluoxetine and Trazodone on the Cognitive Functioning of Depressed Outpatients*. In: *Journal of Affective Disorders* 18 (1990), S. 275–280.

29. Casat C. D.; Pleasants D. Z.; Schroeder D. H. und Parler D. W. *Bupropion in Children With Attention-Deficit Disorder*. In: *Psychopharmacology Bulletin* 25 (1989), S. 198–201.

30. Parks W. und andere *Improvement in Fluoxetine-Associated Sexual Dysfunction in Patients Switched to Bupropion*. In: *Journal of Clinical Psychiatry* 54 (1993), S. 459–465.

31. Jenike M. A. *Drug Treatment of Obsessive-Compulsive Disorder*. In: Jenike M. A.; Baer L. und Minichiello W. E. (Hrsg.) *Obsessive-Compulsive*

Disorders: Theory and Management, 2. Aufl., Chicago, Year Book Medical Publishers, 1990, S. 249–265.

32. Jenike M. A.; Baer I. und Greist J. H. *Clomipramine Versus Fluoxetine in Obsessive-Compulsive Disorder: A Retrospective Comparison of Side Effects and Efficacy*. In: *Journal of Clinical Psychopharmacology* 10 (1990), S. 122–124.

33. Dominguez R. A. *Serotonergic Antidepressants and Their Efficacy in Obsessive Compulsive Disorder*. In: *Journal of Clinical Psychiatry* 53, Suppl. (Oktober 1992), S. 56–59.

34. Murphy D. L.; Pigott T. A. *A Comparative Examination of a Role for Serotonin in Obsessive-Compulsive Disorder, Panic Disorder, and Anxiety*. In: *Journal of Clinical Psychiatry* 51, Nr. 4, Suppl. (April 1990), S. 53–59.

35. Greist J. H.; Jefferson J. W.; Kobak K. A.; Katzelnick D. J. und Serlin R. C. *Efficacy and Tolerability of Serotonin Transport Inhibitors in Obsessive Compulsive Disorder*. In: *Archives of General Psychiatry* 52 (1995), S. 53–60.

36. Solyom L.; Solyom C. und Ledwidge B. *Fluxoetine in Panic Disorder*. In: *Canadian Journal of Psychiatry* 36 (1991), S. 378–380.

37. Schneier F. R.; Liebowitz M. R.; Davies S. O.; Fairbanks J.; Hollander E.; Campeas R. und Klein D. F. *Fluoxetine in Panic Disorder*. In: *Journal of Clinical Psychopharmacology* 10 (1990), S. 119–121.

38. Ballenger J. C.; Burrows G.; DuPont R.; Lesser I. M; Noyes R.; Pecknold J.; Rifkin A. und Swinson R. *Alprazolam in Panic Disorder and Agoraphobia: Results From a Multicenter Trial. I: Efficacy in Short Term Treatment*. In: Ballenger J. C. (Hrsg.) *Clinical Aspects of Panic Disorder, Frontiers in Clinical Neuroscience*. Bd. 9, New York, Wiley, 1990, S. 219–237.

39. Levine L. R.; Rosenblatt S. und Bosomworth J. *Use of a Serotonin Re-Uptake Inhibitor, Fluoxetine, in the Treatment of Obesity*. In: *International Journal of Obesity* 11, Suppl. 3 (1987), S. 185–190.

40. Wise S. D. *Clinical Studies with Fluoxetine in Obesity*. In: *American Journal of Clinical Nutrition* 55, Suppl. 1 (1992), S. 181S–184S.

41. Pijl H.; Koppeschaar H. P.; Willekens F. L; Op-de-Kamp I.; Veldhuis H. D. und Meinders A. E. *Effects of Serotonin Re-Uptake Inhibition by Fluoxetine on Body Weight and Spontaneous Food Choice in Obesity*. In: *International Journal of Obesity* 15 (1991), S. 237–242.

42. McGuirk J.; Silverstone T. *The Effect of the 5-HT Reuptake Inhibitor Fluoxetine on Food Intake and Body Weight in Healthy Male Subjects*. In: *International Journal of Obesity* 14 (1990), S. 361–372.

43. Marcus M. D.; Wing R. R.; Ewing L.; Kern E.; McDermott M. und Gooding W. *A Double-Blind, Placebo-Controlled Trial of Fluoxetine Plus Be-*

havior Modification in the Treatment of Obese Binge-Eaters and Non-Binge Eaters. In: *American Journal of Psychiatry* 147 (1990), S. 876–881.

44. Naranjo C. A.; Sellers E. M. *Serotonin Uptake Inhibitors Attenuate Ethanol Intake in Problem Drinkers.* In: *Recent Developments in Alcoholism* 7 (1989), S. 255–266.

45. Gill K.; Amit Z. *Serotonin Uptake Blockers and Voluntary Alcohol Consumption. A Review of Recent Studies.* In: *Recent Developments in Alcoholism* 7 (1989), S. 225–248.

46. Naranjo C. A.; Kadlec K. E.; Sanhueza P.; Woodley R. D. und Sellers E. M. *Fluoxetine Differentially Alters Alcohol Intake and Other Consummatory Behaviors in Problem Drinkers.* In: *Clinical Pharmacology and Therapeutics* 47 (1990), S. 490–498.

47. Gorelick D. A. *Serotonin Uptake Blockers and the Treatment of Alcoholism.* In: *Recent Developments in Alcoholism* 7 (1989), S. 267–281.

48. Gorelick D. A.; Paredes A. *Effect of Fluoxetine on Alcohol Consumption in Male Alcoholics.* In: *Alcoholism, Clinical and Experimental Research* 16 (1992), S. 261–265.

49. Cowley G. *The Culture of Prozac.* In: Newsweek, 7. Februar 1994, S. 41–42.

50. Janicak; Davis; Preskorn und Ayd *Principles and Practice ...*, S. 243.

51. Boyer W. F.; Feighner J. P. *An Overview of Paroxetine.* In: *Journal of Clinical Psychiatry* 53, Suppl. (Februar 1992), S. 3–6.

52. Bolden-Watson C.; Richelson E. *Blockade by Newly-Developed Antidepressants of Biogenic Amine Uptake Into Rat Brain Synaptosomes.* In: *Life Sciences* 52 (1993), S. 1023–1029.

53. Montgomery S. A. *Venlafaxine: A New Dimension in Antidepressant Pharmacotherapy.* In: *Journal of Clinical Psychiatry* 54 (1993), S. 119–126.

54. Saletu B.; Grunberger J.; Anderer P.; Linzmayer L.; Semlitsch H. V. und Magni G. *Pharmacodynamics of Venlafaxine Evaluated by EEG Brain Mapping, Psychometry, and Psychophysiology.* In: *British Journal of Clinical Pharmacology* 33 (1992), S. 589–601.

55. Black D. W.; Wesner R.; Bowers W. und Gabel J. *A Comparison of Fluvoxamine, Cognitive Therapy, and Placebo in the Treatment of Panic Disorder.* In: *Archives of General Psychiatry* 50 (1993), S. 44–50.

56. Amrien R.; Allen S. R.; Guentert T. W.; Hartmann D.; Lorscheid T.; Schoerlin M.-P. und Vranesic D. *The Pharmacology of Reversible Monoamine Oxidase Inhibitors.* In: *British Journal of Psychiatry* 155, Suppl. 6 (1989), S. 66–71.

57. Priest R. G. *Antidepressants of the Future.* In: *British Journal of Psychiatry* 155, Suppl. 6 (1989), S. 7–8.

9. Pharmakotherapie der affektiven Störungen: Medikamente zur Behandlung der bipolaren Störung

Die bipolare affektive Störung (manisch-depressive Erkrankung) ist durch das Auftreten einer oder mehrerer manischer Episoden gekennzeichnet, die mit einer oder mehreren depressiven Episoden abwechseln können.[1] Ein therapeutisches Einschreiten ist dann erforderlich, wenn die Stimmungswechsel so schwerwiegend sind, daß sie das Leben des Patienten oder das seiner Mitmenschen beeinträchtigen.

Vieles deutet darauf hin, daß die bipolare Störung eine genetische Grundlage hat. Dies wiederum legt nahe, daß die Betroffenen biochemische Abweichungen aufweisen, die zu der Störung führen oder sie begünstigen.[2] Auch bei Patienten mit unipolarer Depression wird eine genetische Mitverursachung angenommen. Rang und Dale schreiben hierzu:

> »Man ist sich uneins darüber, ob diese beiden klinischen Kategorien grundsätzlich unterschiedliche Störungen darstellen. Nach einer verbreiteten Sichtweise kann die unipolare Depression entweder „reaktiven" oder „endogenen" Ursprungs sein, wobei erstere eine nichtpsychotische Reaktion auf belastende Lebensumstände darstellt, beispielsweise einen schmerzlichen Verlust oder Armut, während die endogene wie die bipolare Depression auf eine biochemische Anomalie im Gehirn zurückgehen. Es gibt einige Hinweise darauf, daß diese beiden Formen der depressiven Erkrankung auf Antidepressiva unterschiedlich ansprechen. Einige Patienten mit bipolarer Depression weisen zudem schizophrene Symptome auf, während eine unipolare Depression häufig von Symptomen einer Angstneurose begleitet wird. Die depressiven Erkrankungen treten also als ein breites Spektrum unterschiedlicher Erscheinungsformen auf, von wahrscheinlich biochemisch bedingten Störungen bis hin zu psychoreaktiven Störungen, die durch äußere Ereignisse ausgelöst werden.«[2]

Eine manische Episode ist ein umgrenzter Zeitraum, in dem eine gesteigerte Verhaltensaktivität und eine anhaltende gehobene oder gereizte Stimmung bestehen und in dem mindestens drei der folgenden sieben Symptome auftreten[1]:

1. übersteigertes Selbstwertgefühl oder größenwahnähnliche Selbstüberschätzung;
2. vermindertes Schlafbedürfnis;
3. ungewöhnlicher Rededrang;
4. Ideenflucht oder Gedankendrängen;
5. Ablenkbarkeit;
6. übersteigerte Betriebsamkeit (erhöhte vordergründig zielgerichtete Aktivität mit geringem Handlungserfolg);
7. übermäßige Beschäftigung mit angenehmen Tätigkeiten, die mit hoher Wahrscheinlichkeit unangenehme Folgen nach sich ziehen (etwa leichtsinnige Großeinkäufe, sexuelle Entgleisungen, unvernünftige geschäftliche Investitionen).

Schließlich muß die Symptomatik so schwerwiegend sein, daß soziale und berufliche Funktionsbereiche beeinträchtigt werden. Trifft dieses Kriterium nicht zu, so wird die Episode als *hypoman* bezeichnet.

Das Risiko einer bipolaren Störung liegt schätzungsweise zwischen 0,5 und einem Prozent und ist bei Frauen und Männern ungefähr gleich. Bei den meisten Patienten, die eine manische Episode durchlebten, kommt es zu einer oder mehreren Wiederholungen.

Wenn Patienten mit bipolarer Störung zum ersten Mal einen Arzt aufsuchen, befinden sie sich entweder in der manischen oder in der depressiven Phase; daher ist eine genaue Diagnose wichtig. Die depressive Phase der bipolaren Störung unterscheidet sich von der rein depressiven Störung einigen Punkten.[1] Mitunter tre- ten manische und depressive Symptome gemischt auf, oder die Episoden wechseln in rascher Abfolge (*rapid cycling*). Janicak, Davis, Preskorn und Ayd unterstreichen die Bedeutung einer angemessenen Therapie der bipolaren Störung:

> »Schätzungsweise einer von vier oder fünf unbehandelten oder nicht adäquat behandelten Patienten begeht im Laufe der Erkrankung Selbstmord. Überdies trägt eine Zunahme der Todesfälle infolge von Unfällen oder zusätzlich auftretenden Krankheiten zu einer erhöhten Mortalitätsrate dieser Krankheit bei. Leider kommen neuere epidemiologische Studien zu dem Schluß, daß trotz der Verfügbarkeit wirksamer Therapien nur ein Drittel der bipolaren Patienten angemessen behandelt wird.«[3]

Die Therapie der bipolaren Störung verfolgt zwei wesentliche Ziele: Rückbildung der akuten Symptome und Prävention erneuter Episoden. Da zu Beginn der Therapie entweder eine manische oder eine depressive Episode vorliegt, kann zur Symptomabschwächung entsprechend entweder ein Antidepressivum (bei akuter Depression) oder eine antipsychotisch wirkende Substanz (bei akuter Manie; siehe auch Kapitel 11) geeignet sein. Von einigen akuten Symptomen abgesehen, erfolgt die Behandlung der Störung als ganzes jedoch am besten durch Gabe eines affektiv stabilisierenden Wirkstoffes (eines *mood sta-*

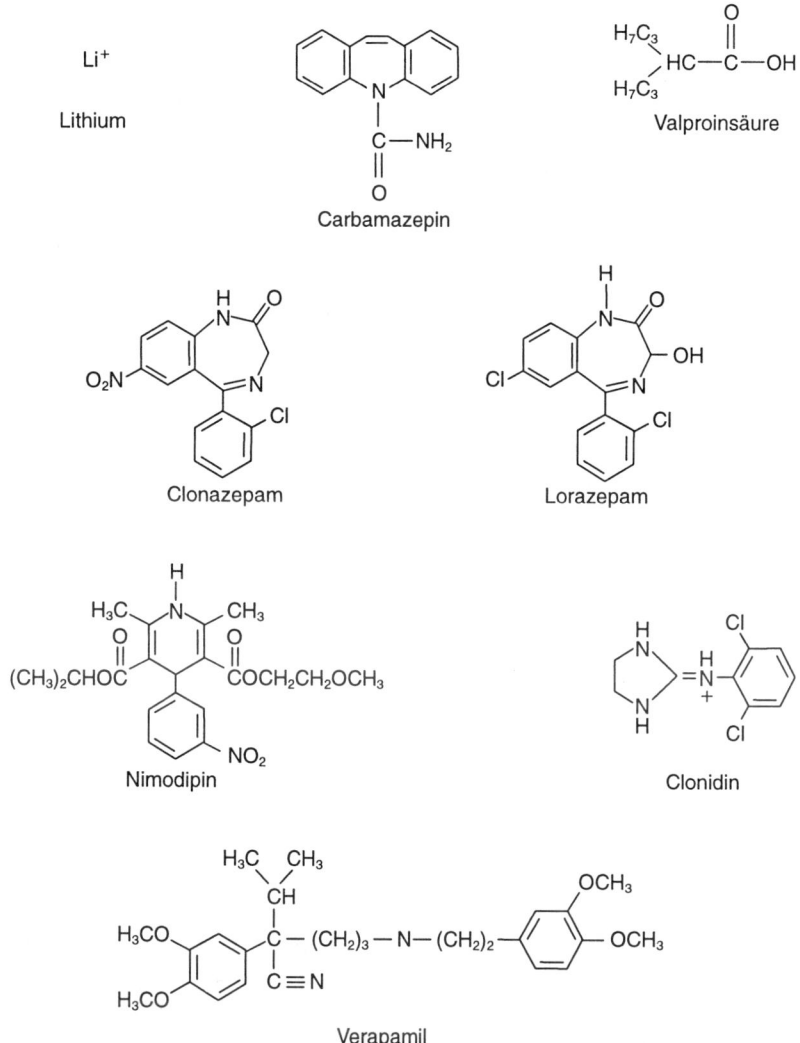

9.1 Wirkstoffe zur Behandlung der bipolaren Störung.

bilizer), wobei vor allem Lithium angewendet wird. In hartnäckigen Fällen kann man ersatzweise oder zusätzlich entweder Carbamazepin oder Valproinsäure verabreichen. Weitere in Frage kommende, allerdings weniger gut geprüfte Substanzen sind das Antihypertonikum Clonidin und der Calciumkanalblocker Verapamil. Eine Übersicht über die klinischen Merkmale der bipolaren Störungen und über die Indikationen für eine Arzneimitteltherapie geben Janicak, Davis, Preskorn und Ayd.[4] Die chemischen Strukturen der gebräuchlichen affektiv stabilisierenden Wirkstoffe zeigt Abbildung 9.1.

Lithium

Lithium ist das leichteste Alkalimetall.[5] Seinen Salzen, in denen es als positiv geladenes Ion (Li$^+$) vorliegt, schreibt man eine therapeutische Wirksamkeit in 60 bis 80 Prozent aller akuten hypomanen und manischen Episoden zu.[6] Lithiumsalze (zum Beispiel Lithiumcarbonat oder -acetat) werden sowohl zur Therapie akuter Manien als auch zur Prophylaxe der bipolaren Störung eingesetzt. Einigen Hinweisen zufolge ist Lithium auch bei der Behandlung anderer Störungen hilfreich; insbesondere kann es bei zuvor therapieresistenten depressiven Patienten die Wirksamkeit der Behandlung mit Antidepressiva verstärken.[7,8] Überdies gibt es Vorschläge, Lithium zur Therapie des Zwangssyndroms, als unterstützenden Wirkstoff in der antipsychotischen Medikation bestimmter Schizophrenieformen sowie zur Behandlung bestimmter Formen des Alkoholismus anzuwenden.[9]

Geschichte

Lithium wurde in den zwanziger Jahren als sedativ-hypnotische Substanz und als Antikonvulsivum verwendet. Gegen Ende der vierziger Jahre erhielten herzkranke Patienten Lithiumchlorid als Kochsalzersatz. Diese Anwendung führte zu schweren Vergiftungen bis hin zu Todesfällen. Etwa zur gleichen Zeit stellte der australische Wissenschaftler J. Cade jedoch fest, daß Meerschweinchen lethargisch wurden, wenn er ihnen Lithium verabreichte. Einer spontanen Eingebung folgend gab er manischen Patienten Lithium und erzielte damit aufsehenerregende Erfolge. Wegen der erwähnten Probleme beim Kochsalzersatz dauerte es jedoch mehr als 20 Jahre, bis Lithium als wirksames Behandlungsmittel gegen die Manie allgemein anerkannt war. Veröffentlichungen der sechziger Jahre belegten seine rückfallsverhindernde Wirkung, und Ende der sechziger Jahre wurde Lithium in den USA von S. Gershon zur Behandlung der bipolaren Störung etabliert. Noch heute gilt Lithium als Stan-dardtherapie der bipolaren Störung, obwohl seine Grenzen bekannt und alternative Substanzen inzwischen verfügbar sind.

Pharmakokinetik

Bei oraler Verabreichung seiner wasserlöslichen Salze wird Lithium schnell und vollständig resorbiert. Die Li$^+$-Konzentration im Plasma erreicht nach ein bis drei Stunden ihr Maximum, und nach acht Stunden ist die Resorption abgeschlossen. Die therapeutische Wirksamkeit korreliert direkt mit dem Gehalt im Blut.

Lithium durchdringt die Blut-Hirn-Schranke nur langsam und unvollständig; seine Konzentration in der Hirn- und Rückenmarkflüssigkeit erreicht nur etwa 50 Prozent des Plasmawertes. Lithium wird in zwei Phasen über die Nieren ausgeschieden: Etwa die Hälfte einer oralen Dosis verläßt den Körper innerhalb von 18 bis 24 Stunden, der Rest – die von den Zellen aufgenommene Lithiummenge – folgt im Verlauf der nächsten ein bis zwei Wochen. Daher sammelt sich Lithium nach Therapiebeginn langsam über ein bis zwei Wochen im Körper an, bis ein Gleichgewichtszustand (oder eine Plateaukonzentration) erreicht ist.

Die therapeutische Lithiumdosis wird durch die genaue Überwachung der Plasmakonzentration festgelegt. Lithium hat ein sehr enges „therapeutisches Fenster", unterhalb dessen keine therapeutische Wirkung erzielt wird und oberhalb dessen Nebenwirkungen und toxische Effekte dominieren. Ältere Studien und auch moderne Lehrbücher[10,11] geben einen therapeutisch wirksamen Konzentrationsbereich von 0,6 bis 1,0 Millimol und eine toxische Grenze von zwei Millimol pro Liter Serum an. Nach Abklingen der manischen Episode, ist bei vielen Patienten ein Plasmawert zwischen 0,6 und 0,8 Millimol pro Liter zur Phasenprophylaxe anzustreben:

> »Bei Patienten, die einen Wert von 0,8 bis ein Millimol pro Liter gut vertragen, kann dieser Wert aufrechterhalten werden; bei stärkeren Nebenwirkungen sollte die Konzentration jedoch auf 0,6 bis 0,8 Millimol pro Liter gesenkt werden. Idealerweise sollte man alle Patienten auf die niedrigste wirksame Konzentration im Blut einstellen. Leider läßt sich diese Konzentration nicht im voraus bestimmen. In Anbetracht der neuesten Befunde ist es jedoch sinnvoll, den Spiegel eher zu hoch als zu niedrig anzusetzen.«[9]

DiGregorio zufolge »liegt die therapeutische Konzentration im Serum zwischen 0,4 und einem Millimol pro Liter«[12].

Als anorganisches Ion wird Lithium nicht im Körper metabolisiert, sondern unverändert mit dem Urin ausgeschieden. Etwa 80 Prozent der Lithiummenge, die von den Glomeruli in die Nierentubuli gefiltert werden, werden ins Plasma rückresorbiert. Dies verzögert die Exkretion und erklärt die lange Halbwertzeit der Substanz. Da Lithium dem Natrium im Kochsalz ähnelt und mit diesem um die Rückresorption in der Niere konkurriert, kann die Lithiumkonzentration im Plasma ansteigen, wenn ein Patient plötzlich auf salzarme Kost wechselt oder etwa durch starkes Schwitzen große Salzmengen verliert. Um Vergiftungserscheinungen zu vermeiden, sollten daher stärkere Veränderungen der Natriumaufnahme oder -ausscheidung während der Lithiumtherapie vermieden werden.

Pharmakodynamik

In den therapieüblichen Konzentrationen hat Lithium bei gesunden Menschen fast keine feststellbare psychotrope Wirkung. Im Gegensatz zu anderen psychoaktiven Substanzen induziert Lithium weder Sedierung oder zentralnervöse Dämpfung noch Euphorie. Abgesehen von seiner spezifisch antimanischen Wirkung zeigt Lithium nur wenige Effekte auf das Gehirn. Seinen Einfluß auf die Gedächtnisfunktion und auf kognitive Fähigkeiten werden wir später noch näher behandeln.

Auf eine manische Episode wirkt Lithium abschwächend; auch in der depressiven Phase hat es – in Ergänzung eines Antidepressivums – eine günstige Wirkung. Bei prophylaktischer Anwendung unterdrückt Lithium das erneute Auftreten manischer Episoden und scheint auch den Phasenwechsel (*cycling*) zu beeinflussen.

Der Mechanismus, über den Lithium seine antimanische Wirkung entfaltet, ist noch nicht genau geklärt.[13] Lithium beeinflußt nachweislich Nervenzellmembranen, prä- und postsynaptische Rezeptoren und die postsynaptischen intrazellulären Signalübertragungswege der sekundären Botenstoffe (*second messenger*).[14] Im folgenden wollen wir einen Überblick über verschiedene Hypothesen zur Wirkung von Lithium geben.

Erstens könnte Lithium als natriumähnliches Ion eine erhöhte präsynaptische Rückaufnahme von Noradrenalin und Serotonin bewirken. Dieser Effekt steht im Einklang mit der Monoamintheorie zur Pathogenese der Manie und Depression (Kapitel 8).

Zweitens könnte Lithium die Freisetzung von Noradrenalin und Serotonin senken. Diese Wirkung, die ebenfalls mit der Monoamintheorie übereinstimmt, könnte Folge einer lithiuminduzierten Abschwächung von Noradrenalin- und Serotoninautorezeptoren sein, die »möglicherweise über Veränderungen präsynaptischer, G-Protein-vermittelter Mechanismen der Transmitterfreisetzung«[14] zustande kommt. Manji und Mitarbeiter nehmen jedoch an, daß derartige präsynaptische Mechanismen wahrscheinlich nicht die primären Ansatzpunkte für die Wirkung des Lithiums sind.[13]

Drittens könnte Lithium die Anzahl postsynaptischer Noradrenalinrezeptoren senken und die Entwicklung einer Überempfindlichkeit postsynaptischer Dopaminrezeptoren verhindern; auch diese beiden Effekte passen zur Monoamintheorie.

Viertens könnte Lithium *second messenger*-Systeme in postsynaptischen Nervenzellen beeinflussen und dadurch deren Ansprechbarkeit auf Noradrenalin und Serotonin vermindern.[14] Tatsächlich setzen die meisten modernen Modelle zur Erklärung psychotroper Substanzwirkungen an Vorgängen an, die sich auf der Ebene der Neurotransmitter abspielen – sie versuchen die Frage zu beantworten, wie eine Substanz die Freisetzung eines Neurotransmitters, seinen Rücktransport in die präsynaptische Zelle und/oder seine Wechselwirkungen mit dem entsprechenden postsynaptischen Rezeptor beeinflußt. Doch kann eine Substanz auch „hinter" dem Rezeptor wirken: Viele Rezeptoren lösen nämlich nach ihrer Aktivierung durch den entsprechenden Neurotransmitter (oder durch einen anderen Agonisten) innerhalb der postsynaptischen Nervenzelle eine komplexe Kaskade biochemischer Reaktionen aus, die den physiologischen Zustand der Zelle verändern – die sie aktivieren oder inhibieren. Eine solche Umwandlung des Rezeptorsignals in eine zelluläre Antwort – die *Signaltransduktion* – geschieht meist mit Hilfe sekundärer Botenstoffe, sogenannter *second messenger* (Anhang C). Immer häufiger werden die Enzyme, die an *second messenger*-Systemen beteiligt sind, als Angriffspunkte psychotroper Substanzen erkannt. Im vorliegenden Fall entfaltet Lithium seine Wirkung möglicherweise nicht im synaptischen Spalt, sondern inhibiert beziehungsweise beeinflußt eines oder mehrere dieser Enzyme (und zwar aus dem Phosphatidylinositol- und/oder dem cAMP-System, etwa die Adenylatcyclase) und setzt dadurch die Empfindlichkeit des postsynaptischen Neurons gegenüber Noradrenalin oder Serotonin herab.[14–17]

Fünftens könnte Lithium die Freisetzung von Schilddrüsenhormon und die damit verbundene Verhaltensstimulierung verringern. Doch dies ist wahrscheinlich nicht der primäre Mechanismus seiner antimanischen Wirkung.

Sechstens stört Lithium den Ionenstrom durch Membrankanäle, unter anderem auch den Calciumstrom, was die Abschwächung der postsynaptischen intrazellulären Signalübertragung zum Teil erklären könnte. Die Blockade der Calciumkanäle beruht wahrscheinlich auf lithiuminduzierten Veränderungen von Proteinen, die an der Signaltransduktion beteiligt und an Calciumkanäle gekoppelt sind.

Eine Übersicht über diese und weitere, ausgefallenere Theorien zu den Mechanismen der Wirkung von Lithium geben Janicak, Davis, Preskorn und Ayd.[18] Risby und Mitarbeiter fassen folgendermaßen zusammen:

> »Die (verstärkenden) Effekte von Lithium auf die Aktivität der Adenylatcyclase sind gewebe- und hirnregionspezifisch. ... Lithium beeinflußt möglicherweise die Funktion guaninnucleotidbindender Proteine (G-Proteine) ... Lithium hat deutliche Wirkungen auf Vorgänge, die mit der Signaltransduktion verknüpft sind, was im Gegensatz zu seinen eher subtilen Wirkungen auf die neuronale Funktion (Noradrenalinfreisetzung) steht. ... Lithium wirkt möglicherweise vorrangig auf Signaltransduktionsmechanismen. Diese Effekte führen vermutlich zu Veränderungen der Neurotransmitterfunktion, die für die stimmungsstabilisierende Wirkung des Lithiums wichtig sein könnten.«[14]

Nebenwirkungen und Toxizität

Aufgrund der geringen therapeutischen Breite ist eine genaue Überwachung der Lithiumkonzentration im Blut erforderlich. Art und Intensität der Nebenwirkungen stehen in den meisten Fällen in direkter Beziehung zu dem Lithiumgehalt im Plasma. Bei einem Wert unter 0,6 Millimol pro Liter sind Nebenwirkungen allenfalls geringfügig, ab einem Millimol können ernstere Komplikationen auftreten. Die Nebenwirkungen betreffen hauptsächlich den Magen-Darm-Trakt, die Nieren, die Schilddrüse, das Herz-Kreislauf-System, die Haut und das Nervensystem.

Bei Plasmawerten zwischen 1,5 und zwei Millimol pro Liter (bisweilen auch darunter) kommt es vor allem zu Komplikationen im Magen-Darm-Trakt, die sich als Übelkeit, Erbrechen, Diarrhö und Bauchschmerzen äußern. Daneben beobachtet man häufig neurologische Nebenwirkungen in Form von Lethargie, Schwindelgefühlen, leichtem Tremor, undeutlicher Aussprache, gestörter Bewegungskoordination, Muskelschwäche und unwillkürlichen Augenbewegungen.

Unter einer Langzeittherapie kommt es bei vielen Patienten zur Vergrößerung der Schilddrüse, zudem können verschiedenartige Hautausschläge auftreten. Bei etwa 60 Prozent der lithiumbehandelten Patienten steigen Harndrang und dementsprechend Durst und Flüssigkeitsaufnahme. Es ist ratsam, die Nierenfunktion regelmäßig zu überprüfen.

Ob sich eine langfristige Lithiumtherapie möglicherweise nachteilig auf die Gedächtnisleistung und andere kognitive Funktionen auswirken könnte, ist fraglich. Entsprechende Studien sind uneinheitlich und lassen sich aufgrund methodischer Unterschiede schwer vergleichen.[19] So wird in einigen Arbeiten über Besserungen motorischer, kognitiver und kreativer Fähigkeiten nach dem Absetzen von Lithium berichtet, was eine Beeinträchtigung dieser Funktionen während der Therapie nahelegt.[20] In anderen Studien hat man dagegen kaum nennenswerte kognitive Defizite infolge der Lithiumtherapie beobachten können.[21,22] Richter-Leven und Mitarbeiter[23] sowie Manji und Mitarbeiter[24] bieten einige neurochemische Modelle an, die eine eventuelle Verschlechterung kognitiver, psychomotorischer und Gedächtnisleistungen im Zusammenhang mit Lithium erklären könnten. Die ersteren Autoren weisen jedoch auch darauf hin, daß sich kompensatorische Mechanismen entwickeln, die ernstere Gedächtnisstörungen während der Lithiumtherapie verhindern.[23]

Bei einer Lithiumkonzentration von mehr als zwei Millimol pro Liter Plasma treten stärkere Nebenwirkungen auf, darunter Müdigkeit, Muskelschwäche, Artikulationsstörungen und starker Tremor. Es kann zu faszikulären Zukkungen, verstärkten Reflexen, abnormer Motorik und Anfällen kommen. Noch höhere Konzentrationen (über 2,5 Millimol pro Liter) führen zu toxischen Effekten mit Entwicklung von Koma, Nierenversagen und Herzrhythmusstörungen.

Trotz dieser toxischen Wirkungen und dem engen therapeutischen Fenster kann Lithium bei entsprechender Therapieüberwachung durchaus gut verträglich sein. Seine Anwendung bei bipolaren affektiven Störungen hat sich bewährt, und in den kommenden Jahren wird man wahrscheinlich weitere Anwendungsgebiete finden.

Da es kein bestimmtes Gegenmittel gegen Lithium gibt, behandelt man eine Überdosierung oder Vergiftung unspezifisch. Bei schweren toxischen Symptomen können Maßnahmen wie Hämodialyse, Magenspülung, forcierte Diurese und die Gabe von Antiepileptika geboten sein. Die Genesung verläuft mitunter langwierig, da es Wochen oder Monaten dauern kann, bis sich renale und neurologische Funktionen völlig normalisiert haben.

Lithiumgaben während der Schwangerschaft können zur Schädigung des Fetus führen. Die Substanz kann offenbar teratogen wirken, vor allem auf das

Herz. Daher ist Lithium im ersten Schwangerschaftsdrittel unbedingt zu vermeiden; in der restlichen Zeit sollte es nur bei absoluter Notwendigkeit verabreicht werden. Nach Möglichkeit sollte man andere Wirkstoffe vorziehen. Falls eine Lithiumtherapie während der Schwangerschaft unumgänglich ist, sollte die Patientin einige Tage vor der Entbindung die Einnahme unterbrechen, da ein Neugeborenes die Substanz schlecht ausscheiden kann. Während der letzten Schwangerschaftsmonate können Veränderungen im Elektrolyt- und Flüssigkeitshaushalt den Lithiumspiegel erheblich beeinflussen, womit das Risiko toxischer Wirkungen für Mutter und Kind steigt. Leider sind auch die anstelle von Lithium in Frage kommenden Wirkstoffe potentiell teratogen. Daher ist die Behandlung bipolarer Störungen bei schwangeren Patientinnen (und Patientinnen, bei denen die Möglichkeit einer Schwangerschaft besteht) problematisch und muß mit großer Umsicht erfolgen.

Pharmakologische Alternativen zu Lithium

»Die bipolare Störung ist heterogen. Patienten mit Manie unterscheiden sich in der Familienvorgeschichte affektiver Erkrankungen, im Alter bei Ausbruch der Krankheit, im Geschlecht, in der organischen Ursache und im Verlauf der Krankheit.«[25] Es überrascht daher nicht, daß ein gewisser Anteil der Patienten mit bipolarer Störung auf die Lithiumtherapie alleine nicht anspricht oder Nebenwirkungen entwickelt, die die Durchführbarkeit der Therapie einschränken.[26] Bei 60 bis 70 Prozent der Patienten ist die prophylaktische Behandlung mit Lithium aber erfolgreich. Somit besteht ein Bedarf für Wirkstoffe, die Lithium überlegen sind oder die bei solchen Patienten wirken, denen Lithium nicht hilft.

Die Suche nach alternativen Therapieverfahren ist relativ neu, da Lithium etwa in den USA erst seit Anfang der siebziger Jahre angewendet wird. Der Verfasser erinnert sich an ein Gespräch, das er 1972 mit einem bekannten Geschäftsmann führte. Dieser litt an schubweise auftretenden Anfällen, die er als »elektrische Explosionen« im Gehirn beschrieb und die ihm erheblich zu schaffen machten. Die Anfälle waren zwar nicht epileptisch bedingt, ließen sich aber durch eine Behandlung mit dem Antiepileptikum Phenytoin unter Kontrolle bringen. (Der Mann verbrachte anschließend viele Jahre erfolglos damit, sich für die Phenytointherapie bei nichtepileptischen Indikationen einzusetzen.) Kurze Zeit später berichtete der Verfasser über die enge strukturelle Verwandtschaft von Phenytoin und Carbamazepin und über die damals neu erkannten antiepileptischen Eigenschaften letzterer Substanz.[27] Anschließende Veröffentlichungen aus Europa wiesen auf den Zusammenhang zwischen der antiepileptischen und der antimanischen Wirkung des Carbamazepins hin. Inzwischen hat sich die Anwendung bei Manie bewährt.

Carbamazepin

Carbamazepin (Abbildung 9.1) hat sich zur Prophylaxe manischer Episoden als mindestens ebenso wirksam erwiesen wie Lithium.[28-30] Zudem läßt sich bei manchen Patienten, die weder auf Lithium noch auf Carbamazepin in Einzelgabe ansprechen, durch kombinierte Verabreichung beider Substanzen eine therapeutische Wirkung erzielen.[31] Des weiteren ist Carbamazepin zur Behandlung bipolarer Störungen mit *rapid cycling* möglicherweise dem bei solchen Zuständen häufig unwirksamen Lithium überlegen.[32]

Wenn Patienten auf Carbamazepin nicht ansprechen, so liegt das oft daran, daß die Dosis zu niedrig ist, um eine ausreichende Konzentration im Plasma zu gewährleisten. Damit therapeutische Wirkungen einsetzen können, gilt eine Konzentration von acht bis zwölf Milligramm pro Liter als notwendig,[33] ein Wertebereich, wie er auch für die antiepileptische Wirkung angestrebt wird. Petit und Mitarbeitern zufolge läßt sich der Plasmawert anhand von Speichelproben bestimmen, da die Carbamazepinkonzentration im Speichel gut mit der im Blut korreliert.

Zu den unerwünschten Wirkungen von Carbamazepin gehören gastrointestinale Beschwerden, Sedierung, Ataxie, Sehstörungen und dermatologische Reaktionen. Carbamazepin wirkt sich möglicherweise auch nachteilig auf kognitive Funktionen aus, dies aber allenfalls begrenzt[34] und in weitaus geringerem Maße als Phenytoin und die Barbiturate.[35] Jedoch mag es Patienten geben, die gegenüber diesen Nebenwirkungen besonders empfindlich sind.[35]

Ernstere Nebenwirkungen betreffen das Blutbild und reichen von einer relativ harmlosen Erniedrigung der Leukocytenzahl (Leukocytopenie) bis hin zu schwerer aplastischer Anämie, die allerdings nur selten auftritt. Regelmäßige Kontrollen des Blutbildes sind jedenfalls unbedingt ratsam.

Wechselwirkungen mit anderen Substanzen treten bei der Therapie mit Carbamazepin häufig auf, da der Wirkstoff metabolisierende Enzyme in der Leber induziert. Folglich entsteht Toleranz, und die Dosis muß gesteigert werden, damit der therapeutisch notwendige Wirkstoffspiegel im Serum erhalten bleibt. Die Toleranz erstreckt sich auch auf andere Substanzen, die von denselben Enzymen metabolisiert werden.

Wegen seiner potentiell teratogenen Eigenschaft ist Carbamazepin während der Schwangerschaft möglichst zu vermeiden.

Valproinsäure

Wie in Kapitel 4 erwähnt, ist Valproinsäure (Abbildung 9.1) ein Antiepileptikum, dessen therapeutischer Effekt darauf beruht, daß es die postsynaptischen Rezeptorwirkungen von GABA verstärkt. Etwa zur gleichen Zeit, als man Carbamazepin zur Behandlung der Manie untersuchte, begann man auch die Anwendung der Valproinsäure zu prüfen. Mittlerweile besteht wachsendes Interesse an Valproinsäure als antimanischer Substanz.[36–40] Der Wirkstoff scheint sich besonders zur Behandlung akuter Manien, gemischter Episoden und bipolarer Störungen mit rascher Episodenfolge (*rapid cycling*) zu eignen. Freilich besitzt die Substanz kaum antidepressive Eigenschaften.

Bei zuvor therapieresistenten Patienten mit akuter Manie ließen sich Erfolgsquoten von bis zu 71 Prozent erzielen.[41] Auch bei manchen Patienten mit schizoaffektiver Störung erwies sich Valproinsäure als hilfreich.[42] Und wie eine andere Studie nahelegt, kann die kombinierte Anwendung von Lithium und Valproinsäure eine wirksame Behandlung von bipolaren Störungen mit *rapid cycling* darstellen.[43] Die therapeutisch notwendige Konzentration im Blut liegt offenbar bei 50 bis 100 Milligramm pro Liter.

Zu den Nebenwirkungen der Valproinsäure zählen Magen-Darm-Beschwerden, Sedierung, Lethargie, Händezittern, Haarausfall und einige Veränderungen im Leberstoffwechsel. Valproinsäure scheint kognitive Funktionen etwas stärker zu beeinträchtigen als Carbamazepin.[44] In sehr seltenen Fällen kann es durch Valproinsäure zu tödlichem Leberversagen kommen; besonders gefährdet sind Kinder, die kombinierte Wirkstoffgaben zur Kontrolle epileptischer Anfälle erhalten.

Wie Lithium und Carbamazepin ist auch Valproinsäure potentiell teratogen; daher ist bei der Verabreichung dieser Substanz Vorsicht geboten, wenn behandelte Patientinnen während der medikamentösen Therapie schwanger sind oder schwanger werden könnten.

Benzodiazepine: Clonazepam und Lorazepam

In Kapitel 4 wurden zwei Benzodiazepine erwähnt, die sich in der Therapie akuter manischer Phasen einsetzen lassen: Clonazepam und Lorazepam (Abbildung 9.1). Ihre stärkste diesbezügliche Wirkung zeigen die beiden Substanzen offenbar in Kombination mit Lithium, und zwar zur Behandlung akuter manischer Episoden und solcher bipolaren Störungen, die mit Lithium allein nicht kontrollierbar sind. Bei der akuten antimanischen Anwendung ersetzen sie antipsychotische (neuroleptische) Wirkstoffe wie Chlorpromazin (Kapitel 11). Ihre Wirksamkeit gegen akute Manien beruht wahrscheinlich auf ihren antiepileptischen GABAergen Effekten. Eine Übersicht über den Nutzen von Lorazepam und Clonazepam zur Behandlung der akuten Manie gibt Gerner, der diese Substanzen als »unterstützende, unspezifische antimanische Wirkstoffe« bezeichnet.[45]

Verapamil

Calciumkanalblocker, deren Prototyp Verapamil (Abbildung 9.1) am häufigsten angewendet wird, setzt man primär zur Therapie kardiovaskulärer Erkrankungen wie der Hypertonie und der Angina pectoris ein. Durch Modulierung

des Einstroms von Calciumionen in die kontraktilen Herzmuskelzellen beeinflußt Verapamil deren physiologische Funktion, was zur Senkung der Herzkontraktilität und damit zu einer Verminderung der Herzarbeit führt. Dies läßt
sich therapeutisch ausnutzen, um bestimmte Formen von Herzrhythmusstörungen zu verhindern, den Blutdruck zu senken, den Energieverbrauch zu verringern, den Blutfluß zum Herzmuskelgewebe zu drosseln und bei Patienten mit
Koronarinsuffizienz eine Angina pectoris zu lindern.

Da Lithium ebenfalls die Ionenströme durch die Membran beeinflußt, sind
Verapamil und andere Calcium-Antagonisten auch für die Therapie der bipolaren Störung geprüft worden. Die Wirksamkeit von Verapamil ist trotz anfänglicher Berichte über beeindruckende Besserungen weiterhin umstritten. Die bisherigen klinischen Studien umfaßten nur kleine Patientenzahlen und waren
nicht sonderlich gut kontrolliert. Neuere Studien wurden von Auby und Mitarbeitern[46], Post[47] sowie von el-Mallakh und Jaziri[48] durchgeführt. Zur Therapie
der bipolaren Störung ist ein anderer Calciumkanalblocker, Nimodipin (Abbildung 9.1), möglicherweise besser geeignet als Verapamil.[49]

Bei Patienten, die auf Lithium oder Antiepileptika nicht ansprechen, könnten
Calciumkanalblocker eventuell hilfreich sein. Sie bessern zwar nicht die De-
pression, schwächen jedoch möglicherweise akute manische Schübe ab. Im
Unterschied zu anderen antimanischen Wirkstoffen führt Verapamil nicht zu
kognitiven Beeinträchtigungen. Da Calciumkanalblocker die Kontraktilität des
Herzmuskels senken, muß die Herzfunktion (etwa Herzschlagfrequenz und
Blutdruck) sorgfältig überwacht werden, besonders bei älteren Patienten.

Die Anwendung von Verapamil als affektiv stabilisierender Wirkstoff ist
neuartig und beruht möglicherweise nicht auf seiner calciumblockierenden
Wirkung – Verapamil senkt nämlich auch die Aktivität verschiedener Neurotransmitter. Die Substanz könnte sich als ein interessantes Hilfsmittel erweisen, um die physiologischen Mechanismen der bipolaren Störung aufzuklären.

Clonidin

Clonidin (Abbildung 9.1) ist ein Antihypertonikum, das an therapieresistenten
Patienten mit bipolarer Störung erprobt wurde. Clonidin vermindert die präsynaptische Freisetzung von Noradrenalin und senkt den Blutdruck, daher seine
Anwendung bei Hypertonie. Diese pharmakologische Wirkung könnte auch
zur Abschwächung manischer Episoden beitragen. Tatsächlich ist über einige
diesbezügliche Erfolge berichtet worden, doch steht der eindeutige Beweis für
die Wirksamkeit bislang noch aus.[45,50] Ebenso fehlt es an Erfahrungen mit der
kombinierten Verabreichung von Clonidin und Lithium bei Patienten, die auf
Lithium allein nicht reagieren.

Therapie der bipolaren Störung

Die wirksamste Behandlung der bipolaren Störung besteht aus der Kombination von Pharmakotherapie und Psychotherapie. Zunächst muß natürlich abgeklärt werden, ob der manische Zustand nicht etwa medikamentös induziert oder durch körperliche Krankheiten bedingt ist.[45] So können zum Beispiel Antidepressiva und psychomotorische Stimulantien (einschließlich illegaler Drogen wie Cocain), Corticosteroide (Cortison), Anabolika, Coffein, Antiparkinsonmittel, rezeptfreie Husten- und Grippemittel sowie Appetitzügler eine Manie auslösen. Gleiches gilt für bestimmte Stoffwechselstörungen (zum Beispiel Erkrankungen der Schilddrüse).

Wenn sich bei dem Patienten zu Therapiebeginn eine manische Episode manifestiert, kann er recht agitiert, aggressiv oder psychotisch sein. Es empfiehlt sich dann, die Behandlung mit einer kombinierten Verabreichung von Lithium und einem antipsychotischen Medikament einzuleiten. Wenn sich der Stimmungszustand stabilisiert hat, kann die antipsychotische Substanz langsam abgesetzt werden. Bei Erregungszuständen können sich Benzodiazepine als hilfreich erweisen. Die antiepileptisch-antimanischen Substanzen Carbamazepin und Valproinsäure lassen sich als alternative oder als zusätzliche Medikation einsetzen, wenn Lithium nicht vertragen wird beziehungsweise keinen Erfolg zeigt, sowie bei Patienten mit gemischten Episoden oder mit *rapid cycling*.

Zu Beginn der antimanischen Therapie sollte man die Lithiumkonzentration im Blut auf ein bis 1,2 Millimol pro Liter einstellen; ganz zu Anfang kann der Wert kurzfristig auch auf 1,4 Millimol steigen. Ist die Stimmung des Patienten stabilisiert, kann man die Dosierung senken, so daß der Wirkstoffspiegel einen Erhaltungswert von 0,6 bis 0,8 Millimol pro Liter erreicht.

Anders ist die Behandlung, wenn der Patient sich in einer depressiven Episode befindet. Lithium ist dann nicht alleine wirksam, so daß man ein Antidepressivum in Kombination mit Lithium verabreicht. Ist die depressive Episode überwunden, kann die Lithiumbehandlung dann im Sinne einer Phasenprophylaxe fortgesetzt werden.

Die Pharmakotherapie sollte Hand in Hand mit psychotherapeutischen Maßnahmen erfolgen, etwa in Form einer kognitiven Verhaltenstherapie oder einer Gesprächstherapie. Der behandelnde Arzt sollte ein Spezialist sein, der sich in der Pharmakotherapie bipolarer Störungen gut auskennt und um Behandlungsalternativen weiß, wenn die zunächst gewählte Therapie nicht ausreichend wirksam ist. Praxisrichtlinien zur Therapie der bipolaren Störung sind vor kurzem veröffentlicht worden.[51]

Aufgaben

1. Beschreiben Sie die typischen Symptome der bipolaren Störung.
2. Welche Wirkstoffe können oder könnten bei der Behandlung der bipolaren Störung hilfreich sein?
3. Für welche therapeutischen Ziele wird Lithium angewendet?
4. Welche Beziehung besteht zwischen der Lithiumkonzentration im Plasma und den erwünschten und unerwünschten Wirkungen der Lithiumtherapie?
5. Wie kommt die manieabschwächende Wirkung des Lithiums zustande?
6. Welche Organsysteme werden durch Lithium hauptsächlich beeinflußt? Welche Nebenwirkungen entstehen dabei?
7. Erläutern Sie die Wirkungen der verschiedenen antimanischen Wirkstoffe auf Gedächtnis und kognitive Funktionen.
8. Sollte eine schwangere Patientin mit bipolarer Störung medikamentös behandelt werden? Ziehen sie Vor- und Nachteile in Betracht. Wie würden Sie bei einer Patientin vorgehen, die nicht schwanger ist, aber einen Kinderwunsch hegt?
9. Welche Antiepileptika werden zur Behandlung der bipolaren Störung angewendet und warum?
10. Verapamil ist ein Wirkstoff zur Behandlung kardiovaskulärer Erkrankungen. Warum könnte diese Substanz auch zur Therapie der bipolaren Störung in Frage kommen?
11. Welche Wirkstoffe oder Krankheiten können eine bipolare Störung auslösen oder verschlimmern?
12. Nicht nur der behandelnde Arzt trägt zur Genesung eines Patienten mit bipolarer Störung bei. Wer noch, und auf welche Weise?

Literatur

1. American Medical Association *Drugs Used in Mood Disorders*. In: *Drug Evaluations, Annual 1993*. Chicago, American Medical Association, 1993, S. 278.
2. Rang H. P.; Dale M. M. *Drugs Used in Affective Disorders*. In: Rang H. P.; Dale M. M. (Hrsg.) *Pharmacology*, 2. Aufl., Edinburgh, Churchill Livingstone, 1991, S. 660.
3. Janicak P. G.; Davis J. M.; Preskorn S. H. und Ayd jr. F. J. *Principles and Practice of Psychopharmacotherapy*. Baltimore, Williams & Wilkins, 1993, S. 337.
4. Ibid., S. 325–339.

5. DiGregorio G. J. *Antipsychotic Drugs and Lithium*. In: DiPalma J. R.; DiGregorio G. J. (Hrsg.) *Basic Pharmacology in Medicine*, 3. Aufl., New York, McGraw-Hill, 1990, S. 263.

6. American Medical Association *Drugs Used in Mood Disorders*, S. 280.

7. Murray J. B. *New Applications of Lithium Therapy*. In: *Journal of Psychology* 124 (1990), S. 55–73.

8. Kim H. R.; Delva N. J. und Lawson J. S. *Prophylactic Medication for Unipolar Depressive Illness: The Place of Lithium Carbonate in Combination With Antidepressant Medication*. In: *Canadian Journal of Psychiatry* 35 (1990), S. 107–114.

9. Jefferson J. W. *Lithium: The Present and the Future*. In: *Journal of Clinical Psychiatry* 51, Suppl. (1990), S. 5.

10. Baldessarini R. J. *Drugs and the Treatment of Psychiatric Disorders*. In: Gilman A. G.; Rall T. W.; Nies A. S. und Taylor P. (Hrsg.) *Goodman and Gilman's The Pharmacological Basis of Therapeutics*, 8. Aufl., New York, Pergamon, 1990, S. 418–422.

11. Roth J. A. *Antidepressants – Drugs Used in the Treatment of Mood Disorders*. In: Smith C. M.; Reynard A. M. (Hrsg.) *Textbook of Pharmacology*. Philadelphia, Saunders, 1992, S. 318.

12. DiGregorio *Antipsychotic Drugs and Lithium*, S. 264.

13. Manji H. K.; Hsiao J. K.; Risby E. D.; Oliver J.; Rudorfer M. V. und Potter W. Z. *The Mechanisms of Action of Lithium: I. Effects on Serotoninergic and Noradrenergic Systems in Normal Subjects*. In: *Archives of General Psychiatry* 48 (1991), S. 505–512.

14. Risby E. D.; Hsiao J. K.; Manji H. K.; Bitran J.; Moses F.; Zhou D. F. und Potter W. Z. *The Mechanisms of Action of Lithium: II. Effects on Adenylate Cyclase Activity and Beta-Adrenergic Receptor Binding in Normal Subjects*. In: *Archives of General Psychiatry* 48 (1991), S. 513.

15. Baraban J. M.; Worley P. F. und Snyder S. H. *Second Messenger Systems and Psychoactive Drug Action: Focus on the Phosphoinositide System and Lithium*. In: *American Journal of Psychiatry* 146 (1989), S. 1251–1260.

16. Belmaker R. H.; Livne A.; Agam G.; Moscovich D. G.; Grisaru N.; Schreiber G.; Avissar S.; Danon A. und Kofman O. *Role of Inositol-1-Phosphate Inhibition in the Mechanism of Action of Lithium*. In: *Pharmacology and Toxicology* 66, Suppl. 3 (1990), S. 76–83.

17. Manji H. K.; Chen G.; Shimon H.; Hsiao J. K.; Potter W. Z. und Belmaker R. H. *Guanine Nucleotide-Binding Proteins in Bipolar Affective Disorder*. In: *Archives of General Psychiatry* 52 (1995), S. 135–144.

18. Janicak; Davis; Preskorn und Ayd *Principles and Practice ...*, S. 343–350.

19. Engelsmann F.; Ghadirian A. M. und Grof P. *Lithium Treatment and Me-*

mory Assessment: Methodology. In: *Neuropsychobiology* 26 (1992), S. 113–119.

20. Kocsis J. H.; Shaw E. S.; Stokes P. E.; Wilner P.; Elliot A. S.; Sikes C.; Myers B.; Manewitz A. und Parides M. *Neuropsychological Effects of Lithium Discontinuation.* In: *Journal of Clinical Psychopharmacology* 13 (1993). S. 268–275.

21. Furusawa K. *Drug Effects on Cognitive Function in Mice Determined by the Non-Matching to Sample Task Using a 4-Arm Maze.* In: *Japanese Journal of Pharmacology* 56 (1991), S. 483–493.

22. Calil H. M.; Zwicker A. P. und Klepacz S. *The Effects of Lithium Carbonate on Healthy Volunteers: Mood Stabilization?* In: *Biological Psychiatry* 27 (1990), S. 711–722.

23. Richter-Leven G.; Markram H. und Segal M. *Spontaneous Recovery of Deficits in Spatial Memory and Cholinergic Potentiation of NMDA in CA-1 Neurons During Chronic Lithium Treatment.* In: *Hippocampus* 2 (1992), S. 279–286.

24. Manji H. K.; Etcheberrigaray R.; Chen G. und Olds J. L. *Lithium Decreases Membrane-Associated Proteine Kinase C in Hippocampus: Selectivity for the Alpha Isoenzyme.* In: *Journal of Neurochemistry* 61 (1993), S. 2303–2310.

25. Cook B. L.; Winokur G. *Perspectives on Bipolar Illness.* In: *Comprehensive Therapy* 16 (1990), S. 18–23.

26. Joffe R. T. *Valproate in Bipolar Disorder: The Canadian Perspective.* In: *Canadian Journal of Psychiatry* 38, Suppl. 2 (1993), S. S46–S50.

27. Julien R. M.; Hollister R. P. *Carbamazepine: Mechanism of Action.* In: Penry J. K.; Daly D. D. (Hrsg.) *Advances in Neurology* 11 (1975), S. 263–277.

28. Coxhead N.; Silverstone T. und Cookson J. *Carbamazepine Versus Lithium in the Prophylaxis of Bipolar Affective Disorder.* In: *Acta Psychiatrica Scandinavica* 85 (1992), S. 114–118.

29. Small J. G.; Klapper M. H.; Milstein V.; Kellams J. J.; Miller M. J.; Marhenke J. D. und Small I. F. *Carbamazepine Compared With Lithium in the Treatment of Mania.* In: *Archives of General Psychiatry* 48 (1991), S. 915–921.

30. Lusznat R. M.; Murphy D. P. und Nunn C. M. *Carbamazepine vs. Lithium in the Treatment and Prophylaxis of Mania.* In: *British Journal of Psychiatry* 153 (1988), S. 198–204.

31. Kramlinger K. G.; Post R. M. *Adding Lithium Carbonate to Carbamazepine: Antimanic Efficacy in Treatment-Resistant Mania.* In: *Acta Psychiatrica Scandinavica* 79 (1989), S. 378–385.

32. DiConstanzo E.; Schifano F. *Lithium Alone or in Combination With Car-*

bamazepine for the Treatment of Rapid-Cycling Bipolar Affective Disorder. In: *Acta Psychiatrica Scandinavica* 83 (1991), S. 456–459.

33. Petit P.; Lonjon R.; Cociglio M.; Sluzewska A.; Blayac J. P.; Hue B.; Alric R. und Pouget P. *Carbamazepine and Its 10,11-Epoxide Metabolite in Acute Mania: Clinical and Pharmacokinetic Correlates.* In: *European Journal of Clinical Pharmacology* 41 (1991), S. 541–546.

34. Aldenkamp A. P.; Alpherts W. C. J.; Blennow G.; Elmwvist D.; Heijbel J.; Nilsson H. L.; Sandstedt P.; Tonnby B.; Wahlander L. und Wosse E. *Withdrawal of Antiepileptic Medication in Children – Effects on Cognitive Function: The Multicenter Holmfrid Study.* In: *Neurology* 43 (1993), S. 41–50.

35. Brown E. R. *Interictal Cognitive Changes in Epilepsy.* In: *Seminars in Neurology* 11 (1991), S. 167–174.

36. Calabrese J. R.; Woyshville M. J.; Kimmel S. E. und Rapport D. J. *Predictors of Valproate Response in Bipolar Rapid Cycling.* In: *Journal of Clinical Psychopharmacology* 13 (1993), S. 280–283.

37. Calabrese J. R.; Rapport D. J.; Kimmel S. E.; Reece B. und Woyshville M. J. *Rapid Cycling Bipolar Disorder and Its Treatment With Valproate.* In: *Canadian Journal of Psychiatry* 38, Suppl. 2 (1993), S. S57–S61.

38. Joffe *Valproate in Bipolar Disorder* ..., S. 46–50.

39. Freeman T. W.; Clothier J. L.; Pazzaglia P.; Lesem M. D. und Swann A. C. *A Double-Blind Comparison of Valproate and Lithium in the Treatment of Acute Mania.* In: *American Journal of Psychiatry* 149 (1992), S. 108–111.

40 Pope jr. H. G.; McElroy S. L.; Keck jr. P. E. und Hudson J. I. *Valproate in the Treatment of Acute Mania. A Placebo-Controlled Study.* In: *Archives of General Psychiatry* 48 (1991), S. 62–68.

41. McCoy L.; Votolato N. A.; Schwarzkopf S. B. und Nasrallah H. A. *Clinical Correlates of Valproate Augmentation in Refractory Bipolar Disorder.* In: *Annals of Clinical Psychiatry* 5 (1993), S. 29–33.

42. McElroy S. L.; Keck jr. P. E. *Treatment Guidelines for Valproate in Bipolar and Schizoaffective Disorders.* In: *Canadian Journal of Psychiatry* 38, Suppl. 2 (1993), S. S62–S66.

43. Sharma V.; Persad E.; Mazmanian D. und Karunaratne K. *Treatment of Rapid Cycling Bipolar Disorder With Combination Therapy of Valproate and Lithium.* In: *Canadian Journal of Psychiatry* 38 (1993), S. 137–139.

44. Bittencourt P. R.; Mader M. J.; Bigarella M. M.; Doro M. P.; Gorz A. M.; Marcourakis T. M. und Ferreira Z. S. *Cognitive Functions, Epileptic Syndromes and Antiepileptic Drugs.* In: *Arquivos de Neuro-Psiquiatria* 50 (1992), S. 24–30.

45. Gerner R. H. *Treatment of Acute Mania.* In: *Psychiatric Clinics of North America* 16 (1993), S. 448.

46. Auby P.; Oliver F.; Schmitt L.; Peresson G. und Moron P. *Calcium Chan-*

nel Blockers and Dysthymic Disorders. Recent Data. In: *Encephale* 18, Spec. No. 1 (1992), S. 67–69.

47. Post R. M. *Non-Lithium Treatment for Bipolar Disorder.* In: *Journal of Clinical Psychiatry* 51, Suppl. (1990), S. 9–16.

48. el-Mallakh R. S.; Jaziri W. A. *Calcium Channel Blockers in Affective Illness: Role of Sodium-Calcium Exchange.* In: *Journal of Clinical Psychopharmacology* 10 (1990), S. 203–206.

49. Brunet G. und andere *Open Trial of a Calcium Antagonist, Nimodipine, in Acute Mania.* In: *Clinical Neuropharmacology* 13 (1990), S. 224–228.

50. Janicak; Davis; Preskorn und Ayd *Principles and Practice ...*, S. 382–384.

51. American Psychiatric Association *Practice Guideline for the Treatment of Patients With Bipolar Disorder.* In: *American Journal of Psychiatry* 151, Nr. 12, Suppl. (Dezember 1994), S. 1–36.

10. Schmerzmittel: Opioidartige und nicht-opioidartige Analgetika

Schmerz wird durch Auslösung elektrischer Impulse in dünnen sensorischen (afferenten) Fasern der peripheren Nerven verursacht. Diese sensorischen Nerven entspringen im peripheren Gewebe (beispielsweise in Haut- und Muskelgewebe oder in den Eingeweiden) und werden durch verschiedene mechanische, thermische, chemische und Verletzungsreize erregt. Da sie auf Noxen (vom lateinischen *noxa* für „Schaden") reagieren, heißen ihre Rezeptoren *Nozizeptoren* (Abbildung 10.1). Die elektrischen Impulse dieser Nerven gelangen zu deren synaptischen Endigungen im Hinterhorn des Rückenmarks, wo Transmitter freigesetzt werden.

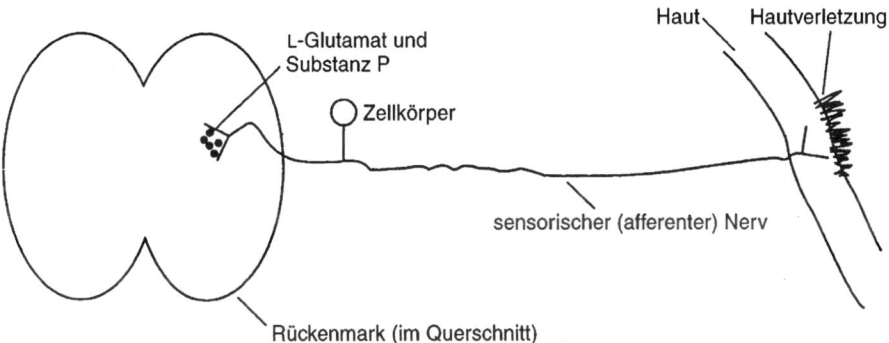

10.1 Die Aktivierung peripherer nozizeptiver (schmerzempfindlicher) Nervenfasern führt zur Freisetzung von ʟ-Glutamat und Substanz P aus Nervenendigungen im Hinterhorn des Rückenmarks. Die Zellkörper dieser Nervenfasern befinden sich in den sensorischen Spinalganglien.

Generell unterscheidet man zwei Klassen von Schmerzmitteln. Eine Klasse besteht aus den „peripher wirkenden" nicht-opioidartigen Analgetika wie Acetylsalicylsäure und Ibuprofen. Die Substanzen dieser Kategorie lindern Schmerz und Entzündung vorwiegend am Entstehungsort, also am Ort der

Gewebeschädigung, indem sie dort in die Synthese der Prostaglandine eingreifen. Wir werden sie zum Schluß dieses Kapitels besprechen. Die andere Klasse umfaßt die „zentral wirkenden" Opioidanalgetika wie zum Beispiel Morphin. Diese Substanzen wirken vor allem im Rückenmark und in höheren Ebenen des Zentralnervensystems auf spezifische Opioidrezeptoren. Sie dämpfen dadurch die Intensität und zentrale Verarbeitung der afferenten Schmerzimpulse.

Der Neurotransmitter Substanz P, ein aus elf Aminosäuren bestehendes Peptid, aktiviert gemeinsam mit L-Glutamat bei seiner Freisetzung nachgeschaltete Neuronen, die die Information über den schmerzhaften Reiz über aufsteigende Bahnen an das Gehirn weiterleiten (zum Beispiel über den Tractus spinothalamicus und den Tractus spinoreticularis; Abbildung 10.2). Schmerzsignale werden also zuerst im Rückenmark registriert und von dort an den Hirnstamm, den Thalamus und schließlich an höhere Zentren des Gehirns (wie das limbische System und die somatosensorische Hirnrinde) zur weiteren Verarbeitung und Interpretation übermittelt. Das Hinterhorn des Rückenmarks, der Thalamus, der Hirnstamm und das limbische System weisen eine hohe Dichte an Opioidrezeptoren auf, auf die sowohl körpereigene Opioidpeptide als auch körperfremde Opioide (Opiate) einwirken. Diese Regionen des Zentralnervensystems sind an der Schmerzempfindung wesentlich beteiligt und stellen wichtige Wirkorte für morphinähnliche Substanzen dar.

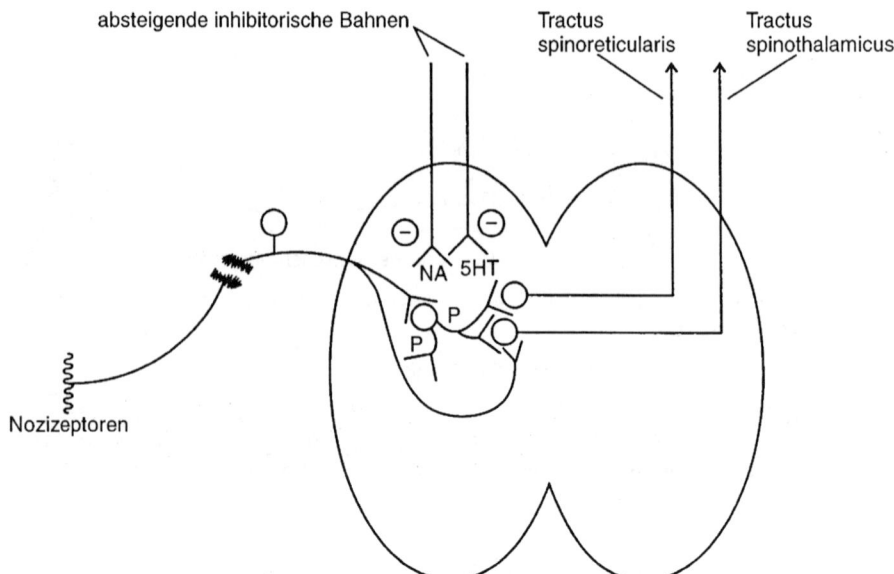

10.2 Erregungsübertragung aus dem Rückenmark über sekundäre Leitungsbahnen zu höheren Zentren. Absteigende inhibitorische Bahnen (–) sind ebenfalls angedeutet (erweiterte Darstellung in Abbildung 10.3). NA: Noradrenalin; 5HT: Serotonin.

Die Meldung „Schmerz" gelangt also unter Zwischenschaltung des Rük-kenmarks von den peripheren Nozizeptoren zum Gehirn. Wie Abbildung 10.3 verdeutlicht, modulieren mindestens zwei absteigende Bahnen im Rückenmark die Weitergabe von Schmerzimpulsen. Eine Bahn verläuft vom Locus coeru-leus des verlängerten Marks (Medulla oblongata) ins Rückenmarkshinterhorn,

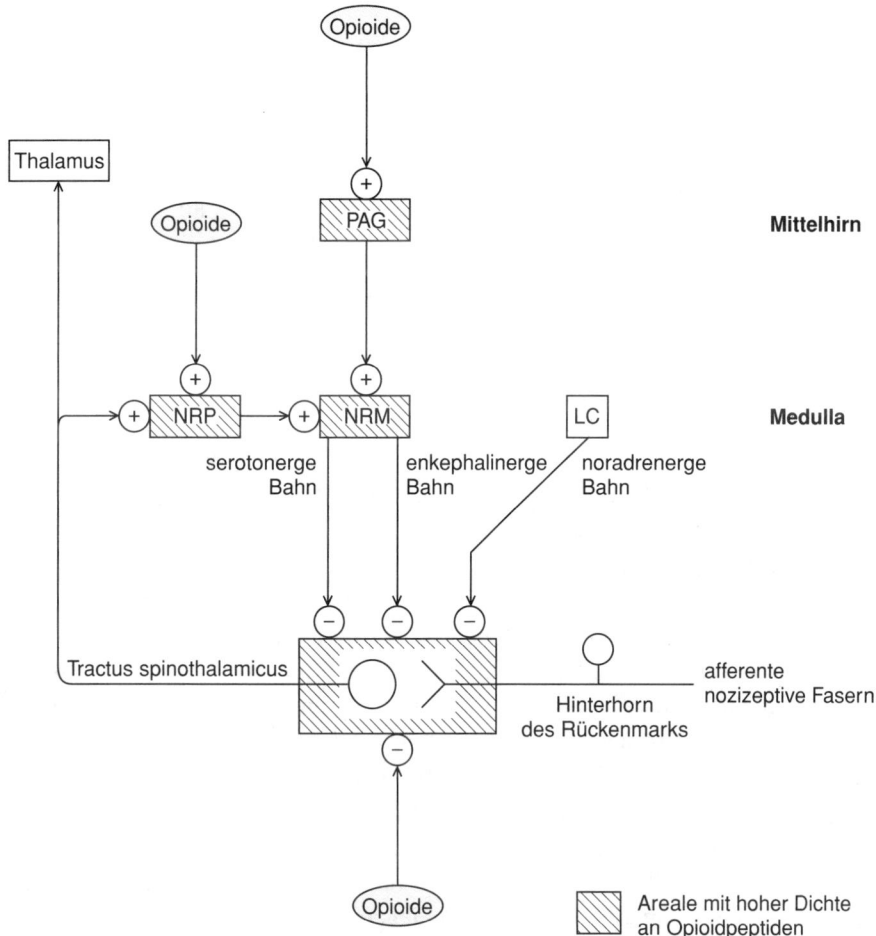

10.3 Wirkorte der Opioide bei der Schmerzübertragung. Opioide erregen Neuronen im peri-aquäduktalen Grau (PAG) sowie im Mittelhirn und in der Medulla (NRP: Nucleus reticularis paraventricularis; NRM: Nucleus raphe magnus). Von dort verlaufen serotonerge und enke-phalinerge Nervenfasern zum Hinterhorn und üben einen inhibitorischen Einfluß auf die Weiterleitung des Schmerzsignals aus. Zudem wirken Opioide auch direkt auf das Hinterhorn. Der Locus coeruleus (LC) sendet noradrenerge Neuronen zum Hinterhorn, die ebenfalls die Weiterleitung hemmen. Die Darstellung der Bahnen in diesem Diagramm ist zwar stark vereinfacht, zeigt aber die prinzipielle Organisation der dem Rückenmark übergeordneten (supraspinalen) Kontrollmechanismen bei der Schmerzleitung.

wo ihre Axonenden den Neurotransmitter Noradrenalin ausschütten. Noradrenalin hemmt hier die Freisetzung von Neurotransmittern aus primär afferenten Fasern und vermindert so die Nozizeption (wirkt also analgetisch). Diese Bahn ist für den Mechanismus der Schmerzlinderung wichtig, wie durch die Beobachtung verdeutlicht wird, daß eine Injektion noradrenalinähnlicher Agonisten (wie Adrenalin oder Clonidin) in den Spinalkanal eine Analgesie erzeugt.[1,2]

Die zweite absteigende analgetische Bahn (Abbildung 10.3) entspringt im Mittelhirn (im periaquäduktalen Grau) und in der Medulla (im dorsalen Raphe-Kern). Die zugehörigen Axone bilden ebenfalls synaptische Kontaktstellen mit nozizeptiven Neuronen im Hinterhorn des Rückenmarks, setzen jedoch Serotonin frei.[3] Diese Bahn ist offenbar ein wichtiger Angriffspunkt für Opioidanalgetika[3], erstens weil ihre Ursprungsregionen im Mittelhirn und in der Medulla zahlreiche Opioidpeptide und Opioidrezeptoren enthalten, zweitens weil die elektrische Reizung dieser Regionen im Hirnstamm eine starke Analgesie hervorruft, die durch den Opioid-Antagonisten Naloxon blockiert werden kann[4], und drittens weil Serotonin die Freisetzung von Opioidpeptiden im Hinterhorn auslöst und damit die Ausschüttung der Substanz P hemmt. Diese Mechanismen sind allerdings noch sehr umstritten.

Somit beeinflussen absteigende noradrenerge und serotonerge Bahnen die Weiterleitung von Schmerzreizen, indem sie direkt oder indirekt die neuronale Erregbarkeit im Rückenmark verringern. Daran beteiligt ist die Aktivierung von Opioidneuronen, die Opioidpeptide (hauptsächlich Met-Enkephalin und β-Endorphin) freisetzen.

Anhand dieses Modells können wir verschiedene Wirkorte der Opioidanalgetika einengen. Serotoninverstärkende Wirkstoffe verursachen eine Analgesie durch Aktivierung absteigender inhibitorischer Bahnen. Dies trifft beispielsweise auf die tricyclischen Antidepressiva zu, die auch zur Behandlung chronischer Schmerzsyndrome klinisch wirksam sind.[5] Auf ähnliche Weise rufen auch noradrenalinverstärkende Wirkstoffe eine Analgesie hervor; Adrenalin und Clonidin werden wegen dieser Eigenschaft klinisch eingesetzt. Clonidin ist außerdem zur Linderung der Entzugssymptome bei Opioidabhängigkeit geeignet.[6] Und schließlich weisen die Substantia gelatinosa des Rückenmarkshinterhorns sowie an der Mittellinie gelegene Strukturen der Medulla, des Mittelhirns und des medialen Thalamus eine hohe Dichte an Opioidrezeptoren und Opioidpeptiden auf (siehe auch Anhang C). Durch Stimulierung der Opioidrezeptoren in diesen Arealen üben morphinähnliche Wirkstoffe ihre analgetische Wirkung aus.

Bisher ging es um die afferente Übertragung nozizeptiver Impulse und deren Modulierung durch absteigende hemmende Einflüsse (Serotonin und Noradrenalin) und durch lokale Opioidwirkungen. Noch gar nicht angesprochen wurde die *affektive* Komponente des Schmerzes – die Komponente, die unsere gefühlsmäßige Reaktion beeinflußt, indem sie beispielsweise die Schmerzbelastung abschwächt. Möglicherweise ist diese affektive Komponente auch an der Entstehung chronischer Schmerzzustände beteiligt, für die sich keine objektive Ursache feststellen läßt.[7]

An der zentralen Verarbeitung der Schmerzsignale sind das periaquäduktale Grau, der Nucleus accumbens, der Mandelkernkomplex (Amygdala) und andere Strukturen des mesolimbischen Systems beteiligt. Ma und Han zufolge

> »entfalten diese Nuclei möglicherweise über eine „mesolimbische neuronale Schleife" einen analgetischen Effekt, wobei Met-Enkephalin und β-Endorphin die beiden für die Antinozizeption vermutlich wichtigsten Opioidpeptide sind. ... [Diese Strukturen] sind in einem Netzwerk verbunden, das durch eine positive Rückkopplungsschleife in Gang gehalten wird.«[8]

An diesem Mechanismus sind offenbar sowohl dopaminerge als auch serotonerge Bahnen beteiligt.[9,10]

Chronische Schmerzzustände entstehen möglicherweise durch Defizite in der zentralen Verarbeitung ankommender nozizeptiver Impulse, so daß Signale, die normalerweise die Bewertung „harmlos" erhalten, offenbar von manchen Menschen als quälend empfunden werden. Bei betroffenen Personen ist eine Behandlung mit Opioiden häufig nur wenig wirksam. Daher beruht die Behandlung dieser Patientengruppe im wesentlichen auf verhaltensbeeinflussenden Maßnahmen, kognitiver Verhaltenstherapie oder dem Erlernen von Selbstkontrolltechniken.

Opioidanalgetika

Die Opioidanalgetika sind eine Gruppe natürlicher und synthetischer Substanzen* mit morphinähnlicher Wirkung. Morphin ist ein wichtiger schmerzlindernder Wirkstoff, der aus dem Opium gewonnen wird. Opium wird schon seit Jahrtausenden verwendet, um Euphorie, Analgesie und Schlaf herbeizuführen und Diarrhö zu behandeln. Die frühesten Beschreibungen der Opiumwirkungen stammen aus dem Jahre 300 vor Christus, doch entsprechende Funde deuten darauf hin, daß Opium schon vor 5 000 Jahren verwendet wurde. Opium wurde in den frühen ägyptischen, griechischen und arabischen Kulturen hauptsächlich wegen seines obstipatorischen Effekts zur Behandlung der Di-

---

* Natürliche Opioide sind zum einen die Wirkstoffe des Schlafmohns wie Morphin und Codein, zum anderen körpereigene morphinähnlich wirkende Verbindungen wie die Endorphine (Kurzform für „endogene Morphine"), die im Gehirn vorkommen. Zu den synthetischen Substanzen gehören die halbsynthetischen Morphinabkömmlinge (zum Beispiel Heroin) und vollsynthetische Substanzen (zum Beispiel Pethidin).

arrhö benutzt. Später erwähnten Schriftsteller wie Homer, Vergil und Ovid seine schlafauslösenden Eigenschaften. Man gebrauchte Opium zur Behandlung der unterschiedlichsten Beschwerden und Krankheiten, darunter Schlangenbisse, Asthma, Husten, Epilepsie, Koliken, Schwierigkeiten beim Harnlassen, Kopfschmerzen und Taubheit. Der Mißbrauch von Opium als Rauschmittel war im Rom der Antike ebenso verbreitet wie die Opiumabhängigkeit – selbst unter hochrangigen Persönlichkeiten aus dem militärischen und politischen Bereich.

Von der Antike bis ins 16. und 17. Jahrhundert hinein wurde Opium in ganz Europa nicht nur medizinisch angewendet, sondern auch als Rauschmittel konsumiert. Da Opium vorwiegend aus dem Nahen Osten und dem Orient kam, existierte ein lebhafter Opiumhandel zwischen Ost und West. In der Tat spielte die Kontrolle über den Opiumhandel während des sogenannten Opiumkrieges in China (1840–1842) eine entscheidende Rolle.

Die für medizinische Zwecke und als Rauschmittel benutzten Opioide bestanden bis ins 19. Jahrhundert aus Rohopium, einem Extrakt aus dem Saft des Schlafmohns *Papaver somniferum*. Zu Beginn des 19. Jahrhunderts isolierte der deutsche Apotheker Friedrich Sertürner aus diesem Extrakt das Morphin und revolutionierte damit die Opioidanwendung. Seitdem wird Morphin (anstelle des Rohopiums) weltweit als Hauptwirkstoff zur Behandlung starker Schmerzen verwendet.

Im 19. Jahrhundert fand der Morphin- und Opiumgebrauch weite Verbreitung. So waren in den Vereinigten Staaten Opium und Morphin bei Ärzten, in Drogerien und anderen Geschäften, im Versandhandel und in Form patentrechtlich geschützter Präparate, die über verschiedene Kanäle verkauft wurden, frei erhältlich. Während des amerikanischen Sezessionskrieges nannte man die Opioidabhängigkeit auch „Soldatenkrankheit". Nach der Erfindung der Injektionsspritze (1856) kam allmählich eine neue Art des Drogenkonsums auf – die Selbstinjektion von Opioiden.

Auch zu Beginn des 20. Jahrhunderts war der Opioidkonsum weit verbreitet; doch allmählich regten sich Bedenken hinsichtlich der Gefahren der Opioide und der durch sie ausgelösten Abhängigkeit. In den USA wurde die Anwendung der meisten Opioidpräparate 1914 durch den „Harrison Narcotic Act" einer strengen gesetzlichen Kontrolle unterstellt, und der nichtmedizinische Gebrauch der Opioide wurde verboten. Deutschland folgte 1920 mit dem „Gesetz zur Ausführung des Internationalen Opiumabkommens", aus dem schließlich in den siebziger Jahren das Betäubungsmittelgesetz hervorging.

Doch der Opioidkonsum ist in der Gesellschaft tief verankert und wohl kaum zu beseitigen. Daher sollte die Pharmakologie der Opioide so abgehandelt werden wie die aller anderen psychotropen Substanzen, die angenehme Wirkungen hervorrufen, Gewöhnung und körperliche Abhängigkeit erzeugen und ein Potential zu zwanghaftem Mißbrauch besitzen. Denn der Gebrauch dieser Substanzen als Rauschmittel wird sich wahrscheinlich weder durch emotionale Verteufelung noch durch umfassende gesetzliche Maßnahmen ausrotten lassen. Zudem werden Opioide in der Medizin auch weiterhin Anwendung finden, da sie als schmerzstillende Wirkstoffe unersetzlich sind. Die tiefgreifenden Wirkungen der Opioide auf das Zentralnervensystem verleiten in starkem Maße zum Mißbrauch, und dagegen werden wohl selbst restriktivste Kontrollmaßnahmen kaum ankommen. Goldstein schreibt über die Opioide: »Sie bewirken eine massive Linderung seelischer und körperlicher Schmerzen. Diese Eigenschaft macht ihre Selbstverabreichung äußerst reizvoll.«[11]

Opioidrezeptoren und Einteilung der Opioidanalgetika

Opioidrezeptoren kommen überall in der grauen Substanz des Gehirns und des Rückenmarks vor, wobei das limbische System und Regionen, die mit diesem eng verknüpft sind, die höchsten Konzentrationen aufweisen (siehe Anhang C). Es gibt verschiedene Rezeptortypen, deren Bindungsaffinitäten zu den unterschiedlichen Opioidanalgetika differieren.[12–14] Die wichtigsten Rezeptortypen wurden identifiziert und als μ-, κ- und δ-Rezeptoren bezeichnet. Des weiteren ließen sich einige Subtypen nachweisen (zum Beispiel μ-1 und μ-2).

Ungeachtet gewisser Überschneidungen sind die verschiedenen Rezeptoren in unterschiedlichen Körperregionen konzentriert. μ-Rezeptoren finden sich überwiegend in supraspinalen (dem Rückenmark übergeordneten) Regionen, die sowohl für die morphininduzierte Analgesie als auch für die beruhigenden und positiv verstärkenden Eigenschaften des Morphins und anderer Opioide verantwortlich sind. Zu diesen Regionen gehören Areale des medialen Thalamus und des Hirnstammes (Locus coeruleus, periaquäduktales Grau des Mittelhirns und der Nucleus raphe magnus der Medulla). Die Aktivierung der μ-Rezeptoren in diesen Arealen bildet wahrscheinlich die Grundlage für die analgetischen, atemdepressiven, pupillenverengenden und euphorisierenden Wirkungen des Morphins und verwandter Substanzen sowie für die Entstehung der körperlichen Abhängigkeit.

Man vermutet, daß der μ-1-Subtyp hauptsächlich Analgesie und Euphorie vermittelt, während der μ-2-Subtyp für die Atemdepression verantwortlich ist. Da Analgetika, die spezifisch auf den μ-1-Rezeptor wirken, gegenwärtig nicht verfügbar sind, kommt es bei Opioidverabreichung neben der Analgesie auch zur Atemdepression. Außerdem konnte die intensive analgetische Wirkung der Opioide bisher nicht von ihrem euphorisierenden Effekt entkoppelt werden. Alle Analgetika, die μ-Rezeptoren stimulieren, rufen Euphorie hervor, haben stark verhaltensverstärkende Eigenschaften und können daher zur Abhängigkeit führen. Einige μ-Rezeptoren befinden sich auch im Rückenmark und vermitteln möglicherweise zumindest teilweise die durch Morphin ausgelöste Spinalanalgesie. Als endogene Transmitter, die sich an die μ-Rezeptoren binden, kommen verschiedene Kandidaten in Frage, etwa β-Endorphin und eventuell auch körpereigenes Morphin.

κ-Rezeptoren befinden sich vornehmlich im Hinterhorn des Rückenmarks; die durch sie vermittelte analgetischen Wirkung entsteht also durch Dämpfung der ersten Schaltstelle der Schmerzweiterleitung. Weitere κ-Rezeptoren befinden sich im Hirnstamm (in der Formatio reticularis) und in weiteren supraspinalen Strukturen. κ-spezifische Substanzen rufen Pupillenverengung und Sedierung hervor, jedoch weder Euphorie noch körperliche Abhängigkeit noch Dämpfung des Atemzentrums. Substanzen, die κ-Rezeptoren stimulieren, erzeugen bei Tieren sogar Aversionseffekte und bei Menschen eher Dysphorie als Euphorie[15], wofür vermutlich eine Hemmung der μ-Opioidaktivität verantwortlich ist.[16]

δ-Rezeptoren sind bisher nur unzureichend beschrieben; man vermutet aber, daß sie im Hirnstamm und im Rückenmark analgetische Wirkungen sowie einige der positiven Verstärkungseigenschaften von Morphin vermitteln.

Mit Hilfe dieses Wissens über die Opioidrezeptoren können wir die Opioidanalgetika klassifizieren. Zunächst einmal lassen sich die Substanzen nach ihrer Aktivität an den jeweiligen Rezeptortypen einteilen, also danach, ob sie die Rezeptorfunktion aktivieren (agonistische Wirkung) oder inhibieren (antagonistische Wirkung). Ein Opioidanalgetikum kann entsprechend als *reiner Agonist*, als *reiner Antagonist* oder als *partieller Agonist/Antagonist* beschrieben werden (Tabelle 10.1). Die meisten morphinartigen Wirkstoffe sind reine Agonisten.

Tabelle 10.1: Einteilung der Opiodanalgetika nach ihren agonistischen/antagonistischen Eigenschaften

reine Agonisten	partielle Agonisten/Antagonisten	reine Antagonisten
Morphin (Capros®, Sevredol® und andere)	Nalbuphin (Nubain®)	Naloxon (Narcanti®)
Codein (codi OPT®, Dicton® und andere)	Butorphanol	Naltrexon (Nemexin®)
Heroin	Buprenorphin (Temgesic®)	
Pethidin (Dolantin®)	Dezocin	
Methadon (L-Polamidon®)		
Hydromorphon (Dilaudid®)		
Fentanyl (Fentanyl®-Janssen, Durogesic®)		

Die reinen Agonisten binden sich mit hoher Affinität an μ-Rezeptoren und aktivieren diese. Sie besitzen aber auch eine gewisse Affinität zu κ-Rezeptoren. Reine Antagonisten binden sich mit unterschiedlicher Affinität an die verschiedenen Opioidrezeptoren, können aber keinen von ihnen aktivieren. Die partiellen Agonisten/Antagonisten schließlich üben auf einige Rezeptoren eine gewisse morphinähnliche Wirkung aus, können aber auch die Morphineffekte an einigen oder allen Rezeptortypen antagonisieren. Verschiedene dieser Wirkstoffe sind klinisch verfügbar. In Tabelle 10.2 sind einige Opioide und ihre Wirkungen an Opioidrezeptoren aufgeführt.

Tabelle 10.2: Wirkungen einiger Opioidanalgetika auf Opioidrezeptoren

Wirkstoff	Rezeptortyp*		
	μ	κ	δ
Morphin	+++	+	+
Naloxon	–	–	–
Pentazocin	+/0	+	?
Butorphanol	+/0	+	?
Nalbuphin	–	+	?
Buprenorphin	+	–	?
Fentanyl	+++	+	+
Dezocin	+	+	+

* Der μ-Rezeptor vermittelt wahrscheinlich die supraspinale Analgesie, Atemdepression, Euphorie und körperliche Abhängigkeit; der κ-Rezeptor Spinalanalgesie, Pupillenverengung und Sedierung. Die Angaben beruhen auf der Wirkung am Menschen, soweit bisher ermittelbar. Weiteres siehe Text.
+: agonistische Wirkung;   –: antagonistische Wirkung;
0: keine signifikante Wirkung;   ?: keine Daten verfügbar

Einige Opioidrezeptoren befinden sich außerhalb des ZNS, hauptsächlich im Magen-Darm-Trakt und in anderen Teilen des autonomen (vegetativen) Nervensystems. Diese peripheren Rezeptoren sind nicht nur für einige unangenehme Nebenwirkungen der Opioide verantwortlich, sondern auch an der analgetischen Wirkung beteiligt.

Morphin

Rohopium enthält zwei wesentliche pharmakologisch aktive Analgetika: Morphin und Codein. Morphin ist die zur Schmerzlinderung wirksamere Substanz und zu etwa zehn Prozent im Opium enthalten, der Anteil des chemisch verwandten, doch schwächeren Codeins liegt bei etwa 0,5 Prozent.

Trotz jahrzehntelanger Forschung wurde bisher keine Substanz gefunden, die die analgetische Wirksamkeit des Morphins übertrifft. Daher bleiben Morphin und auch Codein weiterhin unverzichtbar im Kampf gegen den Schmerz.

Pharmakokinetik

Morphin kann oral, rektal oder durch Injektion verabreicht werden. Die Resorption aus dem Magen-Darm-Trakt (nach oraler oder rektaler Verabreichung) ist zwar verglichen mit der parenteralen Verabreichung langsam und unvollständig – die Konzentration im Blut erreicht nur die Hälfte des Wertes, der nach einer Injektion vorliegt –, doch allemal hinreichend. Einige Opioide sind auch als Zäpfchen erhältlich, so Morphin (MSR Mundipharma®) und Hydromorphon (Dilaudid-Atropin®, ein Kombinationspräparat mit Atropin). Bei stark geschwächten Patienten, die andere Verabreichungswege nicht vertragen (etwa bei Krebs im Endstadium), sind solche Präparate häufig hilfreich.

Stark fettlösliche Opioide (wie Fentanyl, auf das wir später noch näher eingehen) werden rasch über die Mundschleimhaut resorbiert; dieser Verabreichungsweg wird als Behandlungsmöglichkeit für postoperative Schmerzen bei Kindern untersucht. Fentanyl ist seit kurzem auch in Hautpflastern erhältlich. In dieser Formulierung diffundiert Fentanyl langsam durch die Haut ins Plasma, so daß über einen Zeitraum von etwa 24 Stunden eine einigermaßen gleichbleibende Konzentration vorliegt. Das Pflaster eignet sich besonders für Patienten, die an chronischen Schmerzen leiden und das Nachlassen der Wirkung bei der intermittierenden Arzneimittelverabreichung vermeiden wollen.

Schließlich können Morphin und bestimmte andere Opioide mittels dünner Kanülen direkt in den Spinalkanal eingebracht werden. Anwendungsgebiete hierfür sind die Schmerzkontrolle bei Geburtswehen und während der Entbindung, die Behandlung postoperativer Schmerzen und die langzeitige Schmerzlinderung bei Krebs im Endstadium. Mit diesem therapeutischen Ansatz gelang ein grundlegender Fortschritt in der Behandlung unheilbar kranker Patienten, die an starken Schmerzen leiden. Heutzutage sollte kein Mensch mehr starke, anhaltende Schmerzen ertragen müssen, wenn sein Leben zu Ende geht.[17] Und die Wirkstoffe und Verfahren sind vorhanden, die solche Schmerzen beseitigen und somit einen Tod in Würde ermöglichen.

Morphin wird üblicherweise durch intramuskuläre, subkutane oder intravenöse Injektion verabreicht. Allerdings ist die Injektionsverabreichung mit einigen Nachteilen verbunden (Kapitel 2), zum Beispiel unbeabsichtigte Überdosierung, schneller Eintritt unerwünschter Wirkungen, die Notwendigkeit steriler Techniken und die fehlende Möglichkeit, die Verabreichung rückgängig zu machen, wenn die Dosis zu hoch war. Doch lassen sich die Morphineffekte durch den spezifischen pharmakologischen Antagonisten Naloxon (Narcanti®) aufheben.

Wie aus der Geschichte des Opiumrauchens in asiatischen Kulturen bekannt ist, können Opioide auch durch Inhalation zugeführt werden, gewöhnlich durch Einatmen des Rauches von brennendem Rohopium. Die Wirkung setzt mit ähnlicher Geschwindigkeit ein wie nach intravenöser Injektion.

Werden Opioide intravenös injiziert, erreichen sie innerhalb von Sekunden bis Minuten das Gehirn. Die wasserlöslicheren (also weniger lipidlöslichen) Opioide wie Morphin durchdringen die Blut-Hirn-Schranke etwas langsamer als die besser lipidlöslichen Opioide. Morphin liegt im Blut in einer Form vor, die sich relativ schlecht in Lipiden löst und daher die Blut-Hirn-Schranke nicht ohne weiteres passieren kann. So dringt nur ein Teil des verabreichten Morphins (etwa 20 Prozent) überhaupt ins Gehirn ein. Im Gegensatz dazu tritt Heroin (auf das wir noch zurückkommen) ungehindert durch die Blut-Hirn-Schranke. Dieser Unterschied erklärt, warum der „Flash", also die Wirkungs-überflutung, nach einer intravenösen Heroininjektion als weitaus intensiver empfunden wird als nach einer Injektion von Morphin. Die Opioide gelangen auch in alle anderen Körpergewebe und zudem in den Fetus: Kinder abhängiger Mütter entwickeln im Mutterleib gleichfalls eine körperliche Opioidabhängigkeit und leiden nach der Geburt an Entzugssymptomen, die einer intensiven Therapie bedürfen.

Morphin wird in der Leber rasch metabolisiert und über die Nieren ausgeschieden. Seine Halbwertzeit beträgt etwa zwei, die Wirkungsdauer vier bis fünf Stunden. Dieser Umstand ist für Abhängige von großer Bedeutung, da sie sich die Droge dementsprechend in Abständen von nur drei bis fünf Stunden verabreichen müssen und folglich unter einem ständigen Beschaffungsdruck stehen.

Mit Hilfe von Tests, bei denen man den Morphin- und Codeingehalt im Harn mißt, läßt sich Opioidkonsum nachweisen. Da Heroin zu Morphin metabolisiert wird und da das auf der Straße verkaufte Heroin auch Acetylcodein (das der Stoffwechsel in Codein umwandelt) enthält, besteht bei Vorliegen von Morphin und Codein im Urin einer Testperson der Verdacht auf Heroingebrauch. Freilich läßt sich mit solchen Tests nicht genau ermitteln, welche Substanz – ob Heroin, Codein oder Morphin – tatsächlich konsumiert wurde. Codein ist auch in vielen Hustensäften und analgetischen Präparaten enthalten, und selbst Mohnsamen enthält kleine Morphinmengen.[18] Je nach zugeführter Substanz lassen sich Morphin und Codein meist noch zwei bis vier Tage nach dem Opioidkonsum im Urin nachweisen.

Pharmakologische Effekte

Morphin, der Prototyp des reinen Opioid-Agonisten, entfaltet seine Hauptwirkungen vorwiegend durch Stimulierung der Opioidrezeptoren. Als Folge erzeugt Morphin ein Syndrom, das durch Analgesie, entspannte Euphorie, Sedierung, ein Gefühl der Ruhe, Befreiung von Furcht und Sorge, Atemdämpfung, Dämpfung des Hustenreizes und Pupillenverengung gekennzeichnet ist.

Analgesie. Morphin bewirkt eine intensive Analgesie und Gleichgültigkeit gegenüber Schmerzen. Es setzt die Schmerzintensität und die Schmerzbelastung dadurch herab, daß es die zentrale Verarbeitung der Schmerzsignale (auf der Ebene des Thalamus, des limbischen Systems und der Großhirnrinde) verändert.[19] Morphin wirkt analgetisch, indem es Opioidrezeptoren (des μ-Typs) im Rückenmark, im Hirnstamm und in anderen Hirnbereichen anregt. Bei Tieren läßt sich Analgesie durch Injektion von Morphin in das periaquäduktale Grau, in den Nucleus raphe magnus oder in das Hinterhorn des Rückenmarks hervorrufen. Injiziert man Naloxon oder unterbricht man die absteigenden inhibitorischen Opioidbahnen durch einen chirurgischen Eingriff, wird die durch Morphin ausgelöste Analgesie blockiert.[19]

Euphorie. Morphin ruft einen angenehmen Euphoriezustand mit einem ausgeprägten Gefühl der Zufriedenheit, des Wohlbefindens und der Sorglosigkeit hervor. Diese Wirkung ist Teil der affektiven – oder positiv verstärkenden – Reaktion auf die Substanz.

> »Opioide werden wie Cocain wegen ihrer positiven Wirkungen konsumiert. Durch den Gebrauch exogener Opioide erhält der Süchtige Zugang zum Verstärkungssystem ... im Locus coeruleus und in anderen Hirnregionen. Dieses Verstärkungssystem ist normalerweise dafür reserviert, die Ausführung artspezifischer überlebensnotwendiger Verhaltensweisen zu belohnen. Wird es von außen durch die Selbstverabreichung von Mißbrauchdrogen aktiviert, spendet es dem Drogenkonsumenten Erlebnisse, wie sie das Gehirn sonst nur mit grundlegend wichtigen Vorgängen wie Essen, Trinken und Sexualität verknüpft. Der Opioidgebrauch wird zu einem erworbenen Triebfaktor, der alle Aspekte des Lebens durchdringt. Auf den Entzug vom Opioidgebrauch reagieren separate Nervenbahnen, die den Betroffenen die Umstände des Entzugs als lebensbedrohlich empfinden lassen; die anschließenden physiologischen Reaktionen führen oft zum erneuten Opioidkonsum.«[6]

Regelmäßige Konsumenten und Personen mit einer psychischen Neigung zu Morphin beschreiben die Wirkungen der intravenösen Injektion als ekstatisch und ziehen Parallelen zur sexuellen Lust. Jedoch nimmt die Intensität der euphorisierenden Wirkung bei wiederholtem Gebrauch allmählich ab. Konsumenten setzen die Injektionen häufig trotzdem fort, weil sie die extreme Euphorie der ersten Injektionen wiederzuerleben versuchen, einen von Lustgefühlen und Wohlbefinden geprägten Zustand aufrechterhalten möchten, psychischem Unbehagen, das mit der Realität verknüpft ist, entgehen wollen und/oder schlicht, um die Entzugssymptome zu vermeiden.

Vielleicht geht der psychische Drang, Morphin zu nehmen, teilweise auch auf die Fähigkeit der Substanz zurück, eine Gleichgültigkeit gegenüber Schmerzen zu erzeugen und dadurch die Schmerzwahrnehmung zu verändern. Ärzte und Wissenschaftler beschreiben Schmerz gewöhnlich als ein durch körperliche Ursachen (wie Krebs oder ein gebrochenes Bein) entstehendes Phänomen. Jedoch gibt es auch Schmerzen, die seelisch oder psychisch bedingt sind und keine offensichtliche organische Ursache haben. Manche Menschen mit der Neigung zum Opioidgebrauch versuchen daher möglicherweise, auf diesem Weg ihre psychogenen Schmerzen zu dämpfen. Dies könnte die von vielen geschilderten tiefgreifenden psychischen Effekte und das Wohlgefühl nach dem Konsum opioidartiger Drogen zum Teil erklären.

Da Morphin seine starken Wirkungen auf Schmerzen und Emotionen durch Stimulierung der Rezeptoren natürlicher Opioidpeptide entfaltet, stellt sich die Frage, welche Aufgabe diese Peptide im Körper wahrnehmen. Sind sie natürliche Analgetika oder natürliche Euphorika? Die Antwort ist nicht eindeutig, zumal die intravenöse Verabreichung des reinen Opioid-Antagonisten Naloxon bei normalen Menschen weder Schmerzen noch Dysphorie erzeugt. Bei Marathonläufern steigt freilich der Endorphinspiegel im Plasma auf das Vierfache an[20,21]; dabei wirken diese natürlichen Analgetika depressiven Stimmungen entgegen und vermitteln ein allgemeines Gefühl des Wohlergehens (das Läufer-„High"). Endorphine sind offenbar Teil eines körpereigenen euphorisierenden Belohnungssystems und ein stimmungsbeeinflussender Faktor (siehe Anhang C).

An dem Mechanismus, über den die positive Verstärkung und die euphorisierende Wirkung des Morphins zustande kommen, sind wahrscheinlich mehrere Systeme beteiligt. So sind Di Chiara und North der Ansicht, daß dopaminerge und nichtdopaminerge Systeme zum Belohnungseffekt der Opioide beitragen.[22] Wie man weiß, aktivieren Opioide Opioidrezeptoren im mesolimbischen dopaminergen Belohnungssystem und beeinflussen so die gleichen Bahnen, die auch die Belohnungseffekte des Cocains, der Benzodiazepine und des Alkohols vermitteln.[23–27] Tatsächlich vermutet man, daß Opioide das in den Nucleus accumbens projizierende mesolimbische dopaminerge System über Opioidrezeptoren im ventralen tegmentalen Areal oder in dessen Nähe aktivieren.[28] Di Chiara und North fassen die Komplexität dieser Wirkungen folgendermaßen zusammen:

»Opioide erregen dopaminerge Neuronen im ventralen tegmentalen Areal, was jedoch indirekt geschieht. Lokale GABA-freisetzende Interneuronen besitzen μ-Opioidrezeptoren, mittels derer Opioide eine Hyperpolarisierung durch Erhöhung der Leitfähigkeit für K^+ (Kaliumionen) verursachen. Folglich wird die GABA-Ausschüttung an Synapsen zu dopaminergen Zellen reduziert, so daß sich deren Entladungsfrequenz wiederum erhöht.«[22]

Dieser Vorgang ist in Abbildung 10.4 dargestellt.

Die nichtdopaminerge Komponente der opioidinduzierten Belohnung ist das endogene Opioidsystem selbst.[22] Das wichtigste beteiligte körpereigene Opioid ist wahrscheinlich β-Endorphin, das unseren normalen Affektzustand (unsere Stimmung also) aufrechterhält.

Nicht zuletzt entwickeln auch äußere Signale und Umgebungsreize, die mit der substanzinduzierten Belohnung (dem Hauptanreiz) wiederholt einhergehen, ihre eigenen motivierenden Eigenschaften. Sie werden dann zu starken sekundären Auslösern für zielgerichtete Verhaltensweisen und können so die Selbstverabreichung steigern (und damit zur entstehenden Toleranz beitragen), Rückfälle provozieren und die Opioidabhängigkeit stabilisieren.[22]

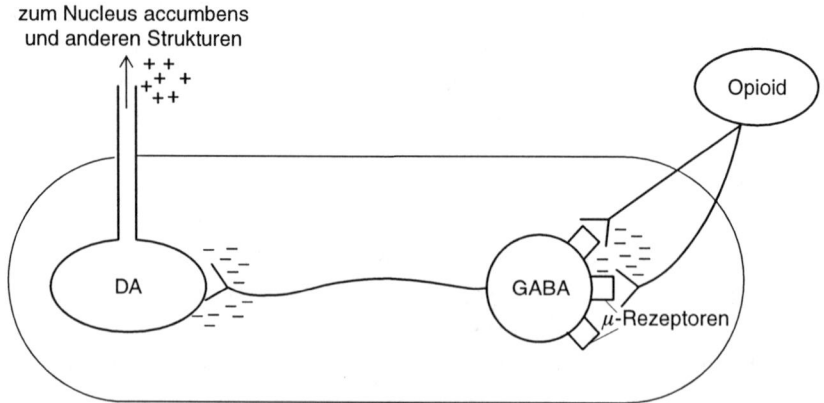

10.4 Diese Abbildung zeigt schematisch, wie dopaminfreisetzende Neuronen im ventralen tegmentalen Areal durch Opioide indirekt erregt werden. Dopaminhaltige Neuronen werden durch die Bindung von GABA an GABA$_A$-Rezeptoren hyperpolarisiert. GABA-haltige Neuronen wiederum werden durch Opioide, die auf μ-Rezeptoren einwirken, hyperpolarisiert. Auf diese Weise vermindern Opioide die Hemmung, die GABA auf dopaminerge Neuronen ausübt. DA: Dopamin.

Sedierung und Anxiolyse. Morphin bewirkt Anxiolyse, Sedierung und Schläfrigkeit, wobei die Sedierung nicht so stark ist wie die durch zentralnervös dämpfende Substanzen. Personen, die unter dem Einfluß von Morphin stehen, dösen zwar, können aber normalerweise leicht geweckt werden. Während dieses Zustands besteht eine ausgeprägte „geistige Umnebelung", die mit Konzentrationsschwierigkeiten, Apathie, Selbstzufriedenheit, Lethargie, verminderter geistiger Aktivität und einem Gefühl der Gelassenheit einhergeht. Die angstlösenden Wirkungen der Opioide kommen wahrscheinlich durch die vom μ-Rezeptor ausgehende Hemmung der neuronalen Aktivität im Locus coeruleus zustande, der eine besonders hohe Dichte an noradrenergen Neuronen aufweist.[15]

Atemdepression. Morphin verursacht eine ausgeprägte Atemdepression, indem es die Empfindlichkeit des Atemzentrums gegenüber einem erhöhten Kohlendioxidgehalt im Blut herabsetzt. Bereits bei therapeutischen Dosen wird die Atemfunktion vermindert. Bei höheren Dosen verlangsamt sich die Atemfrequenz weiter, das Atemminutenvolumen nimmt ab, und die Atmung wird flach und unregelmäßig; nach entsprechend hohen Dosen kommt es schließlich zum Atemstillstand. Die Atemdepression ist die wichtigste akute Nebenwirkung von Morphin und die Todesursache bei Überdosierung.

Hustendämpfung. Opioide dämpfen das Hustenzentrum, das sich ebenfalls im Hirnstamm befindet. Daher wurden die Opioide früher als hustendämpfende Mittel (Antitussiva) verwendet, wobei Codein am häufigsten für diesen Zweck eingesetzt wurde und auch noch eingesetzt wird. Meist zieht man heute freilich weniger suchterzeugende Substanzen zur Hustenbehandlung vor; außerdem sind Opioide bei chronischem Husten ungeeignet.

Pupillenverengung. Morphin (wie auch andere μ- und κ-Agonisten) verursachen eine Pupillenverengung (Miosis). Die Pupillenverengung bei gleichzeitig bestehender Analgesie ist ein charakteristisches Anzeichen des Opioidkonsums.

Übelkeit und Erbrechen. Morphin stimuliert Rezeptoren in einem Areal der Medulla oblongata, das als *chemorezeptive Triggerzone* bezeichnet wird. Die Stimulierung dieses Areals verursacht Übelkeit und Erbrechen, die kennzeichnendste und unangenehmste Nebenwirkung des Morphins und anderer Opioide.

Gastrointestinale Wirkungen. Morphin und andere Opioide lindern Diarrhö infolge einer direkten Beeinflussung der Darmfunktion. Sie verursachen eine Tonussteigerung des Darmes, eine Hemmung der propulsiven Motorik und damit der Weiterbeförderung des Darminhalts, eine Eindickung des Darminhalts durch Wasserentzug sowie Darmspasmen. Die verminderte Peristaltik, die Tonussteigerung, die verlangsamte Weiterbeförderung des Speisebreis und der Wasserentzug bewirken zusammen eine Stuhlverhärtung und eine weitere Verlangsamung des Stuhltransports. All diese Wirkungen sind für die durch Opioide ausgelöste Obstipation verantwortlich. Da es zu keiner Gewöhnung an diese gastrointestinalen Nebenwirkungen der Opioide kommt, leiden Opioidsüchtige häufig an chronischer Verstopfung. Im Gegenzug ist der Opioidentzug durch schwere Bauchkrämpfe und Diarrhö gekennzeichnet, da der Darmtonus sich wieder normalisiert.

Zur Behandlung schwerer Diarrhö sind bisher keine wirksameren Substanzen als die Opioide bekannt. In den letzten Jahren wurden zwei Opioide entwickelt, die nur in ganz geringem Maße die Blut-Hirn-Schranke überwinden und daher kaum ins ZNS gelangen. Diese Substanzen sind *Diphenoxylat* (der wirksame Hauptbestandteil von Reasec®) und *Loperamid* (zum Beispiel Imodium®). Diese Mittel sind ausgesprochen wirksame Opioid-Antidiarrhoika, wirken aber weder analgetisch noch suchterzeugend, da ihre Verteilung und Wirkung auf Körperregionen außerhalb des ZNS (wie den Darm) beschränkt sind.

Andere Wirkungen. Morphin kann Histamin aus seinen Speicherorten in den Mastzellen des Blutes freisetzen, freilich in wesentlich geringerem Ausmaß als andere Opioide. Dies kann zu lokalem Juckreiz oder auch zu stärkeren allergischen Reaktionen, wie Bronchokonstriktion (einer asthmaähnlichen Verengung der Bronchien), führen. Opioide beeinflussen auch die Funktion der Leukocyten (weißen Blutzellen), was möglicherweise zu Veränderungen im Immunsystem führt, die aber bisher nicht genau erforscht sind. Mit diesem Gebiet der Opioidwirkungen befaßt sich die Psychoneuroimmunologie.

Toleranz und Abhängigkeit

Die Toleranz gegenüber Morphin und anderen Opioidanalgetika schwankt je nach physiologischer Reaktion des Patienten, Dosis und Verabreichungshäufigkeit. Toleranz entwickelt sich gegenüber den atemdepressiven, analgetischen, euphorisierenden und sedierenden Wirkungen der Opioide.

Die Geschwindigkeit der Toleranzentwicklung schwankt erheblich. Werden Morphin oder andere Opioide nur gelegentlich verabreicht, bildet sich, wenn überhaupt, nur eine geringe Toleranz aus. Wenn also beispielsweise zwischen Phasen des Drogengebrauchs längere drogenfreie Intervalle liegen, behalten Opioide ihre anfängliche Wirksamkeit. Bei gelegentlichem Genußgebrauch eines Opioids können also niedrige Dosen weiterhin wirksam sein und müssen nicht deutlich gesteigert werden (es sei denn, eine intensivere Wirkung ist erwünscht). Mit der Steigerung des Drogenkonsums kommt es zu einer stärkeren Abhängigkeit und Gewöhnung. Die wiederholte Verabreichung erzeugt eine derart ausgeprägte Toleranz, daß massive Dosen zur Erzielung der Euphorie oder – was das häufigere Motiv ist – zur Verhinderung der Entzugsbeschwerden nötig sind. Das Ausmaß der Toleranz wird an der Tatsache deutlich, daß die Morphindosis innerhalb von nur zehn Tagen von klinisch üblichen Mengen (50 bis 60 Milligramm täglich) auf 500 Milligramm pro Tag gesteigert werden kann.[15]

Zur Opioidtoleranz tragen drei Entstehungsmechanismen bei. Der erste ist die Induktion der metabolisierenden Enzyme in der Leber; als Folge werden (da der Wirkstoff schneller metabolisiert wird) größere Opioidmengen benötigt, um den gewohnten Wirkstoffspiegel im Blut zu erhalten. Zweitens kann die Empfindlichkeit der Opioidrezeptoren im ZNS abnehmen, so daß eine höhere Wirkstoffkonzentration im Blut erforderlich wird, um die Rezeptoren im gewohnten Ausmaß zu stimulieren. Drittens erzeugen Konditionierung und Verhaltenssensitivierung durch Umgebungsreize eine „erlernte" und löschbare Toleranz gegenüber den Opioidwirkungen.[29-31] Diese Sensitivierung gegenüber Opioiden kann durch Morphininjektion in das ventrale tegmentale Areal nachgeahmt werden, jedoch nicht durch Injektion in den Nucleus accumbens.[32,33] Demnach hängt dieser Vorgang mit der erhöhten Aktivierung der dopaminergen Neuronen im ventralen tegmentalen Areal zusammen.[34]

Die Toleranz gegenüber einem Opioid führt zu einer Kreuztoleranz gegenüber allen anderen natürlichen und synthetischen Opioiden, auch solchen mit abweichender chemischer Struktur. Eine Kreuztoleranz zwischen den Opioiden und den sedativ-hypnotischen Substanzen entwickelt sich allerdings nicht. Anders ausgedrückt, bei einer durch Morphin erzeugten Toleranz besteht zwar auch eine Toleranz gegenüber Heroin, jedoch nicht gegenüber Alkohol oder den Barbituraten. Dieser Aspekt ist äußerst wichtig, da die additiven Wirkungen eines Sedativums und eines Opioids zum Tod führen können. Wenn zum Beispiel eine Person mäßige Dosen Opioide konsumiert und dann Alkohol trinkt oder ein Sedativum einnimmt, wird die Atmung zusätzlich gedämpft, was zu Koma oder zum Tod führen kann. Todesfälle durch die kombinierten Wirkungen von Opioiden und allgemein dämpfenden Substanzen sind nicht ungewöhnlich.

In Kapitel 2 wurde die körperliche Abhängigkeit als ein veränderter physiologischer Zustand beschrieben, der durch eine Substanz herbeigeführt wird und bei dem nach Entzug dieser Substanz ein komplexes, für die betreffende Substanzklasse typisches Muster biologischer Reaktionen auftritt. Der akute Opioidentzug ist ausführlich untersucht worden, da er bei Drogenabhängigen leicht durch Injektion des Opioid-Antagonisten Naloxon (Narcanti®) ausgelöst werden kann. Der Entzug führt zu einer erheblichen Verminderung der Dopaminausschüttung[22] und zu einer Herabsetzung des Dynorphinspiegels[35] im Nucleus accumbens sowie zu einem massiven Anstieg (um 300 Prozent) der Noradrenalinfreisetzung in verschiedenen Strukturen, etwa im Hippocampus[36], im Nucleus accumbens[37] und im Locus coeruleus[38].

Als unmittelbare Entzugssymptome treten Unruhe, unstillbares Verlangen nach der Droge (craving), Schwitzen, extreme Angst, Depression, Reizbarkeit, Dysphorie, Fieber, Kälteschauer („Gänsehaut"), starkes Würgen und Erbrechen, erhöhte Atemfrequenz (Keuchen), Krämpfe, Schlafstörungen, heftiger Durchfall und intensive Schmerzen auf. Das Ausmaß dieser akuten Entzugssymptome hängt von der zuvor üblichen Opioiddosis, der Konsumfrequenz und der Dauer der Drogenabhängigkeit ab. Der akute Opioidentzug wird nicht als lebensbedrohend angesehen; Betroffene, die ihn gerade durchmachen, empfinden ihn jedoch meist als unerträglich.

Erst seit neuerem erkannt ist das protrahierte Abstinenzsyndrom (protracted abstinence syndrome).[15] Dieses Syndrom setzt nach der akuten Opioidentzugsphase ein und zieht sich bis zu sechs Monaten hin. Zu seinen Symptomen gehören Depression, anomale Reaktionen auf Belastungssituationen, Drogenhunger, vermindertes Selbstwertgefühl, Angst und weitere psychische Beeinträchtigungen. Erschwert wird die Diagnose des protrahierten Abstinenzsyndroms durch die hohe Prävalenz anderer psychischer Störungen bei Opioidabhängigen (zum Beispiel affektive Psychosen oder Persönlichkeitsstörungen). Man kann daher erwarten, daß nach dem Entzug tieferliegende Persönlichkeitsstörungen auftreten, die durch den Drogengebrauch möglicherweise überdeckt waren, und sollte diese entsprechend diagnostizieren und behandeln.

Zur Erklärung des fortgesetzten Opioidgebrauchs wurden verschiedene Hypothesen aufgestellt[15,39]:

1. Fortgesetzter Konsum verhindert entzugsbedingte Beschwerden und Dysphorie.
2. Die durch die Opioide erzeugte Euphorie (ein positiv verstärkender Effekt) bewirkt die Fortsetzung des Konsums.
3. Vorbestehende dysphorische oder schmerzhafte affektive Zustände werden gelindert.
4. Das Euphorieerlebnis ist eine atypische Wirkung der Opioide, die bei Personen mit einem vorbestehenden psychopathologischen Zustand auftritt.
5. Ein vorbestehender psychopathologischer Zustand könnte der Anlaß für den Einstieg in den Drogenkonsum und für die anfängliche Euphorie sein; hingegen ist die Vermeidung der Entzugssymptome das Hauptmotiv für den fortgesetzten Gebrauch.
6. Bei manchen Menschen besteht eine Störung des Endorphinsystems, die durch den Opioidkonsum korrigiert wird.
7. Wiederholter Opioidkonsum führt zu einer permanenten Dysfunktion des Endorphinsystems, so daß zu dessen Funktionserhalt die Zufuhr exogener Opioide fortgesetzt werden muß.
8. Drogenwirkungen und Drogenentzug können mit Umgebungsreizen und inneren Stimmungslagen verknüpft werden. Dann wecken die entsprechenden Emotionen und äußeren Signale die Erinnerung an Entzugsbeschwerden beziehungsweise an die opioidbedingte Euphorie oder Linderung der Dysphorie und schmerzhafter affektiver Zustände, wodurch die Fortsetzung des Drogengebrauchs begünstigt wird.

Wahrscheinlich tragen all diese Faktoren zum Opioidkonsum bei, wenn auch je nach Betroffenem in unterschiedlichem Ausmaß. Die Gefahr der Abhängigkeit besteht freilich nicht nur bei einigen wenigen prädisponierten Personen, sondern prinzipiell bei jedem, der wiederholt Gebrauch von Opioiden macht – bei allen Konsumenten treten, selbst nach kurzzeitigem Konsum, gewisse Entzugssymptome auf, wenn die Droge abgesetzt wird. Die oben aufgezählten Erklärungsansätze könnten sich jedoch zur Bestimmung solcher Personen eignen, die im Verlauf des protrahierten Abstinenzsyndroms oder noch danach besonders rückfallgefährdet sind.

Andere reine Opioid-Agonisten

Neben Morphin, dem Prototyp eines reinen Opioid-Antagonisten, gibt es weitere Opioide mit ähnlichen Eigenschaften.

Heroin (Diacetylmorphin) wird durch geringfügige Abwandlung der chemischen Struktur aus Morphin hergestellt (Abbildung 10.5). Heroin besitzt etwa die dreifache Potenz des Morphins. Aufgrund seiner besseren Lipidlöslichkeit durchdringt Heroin schneller die Blut-Hirn-Schranke, so daß eine intensive Wirkungsüberflutung eintritt, wenn man es raucht oder intravenös injiziert. Heroin wird zu Morphin metabolisiert, das anschließend abgebaut und ausgeschieden wird. In Großbritannien ist Heroin für therapeutische Anwendungen zugelassen und daher dort legal erhältlich. In den USA wie in Deutschland ist die Substanz illegal. Der in den USA bemerkbare Trend zum Heroinrauchen vermindert einige der Risiken, die mit dem intravenösen Konsum verbunden sind (Übertragung von Hepatitis und Aids). Wird Heroin in Kombination mit Crack geraucht, intensiviert sich die Euphorie, und die cocaininduzierten Angstzustände und Wahnvorstellungen werden abgeschwächt, ebenso die Depression, die sich beim Abklingen der Cocainwirkung einstellt. Allerdings entsteht durch diese Kombination eine Mehrfachabhängigkeit, die äußerst schwer zu behandeln ist.

Codein ist wie Morphin ein natürlicher Bestandteil des Opiums. Es besitzt nur ein Zehntel der Potenz des Morphins, wird aber bei oraler Einnahme besser resorbiert. Codein ist auch zusammen mit Acetylsalicylsäure und/oder Paracetamol in analgetischen Kombinationspräparaten erhältlich (Dolomo® TN, Gelonida®, Lonarid® und andere).

Hydromorphon (Dilaudid®) und *Oxymorphon* sind beide chemisch mit Morphin verwandt. Beide Substanzen stimulieren μ-Rezeptoren und sind etwa sechs- bis zehnmal so potent wie Morphin.

Pethidin (Dolantin®) ist ein vollsynthetisches Opioid, dessen Struktur von der des Morphins stärker abweicht (Abbildung 10.5). Ursprünglich glaubte man, bei Pethidin würden viele der unerwünschten Eigenschaften der morphinverwandten Opioide fehlen. Jedoch gilt Pethidin inzwischen auch als suchterzeugend und kann Morphin oder Heroin substituieren. Seine Wirkung beträgt nur ein Zehntel der Wirkung des Morphins, es ruft aber eine ähnliche Euphorie hervor und hat das gleiche Abhängigkeitspotential. Zu den Nebenwirkungen, die sich von denen des Morphins unterscheiden, gehören Tremor, Delirium, Hyperreflexie und Krampfanfälle. Diese Wirkungen werden durch einen Metaboliten des Pethidins (Norpethidin) ausgelöst, der keine analgetische Wirkung besitzt, jedoch eine zentralnervöse Erregung hervorrufen kann. Bei Nierenfunktionsstörungen oder bei ausschließlichem Gebrauch von Pethidin im Falle einer Opioidabhängigkeit kommt es möglicherweise zur Kumulation der Substanz.

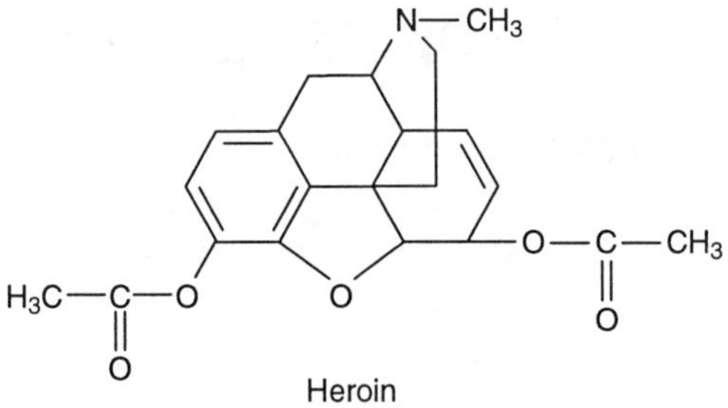

Heroin

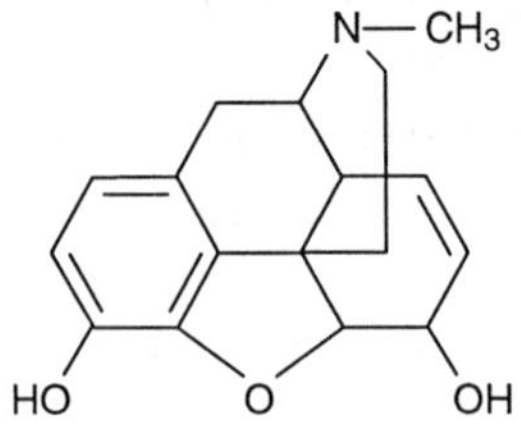

Morphin

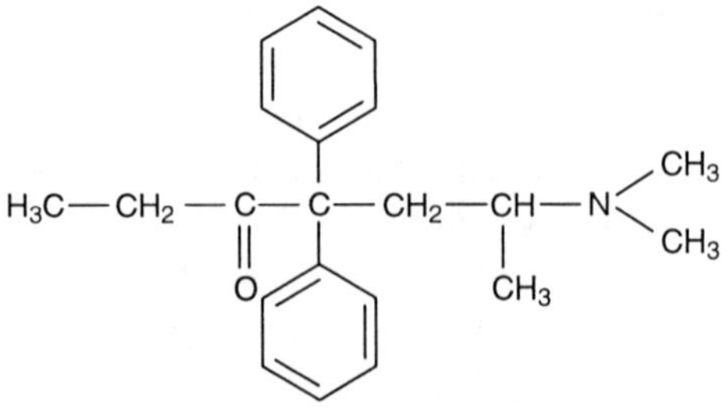

Methadon

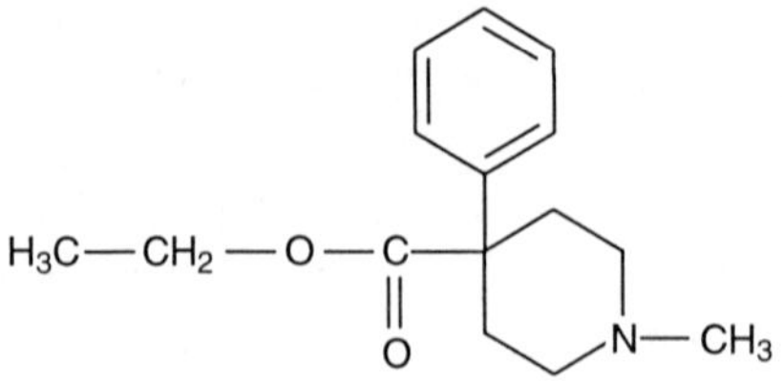

Pethidin

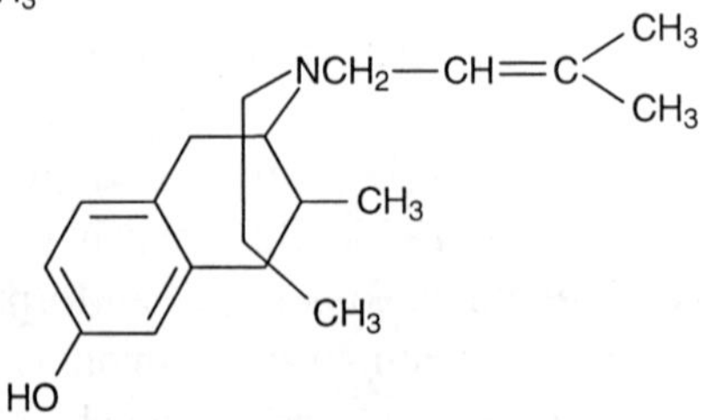

Pentazocin

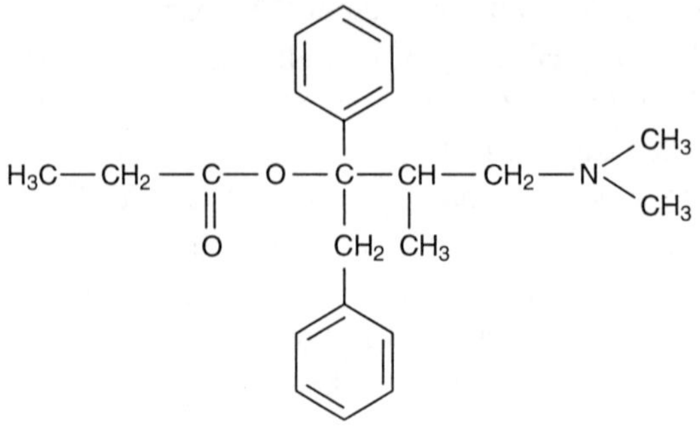

Propoxyphen

10.5 Strukturformeln von Morphin, Heroin und vier synthetischen Opioidanalgetika.

Methadon (L-Polamidon®) ist ein synthetisches Opioid, dessen pharmakologische Wirkungen denen des Morphins sehr ähnlich sind.

> »Die herausragenden Eigenschaften des Methadons sind seine analgetische Wirksamkeit, seine Wirksamkeit bei oraler Gabe, seine Langzeitwirkung zur Unterdrückung der Entzugssymptome bei körperlicher Abhängigkeit und seine in der Regel anhaltende Wirksamkeit bei wiederholter Verabreichung.«[40]

Bei der Substitutionstherapie der Opioidabhängigkeit wird Methadon als Ersatz für das vorher injizierte Opioid, durch das der Patient abhängig geworden ist, unter kontrollierten Bedingungen oral verabreicht. Später kann dann langsam der Methadonentzug eingeleitet oder die Behandlung mit Methadon auf unbestimmte Zeit fortgesetzt werden. In Deutschland wird meist das linksdrehende Enantiomer Levomethadon eingesetzt; inzwischen darf aber auch das preisgünstigere Racemat (Gemisch aus links- und rechtsdrehender Form) verschrieben werden.

LAAM (Levo-alpha-acetylmethadol) ist ein orales Opioidanalgetikum, das in den USA Mitte 1993 (nach langjähriger Verzögerung) zur klinischen Behandlung der Opioidabhängigkeit zugelassen wurde; in Deutschland ist es noch nicht erhältlich. LAAM, in vieler Hinsicht mit Methadon vergleichbar, wird aus dem Magen-Darm-Trakt gut resorbiert. Es zeichnet sich durch einen langsamen Wirkungseintritt und eine lange Wirkungsdauer aus. Es wird zu Verbindungen abgebaut, die ebenfalls als Opioid-Agonisten wirksam sind. Als Hauptvorteil gegenüber Methadon ist die lange Wirkungsdauer anzusehen; bei der Substitutionstherapie wird es dreimal wöchentlich oral verabreicht.

Propoxyphen (Develin®) ist ein Analgetikum mit ähnlicher Struktur wie Methadon (Abbildung 10.5). Als Analgetikum ist es etwas schwächer als Codein, besitzt jedoch in therapieüblicher Dosierung eine höhere Wirksamkeit als Acetylsalicylsäure. Bei Anwendung hoher Dosen werden opioidartige Wirkungen beobachtet, und bei intravenöser Verabreichung wird es von Abhängigen als Opioid erkannt. Solange es oral genommen wird, besteht kein großes Mißbrauchpotential. Auch wenn in einigen Fällen eine Abhängigkeit beobachtet wurde, war dies bisher kein Grund zu ernsthafter Besorgnis. Da Propoxyphenpräparate zur intravenösen Verabreichung nicht im Handel sind, kommt es höchstens dann zu intravenösem Drogenkonsum, wenn versucht wird, das Pulver aus den Kapseln aufzulösen und zu injizieren.

Fentanyl (Fentanyl®-Janssen) und zwei verwandte Verbindungen, *Sufentanil* (Sufenta®) und *Alfentanil* (Rapifen®), sind kurzwirksame, intravenös verabreichte Opioid-Agonisten, die chemisch mit Pethidin verwandt sind. Diese Verbindungen werden zur Schmerzausschaltung während oder nach Operationen angewendet. Wie bereits erwähnt, ist Fentanyl jetzt auch in einem Hautpflaster (Durogesic®) erhältlich, wobei der transdermale Verabreichungsweg eine anhaltende und recht konstante Wirkstoffkonzentration im Blut gewährleistet. Fentanyl wird zur Behandlung chronischer, hartnäckiger Schmerzen angewendet. Ende 1994 wurde in den USA sogar ein Fentanyl-„Lolli" in ausgewählten Kliniken zur Behandlung postoperativer Schmerzen bei Kindern eingesetzt.

Fentanyl und seine Abkömmlinge sind in ihrer analgetischen Wirkung 80- bis 500mal stärker als Morphin, haben eine relativ kurze Wirkungsdauer und verursachen eine starke Atemdepression. Tod in Verbindung mit diesen Substanzen wird immer durch Atemlähmung verursacht. Auf dem illegalen Markt ist Fentanyl in den USA als „China White" bekannt. Zahllose Derivate (wie Methylfentanyl) können illegal hergestellt werden; sie tauchen phasenweise in der Drogenszene auf und sind für zahlreiche Todesfälle verantwortlich.*

Buprenorphin (Temgesic®) ist ein neueres Opioid, dessen analgetische Wirkung durch eine begrenzte Stimulierung des μ-Rezeptors gekennzeichnet ist. Da es nur ein partieller Agonist ist, sind der analgetischen Wirksamkeit allerdings ebenso Grenzen gesetzt wie seinem Potential, Euphorie und Atemdepression hervorzurufen. Es hat eine sehr lange Wirkungsdauer, die wahrscheinlich durch eine starke Bindung an die μ-Rezeptoren bedingt ist. Aufgrund dieser Bindung ist es jedoch mitunter schwierig, seine Wirkung durch Naloxon aufzuheben, wenn dies als notwendig erachtet wird.

In niedrigen Dosen kann Buprenorphin als Substitut für Morphin (bei Morphinabhängigkeit) gegeben werden. Es ist (bei fehlender Toleranz) auch in niedriger Dosierung analgetisch wirksam. Jedoch sind höhere Dosen nicht sonderlich gut zur Morphinsubstitution geeignet und können Entzugssymptome auslösen.

Buprenorphin wird als Alternative zu Methadon beziehungsweise als dessen Folgesubstitut in der Opioidentwöhnung geprüft. Es könnte den Übergang von Methadon zu einem reinen Opioidantagonisten wie Naltrexon erleichtern.[41] Gold[6] gibt eine Übersicht über die Literatur zu diesem Thema.

---

* Um solche neu auftauchenden, gesetzlich noch nicht erfaßten Derivate („Designerdrogen"; siehe auch Kapitel 12) rechtlich schneller kontrollieren zu können, wurde die amerikanische Behörde zur Drogenbekämpfung (Federal Drug Enforcement Agency, DEA), bevollmächtigt, jede Substanz als sogenanntes Schedule-I-Betäubungsmittel zu deklarieren, wenn sie eine unmittelbare Gefahr für die öffentliche Gesundheit darstellt. Diese Art der Kontrolle per Verordnung wurde zum ersten Mal 1985 für das Fentanylderivat 3-Methylfentanyl angewandt und ist seitdem auf viele weitere Fentanylderivate und andere abgeleitete Substanzen ausgedehnt worden, so auf MMDA (Kapitel 12) und bestimmte Pethidinderivate, insbesondere MPPP und MPTP. (MPPP und MPTPT sind neurotoxische Nebenprodukte des Pethidins und induzieren eine schwere, irreversible und fortschreitende parkinsonähnliche Störung.) In Deutschland hat der Bundesgesundheitsminister seit 1992 eine ähnliche Vollmacht und kann per Dringlichkeitsverordnung neue Substanzen dem Betäubungsmittelgesetz unterstellen, was erstmals 1995 bei vier neuen Amphetaminderivaten erfolgte. Die ministerielle Verordnung muß dann innerhalb eines Jahres durch den Gesetzgeber bestätigt werden.

Opioid-Agonisten mit antagonistischen Eigenschaften (partielle Agonisten/Antagonisten)

Vier Substanzen, die sich mit unterschiedlicher Affinität an μ- und κ-Rezeptoren binden, sind Pentazocin (Fortral®), Nalbuphin (Nubain®), Butorphanol und Dezocin (Abbildung 10.6 zeigt Nalbuphin und Butorphanol). Diese Substanzen sind allgemein schwache μ-Agonisten, deren (recht eingeschränkte) analgetische Wirksamkeit durch Stimulierung der κ-Rezeptoren hervorgerufen wird (Tabelle 10.2). Niedrige Dosen erzeugen eine mäßige Analgesie, die sich durch Dosiserhöhung kaum steigern läßt. Bei einer Opioidabhängigkeit können diese Substanzen eine Entzugssymptomatik auslösen, indem sie vermutlich die μ-agonistisch induzierte Aktivierung der mesolimbischen dopaminergen Bahnen hemmen.[16]

Pentazocin und *Butorphanol* sind typische partielle Agonisten/Antagonisten, die beide als schwache μ-Agonisten und als stärkere κ-Agonisten begrenzt analgetisch wirksam sind. Sie zeigen weder ausgeprägte atemdepressive Eigenschaften noch ein nennenswertes Potential, körperliche Abhängigkeit zu erzeugen.

10.6 Strukturformeln von vier Morphinanalogen. Nalbuphin und Butorphanol haben agonistische und antagonistische Eigenschaften, während Naloxon und Naltrexon reine Antagonisten sind.

Das in Deutschland nicht erhältliche Butorphanol ist in den USA als Injektionslösung und seit November 1993 auch als Nasenspray im Handel.[42] Das Spray läßt sich bei jeder Art von Schmerzen anwenden, für die ein Opioidanalgetikum angemessen ist. Nach Resorption über die Nasenschleimhaut ist die Maximalkonzentration im Plasma (und die maximale Wirkung) etwa nach einer Stunde erreicht, wobei die Wirkung etwa vier bis fünf Stunden anhält. Die Wirksamkeit dieses Verabreichungsweges ist bisher nur durch wenige Studien belegt. Wenn sich das Spray langfristig als geeignet erweist, ist die bequeme Verabreichungsweise sicherlich ein Vorteil. Ob das Mißbrauchpotential von Butorphanol mit dieser Formulierung ansteigt, bleibt abzuwarten.

In den USA hat der Mißbrauch von Pentazocin, insbesondere in Kombination mit Tripelennamin, einem Antihistaminikum, in den letzten Jahren zugenommen. Diese Substanzkombination, als „Ts and blues" bezeichnet, ruft schwere medizinische Komplikationen hervor, unter anderem Krampfanfälle, psychotische Phasen, Hautgeschwüre, Abszesse und Muskelschwund, wobei die drei letzteren Auswirkungen eher eine Folge der wiederholten Injektionen als durch die Substanzen selbst bedingt sind.

Nalbuphin ist in erster Linie ein κ-Agonist mit begrenzter analgetischer Wirksamkeit. Da es auch μ-antagonistische Eigenschaften besitzt, wirkt es wahrscheinlich weder atemdepressiv noch mißbraucherzeugend. Chemisch ist Nalbuphin eng mit Naloxon (Abbildung 10.6) verwandt, einem reinen Opioid-Antagonisten, der im nachfolgenden Abschnitt beschrieben wird.

Dezocin (in Deutschland nicht zugelassen), der neueste Opioid-Agonist mit antagonistischen Wirkungen, wurde in den USA 1990 eingeführt. Als mittelstarker μ-Agonist und schwacher δ- und κ-Agonist ist Dezocin als Morphinsubstitut geeignet. Seine klinische Wirksamkeit und sein Mißbrauchpotential scheinen eher begrenzt zu sein.

Opioid-Antagonisten

Zwei klinisch verfügbare Medikamente, Naloxon (Narcanti®) und Naltrexon (Nemexin®), haben eine Affinität zu Opioidrezeptoren (insbesondere μ-Rezeptoren), entfalten nach der Bindung aber keine eigenen agonistischen Wirkungen. Daher heben sie die Wirkungen der agonistischen Opioide an all ihren Rezeptoren vollständig auf. Diese Wirkstoffe werden als *reine Opioid-Antagonisten* bezeichnet, vergleichbar mit dem Flumazenil, das wir in Kapitel 4 als reinen Benzodiazepin-Antagonisten kennengelernt haben.

Naloxon zeigt kaum oder gar keine Wirkungen, wenn es Personen injiziert wird, die nicht opioidabhängig sind. Bei Opioidabhängigen jedoch führt es innerhalb kürzester Zeit zu Entzugssymptomen. Als reiner Opioid-Antagonist ist Naloxon weder analgetisch wirksam noch zum Mißbrauch geeignet. Es hebt die Wirkungen des Morphins an sämtlichen Opioidrezeptoren auf, wobei μ-Rezeptoren zehnmal empfindlicher gegenüber Naloxon sind als κ-Rezeptoren. Da Naloxon nicht vom Magen-Darm-Trakt resorbiert wird, muß es durch Injektion verabreicht werden. Zudem ist seine Wirkungsdauer mit 15 bis 30 Minuten recht kurz. Soll die opioid-antagonistische Wirkung aufrechterhalten werden, muß man es also in kurzen Abständen erneut injizieren, um eine Rückkehr der „Betäubung" zu vermeiden.

Naloxon wird zur Aufhebung der opioidinduzierten Atemdepression angewendet, etwa nach akuter Opioidüberdosis oder bei Neugeborenen opioidabhängiger Mütter. Nachteile des Naloxons sind die kurze Wirkungsdauer und die parenterale Zufuhr. Wird es jemandem verabreicht, der Opioide zur Schmerzlinderung erhalten hat, verdrängt es das Opioid und läßt die Schmerzempfindung zurückkehren.

Naltrexon wurde 1985 in den USA und 1990 in Deutschland als erster oral anwendbarer reiner Opioid-Antagonist eingeführt. Seine Wirkungen sind mit denen von Naloxon vergleichbar, doch wird Naltrexon auch bei oraler Zufuhr gut resorbiert und ist relativ lange wirksam, so daß nur eine einmalige Dosis von etwa 40 bis 80 Milligramm täglich verabreicht werden muß. Innerhalb einer Therapie der Opioidabhängigkeit läßt es sich – wenn der akute Entzug erfolgreich überstanden ist – als Entwöhnungshilfe einsetzen. Bei Personen, die Naltrexon täglich einnehmen, wird die Injektion eines reinen Opioid-Agonisten wirkungslos bleiben. Naltrexon ist vor allem zur Therapie solcher Opioidabhängigen geeignet, die die Vorteile der Drogenfreiheit einsehen. Das Hauptproblem der Langzeittherapie mit Naloxon besteht darin, daß die Substanz die Wirkungen agonistischer Opioide nur dann aufheben kann, wenn sie auch täglich eingenommen wird.

Therapie der Opioidabhängigkeit

Hypothesen zur Erklärung des fortgesetzten Opioidkonsums trotz lebensbedrohender Folgen haben wir in diesem Kapitel bereits kennengelernt. Wie bei jeder Abhängigkeit von positiv verstärkenden Substanzen gibt es auch für einen Opioidabhängigen vielfältige Gründe, eine Therapie zu beginnen. Negative strafrechtliche, familiäre, soziale oder berufliche Konsequenzen mögen den Ausschlag geben oder schlicht der persönliche Wunsch, vom Opioidkonsum und dem drogenorientierten Leben freizukommen.

Wie schon im Falle des Mißbrauchs von Stimulantien (Kapitel 6) ist auch bei Opioidmißbrauch eine entsprechende Therapie auf Drogenentzug, Behandlung der Entzugssymptomatik, Diagnose und Behandlung begleitender psychischer Störungen sowie auf Rückfallprävention ausgerichtet. Doch besteht zwischen beiden Substanzgruppen ein wichtiger Unterschied.

Cocain und die Amphetamine sind anregende „Power-Drogen", während die betäubenden Opioide einen Zustand der Ausgeglichenheit, Analgesie und Sedierung hervorrufen. Bei Konsumenten aufputschender Drogen besteht während des Rausches eine Neigung zu aggressivem und feindseligem Verhalten, mit Denkvorgängen, die manisch-paranoide Zustände auslösen können. Aggressive Handlungen oder Gewaltverbrechen unter der Rauscheinwirkung von Psychostimulantien sind nicht ungewöhnlich. Unter dem Einfluß der Opioidwirkung dagegen ist das Verhalten durch Ruhe und Gelassenheit gekennzeichnet. Kriminelle Handlungen im Zusammenhang mit dem Opioidkonsum werden meist nicht im Rauschzustand, sondern eher unter Entzug begangen und dienen überwiegend dazu, Geld für den Drogenerwerb zu beschaffen. Ist die Substanzversorgung dagegen sichergestellt (was zu geringen Kosten möglich ist, siehe unten), stellen Gewalttaten und Verbrechen normalerweise kein Problem dar.

Die absolute Abstinenz von allen Opioiden muß nicht unbedingt und in jedem Falle das Ziel einer Suchtbehandlung sein. Freilich sollte angestrebt werden, den Rückfall in den Gebrauch intravenös konsumierter illegaler Opioide wie Heroin zu verhindern. Bei vielen Abhängigen ist möglicherweise eine kontrollierte medikamentöse Dauertherapie mit substituierenden Opioiden notwendig. Ein solcher Behandlungsansatz ist medizinisch durchaus vertretbar, wenn man die Opioidabhängigkeit als Krankheit wie jede andere begreift.[43] In gleicher Weise, wie ein Diabetiker Insulin, ein Patient mit Bluthochdruck ein Antihypertonikum, ein Patient mit bipolarer Störung Lithium benötigt, und das nicht selten zeitlebens, mag auch ein Opioidabhängiger auf eine langfristige Opioidmedikation angewiesen sein, vielleicht ebenfalls zeitlebens. Grundlage einer solchen Therapie ist allerdings, daß sowohl der parenterale Verabreichungsweg unterbunden als auch der Zwang zur illegalen und damit teuren Wirkstoffbeschaffung ausgeräumt wird.

Unterscheiden muß man dabei zwischen der rein medizinisch definierten *physischen Abhängigkeit* und der *Sucht* mit ihren individuellen und gesellschaftlichen Konsequenzen. Physische Abhängigkeit bedeutet, daß eine Substanz eingenommen werden muß, um biologische Reaktionen des Körpers zu verhindern, die eintreten, wenn ihm diese Substanz fehlt. Sucht schließt dieses ein, umfaßt darüber hinaus jedoch auch die Art der Lebensführung und ihre Ausrichtung auf die Beschaffung und den Konsum einer Substanz trotz der damit verbundenen negativen Konsequenzen.

Ein unheilbar Krebskranker kann an Schmerzen leiden, die sich nur durch Opioide bekämpfen lassen. Ein solcher Patient wird wahrscheinlich von dem dann verabreichten Opioid körperlich abhängig werden und Entzugssymptome verspüren, sobald der Wirkstoff abgesetzt wird. Doch rücken in diesem Fall Bedenken über eine mögliche körperliche Abhängigkeit des Patienten zugunsten einer humanen Schmerztherapie in den Hintergrund. Die Schmerzen bei einer unheilbaren Krankheit erfordern eine aggressive Behandlung, Sorgen über eine entstehende „Sucht" sind dabei zweitrangig. Ganz anders dagegen wird gemeinhin die Abhängigkeit infolge des Opioidgebrauchs aus nichtmedizinischen Gründen bewertet. Bislang üblich ist für solche Patienten eine medikamentös unterstützte Behandlung, die zur vollständigen Entwöhnung führen soll, wobei folgender Therapieverlauf angestrebt wird:

1. Beendigung des illegalen Opioidkonsums;
2. Umstellung auf oral verabreichtes Methadon;
3. Substitution mit Methadon für einige Tage oder Wochen;
4. Methadonentzug unter Verabreichung von Clonidin, um die Entzugssymptome erträglicher zu machen;
5. Hilfestellung bei der Umstellung auf ein drogenfreies Leben, gewöhnlich mit zusätzlicher Gabe von Naltrexon, um die Wirkungen jeglicher Opioide, die der Behandelte nehmen könnte, zu blockieren;
6. Wiedereingliederung in die Gesellschaft.

Ein derartiger Ablauf der Entwöhnung mit unterstützender Naltrexonbehandlung ist bei Patienten, die hoch motiviert sind und absolut opioidfrei bleiben wollen, meist sehr erfolgreich. Beispiele liefern ehemals abhängige Ärzte und andere Beschäftigte im Gesundheitswesen, deren Recht zur Berufsausübung eine absolute Opioidabstinenz voraussetzt. Durch eine überwachte Naltrexoneinnahme (etwa drei- bis viermal wöchentlich) ist gewährleistet, daß jedes andere Opioid unwirksam bleibt.

Als Alternative zur Methadonsubstitution können Abhängige mitunter auch mit Buprenorphin, dem bereits beschriebenen partiellen μ-Agonisten, behandelt werden.[44] »Auf Buprenorphin umgestellte Patienten verspüren wenige oder gar keine Entzugssymptome, und der Stoffhunger wird zumeist unterdrückt. Buprenorphin kann dann abgesetzt oder eine Naltrexonbehandlung eingeleitet werden.«[15] Gegenwärtig jedoch erfolgt die Entwöhnungsbehandlung der meisten Opioidsüchtigen durch Methadonsubstitution, die stufenweise reduziert oder auch langfristig beibehalten werden kann.

Die akute Entziehung mit Hilfe von Methadon ist nicht allzu schwierig und kann bereits in wenigen Tagen erreicht werden. Doch bleibt dabei das protrahierte Abstinenzsyndrom unbehandelt, und es kommt fast immer zu einem Rückfall in die früheren Muster des Drogengebrauchs (und somit Therapieversagen).

Bis vor kurzem bestand die allgemeine Auffassung, daß ein Opioidsüchtiger früher oder später zu einem völlig drogenfreien Leben zurückkehren muß. Das Ziel der Therapie war daher, die Opioideinnahme vollkommen aus dem Leben des Süchtigen zu verbannen. Sogar neuere Übersichtsarbeiten halten fest, daß ungeachtet der verschiedenen pharmakologischen Möglichkeiten und der psychologischen und sozialen Hilfen opioidabhängige Personen von Opioiden ferngehalten werden müssen.[6,15]

Der Opioidgebrauch über längere Zeit kann jedoch zu langfristigen adaptiven neuronalen Veränderungen führen, die eine fortgesetzte Opioidverabreichung notwendig machen, um eine normale Gemütsverfassung und Streßtoleranz aufrechtzuerhalten. Ein anhaltendes zwanghaftes Verlangen nach Opioiden ist möglicherweise die Folge einer durch den Opioidmißbrauch ausgelösten oder bereits vorher bestehenden Unterfunktion des endogenen Endorphinsystems. Zur Erhaltung seiner normalen Funktionsfähigkeit und als Voraussetzung für seine Rehabilitation könnte ein solcher Abhängiger mithin auf niedrigdosierte Opioidgaben angewiesen sein.

Bei der Methadonsubstitution werden Süchtige mit dem oral verabreichten Ersatzopioid stabilisiert und bleiben produktive Mitglieder ihrer Gesellschaft, ohne auf die Opioidzufuhr verzichten zu müssen. Nach ein oder zwei Jahren dieser Substitutionsbehandlung sind viele ehemalige Heroinsüchtige in der Lage, auch das Methadon innerhalb einiger Wochen schließlich abzusetzen. Die Entzugsbeschwerden sind relativ leicht, und einige Patienten schaffen es, nach dem Entzug nicht mehr zum Konsum von Heroin oder anderen illegalen Opioiden zurückzukehren. Anderen gelingt dies nicht, und sie greifen später wieder zu Heroin. Wieder andere brechen den Entzug ab und bleiben bei der Methadonsubstitution. Die Methadonbehandlung muß freilich mit einer intensiven psychologischen Betreuung einhergehen, und der Patient muß seinen Lebenswandel ändern und weitgehende soziale Selbständigkeit anstreben.

Es reicht nicht, Süchtige von Heroin auf ein orales Opioid umzustellen und sie dann wieder zurück auf die Straße zu schicken. Wird ein Süchtiger einfach sich selbst überlassen, ist die Gefahr groß, daß aus der Methadonbehandlung zwanghafter Methadonmißbrauch wird oder der Patient den Heroingebrauch wiederaufnimmt. Süchtige benötigen Hilfestellungen beim Aufbau eines neuen Lebens und bei der Suche nach positiven Verstärkern, die einen Ersatz für die Motivation zum Opioidkonsum schaffen. Die Methadonbehandlung bildet hierfür sicherlich eine Grundlage, da sie den Süchtigen von den bisherigen Gewohnheiten des Drogengebrauchs und der Drogenbeschaffung samt ihrer negativen Folgen entlastet.

Über die Erfahrungen aus 20 Jahren Stabilisierungstherapie mit Methadon bei 1000 Heroinsüchtigen in New Mexico berichtet Goldstein.[45] Mehr als die Hälfte der Patienten ließen sich in ihrer weiteren Entwicklung verfolgen. Von diesen ist mittlerweile über ein Drittel verstorben; zu den Todesursachen gehören Gewalt, Überdosierung und Alkoholismus. Ungefähr ein Viertel ist noch im Netz der Strafjustiz verstrickt. Ebenfalls ein Viertel kehrt immer wieder in die Substitutionsbehandlung zurück, was darauf hinweist, daß die Opioidabhängigkeit, ob nun von Heroin oder Methadon, für einen erheblichen Anteil unter den Süchtigen einen lebenslangen Zustand darstellt. Da der Werdegang bei der verbliebenen Hälfte der 1000 behandelten Süchtigen ungeklärt ist, sind diese Daten freilich unvollständig. Wahrscheinlich sind viele dieser unauffindbaren früheren Süchtigen entweder drogenfrei oder mit einem Opioid stabilisiert und bleiben funktionsfähige Mitglieder ihrer Gemeinschaft. In der Tat ist es am schwierigsten, die erfolgreichen Therapieabsolventen weiterzuverfolgen, da sie es gewöhnlich vorziehen, in ihrem sozialen Umfeld anonym zu bleiben.

Dennoch führt die Therapie der Opioidabhängigkeit nur bei einer Minderheit der Patienten zu einer produktiven Lebensgestaltung. Die bislang aufschlußreichsten Daten sprechen mittlerweile für den therapeutischen Nutzen einer lebenslangen Stabilisierung mit einem Ersatzopioid, wobei ein vollständiger Entzug (und eventuell eine Naltrexontherapie) vor allem für jene in Frage kommt, die von einer Drogenfreiheit stark profitieren oder deren eigener Wille es ist, drogenfrei zu leben. Wenn abstinente Personen einen Rückfall erleiden, sollten sie sofort wieder zur Substitution mit Methadon (oder gegebenenfalls LAAM) zurückkehren können. Leider ist die körperliche Opioidabhängigkeit in den Augen vieler immer noch etwas „Böses" an sich. Diese Einstellung muß sich ändern, bevor der Nutzen breitangelegter Versuche zur langfristigen Substitutionstherapie richtig bewertet kann.

Nicht-opioidartige, entzündungshemmende Analgetika

Die nicht-opioidartigen Analgetika bilden eine Gruppe chemisch nicht verwandter Wirkstoffe (Abbildung 10.7), die sowohl analgetische als auch entzündungshemmende (antiphlogistische) Eigenschaften besitzen. Sie blockieren die Entstehung peripherer Schmerzimpulse durch Hemmung der Prostaglandinsynthese und -freisetzung.*[46,47] Diese Substanzen binden sich nicht an Opioidrezeptoren. Zu ihren Wirkungen zählen Entzündungshemmung (antiphlogistischer oder antiinflammatorischer Effekt), Senkung der Körpertemperatur bei Fieber (antipyretischer Effekt), Schmerzlinderung ohne Sedierung

---

* Prostaglandine sind Autakoide (wie schon das Adenosin; Kapitel 7), die lokale Entzündungsreaktionen hervorrufen. Acetylsalicylsäure und ähnliche Wirkstoffe hemmen die Cyclooxygenase (Prostaglandinsynthase), ein Enzym, das für die Biosynthese bestimmter Prostaglandine verantwortlich ist. Darüber hinaus lassen neuere Studien vermuten, daß die Inhibition der Prostaglandinsynthese nur ein Teil der Acetylsalicylsäurewirkung ist[48]; die lokale entzündungshemmende Wirkung kommt auch dadurch zustande, daß Acetylsalicylsäure die Reaktion der Leukocyten auf eine Gewebeschädigung vermindert und somit die zelluläre Freisetzung gewebeschädigender Enzyme unterdrückt.

10.7 Strukturformeln nicht-opioidartiger Analgetika.

(analgetischer Effekt) und Hemmung der Thrombocytenaggregation (gerin-
nungshemmender Effekt).

Zu den Nicht-Opioidanalgetika gehören zahlreiche Wirkstoffe, darunter
Acetylsalicylsäure und andere Derivate der Salicylsäure, Ibuprofen, Paracetamol, Indometacin, Phenylbutazon, Ketorolac und Naproxen. Viele dieser Medikamente werden sowohl zur Entzündungshemmung als auch zur Schmerzlinderung bei Arthritis eingesetzt. Ihre Langzeitanwendung wird durch Magenrei-
zung eingeschränkt.

Acetylsalicylsäure

Acetylsalicylsäure (erster Handelsname: Aspirin®) ist wohl das meistverbreitete und wirksamste analgetische, antipyretische und antiphlogistische Medikament; beispielsweise werden allein in den USA jedes Jahr etwa 10 000 bis
20 000 Tonnen verbraucht. Am wirksamsten ist es bei leichten Schmerzen. Die
analgetischen und antiphlogistischen Wirkungen werden durch eine periphere

Hemmung der Prostaglandinsynthese und der Ansprechbarkeit der Leukocyten auf eine Verletzung hervorgerufen. Seine antipyretische Wirkung beruht auf der Hemmung der Prostaglandinsynthese im Hypothalamus, einer Hirnstruktur, die für die Regelung der Körpertemperatur verantwortlich ist. Bei der Anwendung von Acetylsalicylsäure zur Fiebersenkung ist jedoch zu beachten, daß ein Zusammenhang zwischen der Acetylsalicylsäureanwendung bei fieberhaften Virusinfektionen wie Varizellen (Windpocken) oder Grippe und dem Auftreten des Reye-Syndroms besteht, das zu schwerer Leber- und Hirnschädigung und sogar zum Tod führen kann.[49]

Acetylsalicylsäure erhöht den Sauerstoffverbrauch des Körpers und damit die Produktion von Kohlendioxid. Da dieser Effekt die Atmung anregt, ist eine Überdosierung von Acetylsalicylsäure häufig durch einen deutlichen Anstieg der Atemfrequenz charakterisiert – der Betroffene scheint zu keuchen. Dies führt zu anderen, gravierenden metabolischen Folgen, deren Schilderung aber über den Rahmen dieses Buches hinausgehen würde.

Acetylsalicylsäure hat wichtige Auswirkungen auf die Blutgerinnung.[48] Voraussetzung für die Blutgerinnung ist die Aggregation der Thrombocyten (Blutplättchen), wofür die Gegenwart von Prostaglandinen notwendig ist. (Thrombocyten sind kleine Blutbestandteile, die sich nach einer Gefäßverletzung an die Gefäßwand heften. Sie bilden einen Pfropf, aus dem schließlich ein Blutgerinnsel entsteht, das die Blutung aus dem verletzten Blutgefäß eindämmt.) Acetylsalicylsäure kann die Thrombocytenaggregation hemmen und daher die Bildung intravaskulärer Gerinnsel reduzieren. Acetylsalicylsäure in niedriger Dosis (100 Milligramm pro Tag; niedrigere Dosierungen werden geprüft) wird inzwischen vielfach als Prophylaxe gegen Schlaganfälle und Herzinfarkte gegeben, die durch Atherosklerose, intravaskuläre Gerinnselbildung oder durch Bildung von Emboli an künstlichen oder geschädigten Herzklappen verursacht werden können.

Acetylsalicylsäure führt häufig zu Nebenwirkungen, vor allem Magenbeschwerden. Außerdem kommt es immer wieder zu Acetylsalicylsäurevergiftungen, die mitunter tödlich ausgehen. Bei leichter Vergiftung können Ohrensausen, Hör- und Sehschwierigkeiten, Verwirrtheit, Durst und Hyperventilation auftreten.

Paracetamol, Ibuprofen und verwandte Wirkstoffe

Paracetamol (ben-u-ron® und andere) stellt als Analgetikum und Antipyretikum eine wirksame Alternative zu Acetylsalicylsäure dar. Da es jedoch nur eine schwache antiphlogistische Wirkung besitzt, ist Paracetamol zur Behandlung von akuten Entzündungen oder Arthritis nicht geeignet. Da Paracetamol nicht die Thrombocytenaggregation hemmt, wird es auch nicht zur Thrombose-, Herzinfarkt- oder Schlaganfallprophylaxe angewendet. Soweit bekannt, ist Paracetamol nicht mit dem Reye-Syndrom assoziiert. Jedoch kann eine akute Überdosierung (unbeabsichtigt oder gewollt) eine schwere oder sogar tödliche Leberschädigung verursachen.

Paracetamol hat insgesamt weniger Nebenwirkungen als Acetylsalicylsäure; Magenbeschwerden oder Ohrensausen treten seltener auf. Alkoholiker sind allerdings offenbar besonders anfällig für die hepatotoxischen Effekte auch mäßiger Paracetamoldosen.[50] Daher sollten Alkoholiker bei fortgesetztem starkem Alkoholkonsum Paracetamol vermeiden.

Paracetamol hat sich, vor allem bei Kindern und bei Acetylsalicylsäureunverträglichkeit, zur Analgesie und Fiebersenkung als der Acetylsalicylsäure ebenbürtig erwiesen. Besonders bei Vorliegen von Magen- oder Zwölffingerdarmgeschwüren ist Paracetamol der Acetylsalicylsäure vorzuziehen

Ibuprofen (zum Beispiel Imbun®; auch als Injektionslösung: ibuprof von ct) ist ein acetylsalicylsäureähnlicher Wirkstoff mit analgetischen, antipyretischen und antiphlogistischen Eigenschaften. Mit Ibuprofen verwandte Verbindungen sind *Naproxen* (zum Beispiel Proxen®) und *Fenoprofen*.

Alle drei Verbindungen sind wirksame schmerzlindernde, entzündungshemmende und fiebersenkende Substanzen. In ihrer Wirksamkeit sind sie mit Paracetamol, Acetylsalicylsäure, Codein, der Kombination von Acetylsalicylsäure und Codein sowie mit Propoxyphen vergleichbar oder diesen Wirkstoffen leicht überlegen.[47] Ihre Wirkungen entfalten sie vermutlich durch Inhibition der Prostaglandinsynthese. Nebenwirkungen treten seltener und in geringerem Ausmaß auf als bei Acetylsalicylsäure, doch liegen Berichte über Magenbeschwerden sowie über Magen- und Zwölffingerdarmgeschwüre vor. Ebenso wie Acetylsalicylsäure, aber im Gegensatz zu Paracetamol hemmen diese Verbindungen die Thrombocytenaggregation und beeinflussen daher die Blutgerinnung. Bei Patienten mit peptischer Ulcuskrankheit oder Blutungsanomalien sollten diese Wirkstoffe daher mit Vorsicht angewendet werden. Zur Zeit werden Ibuprofen und Naproxen für die Anwendung während der Schwangerschaft nicht empfohlen. Sie gehen nicht in die Muttermilch über.

Phenylbutazon (zum Beispiel Ambene®, auch zur Injektion) ist ein älteres, wirksames Antiphlogistikum, das früher zur Entzündungshemmung bei rheumatoider Arthritis recht verbreitet war. Jedoch wird seine Langzeitanwendung durch signifikante Nebenwirkungen eingeschränkt. Im Unterschied zu den meisten anderen Antiphlogistika hat es eine recht lange Halbwertzeit (etwa zwei Tage).

Bei den meisten Patienten, die Phenylbutazon einnehmen, treten gewisse Nebenwirkungen auf, gewöhnlich in Form von Magenbeschwerden und Hautausschlägen. Schwerere Nebenwirkungen sind Geschwüre, allergische Reaktionen, Leber- und Nierenfunktionsstörungen und eine Reihe schwerer Schädigungen verschiedener Blutzelltypen. Zur Zeit gilt Phenylbutazon als

Medikament der zweiten Wahl zur Behandlung der Symptome der rheumatoiden Arthritis und ähnlicher Erkrankungen.

Indometacin (zum Beispiel Amuno®) ist ein wirksames Antiphlogistikum, das in erster Linie zur Behandlung der rheumatoiden Arthritis und ähnlicher Erkrankungen angewendet wird. Wie bei Phenylbutazon ist auch seine Anwendbarkeit wegen toxischer Wirkungen begrenzt. Indometacin hat analgetische, antipyretische und entzündungshemmende Wirkungen. Seine klinischen Effekte gleichen stark denen der Acetylsalicylsäure. Nebenwirkungen treten bei etwa 50 Prozent der mit Indometacin behandelten Patienten auf, wobei Magenstörungen am ausgeprägtesten sind. Paradoxerweise löst die Substanz bei vielen Patienten Kopfschmerzen aus. Darüber hinaus treten noch einige andere zwar seltene, aber potentiell schwerwiegende Nebenwirkungen auf.

Ketorolac ist ein neues Analgetikum mit entzündungshemmenden Eigenschaften, das sich zur postoperativen Schmerzbehandlung eignet. In Deutschland ist es in analgetischen Augentropfen (Acular) erhältlich, die nach Staroperationen eingesetzt werden. In den USA ist es auch als Injektionslösung im Handel. Intramuskulär verabreicht ist Ketorolac recht wirksam zur kurzzeitigen postoperativen Behandlung mäßigschwerer bis schwerer Schmerzen.[51,52] Wie die bereits beschriebenen Analgetika hemmt es indirekt die Prostaglandinsynthese. In seiner analgetischen Wirksamkeit ist Ketorolac mit niedrigen intramuskulär verabreichten Morphindosen vergleichbar; zudem hat es offenbar eine starke entzündungshemmende Wirkung. Seine Halbwertzeit beträgt bei den meisten Patienten etwa vier bis sechs Stunden, kann aber bei älteren Patienten länger sein. Ketorolac wird nicht zur Anwendung in der Geburtshilfe empfohlen (da es wie alle Inhibitoren der Prostaglandinsynthese unerwünschte Wirkungen auf die Uteruskontraktion und den fetalen Kreislauf haben kann).[51]

Aufgaben

1. Beschreiben Sie die Verteilung der Opioidrezeptoren in Gehirn und Rückenmark.
2. Wie werden Schmerzimpulse moduliert, wenn sie ins Rückenmark gelangen?
3. Was ist Substanz P, und wie wird sie durch Opioidanalgetika beeinflußt?
4. Was ist ein Opioid-Agonist, was ist ein Opioid-Antagonist und was ein partieller Agonist/Antagonist? Geben Sie jeweils ein Beispiel.
5. Was könnte jemanden zum Mißbrauch von Opioiden verleiten?
6. Unterscheiden Sie zwischen Naloxon und Naltrexon. Wofür eignen sich diese beiden Wirkstoffe?
7. Beschreiben Sie verschiedene Ansätze zur Behandlung und Kontrolle der Opioidabhängigkeit.

8. Warum haben tricyclische Antidepressiva analgetische Eigenschaften? (Beantworten Sie die Frage anhand Ihrer Kenntnisse über die absteigenden analgetischen Bahnen im Rückenmark.)

9. Unterscheiden Sie zwischen der Opioidmodulation afferenter Schmerzimpulse und der affektiven Komponente des Schmerzes.

10. Führen Sie Argumente für und gegen die Auffassung an, daß endogene Opioidpeptide (zum Beispiel Endorphine) als „natürliche Opioide" dienen.

11. Erläutern Sie, wie sich die Wirkungen von Acetylsalicylsäure von denen der Opioide unterscheiden.

12. Warum wirkt Acetylsalicylsäure entzündungshemmend und Morphin nicht?

Literatur

1. Kuraishi Y. und andere *Noradrenergic Inhibition of the Release of Substance P From the Primary Afferents in the Rabbit Spinal Dorsal Horn*. In: *Brain Research* 359 (1985), S. 177–182.

2. Eisenach J. C.; Dewan D. M.; Ruse J. C. und Angelo J. M. *Epidural Clonidine Produces Antinociception, But Not Hypotension, in Sheep*. In: *Anesthesiology* 66 (1987), S. 496–501.

3. Alojado M. E. S.; Ohta Y.; Yamamura T. und Kemmotsu O. *The Effect of Fentanyl and Morphine on Neurons in the Dorsal Raphe Nucleus in the Rat: An In Vitro Study*. In: *Anesthesia and Analgesia* 78 (1994), S. 726–732.

4. Gwirtz K. H. *Intraspinal Narcotics in the Management of Postoperative Pain*. In: *Anesthesiology Review* 17 (1990), S. 16–28.

5. Coquoz D.; Porchet H. C. und Dayer P. *Central Analgesic Effects of Desipramine, Fluvoxamine, and Moclobemide after Single Oral Dosing: A Study in Healthy Volunteers*. In: *Clinical Pharmacology and Therapeutics* 54 (1994), S. 339–344.

6. Gold M. S. *Opiate Addiction and the Locus Coeruleus: The Clinical Utility of Clonidine, Naltrexone, Methadone, and Buprenorphine*. In: *Psychiatric Clinics of North America* 16 (1993), S. 65.

7. Hansen R. W.; Gerber K. E. *Coping With Chronic Pain: A Guide to Patient Management*. New York, Guilford, 1990.

8. Ma Q. P.; Han J. S. *Neurochemical Studies on the Mesolimbic Circuitry of Antinociception*. In: *Brain Research* 566 (1991), S. 95–102.

9. Ma Q. P.; Han J. S. *Neurochemical and Morphological Evidence of an Antinociceptive Neural Pathway From Nucleus Raphe Dorsalis to Nucleus Accumbens in the Rabbit*. In: *Brain Research Bulletin* 28 (1992), S. 931–936.

10. Pei Q.; Zetterstrom T.; Leslie R. A. und Grahame-Smith D. G. *5-HT₃ Receptor Antagonists Inhibit Morphine-Induced Stimulation of Mesolimibic Dopamine Release and Function in the Rat*. In: *European Journal of Pharmacology* 230 (1993), S. 63–38.

11. Goldstein A. *Addiction: From Biology to Drug Policy*. New York, W. H. Freeman & Company, 1994, S. 138.

12. Jaffe J. H.; Martin W. R. *Opioid Analgesics and Antagonists*. In: Gilman A. G.; Rall T. W.; Nies A. S. und Taylor P. (Hrsg.) *Goodman and Gilman's The Pharmacological Basis of Therapeutics*, 8. Aufl., New York, Pergamon, 1990, S. 485–489.

13. Brown R. M.; Clouet D. H. und Friedman D. (Hrsg.) *Opiate Receptor Subtypes and Brain Function*. National Institute on Drug Abuse, Monograph Nr. 71, Department of Health and Human Services Publication No. ADM 86–1462, Washington (D.C.), U.S. Government Printing Office, 1986.

14. Simon E. J. *Opiates: Neurobiology*. In: Lowinson J. H.; Ruiz P.; Millman R. B. und Langrod J. G. (Hrsg.) *Substance Abuse: A Comprehensive Textbook*, 2. Aufl., Baltimore, Williams & Wilkins, 1993, S. 192.

15. Jaffe J. H. *Opiates: Clinical Aspects*. In: Lowinson J. H.; Ruiz P.; Millman R. B. und Langrod J. G. (Hrsg.) *Substance Abuse: A Comprehensive Textbook*, 2. Aufl., Baltimore, Williams & Wilkins, 1993, S. 186–194.

16. Narita M.; Suzuki T.; Funada M.; Misawa M. und Nagase H. *Blockade of the Morphine-Induced Increase in Turnover of Dopamine on the Mesolimbic Dopaminergic System by Kappa-Opioid Receptor Activation in Mice*. In: *Life Sciences* 52 (1993), S. 397–404.

17. Jacox A. und andere *Management of Cancer Pain*. Clinical Practice Guideline Nr. 9, AHCPR Publication Nr. 94–0592, Rockville (Md.), Agency for Health Care Policy and Research, U.S. Department of Health and Human Services, Public Health Service, März 1994.

18. Verebey K. *Diagnostic Laboratory: Screening for Drug Abuse*. In: Lowinson J. H.; Ruiz P.; Millman R. B. und Langrod J. G. (Hrsg.) *Substance Abuse: A Comprehensive Textbook*, 2. Aufl., Baltimore, Williams & Wilkins, 1993, S. 425–437.

19. Ma Q. P.; Shi Y. S. und Han J. S. *Further Studies of Interactions Between Periaqueductal Gray, Nucleus Accumbens and Habenula in Antinociception*. In: *Brain Research* 583 (1992), S. 292–295.

20. Mahler D. A.; Cunningham L. N.; Skrinar G. S.; Kraemer W. J. und Colice G. L. *Beta-Endorphin Activity and Hypercapnic Ventilatory Responsiveness After Marathon Running*. In: *Journal of Applied Physiology* 66 (1989), S. 2431–2436.

21. Sforzo G. A. *Opioids and Exercise. An Update*. In: *Sports Medicine* 7 (1989), S. 109–124.

22. Di Chiara G.; North R. A. *Neurobiology of Opiate Abuse*. In: *Trends in Pharmacological Sciences* 13 (1992), S. 187.

23. Shippenberg T. S.; Bals-Kubik R. und Herz A. *Examination of the Neurochemical Substrates Mediating the Motivational Effects of Opioids: Role of the Mesolimbic Dopamine System and D-1 vs. D-2 Dopamine Receptors*. In: *Journal of Pharmacology and Experimental Therapeutics* 265 (1993), S. 53–59.

24. Yuan X. R.; Madamba S. und Siggins G. R. *Opioid Peptides Reduce Synaptic Transmission in the Nucleus Accumbens*. In: *Neuroscience Letters* 134 (1992), S. 223–228.

25. Kornetsky C.; Porrino L. J. *Brain Mechanisms of Drug-Induced Reinforcement*. In: *Research Publications–Association for Research in Nervous and Mental Disease* 70 (1992), S. 59–77.

26. Cunningham S. T.; Kelley A. E. *Evidence for Opiate-Dopamine Cross-Sensitization in Nucleus Accumbens: Studies of Conditioned Reward*. In: *Brain Research Bulletin* 29 (1992), S. 675–680.

27. Glick S. D.; Merski C.; Steindorf S.; Wank. S.; Keller R. W. und Carlson J. N. *Neurochemical Predisposition to Self-Administer Morphine in Rats*. In: *Brain Research* 578 (1992), S. 215–220.

28. Leone P.; Pocock D. und Wise R. A. *Morphine-Dopamine Interaction: Ventral Tegmental Morphine Increases Nucleus Accumbens Dopamine Release*. In: *Pharmacology, Biochemistry & Behavior* 39 (1991), S. 469–472.

29. Tiffany S. T.; Maude-Griffin P. M. *Tolerance to Morphine in the Rat: Associative and Nonassociative Effects*. In: *Behavioral Neuroscience* 102 (1988), S. 534–543.

30. Moring J.; Strang J. *Cue Exposure as an Assessment Technique in the Management of a Heroin Addict: Case Report*. In: *Drug and Alcohol Dependence* 24 (1989), S. 161–167.

31. Siegel S. *Heroin ‚Overdose‘ Death: Contribution of Drug-Associated Environmental Cues*. In: *Science* 216 (1982), S. 436f.

32. Gaiardi M.; Bartoletti M.; Bacchi A.; Gubellini C.; Costa M. und Babbini M. *Role of Repeated Exposure to Morphine in Determining Its Affective Properties: Place and Taste Conditioning Studies in Rats*. In: *Psychopharmacology* 103 (1991), S. 183–186.

33. Vezina P.; Stewart J. *Amphetamine Administered to the Ventral Tegmental Area But Not to the Nucleus Accumbens Sensitizes Rats to Systemic Morphine: Lack of Conditioned Effects*. In: *Brain Research* 516 (1990), S. 99–106.

34. Kalivas P. W.; Duffy P. *Sensitization to Repeated Morphine Injection in the Rat: Possible Involvement of A10 Dopamine Neurons*. In: *Journal*

of Pharmacology and Experimental Therapeutcs 241 (1987), S. 204–212.

35. Yukhananov R. Y.; Zhai Q. Z.; Persson S.; Post C. und Nyberg F. *Chronic Administration of Morphine Decreases Level of Dynorphin A in the Rat Nucleus Accumbens.* In: *Neuropharmacology* 32 (1993), S. 703–709.

36. Silverstone P. H.; Done C. und Sharp T. *In Vivo Monoamine Release During Naloxone-Precipitated Morphine Withdrawal.* In: *Neuroreport* 4 (1993), S. 1043–1045.

37. Acquas E.; Di Chiara G. *Depression of Mesolimbic Dopamine Transmission and Sensitization to Morphine During Opiate Abstinence.* In: *Journal of Neurochemistry* 58 (1992), S. 1620–1625.

38. Maldonado R.; Stinus L.; Gold L. H. und Koob G. F. *Role of Different Brain Structures in the Expression of the Physical Morphine Withdrawal Syndrome.* In: *Journal of Pharmacology and Experimental Therapeutics* 261 (1992), S. 660–677.

39. Jaffe J. H.; Jaffe F. K. *Historical Perspectives on the Use of Subjective Effects Measures in Assessing the Abuse Potential of Drugs.* Research Monograph 92, Washington (D.C.), National Institute on Drug Abuse, 1989, S. 43–72.

40. Jaffe J. H.; Martin W. R. *Opioid Analgesics and Antagonists.* In: Gilman A. G.; Rall T. W.; Nies A. S. und Taylor P. (Hrsg.) *Goodman and Gilman's The Pharmacological Basis of Therapeutics*, 8. Aufl., New York, Pergamon, 1990, S. 508.

41. Strain E. C. und andere *Comparison of Buprenorphine and Methadone in the Treatment of Opioid Dependence.* In: *American Journal of Psychiatry* 151 (1994), S. 1025–1030.

42. *Butorphanol Nasal Spray for Pain.* In: *The Medical Letter* 35 (12. November 1993), S. 105–106.

43. Goldstein A. *Heroin Addiction: Neurobiology, Pharmacology, and Policy.* In: *Journal of Psychoactive Drugs* 23 (1991), S. 123–133.

44. Rawson R. A.; Ling W. *Opioid Addiction Treatment Modalities and Some Guidelines to Their Optimal Use.* In: *Journal of Psychoactive Drugs* 23 (1991), S. 151–163.

45. Goldstein A. *Addiction: From ...*, S. 142–154.

46. Insel P. A. *Analgesic-Antipyretics and Anti-Inflammatory Agents: Drugs Employed in the Treatment of Rheumatoid Arthritis and Gout.* In: Gilman A. G.; Rall T. W.; Nies A. S. und Taylor P. (Hrsg.) *Goodman and Gilman's The Pharmacological Basis of Therapeutics*, 8. Aufl., New York, Pergamon, 1990, S. 638–681.

47. *Analgesics.* In: *Drug Evaluations Annual 1994.* Milwaukee (Wis.), American Medical Association, 1993, S. 114–131.

48. Weissmann G. *Aspirin*. In: *Scientific American* 264 (1991), S. 84–90 [Deutsch: *Aspirin: alte und neue Erkenntnisse*. In: *Spektrum der Wissenschaft* 3 (1991), S. 118–126].
49. Pinsky P.; Hurwitz E. S.; Schonberger L. B. und Gunn W. J. *Reye's Syndrome and Aspirin. Evidence for a Dose-Response Effect*. In: *Journal of the American Medical Association* 260 (1988), S. 657–661.
50. Seeff L. B.; Cuccherini B. A.; Zimmerman H. J.; Adler E. und Benjamin S. B. *Acetaminophen Hepatotoxicity in Alcoholics. A Therapeutic Misadventure*. In: *Annals of Internal Medicine* 104 (1986), S. 399–404.
51. *Ketorolac Tromethamine*. In: *The Medical Letter on Drugs and Therapeutics* 32 (1990), S. 79–81.
52. Buckley M. M.-T.; Brogden R. N. *Ketorolac: Review of Its Pharmacodynamic and Pharmacokinetic Properties, and Therapeutic Potential*. In: *Drugs* 39 (1990), S. 86–109.

11. Neuroleptika (Antipsychotika) und Antiparkinsonmittel

Auf den ersten Blick mag es ungewöhnlich erscheinen, Wirkstoffe zur Behandlung der Schizophrenie und der Parkinson-Krankheit (Parkinsonismus) im selben Kapitel zu beschreiben. Doch gibt es einige Zusammenhänge zwischen diesen Substanzen. So wirken beide Arzneimittelgruppen auf ähnliche Rezeptorsysteme. Zudem rufen Medikamente zur Behandlung der Schizophrenie Nebenwirkungen hervor, die stark den Symptomen des idiopathischen Parkinsonismus ähneln. Und schließlich werden die Nebenwirkungen der medikamentösen Schizophreniebehandlung mit den gleichen Wirkstoffen behandelt wie der Parkinsonismus. Während die Schizophrenie schon seit langem mit einer Störung einer Dopaminrezeptor-Unterklasse in Verbindung gebracht wird, liegt dem Parkinsonismus ein quantitativer und funktioneller Mangel an bestimmten dopaminausschüttenden Neuronen zugrunde. Dieses Kapitel beschäftigt sich in erster Linie mit den Medikamenten zur Behandlung der Schizophrenie und endet mit einer kurzen Beschreibung der Antiparkinsonmittel.

Neuroleptika (Antipsychotika)

Viele Neuroleptika werden auch zur Behandlung verschiedener Erregungszustände und nichtschizophrener Psychosen (zum Beispiel solcher aus dem manischen Formenkreis) eingesetzt, doch ist die Schizophrenie der wichtigste Anwendungsbereich für diese Wirkstoffe und steht deshalb hier im Vordergrund. Die Schizophrenie gilt schon seit langem als eine der schwersten und lähmendsten psychischen Krankheiten.[1] Die Störung ist recht verbreitet – etwa jeder Hundertste erkrankt im Laufe seines Lebens an einer schizophrenen Psychose.[2] So leiden beispielsweise in den USA derzeit etwa 1,2 Millionen Menschen an Schizophrenie.[3] Ein Großteil dieser Patienten ist arbeitslos, und einer betroffenen Familie können jährlich Kosten (durch Verdienstausfall und Ausgaben für Behandlung) von 400 bis zu 15000 Dollar entstehen.[2] Nicht minder erheblich sind die Kosten für die Gesellschaft.

Schizophrene Psychosen manifestieren sich typischerweise zum ersten Mal gegen Ende des zweiten und Anfang des dritten Lebensjahrzehnts, wobei junge Männer die schlechteste Prognose aufweisen. Wie die affektiven Störungen ist auch die Schizophrenie mit einer erhöhten Suizidgefahr verbunden: Etwa zehn bis 15 Prozent der Kranken nehmen sich das Leben, meist innerhalb der ersten zehn Jahre nach Ausbruch der Krankheit. Eine Zusammenfassung über den gegenwärtigen Stand der Therapie gibt ein Bericht, den der US-Kongreß vor kurzem veröffentlichte:

>Derzeit gibt es keine Möglichkeit, Schizophrenie zu verhindern oder zu heilen, jedoch sind Behandlungsverfahren verfügbar, mit deren Hilfe sich einige ihrer Symptome beherrschen lassen. Die optimale Therapie verbindet in der Regel die Gabe antipsychotischer Medikamente mit einer unterstützenden psychosozialen Behandlung. Bei akuter Schizophrenie kann eine stationäre Behandlung erforderlich sein. Darüber hinaus sind normalerweise Rehabilitationsmaßnahmen notwendig, um die soziale und berufliche Integration zu verbessern.«[3]

Der erste Teil dieses Kapitels befaßt sich mit medikamentösen Wirkstoffen zur Behandlung der Schizophrenie. Doch darf die Bedeutung der psychosozialen Therapie keinesfalls übersehen werden. Die begleitende Psychotherapie zielt darauf ab, dem Patienten die Erkrankung verständlich zu machen, Belastungen zu verringern, Bewältigungsstrategien zu fördern, die Kooperation des Patienten bei der Therapie zu sichern und, wenn möglich, auch die zur Rückfallprävention notwendige Arzneimittelmenge zu reduzieren.[4,5] Ebenso entscheidend ist es, die Familie über die Krankheit aufzuklären und ihr Methoden zum Umgang mit der entstandenen Belastung zu vermitteln. Überdies sind soziale und berufliche Rehabilitationsmaßnahmen verschiedenster Art eine wichtige Ergänzung – jedoch kein Ersatz – zur antipsychotischen Pharmakotherapie und unterstützenden Psychotherapie.[4]

Früher dachte man, die Schizophrenie sei ein fest umrissenes Krankheitsbild, deren primäre Pathologie eine Spaltung der Gedanken, Gefühle und des Verhaltens sei. Heute dagegen betrachtet man die Schizophrenie eher als ein klinisches Syndrom, das ein Kontinuum von milderen, weniger ausgeprägten schizophrenieartigen Persönlichkeitsstörungen bis hin zu schweren, nicht remittierenden Psychosen umfaßt.[6] So stellt die schizotypische Persönlichkeitsstörung, eine Form der schizophrenieartigen Persönlichkeitsstörungen, eine Diagnose dar, die mit der klassischen Schizophrenie verwandt ist.[6]

Die Schizophrenie ist durch Denk- und Kognitionsstörungen gekennzeichnet, die sich in Form von Denkzerfahrenheit oder -fragmentierung mit Unterbrechungen des Gedankenflusses manifestieren. »Schizophrenie beeinträchtigt typischerweise die Fähigkeit, Informationen zuzuordnen, folgerichtig zu denken, sich zu konzentrieren oder die Aufmerksamkeit oder das Handeln auf ein Ziel auszurichten. Die Folge ist häufig ein erkennbar vages, unlogisches und bizarres Denken, das in schweren Fällen die zwischenmenschliche Kommunikation einschränkt.«[3]

Personen, die an Schizophrenie leiden, sind in ihrer Wahrnehmungs-, Kommunikations- und Kontaktfähigkeit derart beeinträchtigt, daß sie mit den normalen Anforderungen des Lebens nicht fertig werden. Die Betroffenen können ein anomales Verhalten sowie eine ausgeprägte Unfähigkeit zum zusammenhängenden Denken, zum Erfassen der Realität oder zur Krankheitseinsicht zeigen. Hinzu kommen häufig Wahnvorstellungen und Halluzinationen (gewöhnlich akustischer Art).

In der klassischen Psychiatrie unterscheidet man zwischen den „positiven" und den „negativen" Symptomen der Schizophrenie. Die positiven Symptome umfassen die typisch psychotischen Anzeichen, wie Wahnvorstellungen und Halluzinationen, bizarre Verhaltensweisen, Denkzerfahrenheit und -fragmentierung, inkohärentes und unlogisches Denken. Zu den negativen Symptomen zählen Affektabstumpfung, herabgesetzte emotionale Reaktionen, Apathie, Motivations- und Interessenverlust und sozialer Rückzug. Diese Differenzierung der Symptomatik spielt in der Pharmakologie der Neuroleptika eine wichtige Rolle, da die klassischen Wirkstoffe hauptsächlich die positiven Symptome beeinflussen, während die Antipsychotika der „neuen Generation" oder „atypischen" Neuroleptika auch die negativen Symptome bessern.

Mögliche Ursachen der Schizophrenie

Eine erblich bedingte Komponente der Schizophrenie ist nicht von der Hand zu weisen.[7,8] Abbildung 11.1 verdeutlicht das Risiko unter Verwandten Schizophrener, ebenfalls eine Schizophrenie zu entwickeln. Auch die schizoaffektiven und schizotypischen Persönlichkeitsstörungen weisen eine genetische Komponente auf[7], doch die genaue genetische Ursache ist weiterhin unbekannt. Darüber hinaus spielen auch nichtgenetische Faktoren eine große Rolle. Man nimmt an, daß eine erbliche Veranlagung und umweltbedingte Faktoren bei der Pathogenese der Schizophrenie zusammenwirken.

Bis vor kurzem sprachen viele Hinweise für eine Dopamintheorie der Schizophrenie[9], wonach die Erkrankung durch eine gestörte Regulation des Dopaminsystems in bestimmten Hirnregionen entsteht.[10] Diese Theorie wird durch verschiedene Beobachtungen gestützt:

1. Die Standardneuroleptika sind allesamt potente und wirksame Blocker eines bestimmten Subtyps der Dopaminrezeptoren (des Dopamin$_2$-Rezeptors).
2. Die Blockade der Dopamin$_2$-Rezeptoren in Bindungsstudien korreliert mit der klinischen antipsychotischen Wirksamkeit (Abbildung 11.2).
3. Substanzen wie Cocain, die die Dopaminaktivität verstärken (Kapitel 6), können schizophrenieartige Psychosen auslösen oder verschlimmern.

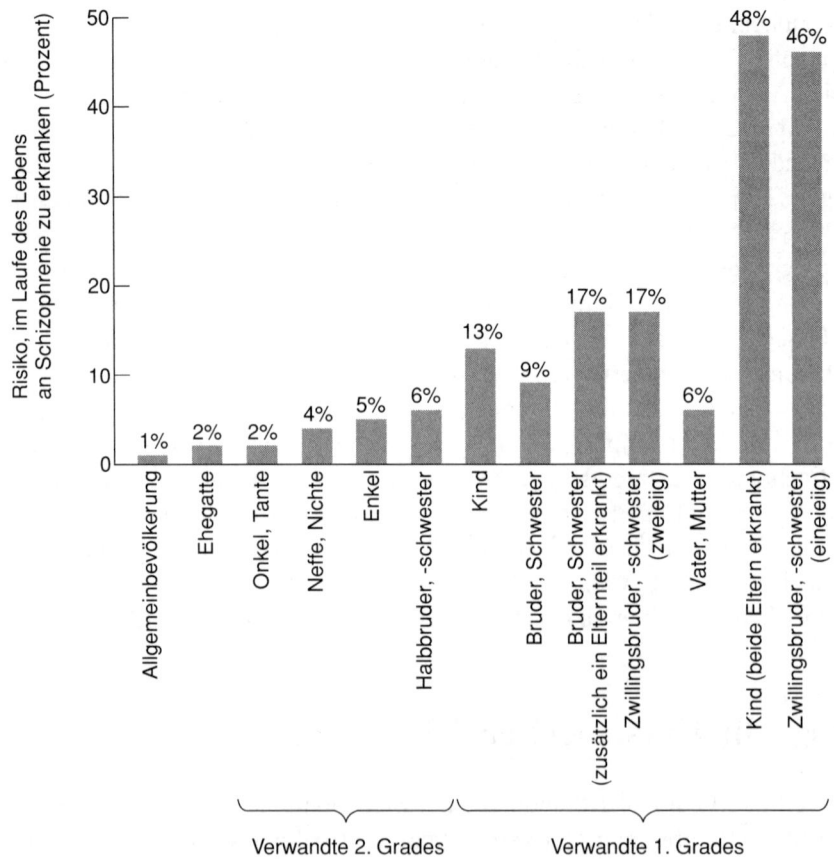

11.1 Risiko von Verwandten eines Schizophrenen, im Laufe des Lebens selbst an Schizophrenie zu erkranken. Die Daten stammen aus etwa 40 europäischen Familien- und Zwillingsstudien, die zwischen 1920 und 1987 durchgeführt wurden. (Mit freundlicher Genehmigung aus Gottesman *Schizophrenia Genesis.* New York, W. H. Freeman & Company, 1991.)

4. Das atypische Neuroleptikum Clozapin ist ein Blocker eines anderen Subtyps der Dopaminrezeptoren, des Dopamin$_4$-Rezeptors und anderer Rezeptoren.
5. Das neue atypische Neuroleptikum Risperidon blockiert sowohl Dopamin$_2$- als auch Serotonin$_2$-Rezeptoren.
6. In einigen Studien wurde in den Gehirnen verstorbener Schizophrener eine erhöhte Dichte an Dopaminrezeptoren nachgewiesen.

Trotz dieser Befunde besteht zwischen Schizophrenie und erhöhter Dopaminaktivität lediglich eine Korrelation; eine Kausalbeziehung konnte bisher nicht nachgewiesen werden. Mit Hilfe der Dopamintheorie lassen sich zwar die Psychosen zum Teil erklären, nicht aber die komplexe und multidimensio-

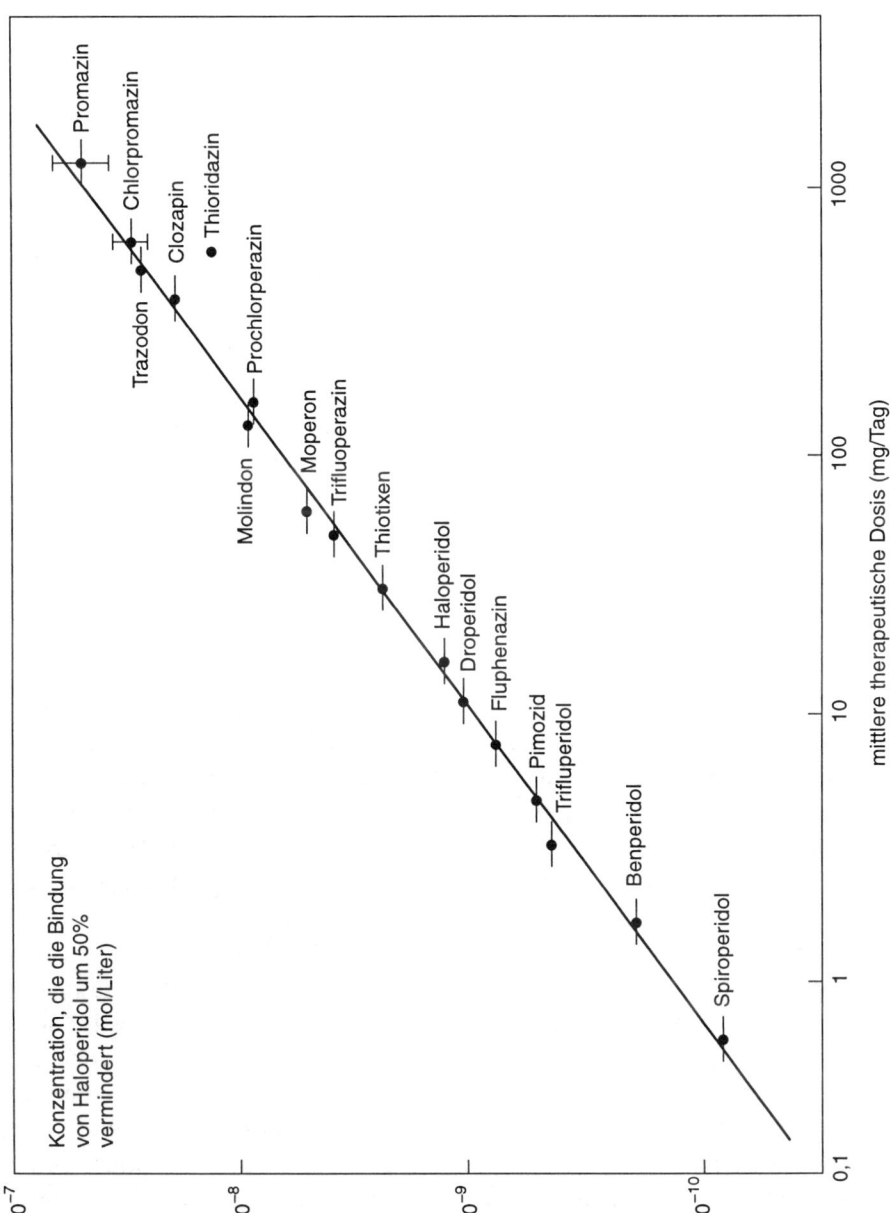

11.2 Beziehung zwischen der Rezeptorbindung von Neuroleptika und ihrer therapeutischen Potenz. Maß für die Rezeptorbindung ist die Konzentration, die die Bindung von Haloperidol um 50 Prozent vermindert; Maß für die therapeutische Potenz ist die zur Behandlung der Schizophrenie verwendete durchschnittliche Tagesdosis. Haloperidol bindet sich an Dopamin$_2$-Rezeptoren; andere Antipsychotika konkurrieren mit ihm um dieselben Rezeptoren. Die gemessene kompetitive Inhibition der Haloperidolbindung korreliert mit der antipsychotischen Potenz der Wirkstoffe.

nale Natur der Schizophrenie und ihre vielfältigen klinischen Manifestationen
(und schon gar nicht die negativen Symptome).

Weitere Kennzeichen der Schizophrenie sind folgende:

>Erstens Korrelation von Stirnlappendefiziten mit negativen und desorganisierten (hebe-
phrenen) Symptomen der Schizophrenie, zweitens Anomalien im Hippocampus, die mit Symptomen wie Gedächtnisstörungen zusammenhängen, und drittens, als häufiger Befund bei
der Störung, eine verminderte Aktivität der linken im Vergleich zur rechten Hemisphäre.<[2]

Unlängst wurde untersucht, ob vorgeburtliche Störungen der Hirnentwicklung
bei genetisch disponierten Personen als Kausalfaktoren der Schizophrenie in
Frage kommen.[11,12] Für die daraufhin entstandene Theorie einer gestörten
Neuralentwicklung sprechen auch die von Akbarian und Mitarbeitern beobachteten Abweichungen in zellulären Differenzierungs- und Wanderungsprozes-
sen, die vermutlich im zweiten Schwangerschaftsdrittel auftreten.[13,14] Diese
veränderten Entwicklungsmuster ziehen schwerwiegende Folgen für den Aufbau der neuronalen Verschaltungen in der Großhirnrinde nach sich und können
zu einem Funktionsausfall des Stirnlappens bei Schizophrenen führen.[13] Ähnliche Befunde im Hippocampus deuten darauf hin, daß ein umfassenderer Ent-
wicklungsdefekt vorliegt, der sowohl die positiven (limbisches System) als
auch die negativen Symptome (präfrontaler Cortex) der Schizophrenie zur
Folge hat. Die Autoren postulieren, daß >eine Virusinfektion während des
zweiten Drittels [der Schwangerschaft] das Schizophrenierisiko prädisponier-
ter Kinder ... entsprechend dieser Theorie erhöht<[14]. Demnach wird die Schizophrenie möglicherweise durch das Zusammentreffen zweier Faktoren begünstigt: Personen, die bereits aufgrund genetischer Faktoren prädisponiert
sind und zusätzlich als Ungeborene während des zweiten Schwangerschaftsdrittels einer mütterlichen Virusinfektion (zum Beispiel Grippe) ausgesetzt waren, würden dann ein erhöhtes Krankheitsrisiko tragen.[15]

Bloom[12] bezweifelt allerdings, ob unbedingt ein Virus für diese entwick-
lungsspezifische Ätiologie verantwortlich ist, und nimmt an, daß die neurale
Entwicklung durch andere Mechanismen beeinflußt wird, beispielsweise durch
ein >vorzeitiges Abschalten von Genen, die für trophische [wachstumsfördern-
de] Faktoren oder deren Rezeptoren verantwortlich sind, und zwar eher als
Folge von Fieber oder Nährstoffmangel als durch einen Virusbefall<[16]. Eine
andere Möglichkeit wäre, daß >innerhalb einer gegebenen Familienerbfolge
ein Genom es „einfach nicht schafft", bis zum Abschluß der neuralen Zellwan-
derungen in der Hirnrinde die Expression aller dafür notwendigen Gene auf-
rechtzuerhalten<[16]. Was auch immer die Ursachen der Schizophrenie sein mögen, die geschilderten Befunde vermitteln jedenfalls neue und spannende
Einblicke in die Pathogenese dieser Krankheit und könnten letztlich zu wirksameren Behandlungsverfahren und Arzneimitteln führen.

Überblick über die Neuroleptika

Seit Mitte der fünfziger Jahre werden zur Behandlung der chronischen und akuten Schizophrenie vorwiegend Neuroleptika eingesetzt. Sie bessern nachhaltig die Symptome einer akuten Schizophrenie und verhindern den Rückfall bei stabilisierten Patienten.[17] So positiv dies auch klingen mag, die Wirkungen dieser Medikamente sind freilich äußerst begrenzt und zudem auch nur in Grenzen nutzbar. Erstens können Neuroleptika die Erkrankung nicht heilen, sondern lediglich die klinischen Symptome lindern. Selbst diese Aussage gilt nur eingeschränkt, da sich mit Hilfe von Neuroleptika eher die positiven als die negativen Symptome beherrschen lassen.[18] Zweitens sprechen einige Patienten auf diese Arzneimittel nicht an: Bei etwa 30 Prozent der Schizophrenen wird die akute Symptomatik durch die Pharmakotherapie kaum beeinflußt.[19,20] Drittens sind diese Medikamente mit schweren Nebenwirkungen verbunden, die teilweise auch nach Ende der Behandlung bestehen bleiben. Daher ist ein behandelnder Arzt »gezwungen, die klinische Wirksamkeit (die alles andere als ideal ist) gegen die unangenehmen und manchmal stark beeinträchtigenden Nebenwirkungen abzuwägen.«[17]

Heute besteht die Hoffnung, daß neuere Verbindungen (wie Clozapin, Risperidon und Remoxiprid) zur Behandlung der negativen Symptome besser geeignet sind und weniger Nebenwirkungen verursachen, sowohl während als auch nach der Behandlung.[21] Sollte sich eine intrauterine Virusinfektion bei genetisch vorbelasteten Personen als ursächlicher Faktor bestätigen, ergäbe sich mit der Behandlung der Grippe während der Schwangerschaft neben der reinen Symptombehandlung eine Möglichkeit zur Prävention der Schizophrenie.

Historischer Überblick

Beschreibungen der Schizophrenie reichen mindestens bis ins Jahr 1 400 vor Christus zurück. Bis in die dreißiger Jahre des 20. Jahrhunderts bestand die Therapie einzig und allein in der Isolierung und Betreuung dieser Patienten. Einige Schizophrene konnten durch eine Betreuung, die der heutigen Gruppen- und Sozialtherapie ähnelt, wirksam behandelt werden. Mit der Einführung riesiger psychiatrischer Anstalten im 20 Jahrhundert verschwanden jedoch dieser persönliche Ansatz und damit auch die therapeutischen Erfolge, die mit dieser individuellen Betreuung erzielt wurden.

Im Jahre 1933 führte Sakel das Insulinkoma (Insulinschockbehandlung) als therapeutischen Ansatz ein. Bei dieser Methode injizierte man so lange Insulin, bis der Patient aufgrund einer Hypoglykämie bewußtlos wurde, mitunter Krampfanfälle hatte und schließlich in ein Koma fiel. Damaligen Berichten zufolge wirkt sich die sogenannte große Insulinkur, also die mehrmalige Durchführung dieser Behandlung, günstig auf schizophrene Patienten aus.

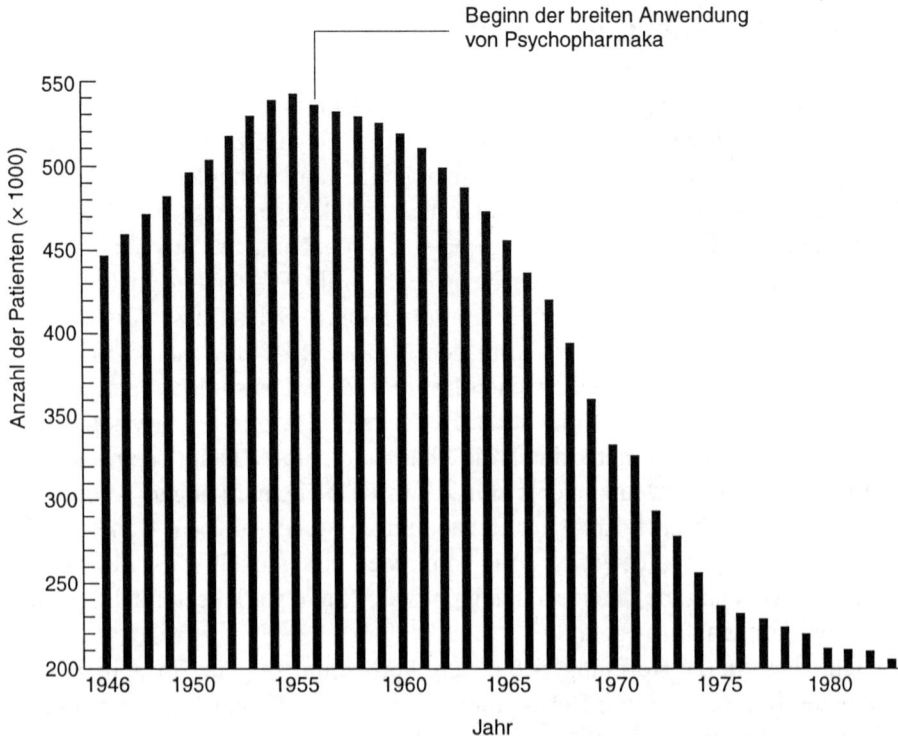

11.3 Anzahl der Patienten, die in staatlichen psychiatrischen Kliniken der USA zwischen 1946 und 1983 stationär behandelt wurden. Bemerkenswert ist die dramatische Veränderung, die 1956 mit der Einführung psychoaktiver Medikamente in die Therapie einsetzte.

Kurz danach wurden die medikamentöse Auslösung von Krampfanfällen und die Elektrokrampftherapie (EKT) eingeführt. Die serienweise durchgeführte Behandlung erbrachte bei Patienten, die sich in einer akuten psychotischen Phase befanden, häufig eine Besserung. Heute verzichtet man jedoch auf diese Therapien. (Die EKT wird aber noch gelegentlich bei *major depression* eingesetzt.)

Vor 1950 waren wirksame Medikamente zur Behandlung psychotischer Patienten praktisch nicht vorhanden; somit wurden die betroffenen Patienten gewöhnlich permanent oder phasenweise hospitalisiert. Allein in den USA befanden sich 1955 über eine halbe Million psychotischer Patienten in psychiatrischen Krankenhäusern. Doch im Jahre 1956 setzte eine dramatische und nicht nur vorübergehende Trendwende ein (Abbildung 11.3), und 1983 waren weniger als 220 000 Schizophrene in Anstalten untergebracht. Dieser Rückgang vollzog sich trotz einer Verdoppelung der Einweisungen in staatliche Krankenhäuser. Heutzutage werden Schizophrene in der Akutphase und zur Prophylaxe erneuter psychotischer Phasen medikamentös behandelt und dann recht schnell

Chlorpromazin
(Propaphenin®)

Haloperidol (Haldol® und andere)

11.4 Strukturformeln eines Phenothiazinderivats (Chlorpromazin) und eines Butyrophenon-derivats (Haloperidol).

aus den Kliniken entlassen.* Wie ist solch ein dramatischer Wandel in der Therapie der Psychosen zu erklären? Die Antwort liegt in der Geschichte einer Arzneimittelklasse, der *Phenothiazinderivate.*

1951 benutzte der französische Arzt Laborit zur Narkosevertiefung Promethazin (das erste der Phenothiazinderivate). Bald darauf untersuchten andere französische Forscher (Delay und Deniker) ein zweites Phenothiazin, das Chlorpromazin. Dieser Wirkstoff wurde den Patienten am Abend vor einer Operation in einem „Cocktail" verabreicht, um ihre Ängste und Befürchtungen zu vertreiben. Man stellte fest, daß Chlorpromazin (Abbildung 11.4) die Menge des benötigten Narkosemittels verringerte, aber keine Bewußtlosigkeit hervorrief. Statt dessen trat ein Zustand auf, der durch Ruhe, Sedierung sowie Desinteresse an und Loslösung von äußeren Reizen charakterisiert ist. Diesen

---

* Trotz der hohen Entlassungsraten ist die Befähigung Schizophrener zur Alltagsbewältigung weiterhin ein Grund zur Sorge. Viele Patienten brechen ihre medikamentöse Behandlung ab und scheitern. Man schätzt, daß etwa 50 Prozent der erwachsenen Obdachlosen in den USA an einer inadäquat kontrollierten Schizophrenie leiden.

Zustand bezeichnete man als *Neurolepsis*. Chlorpromazin gelangte als erster neuroleptischer Wirkstoff 1952 in Europa und 1955 in den USA in die psychiatrische Anwendung.

Aufgrund der verhaltensbeeinflussenden Wirkungen wandte man Chlorpromazin versuchsweise zur Behandlung schizophrener Episoden an und stellte eine bemerkenswerte Wirksamkeit fest. Zum ersten Mal hatte man ein Medikament gefunden, das die klinischen Manifestationen des psychotischen Prozesses zu beeinflussen vermochte. Obwohl Chlorpromazin keine dauerhafte Heilung bewirkt, ermöglichte seine Anwendung in Begleitung mit einer Psychotherapie doch Tausenden von Patienten, die ansonsten dauerhaft hospitalisiert gewesen wären, in ihre frühere soziale Umgebung zurückzukehren.

Auf der fortgesetzten Suche nach wirksameren und verträglicheren Wirkstoffen wurden (und werden weiterhin) Alternativen zu den Phenothiazinen entwickelt. Reserpin, ein pflanzliches Alkaloid aus *Rauwolfia serpentina*, war eine erste Alternative, wird aber heute wegen erheblicher Nebenwirkungen nicht mehr als Neuroleptikum verwendet. Die zweite Klasse alternativer Substanzen sind die *Butyrophenonderivate*, die Mitte der sechziger Jahre in Belgien entwickelt wurden. Heute sind eine Reihe von Butyrophenonen erhältlich, zum Beispiel Haloperidol (Abbildung 11.4) und Droperidol. Gegenüber den Phenothiazinen scheint keiner dieser Wirkstoffe signifikante Vorteile zu bieten; doch lassen sie sich bei Patienten einsetzen, die Phenothiazine nicht vertragen oder auf sie nicht ansprechen.

Während der siebziger und achtziger Jahre gelangten weitere Wirkstoffe zur Anwendung. Dazu gehören *Loxapin* und *Molindon*, die aber beide erhebliche Nebenwirkungen haben (parkinsonartige, unwillkürliche extrapyramidalmotorische Bewegungen).

In den neunziger Jahren zeichnen sich neue Zielsetzungen und Perspektiven in der Behandlung der Schizophrenie ab. Die bisherige Behandlung der positiven Symptome macht den Patienten zwar umgänglicher, doch stellt sich die wichtige Frage, inwieweit eigentlich der Patient selbst von diesen Änderungen profitiert.[2] Gesichtspunkte, die früher zweitrangig waren, etwa das subjektive Wohlbefinden und die Lebensqualität des Patienten, rücken nun stärker in den Vordergrund.[2] Mit den atypischen Neuroleptika Clozapin (Leponex®) und Risperidon (Risperdal®) stehen nun auch Mittel zur Verbesserung dieser entscheidenden Aspekte zur Verfügung. Diese Wirkstoffe lassen sich überdies zur Erforschung der pathogenetischen Mechanismen der Schizophrenie nutzen und sind insgesamt von erheblicher Bedeutung für die medizinische Versorgung der Schizophreniepatienten.

Wirkungsmechanismus

Die üblichen antipsychotischen Substanzen heben die Wirkungen von Dopamin auf, indem sie diesen Neurotransmitter von Dopamin$_2$-Rezeptoren verdrängen.[2] Dieser Effekt ist in erster Linie für die therapeutischen Wirkungen verantwortlich und korreliert eng mit der antipsychotischen Wirksamkeit, verursacht aber auch viele der Nebenwirkungen.[22] Ausgehend von diesen Beobachtungen hat man die Schizophrenie auf eine dopaminerge Überaktivität des mesolimbischen Areals im Gehirn zurückgeführt[2], doch ist dies sicherlich eine zu starke Vereinfachung der Krankheitsursache.[23]

Die Dopaminrezeptoren werden in mindestens sechs Subtypen unterteilt[24]; die für die Schizophrenieforschung bislang wichtigsten sind die Dopamin$_2$- und die Dopamin$_4$-Rezeptoren. So lassen sich Halluzinationen und die positiven Symptome der Schizophrenie abschwächen, wenn man etwa 70 Prozent der Dopamin$_2$-Rezeptoren durch Neuroleptika blockiert.[25] Der Dopamin$_4$-Rezeptor, der im mesolimbischen System und in der vorderen Großhirnrinde vorkommt, wird durch die Bindung von Clozapin blockiert[25]; Clozapin bindet sich aber auch an andere Rezeptoren.[26]

Dopamin$_2$- und Dopamin$_4$-Rezeptoren befinden sich in verschiedenen Hirnregionen:

1. In mesolimbischen Arealen – Nucleus accumbens, Amygdala, Hippocampus – und Regionen der vorderen Großhirnrinde. Die Blockade dieser Rezeptoren ist vermutlich für die therapeutische Wirkung der Neuroleptika verantwortlich.
2. In den Basalganglien des Extrapyramidalsystems – Nucleus caudatus und Putamen (Corpus striatum). Die Blockade dieser Rezeptoren führt zu den motorischen Funktionsstörungen, die durch Neuroleptika hervorgerufen werden.
3. In der hypothalamisch-hypophysären Achse. Die Blockade dieser Rezeptoren führt zu den hormonellen Veränderungen durch Neuroleptika.
4. In bestimmten Zentren des Hirnstammes, insbesondere in der chemorezeptiven Triggerzone der Medulla oblongata. Die Blockade dieser Rezeptoren bedingt die antiemetische (brechreizhemmende) Wirkung der Neuroleptika.

Viele Fragen zur Molekularbiologie dieser Dopaminrezeptoren sind bisher noch offen.

Neben den Dopaminrezeptoren könnten die Serotonin$_2$-Rezeptoren (die ebenfalls in der vorderen Großhirnrinde vorkommen) für die pharmakologische Behandlung der Schizophrenie von Bedeutung sein, insbesondere für die Therapie der negativen Symptome. Der neuere Wirkstoff Risperidon hat eine ausgesprochen hohe Affinität sowohl zu den Dopamin$_2$- als auch zu den Serotonin$_2$-Rezeptoren und ist zur Behandlung der positiven wie auch der negativen Symptome geeignet – was für eine Multirezeptortheorie der Schizophrenie spricht.[27]

Major und *minor tranquilizer*

Für antipsychotisch wirksame Psychopharmaka wurden viele Gruppenbezeichnungen vorgeschlagen. Während in Deutschland meist die Bezeichnungen Neuroleptika und Antipsychotika verwendet werden, benutzt man in der englischsprachigen Literatur auch den Begriff *major tranquilizer*, als Gegensatz zu *minor tranquilizer*, der Gruppenbezeichnung für die sedierenden und anxiolytischen Tranquilizer im engeren Sinne.

Tranquilizer vom Benzodiazepintyp (also *minor tranquilizers*; Kapitel 4) vermindern Angstzustände und neurotische Verhaltensweisen. Zur Behandlung der Schizophrenie gelten sie im allgemeinen als unwirksam; ein Benzodiazepin, Clonazepam, wird allerdings zur anfänglichen Therapie agitierter psychotischer Patienten mit manischen Symptomen eingesetzt, bei denen eine rasche Sedierung notwendig ist.[28]

Die antipsychotischen (also *major*) Tranquilizer, die in diesem Kapitel besprochen werden, stellen dagegen Medikamente der Wahl zur Behandlung der Schizophrenie dar; sie bessern sowohl die akuten psychotischen Phasen als auch die Rückfallfrequenz. *Major tranquilizers*, Neuroleptika und Antipsychotika sind Bezeichnungen für Medikamente, die die Symptome der Schizophrenie günstig beeinflussen und den vorhin beschriebenen neuroleptischen Zustand auslösen – psychomotorische Verlangsamung, emotionale Beruhigung und Gleichgültigkeit gegenüber äußeren Reizen.

Der Ausdruck *tranquilizer* (das englische Wort *tranquility* bezeichnet eine tiefe, gelassene Ruhe) legt einen Wirkstoff nahe, der einen friedvollen, ausgeglichenen, ruhigen und angenehmen Zustand erzeugt. Ein solcher Zustand kann in der Tat durch einen *minor tranquilizer*, etwa ein Benzodiazepin, hervorgerufen werden. Die psychischen Effekte eines *major tranquilizer* – also eines Neuroleptikums – sind dagegen selten angenehm oder euphorisierend, sondern eher mit unangenehmen oder dysphorischen Gefühle verbunden, zumal wenn ein Nichtschizophrener sie einnimmt. Daher wirken diese Substanzen auch nicht als positive Verhaltensverstärker und werden folglich selten mißbraucht.

Einteilung der Neuroleptika

Die antipsychotischen Wirkstoffe lassen sich grob in zwei Gruppen unterteilen: zum einen in die Standardsubstanzen oder traditionellen Wirkstoffe, zum anderen in die atypischen Wirkstoffe der neuen Generation. Die Phenothiazine sind die prototypischen Vertreter der ersten Gruppe, zur zweiten Gruppe gehören vor allem Clozapin und Risperidon.

Bei den traditionellen Neuroleptika gelang es bisher nicht, die therapeutische Beeinflussung der positiven Symptome von den markanten Nebenwirkungen auf das extrapyramidalmotorische System zu trennen. Diese Nebenwirkungen weisen eine starke Ähnlichkeit zu den motorischen Veränderungen auf, die bei der Parkinson-Krankheit beobachtet werden, wie Muskelversteifung (Rigor), Zittern (Tremor), langsame Bewegungen und Unruhe. Einige Symptome bilden sich nach Absetzen des Medikaments zurück, doch kommt es auch zu anhaltenden und mitunter bleibenden motorischen Störungen (zum Beispiel der Spätdyskinesie).

Die atypischen Neuroleptika bieten demgegenüber zwei Vorteile: Erstens geht ihre therapeutische Wirkung nicht mit den genannten extrapyramidalen Störungen einher, und zweitens können sie zur Besserung der negativen Symptome beitragen.

Phenothiazinderivate

Die Phenothiazine sind die meistangewendeten Neuroleptika. Sie werden jedoch auch häufig für andere Zwecke eingesetzt, beispielsweise zur Behandlung von Übelkeit und Erbrechen, vorzeitiger Ejakulation, schwerem Juckreiz, Alkoholhalluzinosen und Halluzinationen durch Psychedelika (Kapitel 12) sowie zur Sedierung von Patienten vor der Narkose. Tabelle 11.1 führt eine Reihe von Phenothiazinderivaten und einige weitere Neuroleptika auf.

Pharmakokinetik

Die Resorption der Phenothiazine aus dem Magen-Darm-Trakt unterliegt starken, unvorhersehbaren Schwankungen. Da die Patienten diese Medikamente jedoch gewöhnlich über lange Zeiträume (mitunter ein ganzes Leben lang) einnehmen, ist die orale Zufuhr ein üblicher und in der Regel auch ausreichend wirksamer Verabreichungsweg. Die intramuskuläre Injektion von Phenothiazinen ist ebenfalls recht wirksam und verbreitet; gegenüber der oralen Verabreichung läßt sich die Wirksamkeit auf diese Weise um das Vier- bis Zehnfache steigern. Sobald die Phenothiazine in die Blutbahn gelangen, werden sie rasch im ganzen Körper verteilt. Der Phenothiazinspiegel im Gehirn ist im Vergleich zu den Konzentrationen in anderen Körpergeweben niedrig; die höchsten Konzentrationen werden in der Lunge, der Leber, den Nebennieren und in der Milz erreicht.

Phenothiazine werden in der Leber langsam metabolisiert, ihre Halbwertzeiten liegen zwischen 24 und 48 Stunden. Die klinischen Wirkungen einer einmaligen Dosis halten mindestens 24 Stunden an. Durch Einnahme der Tagesdosis vor dem Schlafengehen lassen sich einige Nebenwirkungen (etwa übermäßig starke Sedierung) meist gering halten. Die Phenothiazine reichern sich stark im Körpergewebe an, was ihre langsame Eliminationsgeschwindigkeit zum Teil erklärt. Die Metaboliten einiger Phenothiazine sind sogar noch meh-

Tabelle 11.1: Einige Neuroleptika

Substanzklasse	Wirkstoff*	Dosis-äquivalent (mg)	Sedierung	vegetative Nebenwirkungen**	unwillkürliche Bewegungen
Phenothiazine	Chlorpromazin (Propaphenin®)	100	stark	stark	mäßig
	Prochlorperazin	15	mäßig	gering	stark
	Fluphenazin (Dapotum®, Lyogen®, Lyorodin®, Omca®)	2	gering	gering	stark
	Trifluoperazin (Jatroneural®)	5	mäßig	gering	stark
	Perphenazin (Decentan®)	8	gering	gering	stark
	Acetophenazin	20	mäßig	gering	stark
	Carphenazin	25	mäßig	gering	stark
	Triflupromazin (Psyquil®)	25	stark	mäßig	mäßig
	Mesoridazin	50	stark	mäßig	gering
	Thioridazin (Melleril®)	100	stark	mäßig	gering
Thioxanthene	Thiothixen	4	gering	gering	stark
	Chlorprothixen (Truxal®)	100	stark	stark	mäßig
Butyrophenone	Haloperidol (Buteridol®, Duraperidol®, Haldol®, Sigaperidol®)	2	gering	gering	stark
	Droperidol (Dehydrobenzperidol®)	–	gering	gering	stark
andere	Loxapin	10	mäßig	gering	mäßig
	Molindon	10	mäßig	mäßig	mäßig

* Beispiele für Handelsnamen gemäß Rote Liste 1996.

** Zu den vegetativen Nebenwirkungen zählen Mundtrockenheit, Akkomodationsstörungen der Augen, Harnverhaltung und erniedrigter Blutdruck.

rere Monate nach Absetzen der Substanz nachweisbar. Auf diese langsame Elimination ist wohl auch die verzögerte Rückkehr psychotischer Episoden nach Beendigung der Pharmakotherapie zurückzuführen.

Bis heute wird nicht besonders häufig von der Möglichkeit Gebrauch gemacht, durch therapeutisches *drug monitoring* die Konzentration eines verabreichten Neuroleptikums im Plasma mit seiner klinischer Wirkung und Toxizität in Beziehung zu setzen, so daß die meisten Dosierungsentscheidungen nach dem Prinzip „Versuch und Irrtum" getroffen werden.[17] Aus Studien geht jedoch hervor, daß nach oraler Verabreichung vergleichbarer Neuroleptikamengen die Wirkstoffspiegel bei verschiedenen Patienten erheblich voneinander abweichen.[29] Diese Schwankungen kommen wahrscheinlich durch beträchtliche individuelle Unterschiede in der Arzneimittelresorption und -metabolisierung zustande. Von den Neuroleptika sind Haloperidol und Fluphenazin in dieser Hinsicht am eingehendsten untersucht worden.

Nach Marder und Mitarbeitern ist eine Überwachung des Wirkstoffspiegels im Plasma unter folgenden Umständen ratsam:

> »1) wenn ein Patient auf therapeutische Dosen nicht anspricht; 2) wenn es schwierig ist ..., Arzneimittelnebenwirkungen ... von Schizophreniesymptomen zu unterscheiden; 3) wenn Antipsychotika mit anderen Medikamenten kombiniert werden ... , die die Pharmakokinetik des Antipsychotikums beeinflussen können; 4) bei sehr jungen, bei älteren und bei organisch kranken Menschen, bei denen die Pharmakokinetik von Neuroleptika verändert sein kann ...; und 5) wenn der Verdacht besteht, daß ein Patient das Medikament nicht oder nicht wie verordnet einnimmt.«[17]

Pharmakologische Wirkungen

Außer den Dopamin$_2$-Rezeptoren blockieren die Phenothiazine auch Acetylcholin-, Serotonin-, Histamin- und Noradrenalinrezeptoren. Die Blockade der Acetylcholinrezeptoren führt zu Mundtrockenheit, Pupillenerweiterung, Akkommodationsstörungen, Obstipation, Harnretention und beschleunigtem Herzschlag. Mögliche Folgen der Blockade der Noradrenalinrezeptoren sind Hypotonie und Sedierung. Haloperidol (ein Neuroleptikum, das nicht zu den Phenothiazinen, sondern zu den Butyrophenonen gehört) ruft diese Wirkungen nur selten hervor, da es die Noradrenalinrezeptoren nicht blockiert. Durch Bockade der Histaminrezeptoren werden sedierende und antiemetische Wirkungen hervorgerufen. Daher finden diese Substanzen auch therapeutische Anwendung bei Übelkeit.

Über die Folgen der Serotoninrezeptorblockade durch Neuroleptika herrscht noch Unklarheit. Die Blockade der Serotonin$_2$-Rezeptoren spielt aber sicherlich eine Rolle bei der therapeutischen Wirkung.[27,30] Der Einfluß auf diese Rezeptoren könnte auch erklären, warum antipsychotische Wirkstoffe die halluzinogenen Wirkungen von LSD teilweise abschwächen: LSD ist eine psychedelische Substanz, die ihre Wirkungen durch Stimulierung der Serotoninrezeptoren entfaltet (Kapitel 12). Überdies vermutet man, daß die Blockade der Serotoninrezeptoren mit einer Disinhibition der Dopaminfunktion verbunden ist und »zu einer verstärkten Dopaminfunktion in den Stirnlappen (dem vermuteten neuroanatomischen Ort der negativen Symptome) führt«[31].

Limbisches System. Dopaminausschüttende Neurone, die sich im Mittelhirn befinden, senden axonale Fortsätze an diejenigen Teile des limbischen Systems, die den Gefühlsausdruck steuern, sowie an die limbischen Vorderhirnareale, wo Gedanken und Gefühle integriert werden (Anhang C). In der Tat könnte eine erhöhte Empfindlichkeit der Dopaminrezeptoren in diesen Arealen für die positive Symptomatik der Schizophrenie verantwortlich sein. Durch Beeinflussung der Dopaminrezeptoren im limbischen System vermindern Chlorpromazin und andere Phenothiazine paranoide Zustände, Furcht, feindseliges Verhalten und Erregungszustände sowie die Intensität des schizophrenen Wahns und der Halluzinationen. Darüber hinaus bessern sie erheblich die mit einer akuten schizophrenen Phase verbundene Agitiertheit, Unruhe und Hyperaktivität. Wahnvorstellungen und Halluzinationen sind durch die Behandlung besonders gut beeinflußbar.

Hirnstamm. Über Effekte auf den Hirnstamm unterdrücken Phenothiazine die Zentren, die für die „Aufmerkreaktion" (*arousal*) oder den Wachheitsgrad (aufsteigendes retikuläres Aktivierungszentrum) und das Erbrechen (chemorezeptive Triggerzone) verantwortlich sind. Durch Unterdrückung der Aktivität in der Formatio reticularis lösen die Phenothiazine eine Gleichgültigkeit gegenüber äußeren Reizen aus und reduzieren somit den Einstrom sensorischer Stimuli, die ansonsten die höheren Hirnzentren erreichen würden.

Basalganglien. Die traditionellen Neuroleptika rufen zwei Arten von motorischen Störungen hervor, die nicht nur die unangenehmsten, sondern auch die schwerwiegendsten Nebenwirkungen dieser Medikamente darstellen.[32] Diese beiden Syndrome sind zum einen akute extrapyramidalmotorische Reaktionen, die in der Frühphase der Behandlung bei bis zu 90 Prozent der Patienten auftreten, und zum anderen die Spätdyskinesie, die wesentlich später einsetzt, oft im Zuge einer Dosisreduktion oder bei Beendigung der chronischen Neuroleptikatherapie.

Bei den akuten extrapyramidalmotorischen Nebenwirkungen lassen sich drei Formen unterscheiden: 1) Akathisie, ein Syndrom subjektiv empfundener Angst, die mit Unruhe, Auf- und Abgehen, ständigem Hin- und Herschaukeln und anderen wiederholten, sinnlosen Tätigkeiten verknüpft ist; 2) Dystonie, die durch unwillkürliche Muskelkontraktionen und anhaltende anomale, bizarre Stellungen der Gliedmaßen, des Rumpfes, der Gesichtszüge und der Zunge gekennzeichnet ist; und 3) der neuroleptisch bedingte Parkinsonismus, auch Parkinsonoid genannt, welcher der idiopathischen (ohne erkennbare Ursache entstandenen) Parkinson-Krankheit ähnelt. Kennzeichen sind Ruhetremor, Versteifung der Gliedmaßen und Bewegungsverlangsamung mit Abnahme der spontanen Aktivität. Beim idiopathischen Parkinsonismus treten diese Symptome auf, wenn die Dopaminkonzentration in den Nuclei der Basalganglien (Nucleus caudatus, Putamen und Globus pallidus) auf etwa 20 Prozent des Normalwertes absinkt. Im Falle des Parkinsonoids aber verusacht die durch Neuroleptika induzierte Blockade der Dopaminrezeptoren die parkinsonartigen Symptome. Die Nebenwirkungen zeigen eine deutliche Abhängigkeit von der angewendeten Dosis; sie setzen rasch ein und bilden sich nach Absetzen des Neuroleptikums zurück.

Die Spätdyskinesie ist eine viel rätselhaftere und schwerwiegendere Form der Bewegungsstörung. Bei den Betroffenen treten unwillkürliche hyperkinetische Bewegungen auf, vorwiegend im Bereich der Gesichts- und Zungenmuskulatur, aber auch an der Rumpf- und Gliedmaßenmuskulatur, die zu einer schweren Beeinträchtigung führen können. Charakteristisch sind Saug- und Schmatzbewegungen der Lippen, laterale Kieferbewegungen sowie Herausschnellen, Herausstrecken oder Verdrehen der Zunge. Choreiforme („veitstanzähnliche") Bewegungsabläufe der Extremitäten sind ebenfalls häufig. Das Syndrom setzt wenige Monate bis mehrere Jahre nach Beginn der neuroleptischen Therapie ein (daher die Bezeichnung *Spät*dyskinesie) und ist oft irreversibel. Die Häufigkeit der Spätdyskinesie liegt schätzungsweise bei über zehn Prozent der Patienten, die mit Neuroleptika behandelt werden; doch hängt diese Nebenwirkung stark von der Dosierung, dem Alter des Patienten (meist sind Patienten über 50 betroffen) und dem verabreichten Medikament ab. Zur Beherrschung der Dyskinesie kann die erneute Gabe des Neuroleptikums oder eine Dosiserhöhung erforderlich sein, was problematisch ist, wenn zusätzlich das Parkinsonoid auftritt. Ausführliche Übersichten über diese Effekte finden sich bei Casey[32] und Baldessarini[33].

Hypothalamus und Hypophyse. Dopaminerge Bahnen erstrecken sich auch in den Hypothalamus, unter dessen Kontrolle die Hypophyse (Hirnanhangdrüse) steht. Der Hypothalamus ist an der Entstehung von Emotionen, an der Steuerung des Eß-, Trink- und Sexualverhaltens und an der hormonalen Sekretion der Hypophyse wesentlich beteiligt. Diese Vorgänge werden gestört, wenn Phenothiazine die Funktion des Hypothalamus beeinträchtigen. Durch Hemmung des Appetits wird die Nahrungsaufnahme reduziert. Durch Unterdrückung der temperaturregulierenden Zentren des Hypothalamus sinkt die Körpertemperatur in kühler und steigt in heißer Umgebung (Poikilothermie). Darüber hinaus wird die Sekretion mehrerer Hormone beeinflußt. Da Dopamin wahrscheinlich die Freisetzung des Hormons Prolactin in der Hypophyse inhibiert, wird bei Blockade der Dopaminrezeptoren vermehrt Prolactin ausgeschüttet, was bei Männern häufig eine Brustvergrößerung und bei Frauen eine

Laktation auslöst. Phenothiazine vermindern auch die Freisetzung solcher Hypophysenhormone, die die Sekretion der Geschlechtshormone in den Keimdrüsen regulieren (Kapitel 14). Dies kann bei Männern zur Hemmung der Ejakulation und bei Frauen zu Libidoverlust, Ovulationshemmung und Unterdrückung des normalen Menstruationszyklus und damit zur Unfruchtbarkeit führen.

Nebenwirkungen und Toxizität

Die therapeutische Anwendung der Phenothiazine zieht unweigerlich viele Nebenwirkungen nach sich (Tabelle 11.1). Daher hat die Diagnose und Therapie der durch Neuroleptika hervorgerufenen Nebenwirkungen in der Kunst der Schizophreniebehandlung einen hohen Stellenwert.[34] Die Wahl eines bestimmten Wirkstoffes wird weniger von Unterschieden in der therapeutischen Wirksamkeit geleitet, sondern vielmehr von dem relativen Ausmaß der Nebenwirkungen. Im allgemeinen verursachen die „hochpotenten" Phenothiazine (zum Beispiel Fluphenazin, Trifluoperazin und Perphenazin; Tabelle 11.1) eine geringere Sedierung, weniger anticholinerge Nebenwirkungen, eine geringere orthostatische Hypotonie und stärkere extrapyramidale Nebenwirkungen als die „niedrigpotenten" Phenothiazine (zum Beispiel Chlorpromazin und Thioridazin). Wenn eine Sedierung therapeutisch erwünscht ist, so setzt man entweder ein niedrigpotentes Phenothiazin allein oder ein hochpotentes in Kombination mit einem Benzodiazepin ein. Wird die Pharmakotherapie durch anticholinerge Nebenwirkungen eingeschränkt, so ist ein hochpotenter Wirkstoff empfehlenswert; die medikamentös induzierten Bewegungsstörungen lassen sich oft durch andere Arzneimittel beherrschen (Anticholinergika, Antihistaminika, Antiadrenergika oder Antiparkinsonmittel), auf die hier jedoch nicht näher eingegangen werden soll. Bei Patienten mit hohem Risiko extrapyramidaler Nebenwirkungen oder mit Unverträglichkeit gegenüber niedrigpotenten Phenothiazinen bieten sich zwei Möglichkeiten an: Man kann zum einen prophylaktisch Anticholinergika, Antiparkinsonmittel oder Antiadrenergika geben oder zum anderen versuchsweise auf Clozapin oder Risperidon (siehe weiter unten) als Ersatz für die Phenothiazine zurückgreifen. Eine Strategie zur Behandlung der durch Neuroleptika bedingten motorischen Störungen ist bei Casey beschrieben.[32]

Weitere potentiell schwere, aber weitaus seltenere Nebenwirkungen der Phenothiazine sind veränderte Hautpigmentierung, Pigmentablagerungen in der Netzhaut, permanente Sehstörungen, verminderte Hypophysenfunktion, Menstruationsstörungen und allergische oder Überempfindlichkeitsreaktionen bis hin zu Leberfunktionsstörungen und Blutzellschädigungen.

Die kognitiven Störungen, die bei schizophrenen Patienten ohnehin schon bestehen, werden durch Neuroleptika verstärkt, wobei die zusätzliche Beeinträchtigung bei Anwendung der neueren Wirkstoffe möglicherweise geringer ausfällt.[35]

Jede dieser Nebenwirkungen kann die Therapie erschweren, nicht zuletzt auch deshalb, weil ambulant behandelte Patienten dazu neigen, schon beim ersten Auftreten von Nebenwirkungen das Medikament abzusetzen, was zwangsläufig die Rückkehr der psychotischen Symptome nach sich zieht. Die Bereitschaft eines Patienten, die Einnahmevorschriften zu befolgen, ist daher nicht immer gegeben und kann den Therapieerfolg erheblich beeinträchtigen. Trotz all ihrer Unzulänglichkeiten haben die Neuroleptika immerhin einen Vorteil: Selbst bei massiver Überdosierung wirken sie selten tödlich.

Toleranz und Abhängigkeit

Ein weiterer Vorteil der Phenothiazine ist, daß sie keine positiven Verhaltensverstärker sind und mithin nicht zum Mißbrauch verleiten. Sie erzeugen weder Toleranz noch körperliche oder psychische Abhängigkeit. Ein Patient kann jahrelang mit konstanter Dosis behandelt werden; falls die Dosis gesteigert wird, so meist deshalb, um psychotische Episoden besser zu kontrollieren. Nach Absetzen eines Phenothiazins treten keine Entzugssymptome auf, was möglicherweise auch dadurch bedingt ist, daß die Substanz und ihre Metaboliten erst nach vielen Monaten vollständig ausgeschieden sind.

Haloperidol und andere Butyrophenonderivate

Haloperidol (Abbildung 11.4) wurde 1967 als erstes *Butyrophenonderivat* in den USA eingeführt; in Deutschland kam es 1978 in den Arzneimittelhandel. Weitere Verbindungen folgten, so Droperidol und in Deutschland auch Benperidol, Bromperidol und andere. Die meisten Butyrophenone werden vorwiegend wegen ihrer antipsychotischen Effekte eingesetzt (Haloperidol, Benperidol, Bromperidol, Trifluperidol), andere auch gegen Schlafstörungen (Melperon, Pipamperon). Droperidol wird in den USA vor allem gegen Übelkeit und Erbrechen, in Deutschland hauptsächlich zur Unterstützung der Analgesie bei Operationen angewendet (*Neuroleptanalgesie*, meist in Kombination mit Opioidanalgetika).

In pharmakologischer Hinsicht weist Haloperidol eine bemerkenswerte Ähnlichkeit zu den Phenothiazinen auf. Es wirkt sedierend, ruft eine Gleichgültigkeit gegenüber äußeren Reizen hervor und vermindert Entschlußkraft, Angst und aktives Handeln. Haloperidol wird nach oraler Verabreichung gut resorbiert und nur langsam metabolisiert und ausgeschieden. Bis zu drei Tagen nach Absetzen des Wirkstoffes können noch relativ unveränderte Konzentrationen im Plasma beobachtet werden. Fünf Tage nach der Einnahme

einer Einzeldosis sind erst 40 Prozent der Substanz über die Nieren ausgeschieden.[36]

Der antipsychotischen Wirkung von Haloperidol liegt der gleiche Mechanismus zugrunde wie der Wirkung der Phenothiazine: eine Blockade der Dop-
amin$_2$-Rezeptoren. Jedoch treten bei der Haloperidolbehandlung viele der
schweren Nebenwirkungen nicht auf, die bisweilen durch Phenothiazine verursacht werden (Gelbsucht, Blutzellschädigung und andere). Was allerdings die
parkinsonartigen motorischen Bewegungsstörungen anbelangt, zieht Haloperidol durchaus mit den hochpotenten Phenothiazinen gleich oder übertrifft sie
mitunter. Daher kann die prophylaktische Gabe eines Antiparkinsonmittels
notwendig sein. Eine starke Sedierung tritt selten auf. Insgesamt ist Haloperidol ein wirksames Medikament zur Behandlung der Psychosen und stellt eine
Alternative für Patienten dar, die auf Phenothiazine nicht ansprechen.

Atypische Neuroleptika

Die Suche nach Wirkstoffen, welche die traditionellen Neuroleptika ersetzen
könnten, war bislang weitgehend erfolglos. Allerdings nicht ganz: Mittlerweile
gibt es mindestens vier atypische Antipsychotika[37], die sich zur Schizophreniebehandlung eignen: Molindon, Loxapin, Clozapin und Risperidon. Und besonders die beiden letzteren, die auch im deutschen Arzneimittelhandel erhältlich
sind, ziehen derzeit zunehmend Aufmerksamkeit auf sich.

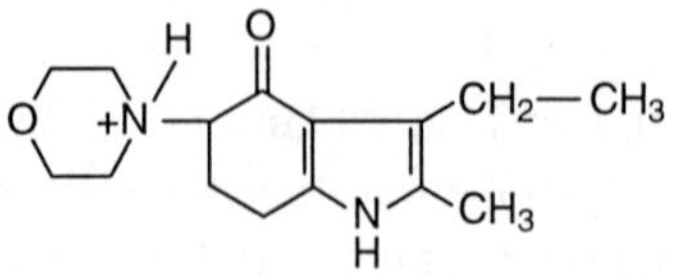

Molindon

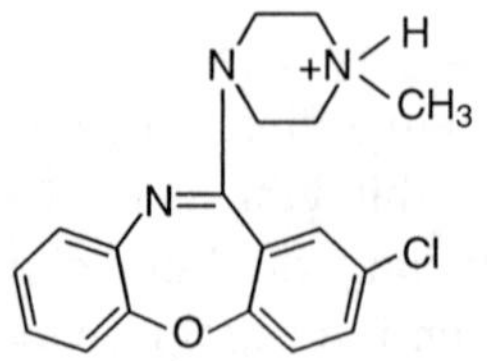

Loxapin

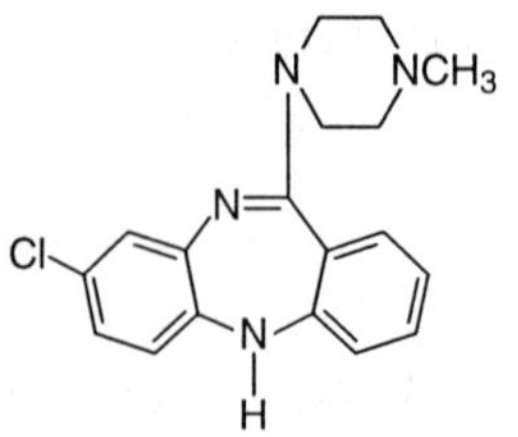

Clozapin (Leponex®)

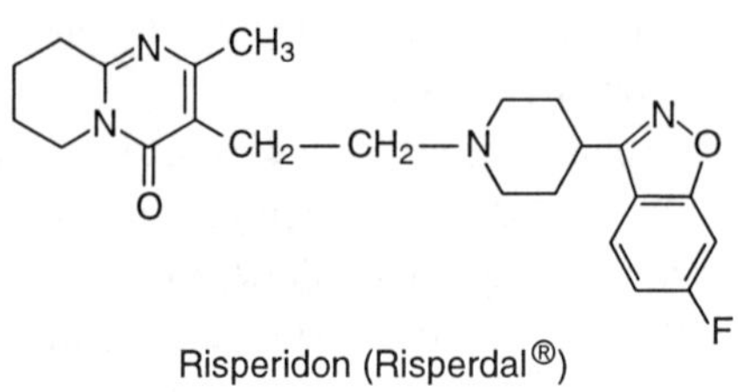

Risperidon (Risperdal®)

11.5 Strukturformeln atypischer Neuroleptika.

Molindon

Molindon (in Deutschland nicht erhältlich) unterscheidet sich in seiner chemischen Struktur (Abbildung 11.5) von anderen Antipsychotika insofern, als es dem Neurotransmitter Serotonin ähnelt. Ob diese strukturelle Ähnlichkeit mit seiner antipsychotischen Wirkung zusammenhängt, ist unbekannt. Hinsichtlich der therapeutischen Wirksamkeit, der Blockade der Dopaminrezeptoren und den Nebenwirkungen ist Molindon mit anderen Neuroleptika vergleichbar. Es ruft eine mäßige Sedierung und gesteigerte motorische Aktivität hervor und wirkt möglicherweise euphorisierend. Es kann ähnliche motorische Bewegungsstörungen herbeiführen wie die Phenothiazine. Molindon wird bei oraler Verabreichung rasch resorbiert und vor der Ausscheidung metabolisiert. Die klinische Wirkung einer Einzeldosis Molindon dauert etwa 24 bis 36 Stunden an. Interessanterweise hemmt es auch die Monoaminoxidase (Kapitel 8). Spätdyskinesie nach Molindonanwendung kann auftreten, wenngleich selten.[38]

Loxapin

Loxapin (in Deutschland nicht erhältlich) ist ein Antipsychotikum mit ungewöhnlicher Struktur (Abbildung 11.5). Es hat eine gewisse Ähnlichkeit mit den tricyclischen Antidepressiva, vor allem mit Amoxapin (Kapitel 8). Seine Wirkungen unterscheiden sich jedoch nur unwesentlich von den älteren Neuroleptika. Loxapin besitzt antipsychotische, antiemetische und sedierende Eigenschaften und verursacht motorische Bewegungsstörungen. Überdies senkt es die Krampfschwelle etwas stärker als die Phenothiazine. Loxapin wird nach oraler Verabreichung gut resorbiert und innerhalb von etwa 24 Stunden metabolisiert und ausgeschieden.

Clozapin

Clozapin (Leponex®) ist ein Neuroleptikum, dessen chemische Struktur mit der von Loxapin eng verwandt ist (Abbildung 11.5). Clozapin ist zur Behandlung therapieresistenter Schizophrenien geeignet, wirkt günstig auf die Negativsymptomatik der Schizophrenie und ruft im Gegensatz zu den Standardneuroleptika praktisch keine extrapyramidalmotorischen Nebenwirkungen hervor. Eine ausführlichere Beschreibung von Clozapin findet sich in mehreren neueren Publikationen.[17,21,34,37,39,40]

Hintergrund. Auch wenn Clozapin erst seit kurzem auf reges Interesse stößt, handelt es sich keineswegs um ein neues Medikament. Nach seiner Synthetisierung im Jahre 1959 wurde Clozapin Anfang der siebziger Jahre in Europa für die therapeutische Anwendung zugelassen. Das Fehlen extrapyramidalmotorischer Nebenwirkungen wußte man sofort zu schätzen. Doch 1975 starben mehrere schizophrene Patienten in Finnland an schweren Infektionskrankheiten, nachdem im Laufe der Clozapinbehandlung *Agranulocytose* (Verminderung der Leukocytenzahl) aufgetreten war.[17,21] Daraufhin stellte man die klinische Prüfung ein, und das Mittel durfte in Europa nicht mehr uneingeschränkt angewendet werden. Später wurde Clozapin aus zwei Gründen einer erneuten Prüfung unterzogen: Zum einen erwies sich die Agranulocytose nach Absetzen des Wirkstoffes als reversibel, zum anderen zeigte Clozapin bei schizophrenen Patienten, die auf die herkömmlichen Neuroleptika nicht ansprachen, günstige Wirkungen. 1986 ergab eine großangelegte multizentrische Studie in den USA mit 318 schwer psychotischen Schizophrenen, die auf andere Medikamente nicht reagierten, eine Ansprechquote von 30 Prozent; nur ein bis zwei Prozent der Patienten entwickelten Agranulocytose. Neueren Studien zufolge ist bei längerer Therapie sogar eine Besserungsquote von bis zu 60 Prozent erreichbar.[41]

> »In einigen Fällen führt die Besserung sowohl der positiven als auch der negativen Symptome zu erstaunlichen Veränderungen bei Patienten, die hoffnungslos in einer psychotischen Welt verloren schienen. Sie gehen aus der Therapie als Personen hervor, die der stationären Behandlung nicht länger bedürfen und die sinnvoll an Rehabilitationsprogrammen teilnehmen können. Andere Patienten reagieren vielleicht nicht mit einer Abschwächung der positiven Symptome, geben aber eine erhebliche Verbesserung ihrer Stimmung und ihres Wohlbefindens an. Bei diesen Patienten mag es zwar zu keiner Rückbildung der mit der Schizophrenie verbundenen Defizite kommen, doch verbessert sich ihre Lebensqualität.«[17]

Meltzer zufolge beeinflußt Clozapin auch besonders wirksam einen dritten Typ der psychotischen Symptomatik (neben den positiven und den negativen Symptomen), den er als *Desorganisation* bezeichnet (und der weitgehend den Symptomen der Hebephrenie entspricht).[21] Dieser Symptomenkomplex umfaßt unzusammenhängende Assoziationen, unpassenden Affekt, Inkohärenz des Denkens und Rückgang der rationalen Denkabläufe.

Clozapin sollte wegen des Risikos der Agranulocytose nicht bei Patienten angewendet werden, die sich gut mit den klassischen Neuroleptika behandeln lassen. Es ist aber bei solchen Patienten indiziert, die auf die traditionelle Therapie nicht ansprechen oder auf diese mit ausgeprägten extrapyramidalen Nebenwirkungen reagieren, sowie bei Patienten, die unter erheblichen Negativsymptomen oder einer schweren Spätdyskinesie leiden.

Pharmakokinetik. Je nach Patient verhält sich Clozapin in pharmakokinetischer Hinsicht sehr unterschiedlich.[42] Die maximale Konzentration im Plasma wird in ein bis vier Stunden erreicht. Die Verteilung im Körper unterliegt offenbar individuellen Schwankungen, wobei einige Patienten beträchtliche Substanzmengen anreichern. In der Leber wird Clozapin zu zwei Hauptmetaboliten, Desmethylclozapin und Clozapin-*N*-oxid, abgebaut. Diese Metaboliten sowie geringe Mengen an unverändertem Clozapin gelangen mit dem Urin aus dem Körper. Die metabolische Halbwertzeit von Clozapin wird in einer Studie[42] mit neun bis 17, in einer anderen[17] mit sechs bis 33 Stunden angegeben.

Jann und Mitarbeiter untersuchten den Zusammenhang zwischen der Clozapinkonzentration im Plasma und der therapeutischen Wirksamkeit. Nach ihren Schätzungen ist zur Behandlung hartnäckiger Schizophrenien eine Mindestkonzentration von 350 Mikrogramm pro Liter erforderlich.[42]

Pharmakodynamik. Wie die antipsychotische Wirkung des Clozapins zustande kommt, ist nach wie vor weitgehend unklar.[26,42,43,44] Coward bemerkt dazu:

> »In Bindungsstudien (mit gehirnspezifischen Rezeptoren) zeigt Clozapin höchste Affinitäten zu Dopamin4-, Serotonin1C- (einer Untergruppe der Serotoninrezeptoren), Serotonin2-, α-1-adrenergen, muscarinischen Acetylcholin- und Histamin-1-Rezeptoren, doch läßt sich auch eine mäßige Affinität zu vielen anderen Rezeptorsubtypen beobachten.«[40]

Die meisten Fachleute sind sich darüber einig, daß die Bindung an den Dopamin4-Rezeptor für die Wirkung des Clozapins von Belang ist; Meltzer betont jedoch auch die entscheidende Bedeutung der Bindung an Serotoninrezeptoren.[30] Was auch immer der primäre Wirkungsmechanismus sein mag, zur Erforschung der zellulären Vorgänge, die an der Entstehung schizophrener Psychosen beteiligt sind, stellen Clozapin und seine Derivate jedenfalls wichtige neue Hilfsmittel dar.

Nebenwirkungen und Toxizität. Die häufigste Nebenwirkung von Clozapin ist die Sedierung, die mitunter eine Dosissenkung erforderlich macht. Andere unangenehme Nebenwirkungen sind Hypotonie, Tachykardie, Fieber (unter Umständen als Zeichen des freilich seltenen *malignen neuroleptischen Syndroms*), vermehrte Speichelbildung, Schwindel und Gewichtszunahme.

Wie bereits erwähnt, liegt die größte Gefahr der Clozapintherapie in der mit einer Häufigkeit von ein bis zwei Prozent auftretenden Agranulocytose, die zwar reversibel ist, doch lebensbedrohlich sein kann. Daher muß die Leukocytenzahl eines Behandelten in den ersten vier bis fünf Therapiemonaten mindestens einmal wöchentlich und danach monatlich kontrolliert werden. Bei einem Rückgang der Leukocytenzahl ist eine häufigere Kontrolle notwendig. Auf die gleichzeitige Gabe anderer Medikamente, die ein Absinken der Leukocytenwerte verursachen können (insbesondere Carbamazepin), sollte verzichtet werden.

Die Entstehungsursache der durch Clozapin ausgelösten Agranulocytose ist bisher ungeklärt. Wahrscheinlich ist aber ein cytotoxischer Mechanismus dafür verantwortlich.[45,46] Für diese Annahme spricht, daß Clozapin, wie Uetrecht berichtet, nicht nur in der Leber, sondern auch von den *neutrophilen Granulocyten* (einem besonderen Leukocytentyp) selbst metabolisiert werden kann![47] Dabei entsteht in den Granulocyten ein reaktives Zwischenprodukt, von dem man annimmt, daß es toxisch ist und die Zellen möglicherweise direkt oder durch einen immunologischen Mechanismus abtötet. Sollte sich dies bestätigen, müßte es möglich sein, ein therapeutisch gleichermaßen wirksames Clozapinderivat zu entwickeln, das von Leukocyten nicht in ein toxisches Produkt metabolisiert wird.

Kostenerwägungen. Clozapin ist um einiges teurer als andere Neuroleptika, da der Markt für diesen Wirkstoff begrenzt ist – so werden zum Beispiel von den 2 000 000 Schizophreniepatienten in den USA nur 40 000 mit Clozapin behandelt. Zudem ist die Therapie – in den USA wie auch in Deutschland – mit besonderen Auflagen verbunden, darunter die regelmäßige Blutbildüberwachung sowie eine zentrale Registrierung und gesonderte Aufklärung der verordnenden Ärzte.[48] Zur Zeit belaufen sich die jährlichen Kosten der Clozapintherapie (einschließlich der Kosten für die wöchentliche Blutbildkontrolle) in den USA auf etwa 10 000 Dollar pro Patient. Meltzer stellt diese Aufwendungen den Kosten gegenüber, die durch stationäre Behandlung in psychiatrischen Kliniken entstehen[21], und kommt zu dem Schluß, daß »durch die Clozapinbehandlung schwer zu therapierender Schizophrener, die häufig stationär behandelt werden müssen, große Einsparungen möglich sind«. Er schätzt die Zahl der Schizophrenen in den USA, die nicht auf andere Neuroleptika ansprechen oder diese wegen ihrer Nebenwirkungen nicht vertragen, auf 300 000 bis 600 000.[48] Diese Patientengruppe stellt einen großen potentiellen Markt für Clozapin dar, doch halten die hohen Kosten behandelnde Ärzte davon ab, das Mittel häufiger zu verordnen.

Risperidon

Risperidon (Risperdal®), das neueste atypische Neuroleptikum, wurde schizophrenen Patienten erstmals 1986 verabreicht und ist seitdem in einigen europäischen Ländern gebräuchlich. Ende 1993 kam es in Deutschland und Anfang 1994 in den USA auf den Markt. Seine Pharmakologie ist intensiv untersucht worden.

Risperidon wirkt als potenter Inhibitor des Dopamin$_2$- und des Serotonin$_2$-Rezeptors, hat aber eine höhere Affinität zu letzterem.[27,49] Diese Beobachtung führte zu einer Revision der These, die Schizophrenie beruhe allein auf einer übersteigerten Dopamin$_2$-Aktivität.[50] Denn Serotonin-Antagonisten können durchaus psychotische Symptome bessern und zudem bereits bestehende extrapyramidalmotorische Nebenwirkungen von Neuroleptika vermindern.[27] Einem Übersichtsartikel zufolge »sind im Neocortex hohe Konzentrationen von Serotonin$_2$-Rezeptoren zu finden; und efferente serotonerge Fasern, die im Nucleus raphe magnus entspringen, ziehen zum Mittelhirn, wo sie die Dopaminfreisetzung inhibieren können.«[27] Möglicherweise beruht also ein Teil des therapeutischen Nutzens von Risperidon darauf, daß der Wirkstoff die tonische serotonerge Inhibition dopaminerger Neuronen aufhebt – ein Mechanismus, der auch für Clozapin zutreffen könnte.

Ferner läßt einiges darauf schließen, daß die negativen Symptome der Schizophrenie mit einer erhöhten Dichte an Serotonin$_2$-Rezeptoren einhergehen; demnach müßten sich durch Blockade dieser Rezeptoren die Negativsymptome therapeutisch beeinflussen und auch die extrapyramidalen Nebenwirkungen vermindern lassen:

> »Die therapeutische Wirkung von Risperidon bei Schizophrenie geht auf die Blockade corticaler Serotonin$_2$- und limbischer Dopamin$_2$-Systeme zurück. Als Folge der relativ selektiven Serotonin$_2$-Blockade in diesen Arealen wird in corticalen Regionen mehr Dopamin freigesetzt, was die negativen Kernsymptome der Schizophrenie und die neurophysiologischen und kognitiven Defizite bessert. Angesichts der Verteilung der Serotonin$_2$-Rezeptoren würde man auch eine Verstärkung der dopaminergen Transmission in den Basalganglien und infolgedessen einen Rückgang der extrapyramidalen Symptome erwarten. ... Durch die verbesserte Funktion der vorderen Großhirnrinde normalisiert sich auch die Funktion absteigender GABA- und NMDA-Neuronen ..., also weiterer Systeme, die an der Pathogenese der Positiv- und Negativsymptome beteiligt sind.«[27]

Die pharmakokinetischen Eigenschaften von Risperidon wurden eingehend untersucht.[51,52] Der Wirkstoff wird bei oraler Verabreichung gut resorbiert und ist danach in hohem Maße an Plasmaproteine gebunden. Es wird in ein aktives Zwischenprodukt (9-Hydroxyrisperidon) umgewandelt, wobei die Metabolisierungsgeschwindigkeit infolge eines genetischen Polymorphismus variiert: Bei „schnellen Metabolisierern" beträgt die metabolische Halbwertzeit rund drei, bei „mäßig schnellen" zehn und bei „langsamen Metabolisierern" 21 Stunden. In allen Gruppen liegt die Halbwertzeit des aktiven Zwischenprodukts bei etwa 20 Stunden. Ob die variable Geschwindigkeit der Umwandlung in der Leber klinisch bedeutsame Auswirkungen hat, ist noch unklar.

Risperidon bessert die positiven wie auch die negativen Symptome und führt recht selten zu extrapyramidalmotorischen Nebenwirkungen.[53,54,55] Häufige Nebenwirkungen sind unter anderem Erregungszustände, Angst, Schlafstörungen, Kopfschmerzen, extrapyramidale Symptome und Übelkeit. Remington zufolge kann Risperidon wegen seiner Wirksamkeit und seines günstigen Nebenwirkungsprofils als Mittel der engeren Wahl zur Schizophreniebehandlung angesehen werden.[50]

Remoxiprid

Remoxiprid ist ein weiteres atypisches Neuroleptikum, das in einigen europäischen Ländern im Handel ist, jedoch nicht in Deutschland und zumindest derzeit auch nicht in den USA. Die Substanz ist ein schwacher, doch relativ selektiver Antagonist an zentralen Dopamin$_2$-Rezeptoren, möglicherweise mit einer bevorzugten Affinität für solche außerhalb des Striatums.[56] Warum Remoxiprid trotz der Dopamin$_2$-Blockade nur relativ selten zu extrapyramidalen Nebenwirkungen führt, ist unklar. Es gibt allerdings Spekulationen, daß Remoxiprid im Gegensatz zu Haloperidol unterschiedliche dopaminvermittelte

Funktionsbereiche verschieden stark beeinflussen kann, indem es möglicherweise bevorzugt auf Subpopulationen funktionell verknüpfter Dopamin$_2$-Rezeptoren wirkt.[57] Die Pharmakologie von Remoxiprid wird ausführlich in einer von Sedvall herausgegebenen Artikelsammlung erörtert.[58]

Antiparkinsonmittel

Wie erwähnt, rufen Neuroleptika Nebenwirkungen hervor, die den Bewegungsstörungen des idiopathischen Parkinsonismus stark ähneln. Zur Behandlung dieser Nebenwirkungen setzt man dieselben Wirkstoffe ein wie zur Therapie der Parkinson-Krankheit. Deshalb sollen die entsprechenden Substanzen hier kurz beschrieben werden.

Der Parkinsonismus ist eine neurodegenerative Erkrankung, die bei etwa einem Prozent der über 65jährigen auftritt. Obwohl die Ursache der Parkinson-Krankheit bisher ungeklärt ist, lassen sich die Symptome eindeutig auf einen quantitativen und funktionellen Mangel an dopaminausschüttenden Neuronen in den Basalganglien des Gehirns zurückführen. Im Prinzip beruht die funktionelle Aktivität der Basalganglien auf einem Gleichgewicht zwischen dopaminfreisetzenden (inhibitorischen) und acetylcholinfreisetzenden (exzitatorischen) Neuronen. Die Krankheit manifestiert sich, wenn die Dopaminkonzentration auf 20 Prozent des Normalwertes abgesunken ist. Neuroleptika können funktionell zu einem ähnlich starken Dopaminmangel führen und verursachen dadurch ihre parkinsonartigen Nebenwirkungen. Daher ist die Therapie entweder auf eine Erhöhung des Dopamingehalts in den Basalganglien oder auf eine Blockade des nunmehr seines Gegenspielers beraubten Acetylcholinsystems ausgerichtet.

Levodopa

Da bei der Parkinson-Krankheit der Dopaminmangel das Hauptproblem darstellt, lassen sich die Symptome durch Erhöhung der Dopaminkonzentration abschwächen. Eine Verabreichung von Dopamin selbst bleibt jedoch therapeutisch ohne Wirkung, da die Substanz die Blut-Hirn-Schranke nicht durchdringen kann. Levodopa (L-DOPA, Dihydroxyphenylalanin) dagegen, die unmittelbare metabolische Vorstufe des Dopamins, tritt ins Gehirn über und wird dort in den entsprechenden Neuronen von der DOPA-Decarboxylase in Dopamin umgewandelt.

Nach oraler Verabreichung gelangt Levodopa rasch in die Blutbahn, wo es zu etwa 95 Prozent in Dopamin umgewandelt wird. So können zwar nur die verbleibenden fünf Prozent das Gehirn erreichen und dort als Vorstufe für Dopamin dienen, doch reicht dies zur Besserung der Parkinson-Symptome aus. Freilich entstehen durch die hohen peripheren Dopaminkonzentrationen unangenehme Nebenwirkungen, so daß diese Therapie zwar wirkungsvoll sein mag, doch ist sie mitnichten optimal. Wünschenswert ist daher ein Medikament, das den hohen Dopaminspiegel im Blutkreislauf reduziert, ohne die ins Gehirn übertretende Menge an Levodopa zu verringern.

Will man einen solchen Wirkstoff entwickeln, muß man sich die Biosynthese von Dopamin anschauen. Für die Umwandlung von Levodopa zu Dopamin ist die DOPA-Decarboxylase verantwortlich: Inhibiert man dieses Enzym nur in der Peripherie und nicht im Gehirn, bleibt der Anstieg der Dopaminkonzentration an unerwünschten Stellen im Körper aus (wodurch sich die Nebenwirkungen verringern), der erwünschte Anstieg im Gehirn wird dagegen nicht beeinflußt. Ein Beispiel für einen auf die Peripherie beschränkten Hemmstoff der DOPA-Decarboxylase ist die Substanz Carbidopa, die als Kombinationspräpat mit Levodopa erhältlich ist (Isicom®, NACOM®, Striaton®). In Kombination mit Carbidopa läßt sich die therapeutisch wirksame Dosis von Levodopa um 75 Prozent senken; damit gehen auch die Nebenwirkungen zurück, ohne daß die erwünschte Wirkung auf das Zentralnervensystem abnimmt. Mithin basiert die gegenwärtige Therapie des Parkinsonismus im wesentlichen auf dieser Kombination von Levodopa mit Carbidopa (oder Benserazid, einem anderen peripheren Inhibitor der DOPA-Decarboxylase). Zur Behandlung der parkinsonähnlichen Nebenwirkungen der Neuroleptika ist dieses Verfahren allerdings ungeeignet: Neuroleptika blockieren Dopaminrezeptoren, so daß auch eine erhöhte Menge an Dopamin diese nicht erreichen kann.

Anticholinergika

Mit Anticholinergika lassen sich sowohl die Symptome des Parkinsonismus als auch die motorischen Nebenwirkungen der Neuroleptika behandeln. Anticholinergika blockieren exzitatorische cholinerge Neuronen (also Nervenzellen, die Acetylcholin ausschütten), die ja in den Basalganglien auch dann noch ihre Funktion ausüben, nachdem ihre Gegenspieler, die inhibitorischen dopaminergen Neuronen, im Verlauf der Parkinson-Krankheit degeneriert sind oder aber durch Neuroleptika pharmakologisch gehemmt werden. Vertreter dieser Wirkstoffgruppe sind Trihexyphenidyl (Artane®, Parkopan®), Procyclidin (Osnervan®) und Biperiden (Akineton® und andere). Als Nebenwirkungen können vor allem Akkommodationsstörungen, Obstipation, Harnretention, geistige Verwirrtheit und delirante Zustände auftreten. Heute werden diese Substanzen hauptsächlich in den Anfangsphasen der Parkinson-Krankheit eingesetzt, ferner bei unzureichender Wirkung der Therapie mit Levodopa sowie zur Behandlung der extrapyramidalen Nebenwirkungen der Neuroleptika.

Amantadin

Amantadin (zum Beispiel Viregyt®) ist ein Virostatikum, das auch die Symptome des Parkinsonismus abschwächt. Zwar ist der Wirkungsmechanismus unbekannt, doch nimmt man an, daß Amantadin Dopamin aus den noch verbliebenen dopaminergen Neuronen der Basalganglien freisetzt. Zudem verstärkt Amantadin offenbar die therapeutischen Effekte von Levodopa, freilich nicht immer. Insgesamt ist Amantadin zur Langzeittherapie des Parkinsonismus dem Levodopa bei weitem unterlegen. Amantadin verursacht Nebenwirkungen wie undeutliche Aussprache, Ataxie, Magenbeschwerden, Halluzinationen, Verwirrtheit und Alpträume.

Dopaminrezeptorstimulantien (Dopamin-Agonisten)

Etwa ein bis fünf Jahre nach ihrem Beginn verliert die Levodopatherapie allmählich ihre Wirkung. Diese Entwicklung hängt möglicherweise mit einer fortschreitenden Unfähigkeit der dopaminergen Neuronen zur Dopaminsynthe-

11.6 Strukturen von Dopamin und dopaminergen Agonisten, die zur Behandlung des Parkinsonismus angewendet werden. Grau unterlegt ist das allen Substanzen gemeinsame Molekülgerüst.

se und -speicherung zusammen. Um hier Abhilfe zu schaffen, hat man nach Wirkstoffen gesucht, welche die postsynaptischen Dopaminrezeptoren in den Basalganglien direkt stimulieren. Solche Wirkstoffe sind mittlerweile im Handel, so Bromocriptin (Pravidel®) und Pergolid (Parkotil®). Beide Substanzen sind Abkömmlinge des Mutterkornalkaloids Lysergsäure (Kapitel 12), und beide weisen in ihrer chemischen Struktur große Ähnlichkeit mit Dopamin auf (Abbildung 11.6). Inzwischen ist in Deutschland mit Lisurid (Dopergin®) ein weiteres dopaminagonistisches Lysergsäurederivat erhältlich.

Bromocriptin ist ein potenter Agonist an Dopamin$_2$-Rezeptoren. Es wird begleitend zur Levodopatherapie eingesetzt, wenn die Krankheit mit Levodopa allein nicht angemessen beherrscht werden kann. Durch diese Kombination läßt sich Levodopa niedriger dosieren und damit dessen Nebenwirkungen verringern, ohne daß die Wirksamkeit der Therapie insgesamt nachläßt. Da jedoch die Wirkung des Bromocriptins häufig zurückgeht, ist sein therapeutischer Nutzen begrenzt. Zudem reagieren Patienten auf die Substanz sehr unterschiedlich. Bromocriptin wird nach oraler Verabreichung unvollständig resorbiert und hat eine Plasmahalbwertzeit von etwa drei Stunden. Zu seinen Nebenwirkungen zählen Übelkeit, Erbrechen, Hypotonie und psychische Störungen.

Pergolid ähnelt in seiner Struktur dem Bromocriptin, ist aber potenter als dieses und hat eine längere Halbwertzeit. Pergolid kann sich bei nachlassender Wirkung von Bromocriptin noch als wirksam erweisen. Wenn also ein Patient auf einen bestimmten Dopamin-Agonisten nicht oder nicht mehr anspricht, bedeutet dies nicht zwangsläufig, daß er auch auf andere nicht mehr reagiert.

Selegilin

Selegilin (Antiparkin®, Deprenyl®, Movergan®) wird ebenfalls zur Therapie des Parkinsonismus eingesetzt. In Kapitel 8 haben wir zwei Typen der Monoaminoxidase (MAO) und die neuen selektiven MAO-A-Hemmer zur Behandlung der Depression kennengelernt. Im Gegensatz zur MAO-A, die vornehmlich in noradrenergen und serotonergen Nervenendigungen vorkommt, ist die MAO-B eher in dopaminergen Neuronen lokalisiert. Selegilin inhibiert selektiv die MAO-B und unterdrückt dadurch den lokalen Dopaminabbau, so daß die noch vorhandenen geringen Dopaminmengen länger erhalten bleiben. Dieser Effekt verstärkt die therapeutische Wirkung von Levodopa. Selegilin wird zunehmend zur Behandlung junger Patienten mit früh diagnostizierter Parkinson-Krankheit eingesetzt, da es vermutlich das Fortschreiten der Krankheit in der Frühphase verlangsamt und die Notwendigkeit einer Levodopatherapie hinauszögert. Interessanterweise wird Selegilin zu mehreren Nebenprodukten metabolisiert, darunter Amphetamin und Methamphetamin, die ebenfalls dem Dopaminmangel entgegenwirken können (Kapitel 6). Demnach trägt Selegilin offenbar über mindestens zwei Mechanismen zur Therapie der Parkinson-

Krankheit bei: zum einen durch die Hemmung der MAO-B und den verzögerten Dopaminabbau und zum anderen durch seine Umwandlung in die aktiven Zwischenprodukte Amphetamin und Methamphetamin.

Aufgaben

1. Welche Gemeinsamkeiten haben Neuroleptika und Antiparkinsonmittel? Wie unterscheiden sie sich?
2. Was ist ein nichtneuroleptisches Antipsychotikum? Wie könnte sich ein derartiger Wirkstoff von einem klassischen Antipsychotikum unterscheiden?
3. Beschreiben Sie das Gesamterscheinungsbild eines Schizophrenen vor und nach der Behandlung mit Chlorpromazin.
4. Erörtern Sie die Bedeutung des Begriffs *Tranquilizer*.
5. Wie unterscheidet sich ein *major tranquilizer* von einem sedativ-hypnotischen Anxiolytikum?
6. Die Neuroleptika wurden als „chemische Zwangsjacken" bezeichnet. Halten Sie das für zutreffend?
7. Erläutern Sie den Wirkungsmechanismus der Neuroleptika.
8. Beschreiben Sie die wichtigsten Nebenwirkungen der Phenothiazine.
9. Diskutieren Sie die Folgen, die sich aus den sinkenden Zahlen stationär behandelter schizophrener Patienten ergeben können.
10. Stellen Sie die Gemeinsamkeiten und Unterschiede von Clozapin und Chlorpromazin heraus.
11. Beschreiben Sie die Gemeinsamkeiten und Unterschiede von Clozapin und Risperidon.
12. Was ist mit der Bezeichnung *atypisches Antipsychotikum* gemeint?

Literatur

1. Powchik P.; Schulz II S. C. *Preface*. In: *Psychiatric Clinics of North America* 16, Nr. 2 (Juni 1993), S. xi–xii.
2. Jones B. *Schizophrenia: Into the Next Millennium*. In: *Canadian Journal of Psychiatry* 38, Suppl. 3 (September 1993), S. S67–S69.
3. U.S. Congress, Office of Technology Assessment *The Biology of Mental Disorders*. Washington (D.C.), U.S. Government Printing Office, September 1992, S. 7.
4. Ibid., S. 53.

5. Schooler N. R.; Keith S. J. *Role of Medication in Psychosocial Treatment*. In: *Handbook of Schizophrenia, Psychosocial Treatment of Schizophrenia*, Bd. 4, New York, Elsevier, 1990.

6. Siever L. J.; Kalus O. F. und Keefe R. S. E. *The Boundaries of Schizophrenia*. In: *Psychiatric Clinics of North America* 16, Nr. 2 (Juni 1993), S. 217–244.

7. Prescott C. A.; Gottesman I. I. *Genetically Mediated Vulnerability to Schizophrenia*. In: *Psychiatric Clinics of North America* 16, Nr. 2 (Juni 1993), S. 245–267.

8. U.S. Congress, Office of Technology Assessment *The Biology of Mental Disorders*, S. 106–107.

9. Sedvall G. *Monoamines and Schizophrenia*. In: *Acta Psychiatrica Scandinavica* 82, Suppl. 358 (1990), S. 7–13.

10. Su Y.; Burke J.; O'Neil A.; Murphy B.; Nie L.; Kipps B.; Bray J.; Shinkwin R.; Nuallain M. N.; MacLean C. J.; Walsh D.; Diehl S. R. und Kendler K. S. *Exclusion of Linkage Between Schizophrenia and the D_2 Dopamine Receptor Gene Region of Chromosome 11q in 112 Irish Multiplex Families*. In: *Archives of General Psychiatry* 50 (1993), S. 205–211.

11. Nasrallah H. A. *Neurodevelopmental Pathogenesis of Schizophrenia*. In: *Psychiatric Clinics of North America* 16, Nr. 2 (Juni 1993), S. 269–293.

12. Bloom F. E. *Advancing a Neurodevelopmental Origin for Schizophrenia*. In: *Archives of General Psychiatry* 50 (1993), S. 224–227.

13. Akbarian S.; Bunney jr. W. E.; Potkin S. C.; Wigal S. B.; Hagman J. O.; Sandman C. A. und Jones E. G. *Altered Distribution of Nicotinamide-Adenine Dinucleotide Phosphate-Diaphorase Cells in Frontal Lobe of Schizophrenics Implies Disturbances of Cortical Development*. In: *Archives of General Psychiatry* 50 (1993), S. 169–177.

14. Akbarian S.; Vinuela A.; Kim J. J.; Potkin S. C.; Bunney jr. W. E. und Jones E. G. *Distorted Distribution of Nicotinamide-Adenine Dinucleotide Phosphate-Diaphorase Neurons in Temporal Lobe of Schizophrenics Implies Anomalous Cortical Development*. In: *Archives of General Psychiatry* 50 (1993), S. 178–187.

15. Mednick S. A.; Cannon T. D. *Fetal Development, Birth, and the Syndromes of Adult Schizophrenia*. In: Mednick S. A.; Cannon T. D.; Barr C. E. und Lyon M. (Hrsg.) *Fetal Neural Development and Adult Schizophrenia*. New York, Cambridge University Press, 1991, S. 3–13.

16. Bloom F. E. *Advancing a Neurodevelopmental Origin for Schizophrenia*. In: *Archives of General Psychiatry* 50 (1993), S. 226.

17. Marder S. R.; Ames D.; Wirshing W. C. und VanPutten T. *Schizophrenia*. In: *Psychiatric Clinics of North America* 16, Nr. 3 (September 1993), S. 568–570.

18. U.S. Congress, Office of Technology Assessment *The Biology of Mental Disorders*, S. 50–51.
19. Kane J. *The Current Status of Neuroleptics*. In: *Journal of Clinical Psychiatry* 50 (1989), S. 322–328.
20. Lieberman J. A.; Jody D.; Geisler S.; Alvir J.; Loebel A.; Szymanski S.; Woerner M. und Borenstein M. *Time Course and Biological Correlates of Treatment Response in First-Episode Schizophrenia*. In: *Archives of General Psychiatry* 50 (1993), S. 369–376.
21. Meltzer H. Y. *New Drugs for the Treatment of Schizophrenia*. In: *Psychiatric Clinics of North America* 16, Nr. 2 (Juni 1993), S. 365–385.
22. Seeman P. *Dopamine Receptors and the Dopamine Hypothesis of Schizophrenia*. In: *Synapse* 1 (1987), S. 133–152.
23. Seeman P. *Atypical Neuroleptics: Role of Multiple Receptors, Endogenous Dopamine, and Receptor Linkage*. In: *Acta Psychiatrica Scandinavica* 82, Suppl. 358 (1990), S. 14–20.
24. U.S. Congress, Office of Technology Assessment *The Biology of Mental Disorders*, S. 75.
25. Seeman P. *Dopamine Receptor Sequences. Therapeutic Levels of Neuroleptics Occupy D2 Receptors, Clozapine Occupies D4*. In: *Neuropsychopharmacology* 7 (1992), S. 261–284.
26. Meltzer H. Y.; Stockmeier C. A. *In Vitro Occupancy of Dopamine Receptors by Antipsychotic Drugs*. In: *Archives of General Psychiatry* 49 (1992), S. 588f.
27. Ereshefsky L.; Lacombe S. *Pharmacological Profile of Risperidone*. In: *Canadian Journal of Psychiatry* 38, Suppl. 3 (1993), S. S81–S83.
28. Chouinard G.; Annable L.; Turnier L.; Holobow N. und Szkrumelak N. *A Double-Blind Randomized Trial of Rapid Tranquilization With I. M. Clonazepam and I. M. Haloperidol in Agitated Psychotic Patients with Manic Symptoms*. In: *Canadian Journal of Psychiatry* 38, Suppl. 4 (1993), S. S114–S121.
29. Preskorn S. H.; Burke M. J. und Fast G. A. *Therapeutic Drug Monitoring*. In: *Psychiatric Clinics of North America* 16, Nr. 3 (September 1993), S. 611–641.
30. Meltzer H. Y. *The Importance of Serotonin-Dopamine Interactions in the Action of Clozapine*. In: *British Journal of Psychiatry* 17, Suppl. (Mai 1992), S. 22–29.
31. Marder; Ames; Wirshing und VanPutten *Schizophrenia*, S. 577.
32. Casey D. E. *Neuroleptic-Induced Acute Extrapyramidal Syndromes and Tardive Dyskinesia*. In: *Psychiatric Clinics of North America* 16, Nr. 3 (September 1993), S. 589–610.
33. Baldessarini R. J. *Drugs and the Treatment of Psychiatric Disorders*. In:

Gilman A. G.; Rall T. W.; Nies A. S. und Taylor P. (Hrsg.) *Goodman and Gilman's The Pharmacological Basis of Therapeutics*, 8. Aufl., New York, Pergamon, 1990, S. 395–400.

34. Rifkin A. *Pharmacologic Strategies in the Management of Schizophrenia.* In: *Psychiatric Clinics of North America* 16, Nr. 2 (Juni 1993), S. 359.

35. Strauss W. H.; Klieser E. *Cognitive Disturbances in Neuroleptic Therapy.* In: *Acta Psychiatrica Scandinavica* 82, Suppl. 358 (1990), S. 56–67.

36. Colasanti B. K. *Antipsychotic Drugs.* In: Craig C. R.; Stitzel R. E. (Hrsg.) *Modern Pharmacology*, 3. Aufl., Boston, Little, Brown, 1990, S. 461–472.

37. Scientific Update Meeting *Clozapine (Leponex/Clozaril).* In: *Psychopharmacology* 99, Suppl. (1990).

38. Owen jr. R. R.; Cole J. O. *Molindone Hydrochloride: A Review of Laboratory and Clinical Findings.* In: *Journal of Clinical Psychopharmacology* 9 (1989), S. 268–276.

39. Lieberman J. A.; Safferman A. Z. *Clinical Profile of Clozapine: Adverse Reaction and Agranulocytosis.* In: *Psychiatric Quarterly* 63 (1992), S. 51–70.

40. Coward D. M. *General Pharmacology of Clozapine.* In: *British Journal of Psychiatry* 17, Suppl. (Mai 1992), S. 5–11.

41. Breier A.; Buchanan R. W.; Irish D. und Carpenter jr. W. T. *Clozapine Treatment of Outpatients With Schizophrenia: Outcome and Long-Term Response Patterns.* In: *Hospital and Community Psychiatry* 44 (1993), S. 1145–1149.

42. Jann M. W.; Grimsley S. R.; Gray E. C. und Chang W. H. *Pharmacokinetics and Pharmacodynamics of Clozapine.* In: *Clinical Pharmacokinetics* 24 (1993), S. 161–176.

43. Baldessarini R. J.; Huston-Lyons D.; Campbell A.; Marsh E. M. und Cohen B. M. *Do Central Antiadrenergic Actions Contribute to the Atypical Properties of Clozapine?* In: *British Journal of Psychiatry* 17, Suppl. (Mai 1992), S. 12–16.

44. Bunney B. S. *Clozapine: A Hypothesized Mechanism for Its Unique Clinical Profile.* In: *British Journal of Psychiatry* 17, Suppl. (Mai 1992), S. 17–21.

45. Gerson S. L.; Meltzer H. Y. *Mechanisms of Clozapine-Induced Agranulocytosis.* In: *Drug Safety* 7, Suppl. 1 (1992), S. 17–25.

46. Pisciotta A. V.; Konings S. A.; Ciesemier L. L.; Cronkite C. E. und Lieberman J. A. *On the Possible Mechanisms and Predictability of Clozapine-Induced Agranulocytosis.* In: *Drug Safety* 7, Suppl. 1 (1992), S. 33–44.

47. Eutrecht J. P. *Metabolism of Clozapine by Neutrophils. Possible Implications for Clozapine-Induced Agranulocytosis.* In: *Drug Safety* 7, Suppl. 1 (1992), S. 51–56.

48. Meltzer H. Y. *Clozapine: A Major Advance in the Treatment of Schizophrenia.* In: *The Harvard Mental Health Letter* 10 (August 1993), S. 4–6.
49. Kerwin R. W.; Busatto G. F. und Pilowsky L. S. *Dopamine D$_2$ Receptor Occupancy* in Vivo *and Response to the New Antipsychotic Risperidone.* In: *British Journal of Psychiatry* 163 (1993), S. 833–834.
50. Remington G. J. *Clinical Considerations in the Use of Risperidone.* In: *Canadian Journal of Psychiatry* 38, Suppl. 3 (1993), S. S96–S100.
51. Mannens G.; Huang M.-L.; Meuldermans W.; Hendrickx J.; Woestenborghs R. und Heykants J. *Absorption, Metabolism, and Excretion of Risperidone in Humans.* In: *Drug Metabolism and Disposition* 21 (1993), S. 1134–1141.
52. Huang M.; Van Peer A.; Woestenborghs R.; De Coster R.; Heykants J.; Jansen A. A. I.; Zylicz Z.; Visscher H. W. und Jonkman J. H. G. *Pharmacokinetics of the Novel Antipsychotic Agent Risperidone and the Prolactin Response in Healthy Subjects.* In: *Clinical Pharmacology and Therapeutics* 54 (1993), S. 257–268.
53. Chouinard G.; Arnott W. *Clinical Review of Risperidone.* In: *Canadian Journal of Psychiatry* 38, Suppl. 3 (1993), S. S89–S95.
54. Heinrich K.; Klieser E.; Lehmann E.; Kinzler E. und Hruschka H. *Risperidone Versus Clozapine in the Treatment of Schizophrenic Patients With Acute Symptoms: A Double Blind, Randomized Trial.* In: *Progress in Neuro-Psychopharmacology and Biological Psychiatry* 18 (1994), S. 129–137.
55. Livingston M. G. *Risperidone.* In: *Lancet* 343 (1994), S. 457–460.
56. Wadworth A. N.; Heel R. C. *Remoxipride: A Review of Its Pharmacodynamic and Pharmacokinetic Properties and Therapeutic Potential in Schizophrenia.* In: *Drugs* 40 (1990), S. 863–879.
57. Ogren S.-O.; Florvall L.; Hall H.; Magnusson O. und Angeby-Moller K. *Neuropharmacological and Behavioral Properties of Remoxipride in the Rat.* In: *Acta Psychiatrica Scandinavica* 82, Suppl. 358 (1990), S. 21–26.
58. Sedvall G. *Development of a New Antipsychotic, Remoxipride.* In: *Acta Psychiatrica Scandinavica* 82, Suppl. 358 (1990).

12. Psychedelische Drogen: Mescalin, LSD und andere „bewußtseinserweiternde" Halluzinogene

Die Gruppe der psychedelischen Wirkstoffe umfaßt eine Reihe chemisch hete-rogener Verbindungen, die Halluzinationen des Gesichts- und des Gehörsinnes erzeugen und die den Anwendenden von der Wirklichkeit entfernen. Diese Substanzen können die Wahrnehmung und das Erkennungsvermögen beein-trächtigen und rufen mitunter Verhaltensweisen hervor, wie man sie ähnlich auch bei psychotischen Patienten beobachtet. Aufgrund der Vielfalt ihrer psy-chischen Effekte fällt es schwer, diese Wirkstoffe unter einem einheitlichen Oberbegriff zu subsummieren. Entsprechende Bezeichnungen waren daher schon immer umstritten.[1]

Der Begriff *Halluzinogene* für diese Art von Substanzen ist wohl der ge-bräuchlichste und geht auf ihre Eigenschaft zurück, in ausreichend hoher Do-sierung Trugwahrnehmungen zu erzeugen. Allerdings trifft der Begriff nur bedingt zu, denn die normalerweise üblichen Dosen lösen nur selten echte Halluzinationen aus. Typischer sind Verzerrungen und Umdeutungen von Sinneseindrücken mit realem Hintergrund, so daß man für diese Substanzklas-se auch die Bezeichnung *illusionogen* benutzt. Da man ihnen die Eigenschaft zuschreibt, Psychosen oder psychoseartige Zustände hervorrufen zu können, entstand überdies der Begriff *psychotomimetisch*. Freilich lösen die Wirkungen dieser Substanzen nicht dieselben Verhaltensmuster aus, die bei Personen mit psychotischen Episoden auftreten. Da keiner der genannten Begriffe die Phar-mokologie dieser Drogen ausreichend genau charakterisiert, müssen wir auf deskriptive Bezeichnungen wie *Phantasticum* (vorgeschlagen von Lewin 1924) oder eben *psychedelisch* (vorgeschlagen von Osmond 1957) zurückgrei-fen, die auf die Fähigkeit der Wirkstoffe hinweisen, Sinneswahrnehmungen zu verändern und somit das Bewußtsein zu „erweitern".

Viele psychedelische Drogen sind Naturstoffe; hinzugekommen sind in neuerer Zeit synthetische Psychedelika, die häufig in illegalen Labors produ-ziert werden. Die natürlich vorkommenden Substanzen werden schon seit Tausenden von Jahren benutzt, hauptsächlich wegen ihrer Effekte auf die sensorische Wahrnehmung. Manche Menschen schreiben diesen Drogen magische oder mystische Eigenschaften zu. Früher beschränkte sich ihre Anwendung vornehmlich auf religiöse Rituale, und den meisten Menschen war ihre Existenz nicht einmal bekannt. Doch in den späten sechziger und in den siebziger Jahren dieses Jahrhunderts wurden sie von der Öffentlichkeit „entdeckt", und die Fürsprecher ihres Gebrauchs beschrieben sie als fähig, die Wahrnehmung zu intensivieren, die Wirklichkeit zu überhöhen, die persönliche Bewußtheit zu steigern und spirituelle und übernatürliche Erfahrungen entstehen zu lassen oder zu verstärken.

>>Für sensorische Reize besteht eine gesteigerte Aufnahmefähigkeit, die häufig mit einer intensiven Empfindung von Klarheit einhergeht, aber auch mit einer verminderten Kontrolle über das Wahrgenommene. Oft entsteht das Gefühl, daß ein Teil des Bewußtseins (gewissermaßen das „Zuschauer-Ich") seine aktiv bestimmende und organisierende Kraft zu verlieren und die Rolle des passiven Beobachters zu übernehmen scheint, während der andere Teil als der eigentliche Empfänger der lebhaften und ungewöhnlichen sensorischen Erfahrungen figuriert und an ihnen teilhat. Die Aufmerksamkeit des Drogenkonsumenten ist nach innen gerichtet und wird von der scheinbaren Klarheit und erstaunlich wirkenden Qualität der eigenen Denkprozesse beherrscht. In diesem Zustand kann die geringste Empfindung eine tiefgründige Bedeutung annehmen. Gewöhnlich verschwimmen die Grenzen zwischen den Objekten und auch die Grenze zwischen dem Selbst und der Umgebung. Diese Auflösung der Grenzen kann von einem Gefühl der Einheit mit dem „Kosmos" oder mit der „Menschheit" begleitet sein.<<[2]

Die psychedelischen Substanzen unterscheiden sich erheblich in ihrer Molekülstruktur, so daß sie sich auf dieser Grundlage nur schwer klassifizieren lassen. Da ihre Strukturen jedoch denen bestimmter Neurotransmitter ver-

Tabelle 12.1: Einteilung psychedelischer Wirkstoffe

anticholinerge psychedelische Substanzen
Atropin
Scopolamin

catecholaminverwandte psychedelische Substanzen
Mescalin
DOM (STP), MDA, MMDA, TMA, DMA, MDMA
Myristicin, Elemicin

serotoninverwandte psychedelische Substanzen
Lysergsäurediethylamid (LSD)
Dimethyltryptamin (DMT)
Psilocybin, Psilocin, Bufotenin
Ololiuqui (Samen einer mexikanischen Trichterwinde)
Harmin

psychedelische Narkosemittel
Phencyclidin
Ketamin

wandt sind, kann man sie anhand dieser Ähnlichkeiten unterteilen (Tabelle 12.1). Die betreffenden Transmitter sind Acetylcholin, Serotonin und die beiden Catecholamine Noradrenalin und Dopamin. Entsprechend gibt es zunächst drei Klassen psychedelischer Substanzen: anticholinerge, serotoninverwandte und catecholaminverwandte. Tabelle 12.1 führt eine weitere Klasse auf, und zwar die der psychedelischen Narkosemittel.

Psychedelische Substanzen rufen ihre Wirkungen über verschiedene Mechanismen hervor. Die anticholinergen Psychedelika lösen Rauschzustände, Gedächtnisverlust und Delirium dadurch aus, daß sie postsynaptische Acetylcholinrezeptoren blockieren. Die catecholamin- und serotoninverwandten Psychedelika wirken über bestimmte Serotoninrezeptoren. Und die psychedelischen Narkosemittel schließlich erzeugen ein einzigartiges Spektrum psychedelischer Wirkungen, indem sie den Durchtritt von Calciumionen durch einen spezifischen Rezeptorkanal blockieren, der durch die exzitatorische Aminosäure Glutamat gesteuert wird. Wir werden die jeweiligen Wirkungsmechanismen der verschiedenen Klassen im folgenden näher betrachten.

Anticholinerge psychedelische Substanzen

Das klassische Beispiel einer anticholinergen psychedelischen Droge ist Scopolamin (Abbildung 12.1). Diese Substanz bindet sich an Acetylcholinrezeptoren, ohne diese zu aktivieren, und blockiert dadurch den Zugang des Transmitters Acetylcholin.

Geschichtlicher Hintergrund. Scopolamin besitzt als Droge eine lange und farbenreiche Geschichte. Die Substanz ist in der Natur weit verbreitet. In besonders hohen Konzentrationen findet man sie – zusammen mit einem zweiten anticholinergen Wirkstoff, dem Atropin – in bestimmten Nachtschattengewächsen, und zwar in der Schwarzen Tollkirsche (Belladonna, *Atropa belladonna*), im Gemeinen Stechapfel (*Datura stramonium*), im Bilsenkraut (*Hyoscyamus niger*) und in der Alraune (*Mandragora officinarum*). Giftmischern des Mittelalters diente die Tollkirsche als vielgenutztes Ausgangsmaterial für tödliche Tränke. Tatsächlich geht ihre Gattungsbezeichnung *Atropa* auf die Göttin *Atropos* zurück, die in der griechischen Mythologie den Lebensfaden durchschneidet. Der Name *Belladonna* bedeutet „schöne Frau" und nimmt Bezug auf die pupillenerweiternde Wirkung bei örtlicher Anwendung im Auge – weite Pupillen galten offenbar als Zeichen von Schönheit.

Pflanzen, die Atropin und Scopolamin enthalten, werden seit Jahrhunderten genutzt und mißbraucht. Im Delirium unter dem Einfluß dieser Substanzen mögen manche Menschen etwa davon überzeugt gewesen sein, sie könnten fliegen – und seien daher Hexen. Marihuana- und Opiumzubereitungen aus

12.1 Strukturformeln des Neurotransmitters Acetylcholin und der anticholinergen psychedelischen Wirkstoffe Atropin und Scopolamin. Beide Substanzen blockieren Rezeptoren für Acetylcholin und erzielen so ihre Wirkung. Grau unterlegt sind die strukturell ähnlichen Abschnitte in den drei Molekülen. Diese Ähnlichkeiten tragen vermutlich dazu bei, daß auch die Drogen auf den Acetylcholinrezeptor „passen".

Südostasien waren früher zur intensiveren Wirkung häufig mit Material aus *Datura stramonium* versetzt. Heutzutage werden vereinzelt Zigaretten aus den Blättern von *Datura stramonium* und *Atropa belladonna* geraucht, um Rauschzustände zu erzielen. Bis in die siebziger Jahre konnte man scopolaminhaltige Zigaretten zur Asthmabehandlung in Apotheken erhalten. In vielen Regionen der Welt werden auch heute noch die Blätter atropin- und scopolaminhaltiger Pflanzen für die Zubereitung von berauschenden Getränken verwendet.

Pharmakologische Wirkungen. Durch ihre Wirkung auf das periphere Nervensystem reduzieren Atropin und Scopolamin den Speichelfluß (der Mund wird trocken) und die Schweißproduktion, erhöhen die Körpertemperatur, erweitern die Pupillen, trüben die visuelle Wahrnehmung und beschleunigen merklich den Herzschlag. Da beide Substanzen auch die Säuresekretion im Magen hemmen, hat man sie zur Behandlung von Magengeschwüren eingesetzt; jedoch ist ihre Wirksamkeit dabei eher begrenzt. Inzwischen gibt es für diesen Zweck geeignetere Medikamente.

Die Blut-Hirn-Schranke läßt Atropin kaum passieren. Von den beiden Drogen wird somit in erster Linie das Scopolamin als Rauschmittel im Zentralnervensystem aktiv und verursacht dadurch bei geringer Dosierung Benommenheit und Ermüdung, milde Euphorie, weitreichende Amnesie, Delirium, Verwirrtheitszustände, traumlosen Schlaf und Konzentrationsstörungen. Eine Erweiterung des Bewußtseins, der Aufmerksamkeit oder der Einsichtsfähigkeit findet kaum statt; Scopolamin trübt eher das Bewußtsein und führt zu Gedächtnisverlust. Die Sinneswahrnehmung wird nicht gesteigert.

Bei höherer Dosierung entsteht ein Verhaltenszustand, der einer toxischen Psychose ähnelt. Bei den Wirkungen auf das Zentralnervensystem dominieren Delirium, Verwirrtheitszustände, Sedierung und Amnesie; überlagert werden diese Effekte von peripheren Wirkungen wie erhöhter Herzfrequenz (Tachykardie), Akkommodationsstörungen, Harnverhaltung und Mundtrockenheit. Zusammengenommen können diese Reaktionen dem Drogenkonsumenten ein Gefühl von Erregung und Kontrollverlust vermitteln. Die Bewußtseinstrübungen und das Fehlen jeglicher Erinnerung an das Rauscherlebnis lassen Scopolamin allerdings als psychedelische Droge an Attraktivität verlieren. Es wäre daher wohl zutreffender, die Substanz als ein – nicht ungefährliches – amnesie- und delirerzeugendes denn als ein psychedelisches Rauschmittel anzusehen.

Catecholaminverwandte psychedelische Substanzen

Noradrenerge und dopaminerge Synapsen sind wichtige Wirkorte für eine große Gruppe psychedelischer Drogen, die den entsprechenden beiden Catecholaminneurotransmittern wie auch den Amphetaminen und dem Cocain strukturell ähneln (Abbildung 12.2). Im Unterschied zu Noradrenalin, Dopamin, Cocain und Amphetamin tragen die catecholaminverwandten Psychedelika am Kohlenstoffring eine oder mehrere Methoxygruppen (— OCH_3). Diese Modifizierung verstärkt die psychedelischen Eigenschaften der Drogen, während die antriebssteigernden und anregenden Wirkungen variieren. Zu derartigen methoxylierten Amphetaminderivaten gehören Mescalin, DOM (auch als STP bekannt), TMA, MDA, MDMA („Ecstasy"), MMDA, DMA sowie bestimmte Wirkstoffe aus der Muskatnuß (Myristicin und Elemicin). Im Vergleich zu den Amphetaminen und zu Cocain (Kapitel 6) wirken diese Substanzen stärker psychedelisch und weniger anregend[3], doch auch sie zeigen deutliche adrenalinartige periphere wie auch verhaltensverstärkende Effekte.

Die psychedelischen Wirkungen der methoxylierten Amphetaminderivate gehen jedoch vermutlich nicht unmittelbar auf ihre catecholaminähnlichen Eigenschaften zurück. Offenbar beeinflussen sie hierbei eher die durch Serotonin vermittelte Neurotransmission und erzeugen dadurch ähnliche Effekte wie das LSD.[4] Wir wollen uns diesen Wirkungsmechanismus, der auch für die noch zu

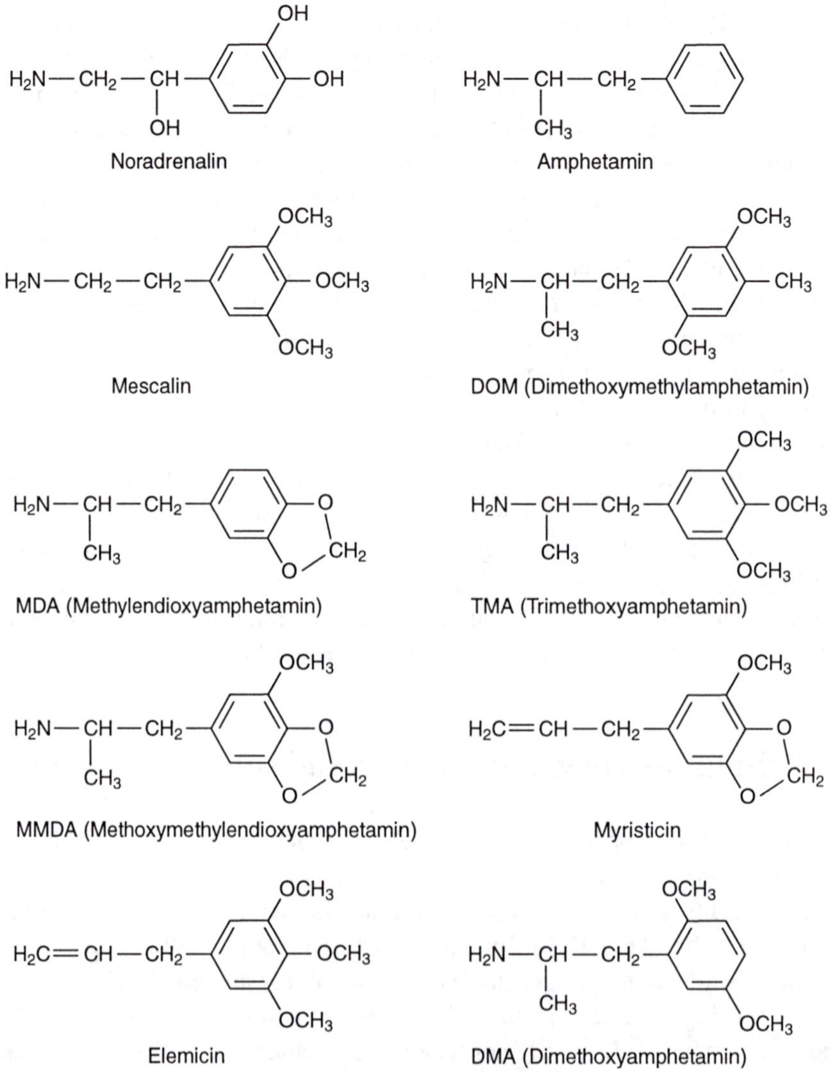

Noradrenalin

Amphetamin

Mescalin

DOM (Dimethoxymethylamphetamin)

MDA (Methylendioxyamphetamin)

TMA (Trimethoxyamphetamin)

MMDA (Methoxymethylendioxyamphetamin)

Myristicin

Elemicin

DMA (Dimethoxyamphetamin)

12.2 Strukturformeln des Neurotransmitters Noradrenalin, von Amphetamin und acht catecholaminverwandten psychedelischen Substanzen, die dem Noradrenalin strukturell ähneln. Ihre psychedelischen Wirkungen beruhen wahrscheinlich darauf, daß sie die Übertragung von Nervenimpulsen an Synapsen im Gehirn verändern, bei denen Noradrenalin oder Serotonin als Transmittersubstanzen fungieren.

behandelnden serotoninverwandten Psychedelika gilt, bereits jetzt etwas näher ansehen.

Schon in den späten sechziger Jahren war bekannt, daß die meisten Psychedelika sich in ihren Wirkungen sehr ähneln.[5] Das gemeinsame Spektrum umfaßt Wahrnehmungsverzerrungen (auch zeitliche), veränderte Farb-, Gestalt-

und Klangwahrnehmung, komplexe Halluzinationen und Synästhesie („Sinnvermischung", zum Beispiel Wahrnehmung von Farben bei akustischen Eindrücken), traumähnliche Empfindungen, Depersonalisation (Störung des Ich-Erlebens), veränderten Gemütszustand (Depression oder gehobene Stimmung) und schließlich körperliche Auswirkungen (Hautprickeln, Schwäche, Muskelzittern und andere). Überdies kann man zwischen verschiedenen Psychedelika häufig eine Kreuztoleranz beobachten, was ebenfalls auf einen gemeinsamen Wirkungsmechanismus hindeutet.*

Wie man herausfand, lösen psychedelische Substanzen Veränderungen im Serotoninsystem des Gehirns aus.

> »Wenn eine Substanz auf das Serotoninsystem im Gehirn einwirkt, setzt sie eine Kaskade von Ereignissen in Gang, die einen Großteil der enormen Komplexität des Gehirns und viele seiner wesentlichen neurochemischen Systeme einbezieht. Somit wirkt das Serotoninsystem im Gehirn als Auslöser einer Vielzahl von Veränderungen, deren Folgen schließlich das halluzinatorische Erlebnis entstehen lassen.«[6]

Offenbar wirken diese Drogen auf postsynaptische (und weniger auf präsynaptische) Serotoninrezeptoren vom Subtyp 2 (Serotonin$_2$-Rezeptoren).[7] Bis vor kurzem war noch unklar, ob sich die Psychedelika an diesen Rezeptoren als Agonisten oder Antagonisten des Serotonins verhalten.[8] Inzwischen geht man allgemein davon aus, daß sie als partielle Agonisten mit hoher Affinität (*high-affinity serotonin$_2$ partial agonists*) wirken.[9] Einen Überblick über die Wechselwirkungen psychedelischer Drogen mit Serotonin$_2$-Rezeptoren geben Ungerleider und Pechnik[1] sowie Teitler und Koautoren[10].

Mescalin

Peyotl (*Lophophora williamsii*) ist eine im Südwesten der Vereinigten Staaten und in Mexiko heimische dornenlose Kaktusart mit einem kurzen, dicken Stamm und einer langen Wurzel. Zur Anwendung als psychedelische Droge wird der Stamm abgeschnitten und zu harten, braunen Scheiben eingetrocknet. Eine solche Scheibe, oft als „Mescal-Button" bezeichnet, weicht im Mund des Konsumenten wieder auf und wird verschluckt. Der psychedelische Inhaltsstoff des Kaktus ist Mescalin.

Geschichtlicher Hintergrund. In religiösen Riten nutzten die Azteken und andere indianische Kulturen im Raum des heutigen Mexiko Peyotl bereits

---

* Bemerkenswerterweise zeigen Phencyclidin, auf das wir in diesem Kapitel noch eingehen, und Marihuana/Haschisch (Kapitel 13) weder mit den catecholamin- noch mit den serotoninverwandten Psychedelika Kreuztoleranzen.[5] Daraus kann man schließen, daß Phencyclidin und der Cannabiswirkstoff mit anderen Rezeptortypen interagieren. Wie wir sehen werden, trifft diese Annahme in der Tat zu.

lange vor der Ankunft der Europäer. Diese Tradition setzt sich heute – gesetzlich zugelassen – in der Native American Church of North America fort, einer religiösen Vereinigung der nordamerikanischen Indianerstämme, die ihre Mitgliederzahl auf etwa 250 000 beziffert. Peyotl stellt für Angehörige der Native American Church ein sakramentales Kultmittel dar, ähnlich wie Brot und Wein im christlichen Abendmahl von sakramentaler Bedeutung sind. Die Verwendung von Peyotl im religiösen Zusammenhang wird nicht als Drogenmißbrauch angesehen; und Mitglieder der indianischen Glaubensgemeinschaft mißbrauchen Peyotl auch nur selten für profane Zwecke. Die amerikanische Bundesregierung und 23 Bundestaaten der USA gestatten daher offiziell den sakralen Gebrauch dieser Droge. Allerdings hat der Supreme Court, der Oberste Gerichtshof der Vereinigten Staaten, es den Einzelstaaten ausdrücklich freigestellt, auch die religiöse Nutzung zu verbieten. Nach Auslegung des Supreme Court (der ehedem eine Einflußnahme der US-Zentralgewalt auf die Religionsfreiheit noch für unzulässig erklärt hatte) stehe ein solches Verbot nicht im Widerspruch zu dem in der amerikanischen Verfassung garantierten Recht auf freie Religionsausübung. Wie man sieht, dauert die Kontroverse über den nichtmedizinischen Gebrauch psychotroper Substanzen an.

Pharmakologische Wirkungen. Deutsche Pharmokologen führten gegen Ende des 19. Jahrhunderts die ersten Untersuchungen über die Inhaltsstoffe des Peyotl-Kaktus durch, und 1896 wurde Mescalin als dessen aktive Wirksubstanz identifiziert. Nach der Aufklärung ihrer chemischen Struktur im Jahre 1918 begann man, die Droge synthetisch herzustellen. Ihre strukturelle Ähnlichkeit zu Noradrenalin war Anlaß, eine ganze Reihe synthetischer Mescalinderivate zu erzeugen, die alle eine oder mehrere Methoxygruppen ($-OCH_3$) und andere Substituenten an ihrem Benzolring tragen (Abbildung 12.2). Warum die Methoxylierung des Benzolringes diesen Molekülen psychedelische Eigenschaften verleiht, ist unklar; man nimmt jedoch an, daß sie dadurch zumindest in höheren Dosierungen (also jenseits der Dosis, in der sie wie Amphetamin nur stimulierend wirken) besser an präsynaptische Serotoninrezeptoren „passen" und so LSD-artige Wirkungen ausüben können (siehe unten).

Nach oraler Einnahme wird Mescalin rasch und vollständig resorbiert und erreicht innerhalb von 30 bis 90 Minuten das Gehirn. Die Wirkung einer Einzeldosis Mescalin hält etwa zehn Stunden an. Die Substanz wird im Stoffwechsel offenbar nicht umgesetzt, sondern in ihrer ursprünglichen Form wieder ausgeschieden.

Wie man aufgrund der Ähnlichkeit mit Noradrenalin auch erwarten würde, rufen geringe Dosen von Mescalin (zwei bis drei Milligramm pro Kilogramm Körpergewicht) ähnlich wie die Amphetamine Verhaltenseffekte hervor, die für die Steigerung der Kampf- und Fluchtbereitschaft charakteristisch sind (*fight/flight/fright syndrome*). Dazu gehören Pupillenerweiterung, Anstieg von

Blutdruck und Körpertemperatur, Veränderungen im EEG, Erregtheit und andere exzitatorische Symptome. Allerdings sind diese Wirkungen nicht das, was Mescalinkonsumenten in der Droge eigentlich suchen.

»Das Interesse an Mescalin konzentriert sich auf die Tatsache, daß die Substanz ungewöhnliche psychische Effekte und visuelle Halluzinationen verursacht. Die übliche orale Dosis (fünf Milligramm pro Kilogramm Körpergewicht) ruft bei einem durchschnittlichen gesunden Individuum Angstzustände, sympathomimetische Effekte, erhöhte Reflexbereitschaft der Gliedmaßen, statischen Tremor und lebhafte, in der Regel visuelle Halluzinationen hervor. Letztere bestehen aus der scheinbaren Wahrnehmung von leuchtenden Farben und geometrischen Mustern, von Tieren und mitunter auch von Menschen. Die Perzeption von Farben und räumlichen Zusammenhängen ist dabei häufig beeinträchtigt, doch bleibt das Sensorium ansonsten normal und die Einsichtsfähigkeit erhalten.«[11]

Synthetische Amphetaminderivate

DOM, MDA, TMA, MDMA, MMDA und DMA sind mit Mescalin und Methamphetamin strukturell verwandt und zeigen daher auch vergleichbare Wirkungen. Bei niedrigen Dosen treten in mäßigem Umfang ähnliche Effekte wie durch Amphetamine auf; steigert man die Dosis, beginnen die über das Serotoninsystem vermittelten LSD-artigen Wirkungen zuzunehmen. Die Amphetaminderivate sind wesentlich potenter und auch toxischer als Mescalin.

DOM (Dimethoxymethylamphetamin, auch bekannt als STP, für *serenity, tranquility, and peace*: Heiterkeit, Ruhe und Frieden) wirkt ähnlich wie Mescalin; in Dosen von ein bis sechs Milligramm erzeugt es Euphorie, auf die eine sechs- bis achtstündige Phase von Halluzinationen folgt. Es ist etwa hundertfach potenter als Mescalin, doch liegt es noch deutlich unter der Wirksamkeit von LSD. Der Konsum von DOM geht aufgrund der Potenz der Droge und der ungenauen Portionsabmessungen beim Straßenhandel mit einer hohen Rate von Überdosierungen einher. Akute toxische Reaktionen äußern sich in Muskelzittern mit gelegentlichem Übergang zu Krampfzuständen und völliger körperlicher Erschöpfung und können schließlich zum Tod führen. Da diese Reaktionen recht häufig auftreten, ist der Gebrauch von DOM nicht sehr verbreitet.

MDA (Methylendioxyamphetamin), *MMDA* (Methoxymethylendioxyamphetamin), *DMA* (Dimethoxyamphetamin), *TMA* (Trimethoxyamphetamin) und zahlreiche weitere Strukturvarianten des Amphetamins werden auch gelegentlich als „Designerdrogen"* bezeichnet. Insgesamt sind die pharmakologi-

---

* Mit der Synthese von Substanzen, die sich von betäubungsmittelrechtlich erfaßten Wirkstoffen strukturell geringfügig unterscheiden, versuchen die Hersteller, gesetzliche Bestimmungen zu umgehen. Sobald eine solche Substanz allerdings dem Betäubungsmittelgesetz unterstellt ist, ist sie strenggenommen keine Designerdroge mehr. Siehe auch den Abschnitt über das Opioid Fentanyl in Kapitel 10, S. 269f.

schen Wirkungen dieser Amphetaminderivate denen von Mescalin und LSD ähnlich; auch hier tritt ein Gemisch aus Wechselwirkungen mit dem Catecholamin- und dem Serotoninsystem auf.

MDMA (Methylendioxymethylamphetamin, „Ecstasy") ähnelt in seiner Struktur dem MDA, ist aber eher ein schwächeres Halluzinogen als dieses; das Gefühl der Loslösung vom eigenen Körper und die visuellen Verzerrungen sind weniger deutlich ausgeprägt.[12] Ähnlich wie bei Amphetamin entstehen mit MDMA Hochstimmungen, die intensiver sein können als die, die unter Mescalineinfluß auftreten. Wie Experimente zeigten, löst MDMA die Ausschüttung von Serotonin aus und verursacht in den meisten Nervenendigungen im Vorderhirn einen akuten Mangel an dieser Transmittersubstanz. Darüber hinaus führt es in Versuchstieren zur irreversiblen Zerstörung serotonerger Neuronen.[13,14] Ricaurte und Mitarbeiter gehen von einer ähnlich toxischen Wirkung beim Menschen aus.[15] Möglicherweise ist MDMA also für den Menschen äußerst gefährlich und sollte daher vermieden werden. Die neurotoxischen Auswirkungen könnten auf MDMA selbst oder auf eines seiner Nebenprodukte im Stoffwechsel zurückgehen.

>>Da serotonerge Systeme mit der Kontrolle oder der Modulierung von Schlaf, Nahrungsaufnahme, Sexualverhalten, Angstempfinden und Stimmungszustand in Verbindung gebracht werden, könnte ihre Schädigung in Form des Untergangs von Zellen schwerwiegende Folgen nach sich ziehen. Welche funktionellen Konsequenzen die Einnahme von MDMA im einzelnen hat, muß noch geklärt werden.<<[16]

Oft genug werden auf der Straße unter dem Etikett „Mescalin" Substanzen gehandelt, bei denen es sich in Wahrheit um synthetische Mescalinderivate, LSD oder Phencyclidin handelt. Für den Konsumenten ist daher große Vorsicht geboten, denn jede dieser Ersatzdrogen kann in höheren Dosierungen sehr gefährlich und gesundheitsschädlich sein.

Myristicin und Elemicin

Myristicin und *Elemicin* sind die pharmakologisch aktiven und psychedelisch wirksamen Inhaltsstoffe der Muskatnuß und der Muskatblüte (Mazis). Diese Gewürze werden aus den getrockneten Samen („Muskatnuß") beziehungsweise aus dem Samenmantel („Muskatblüte") des ostindischen Muskatnußbaums (*Myristica fragrans*) gewonnen. Muskatgewürze werden gelegentlich als Drogen mißbraucht, meist als „Notlösung", wenn keine anderen psychedelischen Substanzen verfügbar sind.

Nimmt man größere Mengen (ein bis zwei Teelöffel, üblicherweise als Teeaufguß) zu sich, so können etwa zwei bis fünf Stunden später Euphoriezustände und Veränderungen der Sinneswahrnehmung auftreten, meist in Form visueller Halluzinationen. Hinzu kommen akute psychotische Reaktionen und Gefühle von Depersonalisation und Unwirklichkeit (Derealisation).

Angesichts der strukturellen Ähnlichkeit von Myristicin und Elemicin mit Mescalin (Abbildung 12.2) sind diese psychedelischen Symptome nicht überraschend. Allerdings rufen beide Substanzen eine Reihe von Begleitwirkungen hervor, darunter Muskelzittern, Übelkeit und Erbrechen. Diese Begleitwirkungen sind so unangenehm, daß jemand, der Muskatgewürz einmal für psychedelische Rauscherlebnisse verwendet hat, diese Erfahrung in der Regel nicht wiederholen will.

Serotoninverwandte psychedelische Substanzen

Zu den serotoninverwandten psychedelischen Drogen (Abbildung 12.3) gehören Lysergsäurediethylamid (LSD), Psilocybin, Psilocin (beide aus dem Pilz *Psilocybe mexicana*), Dimethyltryptamin (DMT) und Bufotenin (das in den Samen bestimmter Mimosenarten, im Hautsekret von Kröten und im Gelben Knollenblätterpilz vorkommt). Da LSD dem Serotonin strukturell ähnelt und vielen peripheren Funktionen des Serotonins entgegenwirkt, ging man in einer früheren Hypothese davon aus, daß die psychedelischen Eigenschaften des LSD auf einen Serotoninantagonismus im Zentralnervensystem zurückgehen könnten. Doch bleiben die psychedelischen Wirkungen bestehen, auch wenn die entsprechenden serotonergen Neuronen zerstört sind. Daraus kann man schließen, daß der Wirkungsmechanismus direkt an den postsynaptischen Serotoninrezeptoren ansetzt. Wie bereits erwähnt, wirkt LSD wahrscheinlich als partieller Agonist an Serotonin$_2$-Rezeptoren und löst dadurch eine Kette von Reaktionen aus, an denen weitere Neurotransmittersysteme beteiligt sind, woraus auch die ähnlichen Wirkungen der serotonin- und der catecholaminverwandten Psychedelika resultieren. Diese Reaktionen münden schließlich in das *psychedelische Syndrom*, das für all diese Drogen charakteristisch ist.

»Eine der spekulativen Vorstellungen über die Art und Weise, wie Halluzinogene die eindrucksvollen Änderungen von Stimmung, Wahrnehmung und Denken bewirken, ist die, daß die Raphe [Mittellinie] der Brückenregion im Hirnstamm, ein Hauptzentrum der Serotoninaktivität im Gehirn, gleichsam als Filterinstanz für einströmende sensorische Stimuli dient. Sie durchmustert die Flut der Empfindungen und Wahrnehmungen und unterdrückt solche, die unwichtig, belanglos oder stets wiederkehrend sind. Eine Droge wie LSD kann diesen Auswahlvorgang beeinträchtigen, so daß eine Unmenge sensorischer Informationen ins Bewußtsein dringt und die neuronalen Schaltkreise im Gehirn überlädt. Dehabituation, also der Zustand, in dem das eigentlich Vertraute völlig neuartig erscheint, ist eine typische LSD-Wirkung. Auch sie kann dadurch verursacht werden, daß über eine Hemmung der Raphe-Aktivität die sensorischen Schranken durchlässiger werden.«[4]

Geht man von den partiellen Serotonin$_2$-agonistischen Eigenschaften des LSD und ähnlicher Psychedelika aus, lassen sich die psychedelischen Wirkungen dieser Drogen möglicherweise mit Substanzen abschwächen oder sogar aufheben, welche die Serotoninrezeptoren blockieren. Das mag besonders dann er-

12.3 Strukturformeln des Neurotransmitters Serotonin und von sechs serotoninverwandten psychedelischen Substanzen. Strukturelle Übereinstimmungen der Moleküle sind grau unterlegt. Man nimmt an, daß die Drogen Vorgänge an serotonergen Synapsen im Gehirn verändern und so ihre psychedelischen Wirkungen erzeugen. Obwohl das LSD-Molekül um einiges komplexer ist als das Serotonin, sind die gemeinsamen Teilstrukturen beider Moleküle unverkennbar.

wünscht sein, wenn das Rauscherlebnis unangenehm wird (*bad trip* oder „Horrortrip"), also paranoide Vorstellungen, Depressionen, unerwünschte Halluzinationen und/oder Verwirrtheitszustände (ähnlich einer drogeninduzierten Demenz) auftreten. Tatsächlich hat man antipsychotische Wirkstoffe (Kapitel 11) bereits erfolgreich zur Behandlung von Patienten eingesetzt, die unter solchen von LSD ausgelösten Psychosen litten. Doch werden die Neuroleptika nicht routinemäßig zu diesem Zweck angewendet, da sie ihrerseits weitere Probleme verursachen können. Sind Personen mit einer psychedelischen Drogenintoxikation anderweitig nicht mehr kontrollierbar, greift man allerdings auf diese Mittel zurück. In leichteren Fällen genügt es, den Patienten zu beruhigen und ihm schützend beizustehen, bis die Drogenwirkung ausklingt.

Lysergsäurediethylamid (LSD)

In den sechziger und frühen siebziger Jahren wurde Lysergsäurediethylamid (LSD) als eine äußerst bemerkenswerte und sehr umstrittene Droge bekannt. Bereits in kleinsten und beinahe nicht mehr meßbaren Mengen kann diese Substanz beträchtliche psychische Veränderungen in Gang setzen, indem sie die Selbsterfahrung oder die Selbst-„Bewußtheit" steigert und die innere Wirklichkeit umgestaltet. Die allgemeinphysiologischen Vorgänge im Organismus verändert LSD hingegen kaum.

Geschichtlicher Hintergrund. LSD wurde erstmals 1938 von dem Schweizer Chemiker Albert Hofmann synthetisiert. Hofmann arbeitete damals innerhalb eines Forschungsprogramms, das sich mit den möglichen therapeutischen Nutzanwendungen der Inhaltsstoffe des Mutterkorns befaßte. Das Mutterkorn ist ein Dauermycelgeflecht (Sklerotium) des Mutterkornpilzes *Claviceps purpurea*, eines Getreideschmarotzers, der in Europa und Nordamerika besonders auf Roggen vorkommt. Die blauschwarzen, derben Sklerotien ragen hornartig aus einer befallenen Ähre heraus. Als pharmakologisch aktive Substanzen enthalten sie Derivate der Lysergsäure. Zu deren Wirkungen gehören nicht unbedingt Halluzinationen, vielmehr verengen sie die Blutgefäße und lösen verstärkte Kontraktionen des Uterus aus. Diese wehenfördernde Wirkung des Mutterkorns war bereits im Mittelalter bekannt. Therapeutischen Einsatz finden Mutterkornalkaloide in der Migränebehandlung und zur Blutungsstillung nach Entbindungen.

In den ersten pharmakologischen Studien an Tieren zeigte LSD keinerlei ungewöhnliche Eigenschaften, und die Substanz geriet mehr oder weniger in Vergessenheit. Da Mutterkornalkaloide in der Regel keine psychoaktiven Wirkungen besitzen, wurde danach auch weder gesucht noch wurden sie erwartet. So verschwand das LSD-Präparat in irgendeinem Laborregal, bis Hofmann dann im Jahre 1943 ein seltsames Erlebnis hatte, über das er wie folgt berichtete:

>»Vergangenen Freitag, den 16. April, mußte ich mitten im Nachmittag meine Arbeit im Laboratorium unterbrechen und mich nach Hause begeben, da ich von einer merkwürdigen Unruhe, verbunden mit einem leichten Schwindelgefühl, befallen wurde. Zu Hause legte ich mich nieder und versank in einen nicht unangenehmen rauschartigen Zustand, der sich durch eine äußerst angeregte Phantasie kennzeichnete. Im Dämmerzustand bei geschlosse-

nen Augen (das Tageslicht empfand ich als unangenehm grell) drangen ununterbrochen phantastische Bilder von außerordentlicher Plastizität und mit intensivem, kaleidoskopartigem Farbenspiel auf mich ein. Nach etwa zwei Stunden verflüchtigte sich dieser Zustand.«[17]

Hofmann vermutete richtig, daß sein Erlebnis darauf zurückzuführen war, daß er zufällig und ohne es zu bemerken LSD aufgenommen hatte. Er beschloß, die Substanz unter kontrollierten Bedingungen zu sich zu nehmen, um die entstehenden Wirkungen detaillierter zu beschreiben. Hinsichtlich der Dosis orientierte er sich an anderen, bereits bekannten Drogen und verwendete eine vergleichsweise winzig erscheinende Menge von 0,25 Milligramm. Heute wissen wir, daß ein Zehntel dieser Dosis wohl ausgereicht hätte. Hofmanns Fehleinschätzung hatte ziemlich heftige Folgen. 40 Minuten nach der Einnahme endet sein Laborbericht mit der Notiz: »Leichtes Schwindelgefühl, Unruhe, Gedanken nur schwer zu konzentrieren, Sehstörungen, Lachreiz.« Er muß sich wiederum nach Hause begeben und kann erst später seine Aufzeichnungen ergänzen:

»Die letzten Worte konnte ich nur noch mit großer Mühe niederschreiben. ... Alles in meinem Gesichtsfeld schwankte und war verzerrt wie in einem gekrümmten Spiegel. Auch hatte ich [auf dem Weg nach Hause] das Gefühl, mit dem Fahrrad nicht vom Fleck zu kommen. Indessen sagte mir später meine Assistentin, wir seien sehr schnell gefahren. ... Trotz meines rauschartigen Verwirrtheitszustandes konnte ich für kurze Augenblicke klar und zweckgerichtet denken. ... Schlimmer als die Verwandlungen der Außenwelt ins Groteske waren die Veränderungen, die ich in mir selbst, an meinem innersten Wesen, verspürte. Alle Anstrengungen meines Willens, den Zerfall der äußeren Welt und die Auflösung meines Ichs aufzuhalten, schienen vergeblich. ... Eine furchtbare Angst, wahnsinnig geworden zu sein, packte mich. ... Lag ich im Sterben? War das der Übergang? Zeitweise glaubte ich, außerhalb meines Körpers zu sein, und erkannte dann klar, wie ein außenstehender Beobachter, die ganze Tragik meiner Lage. ... Der Schrecken wich [allmählich] und machte einem Gefühl des Glücks und der Dankbarkeit Platz, je mehr normales Fühlen und Denken zurückkehrten. ... Jetzt begann ich ... das unerhörte Farben- und Formenspiel zu genießen, das hinter meinen geschlossenen Augen andauerte. ... Besonders merkwürdig war, wie alle akustischen Wahrnehmungen, etwa das Geräusch einer Türklinke oder eines vorbeifahrenden Autos, sich in optische Empfindungen verwandelten. Jeder Laut erzeugte ein in Form und Farbe entsprechendes, lebendig wechselndes Bild.«[17]

Jahrelang blieb LSD in Labor und Klinik ein Kuriosum. Die ersten nordamerikanischen Untersuchungen über seine Wirkungen beim Menschen wurden 1949 durchgeführt, und in den fünfziger Jahren wurde es zu Forschungszwecken in großen Mengen weltweit an Pharmakologen und Ärzte verteilt. Ein wesentlicher Beweggrund für diese Forschung war die Annahme, daß die Wirkungen des LSD ein Modell für Psychosen darstellen könnten, aus dem man Einblicke in die biochemischen und physiologischen Vorgänge bei Geisteskrankheiten und ihrer Behandlung gewinnen würde. Manche Therapeuten nutzten LSD zudem als Hilfsmittel in der Psychotherapie, um ihren Patienten die Verbalisierung ihrer Probleme und das Erkennen der zugrundeliegenden Ursachen zu erleichtern.[18] Doch erwies sich diese Behandlungsmethode nicht als sonderlich wirksam: »Derartige Anwendungen in der Therapie sind zurückgegangen, vielleicht deswegen, weil die Psychiater – und nicht nur sie – große Schwierigkeiten hatten, aus den Hervorbringungen chemisch beeinträchtigter Gehirne sinnvolle Schlußfolgerungen zu ziehen.«[19]

Durch die frühen Studien über LSD an Freiwilligen wurde die Substanz an den Universitäten bekannt und fand von dort aus weitere Verbreitung. Den Höhepunkt ihrer Popularität erreichte die Substanz in den späten sechziger Jahren; danach ließ der Gebrauch von LSD als Genußdroge merklich nach. Verschwunden ist er freilich nicht, und es ist in Anbetracht der langen Geschichte anderer psychedelischer Drogen kaum zu vermuten, daß er es jemals sein wird.*

Pharmakokinetik. Üblicherweise wird LSD geschluckt und über diesen Weg vom Körper rasch (innerhalb einer Stunde) resorbiert. Die normale Dosis liegt zwischen 25 und 300 Mikrogramm. Um solch geringe Mengen leichter handhaben zu können, wird LSD häufig auf andere Materialien aufgetragen, etwa auf kleine, quadratische Papierstückchen, auf die Rückseite von Briefmarken oder auf Zuckerwürfel. Etwa drei Stunden nach Einnahme einer Dosis erreicht der LSD-Spiegel im Blut sein Maximum. Die Substanz wird rasch und effektiv im Körper verteilt; sie diffundiert ungehindert ins Gehirn und durchdringt auch mühelos die Placenta. Die höchsten Konzentrationen innerhalb des Körpers findet man in der Leber, wo die Droge vor ihrer Ausscheidung metabolisiert wird. Die Wirkung hält etwa sechs bis acht Stunden an.

Da LSD in so geringen Mengen angewendet wird, tritt es nur in Spuren im Urin auf. Konventionelle Verfahren der Urinanalyse sind daher ungeeignet, um die Substanz nachzuweisen. Bei Verdacht auf LSD-Konsum werden Urinproben des mutmaßlichen Konsumenten gesammelt (bis zu 30 Stunden nach der Einnahme) und mit Hilfe eines hochempfindlichen Radioimmunassays auf ihren LSD-Gehalt untersucht.

Physiologische Wirkungen. Zwar ist der LSD-Rausch in erster Linie durch seine psychischen Wirkungen gekennzeichnet, doch finden in geringem Maße auch körperliche Veränderungen statt. So können Körpertemperatur, Pulsfrequenz, Blutdruck und Blutzuckerspiegel ansteigen, die Pupillen sich erweitern und Schwindelgefühle, Benommenheit, Übelkeit und andere Effekte auftreten. Diese Wirkungen sind für den Drogenkonsumenten spürbar, allerdings beeinträchtigen sie nur selten das psychedelische Rauscherlebnis.

---

* Anmerkung des Übersetzers: Möglicherweise ist auch hinsichtlich der unterstützenden Anwendung in der Psychotherapie das letzte Wort noch nicht gesprochen. Die Einstufung des LSD und anderer Psychedelika (einschließlich der im nächsten Kapitel behandelten Cannabisprodukte) im deutschen Betäubungsmittelgesetz und in entsprechenden Rechtsvorschriften vieler anderer Staaten als nicht verschreibungsfähige Wirkstoffe ist umstritten, und einige Fachleute befürworten eine kontrollierte Freigabe für therapeutische Zwecke.

LSD weist nur eine geringe Toxizität auf. Gable schätzt die effektive Dosis auf 50 Mikrogramm und die letale Dosis auf 14 000 Mikrogramm.[20] Aus diesen Zahlen ergibt sich eine „therapeutische" Breite (Kapitel 2) von 280; LSD ist also hinsichtlich seiner letalen Wirkung innerhalb des gebräuchlichen Dosisbereichs eine sehr sichere Droge. Natürlich gehen in diese Rechnung weder tödliche Unfälle noch Suizide ein, die unter LSD-Einfluß erfolgen können. Während einer Schwangerschaft ist wegen möglicher nachteiliger Auswirkungen auf den Fetus vom LSD-Gebrauch abzuraten.[21]

Psychische Wirkungen. Im Gegensatz zu den kaum nennenswerten physiologischen Veränderungen durch LSD sind die psychischen Effekte der Droge weitreichend und heftig. Welche Reaktionen ein LSD-Konsument im einzelnen erlebt, läßt sich nicht exakt vorhersagen, da eine Vielzahl von Faktoren auf das Rauscherlebnis Einfluß nimmt. Solche Faktoren sind zum Beispiel die Persönlichkeitsstruktur des Drogenkonsumenten und seine Erwartungen an den Rausch, seine zurückliegenden Erfahrungen mit LSD und mit anderen psychotropen Substanzen, seine Einstellung zu LSD oder zu illegalen Drogen schlechthin, seine Beweggründe, LSD zu nehmen, der Kontext, in dem die Droge konsumiert wird, und nicht zuletzt die Personen, mit denen er während des Rauscherlebnisses interagiert.

Gleichwohl gibt es eine Reihe charakteristischer Reaktionen. So ändern sich Stimmung und Gefühlszustand; geringfügige Anlässe lösen plötzliche Heiterkeit oder Trauer aus, mitunter sogar beide Gefühle nebeneinander. Der LSD-Konsument kann – bisweilen innerhalb desselben „Trips" – Euphorie wie auch Dysphorie erleben. Grundsätzlich typisch sind Veränderungen der Wahrnehmung, vor allem visuelle Halluzinationen und Verzerrungen aller Sinneseindrücke. Reine Trugwahrnehmungen des Gehörs sind dagegen selten.

Der Ablauf eines LSD-Rausches läßt sich in drei Phasen unterteilen:

1. Die *somatische Phase* beginnt nach der Aufnahme der Droge durch den Organismus. Sie ist gekennzeichnet durch Stimulation des Zentralnervensystems und – vorwiegend sympathomimetischen – Veränderungen im autonomen Nervensystem.
2. In der *sensorischen* (oder *perzeptuellen*) *Phase* treten Wahrnehmungsverzerrungen und Pseudohalluzinationen auf, also diejenigen Wirkungen, die der LSD-Konsument in der Regel anstrebt.
3. Die *psychische Phase* schließlich umfaßt den (meist unerwünschten) Höhepunkt der Drogenwirkung. Diese Phase ist gekennzeichnet durch Stimmungsschwankungen, Störungen der Denkprozesse, verändertes Zeitgefühl, Depersonalisation, echte Halluzinationen und psychotische Episoden. Erreicht man diese Phase, so erlebt man das, was im Jargon als „Horrortrip" bezeichnet wird.[3]

Jaffe beschreibt den Ablauf der zweiten und dritten Phase wie folgt:

»Nach der zweiten oder dritten Stunde können optische Illusionen, wellenartig wiederkehrende Veränderungen der Wahrnehmung (zum Beispiel Mikropsie oder Makropsie – Objekte erscheinen verkleinert oder vergrößert) und affektive Symptome auftreten. Nachbilder bleiben lange bestehen, und gegenwärtige Wahrnehmungen verschmelzen mit vorangegangenen. Manche Personen erkennen diese Verschmelzungen als solche, andere arbeiten sie zu Halluzinationen um. Im Gegensatz zu echten Psychosen sind unter LSD auditive Halluzinationen selten. Synästhesien, Grenzüberschreitungen zwischen den Sinnesmodalitäten, können auftreten: Farben werden „hörbar" und Klänge „sichtbar". Das Zeitempfinden ändert sich erheblich, die Uhrzeit scheint extrem langsam dahinzuschleichen. Aus der Aufhebung aller Grenzen und aus der Furcht zu zerfallen erwächst das Verlangen nach einer strukturierenden und haltgebenden Umgebung und nach erfahrenen Begleitern. Im Verlauf des „Trips" treten – willentlich hervorgerufen oder auch, zum Unbehagen des Drogenbenutzers, völlig unerwartet – Gedanken und Erinnerungen lebhaft und deutlich ins Bewußtsein. Die Stimmung ist häufig wechselhaft und kann von Depression in Fröhlichkeit, von Entzückung in Furcht umschlagen. Anspannung und Angstgefühle können wachsen und panikartige Ausmaße annehmen. Falls größere panische Episoden ausbleiben, entsteht nach vier bis fünf Stunden meist ein Gefühl des Losgelöstseins, begleitet von der Überzeugung, man sei auf magische Weise Herr der Situation.«[22]

Toleranz und Abhängigkeit. Bezüglich der psychischen wie auch der physiologischen LSD-Wirkungen entwickelt sich rasch ein Gewöhnungseffekt, eine Toleranz: Die Dosis muß gesteigert werden, damit die Stärke der Wirkungen gleich bleibt. Kreuztoleranz mit anderen serotonin- und mit catecholaminverwandten Psychedelika treten ebenfalls auf. Wird die Droge abgesetzt, gehen die Toleranzeffekte innerhalb weniger Tage zurück.

Eine körperliche LSD-Abhängigkeit entsteht nicht, auch dann nicht, wenn die Droge über einen längeren Zeitraum wiederholt eingenommen wird. Im Gegenteil scheint bei Personen, die LSD massiv anwenden, das Verlangen nach der Droge mit der Zeit sogar abzunehmen: Sie werden ihrer nach eigenem Bekunden häufig überdrüssig und stellen den Konsum schließlich von selbst ein. Selbst wenn ein LSD-Konsument die Droge nicht aus Unlust, sondern aus Angst vor Horrortrips oder aus Besorgnis vor geistigen oder körperlichen Schäden absetzt, erleidet er keine Entzugserscheinungen. Labortiere neigen nicht zur Selbstverabreichung von LSD.

Unerwünschte Wirkungen und Toxizität. Die negativen Wirkungen, die man LSD zuschreibt, fallen in vier Kategorien: erstens Auswirkungen auf die psychische Verfassung des Anwenders, zweitens die Möglichkeit bleibender Hirnschäden, drittens mögliche Auswirkungen auf den Fetus bei Einnahme während der Schwangerschaft und viertens zerstörerische Auswirkungen auf die Gesellschaft im Falle eines weitverbreiteten Drogengebrauchs.

Über die nachteiligen Einflüsse auf die Psyche des Konsumenten schreibt Dimijian:

»Recht häufig erzeugt LSD unangenehme Erlebnisse, darunter unkontrollierbares Übergleiten in Verwirrtheitszustände, dissoziative Reaktionen, akute Panikanfälle, Wiedererleben früherer traumatischer Erfahrungen oder akute psychotische Hospitalisierung. Unter den länger anhaltenden nichtpsychotischen Wirkungen hat man dissoziative Reaktionen, Verzerrungen von Raum und Zeit, Veränderungen des inneren Körperbildes und ein Nachbleiben von Angstgefühlen oder Depressionen beobachtet, die auf morbide oder erschreckende Erlebnisse während des Rauschzustands zurückgehen. ... Aufgrund des Ausfalls der normalen Abwehr- und Filtermechanismen kann das Ich den überwältigenden Ansturm des zuvor unterdrückten Gedanken- und Gefühlsmaterials nicht mehr integrieren, und als Folge entsteht eine psychotische Reaktion. Es scheint, daß diese [durch LSD ausgelöste] Störung eingespielter Verarbeitungs- und Verdrängungsmuster ein anhaltender oder semipermanenter Effekt der Droge sein könnte.«[23]

LSD vermindert die normale Fähigkeit, emotionale Reaktionen unter Kontrolle zu halten. Die hervorgerufenen Wahrnehmungsveränderungen können derart intensiv werden, daß ein Betroffener mit ihnen nicht mehr zurechtkommt. Durch die Ausschaltung der natürlichen Abwehr- und Verdrängungsprozesse kann LSD psychotische Episoden freisetzen, die normalerweise unterdrückt blieben.

Ein weiteres Problem, das gelegentlich auftritt, sind wiederholte „Echoräusche" (*flashbacks*), die Wochen oder sogar Monate nach dem letzten LSD-Konsum einsetzen können. Wie ein *flashback* entsteht, ist unbekannt. Möglicherweise bleiben die psychischen Schutzmechanismen auch nach dem Drogengebrauch noch längerfristig geschwächt, so daß verdrängte Gefühle immer wieder hervorbrechen können.

»Das Wiederauftreten der Drogenwirkung ohne erneute Drogeneinnahme – der *flashback* – ist ein rätselhaftes Phänomen. *Flashbacks* ereignen sich bei über 15 Prozent der LSD-Anwender. Sie werden häufig durch den Konsum von Marihuana, durch Angst, Ermüdung oder Dunkelheit (etwa beim Betreten dunkler Räume) ausgelöst, und ihre ständige Wiederkehr kann noch Jahre nach dem letzten LSD-Konsum anhalten. Durch die Gabe von Phenothiazinderivaten verschlimmern sie sich. Bei manchen Personen kann der Gebrauch von Psychedelika schwere Depressionen, paranoides Verhalten oder ausgedehnte psychotische Episoden herbeiführen. Ob solche Episoden auch ohne die Droge entstanden wären, ist unklar. Die ausgedehnten psychotischen Episoden, die auf den wiederholten Konsum von LSD folgen, ähneln in gewisser Hinsicht den natürlich auftretenden schizophrenieartigen psychotischen Zuständen und zeigen offenbar eine vergleichbare Prognose. ... Es ist nicht auszuschließen, daß der wiederholte Gebrauch von LSD subtile Defizite im abstrakten Denkvermögen nach sich zieht.«[22]

Rang und Dale erörtern die Auswirkungen von LSD auf die geistige Gesundheit:

»Besorgniserregenden Berichten zufolge können LSD und andere psychotomimetische Drogen nicht nur potentiell gefährliche *bad trips* auslösen, sondern auch zu länger anhaltenden mentalen Störungen führen. So sind Fälle belegt, in denen Wahrnehmungsveränderungen und Halluzinationen nach der Einnahme einer einzigen Dosis LSD bis zu drei Wochen andauerten. Zudem ist mehrfach ein persistierender Zustand beschrieben worden, der einer paranoiden Schizophrenie ähnelt und der auf Antipsychotika anspricht, später jedoch wieder ausbrechen kann. Es ist völlig unklar, ob dieser Zustand auf eine Langzeitwirkung des LSD zurückgeht oder ob Personen, die ohnehin eine Schizophrenie entwickeln würden, mit erhöhter Wahrscheinlichkeit zu LSD greifen. Die Vorsicht gebietet, davon auszugehen, daß LSD die Ursache darstellt. Nimmt man die Tatsache hinzu, daß sporadische *bad trips* Gewaltausbrüche und damit schwere Verletzungen nach sich ziehen können, muß man zu dem Schluß kommen, daß LSD und andere Psychotomimetika als äußerst gefährliche Drogen einzustufen sind.«[24]

Ob der häufige Gebrauch von LSD in großen Mengen und über lange Zeit zu erkennbaren Hirnveränderungen führt, ist nicht nachgewiesen. Der gelegentliche Konsum von LSD, so ist jedenfalls die allgemeine Ansicht, läßt keine körperlichen Schäden entstehen. Mögliche Gefahren für den Fetus bei LSD-Konsum während der Schwangerschaft sind gleichermaßen unbekannt und auch nicht sehr wahrscheinlich. Zwar kann LSD bei massiver Dosierung im Laborversuch Chromosomenbrüche verursachen, die gebräuchlichen Dosen jedoch sind diesbezüglich offenbar harmlos. Abnormitäten bei Kindern von LSD-Konsumenten treten nach den bisher bekannten Daten nicht häufiger auf als in der Normalbevölkerung. Es gibt zwar einige Hinweise, die auf eine Häufung von Abnormitäten bei „LSD-Kindern" deuten, doch sind die entsprechenden Eltern dann zumeist Mehrfachkonsumenten und gebrauchen eine Reihe verschiedener Drogen, so daß der Zusammenhang mit einer einzelnen Substanz unmöglich herzustellen ist.

Die Furcht vor langfristigen Gefahren für den gesellschaftlichen Zusammenhalt im Falle einer Ausbreitung des LSD-Konsums ist wohl ziemlich unbegründet. Auch wenn manche Konsumenten einer psychischen Abhängigkeit erliegen mögen, hören doch die meisten irgendwann mit dem LSD-Konsum auf und greifen auf weniger potente Drogen zurück. Trotz der extrem heftigen und ungewöhnlichen psychedelischen Wirkungen, die LSD auslöst, ist bezüglich gesellschaftlicher Folgen bei anderen psychotropen und verhaltensverstärkenden Drogen (wie etwa Alkohol, Nicotin, Cocain, Amphetamin und Opioide) durchaus mehr Besorgnis angebracht.[25]

LSD-verwandte Tryptaminderivate

Dimethyltryptamin (DMT) ist eine natürlich vorkommende psychedelisch wirkende Verbindung, die in ihrer Struktur dem Serotonin ähnelt (Abbildung 12.3). Die Substanz kann ähnliche Effekte wie LSD hervorrufen, und genau wie dieses bindet auch sie sich nachweislich an Serotonin$_2$-Rezeptoren. DMT wird in vielen Teilen der Welt konsumiert und ist zum Beispiel in einigen in Südamerika gebräuchlichen Schnupfmitteln enthalten, so in *Cohoba* (einem Pulver aus den bohnenartigen Samen der Mimosenart *Piptadenia peregrina*), in *Epena* (einer Zubereitung aus der Rinde des im oberen Amazonastal heimischen Baumes *Virola callophylloidea*) und in *Yopo* (einem ähnlichen Produkt von den Westindischen Inseln). Die Inhalation dieser Schnupfpulver führt zu Halluzinationen und Verwirrtheitszuständen, wobei neben DMT auch der Inhaltsstoff Bufotenin (5-Hydroxy-DMT) zu diesen Wirkungen beiträgt. Im Gegensatz zu LSD gelangt DMT bei oraler Einnahme nicht in den Stoffwechsel; es muß geraucht oder geschnupft werden, damit es wirksam werden kann.

Die psychedelischen Eigenschaften von DMT äußern sich offenbar vornehmlich in Veränderungen der visuellen Wahrnehmung und in echten Halluzinationen, oft begleitet von Euphorie und leichter Erregbarkeit. Die Wirkungsdauer ist sehr kurz – sie liegt gewöhnlich bei nur etwa einer Stunde (daher auch die amerikanische Jargonbezeichnung *businessman's LSD*).

Psilocybin (4-Phosphoryl-DMT) und *Psilocin* (4-Hydroxy-DMT) sind zwei psychedelische Wirkstoffe, die in mindestens 15 Pilzarten der Gattungen *Psilocybe*, *Panaeolus* und *Conocybe* vorkommen. Diese Gattungen sind nahezu weltweit verbreitet und werden besonders in Mittelamerika und im Nordwesten der USA als Drogenquelle (*magic mushrooms*) genutzt.[26] *Psilocybe mexicana*, von den Eingeborenen als *Teonanacatl* („Fleisch der Götter") bezeichnet, besitzt in Mittelamerika als Kultmittel eine lange und facettenreiche Tradition.

Im Vergleich zu LSD ist die Wirkung von Psilocin und Psilocybin etwa 200mal schwächer; sie hält etwa sechs bis zehn Stunden an. Um den Rauschzustand herbeizuführen, ißt man die Pilze roh; die beiden Inhaltsstoffe werden wie LSD und im Gegensatz zu DMT über den oralen Weg gut resorbiert. Der Wirkstoffgehalt der Pilze kann stark variieren, sowohl zwischen verschiedenen Arten als auch bei Pilzen derselben Art. So liegt beispielsweise die übliche orale Dosis von *Psilocybe semilanceata* (als *liberty caps* bekannt) bei etwa zehn bis 40 Pilzen, von *Psilocybe cyanescens* hingegen genügen meist zwei bis fünf. Die Pilzart muß also genau bestimmt werden. Da zudem einige hochgiftige, psychedelisch unwirksame Pilzarten den psilocin- und psilocybinhaltigen Pilzen oberflächlich ähneln, muß man sich sowohl mit allen halluzinogenhaltigen als auch den giftigen Pilzarten gut auskennen, wenn man unangenehme Erfahrungen vermeiden will. Weil LSD und Psilocybin in ihren Wirkungen weitgehend übereinstimmen, ist das auf dem Drogenmarkt erhältliche „Psilocybin" fast immer LSD. Auch die im Straßenhandel angebotenen „Zauberpilze" (*magic mushrooms*) gehören durchaus nicht immer zu den psilocybinhaltigen Arten, sondern können ursprünglich wirkungslose Pilze sein, die man schlicht mit LSD versetzt hat.[27]

Lange Zeit sah man Psilocin und Psilocybin als pharmakologisch gleichermaßen aktiv an. Die beiden Verbindungen unterscheiden sich nur durch eine Phosphatgruppe, die beim Psilocybin vorhanden ist und dem Psilocin fehlt (Abbildung 12.3). Doch nach der Aufnahme in den Verdauungstrakt wird offenbar das Psilocybin durch Phosphatabspaltung zu Psilocin, der eigentlich psychedelisch wirksamen Substanz, umgesetzt.

Obwohl die psychedelischen Eigenschaften von *Psilocybe mexicana* schon seit langem in indianischen Gebräuchen Verwendung finden, wurden die berauschenden Wirkungen dieses Pilzes erst im Jahre 1955 von Gordon Wasson erstmals schriftlich festgehalten. Wasson, ein Bankier aus New York, lebte während einer Mexikoreise zeitweilig bei indianischen Stämmen. Er durfte an einer ihrer *Psilocybe*-Zeremonien teilnehmen und verzehrte den magischen Pilz. Wasson notierte:

> »Der Pilz verleiht einem die Fähigkeit, vor- und rückwärts durch die Zeit zu reisen, in andere Ebenen des Seins einzudringen, ja sogar Gott zu erfahren. ... Während der Körper bleischwer in der Dunkelheit liegt, scheint sich der Geist aufzuschwingen, seinen angestammten Ort zu verlassen und, begleitet vom Gesang des Schamanen, mit der Geschwindigkeit von Gedanken zu reisen, wohin es ihm beliebt, durch Raum und Zeit. ... Zumindest weiß man nun, was das Unnennbare ist und was Ekstase bedeutet. Ekstase! Man wird auf den ursprünglichen Sinn dieses Wortes zurückgebracht: Für die Griechen bedeutete *ekstasis* die Flucht der Seele aus dem Körper. Ein treffenderes Wort für diesen Zustand wird man wohl kaum finden können!«[28]

Wie bereits angedeutet, ähneln die durch Psilocybin ausgelösten Halluzinationen und Verzerrungen von Raum und Zeit denen, die auch unter dem Einfluß von LSD entstehen. Eine persönliche Schilderung der Wirkungen des Psilocybin-Pilzes liefert Weil.[29]

Ololiuqui (die Samen der Windengewächse *Rivea corymbosa* und *Ipomoea violacea*) wird von den Indianern Mittel- und Südamerikas als Rauschdroge und Halluzinogen benutzt. Wie die meisten psychedelisch wirksamen Pflanzenextrakte dient auch Ololiuqui traditionell als Kultmittel zur Kommunikation mit übernatürlichen Kräften. Als erster beschrieb der Spanier Hernandez den Gebrauch der Samen: »Wenn die Priester Zwiesprache mit ihren Göttern halten wollten, ... [aßen sie Ololiuqui-Samen und] es erschienen ihnen tausenderlei Visionen und satanische Halluzinationen.«[30]

Die Samen wurden später in Europa von Albert Hofmann (dem Entdecker des LSD) analysiert. Hofmann identifizierte eine Reihe von Inhaltsstoffen, unter anderem Lysergsäureamid (nicht zu verwechseln mit Lysergsäure*diethyl*amid, also LSD), das als psychoaktive Substanz etwa ein Zehntel der Wirksamkeit von LSD zeigt. Angesichts der enormen Potenz von LSD ist Lysergsäureamid damit aber immer noch ein sehr starkes Halluzinogen.

Der psychedelische Effekt von Ololiuqui geht mit den üblichen Begleitwirkungen serotoninverwandter Psychedelika einher, unter anderem mit Übelkeit, Erbrechen, Kopfschmerzen, erhöhtem Blutdruck, erweiterten Pupillen und Schläfrigkeit. Diese Wirkungen sind meist recht intensiv, was die Attraktivität von Ololiuqui als Freizeitdroge einschränkt. Die Einnahme von 100 Samen oder mehr führt zu Schläfrigkeit, verzerrter Wahrnehmung, Halluzinationen und Verwirrtheit. *Flashbacks* können auftreten, sind allerdings selten.

Harmin ist der psychedelische Wirkstoff in den Samen der Steppenraute (*Peganum harmala*), einer im Nahen Osten heimischen Pflanze. Die Samen werden seit Jahrhunderten als Rauschmittel verwendet. Ihr Genuß ruft Veränderungen der visuellen Wahrnehmung hervor (ähnlichen wie LSD) und ist meist verbunden mit Übelkeit, Erbrechen und Dämpfung der Aktivität bis hin zum Einschlafen.

Psychedelische Narkosemittel: Phencyclidin und Ketamin

Phencyclidin (PCP, *angel dust*) und Ketamin (Ketanest®, Velonarcon®) gehören zur Gruppe der *psychedelischen Narkosemittel* (Abbildung 12.4). Die beiden Substanzen sind in ihrer Struktur nicht mit anderen psychedelischen und psychotropen Wirkstoffen verwandt und wirken wahrscheinlich auch nicht über eine Veränderung der serotoninvermittelten Neurotransmission. Unlängst konnten die Rezeptoren identifiziert werden, an die sich diese beiden Drogen binden und über die sie ihre Wirkungen – Amnesie, Analgesie und psychedelische Dissoziation – ausüben. Sie wurden als „PCP-Rezeptoren" bezeichnet.[31]

12.4 Strukturformeln der psychedelischen Narkosemittel Phencyclidin und Ketamin.

Hintergrund

Phencyclidin wurde 1956 entwickelt. Der Wirkstoff, eine Substanz mit stark analgetischen, amnestischen und anästhetischen Eigenschaften, kam eine Zeitlang in der Humanmedizin zum Einsatz. Allerdings traten dabei häufig bizarre und schwere psychiatrische Reaktionen auf, darunter motorische Unruhe und gesteigerte Erregbarkeit, Delirium, Orientierungslosigkeit und halluzinatorische Phänomene, so daß man von der Anwendung bald abließ. Als weitere Reaktionen zeigten sich die Wahrnehmung scheinbarer körperlicher Veränderungen, zusammenhangloses Denken, übertriebenes Mißtrauen, Verwirrtheit und Verweigerung der Kooperation, insgesamt also ein Zustand, der einer Schizophrenie mit sowohl produktiven (positiven) als auch defizitären (negativen) Symptomen ähnelt.

In der Tiermedizin findet Phencyclidin weiterhin als Narkosemittel Verwendung, vor allem zur Ruhigstellung von Primaten. Das strukturell verwandte Ketamin (Abbildung 12.4) weist in niedriger Dosierung ähnliche anästhetische Eigenschaften wie Phencyclidin auf, führt jedoch eher selten zu den beängstigenden psychiatrischen Nebenwirkungen. Gelegentlich wird es noch in der

Anästhesie angewendet, und zwar dann, wenn ein Patient die Dämpfung der Herz- und Kreislauffunktionen durch andere Anästhetika nicht tolerieren kann, beispielsweise bei einem hämorrhagischen Schock infolge einer schweren Verletzung.

1967 gelangte Phencyclidin in kleinen Mengen unter der Bezeichnung *peace pill* (PCP, „Friedenspille") in die Drogenszene. Zwischen 1971 und 1975 war PCP meist nur als Bestandteil diverser illegaler Drogenmixturen zu erhalten. 1975 stieg der illegale Konsum von Phencyclidin an, und PCP wurde in den Vereinigten Staaten zu einer der am häufigsten mißbrauchten Drogen. In den frühen achtziger Jahren erreichte der PCP-Mißbrauch seinen Höhepunkt und ist inzwischen wieder merklich zurückgegangen, allerdings beobachtet man hin und wieder einen kurzfristigen Anstieg.

Phencyclidin ist auf dem illegalen Markt in Form von Pulver, Tabletten, Kristallen zu einem Gramm (*rock crystals*) und in Blattgemischen erhältlich und wird unter Bezeichnungen wie *crystal, angel dust, hog, PCP,* in Deutschland auch als „Friedenspille", „Engelsstaub", „Elefanten-Killer" sowie unter den Etiketten „THC", „Cannabinol" oder „Mescalin" angeboten. Bei *crystal* oder *angel dust* (beides Bezeichnungen, die auch für Methamphetamin verwendet werden) liegt die Phencyclidinkonzentration gewöhnlich zwischen 50 und 100 Prozent; wird die Droge unter anderen Bezeichnungen oder als Gemisch mit anderen Wirkstoffen verkauft, beträgt der Gehalt zehn bis 30 Prozent. Die übliche Rauschdosis beträgt etwa fünf Milligramm.[32] Phencyclidin kann geschluckt, geraucht, geschnupft oder intravenös injiziert werden.

Pharmakokinetik

PCP wird gut resorbiert, gleichgültig ob man es schluckt oder raucht. Im letzteren Fall setzen starke Wirkungen bereits innerhalb von 15 Minuten ein; etwa 40 Prozent der Dosis sind dann im Blutkreislauf nachweisbar. Der orale Weg verläuft langsamer: Erst zwei Stunden nach der Einnahme erreicht der Phencyclidinspiegel im Blut sein Maximum. Im Magen liegt die Substanz in einer wasserlöslichen Form vor, die kaum resorbiert wird. Gelangt sie dann in das weniger saure Milieu des Darms, wird sie zunehmend fettlöslicher und tritt leicht durch die Darmschleimhaut hindurch in das Blutplasma über. Mit dem Blutstrom verteilt sich die Droge schließlich im Körper, wobei ein beträchtlicher Teil zurück in den Magenraum sezerniert, erneut zum Darm transportiert und dort ein zweites Mal resorbiert wird. Dieser Vorgang verlängert die Wirkungsdauer der Droge mitunter erheblich, so daß das klinische Bild einer anhaltenden und fluktuierend verlaufenden Intoxikation entstehen kann.[32]

Phencyclidin wird in der Leber metabolisiert, und seine Stoffwechselprodukte werden über die Nieren ausgeschieden. Seine Eliminationshalbwertzeit liegt im Durchschnitt bei ungefähr 18 Stunden; sie kann jedoch stark variieren – vermutlich aufgrund der Rezirkulation. Dieser Vorgang läßt sich übrigens ausnutzen, um eine Überdosierung von Phencyclidin zu behandeln: Da die Droge wiederholt in wasserlöslicher Form (ionisiert, Kapitel 2) in den Magen gelangt, hilft die orale Verabreichung von Aktivkohle. Wie sich zeigen ließ, bindet Aktivkohle Phencyclidin und setzt dadurch dessen Toxizität herab.[33]

Phencyclidin läßt sich etwa eine Woche lang im Urin nachweisen; Blut- und Speicheltests sind ebenfalls möglich. Allerdings sind falsch positive Ergebnisse recht häufig, so daß ein positiver Nachweis durch einen zweiten Test bestätigt werden muß.

Wirkungsmechanismus

Wie sich 1979 aus Versuchen mit Ratten ergab, bindet sich Phencyclidin an spezifische Rezeptoren im Gehirn. In den folgenden Jahren konnte man solche Bindungsstellen im vorderen Teil des Prosencephalons (im Neocortex und in den olfaktorischen Strukturen), im Gyrus dentatus, im Hippocampus und in den Hinterhörnern des Rückenmarks finden. Diese PCP-Rezeptoren, so schloß man 1990, sind eher postsynaptisch als präsynaptisch lokalisiert.[34] Phencyclidin lagert sich an eine spezifische Bindungsstelle innerhalb eines Ionenkanals an, dessen molekulare Struktur der des Benzodiazepin-GABA-Komplexes (Kapitel 4) entspricht. In diesem Fall ist der Kanal ein spezialisierter Glutamatrezeptor, und zwar ein Glutamatrezeptorkanal vom N-Methyl-D-Aspartat-(NMDA-)Typ. Glutamat ist der wichtigste exzitatorische Neurotransmitter im Zentralnervensystem.

> »Diese Rezeptoren sind ligandengesteuerte [transmittergesteuerte] Kationenkanäle. Sie tragen zur synaptischen Plastizität bei und sind an langfristigen Verstärkungen der synaptischen Effizienz (sprich an der Langzeitpotenzierung) beteiligt. Solche synaptischen Verstärkungen bilden wahrscheinlich die Grundlage für jene Prozesse, über welche Lernvorgänge und das Gedächtnis möglich werden.«[35]

Der NMDA/PCP-Glutamatrezeptor besitzt an seiner Außenseite (also an der Seite, die aus der postsynaptischen Membran herausragt und dem synaptischen Spalt zugewandt ist) Bindungsstellen für NMDA und für Glutamat. Beide Substanzen öffnen den Kanal, wodurch Calciumionen in die postsynaptische Zelle einströmen können (Abbildung 12.5)[36] und dort ihrerseits eine Reihe von intrazellulären Prozessen aktivieren.

Phencyclidin bindet sich nun an eine dritte Bindungsstelle, die sich innerhalb des Transmembrankanals befindet. Dadurch behindert die Droge die Wirkungen von NMDA und Glutamat: Der Ionenkanal bleibt verschlossen, Calciumionen können nicht einströmen, und die Nervenzelle verharrt im inaktiven Zustand. Über diese Wirkung (als nichtkompetitiver Antagonist am NMDA-

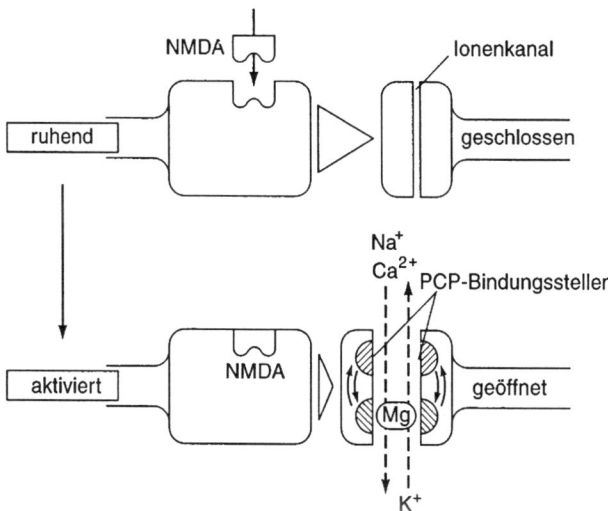

12.5 Modell des NMDA-Rezeptorkomplexes im Ruhezustand und nach Aktivierung durch NMDA-Bindung. Die Bindungsstellen für PCP innerhalb des Kanals sind schraffiert dargestellt. Nicht erfaßt sind hier die intrazellulären Prozesse, die durch den Einstrom von Natrium- (Na^+) und Calciumionen (Ca^{2+}) ausgelöst werden. (Abbildung nach Kemp et al.[36], verändert.)

Glutamatrezeptor) entstehen die schmerzstillenden, psychotomimetischen und amnestischen Effekte des Phencyclidins.*

Psychische Wirkungen

Phencyclidin und Ketamin sind *dissoziative* Wirkstoffe, da Personen sich unter dem Einfluß dieser Substanzen von sich selbst und von der Umwelt abgespalten fühlen. Unter den bisher untersuchten Narkosemitteln sind die beiden Substanzen hinsichtlich ihrer Wirkung auf den Menschen einzigartig. Sie erzeugen einen Zustand intensiver Analgesie und Amnesie, in dem man nicht mehr auf Reize reagiert. Dabei bleiben die Augen des Patienten offen (leerer, starrender Blick), und er wirkt mitunter sogar wach.

---

* Ikin und Mitarbeitern[35] gelang es, den NMDA/PCP-Rezeptorkomplex zu isolieren und zu analysieren. Der Rezeptor hat ein Molekulargewicht von insgesamt 203 000 und ist aus vier die Zellmembran durchspannenden Polypeptiden aufgebaut (mit den Molekulargewichten 67 000, 57 000, 46 000 und 33 000), die sich zur Bildung des Ionenkanals zusammenlegen. Dabei entsteht ein Komplex, der dem Benzodiazepin-GABA-Rezeptor ähnelt (Kapitel 4). Die Drogenbindungsstelle (also die eigentliche PCP-Rezeptorregion) liegt hier jedoch innerhalb des Ionenkanals, so daß PCP, wenn es sich dort anlagert, den Kanal „verstopft". Dadurch können keine Ionen (Ca^{2+}) mehr in die Zelle einströmen, wenn der Transmitter (Glutamat) sich an seine Bindungsstelle an der Außenseite des Rezeptors bindet. PSP bindet sich an den geöffneten NMDAaktivierten Ionenkanal.

In geringen Dosen ruft Phencyclidin Rastlosigkeit, Euphorie, Enthemmung und Erregtheit hervor. Der Drogenkonsument zeigt einen glasigen Blick und erscheint stark betrunken. Oft ist er starrsinnig und unfähig zu sprechen. In vielen Fällen bleibt er gleichwohl noch kommunikativ, selbst wenn er bereits nicht mehr auf Schmerzreize reagiert.

> »PCP löst einen akut psychotischen Zustand aus, in welchem der Betroffene sich zurück- zieht, autistisch und negativistisch wird und nicht mehr in der Lage ist, kognitive Zusam- menhänge aufrechtzuerhalten. Konkret zeigt er reduzierte, eigenwillige und bizarre Reak- tionen auf Sprichwörter und auf projektive Tests. Bei manchen Personen tritt eine katatone Haltung ein. Diese schizophrenieartigen Veränderungen der Hirnfunktionen gingen bereits über die rein symptomatische Stufe hinaus. ... Jeder, der unter dem Einfluß selbst kleiner Mengen an PCP steht, ... wird tiefgreifende Änderungen seiner höheren emotionalen Funk- tionen erfahren, die seine Urteilskraft und Erkenntnisfähigkeit beeinträchtigen. ...«[37]

In einer neueren Studie über Ketamin kamen Krystal und Mitarbeiter zu dem Schluß, daß diese Droge (ebenso wie Phencyclidin) ein breites Spektrum an Symptomen, Verhaltensweisen und kognitiven Defiziten bewirkt, das vielen Aspekten endogener Psychosen entspricht, insbesondere solchen der Schizo- phrenie und der dissoziativen Zustände.[38]

In hohen Dosierungen bewirken Phencyclidin und Ketamin Stupor (Zustand der „Erstarrung" ohne Verlust des Bewußtseins) oder sogar Koma. Daher ver- suchen Konsumenten, beim Mißbrauch dieser Substanzen die Dosis zu „titrie- ren", sie also so weit zu steigern, daß ein maximaler Rauscheffekt erzielt wird, das Bewußtsein jedoch noch erhalten bleibt. Gewöhnlich steigt dabei der Blut- druck, und die Atmung bleibt noch unbeeinträchtigt (siehe weiter unten). Nach zwei bis vier Stunden erholt sich der Patient meist von diesem Zustand, aller- dings kann ein Gefühl der Verwirrtheit zurückbleiben, das zwischen acht und 72 Stunden andauert. Die Störungen des sensorischen Inputs verursachen un- vorhersagbare übertriebene und unverhältnismäßige Reaktionen auf Umge- bungsreize bis hin zur Gewalttätigkeit. Die Schmerzunempfindlichkeit und die Gedächtnisstörungen unter dem Einfluß von PCP verstärken diese Reaktionen zusätzlich.

Massive orale Überdosierungen (bei im Straßenhandel erworbenem Phency- clidin im Bereich bis zu einem Gramm) führen zu lang anhaltendem Stupor oder Koma. Ein solcher Zustand kann sich dann über mehrere Tage ausdehnen und von heftigen Krampfanfällen, erhöhtem Blutdruck und mitunter tödlicher Atemdepression begleitet sein. Auf den Stupor folgt eine bis zu zweiwöchige verzögerte Erholungsphase mit Verwirrtheit und Wahnvorstellungen. Bei man- chen Patienten kann der Verwirrtheitszustand in eine Psychose übergehen, die sich über einige Wochen oder sogar Monate hinzieht.

Begleitwirkungen und Toxizität

Die Genesungsverläufe nach drogeninduzierten schizophrenieähnlichen psychotischen Zuständen können sehr unterschiedlich sein. Die Gründe hierfür sind kaum bekannt. Ein auf den Gebrauch von Phencyclidin folgender *flashback* kann entweder das Wiederauftreten der Psychose darstellen oder auf die Mobilisierung gespeicherten Phencyclidins aus dem Fettgewebe zurückgehen. (Die Droge ist ausgesprochen fettlöslich und wird daher ins Körperfett eingelagert.) Nachwirkungen, die aufgrund des letzteren Mechanismus entstehen, sollten jedoch mit der Elimination der Droge aus dem Körper innerhalb weniger Wochen abklingen.

Der unter Phencyclidin auftretende Rauschzustand führt zu verhaltensändernden Komplikationen wie bedrückenden Angstgefühlen, aggressiven Ausbrüchen, Panik, Paranoia und Tobsuchtsanfällen. Zudem können äußere Reize völlig übersteigerte Reaktionen auslösen, so daß PCP-Konsumenten zum einen einer erhöhten Unfallgefahr (Sturz, Ertrinken, Verbrennungen, Verkehrsunfälle) ausgesetzt sind und zum anderen an den Folgen ihres häufig auftretenden aggressiven Verhaltens zu leiden haben.

Selbstbeigebrachte Verletzungen sowie Verletzungen, die bei zwangsweiser Ruhigstellung entstehen, sind nicht selten, und die stark analgetische Wirkung vom Phencyclidin trägt zweifellos dazu bei, daß der Schmerz dem Berauschten dabei keine Grenzen setzen kann. Atemdepression, generalisierte Krampfzustände und Lungenödeme sind beschrieben worden; zudem wird PCP mit einer Reihe von Todesfällen durch Ertrinken, bei gewalttätigen Auseinandersetzungen, bei Verkehrsunfällen und durch Suizid in Verbindung gebracht.

Toleranz, Abhängigkeit und Mißbrauch

Phencyclidin ist die einzige psychedelische Droge, für die man bei Affen einen Drang zur Selbstverabreichung erwecken kann. Dieses Muster des zwanghaften Mißbrauchs ist beim Menschen gleichermaßen zu beobachten. Man kann daraus schließen, daß Phencyclidin im Gehirn Bereiche stimuliert, die das Gefühl von Belohnung vermitteln, so daß beim Konsumenten ungeachtet der nachteiligen Auswirkungen auf dessen Gesundheit das übermächtige Verlangen entstehen kann, die Droge erneut zu gebrauchen.

In Labortieren lassen sich Gewöhnungseffekte und bis zu zweifache Dosissteigerungen beobachten. Der körperliche Entzug ist beim Menschen kaum untersucht, doch weiß man aus Laborversuchen, daß Tiere, denen über vier Wochen oder länger unbegrenzt Phencyclidin angeboten wurde, nach Absetzen der Droge unter Entzugserscheinungen litten. Insgesamt »konnte die Forschung überzeugend belegen, daß PCP eine stark abhängig machende Droge ist«[37].

Eine Therapie der Phencyclidinintoxikation sollte darauf abzielen, die Konzentration der Droge im Blut zu vermindern und die betroffene Person zur

Ruhe zu bringen, ohne ihr dabei behandlungsbedingte Schäden zuzufügen. Eine solche Behandlung umfaßt erstens die Minimierung sensorischer Einflüsse, indem man den Betroffenen in eine ruhige und reizarme Umgebung bringt, zweitens die orale Verabreichung von Aktivkohle, wodurch im Magen-Darm-Trakt vorhandenes Phencyclidin abgefangen wird, drittens die vorsorgliche physische Ruhigstellung, um Selbstverletzungen vorzubeugen, und viertens die Sedierung durch ein Benzodiazepin (zum Beispiel Lorazepam) oder ein Neuroleptikum (zum Beispiel Haloperidol). Überwärmung, erhöhter Blutdruck, Krämpfe, Nierenversagen und andere Folgeerscheinungen sollten im Falle des Auftretens durch Spezialisten behandelt werden. Durch Phencyclidin hervorgerufene psychotische Zustände können lange anhalten (bis zu mehreren Wochen), besonders bei Menschen, die bereits vorher unter psychoaffektiven Störungen litten.

Aufgaben

1. Was ist eine psychedelische Droge?
2. Wodurch unterscheiden sich die psychedelischen Drogen von den Psychostimulantien, zum Beispiel von Cocain oder Amphetamin?
3. Nennen Sie vier verschiedene Klassen psychedelischer Drogen.
4. Stellen Sie die Unterschiede zwischen Mescalin und LSD heraus.
5. Wie entstehen die psychedelischen Wirkungen von LSD?
6. Was versteht man unter dem psychedelischen Syndrom?
7. Welche nachteiligen Wirkungen können beim Gebrauch von LSD auftreten?
8. Was unterscheidet Phencyclidin von nichtselektiven zentralnervös dämpfenden Wirkstoffen? Wie unterscheidet sich Phencyclidin von LSD?
9. Phencyclidin wird zur Sedierung und Ruhigstellung von Tieren angewendet. Welche Eigenschaften der Substanz tragen zu dieser Eignung bei?

Literatur

1. Ungerleider J. T.; Pechnik R. N. *Hallucinogens*. In: Lowinson J. H.; Ruiz P.; Millman R. B. und Langrod J. G. (Hrsg.) *Substance Abuse: A Comprehensive Textbook*, 2. Aufl., Baltimore, Williams & Wilkins, 1992, S. 280–289
2. Jaffe J. H. *Drug Addiction and Drug Abuse*. In: Gilman A. G.; Rall T. W.; Nies A. S. und Taylor, P. (Hrsg.) *Goodman and Gilman's The Pharmacological Basis of Therapeutics*, 8. Aufl., New York, Pergamon, 1990, S. 553.
3. Hitner H. W. *Psychotomimetic Drugs*. In: DiPalma J. R.; DiGregorio G. J. (Hrsg.) *Basic Pharmacology in Medicine*, 3. Aufl., New York, McGraw-Hill, 1990, S. 242–244.

4. Cohen S. *The Chemical Brain: The Neurochemistry of Addictive Disorders*. Irvine (Ca.), Care Institute, 1988, S. 66f.

5. Jacobs B. L. *How Hallucinogenic Drugs Work*. In: *American Scientist* 75 (1987), S. 386–392.

6. Ibid., S. 387.

7. Glennon R. A.; Teitler M. und McKenney J. D. *Evidence for 5-HT₂ Involvement in the Mechanism of Action of Hallucinogens*. In: *Life Sciences* 35 (1984), S. 2505–2511.

8. Glennon R. A. *Do Classical Hallucinogens Act as 5-HT₂ Agonists or Antagonists?* In: *Neuropsychopharmacology* 3 (1990), S. 509–517.

9. Glennon R. A.; Teitler M. und Sanders-Bush E. *Hallucinogens and Serotonergic Mechanisms*. In: *NIDA Research Monograph Series* 119 (1992), S. 131–135.

10. Teitler M.; Leonhardt S.; Appel N. M.; DeSouza E. B. und Glennon R. A. *Receptor Pharmacology of MDMA and Related Hallucinogens*. In: *Annals of the New York Academy of Sciences* 600 (1990), S. 626–639.

11. Potkin S. G. und andere *Phenethylamine in Paranoid Chronic Schizophrenia*. In: *Science* 206 (1979), S. 470.

12. Goldstein A. *Addiction: From Biology to Drug Policy*. New York, W. H. Freeman and Company, 1994, S. 197.

13. Molliver M. E.; Berger U. V.; Mamounas L. A.; Molliver D. C.; O'Hearn E. und Wilson M. A. *Neurotoxicity of MDMA and Related Compounds: Anatomic Studies*. In: *Annals of the New York Academy of Sciences* 600 (1990), S. 640–661.

14. DeSouza E. B.; Battaglia G. und Insel T. R. *Neurotoxic Effects of MDMA on Brain Serotonin Neurons: Evidence From Neurochemical and Radioligand Binding Studies*. In: *Annals of the New York Academy of Sciences* 600 (1990), S. 682–697.

15. Ricaurte G. A.; Finnegan K. T.; Irwin I. und Langston J. W. *Aminergig Metabolites in Cerebrospinal Fluid of Humans Previously Exposed to MDMA: Preliminary Observations*. In: *Annals of the New York Academy of Sciences* 600 (1990), S. 699–708.

16. Ungerleider und Pechnik *Hallucinogens*, S. 287.

17. Hofmann A. *LSD – Mein Sorgenkind*. Stuttgart, Klett-Cotta, 1979.

18. Yensen R. *LSD and Psychotherapy*. In: *Journal of Psychoactive Drugs* 17, 1985, S. 267–277.

19. Goldstein *Addiction*, S. 202.

20. Gable R. S. *Toward a Comparative Overview of Dependence Potential and Acute Toxicity of Psychoactive Substances Used Nonmedically*. In: *American Journal of Drug and Alcohol Abuse* 19 (1993), S. 263–281.

21. Finnegan L. P. und Fehr K. O. *The Effects of Opiates, Sedative-Hypnotics,*

Amphetamines, Cannabis, and Other Psychoactive Drugs on the Fetus and Newborn. In: Kalant O. J. (Hrsg.) *Research Advances in Alcohol and Drug Problems*, Band 5, New York, Plenum Press, 1980, S. 653–723.

22. Jaffe *Drug Addiction and Drug Abuse*, S. 556.

23. Dimijian G. G. *Contemporary Drug Abuse.* In: Goth A. (Hrsg.) *Medical Pharmacology*, 11. Aufl., St. Louis, Mosby, 1984, S. 156.

24. Rang H. P. und Dale M. M. *Pharmacology*, 2. Aufl., Edinburgh, Churchill Livingstone, 1991, S. 743–744.

25. Wise R. A. *The Role of Reward Pathways in the Development of Drug Dependence.* In: *Pharmacology and Therapeutics* 35 (1987), S. 227–263.

26. Ott J. *Hallucinogenic Plants of North America.* Berkeley, Wingbow Press, 1979.

27. Goldstein *Addiction*, S.195.

28. Crahan M. E. *God's Flesh and Other Pre-Columbian Phantastica.* In: *Bulletin of the Los Angeles County Medical Association* 99 (1969), S. 17.

29. Weil A. *The Marriage of the Sun and the Moon.* Boston, Houghton Mifflin, 1980, S. 73–79.

30. Brecher E. M. und die Herausgeber der Consumer Reports *Licit and Illicit Drugs.* Mt. Vernon (N. Y.), Consumers Union, 1972, S. 345.

31. Zukin S. R. und Zukin R. S. *Phencyclidine.* In: Lowinson·J. H.; Ruiz P.; Millman R. B. und Langrod J. G. (Hrsg.) *Substance Abuse: A Comprehensive Textbook*, 2. Aufl., Baltimore, Williams & Wilkins, 1992, S. 290–302.

32. Ibid., S. 295.

33. Ibid., S. 297.

34. Bekenstein J. W.; Bennet jr. J. P.; Wooten G. F. und Lothman E. W. *Autoradiographic Evidence That NMDA Receptor-Coupled Channels Are Located Postsynaptically and Not Presynaptically in the Perforant Path-Dentate Granule Cell System of the Rat Hippocampal Formation.* In: *Brain Research* 514 (1990), S. 334–342.

35. Ikin A. F.; Kloog Y. und Sokolovsky M. *N-Methyl-D-Aspartat/Phencyclidine Receptor Complex of Rat Forebrain: Purification and Biochemical Characterization.* In: *Biochemistry* 29 (1990), S. 2290.

36. Kemp J. A.; Foster A. C. und Wong E. H. F. *Non-Competitive Antagonists of Excitatory Amino Acid Receptors.* In: *Trends in Neurological Sciences* 10 (1987), S. 294–298.

37. Zukin und Zukin *Phencyclidine*, S. 296.

38. Krystal J. H.; Karper L. P.; Seibyl J. P.; Freeman G. K.; Delaney R.; Bremmer J. D.; Heninger G. R.; Bowers M. B. und Charney D. S. *Subanesthetic Effects of the Noncompetitive NMDA Antagonist, Ketamine, in Humans: Psychotomimetic, Perceptual, Cognitive, and Neuroendocrine Responses.* In: *Archives of General Psychiatry* 51 (1994), S. 199–214.

13. Cannabis: Ungewöhnliche Drogen mit sedierenden, euphorisierenden und psychedelischen Eigenschaften

Haschisch und Marihuana, von alters her angewendete Rauschmittel, besitzen sedierende, euphorisierende und – in hoher Dosierung – auch halluzinogene Eigenschaften. Ausgangsquelle für Haschisch und Marihuana ist der Hanf (*Cannabis sativa*), der in den meisten gemäßigten und tropischen Regionen gedeiht und praktisch weltweit verbreitet ist. Er zählt zu den ältesten unter den nicht für Nahrungszwecke genutzten Kulturpflanzen der Menschheit. Sein wichtigster psychotroper Inhaltsstoff ist Δ^9-Tetrahydrocannabinol (THC). THC und andere natürliche und synthetische Cannabinoide lösen charakteristische motorische, kognitive, psychedelische und analgetische Reaktionen aus, die in diesem Kapitel näher beschrieben werden. Die höchsten Konzentrationen an THC enthält das Harz aus den Blüten der weiblichen Pflanze.

Als Droge wird *Cannabis* in Form unterschiedlicher Produkte genutzt, mit Bezeichnungen wie *Marihuana*, *Haschisch*, *Charas*, *Bhang*, *Ganja* und *Sinsemilla*. Haschisch und Charas bestehen aus dem getrockneten harzigen Sekret der weiblichen Blüten und stellen mit einem THC-Gehalt zwischen sieben und 14 Prozent die wirkungsstärkste Anwendungsvariante dar. Ganja und Sinsemilla sind die getrockneten Spitzen der weiblichen Pflanze, die durchschnittlich etwa vier bis fünf (selten über sieben) Prozent THC enthalten. Bhang und Marihuana („Gras"), die getrockneten Blätter und Blüten der Pflanze, sind Hanfprodukte minderer Qualität; ihr THC-Gehalt liegt gewöhnlich bei zwei bis fünf, bisweilen auch nur bei einem Prozent. Die Wirkstoffkonzentrationen der auf dem Drogenmarkt erhältlichen Hanfprodukte sind also recht unterschiedlich.

Bis in neuere Zeit wurden Haschisch und Marihuana beziehungsweise deren aktiven Inhaltsstoffe (in erster Linie THC) gemäß ihrer Wirkung auf das Verhalten klassifiziert und daher, ähnlich wie Alkohol und die Beruhigungsmittel, als Agentien mit – jedenfalls bei geringer Dosierung – milder sedativ-hypnotischer Wirkung eingestuft. Im Gegensatz zu anderen sedativ-hypnotischen Sub-

stanzen kann THC in höheren Dosen jedoch auch Euphoriezustände, Halluzinationen und eine gesteigerte Empfindungsfähigkeit erzeugen, Wirkungen
also, wie sie ähnlich bei einem leichten LSD-Rausch auftreten. Während die
Sedativa mit zunehmender Dosis zu Anästhesie, zu Koma und schließlich zum
Tod führen, zeigt THC keine dieser Wirkungen, selbst in sehr hohen Dosen
nicht. Kreuztoleranzen zwischen THC und den Sedativa oder zwischen THC
und LSD sind kaum zu beobachten. Somit unterscheidet sich THC doch recht
erheblich von den Sedativa und auch von den Psychedelika, selbst wenn es auf
den ersten Blick einige oberflächliche Gemeinsamkeiten mit diesen Wirkstoff-
klassen haben mag.

13.1 Strukturformel von Δ^9-Tetrahydrocannabinol (THC).

Hinsichtlich seiner chemischen Struktur (Abbildung 13.1) ähnelt THC weder den Sedativa noch den Psychedelika noch irgendeinem bekannten oder
mutmaßlichen Neurotransmitter. Wenn überhaupt, so wird das THC-Molekül
meist mit den Steroiden verglichen, und interessanterweise beeinflußt der
Hanfwirkstoff in der Tat nicht unwesentlich Körperfunktionen, die durch Sexualhormone vermittelt werden. Eine Zeitlang vermutete man, daß THC ähnlich wie ein Narkosemittel wirken könnte, indem es die Fluidität neuronaler
Zellmembranen heraufsetzt. Eine solche Veränderung der Membraneigen-
schaften läßt sich freilich nicht mit der psychedelischen Wirkung in Verbindung bringen. Inzwischen hat man diese Vorstellung wieder verworfen. Doch
in den letzten Jahren vollzogen sich

>»neue und wahrhaft aufregende Entwicklungen ... auf diversen Gebieten der Cannabis- und
>Cannabinoidforschung. Unsere Einsichten in die pharmakologischen, biochemischen und
>verhaltenswirksamen Mechanismen, über die die Cannabinoide und der Marihuanarauch
>agieren, haben sich dadurch erheblich erweitert.«[1]

Diese neuen Forschungsergebnisse sind von entscheidender Bedeutung, und
wir werden auf die aktuellen Vorstellungen über die Wirkungsmechanismen
von THC noch zurückkommen. Doch zuvor werfen wir einen Blick auf die
Geschichte der Cannabisdrogen.

Geschichte

Wie Grinspoon und Bakalar in einem neueren Übersichtsartikel schreiben, reicht die Geschichte des Hanfes als Drogenquelle bis mindestens in die Zeit um 2 700 vor unserer Zeitrechnung zurück.[2] Cannabisprodukte, schon damals nicht unumstritten, wurden hauptsächlich wegen ihrer Eigenschaft als leichte Rauschmittel geschätzt – sie wirken etwas milder als Alkohol. Für spirituelle und psychedelische Erlebnisse ist Cannabis weit weniger geeignet als die natürlich vorkommenden Psychedelika, da die Wahrnehmungsveränderungen im Cannabisrausch erheblich schwächer ausgeprägt sind. Im Laufe der Zeit hat man dem Hanf eine Vielzahl medizinischer Anwendungsmöglichkeiten zugesprochen, davon sind allerdings nur wenige in ursprünglichen Kulturen erhalten geblieben. Doch mittlerweile werden THC und seine Derivate auch in unserer Gesellschaft auf ihren möglichen therapeutischen Nutzen hin untersucht.

Für den westlichen Kulturkreis stellt *Cannabis sativa* ein relativ neues Rauschmittel dar. Zwar wußten Griechen und Römer um die psychotrope Wirkung, und auch in den Hexenmitteln des späten Mittelalters wurde Hanf gelegentlich verwendet, doch größere Verbreitung als Rauschmittel fand er in Europa nicht vor dem 19. Jahrhundert, als auch die Schriftsteller Rimbaud und Baudelaire ihn „entdeckten". In Amerika wurde während der Kolonialzeit im 18. Jahrhundert vor allem in Virginia sehr viel Hanf angebaut, in erster Linie jedoch als Faserlieferant für die Seilproduktion. Selbst George Washington betrieb Hanfanbau zur Fasergewinnung, möglicherweise aber auch zu Arznei- und anderen Zwecken.

Nach der Unabhängigkeit blühte in den Vereinigten Staaten der Hanfanbau über viele Jahre und ging erst zurück, als gewinnträchtigere Kulturen wie die Baumwolle sich durchzusetzen begannen und zunehmend billiger Hanf aus Asien auf den Markt kam. In Europa wurden um 1900 erste umfangreiche Hanfanbauverbote erlassen, und der Gebrauch als Rauschdroge ebbte ab. Während des Zweiten Weltkriegs wurde dann aufgrund der stark gesunkenen Importe in den USA wieder mehr Hanf angepflanzt. Da *Cannabis sativa* anspruchslos ist und keiner besonderen Pflege bedarf, wächst die Pflanze aber vielfach auch wild.

In den Vereinigten Staaten war der Gebrauch von Hanf zu medizinischen oder zu Genußzwecken zumindest bis Anfang des 20. Jahrhunderts nicht sehr verbreitet. Zwar wußte man von seinen psychotropen Eigenschaften, schenkte ihnen jedoch kaum Beachtung. Das Rauchen von Marihuana blieb im wesentlichen auf die „unerwünschten Elemente" der Gesellschaft beschränkt. Die amerikanischen Zeitungen der frühen zwanziger Jahren porträtierten Marihuana als eine unheilbringende Droge, die im Umfeld krimineller „Untergrundaktivitäten" anzusiedeln sei. Ein Blatt in New Orleans brachte 1926 die „Bedrohung durch Marihuana" in die Schlagzeilen und behauptete, daß zwischen Marihuanakonsum und dem Begehen von Straftaten ein Zusammenhang bestehe. Daraufhin wurde der Gebrauch von Marihuana in Louisiana gesetzlich verboten; und innerhalb der folgenden fünf Jahre zogen weitere US-Bundesstaaten nach.

Die Bestrebungen zur Ächtung von Marihuana fanden ihren Höhepunkt wohl in den frühen dreißiger Jahren. Der damalige Drogenbeauftragte der amerikanischen Bundesregierung hatte es sich zur Aufgabe gemacht, bei den Einzelstaaten und bei der zuständigen Bundesbehörde, dem Bureau of Narcotics, auf eine strenge Durchführung der Gesetze gegen den Marihuanagebrauch hinzuwirken. Man begann, Marihuana als ein gefährliches Rauschgift anzusehen, das verbrecherische Gewalttaten heraufbeschwöre und eine Bedrohung für die öffentliche Sicherheit darstelle. Während des gesamten Jahrzehnts verbreiteten unzählige Zeitungsartikel diese Meinung, so daß die Öffentlichkeit allmählich von der Gefährlichkeit der Hanfdrogen überzeugt war. Bis 1940 hatte sich in den USA die allgemeine Sichtweise durchgesetzt, Marihuana sei eine „Killerdroge" und eine starkes Rauschgift, das erstens Menschen dazu veranlasse, Gewalttaten zu begehen, zweitens zur Heroinsucht führe und drittens den gesellschaftlichen Zusammenhalt bedrohe.

Diese emotionsgeladene Kampagne setzte sich in den fünfziger Jahren fort. Dennoch begann die Droge gegen Ende der fünfziger und Anfang der sechziger Jahre über ihr angestammtes Unterschichtsklientel hinaus gemeinsam mit anderen psychotropen Wirkstoffen bei Jugendlichen der Ober- und Mittelschicht populär zu werden. Der Marihuanakonsum unter amerikanischen Jugendlichen stieg in den sechziger Jahren zusehends, wenn auch zunächst nicht so rasch wie die Experimentierfreudigkeit mit LSD, dafür aber nachhaltiger: Während die Beliebtheit von LSD und anderen starken Psychedelika in den späten sechziger und frühen siebziger Jahren allmählich wieder abnahm, wurde Marihuana in dieser Zeit ausgesprochen gängig.

So rauchten 1972 mindestens zwei Millionen Amerikaner täglich Marihuana; viele junge Erwachsene griffen häufiger zum Hanf als zum Alkohol. Wie 1977 eine landesweite Umfrage über den Drogengebrauch in den Vereinigten Staaten ergab, war der Marihuanakonsum am stärksten unter den 18- bis 25jährigen verbreitet und ging bei den über 35jährigen sprunghaft zurück. Bei Personen über 50 Jahren schließlich war (und ist) der Gebrauch von Marihuana eine seltene Ausnahme. Hochgerechnet hatten bis zum Frühjahr 1977 etwa 43 Millionen Amerikaner Marihuana zumindest schon einmal probiert, und 1990 rauchten Schätzungen zufolge noch sechs bis zehn Millionen das Hanfprodukt mindestens einmal wöchentlich.

Nach Erhebungen, die man über den Zeitraum von 1975 bis 1986 an amerikanischen High Schools durchführte, erreichte der Marihuanakonsum unter den Schülern, die die Abschlußklasse besuchten, zwischen 1977 und 1979 seine höchste Rate und nahm danach stetig ab (Tabelle 13.1). Ebenso sank bei diesen Schülern der Anteil derer, die täglich Marihuana rauchten, von elf Prozent im Jahre 1978 auf schließlich unter vier Prozent.[3] Anlaß zur Besorgnis gaben allerdings Beobachtungen, daß die Zahl der Zigarettenraucher an den Schulen nicht zurückging, unvermindert Alkohol getrunken wurde und der Gebrauch von Cocain fortlaufend zunahm.

Tabelle 13.1: Prozentualer Anteil amerikanischer Oberschüler im Abschlußjahrgang, die in den letzten 30 Tagen vor dem Befragungszeitpunkt Drogen genommen hatten

	1975	1976	1977	1978	1979	1980	1981	1982	1983	1984	1985	1986
Marihuana, Haschisch	27,1	32,2	35,4	37,1	36,5	33,7	31,6	28,5	27,0	25,2	25,7	23,4
Cocain	1,9	2,0	2,9	3,9	5,7	5,2	5,8	5,0	4,9	5,8	6,7	6,2
Alkohol	68,2	68,3	71,2	72,1	71,8	72,0	70,7	69,7	69,4	67,2	65,9	65,3

Quelle: University of Michigan Institute for Social Research, im Auftrag des National Institute on Drug Abuse, 1987. Die Daten basieren auf einer landesweit erhobenen anonymen Befragung an amerikanischen High Schools.

Jedoch war der offenbare Rückgang des Hanfkonsums vielleicht nur vorübergehender Natur, denn aus den Ergebnissen einer weiteren Befragung amerikanischer Schüler Ende 1993 ließ sich ein leichter Wiederanstieg verzeichnen. Zudem dauert der Konsum von Alkohol und Tabak unvermindert an. 26 Prozent der angehenden High-School-Absolventen hatten im zurückliegenden Jahr Marihuana geraucht (1992 waren es nur 22 Prozent), und 19 Prozent rauchten jeden Tag Zigaretten. Für Schüler der achten Klasse betrugen die entsprechenden Werte acht Prozent bei Marihuana und 14 Prozent bei Tabak. Gar nicht erfaßt ist hier die erhebliche Zahl der Schulabbrecher, unter denen erfahrungsgemäß der Anteil der Drogenkonsumenten wesentlich höher liegt.

Somit scheint in den USA der Gebrauch von Drogen bei der derzeitigen Schülergeneration wieder zuzunehmen. Erschwerend kommen die kombinierten Auswirkungen von Marihuana und Alkohol hinzu[4], auf die wir noch näher eingehen werden.

Wirkungsmechanismus

Mitte der achtziger Jahre mehrten sich die Hinweise, daß THC und andere Cannabinoide ihre Wirkung über eine pharmakologisch eigenständige Klasse von Rezeptoren ausüben. Wo sich diese Rezeptoren befinden und wie sie beschaffen sind, blieb zunächst unklar. Wie Howlett und Mitarbeiter 1986 zeigten, hemmt THC das intrazelluläre Enzym Adenylatcyclase, wobei diese

Hemmung die Anwesenheit eines guaninnucleotidbindenden Proteinkomplexes, eines G-Proteins, erfordert.[5] (G-Proteine und die Adenylatcyclase sind häufig bei der intrazellulären Verarbeitung extrazellulärer Signale beteiligt; siehe Anhang C.) THC inhibiert das Enzym nicht direkt[6,7]; vielmehr wirkt es in solcher Weise auf einen spezifischen Rezeptor, daß eine Reaktionskette in Gang gesetzt wird, die schließlich zur Hemmung der Adenylatcyclase führt.

Matsuda und Mitarbeiter konnten dann aus der Hirnrinde von Ratten ein Rezeptorprotein isolieren und klonieren, das sowohl die Adenylatcyclase hemmt als auch Cannabinoide bindet.[8] Das Protein besteht aus einer Kette von 473 Aminosäuren und enthält sieben hydrophobe Domänen. Von diesen Ergebnissen ausgehend schlugen Howlett und Mitarbeiter 1991 vor, daß der Membranrezeptor, an den die Cannabinoide binden, über sieben Transmembranregionen in der Zellmembran verankert ist (Abbildung 13.2): Jede der Transmembranregionen (in der Abbildung als graue Zylinder dargestellt) umfaßt eine der hydrophoben Domänen, die sich in die Membran einlagern.[9] Wenn sich THC an den nach außen ragenden Bereich des Rezeptors bindet, wird an der Innenseite der Zellmembran ein G-Protein aktiviert, das nun seinerseits die Adenylatcyclase hemmt. An den THC-Wirkungen sind weder GABA-Rezeptoren[10] noch Veränderungen in der Dopaminausschüttung[11] unmittelbar beteiligt.

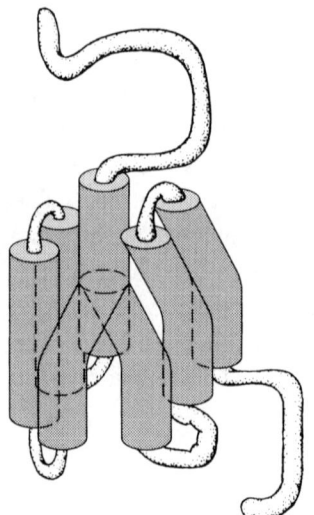

13.2 Wahrscheinliche Tertiärstruktur des Cannabinoidrezeptors. Die aus der Nucleotidsequenz der cDNA abgeleitete Aminosäuresequenz (Primärstruktur) enthält sieben relativ hydrophobe Domänen (graue Zylinder), die sich durch die Plasmamembran erstrecken. Das N-terminale extrazelluläre (oben) und das C-terminale intrazelluläre Endstück (unten) sowie die verbindenden Peptidschleifen zwischen den Transmembrandomänen sind punktiert dargestellt. (Aus Howlett et al.[9])

Nachdem man also einen Cannabinoidrezeptor isoliert und kloniert hat, ein Modell für seine Struktur innerhalb der Membran entwickeln sowie den Transduktionsmechanismus ermitteln konnte, über den er Signale in die Zelle leitet (nämlich durch Inhibierung der Adenylatcyclase), bleiben zwei wichtige Fragen offen:

1. Welches Molekül (Neurotransmitter oder sonstiger Agonist) bindet sich im Körper normalerweise an den Cannabinoidrezeptor, ist also dessen körpereigener Ligand?
2. Wo sind Cannabinoidrezeptoren im Gehirn lokalisiert, und besteht ein Zusammenhang zwischen ihrer Lokalisation und den kognitiven und verhaltensändernden Wirkungen von Marihuana und Haschisch?

Auf der Suche nach dem natürlichen Liganden isolierten Devane und Mitarbeiter 1992 aus Schweinehirn das Arachidonsäurederivat Anandamid (Abbildung 13.3), das sich spezifisch an den Cannabinoidrezeptor bindet und ähnliche pharmakologische Wirkungen wie die Cannabinoide hervorruft.[12] Wie sich in den weiterführenden Untersuchungen von Fride und Mechoulam[13], von Felder und Mitarbeitern[14] sowie von Bornheim und Mitarbeitern[15] 1993 erwies, verursacht Anandamid verhaltenswirksame, hypothermische und analgetische Effekte, wie sie vergleichbar auch durch psychotrope Cannabinoide entstehen. In der Tat entspricht Anandamid offensichtlich den wesentlichen Kriterien, die es als Agonist des Cannabinoidrezeptors erfüllen muß.[14] Nach diesem natürlichen Liganden wird der Cannabinoidrezeptor inzwischen auch als Anandamidrezeptor bezeichnet, und es wird sicherlich bald weitere Erkenntnisse über den neuentdeckten Liganden geben.[16]

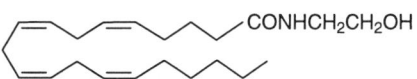 CONHCH₂CH₂OH

13.3 Strukturformel von Anandamid. Anandamid ist nach den bisherigen Erkenntnissen ein endogener Agonist des Cannabinoidrezeptors und damit dessen natürlicher Ligand.[12]

Ende der achtziger Jahre vermutete man, daß die Wirkungen von THC und anderen Cannabinoiden vor allem im Hippocampus, in der Großhirnrinde, im Kleinhirn (Cerebellum) und in den Basalganglien (im Streifenhügel, Corpus striatum) ansetzen, da diese Hirnstrukturen an Wahrnehmungs- und Erkennungsprozessen, am Gedächtnis, an der Gemütsverfassung, an höheren intellektuellen wie auch motorischen Funktionen beteiligt sind.[6] Herkenham und Mitarbeiter haben das außergewöhnliche Verteilungsmuster des Cannabinoid/Anandamid-Rezeptors im Gehirn beschrieben (Abbildungen 13.4 und 13.5).[17–19] Zum einen ist der Rezeptor in großen Mengen in den Basalganglien und im Kleinhirn zu finden. Über diese Hirnbereiche werden viele Bewegungsabläufe gesteuert, auf die sich der Cannabiskonsum auswirkt. Des weiteren enthält die Hirnrinde sehr viele Cannabinoid/Anandamid-Rezeptoren, besonders im Stirnbereich. Die Bindung von THC an diese Rezeptoren vermittelt wahrscheinlich einige seiner psychoaktiven Wirkungen, darunter die Hochstimmung nach dem Konsum der Droge, die charakteristischen Veränderungen

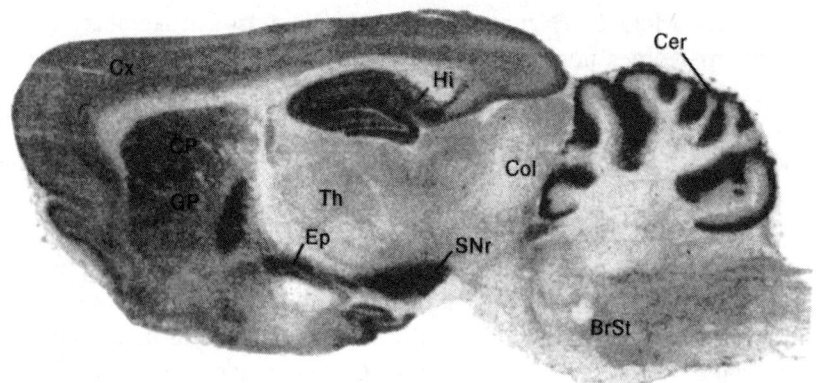

13.4 Bindung eines hochwirksamen Cannabinoids an Cannabinoidrezeptoren im Rattenhirn, sichtbar gemacht durch Autoradiographie eines Gewebeschnittes. Je höher die Rezeptordichte, desto stärker ist die Schwärzung auf dem Bild. BrSt: Hirnstamm; Cer: Cerebellum (Kleinhirn); Col: Colliculi; CP: Nucleus caudatus und Putamen (Corpus striatum); Cx: Cortex (Großhirnrinde); Ep: Nucleus entopeduncularis; GP: Globus pallidus; Hi: Hippocampus; SNr: Substantia nigra; Th: Thalamus.

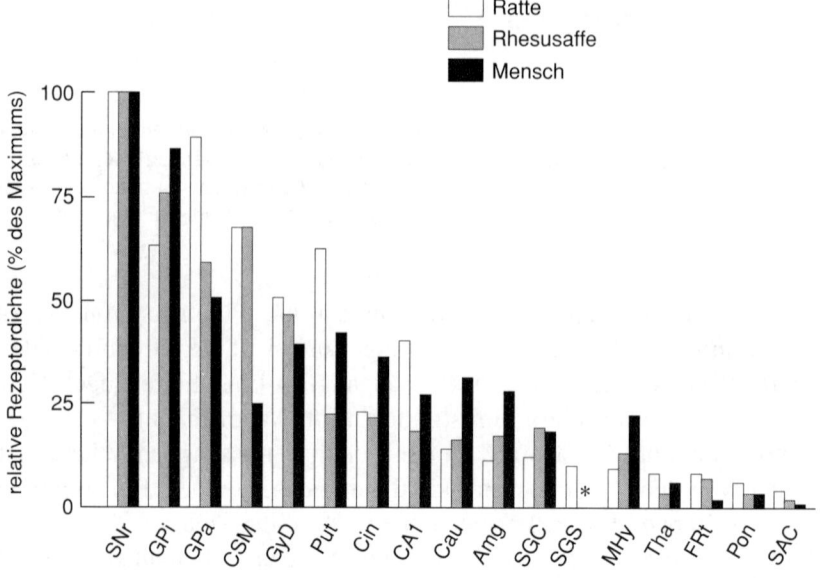

13.5 Relative Dichte von Cannabinoidrezeptoren in verschiedenen Hirnstrukturen bei Ratte, Rhesusaffe und Mensch. SNr: Substantia nigra; GPi: Globus pallidus, innerer Bereich; GPa: Globus pallidus, äußerer Bereich; CSM: Cerebellum, Molekularschicht (Stratum moleculare); GyD: Gyrus dentatus; Put: Putamen; Cin: Cortex cinguli; CA1: Hippocampus, Feld CA1; Cau: Nucleus caudatus; Amg: Mandelkern (Amygdala); SGC: zentrales Höhlengrau (Substantia grisea centralis); SGR: Substantia gelatinosa des Rückenmarks (*nur bei der Ratte gemessen); MHy: medialer Hypothalamus; Tha: Thalamus; FRt: Formatio reticularis; Pon: Brücke (Pons); SAC: Substantia alba des Corpus callosum.

im Zeitgefühl (auf die wir noch zurückkommen), die Störung der Konzentrationsfähigkeit und die Herbeiführung traumähnlicher Zustände.[18] Und schließlich ist auch der Hippocampus reich an Cannabinoid/Anandamid-Rezeptoren, was die THC-bedingten Störungen bei Gedächtnisprozessen und in der Verarbeitung sensorischer Informationen erklären kann. In den Hirnstammregionen dagegen werden Cannabinoide nicht gebunden, weshalb THC auch keinen Einfluß auf körperliche Grundfunktionen wie etwa die Atmung hat. Gerade dieser Mangel an Rezeptoren im Hirnstamm mag ein Grund dafür sein, daß THC so gut wie niemals tödlich wirkt.

Die peripheren Wirkungen der Cannabinoide untersuchten Lynn und Herkenham 1994. Wie sie herausfanden, kommen Cannabinoidrezeptoren außerhalb des Gehirns nur in bestimmten Teilen des Immunsystems vor (und zwar dort, wo B-Lymphocyten gehäuft auftreten, wie etwa in der Milz).[20] In einigen Organsystemen binden sich Cannabinoide zudem unspezifisch, so im Herz, in der Lunge, in endokrinen und in den Fortpflanzungsorganen. Sowohl die rezeptorvermittelte spezifische Bindung im Immunsystem als auch die unspezifische Bindung in vielen Bereichen des Organismus tragen zu den (noch zu besprechenden) Begleitwirkungen von Haschisch und Marihuana bei.

Pharmakokinetik

Der THC-Gehalt von Marihuana liegt im allgemeinen bei drei bis vier, selten über sieben Prozent.[21] Die gebräuchlichste Anwendungsform von THC in den USA ist die selbstgedrehte Marihuanazigarette (*joint* oder *reefer*), die aus etwa 0,4 bis einem Gramm Pflanzenmaterial besteht. Eine Zigarette aus einem Gramm Marihuana mit einem THC-Gehalt von fünf Prozent enthält also etwa 50 Milligramm THC. Wieviel davon tatsächlich über das Rauchen in den Blutkreislauf gelangt, hängt sehr von der Rauchtechnik ab und wird von vorherigen Raucherfahrungen des Konsumenten, von der Zeit, die der Rauch in der Lunge gehalten wird, und nicht zuletzt von der Zahl der Personen, die sich die Zigarette teilen, beeinflußt. In Europa ist Marihuana zwar auch sehr verbreitet (meist vom Konsumenten selbst auf dem eigenen Balkon oder im Garten angebaut), doch dominiert auf dem illegalen Markt wohl eher das Haschisch. Es wird ebenfalls, mit Tabak vermischt, als Zigarette oder pur aus der Pfeife geraucht, daneben gibt es eine Reihe speziellerer Rauchtechniken sowie die orale Aufnahme als Tee oder in Gebäck. Der Wirkstoffgehalt ist bei purem Haschisch natürlich höher, er kann aber auch stark variieren, wenn man Tabak zumischt.

Meist können erfahrene Hanfraucher ebenso wie gewohnheitsmäßige Tabakraucher den Cannabisrauch länger in der Lunge halten als Erstkonsumenten oder Nichtraucher, so daß bei den erfahrenen Rauchern mit jedem Zug eine größere Wirkstoffmenge in das Blut übertritt.

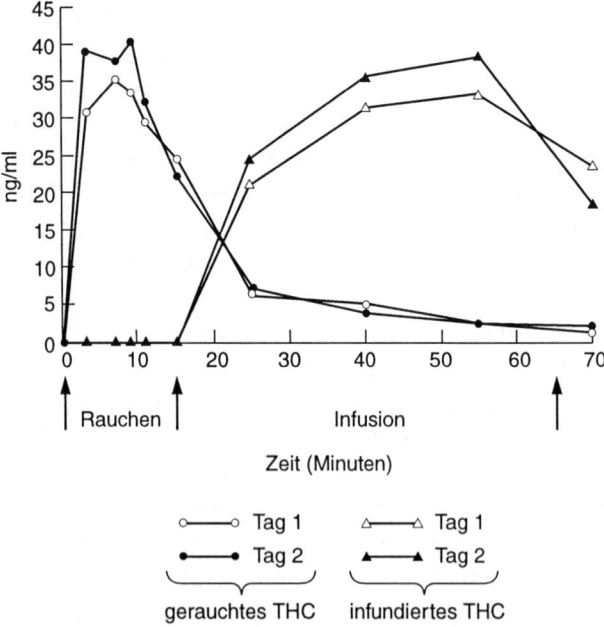

13.6 Mittlere THC-Konzentrationen im Plasma nach dem Rauchen von Marihuana und der Infusion von THC. In den ersten 15 Minuten (Minute 0 bis 15) rauchten die Versuchspersonen eine Marihuanazigarette, anschließend gab man ihnen eine intravenöse Infusion von THC über 50 Minuten (Minute 15 bis 65), im Diagramm durch Pfeile angedeutet. Gemessen wurde zunächst ohne vorherigen THC-Konsum der Probanden (Tag 1) und ein zweites Mal nach drei Wochen täglichen Marihuanarauchens (Tag 22). Die Ergebnisse für Tag 22 deuten darauf hin, daß sich keine Toleranz entwickelt hat. (Aus Perez-Reyes et al.[21])

In der Regel sind etwa 25 bis 50 Prozent der in einer Marihuanazigarette enthaltenen THC-Menge im Rauch tatsächlich auch verfügbar. Von den 50 Milligramm aus dem obigen Beispiel blieben also im Rauch effektiv nur zwölf bis 25 Milligramm übrig. Es ist daher praktisch unmöglich, daß ein Mensch, der alleine einen Joint raucht, die Gesamtmenge an THC aus diesem Joint auch aufnimmt. Beim gemeinschaftlichen Rauchen eines Joints gelangen wahrscheinlich zwischen 0,4 und zehn Milligramm THC in den Blutkreislauf des Konsumenten.[22] Im Mittel beträgt die „Bioverfügbarkeit", also der Anteil am Gesamt-THC einer Marihuanazigarette, der schließlich im Blutplasma des Rauchers ankommt, nach Einschätzung von Perez-Reyes und Mitarbeitern etwa 14 Prozent, mit einem Schwankungsbereich von 1,4 Prozent bis 34,5 Prozent.[21]

Wie in Kapitel 2 erörtert, werden inhalierte Drogen in der Lunge rasch und nahezu vollständig resorbiert. Minuten nach dem ersten Zug aus einer Marihuanazigarette erreicht die THC-Konzentration im Plasma des Rauchers bereits Höchstwerte (Abbildung 13.6), parallel dazu treten die ersten verhaltens-

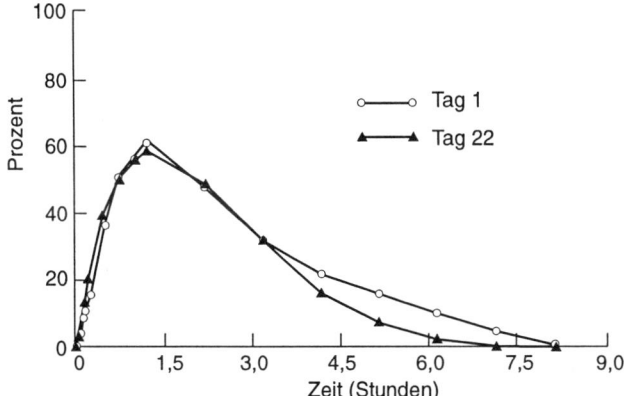

13.7 Durchschnittliche Einschätzung des subjektiven Rauschgefühls nach der kombinierten Einnahme von THC durch Rauchen und Infusion.[21] Auch hier zeigen sich kaum Unterschiede zwischen Tag 1 und Tag 22 (siehe Abbildung 13.6); eine Toleranzentwicklung ist also nicht ersichtlich.

wirksamen Effekte auf. Die Wirkung einer Zigarette hält selten länger als etwa drei bis vier Stunden an (Abbildung 13.7).

Auch bei oraler Aufnahme wird THC vom Körper resorbiert, allerdings verzögert und unvollständig: Im Vergleich zum Aufnahmeweg über das Rauchen erreicht es nur etwa ein Drittel seiner Wirksamkeit. Der Rausch setzt gewöhnlich innerhalb von drei bis 60 Minuten nach dem Drogenverzehr ein, erreicht nach zwei bis drei Stunden sein Maximum und dauert dann etwa drei bis fünf Stunden an, gelegentlich auch länger.

Da die üblichen Cannabisprodukte keine reinen Präparate darstellen und zudem wasserunlöslich sind, sollten sie keinesfalls injiziert werden: Die Injektion eines Rohextrakts aus *Cannabis sativa* oder auch aus einer beliebigen anderen Pflanze ist in jedem Fall äußerst gefährlich. In diesem Zusammenhang sei erwähnt, daß Drogen, die auf dem illegalen Markt als „reines THC" angeboten werden, meist aus irgendwelchen anderen psychedelischen Wirkstoffen bestehen und gar kein THC enthalten.

Vom Körper aufgenommenes THC wird mit dem Blutkreislauf rasch in alle Organe verteilt und sammelt sich besonders in Geweben mit hohem Fettanteil. Entsprechend dringt es auch leicht ins Gehirn ein; die Blut-Hirn-Schranke bildet offenbar kein Hindernis. Ebenso passiert THC die Placenta und gelangt in den Fetus. Es wird vom Stoffwechsel fast vollständig in ein gleichfalls aktives Produkt (11-Hydroxy-THC) umgewandelt, das wiederum zu einer inaktiven Verbindung metabolisiert und in dieser Form schließlich ausgeschieden wird.[22]

Nach Beginn der Rauschphase sinkt der THC-Spiegel im Blut relativ schnell ab – aufgrund seiner hohen Fettlöslichkeit lagert sich der Wirkstoff rasch ins

Körperfett ein – und erreicht innerhalb einer Stunde ein niedriges Niveau, das über Tage bestehen bleibt. Der Umsatz von THC im Organismus verläuft relativ langsam: Die Eliminationshalbwertzeit wird allgemein mit 30 Stunden angegeben, einige Forscher haben sogar vier Tage beobachtet.[23] Demnach bleibt THC über einige Tage oder auch Wochen im Körper vorhanden und kann in dieser Zeit dazu beitragen, die Wirkung einer weiteren Dosis zu intensivieren und zu verlängern. Die lange Verweildauer mag ein Grund dafür sein, daß bei regelmäßigem Cannabiskonsum der Rauschzustand schneller, zuverlässiger und mit einer geringeren Wirkstoffmenge erreicht wird als bei gelegentlichem Konsum (ein Phänomen, das man früher fälschlicherweise als „reverse Toleranz" bezeichnet hat).

Da THC selbst nur in Spuren im Urin eines Konsumenten auftritt, weist man den Cannabiskonsum über die Stoffwechselprodukte von THC nach. Entsprechende Verfahren sind aufwendig und erfordern spezielle chemische Analysetechniken wie Immunassay, Chromatographie oder Spektrometrie. Zwar läßt sich ein akuter oder sporadischer Konsum innerhalb von ein bis drei Tagen durchaus feststellen, doch ist zu bedenken, daß der Urin eines chronischen Cannabisrauchers ständig THC-Metaboliten enthält (bereits ab zwei- bis dreimaligem Konsum pro Woche). Ein ehemals starker Konsument zeigt mitunter noch einen Monat nach Absetzen der Droge im Urintest positive Ergebnisse. Ein positiver Nachweis muß also nicht bedeuten, daß die betreffende Person vor kurzem Marihuana geraucht hat, der Drogenkonsum kann bereits Wochen zurückliegen. Wenn man dies klären will, muß der Test mehrfach wiederholt werden. Ebenso ist ein einzelnes positives Testergebnis kein hinreichender Beweis dafür, daß die Person zum Zeitpunkt der Urinabgabe unter dem Einfluß von THC gestanden hat.

Pharmakologische Wirkungen

Bei einer Vielzahl unterschiedlicher Tierarten erzeugen THC und andere Cannabinoide

> »ein einzigartiges Syndrom von Verhaltensänderungen. Niedrige Dosen führen zu einer Mischung aus anregenden und dämpfenden Wirkungen, bei höheren Dosen überwiegt die zentrale Dämpfungswirkung. ... Der depressorische Anteil des Syndroms wird von einem Zustand der Hyperreflexie oder Hyperstimulation begleitet. Höhere Dosen bewirken bei Nagetieren eine zentrale Dämpfung nach eher klassischem Muster, unter Einschluß der Katalepsie [Erstarrung, Verharren in einer gegebenen Körperhaltung]. ... Cannabinoide erzeugen bei Mäusen eine Kombination von Hypoaktivität, Hypothermie, Antinozizeption [eingeschränkte Schmerzwahrnehmung] und Katalepsie. Weitere Wirkungen sind statische Ataxie [gestörte Bewegungskoordination] bei Hunden, sichtbare Verhaltensänderungen bei Affen sowie Substanzdiskrimination.«[24]

THC wirkt bei Tieren demnach beruhigend und schmerzlindernd, es verringert die spontane motorische Aktivität, setzt die Körpertemperatur herab, unterdrückt aggressives Verhalten, potenziert die Wirkung von Barbituraten und anderen Sedativa, verhindert die Entstehung von Krampfzuständen und dämpft Reflexe. Bei Primaten beobachtet man einen Rückgang der Aggression und der Fähigkeit, komplexe Verhaltensreaktionen auszuführen, sowie ein gesteigertes Sozialverhalten; zudem treten offenbar Halluzinationen und Verzerrungen im Zeitgefühl auf. Hochdosiertes THC kann – wahrscheinlich infolge der erwähnten unspezifischen Bindung – ovarielle Funktionen beeinträchtigen, die Menge an weiblichen Sexualhormonen verringern, die Ovulation und möglicherweise auch die Spermienproduktion hemmen.

Beim Menschen wirkt sich THC in erster Linie auf Funktionen des Herz-Kreislauf-Systems und des Zentralnervensystems aus. Fast immer steigt die Pulsfrequenz; der Blutdruck wird hingegen kaum beeinflußt. Häufig erweitern sich die Blutgefäße in der Cornea, wodurch sich die Augen unmittelbar nach dem Rauchen von Cannabisdrogen stark röten können. Konsumenten berichten gewöhnlich über gesteigerten Appetit, trockenen Mund, gelegentliche Schwindelgefühle und leichte Übelkeit. Eine Atemdepression wird nicht beobachtet.

»Obwohl die Beschleunigung des Herzschlags für Personen mit Herz- und Kreislauferkrankungen durchaus ein Risiko darstellen könnte, sind bedrohliche körperliche Reaktionen auf Marihuana fast unbekannt. Soweit man weiß, ist bislang noch niemand an einer Überdosis gestorben. Rechnet man die Ergebnisse aus Tierversuchen hoch, so liegt das Verhältnis zwischen der letalen und der effektiven (also rauschwirksamen) Dosis schätzungsweise im Bereich von mehreren tausend zu eins.«[25]

Die verhaltensbeeinflussenden Wirkungen von THC auf den Menschen sind unterschiedlich und hängen von der Dosis, dem Aufnahmeweg, den äußeren Gegebenheiten, der Erfahrung und Erwartung des Konsumenten sowie von seiner individuellen Empfänglichkeit für die entsprechenden Änderungen zentralnervöser Vorgänge ab. Alle Sinneseindrücke und Empfindungen können verstärkt sein; zumeist ändert sich das Zeitgefühl. Konsumenten erleben gesteigertes Wohlbefinden, leichte Euphorie, Entspannung und eine Befreiung von Ängsten. Auf die Phase der Hochstimmung folgt häufig eine Phase der Trägheit oder Sedierung. »Zu den subjektiv erlebten Wirkungen gehört die Dissoziation von Ideen und Gedanken. Illusionen und Halluzinationen treten eher selten auf.«[26]

Steigert der Konsument die THC-Dosis (indem er zum Beispiel mehrere Marihuanazigaretten hintereinander raucht oder mittelgroße Mengen an Haschisch oral zu sich nimmt), so erlebt er eine Intensivierung seiner emotionalen Reaktionen und Änderungen in seinen Sinneseindrücken bis hin zu Wahrnehmungsverschiebungen und leichten Halluzinationen. Beim gemeinschaftlichen Genuß eines Joints werden diese Wirkungen allerdings in der Regel nicht angestrebt.

Höhere Dosen können zu akuten Depressions- und Panikanfällen und leichter Paranoia führen.[24] Wahrscheinlich gehen diese Reaktionen auf die THC-induzierten Wahrnehmungsveränderungen zurück; Panik kann auch dann einsetzen, wenn sich beim Konsumenten das Gefühl einschleicht, er verliere die Kontrolle über seine geistigen Fähigkeiten. Erst bei psychotoxischen Dosen kommt es mitunter zu Wahnvorstellungen und schwerer Paranoia, zu echten Halluzinationen und starken Wahrnehmungsstörungen, zu Verwirrtheit und Orientierungsverlust, zur Depersonalisation (Störungen des Ich-Erlebens) und zum Verlust der Einsichtsfähigkeit. Doch sind derartige Reaktionen ungewöhnlich und gehen meist rasch vorüber. Begünstigt werden sie allerdings durch bereits bestehende Persönlichkeitsstörungen. Jaffe erörtert die Wirkungen solch hoher Dosen wie folgt:

> »In höherer Dosierung kann THC freie Halluzinationen, Wahnvorstellungen und paranoide Gefühlszustände herbeiführen. Die Gedanken werden wirr und unstrukturiert; Depersonalisation und ein verändertes Zeitempfinden beginnen, sich auszuprägen. Das Gefühl, der durch die Droge ausgelöste Zustand werde niemals enden, kann die Hochstimmung in Angst übergehen lassen, die mitunter panikartige Ausmaße annimmt. Bei ausreichend hoher Dosis gleicht das klinische Bild dem einer toxischen Psychose mit Halluzinationen, Depersonalisation und Verlust des Einsichtsvermögens. ... Die meisten Konsumenten sind durchaus in der Lage, ihren Konsum so zu kontrollieren, daß sie einer exzessiven Überdosierung und den damit verbundenen unangenehmen Begleiterscheinungen entgehen. ... Der Gebrauch von Marihuana [und Haschisch] kann bei bereits stabilisierten Schizophreniepatienten einen akuten Wiederausbruch der Symptome verursachen; zudem ist er unabhängig davon ein Risikofaktor bei der Entstehung der Schizophrenie.«[27]

Wie sich der Konsum von Cannabis auf kognitive Leistungen, auf Lernvorgänge und auf das Konzentrationsvermögen auswirkt, ist intensiv untersucht worden. Unter akutem THC-Einfluß ist die Fähigkeit beeinträchtigt, komplexe Aufgaben zu bewältigen, welche Aufmerksamkeit und korrektes Einordnen von Einzelbeobachtungen erfordern (wie zum Beispiel das Autofahren); reflexartig ausgeführte Tätigkeiten sind hingegen weniger betroffen. Die Folgen des chronischen Gebrauchs untersuchten Solowij und Mitarbeiter. Sie kamen zu dem Schluß, daß entsprechende Konsumenten

> »nur unter Schwierigkeiten eine zielgerichtete Aufmerksamkeit aufbauen und irrelevante Informationen ausblenden können. Die vorliegenden Befunde lassen eine Dysfunktion in der geordneten Zuteilung der verfügbaren Aufmerksamkeitspotentiale und bei den Strategien der Reizbewertung vermuten. Die Ergebnisse deuten darauf hin, daß der langfristige Konsum von Cannabis die Fähigkeit beeinträchtigen kann, Informationen sinnvoll zu verarbeiten.«[28]

In welchem Ausmaß diese Defizite darauf zurückzuführen sind, daß sich THC bei chronischem Konsum im Organismus anhäuft, und ob sich die gestörten Funktionen nach längerem Absetzen der Droge wieder normalisieren, geht aus dieser Studie allerdings nicht hervor. Es drängt sich die Frage auf, in welcher Form sich der Konsum von Cannabisprodukten auf bereits bestehende Konzentrationsschwächen, wie sie etwa gelegentlich im Kindes- und Jugendalter auftreten, auswirkt und ob er sie verstärken kann.

Block und Mitarbeiter untersuchten 1992 die akuten Folgen des Marihuanarauchens auf kognitive Fähigkeiten. Nach ihren Ergebnissen werden Lernprozesse, Assoziationsvermögen und psychomotorische Leistungen erheblich beeinträchtigt.[29] Insbesondere »verändert Marihuana Assoziationsvorgänge und regt zu eher ungewöhnlichen Denkverknüpfungen an«[29]. Die Gedanken werden weniger durch logische Vorgaben eingegrenzt und beginnen, freier zu fließen. Abstraktionsvermögen und Wortschatz sind nach dieser Studie geringer betroffen. Andere Studien über kognitive Defizite infolge des Gebrauchs von Cannabis berichten von Gedächtnisstörungen, Schwächen bei der Bildung von Konzepten, beim Lernen, in der Aufmerksamkeit und bei der Erkennung von Signalen.[26]

In frühen Untersuchungen hat man die THC-induzierten Gedächtnisstörungen auf Veränderungen in der cholinergen Aktivität zurückgeführt. Doch wahrscheinlich entstehen die Erinnerungsschwächen über direkte Wirkungen am Cannabinoid/Anandamid-Rezeptor; und die Störungen im cholinergen System stellen eher Sekundäreffekte dar.

Um die Wirkungen auf das Verhalten und die Attraktivität einer psychoaktiven Droge zu verstehen, muß man die Wechselwirkungen dieser Droge mit den Belohnungssystemen im Gehirn kennen. Einen Überblick über den Einfluß von THC auf solche Hirnsysteme, insbesondere auf Bereiche in den dopaminergen Nervenbahnen des medialen Vorderhirnbündels, geben Gardner und Lowinson. Sie stellen fest:

> »Die direkte Verstärkung von Belohnungsmechanismen im Gehirn ist offenbar die einzige wesentliche Gemeinsamkeit, welche zum Mißbrauch verleitende Substanzen miteinander teilen. Die Vorstellung, daß Genuß- und mißbrauchte Drogen auf solche Hirnmechanismen einwirken und dadurch das subjektive Belohnungsgefühl erzeugen, das den vom Konsumenten angestrebten Rausch, das „High"-Sein oder den „Kick", ausmacht, ist zur Zeit die überzeugendste Hypothese über die neurobiologischen Grundlagen des Gebrauchs und Mißbrauchs von Genußdrogen.«[30]

Wie die Autoren überdies betonen, hängt dieser innere Belohnungsmechanismus entscheidend von der funktionellen Integrität der Neurotransmission in den dopaminergen Systemen des Mittel- und Endhirns ab.[31]

Dabei sind zudem synaptische Verbindungen beteiligt, an denen Opioide und andere Neurotransmitter zum Einsatz kommen. Gardner und Lowinson vertreten den Standpunkt, daß THC, ebenso wie andere mißbrauchte Drogen, in diese Systeme eingreift und die Ausschüttung von Dopamin in solchen Hirnbereichen verursacht, in denen Gefühle der Belohnung und Befriedigung entstehen, darunter die Basalganglien, der Nucleus accumbens und der präfrontale Cortex.[30] Entsprechende Ergebnisse konnten die Autoren allerdings nur an einem einzigen Stamm von Nagetieren gewinnen; drei weitere untersuchte Nagerstämme ließen keine THC-induzierte Dopaminfreisetzung erkennen. Mithin fassen Abood und Martin zusammen: »Da diese Wirkungen in nur einem Rattenstamm demonstriert worden sind, ist die Übertragbarkeit des Mechanismus auf den menschlichen Mißbrauch bestenfalls vorläufig.«[32]

Wie bereits in vorausgegangenen Kapiteln betont, läßt sich ein Zusammenhang zwischen der Wirkung einer Droge und einer neuropsychologischen Dysfunktion nur herstellen, wenn man die betroffene Person auch im drogenfreien Zustand untersucht. Im Falle von THC dauert es mitunter Wochen oder gar Monate, bis dieser Zustand erreicht ist. Erst dann kann man beurteilen, ob jemand auch psychopathologische Symptome zeigt, die vom Drogenkonsum unabhängig sind (psychiatrische Comorbidität). Die Frage, ob der Gebrauch von Cannabisprodukten oder anderen Drogen Ursache oder Folge einer psychischen Störung ist, sie also hervorruft oder nur demaskiert, wird sich wohl vorerst nicht eindeutig beantworten lassen.

Therapeutische Anwendungen

Für THC und seine Derivate sind verschiedene medizinische Anwendungen denkbar. In den USA sind derzeit *Dronabinol* (als Marinol®, in Sesamöl formuliertes THC) und *Nabilon* (als Cesamet®, ein synthetisches Cannabinoid) für bestimmte Zwecke bereits zugelassen. Beide Medikamente werden bei Krebspatienten, die infolge einer Chemotherapie an Übelkeit und Erbrechen leiden, zur Behandlung dieser therapiebedingten Symptome eingesetzt.

Wie sich zudem erwies, steigert Dronabinol bei Aids- und Krebspatienten den Appetit und fördert die Gewichtszunahme.[33] Zusammen mit seiner brechreizhemmenden Wirkung kann es somit helfen, die Lebensqualität schwerkranker Patienten zu verbessern.[33]

THC besitzt überdies milde analgetische Eigenschaften, wirkt antiepileptisch, senkt bei Glaukomen den Augeninnendruck und kann bei Asthmatikern Bronchialkrämpfe lindern. Doch es ist kaum zu erwarten, daß Marihuana oder THC in absehbarer Zeit für diese Zwecke freigegeben werden, da bereits andere Medikamente zur Verfügung stehen.

Begleitwirkungen und Toxizität

Bereits die Verhaltensänderungen, die infolge des Rauschzustands auftreten, stellen eine wichtige Begleitwirkung dar. So beeinträchtigt THC ebenso wie Alkohol die Fahrtüchtigkeit. Im Vergleich zu Alkohol ist jedoch bei Cannabisprodukten die Gefahr wesentlich größer, daß ein Konsument sich „nüchtern" fühlt, obwohl die Wirkung der Droge noch andauert. Man hält sich also für uneingeschränkt fahrtüchtig, ist es jedoch keineswegs.

»Die verminderte Fahrfähigkeit bleibt mit vier bis acht Stunden erheblich länger bestehen als die subjektiv spürbaren Drogenwirkungen. Für geübte Beobachter ist die Beeinträchtigung augenfällig: 94 Prozent der Versuchspersonen waren 90 Minuten nach dem Rauchen einer Marihuanazigarette nicht in der Lage, den bei [amerikanischen] Verkehrskontrollen üblichen Reaktions- und Verhaltenstest auf Fahrtüchtigkeit (*roadside sobriety test*) zu bestehen, und nach 150 Minuten fielen immer noch 60 Prozent durch.«[27]

Die Beteiligung von THC und Alkohol bei der Entstehung von Verletzungen untersuchten Soderstrom und Mitarbeiter an einer Gruppe von Traumapatienten, von denen sich 67 Prozent ihre Verletzung bei einem Verkehrsunfall, die restlichen 33 Prozent durch anderweitige Ereignisse zugezogen hatten.[4] THC ließ sich bei insgesamt 35 Prozent der Personen nachweisen (besonders gehäuft bei Männern und in der Altersgruppe unter 30 Jahren), Alkohol bei 33 Prozent. Beide Drogen kombiniert fanden die Autoren bei 16,5 Prozent, ausschließlich THC bei 18, ausschließlich Alkohol bei 16 und keine der beiden Drogen bei 49 Prozent.

Konsumiert man THC und Alkohol gleichzeitig, so addieren sich die Auswirkungen der beiden Drogen, und die Fähigkeit, Auto zu fahren oder andere komplexe Aufgaben zu bewältigen, geht um so drastischer zurück. Dessen sollten sich entsprechende Konsumenten bewußt sein, zumal fast 50 Prozent der gewohnheitsmäßigen Marihuanaraucher den Joint zusammen mit alkoholischen Getränken zu sich nehmen.

Wie erwähnt, hat THC erheblichen Einfluß auf Lern- und Gedächtnisvorgänge und auf die kognitiven Funktionen. Es liegt daher nahe anzunehmen, daß chronischer Cannabisgebrauch (mit ständig im Blutplasma und/oder Körperfett vorliegenden Restmengen an THC) die intellektuelle Leistungsfähigkeit vermindert. Besonders risikoreich wäre der Konsum dann bei Personen mit bereits bestehenden kognitiven Defiziten oder Konzentrationsschwächen.

Seit langem wird immer wieder der Verdacht geäußert, Cannabisdrogen riefen ein „Amotivationssyndrom" hervor, führten also zu Antriebsverlust, und schädigten überdies das Gehirn. Doch gibt es bislang keine überzeugenden Hinweise, die diesen Verdacht stützen könnten, weder in der einen noch in der anderen Hinsicht.[2,22] Westlake und Mitarbeiter untersuchten die Cannabinoidrezeptoren in den Basalganglien, in der Großhirnrinde, im Hippocampus und im Kleinhirn von Ratten und Affen, denen sie chronisch THC und Marihuana verabreicht hatten, und konnten nach der Verabreichung keine irreversiblen Veränderungen hinsichtlich der Rezeptoren feststellen.[34]

Besorgnis besteht auch darüber, daß der Cannabiskonsum psychotische Episoden zum Ausbruch bringen beziehungsweise verschärfen könnte. Vor kurzem überprüften Linszen und Mitarbeiter diese Annahme an jugendlichen Schizophreniepatienten.[35] Nach ihren Ergebnissen geht der Gebrauch von Marihuana in der Tat mit signifikant gehäuften und vorgezogenen psychotischen Rückfällen sowie einer Verschlimmerung der Symptome einher, und ein ursächlicher Zusammenhang ist hier durchaus wahrscheinlich. Trotz der geringen Zahl der Teilnehmer sind die Befunde dieser Studie ein Beleg dafür, daß »schwerer Cannabismißbrauch zumindest ein verstärkender Faktor für psychotische Rückfälle und möglicherweise auch ein prämorbider Auslöser ist«. Es mag daher für die Behandlung entsprechender Schizophreniepatienten nicht ganz unwichtig sein, sie vom Konsum der Droge abzubringen.

Auf die körperliche Gesundheit scheint sich der Cannabisgebrauch dagegen eher wenig auszuwirken; ernsthafte Folgeschäden sind kaum bekannt.

> »Was die Toxizität von chronisch gebrauchtem Marihuana anbelangt, so gibt es einige Hinweise auf Abweichungen in den reproduktiven Organen, im Immunsystem und in der Lunge. Doch ein überzeugender Beweis, daß derartige Veränderungen allein auf Marihuana zurückgehen, muß anhand sorgfältig kontrollierter Studien noch erbracht werden.«[24]

Allerdings könnten wir uns gewissermaßen noch im Frühstadium befinden, in dem schädliche Wirkungen auf wesentliche Organe bislang nicht augenfällig geworden sind.

Da der Hauptaufnahmeweg für THC über die Lunge verläuft, erscheint es sinnvoll, die Folgen des Rauchens zu analysieren. Mit den erwähnten Einflüssen auf das Fortpflanzungs- und das Immunsystem werden wir uns ebenfalls näher befassen.

Auswirkungen auf die Lunge

Vergleicht man die gasförmigen und festen Bestandteile im Tabak- mit denen im Marihuanarauch, so erhält man eine gewisse Vorstellung über das lungenschädigende Potential von Marihuana (Tabelle 13.2).[36] Abgesehen von THC, das nur im Marihuanarauch, und von Nicotin, das nur im Tabakrauch auftritt, ist die Zusammensetzung der beiden Inhalate bemerkenswert ähnlich. Bei der Einschätzung der möglichen schädlichen Wirkungen muß man allerdings im Auge behalten, daß ein Zigarettenraucher im Durchschnitt etwa zehn- bis 20mal mehr an Tabak verbraucht (oder verraucht) als ein Hanfraucher an Marihuana. Andererseits wird beim Marihuanakonsum tiefer inhaliert und der Rauch länger in der Lunge gehalten.

Es gibt Hinweise auf Lungenfunktionsänderungen, die auf das Rauchen von Marihuana zurückgehen, darunter Bronchialreizungen und -entzündungen, Atemwegsverengungen, kombiniert mit erhöhter Reizempfindlichkeit (ähnlich wie bei Asthma), reduzierte Makrophagen- und Cilienaktivität (was die Entfernung eingedrungener Partikel aus der Lunge erschwert) sowie Frühzeichen von Lungenemphysemen.[37] Angesichts der vielen gas- und partikelförmigen Schadstoffe (Tabelle 13.2), die mit dem Marihuanarauch fortlaufend aufs neue inhaliert werden, sind solche Lungenschädigungen nicht überraschend.

Die Frage drängt sich auf, ob Marihuana zusätzlich zu seinen Reizwirkungen auch Lungenkrebs erzeugen kann, wenn es chronisch geraucht wird. Direkte Beweise hierfür existieren bislang nicht, doch Tumoren der oberen

Atemwege und der Zunge sind bei Marihuanarauchern bereits beobachtet worden.[38] Es ist nicht auszuschließen, daß gewohnheitsmäßige Hanfraucher sich im Prodromalstadium (Vorläuferstadium) der Lungenkrebsentwicklung befinden. So hat man bei Bronchialbiopsien von Marihuanarauchern und bei einer Reihe von Tiermodellen Zellveränderungen gefunden, wie sie für Frühphasen der Krebsentstehung typisch sind.[39]

Tabelle 13.2: Gas- und partikelförmige Bestandteile im Rauch einer Marihuana-beziehungsweise einer Tabakzigarette

	Marihuana	Tabak
Gasphase		
Kohlenmonoxid (mg/Vol.%)	17,6/3,99	20,2/4,58
Kohlendioxid (mg/Vol.%)	57,3/8,27	65,0/9,38
Ammoniak (μg)	228	178
Blausäure (μg)	532	498
Isopren (μg)	83	310
Acetaldehyd (μg)	1200	980
Aceton (μg)	443	578
Acrolein (μg)	92	85
Acetonitril (μg)	132	123
Benzol (μg)	76	67
Toluol (μg)	112	108
Dimethylnitrosamin (ng)	75	84
Methylethylnitrosamin (ng)	27	30
Partikelfraktion		
Phenol (μg)	76,8	138,5
o-Cresol (μg)	76,8	24
m-, p-Cresol (μg)	54,4	65
2,4- und 2,5-Dimethylphenol (μg)	6,8	14,4
Cannabidiol (μg)	190	–
THC (μg)	820	–
Nicotin (μg)	–	2850
Naphtalin (ng)	3000	1200
1-Methylnaphtalin (ng)	6100	3650
2-Methylnaphtalin (ng)	3600	1400
Benz(a)anthracen (ng)	75	43
Benz(a)pyren (ng)	31	22,1

Quelle: Hoffmann et. al.[36]

Auswirkungen auf das Immunsystem

Gewisse Anhaltspunkte legen einen Zusammenhang zwischen dem langfristigen Konsum von THC und einer Schwächung der Immunabwehr nahe, wodurch ein Hanfraucher für Infektionskrankheiten und auch für Krebs anfälliger werden könnte.[40] Obwohl die Ergebnisse auf diesem Gebiet widersprüchlich und ursächliche Beziehungen nicht bewiesen sind, kann THC unter bestimmten Umständen das Immunsystem partiell supprimieren. Inwieweit dieser Wirkung klinische Bedeutung zukommt, ist unklar. Es sei erwähnt, daß auch andere dämpfend wirkende Substanzen, so etwa Alkohol, Barbiturate, Benzodiazepine und Antikonvulsiva, immunsuppressive Eigenschaften zeigen.

Wie Cannabinoide das Immunsystem beeinflussen, hat man an der Milz und an Lymphocyten (bestimmten weißen Blutzellen), zwei wichtigen Komponenten der körpereigenen Abwehr, untersucht. Kaminsky und Mitarbeiter konnten in der Membran von Milzzellen proteinbindende Cannabinoidrezeptoren identifizieren.[41] Nach ihrer Aktivierung durch THC hemmen diese Rezeptoren das intrazelluläre *second messenger*-System, das von der Adenylatcyclase ausgeht, und behindern so die ordnungsgemäße Funktion der Milzzellen innerhalb der Abwehr. Diaz, Specter und Coffey fanden bei Lymphocyten ähnliche Wirkungen.[42] Und wie schon angedeutet, schreiben Lynn und Herkenham:

> »Cannabinoidrezeptoren ließen sich bei der Ratte außer im Nervensystem auch in bestimmten Geweben des Immunsystems lokalisieren. Obgleich dieses Ergebnis für die Immunmodulation beim Menschen von Bedeutung ist, darf nicht unerwähnt bleiben, daß Nager gegenüber einer Immunmodulation durch Cannabinoide empfänglicher sind als der Mensch, was vielleicht auf die wesentlich höhere Dichte an Rezeptoren [vermutlich für Anandamid] in ihren Immunzellen zurückgeht. Beim Menschen erfolgt nur eine minimale Immunsuppression, die in vielen Fällen vernachlässigbar ist. Es liegen kaum Hinweise vor, daß eine durch Cannabinoide vermittelte Immunsuppression ursächlich an der Entstehung von Krankheiten beteiligt ist.«[43]

Weitere Studien über die Wirkungen der Cannabinoide und ihrer Rezeptoren auf das menschliche Immunsystem werden sicher bald folgen.

Auswirkungen auf Fortpflanzungsfunktionen

Eine Reihe von Befunden deutet darauf hin, daß THC sexuelle und reproduktive Funktionen beeinträchtigt. Bei Männern kann der chronische Gebrauch von Cannabis den Testosteronspiegel erniedrigen und die Spermienproduktion hemmen.[22] Über eine Minderung der männlichen Fertilität und sexuellen Potenz ist dagegen nichts bekannt. Bei Frauen führt der Cannabiskonsum zu absinkenden Mengen an follikelstimulierendem und an luteinisierendem Hormon (FSH und LH); der Menstruationszyklus kann betroffen sein, auch anovulatorische Zyklen (ohne Eisprung) sind beobachtet worden. Doch sämtliche dieser Wirkungen sind offenbar reversibel und verlieren sich nach Absetzen der Droge.[44]

THC greift über zwei Wege in reproduktive Funktionen ein: zum einen über spezifische Wechselwirkungen im Gehirn (unter Beteiligung von Hypothalamus und Hypophyse; Kapitel 14) und zum anderen über unspezifische, rezeptorunabhängige Wechselwirkungen in den Hoden und in den Eierstöcken.[20]

Und schließlich durchdringt THC wie alle psychotropen Substanzen ungehindert die Placenta und sollte daher während der Schwangerschaft vermieden werden. Ob THC den Fetus schädigt, läßt sich schwer abschätzen, da Frauen, die in der Schwangerschaft THC konsumieren, in der Regel auch zu weiteren Drogen greifen (insbesondere zu Alkohol, Coffein und Nicotin).

Toleranz und Abhängigkeit

Die Ausbildung einer Toleranz gegenüber THC ist erwiesen; vermutlich entsteht sie aufgrund einer Anpassung des Gehirns an die fortwährende Anwesenheit der Droge (pharmakodynamische oder Rezeptortoleranz). Bei Tieren kann sich eine Gewöhnung entwickeln, die eine bis zu hundertfache Dosissteigerung erlaubt – ein derartiges Ausmaß an Rezeptortoleranz ist beim Menschen auch im Falle extremen THC-Konsums allerdings noch nie beobachtet worden.[22]

Nach allgemeiner Ansicht führt der Konsum von THC nicht zur körperlichen Abhängigkeit: »Es ist hinreichend belegt, daß auch nach chronischem und massivem Gebrauch von Cannabisprodukten kein Entzugssyndrom mit schwerer Symptomatologie auftritt. Eher als eine körperliche Abhängigkeit kann allerdings eine gewisse psychische Abhängigkeit, also ein starkes Verlangen nach der Droge, entstehen.«[45]

Das Absetzen der Droge geht möglicherweise mit Reizbarkeit, Ruhelosigkeit, Nervosität, Appetit- und Gewichtsverlust, Schlafstörungen, übermäßiger Zunahme des REM-Schlafes (als Rebound-Effekt), Tremor, Frösteln und Anstieg der Körpertemperatur einher. Die Symptome setzen innerhalb weniger Stunden nach dem letzten Drogengebrauch ein und halten etwa vier bis fünf Tage an, sind insgesamt jedoch nur schwach ausgeprägt.[22] Theoretisch können also Toleranz und körperliche Abhängigkeit entstehen, doch für die Praxis ist dies wahrscheinlich kaum von Bedeutung.

Ob eine psychotrope Substanz psychische Abhängigkeit hervorrufen kann, läßt sich abschätzen, indem man Versuchstieren diese Substanz in unbegrenzter Menge anbietet: Wenn sich die Tiere den Wirkstoff fortgesetzt verabreichen, ist sein abhängigkeitserzeugendes Potential groß. Zwanghafter Mißbrauch und psychische Abhängigkeit entstehen wahrscheinlich dann, wenn eine Droge zentralnervöse Belohnungs- und Befriedigungsmechanismen zu stimulieren vermag. Wir haben in diesem Kapitel bereits die These von Gard-

ner und Lowinson diskutiert, daß THC ein potenter Aktivator solcher Belohnungssysteme sei.[30] Allerdings neigen Tiere nicht zur Selbstverabreichung
von THC; ebensowenig ist THC zur Substitution von Drogen mit ausgeprägt
positiv verstärkender Wirkung geeignet. Daraus kann man mit Abood und
Martin schließen: »Diese Beobachtung legt nahe, daß THC nur ein begrenztes
Potential zur Erzeugung einer körperlichen Abhängigkeit besitzt. Aufgrund der
eher schwach positiv verstärkenden Eigenschaften von THC gilt dies gleichermaßen für die psychische Abhängigkeit.«[32]

Drei wesentliche Elemente kennzeichnen die Abhängigkeit von einer psychotropen Substanz, sei es THC oder eine andere Droge:

1. Vordringlichkeit der Drogenbeschaffung vor anderen Lebensaspekten;
2. zwanghafter Gebrauch der Droge;
3. Rückfallneigung oder ständig wiederkehrender Drogengebrauch.

Bei ausschließlichem Konsum von Cannabisdrogen sind diese Probleme eher
gering ausgeprägt; weit häufiger treffen die Kriterien für den Mißbrauch mehrerer Drogen nebeneinander zu (Mehrfachabhängigkeit). Daher richten sich
nur wenige Therapieprogramme allein gegen den Mißbrauch von Cannabisdrogen. Behandlungsmethoden wie die Psychotherapie können bei gewohnheitsmäßigen Hanfrauchern angebracht sein. Doch wird dadurch nicht der
Cannabismißbrauch an sich behandelt, sondern eine Psychopathologie, auf
welcher der Mißbrauch basiert und zu deren Symptomen er zählt. Grinspoon
und Bakalar schreiben: »Die Abhängigkeit von Cannabis ist nicht so sehr
durch inhärente psychopharmakologische Eigenschaften der Droge selbst bedingt, sie wird vielmehr durch die zugrundeliegende Psychopathologie emotio-
nal in Gang gehalten. Um den Cannabiskonsum erfolgreich zu senken, muß
eine Behandlung an dieser Pathologie ansetzen.«[46] Ein Zwölfstufenprogramm
zur Therapie von Cannabisabhängigen beschreiben Miller, Gold und Pottash.[47]

Cannabisdrogen und öffentliche Sicherheit

In den dreißiger Jahren erschienen in den USA die ersten Berichte, nach denen
der Gebrauch von Marihuana an der Entstehung von Aggression, Gewalt- und
Straftaten ursächlich beteiligt sein soll. Obwohl es dazu kaum einen Anlaß
gab, entstand in der Öffentlichkeit die Meinung, Marihuana fördere gesell-
schaftsfeindliche Handlungen und gewaltsame Verbrechen und führe überdies
zum Gebrauch von Opiaten. Demgegenüber kamen in den vergangenen 100
Jahren sämtliche hochrangigen amerikanischen Regierungskommissionen immer wieder (und bereits im *Indian Hemp Commission Report of 1894*) zu dem
Schluß, daß Marihuana zu Unrecht verteufelt wird. Gleichwohl ist die Gesetz-

gebung gegen Cannabisprodukte meist äußerst rigide und trägt eher irrationa-
len Ängsten Rechnung als den tatsächlich von der Droge ausgehenden gesellschaftlichen Gefahren.[44]

Wer heute noch glaubt, daß Marihuana zu Verbrechen und Gewalt führt, ist
naiv.[2] Tatsächlich ist die Neigung zu Gewaltausbrüchen unter THC-Einfluß
ungleich geringer als etwa nach dem Konsum von Alkohol.

> »Anstatt zu kriminellem Verhalten anzustacheln, zeigt Cannabis vielmehr die Tendenz, es
> zu unterdrücken. Der Rausch führt zu einer sanften Lethargie, die körperlichen Aktivitäten
> jeder Art und erst recht dem Begehen von Verbrechen entgegensteht. Der Wegfall von
> Hemmungen äußert sich eher in Phantasien und Worten als in Handlungen. Im Rauschzu-
> stand können Marihuanakonsumenten Dinge sagen und denken, die ihnen normalerweise
> nicht in den Sinn kämen, doch handeln sie im allgemeinen nicht gegen ihre Wesensart. Ein
> Marihuanaraucher, der bislang kein Krimineller war, wird auch unter Einfluß der Droge
> keine Straftaten begehen.«[48]

Ein Zusammenhang zwischen Drogenrausch und Straftaten ist daher eher bei
solchen psychoaktiven Drogen zu suchen, die aggressives Verhalten fördern,
wie Alkohol, Cocain und die Amphetaminderivate.

Wie sollte eine Gesellschaft auf Cannabis reagieren? Inzwischen liegen ge-
nügend Informationen über die pharmakologischen und toxikologischen Wirkungen der Cannabinoide vor, daß man anfangen kann, eine neue Rechtsbe-
handlung auszuarbeiten. Viele amerikanische Bundesstaaten haben die neue
Sichtweise bereits in ihre Gesetzgebung einfließen lassen und für den Besitz
geringer Mengen den Straftatbestand abgeschafft. Denn wie die National
Commission on Marijuana and Drug Abuse der USA bereits 1972 formulierte:
»Der Staat ist verpflichtet, dem Bürger gegenüber gesetzliche Einschränkungen seiner individuellen Lebensfreiheit zu rechtfertigen.«[49]

Bis heute hat sich in den Vereinigten Staaten noch keine regierungsseitig
beauftragte Untersuchungskommission über Marihuana grundsätzlich gegen
die rechtlichen Beschränkungen ausgesprochen oder dafür plädiert, Cannabis
als sichere Droge allgemein freizugeben.[44] In Frage gestellt wird jedoch die
Härte des Strafmaßes angesichts der geringen tatsächlichen Gefahr für die
Gesellschaft und für den einzelnen.

Die Frage ist, was Staat und Gesellschaft in bezug auf die unverhältnismäßig
hohen Strafen, die das Gesetz vorgibt, unternehmen sollen. Einer wohl noch
sehr konservativen Leitlinie folgend, empfahl die National Commission on
Marijuana and Drug Abuse 1972 folgende Änderungen amerikanischer Bun-
desgesetze:

> »Der private Besitz von Marihuana für den persönlichen Gebrauch wäre nicht mehr als
> Delikt einzustufen, als öffentlich zur Schau gestellter Besitz bliebe Marihuana jedoch
> weiterhin eine illegale Ware, die der unverzüglichen Beschlagnahme und Einziehung unter-
> liegt. Die gelegentliche Weitergabe kleiner Mengen von Marihuana ohne oder nur gegen
> geringfügige Vergütung, die keine Gewinnabsicht beinhaltet, würde ebenfalls nicht mehr
> als Delikt gelten.«[50]

Des weiteren regte die Kommission an, bei Straftaten, die unter dem Einfluß von Marihuana begangen wurden, Anträge auf Unzurechnungsfähigkeit vor Gericht grundsätzlich auszuschließen, da selbst das erwiesene Vorliegen des Rauschzustands während der Straftat einer planvollen Absicht nicht entgegenstehe.

Derartige Gesetzesänderungen würden den Besitz kleiner Mengen von Cannabis praktisch entkriminalisieren; Personen, die derzeit noch aufgrund solchen Besitzes festgenommen werden können, entgingen dann einer Bestrafung, die viele als schwerer erachten als den Verstoß, für den sie verhängt wird. Trotzdem wären Cannabisprodukte nach wie vor prinzipiell illegal, und es bliebe weiterhin Aufgabe des Staates, ihrem Gebrauch entgegenzuwirken.

Im Zuge der Diskussion um die niederländischen Erfahrungen mit der kontrollierten Duldung von Cannabis wurde der Ruf nach Legalisierung in neuer Form wieder laut: »Ein legaler Markt für Marihuana ... würde den Kontakt von Marihuanarauchern zu Drogendealern abbrechen lassen und dadurch dazu beitragen, junge Menschen von harten Drogen fernzuhalten.«[51]

In Deutschland hat das Bundesverfassungsgericht 1994 im sogenannten „Haschisch-Beschluß" die Strafvorschriften des Betäubungsmittelgesetzes auch für den Umgang mit Cannabisprodukten demgegenüber ausdrücklich bestätigt. Doch sieht das Gesetz die Möglichkeit vor, bei Bagatelldelikten von Verfolgung und Strafe abzusehen. So haben die Strafverfolgungsbehörden und Gerichte einen gewissen Ermessensspielraum, wenn es sich etwa um geringe Mengen für den Eigenbedarf handelt.

Obwohl Cannabis kein „Killerkraut" darstellt, ist es auch kein harmloses Rauschmittel bar jeglicher Schadwirkung. Die gesetzlichen Regelungen sind dazu gedacht, Konsumenten und auch Nichtkonsumenten, die von berauschten Drogengebrauchern beeinflußt werden könnten, sowie nicht zuletzt Jugendliche, die die Risiken und Vorzüge einer Droge nicht immer rational zu beurteilen vermögen, zu schützen. Die Entscheidung, welche Art von Schutz angeboten soll, obliegt der Gesellschaft. Offenbar wird der gemeinschaftliche Genuß von Cannabis als Freizeitdroge inzwischen allgemein weitgehend akzeptiert und toleriert (wenn auch nicht unbedingt gebilligt), doch sind wir von entsprechend angepaßten gesetzlichen Richtlinien zum Cannabisgenuß noch weit entfernt.

Aufgaben

1. Nennen Sie die THC-Konzentrationen der verschiedenen Cannabisprodukte.
2. In welcher Hinsicht sind die Wirkungen von THC ähnlich denen der nichtselektiven zentralnervös dämpfenden Mittel, und in welcher Hinsicht unterscheiden sie sich?

3. Inwiefern ähneln sich die Wirkungen von THC und psychedelischen Drogen, wo gibt es Unterschiede?
4. Welcher Zusammenhang besteht zwischen der Halbwertzeit von THC im Körper und der Beobachtung, daß nach wiederholtem Gebrauch von Marihuana der Rauschzustand beschleunigt und auch mit einer verringerten Wirkstoffmenge eintritt?
5. Erörtern Sie einige der Befürchtungen und Begleiterscheinungen, die mit dem variierenden Cannabiskonsum bei jungen Erwachsenen verknüpft sind.
6. Diskutieren Sie die Beteiligung des Cannabisgebrauchs bei der Entstehung von Verletzungen und bei der Ausführung verbrecherischer Gewalttaten.
7. Welche Befürchtungen hegt man hinsichtlich der langfristigen Begleitwirkungen bei chronischem Cannabiskonsum, und wie sind sie zu bewerten?
8. Diskutieren Sie das Konzept eines „Cannabinoidrezeptors".
9. Wie könnte ein Therapieprogramm zur Behandlung von Cannabisabhängigen aussehen?
10. Wie werden Staat und Gesellschaft Ihrer Ansicht nach auf den fortgesetzten illegalen Gebrauch von Cannabisprodukten reagieren? Sollte Cannabis legalisiert werden? Wenn ja, welche Regelungen sollte man zur Kontrolle und/oder Begrenzung des Konsums treffen?

Literatur

1. Musty R. E.; Consroe P. und Makriyannis A. *Introduction*. In: *Pharmacology, Biochemistry & Behavior* 40 (1991), S. 457–459.
2. Grinspoon L. und Bakalar J. B. *Marijuana*. In: Lowinson J. H.; Ruiz P.; Millman R. B. und Langrod J. G. (Hrsg.) *Substance Abuse: A Comprehensive Textbook*, 2. Aufl., Baltimore, Williams & Wilkins, 1992, S. 236–246.
3. Okrie T. R. *Three Positive Shifts Away from Marijuana Use, 1979–1988*. In: *Journal of School Health* 59 (1989), S. 34–36.
4. Soderstrom C. A.; Trifillis A. L.; Shanker B. S. und Clark W. E. *Marijuana and Alcohol Use Among 1023 Trauma Patients: A Prospective Study*. In: *Archives of Surgery* 123 (1988), S. 733–737.
5. Howlett A. C.; Qualy J. M. und Khachatrian L. L. *Involvement of G_i in the Inhibition of Adenylate Cyclase by Cannabimimetic Drugs*. In: *Molecular Pharmacology* 29 (1986), S. 307–313.
6. Bidaut-Russel M.; Devane W. A. und Howlett A. C. *Cannabinoid Receptors and Modulation of Cyclic AMP Accumulation in the Rat Brain*. In: *Journal of Neurochemistry* 55 (1990), S. 21–26.
7. Audette C. A.; Burstein S. H.; Doyle S. A. und Hunter S. A. *G-Protein*

Mediation of Cannabinoid-Induced Phospholipase Activation. In: *Phar-macology, Biochemistry & Behavior* 40 (1991), S. 559–563.

8. Matsuda L. A.; Lolait S. J.; Brownstein M. J.; Young A. C. und Bonner T. I. *Structure of a Cannabinoid Receptor and Functional Expression of the Cloned cDNA.* In: *Nature* 346 (1990), S. 561–564.

9. Howlett A. C.; Champion-Dorow T. M.; McMahon L. L. und Westlake T. M. *The Cannabinoid Receptor: Biochemical and Cellular Properties in Neuroblastoma Cells.* In: *Pharmacology, Biochemistry & Behavior* 40 (1991), S. 565–569.

10. Pertwee R. G.; Brownee S. E.; Ross T. M. und Stretton C. D. *An Investiga-tion of the Involvement of GABA in Certain Pharmacological Effects of Delta-9-Tetrahydrocannabinol.* In: *Pharmacology, Biochemistry & Beha-vior* 40 (1991), S. 581–586.

11. Castaneda E.; Moss D. E.; Oddie S. D. und Whishaw I. Q. *THC Does Not Affect Striatal Dopamine Release: Microdialysis in Freely Moving Rats.* In: *Pharmacology, Biochemistry & Behavior* 40 (1991), S. 587–592.

12. Devane W. A.; Hanus L.; Breuer A.; Pertwee R. G.; Stevenson L. A.; Griffin G.; Gibson D.; Mandelbaum A.; Etinger A. und Mechoulam R. *Isolation and Structure of a Brain Constituent That Binds to the Cannabi-noid Receptor.* In: *Science* 258 (1992), S. 1946–1949.

13. Fride E.; Mechoulam R. *Pharmacological Activity of the Cannabinoid Receptor Agonist, Anandamide, a Brain Constituent.* In: *European Journal of Pharmacology* 231 (1993), S. 313f.

14. Felder C. C.; Briley E. M.; Axelrod J.; Simpson J. T.; Mackie K. und Devane W. A. *Anandamide, an Endogenous Cannabimimetic Eicosanoid, Binds to the Cloned Human Cannabinoid Receptor and Stimulates Recep-tor-Mediated Signal Transduction.* In: *Proceedings of the National Aca-demy of Sciences of the United States of America* 90 (1993), S. 7656–7660.

15. Bornheim L. M.; Kim K. Y.; Chen B. und Correia M. A. *The Effects of Cannabidiol on Mouse Hepatic Microsomal Cytochrome P450-Dependent Anandamide Metabolism.* In: *Biochemical & Biophysical Research Com-munications* 197 (1993), S. 740–746.

16. Devane W. A. *New Dawn of Cannabinoid Pharmacology.* In: *Trends in Pharmacological Sciences* 15 (1994), S. 40f.

17. Herkenham M.; Lynn A. B.; Little M. D.; Johnson M. R.; Melvin L. S.; deCosta B. R. und Rice K. C. *Cannabinoid Receptor Localization in Brain.* In: *Proceedings of the National Academy of Sciences of the United States of America* 87 (1990), S. 1932–1936.

18. Herkenham M.; Lynn A. B.; Johnson M. R.; Melvin L. S.; deCosta B. R. und Rice K. C. *Characterization and Localization of Cannabinoid Recep-*

tors in Rat Brain: A Quantitative in Vitro *Autoradiographic Study*. In: *Journal of Neuroscience* 11 (1991), S. 563–583.

19. Herkenham M. *Cannabinoid Receptor Localization in Brain: Relationship to Motor and Reward Systems*. In: *Annals of the New York Academy of Sciences* 654 (1992), S. 19–32.

20. Lynn A. B.; Herkenham M. *Localization of Cannabinoid Receptors and Nonsaturable High-Density Cannabinoid Binding Sites in Peripheral Tissues of the Rat: Implications for Receptor-Mediated Immune Modulation by Cannabinoids*. In: *Journal of Pharmacology and Experimental Therapeutics* 268 (1994), S. 1612–1623.

21. Perez-Reyes M.; White W. R.; McDonald S. A.; Hicks R. E.; Jeffcoat A. R. und Cook C. E. *The Pharmacological Effects of Daily Marijuana Smoking in Humans*. In: *Pharmacology, Biochemistry & Behavior* 40 (1991), S. 691–694.

22. Jaffe J. W. *Drug Addiction and Drug Abuse*. In: Gilman A. G.; Rall T. W.; Nies A. S. und Taylor P. (Hrsg.) *Goodman and Gilman's The Pharmacological Basis of Therapeutics*, 8. Aufl., New York, Pergamon, 1990, S. 549–553.

23. Johansson E.; Hardin M. M.; Agurell S. und Dollister L. E. *Terminal Elimination Plasma Half-Life of Delta-1-Tetrahydrocannabinol in Heavy Users of Marijuana*. In: *European Journal of Clinical Pharmacology* 37 (1989), S. 273–277.

24. Abood M. E.; Martin B. R. *Neurobiology of Marijuana Abuse*. In: *Trends in Pharmacological Sciences* 13 (1992), S. 202.

25. Grinspoon und Bakalar *Marijuana*, S. 241.

26. Abood und Martin *Neurobiology of Marijuana Abuse*, S. 202.

27. Jaffe *Drug Addiction and Drug Abuse*, S. 551.

28. Solowij N.; Michie P. T. und Fox A. M. *Effects of Long-Term Cannabis Use on Selective Attention: An Event-Related Potential Study*. In: *Pharmacology, Biochemistry & Behavior* 40 (1991), S. 683.

29. Block R. I.; Farinpour R. und Braverman K. *Acute Effects of Marijuana on Cognition: Relationships to Chronic Effects and Smoking Techniques*. In: *Pharmacology, Biochemistry & Behavior* 40 (1992), S. 907–917.

30. Gardner E. L.; Lowinson J. H. *Marijuana's Interaction With Brain Reward Systems: Update 1991*. In: *Pharmacology, Biochemistry & Behavior* 40 (1991), S. 571.

31. Ibid., S. 572.

32. Abood und Martin *Neurobiology of Marijuana Abuse*, S. 203.

33. Plasse T. F.; Gorter R. W.; Krasnow S. H.; Lane M.; Shepard K. V. und Wadleigh R. G. *Recent Clinical Experience With Dronabinol*. In: *Pharmacology, Biochemistry & Behavior* 40 (1991), S. 695–700.

34. Westlake T. M.; Howlett A. C.; Ali S. F.; Paule M. G.; Scallet A. C. und Slikker jr. W. *Chronic Exposure to Delta-9-Tetrahydrocannabinol Fails to Irreversibly Alter Brain Cannabinoid Receptors.* In: *Brain Research* 544 (1991), S. 145–149.

35. Linszen D. H.; Dingemans P. M. und Lenior M. E. *Cannabis Abuse and the Course of Recent-Onset Schizophrenic Disorders.* In: *Archives of General Psychiatry* 51 (1994), S. 273.

36. Hoffman D. I.; Brunemann K. D.; Gori G. B. und Wynder E. L. *On the Carcinogenicity of Marijuana Smoke.* In: *Recent Advances in Phytochemistry* 9 (1975), S. 63–81.

37. Gong jr. H.; Fligiel S.; Tashkin D. P. und Barbers R. G. *Tracheobronchial Changes in Habitual, Heavy Smokers of Marijuana With and Without Tobacco.* In: *American Review of Respiratory Disease* 136 (1987), S. 142–149.

38. Caplan G. A.; Brigham B. A. *Marijuana Smoking and Carcinoma of the Tongue: Is There an Association?* In: *Cancer* 66 (1990), S. 1005f.

39. U.S. Department of Health and Human Services *The Health Consequences of Smoking: The Changing Cigarette. A Report of the Surgeon General.* Washington (D. C.), U.S. Government Printing Office, 1981, S. 81–85.

40. Hollister L. E. *Marijuana and Immunity.* In: *Journal of Psychoactive Drugs* 20 (1988), S. 3–8.

41. Kaminski N. E.; Abood M. E.; Kessler F. K.; Martin B. R. und Schatz A. R. *Identification of a Functionally Relevant Cannabinoid Receptor on Mouse Spleen Cells That Is Involved in Cannabinoid-Mediated Immune Modulation.* In: *Molecular Pharmacology* 42 (1992), S. 736–742.

42. Diaz S.; Specter S. und Coffey R. G. *Suppression of Lymphocyte Adenosin 3':5'-Cyclic Monophosphate (cAMP) by Delta-9-Tetrahydrocannabinol.* In: *International Journal of Immunopharmacology* 15 (1993), S. 523– 532.

43. Lynn und Herkenham *Localization of Cannabinoid Receptors*, S. 1621.

44. Goldstein A. *Addiction: From Biology to Drug Policy.* New York, W. H. Freeman & Company, 1994, S. 174–176.

45. Abood und Martin *Neurobiology of Marijuana Abuse*, S. 204.

46. Grinspoon und Bakalar *Marijuana*, S. 243.

47. Miller N. S.; Gold M. S. und Pottash A. C. *A 12-Step Treatment Approach for Marijuana (Cannabis) Dependence.* In: *Journal of Substance Abuse Treatment* 6 (1989), S. 241–250.

48. Grinspoon und Bakalar *Marijuana*, S. 239.

49. National Commission on Marihuana and Drug Abuse *Marihuana: A Signal of Misunderstanding.* New York, Signet, 1972, S. 159.

50. Ibid., S. 85.

51. Kupfer A. *What to Do About Drugs.* In: *Fortune* 20. Juni 1988, S. 39–41.

14. Fertilitätswirksame Substanzen und anabole Steroide

Nervenzellen (Neuronen) kommunizieren miteinander, indem sie bestimmte Moleküle freisetzen, die man als Neurotransmitter bezeichnet. Im einfachsten Fall wird ein solcher Neurotransmitter an der präsynaptischen Endigung des einen Neurons sezerniert. Anschließend diffundiert er durch den engen synaptischen Spalt und wirkt schließlich auf die postsynaptische Membran des nachfolgenden Neurons. Während Neurotransmitter jedoch nur die kurze Entfernung des synaptischen Spalts überwinden müssen, um vom Ort der Freisetzung zu ihrem Wirkort zu gelangen, werden die „echten" Hormone (Verbindungen wie zum Beispiel Östrogen, Insulin, die Schilddrüsenhormone, das Wachstumshormon und Testosteron) von ihren sekretorischen Zellen in den Blutstrom abgegeben und mit diesem zu ihren weiter entfernten Zielorganen transportiert.

Neben gemeinsamen Wirkorten besitzen Hormone und Neurotransmitter ein gemeinsames Steuerorgan: Das Gehirn reguliert die Synthese und Freisetzung beider Klassen von Botenstoffen. Der Hypothalamus bildet und sezerniert *Releasing-Faktoren* oder *Releasing-Hormone* („Freisetzungshormone"), die in die benachbart gelegene Hirnanhangdrüse (Hypophyse) übertreten, woraufhin diese wiederum ihre eigenen Hormone in den Blutkreislauf ausschüttet. Die Hypophysenhormone verteilen sich dann mit dem Blut im ganzen Körper, wirken dort auf diverse Zielorgane und beeinflussen deren Funktion. So können sie beispielsweise die Schilddrüse, die Nebennieren oder die Keimdrüsen dazu anregen, nun im dritten Schritt ihrerseits Hormone zu bilden und zu sezernieren. Abbildung 14.1 veranschaulicht, wie diese Prozesse bei der Regulation der Keimdrüsen zusammenspielen. Wenn im Blutplasma der Spiegel eines der in den Keimdrüsen gebildeten Sexualhormone (beispielsweise Östro-

---

Dieses Kapitel, in dem es in erster Linie um Sexual-Hormone geht, mag in einem Buch mit dem Titel *Drogen und Psychopharmaka* auf den ersten Blick wie ein Fremdkörper wirken. Doch die vielfältigen Wechselwirkungen zwischen Psyche, Verhalten und Hormonsystem (Psychoneuroendokrinologie) und die Effekte, die Psychopharmaka auf den Hormonhaushalt und, umgekehrt, Hormone auf die Wirkung von Psychopharmaka ausüben, lassen eine ausführliche Darstellung dieser Thematik durchaus geboten erscheinen.

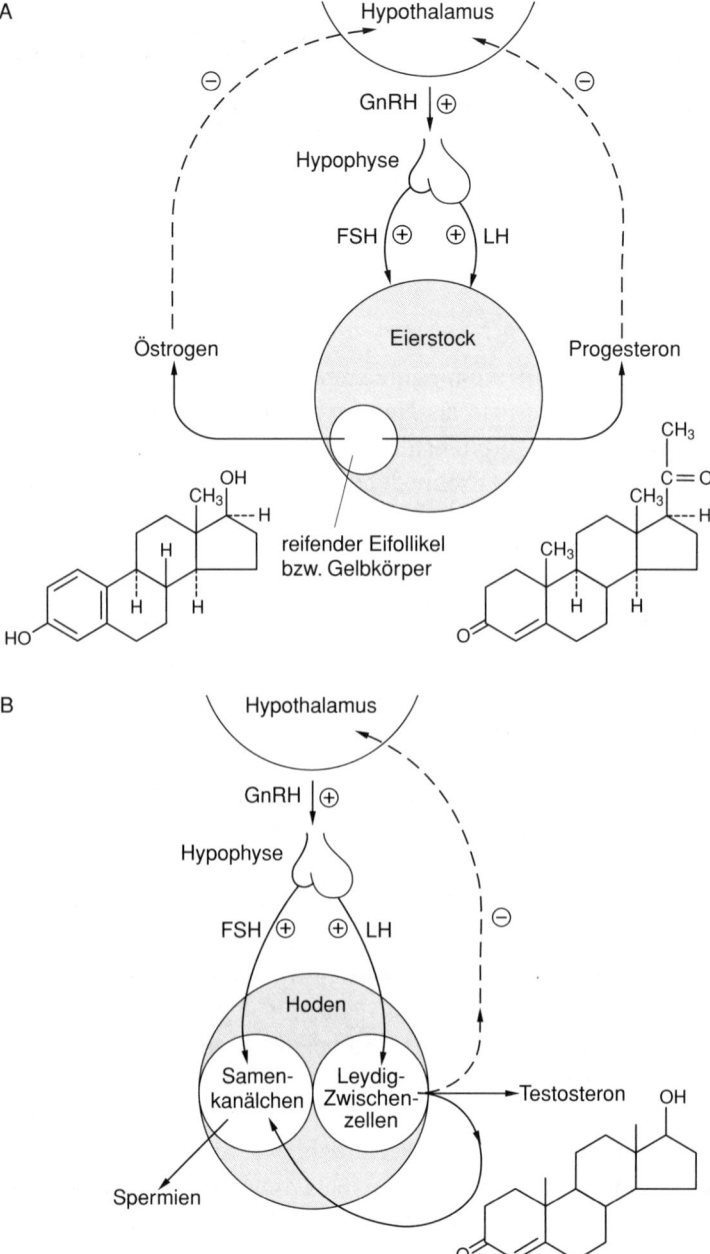

14.1 Hormonelle Regulation der weiblichen (A) und der männlichen Fertilität (B). Das Gehirn ist (über Hypothalamus und Hypophyse) bei der Kontrolle der Fruchtbarkeit beteiligt. Anders als bei der Frau ist die Fertilität des Mannes keinen periodischen Zyklen unterworfen. Die Strukturformeln für das natürliche Östrogen (Östradiol) sowie für Progesteron und Testosteron sind ebenfalls dargestellt. GnRH: Gonadotropin-Releasing-Hormon; FSH: follikelstimulierendes Hormon; LH: luteinisierendes Hormon. Durchgezogene Pfeile symbolisieren stimulatorische, gestrichelte Pfeile inhibitorische Wirkungen.

gen oder Testosteron) absinkt, werden Zellen im Hypothalamus aktiviert, die Rezeptoren für dieses Sexualhormon besitzen. Als Folge bildet der Hypothalamus ein spezifisches Releasing-Hormon, das wie skizziert unter Zwischenschaltung der Hypophyse und ihrer Steuerungshormone die Keimdrüsen wieder dazu stimuliert, das schwindende Sexualhormon nachzubilden. Über derartige hormonelle Rückkopplungsschleifen werden im Körper Produktionsmengen und Plasmakonzentrationen einer Vielzahl von Hormonen reguliert.

Unter dem Aspekt der Aufklärung über Drogen und Medikamente und deren Mißbrauch sind zwei Vertreter solcher hormonellen Regelkreise von besonderer Bedeutung. Sie sollen in diesem Kapitel näher erläutert werden. Zum einen betrachten wir die Regulation der weiblichen Fertilität durch die Sexualhormone Östrogen und Progesteron. Die Produktion dieser beiden Hormone kann durch eine Reihe von pharmakologischen Wirkstoffen unterdrückt beziehungsweise gesteigert werden. Kontrazeptive Mittel unterdrücken die Ausschüttung der fertilitätsregulierenden Hormone aus Hypothalamus und Hypophyse und setzen so die Fruchtbarkeit und die Wahrscheinlichkeit einer Schwangerschaft herab; fertilitätssteigernde Mittel wirken entsprechend umgekehrt. Zum anderen werden wir auf die anabolen androgenen Steroide eingehen, zu denen das männliche Sexualhormon Testosteron und seine synthetischen Abkömmlinge gehören. Diese Substanzen blockieren einerseits die normale zentralnervös gesteuerte Regulation der Testosteronproduktion, der Spermienbildung und der männlichen Fertilität und üben andererseits periphere Hormonwirkungen aus, durch die sie die körperliche Erscheinung verändern und die sportliche Leistungsfähigkeit, den Muskelaufbau und die Aggressionsbereitschaft steigern. In den letzten Jahren ist der Mißbrauch anaboler Steroide durch Männer wie auch Frauen Anlaß zu wachsender Besorgnis geworden.

Pharmakologische Beeinflussung der weiblichen Fruchtbarkeit

In Abbildung 14.2 sind die primären weiblichen Organe des menschlichen Fortpflanzungssystems dargestellt. Dazu gehören die Eierstöcke (Ovarien), die Eileiter, die Gebärmutter (Uterus) und die Vagina. Zur Fortpflanzung werden in den Eierstöcken Eizellen (Oocyten) bereitgestellt, von denen zyklisch jeweils eine ausreift und beim Eisprung den Eierstock verläßt. Über den benachbarten Fransentrichter gelangt die Eizelle in den röhrenförmigen Eileiter und wandert durch ihn hindurch auf die Gebärmutter zu. Wenn die Eizelle durch eine Samenzelle befruchtet wird (was meist noch innerhalb des Eileiters geschieht), nistet sie sich in der inneren Gebärmutterwand ein und entwickelt sich weiter zum Fetus und zur Placenta.

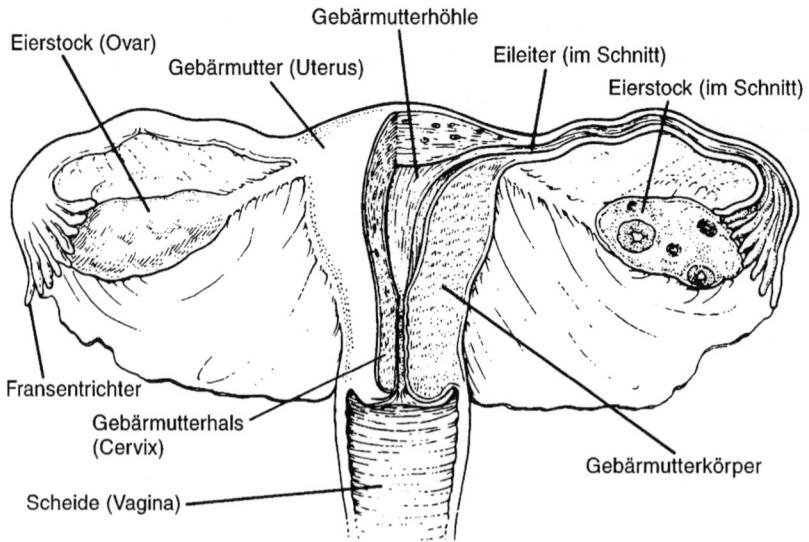

14.2 Die primären Fortpflanzungsorgane der Frau.

Der Menstruationszyklus

Nachdem in der Pubertät die Eierstockfunktionen ausgereift sind, werden im weiblichen Körper eine Reihe von Sexualhormonen gebildet, deren Mengen einem regelmäßigen monatlichen Rhythmus folgen. Mit den zyklischen Veränderungen der Hormonspiegel gehen entsprechende Veränderungen in der Aktivität der weiblichen Geschlechtsorgane einher. Der Zyklus dauert im Durchschnitt 28 Tage, kann jedoch zwischen 20 und 45 Tagen schwanken.

Um die beiden Hauptziele des Monatszyklus zu erreichen – die Reifung und Bereitstellung einer Eizelle zur Befruchtung sowie die Vorbereitung der Gebärmutterschleimhaut (Endometrium) auf eine eventuelle Einnistung – ist eine koordinierte Abfolge hormoneller Rückkopplungen notwendig. Den Ablauf der Ereignisse zeigt Abbildung 14.3. Zu Beginn des Zyklus sind der Östrogen- und der Progesteronspiegel im Blut niedrig, die für die Einnistung aufgebaute Schicht des Endometriums aus dem vorangegangenen Zyklus beginnt sich abzulösen, und die einige Tage dauernde Regelblutung setzt ein. Auf die niedrigen Östrogen- und Progesteronspiegel reagieren nun Zellen im Hypothalamus mit der Ausschüttung des Gonadotropin-Releasing-Hormons (GnRH) ins Blut. GnRH, ein Peptid (kleines Protein) aus zehn Aminosäurebausteinen, gelangt mit dem Blut zur Hypophyse und regt diese zur Ausschüttung der Gonadotropine FSH (follikelstimulierendes Hormon) und LH (luteinisierendes Hormon) in den Blutkreislauf an, der die beiden Hormone zum Eierstock transportiert.[1] Dort stimuliert FSH zunächst zahlreiche ovarielle Follikel, von denen jeder

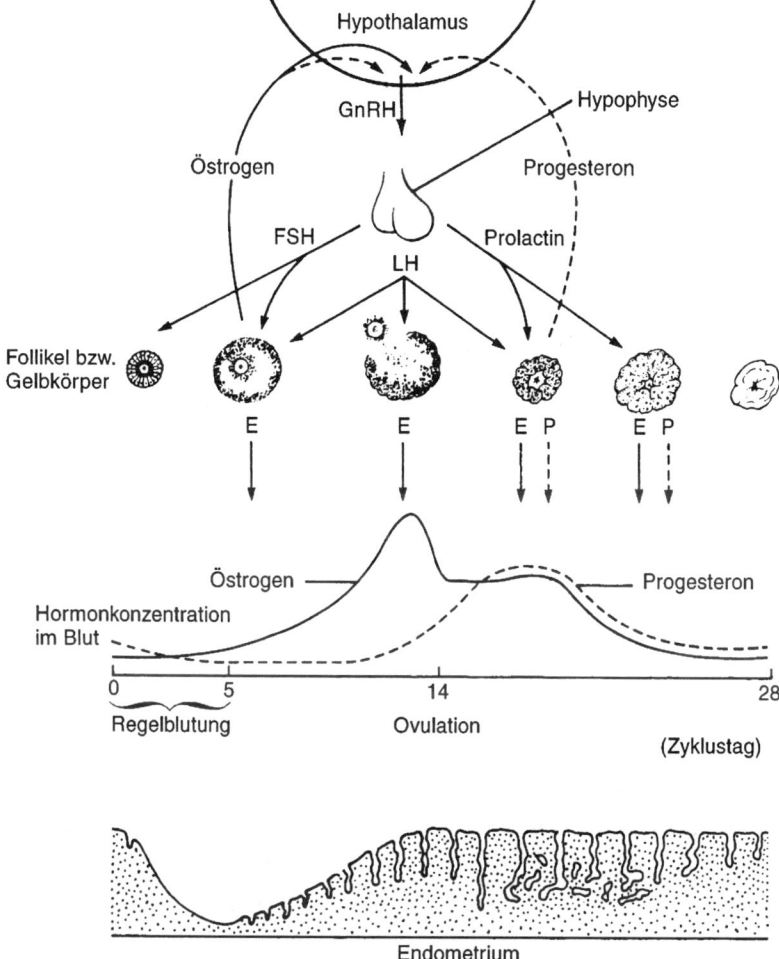

14.3 Abfolge der Ereignisse in Gehirn, Ovarien und Uterus beim monatlichen Menstruations-zyklus der Frau. GnRH: Gonadotropin-Releasing-Hormon; FSH: follikelstimulierendes Hormon; LH: luteinisierendes Hormon; E: Östrogen; P: Progesteron. Durchgezogene Pfeile kennzeichnen Stimulation, gestrichelte Pfeile Inhibition.

eine unreife Eizelle beherbergt, und bringt sie zum Wachstum. Nach fünf oder sechs Tagen setzt sich einer der Follikel durch und wächst schneller als die anderen; und seine Eizelle beginnt zu reifen.

Dieser dominierende Follikel sezerniert alsbald geringe Mengen Östrogen ins Blut, wodurch die weitere GnRH-Ausschüttung im Hypothalamus und damit auch die FSH-Freisetzung in der Hypophyse unterdrückt werden. Als Folge davon bilden sich die überschüssigen Follikel zurück. Die Östrogensekretion des dominanten Follikels erreicht ihr Maximum kurz vor der Zyklusmitte (Tag 14). Dann, am Ende der präovulatorischen Phase, „kippt" die Regulation der

Gonadotropine FSH und LH um, und beide erreichen ebenfalls Höchstwerte im Blut. Der hohe LH-Spiegel leitet den Eisprung ein, indem er den Follikel zu einem weiteren schnellen Wachstum veranlaßt, bis dieser schließlich platzt und die gereifte Eizelle entläßt. Damit ist der Eisprung (die Ovulation) erfolgt. LH ist dazu unbedingt notwendig; fehlt LH, wird der Follikel nicht reißen und der Eisprung nicht stattfinden (auch nicht bei Anwesenheit großer Mengen des anderen Gonadotropins FSH).

Nach dem Eisprung wird die Eizelle von den Fransen (Fimbrien) des Fransentrichters eingefangen und gelangt in den Eileiter, wo sie gegebenenfalls befruchtet wird. Schließlich erreicht sie, befruchtet oder nicht, den Uterus. Der geplatzte Follikel, aus dem die Eizelle gesprungen ist, bildet sich in den Gelbkörper (Corpus luteum) um, der nun neben Östrogen auch Progesteron sezerniert. Beide Hormone halten im Uterus einen Zustand aufrecht, der die Aufnahme des möglicherweise befruchteten Eies gewährleistet, was bedeutet, daß die in der präovulatorischen Phase angewachsene, stark durchblutete endometriale Schleimhautschicht an der inneren Uteruswand zunächst bestehen bleibt. Überdies inhibieren Östrogen und Progesteron aus dem Gelbkörper im Hypothalamus die Freisetzung von GnRH. Wenn keine Befruchtung eingetreten ist, bildet sich der Gelbkörper im Verlauf der folgenden zehn Tage zurück und wird etwa zwölf Tage nach dem Eisprung funktionsunfähig. Damit endet auch seine Östrogen- und Progesteronproduktion, das vorbereitete Endometrium wird abgestoßen und die Regelblutung setzt ein, womit ein neuer Zyklus beginnt. Im Falle einer Befruchtung bleibt der Gelbkörper (aufgrund eines hormonellen Signals vom wachsenden Embryo) erhalten und verhindert durch seine fortgesetzte Hormonproduktion die Abstoßung der äußeren Endometrialschicht, so daß sich der eingenistete Embryo weiterentwickeln kann. Dabei übernehmen schließlich das Endometrium und die Placenta einen Großteil der für die Erhaltung der Schwangerschaft notwendigen Hormonproduktion.

Orale Kontrazeptiva

Orale Kontrazeptiva („Anti-Baby-Pille") stellen die wirksamste pharmakologische Methode zur Empfängnisverhütung dar. Üblicherweise enthalten sie ein Östrogen- und/oder ein Progesteronderivat (ein *Gestagen*) in oral verabreichbarer Form (Abbildung 14.4; Tabelle 14.1).* Die erhältlichen Präparate – in

---

* Natürliches Östrogen und Progesteron sind ungeeignet, da sie bei oraler Einnahme nur unzureichend resorbiert werden. Daher verwendet man synthetische Abkömmlinge, die im Magen-Darm-Trakt gut aufgenommen werden. Derzeit stehen für die orale Kontrazeption zwei Östrogenderivate und eine Reihe verschiedener Gestagene zur Auswahl (Tabelle 14.1).

14.4 Molekülstrukturen synthetischer Östrogenderivate (A) und synthetischer Gestagene (B). Man beachte die Strukturähnlichkeiten.

Deutschland mehr als 50 – lassen sich nach ihrem Steroidgehalt in drei we-sentliche Gruppen einteilen:

1. Kombinationspräparate mit konstanter Zusammensetzung (Einphasen-präparate), bei denen der Gehalt des Östrogens (in der Regel Ethinyl-estradiol) und des Gestagens (zum Beispiel Norethisteron) während der gesamten Einnahmezeit gleich bleibt;
2. mehrphasige Kombinationen mit gleichbleibender oder wechselnder Östrogen- und wechselnder Gestagenmenge;
3. Einzelstoffpräparate mit konstantem Gestagengehalt („Minipille").[2]

Die Entwicklung von Methoden zur Empfängnisverhütung mit Hilfe der phar-makologischen Ovulationskontrolle erhielt Anfang der sechziger Jahre durch die Verfügbarkeit oral verabreichbarer Östrogene und Gestagene erheblichen Auftrieb. Die Schwierigkeit lag darin, Östrogen und Gestagen so zu kombinie-ren, daß eine Ovulation zuverlässig unterdrückt wird, zugleich aber Anzahl und Ausmaß der Nebenwirkungen möglichst gering bleiben. Übermäßige

Tabelle 14.1: Auswahl in Deutschland erhältlicher oraler Kontrazeptiva

Handelsname	Steroidzusammensetzung			
	Gestagen	mg*	Östrogen	mg

Einzelstoffpräparate („Minipille") (durchgehende Einnahme täglich zur gleichen Uhrzeit)

Handelsname	Gestagen	mg*	Östrogen	mg
Exlutona®	Lynestrenol	0,5	–	
Microlut®	Levonortgestrel	0,03	–	
Micronovum®	Norethisteron	0,35	–	

Kombinationspräparate

– Einphasenpräparate
(Einnahme über 21 Tage, 7 Tage Einnahmepause; bei Lynesterenol-Präparaten 22 Tage, 6 Tage Pause)

Handelsname	Gestagen	mg*	Östrogen	mg
Anacyclin®	Lynestrenol	1,0	Ethinylestradiol	0,05
Cilest®	Norgestimat	0,25	Ethinylestradiol	0,035
EVE® 20	Norethisteron	0,5	Ethinylestradiol	0,02
Femovan®	Gestoden	0,075	Ethinylestradiol	0,03
Marvelon®	Desogestrel	0,15	Ethinylestradiol	0,03
Microgynon® 21	Levonorgestrel	0,15	Ethinylestradiol	0,03
Neogynon® 21	Levonorgestrel	0,25	Ethinylestradiol	0,05
Valette®	Dienogest	2,0	Ethinylestradiol	0,03
Ortho-Novum® 1/50	Norethisteron	1,0	Mestranol	0,05
Ovosiston®	Chlormodinonacetat	2,0	Mestranol	0,08

– Zweiphasenpräparate (Sequentialpräparate)
(erste Phase ohne, zweite Phase mit Gestagen; 7 Tage bzw. 6 Tage Pause)

Handelsname	Gestagen	mg*	Östrogen	mg
Ovanon®	Lynestrenol	0 (7); 2,5 (15)	Ethinylestradiol	0,05 (22)
Oviol®	Desogestrel	0 (7); 0,125 (15)	Ethinylestradiol	0,05 (22)
Sequostat®	Norethisteronacetat	0 (6); 1,0 (15)	Ethinylestradiol	0,05 (21)

– Zweiphasenpräparate (Zweistufenpräparate)
(erste Phase mit niedrig-, zweite Phase mit höherdosiertem Gestagen, Östrogendosis kann ebenfalls wechseln; 6 bzw. 7 Tage Pause)

Handelsname	Gestagen	mg*	Östrogen	mg
Biviol®	Desogestrel	0,025 (7); 0,125 (15)	Ethinylestradiol	0,04 (7); 0,03 (15)
Sequilar®	Levonorgestrel	0,05 (11); 0,125 (10)	Ethinylestradiol	0,05 (21)

– Dreiphasenpräparate (Dreistufenpräparate)
(Gestagen- und/oder Östrogendosis variiert in drei Stufen; 6 bzw. 7 Tage Pause)

Handelsname	Gestagen	mg*	Östrogen	mg
TriNovum®	Norethisteron	0,5 (7); 0,75 (7)	Ethinylestradiol	0,035 (21)
Triquilar®	Levonorgestrel	0,05 (6); 0,075 (5); 0,125 (10)	Ethinylestradiol	0,03 (6); 0,04 (5); 0,03 (10)
TriStep®	Levonorgestrel	0,05 (6); 0,05 (5); 0,125 (10)	Ethinylestradiol	0,03 (6); 0,05 (5); 0,04 (10)

Angaben gemäß Rote Liste 1996.
* Bei mehrphasigen Präparaten Zahl der jeweiligen Einnahmetage in Klammern.

Mengen von Östrogen und Gestagen lösen abnorme Menstruationsblutungen aus, während zu niedrige Mengen die GnRH-Ausschüttung nicht vollständig unterdrücken, so daß eine ungewollte Schwangerschaft eintreten kann. Doch mittlerweile, vier Jahrzehnte nach dem Aufkommen dieser Substanzen, hat man nahezu optimal ausbalancierte Zusammensetzungen gefunden, deren Hormongehalt sich ohne Einbuße an Wirksamkeit wohl kaum noch senken läßt. Die heutigen oralen Kontrazeptiva sind daher äußerst sichere und sehr zuverlässige Verhütungsmittel.

Kombinationspräparate

Die meisten der derzeit angebotenen oralen Kontrazeptiva enthalten eine Kombination aus Östrogen und Gestagen in niedriger konstanter oder variierter Dosierung. Der Anteil der Östrogenkomponente in den Kombinationspräparaten des unteren Dosisbereichs liegt bei 20 bis 35 Mikrogramm (meist Ethinylestradiol), was einen akzeptablen Kompromiß zwischen den nachteiligen Wirkungen durch zu hohe und den unangenehmen Durchbruchblutungen durch zu niedrige Östrogenmengen darstellt. Die Präparate des mittleren Dosisbereichs enthalten 50 Mikrogramm Ethinylestradiol, doch geht ihre Anwendung zugunsten der niedrig dosierten Mittel zurück, die zur Empfängnisverhütung offenbar gleichermaßen zuverlässig sind und nur einen geringfügigen Anstieg der Durchbruchblutungen mit sich bringen. Nur noch einen geringen Marktanteil besitzen einige wenige (meist ältere) Präparate mit mehr als 50 Mikrogramm Östrogen (in der Regel Mestranol).

Bei den Präparaten mit variierter Dosis unterscheidet man je nach Zahl der Dosisabstufungen innerhalb eines Einnahmezyklus Zwei- und Dreiphasenpräparate. Durch die abgestufte Dosierung läßt sich die Hormonmenge, die pro Monatszyklus dem Körper insgesamt zugeführt wird, ohne Einbuße an Verhütungswirksamkeit zusätzlich senken.

Die Kombinationspräparate werden zyklisch über einen Zeitraum von 21 oder 22 Tagen eingenommen (ab Tag 1 oder Tag 5 des Menstruationszyklus, wobei der Tag, an dem die Regelblutung einsetzt, als Tag 1 zählt) und danach für sieben oder sechs Tage abgesetzt. In dieser Einnahmepause tritt die menstruationsähnliche Abbruchblutung ein.

Die Kombination von Östrogen und Gestagen in diesen Pillen blockiert (über negative Rückkopplungseffekte auf Hypothalamus und Hypophyse) die Ausschüttung von FSH und LH; als Folge können sich keine ovariellen Follikel entwickeln, und der Eisprung bleibt aus. Während die Östrogenkomponente in erster Linie die FSH-Freisetzung verhindert, unterdrückt das Gestagen LH und wirkt zudem direkt auf die Gebärmutter: Diese bildet nun ein Endometrium aus, das eine befruchtete Eizelle nicht aufnehmen kann. Ferner wird unter Gestageneinfluß das Schleimsekret im Gebärmutterhals (Cervix) zähflüssiger, wodurch den Spermien der Zugang zum Uterus und zu den Eileitern, in denen ja normalerweise die Befruchtung stattfindet, erschwert oder sogar ganz blockiert wird. Das Östrogen verstärkt die Wirkungen des Gestagens und stabilisiert außerdem die endometriale Gebärmutterschleimhaut, so daß sich diese nicht vorzeitig ablöst und unerwüschte Durchbruchblutungen unterbleiben.[3] Das Zusammenspiel all dieser Vorgänge macht eine erfolgreiche Befruchtung und Einnistung des Eies extrem unwahrscheinlich, vorausgesetzt natürlich, daß die Pille gewissenhaft eingenommen wird.

Kontrazeption mit Gestagenen

Anfang der achtziger Jahre wuchsen die Bedenken, daß sich der Östrogenanteil in den Kombinationspräparaten bei langfristiger Anwendung schädlich auswirken könne. Daraufhin gingen viele Frauen zu östrogenfreien Gestagenpräparaten („Minipille") über, die durchgehend täglich – also ohne die bei den Kombinationspräparaten übliche einwöchige Pause – und in genau einzuhaltenden Abständen eingenommen werden müssen.

Kontrazeptiva auf reiner Gestagenbasis verhindern nicht die Follikelreifung, mithin ist der Eisprung noch möglich. Doch diese Mittel erzeugen einen zähen Cervixschleim, der für die Spermien praktisch undurchlässig ist, und beeinflussen zudem das Endometrium auf eine Weise, daß es ein befruchtetes Ei kaum noch aufnimmt. Selbst wenn eine Befruchtung stattfinden sollte, kann also über die zweite Wirkung eine Schwangerschaft noch verhindert werden.

Tabelle 14.2: Schwangerschaftsfälle auf 100 summierte Verhütungsjahre

Kontrazeptionsmethode	Schwangerschaften
orale Kombinationspräparate („Pille")	1
orale Gestagenpräparate („Minipille")	2–3
Intrauterinpessar („Spirale")	1–6
Scheidendiaphragma mit Spermizidgel oder -creme	2–20
Kondom	3–36
Spermizidschäume	2–29
Spermizidgele und -cremes	4–36
periodische Abstinenz (Zyklusmethoden)	
insgesamt	1–47
Kalendermethode (nach Knaus/Ogino)	14–47
Temperaturmethode	1–20
Cervixschleimmethode (nach Billings)	1–25
keine Verhütung	60–80

Allerdings sind die reinen Gestagenpräparate nicht ganz so zuverlässig wie die Kombinationsmittel; nach entsprechenden Statistiken verdreifacht sich das Risiko für eine ungewollte Schwangerschaft. Gleichwohl bieten sie Frauen, für die die Kombinationspräparate unverträglich oder mit erheblichen Nebenwirkungen verbunden sind, einen immer noch besseren Emfängnisschutz als etwa spermizide Gele oder die verschiedenen Zyklusmethoden. Einen Überblick über die Schwangerschaftsraten bei unterschiedlichen Formen der Verhütung zeigt Tabelle 14.2.

Unerwünschte Wirkungen

Zu den häufigeren, weniger schwerwiegenden Nebenwirkungen der Kombinationspillen gehören Unpäßlichkeiten, wie sie ähnlich auch in der frühen Schwangerschaft auftreten, etwa Übelkeit und gelegentliches Erbrechen, Kopfschmerzen, Schwindelgefühle sowie Spannungsgefühle und Schmerzen in den Brüsten. Diese Erscheinungen werden allgemein dem Östrogen zugeschrieben und sind gewöhnlich dosisabhängig; bei Präparaten mit geringerem Östrogengehalt sind sie schwächer ausgeprägt. Allerdings steigt mit sinkendem Östrogengehalt eines Präparats auch die Rate der Durchbruchblutungen.

Weitere leichte Nebenwirkungen oraler Kontrazeptiva und besonders der Gestagen-Minipille sind Gewichtszunahme und psychische Veränderungen, die bei manchen Frauen zu Depressionen ausarten können. Auch Vaginalinfektionen scheinen häufiger aufzutreten und sind zudem schwieriger zu behandeln.

Wenn die Einnahme oraler Kontrazeptiva abgebrochen wird, setzt gewöhnlich die natürliche Zyklustätigkeit wieder ein, oftmals jedoch mit Verzögerungen. So kann es einige Monate und länger dauern, bis sich wieder ein regelmäßiger Monatsrhythmus einstellt. Die Ursache hierfür liegt vermutlich in der vorausgegangenen langdauernden hormonellen Unterdrückung des Hypothalamus, der Hypophyse und der Ovarien. Etwa 95 Prozent der Frauen, deren Menstruationsperioden vor Beginn der oralen Kontrazeption normal verliefen, zeigen wenige Monate nach Abbruch der Einnahme wieder einen regelmäßigen Zyklus. Und 50 Prozent der Frauen, die die Pille aufgrund eines Kinderwunsches absetzen, werden bereits innerhalb von drei Monaten schwanger. Wichtiger noch: Nur bei sieben bis 15 Prozent erfüllt sich der Schwangerschaftswunsch nicht in den ersten zwei Jahren. Demnach ist Infertilität offenbar, wenn überhaupt, keine sonderlich häufige Nachwirkung der oralen Kontrazeption.

Schwerwiegende Nebenwirkungen

Die möglichen ernsthaften Nebenwirkungen oraler Kontrazeptiva geben immer wieder Anlaß zur Besorgnis. Die Pille erhöht unter Umständen das Risiko für Kreislauferkrankungen (Atherosklerose, Venenthrombose und Embolien,

Herzinfarkt, Schlaganfall sowie unausgewogene Lipoprotein- und Cholesterinspiegel), für Krebs (besonders des Uterus, der Cervix, der Leber und der
Brust), für Diabetes mellitus (Zuckerkrankheit), und schließlich sind nachteilige Auswirkungen auf den Fetus zu befürchten, wenn die Pille nach Eintreten
einer Schwangerschaft weiterhin genommen wird.

Kaum eine andere pharmakologische Wirkstoffgruppe ist so intensiv untersucht worden wie die oralen Kontrazeptiva.[4] Fortlaufend strebt man danach,
die Wirkung der Präparate zu optimieren und gleichzeitig ihre potentiellen
Risiken so gering wie nur möglich zu halten, besonders im Hinblick auf die
Kreislauferkrankungen. So ist der Östrogengehalt von 100 bis 150 Mikrogramm pro Tablette in den sechziger Jahren auf heute 30 bis 35 Mikrogramm
gesenkt worden, wodurch sich die Risiken für Herz und Kreislauf drastisch
vermindern ließen. Bei gesunden, anderweitig nicht vorbelasteten Frauen ist
die Wahrscheinlichkeit, daß die Pille zu Thrombose, Bluthochdruck, Atherosklerose, Herzinfarkt oder Schlaganfall führt, ausgesprochen gering.[5-10] Ein
zusätzlicher Risikofaktor ist allerdings das Rauchen: Wie sämtliche Untersuchungen auf diesem Gebiet belegen, können Raucherinnen, die orale Kontrazeptiva benutzen, ihr Risiko für Kreislauferkrankungen erheblich senken,
wenn sie das Rauchen einschränken oder ganz aufgeben (Abbildung 14.5).[11]

Befürchtungen über eine erhöhte Krebsgefahr sind nach heutigen Befunden
unbegründet. Solche Befürchtungen entstanden in den sechziger Jahren, als
sich zeigte, daß die damals noch hochdosierten Präparate mit einem leicht
gestiegenen Risiko für Gebärmutterhalskrebs in Verbindung standen. Doch

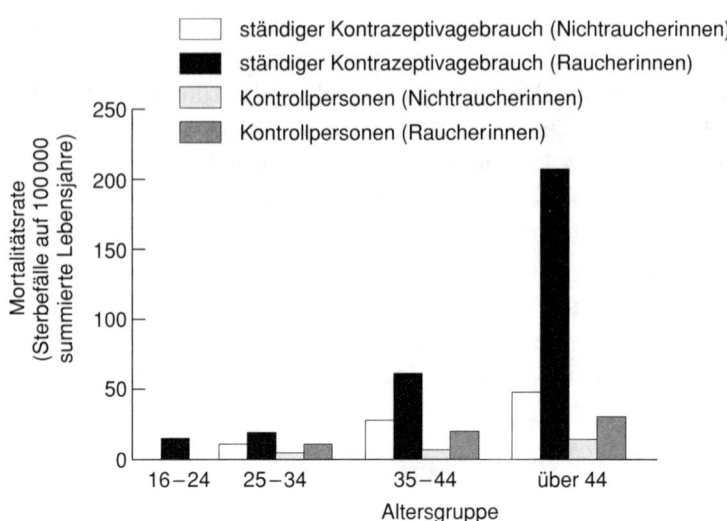

14.5 Durch Kreislauferkrankungen bedingte Mortalitätsraten in Abhängigkeit von Alter, Rauchen und dem Gebrauch oraler Kontrazeptiva.

mittlerweile ist nach allgemeiner Ansicht das Risiko vernachlässigbar; und die meisten Fachleute gehen davon aus, daß die heutigen niedrigdosierten Kontrazeptiva weder das Risiko für Brustkrebs noch für Gebärmutterhalskrebs erhöhen.[12,13] Für Tumoren der Gebärmutter und des Eierstocks ist sogar das Gegenteil der Fall: Die Gefahr zu erkranken, verringert sich um 40 bis 50 Prozent.[13,14]

Die früher vermuteten Nebenwirkungen auf den Glucosestoffwechsel und die Insulinempfindlichkeit, die die Entwicklung von Diabetes mellitus begünstigen könnten, lassen sich heute ebenfalls weitgehend ausschließen.[15] Diesbezüglich fassen Speroff, Glass und Kase zusammen:

> »Veränderungen im Glucose- und Insulinspiegel durch den Gebrauch niedrig dosierter ein- oder mehrphasiger Pillen sind so minimal, daß man ihnen gegenwärtig keine klinische Bedeutung beimißt. ... Man kann mit Bestimmtheit festhalten, daß die Anwendung oraler Empfängnisverhütungsmittel nicht zu einem vermehrten Auftreten von Diabetes mellitus führt. Die mit der oralen Kontrazeption vergesellschaftete Hyperglykämie ist harmlos und vollständig reversibel. Selbst Frauen, die zuvor Risikofaktoren für Diabetes aufwiesen, scheinen nicht betroffen zu sein.«[3]

Ungünstige Nachwirkungen auf Fortpflanzungsprozesse kommen offenbar ebenfalls kaum vor. Frauen, die die Pille abgesetzt haben, neigen weder zu häufigeren Aborten noch zu vermehrten Schwangerschaftskomplikationen; ebensowenig steigt bei ihren Neugeborenen die Rate der angeborenen Mißbildungen.[16]

Schlußfolgerungen und Gegenanzeigen

Praktikable Richtlinien zum Gebrauch oraler Kontrazeptiva bieten Stolley, Strom und Sartwell an[11]:

1. Frauen über 35 sollten die orale Kontrazeption vermeiden.
2. Raucherinnen sollten ebenfalls auf die Pille verzichten, beziehungsweise umgekehrt sollten Frauen, die die Pille nehmen, nicht rauchen.
3. Gewählt werden sollte das Präparat mit der niedrigsten Östrogendosis, die noch Wirksamkeit garantiert und die nicht zu Durchbruchblutungen führt.
4. Frauen, die an Bluthochdruck leiden oder zu Migräneanfällen neigen, sollten ausführlich beraten und sorgfältig überwacht werden.

Von oralen Kontrazeptiva ist abzuraten bei:

1. venöser Thrombophlebitis, thrombembolischen Störungen, Erkrankungen der Hirn- oder Herzkranzgefäße;
2. Leberfunktionsstörungen oder Gelbsucht (Ikterus);
3. Brust- oder Gebärmutterkrebs, auch bei entsprechendem Verdacht;
4. abnormen Genitalblutungen;

5. Schwangerschaft oder Schwangerschaftsverdacht;
6. angeborenem erhöhten Cholesterin- oder Blutfettspiegel;
7. Zigarettenabhängigkeit (bei Frauen über 35 Jahren).

Weitere Informationen über orale Kontrazeptiva lassen sich bei Ärzten und Apothekern erfragen und aus den Beipackzetteln der Präparate entnehmen.

Pharmakologische Alternativen zur oralen Kontrazeption

Frauen, die eine Empfängnis verhüten, aber nicht die tägliche Pille nehmen wollen, können auf eine Reihe von Alternativen zur oralen Kontrazeption zurückgreifen. Bewährte Mittel und Methoden sind unter anderem folgende:

1. gestagenhaltige Injektionspräparate mit Langzeitwirkung („Dreimonatsspritze");
2. implantierte Kunststoffröhrchen, die über lange Zeit Gestagen freisetzen (in Deutschland allerdings nicht erhältlich);
3. Scheidendiaphragma, Kondom, Intrauterinpessar („Spirale") und Spermizidgele.

Diaphragma, Kondom und Intrauterinpessar sind allerdings nur zu etwa 90 bis 95 Prozent zuverlässig. Noch unsicherer sind die vaginal anzuwendenden Spermizidgele und die natürlichen Verhütungsmethoden, wie die Methoden der Zyklusbeachtung (Abstinenz während der fruchtbaren Tage), der Coitus interruptus oder postkoitale Scheidenspülungen. Die wirksamste nichtpharmakologische Methode, um vorübergehend eine Schwangerschaft zu vermeiden, ist die Enthaltsamkeit. Eine dauerhafte und zu 100 Prozent zuverlässige Verhütungsmethode schließlich ist die Sterilisation, also die Vasektomie (chirurgische Unterbrechung des Samenleiters) beim Mann und die Tubenligatur (chirurgische Unterbrechung der Eileiter) bei der Frau; ein solcher Eingriff läßt sich allerdings meist nicht mehr rückgängig machen.

Depotpräparate

Als Kontrazeptiva mit längerfristiger Wirkung („Dreimonatsspritze") stehen bestimmte injizierbare Gestagenpräparate zur Verfügung, so zum Beispiel Depo-Clinovir® (Wirkstoff: Medroxyprogesteronacetat, Einzeldosis 150 Milligramm) und Noristerat® (Wirkstoff: Norethisteronenantat, Einzeldosis 200 Milligramm). Diese Depotpräparate werden in Abständen von acht Wochen bis drei Monaten intramuskulär verabreicht. Die Methode hat einige Vorteile: Die tägliche Tabletteneinnahme entfällt, östrogenbedingte Nebenwirkungen sind ohnehin von vornherein ausgeschlossen, und die natürliche FSH-Aktivität bleibt erhalten. Gestagenhaltige Depotpräparate unterdrücken den Eisprung, indem sie den schlagartigen Anstieg des LH-Spiegels in der Zyklusmitte verhindern. Zudem machen sie den Cervixschleim zähflüssig und behindern den Aufbau der üppigen Gebärmutterschleimhaut, die das Ei im Falle einer Befruchtung für seine weitere Entwicklung benötigt. Die Follikelentwicklung wird durch diese Präparate nicht gehemmt; der normale Östrogenzyklus bleibt weiterhin erhalten. Die Verhütungssicherheit entspricht etwa der der oralen Kontrazeptiva vom Kombinationstyp. Zu den Nachteilen und Nebenwirkungen zählen Durchbruch- und Schmierblutungen, Gewichtszunahme, Depressionen, Kopfschmerzen und abdominale Beschwerden.

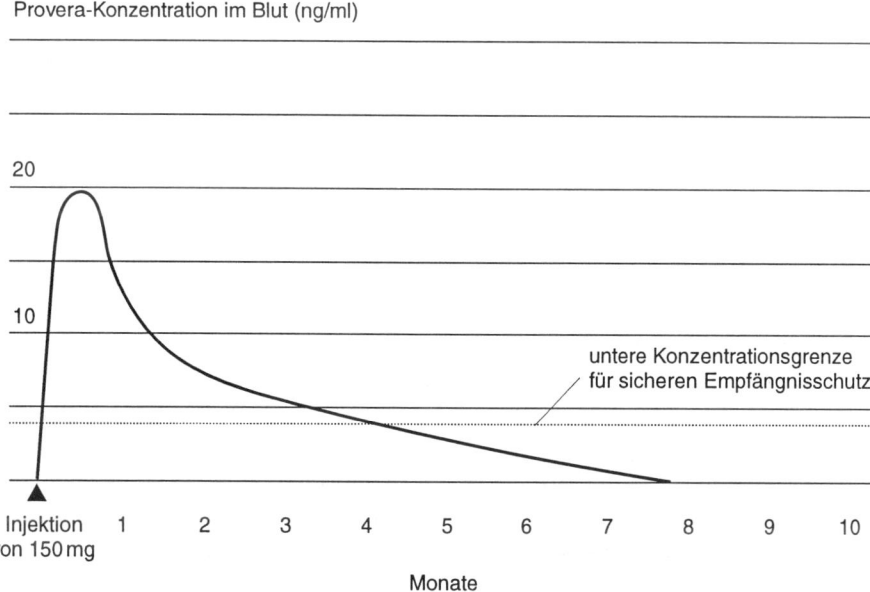

14.6 Zeitlicher Verlauf des Wirkstoffkonzentration im Blut nach der intramuskulären Injektion von Depo-Provera®, einem in den USA erhältlichen Gestagen-Depotpräparat. Wenn der Wert in den Bereich unterhalb der punktierten Linie gesunken ist, wird eine Empfängnis nicht mehr zuverlässig verhindert. (Aus Speroff et al.[3], S. 489.)

Wenn keine Folgeinjektionen mehr gegeben werden, können nach der letzten Injektion bis zu acht Monate vergehen, bevor das Depotpräparat aus dem Körper vollständig verschwunden ist (Abbildung 14.6). Entsprechend lange dauert es, bis sich wieder ein regelmäßiger Menstruationszyklus eingespielt hat; der Fruchtbarkeitsstatus bleibt in dieser Zeit ungewiß.

Implantation eines Gestagendepots

In den USA wurde 1992 ein neuartiges Produkt zur hormonellen Empfängnisverhütung zugelassen, das maximal fünf Jahre wirkt (Norplant®). Es besteht
aus sechs biegsamen, etwa streichholzgroßen Silikonröhrchen, die ein Gestagen (Levonorgestrel) enthalten und die in fächerförmiger Anordnung unter die
Haut des Oberarms implantiert werden. Dort geben sie ihren Wirkstoff nach
und nach ins Blut ab und schützen so vor einer Schwangerschaft. Innerhalb
des Fünfjahreszeitraums, in dem das Produkt wirksam ist, liegt seine Versager-
quote bei etwa 2,6 Schwangerschaften in 100 Anwendungsjahren.[17] Ein großer
Vorteil des Implantats gegenüber der Dreimonatsspritze besteht darin, daß man
es jederzeit wieder entfernen kann. In Deutschland ist ein derartiges Gesta-
genimplantat allerdings bislang nicht zugelassen.

Die in der Regel seltenen Nebenwirkungen ähneln denen der ausschließlich
gestagenhaltigen Minipille und äußern sich in unregelmäßigen Menstruationen
und Durchbruchblutungen.

Postkoitale Kontrazeptiva

Auch nach einem ungeschützten Beischlaf läßt sich mit bestimmten pharmakologischen Mitteln („Pille danach") eine ungewollte Schwangerschaft noch
verhindern. In den USA hat man früher dazu östrogenartig wirkende Substanzen eingesetzt, die über fünf Tage zweimal täglich in hoher Dosierung (zum
Beispiel 25 Milligramm Diethylstilbestrol) verabreicht wurden. Diese pharmakologische Maßnahme beschleunigt offenbar den Transport des befruchteten
Eies durch den Eileiter, so daß es bei der Ankunft im Uterus noch nicht weit
genug entwickelt ist, um sich dort einzunisten und weiterzuwachsen. Die neueren Mittel enthalten zum Beispiel hochdosiertes Ethinylestradiol oder konju-
gierte Östrogene und wirken im großen und ganzen ähnlich. In Deutschland ist
ein speziell für diesen Zweck zugelassenes Kombinationspräparat (Tetragy-
non®) im Handel, das aber ausschließlich Notfällen vorbehalten ist.

Zwar können solche postkoitalen Medikamentengaben eine Schwangerschaft durchaus wirksam verhindern, als regelmäßig angewendete Verhütungsmethode sind sie aufgrund ihrer starken und eventuell gefährlichen Nebenwirkungen (unter anderem Schmerzempfindlichkeit in den Brüsten, heftige Übelkeit und Erbrechen) jedoch ungeeignet. In Notfällen, in denen ein dringender
Wunsch nach Schwangerschaftsverhinderung besteht, etwa nach einer Verge-
waltigung oder bei Inzest, können sie dagegen sehr hilfreich sein.

Medikamentös ausgelöster früher Schwangerschaftsabbruch: Mifepriston (RU 486)

Wie erwähnt, ist Progesteron notwendig, um die Gebärmutterschleimhaut in einem Zustand zu erhalten, der dem befruchteten Ei die Weiterentwicklung ermöglicht. Blockiert man die Progesteronrezeptoren im Uterus mit geeigneten Substanzen, so geht das Endometrium zugrunde und löst sich ab. Wenn also eine Frau in einem frühen Stadium der Schwangerschaft einen Progesteron-Antagonisten einnimmt, führt das zum Abbruch der Schwangerschaft: Mit dem Endometrium wird auch der Embryo abgestoßen. Ein relativ neuer Wirkstoff, der sich für diesen Zweck eignet und frühere Mittel zur postkoitalen Verhütung (oder genauer, zum pharmakologisch induzierten frühen Schwangerschaftsabbruch, zur „Kontragestion"[18]) zunehmend verdrängt, ist Mifepriston (RU 486), der erste klinisch eingesetzte Progesteron-Antagonist.[19] Mifepriston wird gegenwärtig in einigen Ländern Europas (vor allem in Frankreich, jedoch nicht in Deutschland, da hier nicht zugelassen) und Ostasiens angewendet. In Studien der späten achtziger Jahren wurde die Gabe von Mifepriston durch eine nachfolgende Prostaglandindosis ergänzt, die aufgrund ihrer wehenauslösenden Wirkung den Abort unterstützt.

In einer neueren Studie an 800 heranwachsenden Mädchen und erwachsenen Frauen verglichen Glasier und Mitarbeiter Mifepriston (ohne zusätzliche Prostaglandine) mit Ethinylestradiol und Norgestrel (in hochdosierten Mehrfachgaben) hinsichtlich ihrer Zuverlässigkeit als schwangerschaftsverhindernde Mittel.[20] Die Substanzen wurden innerhalb von 72 Stunden nach ungeschütztem Beischlaf verabreicht. Während von den 398 Frauen, die Ethinylestradiol und Norgestrel erhielten, immerhin vier schwanger wurden, ließ sich bei allen 402 Mifepriston-Empfängerinnen die Schwangerschaft erfolgreich unterbinden. Die Autoren der Studie folgern: »Die Substanz ist geeignet, ungewollte und ungeplante Schwangerschaften abzuwenden. Ein breiteres Angebot kontrazeptiver Methoden, bei denen Mifepriston als postkoitales Agens zur Wirkung kommt, könnte dazu beitragen, die Zahl der indizierten Abtreibungen zu verringern.«[21]

Seit Bekanntwerden der abortiven, also schwangerschaftsabbrechenden Wirkung von Mifepriston ist diese Substanz Gegenstand heftiger Kontroversen geworden und daher bislang weder in Deutschland noch in den Vereinigten Staaten zugelassen. Ob Mifepriston und ähnliche Wirkstoffe hierzulande oder in den USA zur klinischen Anwendung kommen werden, hängt vom jeweiligen Ausgang der ethischen Debatte ab. In einem redaktionellen Kommentar zur Glasier-Veröffentlichung vertreten Grimes and Cook die Anschauung, daß Mifepriston strenggenommen gar kein Abortivum darstellt:

»Die Schwangerschaft setzt ein, wenn der Vorgang der Einnistung [des befruchteten Eies in die Gebärmutter] beendet ist. Die Einnistung beginnt fünf bis sechs Tage nach der Befruchtung und ist nach weiteren acht Tagen abgeschlossen. Eine Frau, deren Eizelle im Reagenzglas befruchtet wird, kann sich erst dann als schwanger ansehen, wenn das befruchtete Ei [auf künstlichem Wege] erfolgreich in den Uterus implantiert worden ist. Entsprechendes gilt im Falle einer natürlichen Befruchtung. Da sich die postkoitale kontrazeptive Wirkung von Mifepriston schon vor der Einnistung entfaltet, ist die Substanz, in dieser Weise angewendet, kein Abortivum.«[22]

Ein Brief an den Herausgeber der Zeitschrift stellt diese Sichtweise jedoch in Frage:

»Nach Auffassung vieler Menschen entsteht mit der Befruchtung der Eizelle neues menschliches Leben, und die Verhinderung seiner Einnistung kommt einer Abtreibung gleich. Darin liegt der zentrale Streitpunkt in der Debatte um Mifepriston. ... Eine Umdefinition der Empfängnisverhütung, die die Hemmung der Einnistung miteinschließen würde, ändert nichts an der Tatsache, daß gerade diese Einnistungshemmung von vielen Zeitgenossen als problematisch empfunden wird.«[23]

In einer Entgegnung auf diesen Brief bekräftigen Grimes und Cook jedoch ihren Standpunkt. Es bleibt umstritten, ab welchem Zeitpunkt nach dem Befruchtungsereignis eine Frau als schwanger gelten soll und ob die befruchtete Eizelle bereits vor der Einnistung als eigenständiges Lebewesen betrachtet werden muß. Zudem stellt sich die Frage, ob man die Kontragestion, also den frühzeitigen, medikamentös ausgelösten Abort, anders bewerten will als den späteren, operativ durchgeführten Schwangerschaftsabbruch. Die hier zitierten Studien können diese Fragen nicht beantworten, im Gegenteil, sie werfen sie auf. Zu welchen Antworten der Leser gelangt, muß ihm selbst überlassen bleiben.

Fertilitätssteigernde Medikamente

Frauen, bei denen sich der Schwangerschaftswunsch nicht erfüllen will, läßt sich unter Umständen mit Medikamenten, die die Fruchtbarkeit fördern, helfen. Infertilität als medizinische Diagnose kann auf vielerlei Ursachen zurückgehen, auf körperliche wie auf psychische; und von ihr betroffen sind nicht nur Frauen, sondern auch Männer. Bestimmte Ausprägungen der Infertilität bei der Frau lassen sich mit pharmakologischen Mitteln günstig beeinflussen.

Einer dieser pharmakologischen Ansätze greift in die hormonellen Regelkreise ein, die in Abbildung 14.3 dargestellt sind. Es kann vorkommen, daß Östrogen im Hypothalamus die Freisetzung von GnRH permanent behindert. Als Folge schüttet die Hypophyse zu wenig FSH und LH aus, so daß keine ovariellen Follikel reifen können. Ließe sich die Wirkung von Östrogen auf den Hypothalamus außer Kraft setzen, würde dieser wieder GnRH ausschütten und dadurch die Hypophyse stimulieren, FSH und LH ins Blut abzugeben. Ovarielle Follikel gelängen dann zur Reife, und schließlich käme es zum Eisprung. Eine Substanz, die die Östrogenwirkung im Hypothalamus blockieren soll, müßte an die dortigen Östrogenrezeptoren binden (und diese so für Östrogen, ihren eigentlichen Bindungspartner oder Liganden, unzugänglich machen), ohne dabei jedoch die östrogentypischen Zellreaktionen auszulösen. Sie muß also mit einer hohen Affinität für den Rezeptor ausgestattet sein, darf aber nicht die Aktivität des Liganden besitzen.

Clomifen

Clomifen (Dyneric® und andere) erfüllt diese Eigenschaften. Als „Fruchtbarkeitspille" hat die Substanz vielen Frauen, die zuvor nicht empfangen konnten, zur Schwangerschaft verholfen. Da durch ihre Wirkung bisweilen vier bis fünf befruchtungsfähige Eier gleichzeitig springen, kann die Clomifenbehandlung sogar zu einer Mehrlingsgeburt führen, was die meisten Paare, denen der Kinderwunsch bislang verwehrt geblieben ist, allerdings eher als geringes Problem empfinden. Clomifen wirkt auf den Hypothalamus; um mit Hilfe des Medikaments die Chancen auf eine erfolgreiche Empfängnis zu erhöhen, müssen daher Hypophyse und Eierstöcke normal funktionsfähig sein. Wenn also die Ursache der Unfruchtbarkeit in hypophysären oder ovariellen Funktionsstörungen oder, nicht zu vergessen, beim männlichen Partner liegt, wird eine Clomifentherapie keinen Erfolg zeigen.

Meist wird das Präparat über fünf Tage eingenommen, beginnend am fünften Zyklustag nach Einsetzen der Regelblutung. Erfolgt keine Empfängnis, wird die Behandlung im nächsten Monatszyklus, oft mit leichter Dosissteigerung, wiederholt. Bei etwa 35 Prozent der Frauen mit Fertilitätsproblemen ist die Behandlung schließlich erfolgreich. Als Nebenwirkungen treten unter anderem Eierstockzysten (14 Prozent), Mehrlingsschwangerschaften (8 Prozent) und Geburtsfehler auf (2,4 Prozent, gegenüber etwa einem Prozent im Bevölkerungsdurchschnitt).

Andere fertilitätsfördernde Medikamente

Falls sich auch nach mehreren Behandlungsversuchen mit Clomifen keine Schwangerschaft einstellt, kann eventuell auf Präparate, die HMG beziehungsweise HCG enthalten, oder auf Bromocriptin zurückgegriffen werden.

HMG (*human menopausal gonadotropin*, Urogonadotropin) ist ein Gemisch aus FSH und LH, das aus dem Urin postmenopausaler Frauen gewonnen wird und in Deutschland als Humegon® im Handel ist. *HCG* (*human chorionic gonadotropin*, Choriongonadotropin), ein Hormon der Placenta, ist in seinen Wirkungen praktisch mit dem hypophysären LH identisch und wird aus dem Urin schwangerer Frauen isoliert (Handelsnamen in Deutschland: Choragon®, Predalon®, Pregnesin® und Primogonyl®). Durch mehrfache Injektionen von zunächst HMG und nachfolgend HCG läßt sich bei Frauen, die keinen Eisprung zeigen, die natürliche FSH- und LH-Ausschüttung der Hypophyse nachahmen. Man verabreicht dazu über neun bis zwölf Tage jeweils eine Dosis HMG, läßt einen Tag pausieren und gibt dann eine Einzeldosis HCG. Bei etwa 75 Prozent der Frauen, die auf diese Weise behandelt werden, findet der Eisprung statt, und bei rund 25 Prozent kommt es schließlich zur Schwangerschaft.

Bromocriptin, ein Dopamin-Agonist, hemmt über die Stimulierung von Dopaminrezeptoren in der Hypophyse die Freisetzung von Prolactin. Es fördert die Funktion der Gonadotropine und die Reaktionsfähigkeit des Ovars auf hormonelle Signale und scheint die Wirkung von Clomifen zu unterstützen.[3]

Anabol wirkende androgene Steroide

Zu den anabol wirkenden androgenen Steroiden gehören das männliche Sexualhormon *Testosteron* und eine Reihe seiner synthetischen Derivate. Diese Substanzen wirken sowohl körperaufbauend (anabol) als auch virilisierend oder „vermännlichend" (androgen).[24] Seit einigen Jahrzehnten werden sie zunehmend unkontrolliert von Männern wie auch Frauen benutzt und mißbraucht, um die sportliche Leistungsfähigkeit zu steigern und einen athletischen Körper heranzubilden. Die Substanzen sind sehr umstritten. In den Vereinigten Staaten wurden ihr Vertrieb und Verkauf aufgrund der gewachsenen öffentlichen Bedenken schließlich der gesetzlichen Kontrolle unterstellt (*Anabolic Steroids Act of 1990*). Damit klassifizierte der amerikanische Kongreß diese Wirkstoffe als Substanzen mit Mißbrauch- und Abhängigkeitspotential und nahm sie in das Verzeichnis der kontrollierten Substanzen auf (*Schedule III of the Controlled Substances Act of 1990*). In Deutschland sind anabole Steroide lediglich dem Arzneimittelgesetz unterstellt und gegen Rezept in Apotheken erhältlich. Ein spezielles Gesetz gegen Doping gibt es nicht.

Abbildung 14.7 zeigt die chemische Struktur des Testosterons und einiger seiner gebräuchlichen Derivate. Letztere unterscheiden sich hauptsächlich in ihrer Resistenz gegenüber dem enzymatischen Abbau in der Leber. Testosteron selbst wird nach oraler Einnahme im Magen-Darm-Trakt gut resorbiert. Es gelangt jedoch mit dem Blut zunächst in die Leber, wo es rasch abgebaut wird, so daß schließlich nur geringe Mengen den systemischen Kreislauf erreichen.[25] Indem man Testosteron injiziert, kann man den auf die Darmresorption folgenden Abbau teilweise umgehen. Das aktivste anabole Stoffwechselprodukt des Testosterons ist Androstanolon (5-α-Dihydrotestosteron), das erst im Körpergewebe entsteht.[25]

Durch strukturelle Modifikationen des Testosteronmoleküls läßt sich der metabolische Abbau reduzieren und damit die anabole Wirksamkeit steigern, sowohl bei oraler als auch bei intramuskulärer Verabreichung.

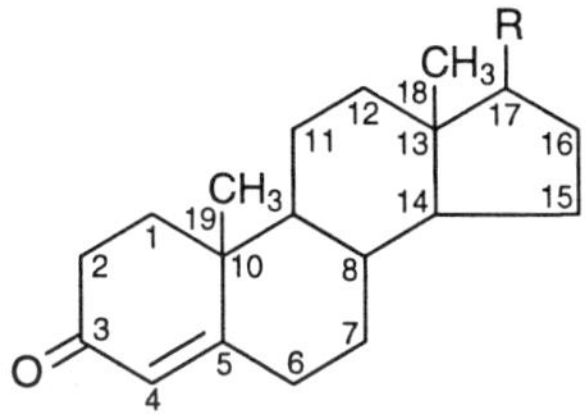

Substanz	R
Testosteron	—OH
Testosteronpropionat	—O—COCH$_2$CH$_3$
Testosteronenantat	—O—CO(CH$_2$)$_5$CH$_3$
Testosteroncypionat	—O—COCH$_2$CH$_2$— 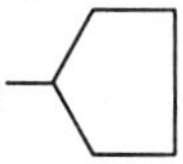
Nadrolondecanoat	—O—CO(CH$_2$)$_8$CH$_3$ (keine Methylgruppe in Position 19)
Nadrolonphenpropionat	—O—CO(CH$_2$)$_2$—  (keine Methylgruppe in Position 19)

Methyltestosteron

Stanozolol

Metandienon

Danazol

Oxandrolon

Fluoxymesteron

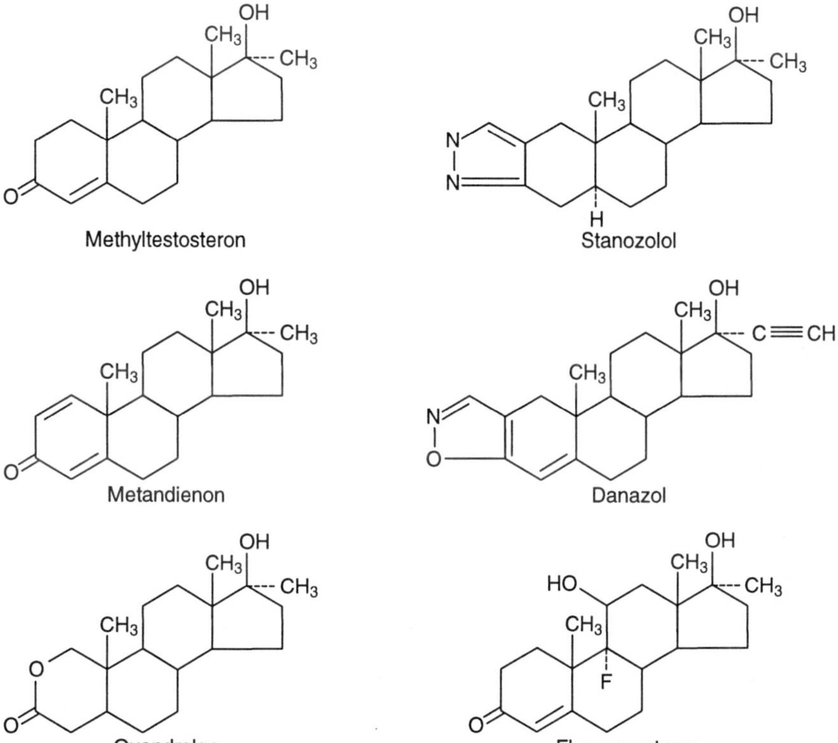

14.7 Struktur einiger parenteral (oben) beziehungsweise oral verabreichter (unten) anaboler androgener Steroide. (Aus Lukas[25], mit freundlicher Genehmigung.)

Nicht alle anabolen androgenen Steroide sind Produkte des grauen oder schwarzen Marktes. Einige von ihnen sind für therapeutische Zwecke zugelassen (Tabelle 14.3), so zum Beispiel als Testosteronersatz bei Hodenunterfunktion (männlichem Hypogonadismus), zur Behandlung bestimmter Formen der Blutarmut (der aplastischen Anämie), bei schwerem Muskelschwund nach Verletzungen sowie zur Behandlung von Endometriose und bestimmten gutartigen Erkrankungen der Brust (cystische Mastopathie).[26]

Tabelle 14.3: Anabole androgene Steroide

Substanz	Verabreichung
im deutschen Arzneimittelhandel*	
Clostebolacetat (Megagrisevit®)	i.m.
Danazol (Danazol-ratiopharm®, Winobanin®)	p.o.
Mesterolon (Proviron®-25, Vistimon®)	p.o.
Mesterolon (Proviron®-25, Vistimon®, Pluriviron®)	i.m./p.o.
Metenolonenantat (Primobolan®)	i.m.
Nandrolondecanoat (Deca-Durabolin®)	p.o.
Testolacton (Fludestrin®)	i.m.
Testosteronpropionat (z. B. Testosteron propionat „Eifelfango")	i.m.
Testosteronundecanoat (Andriol®)	p.o.
weitere**	
Bolasteron	i.m.
Ethylestrenol	p.o.
Methandrostenolon	p.o.
Methyltestosteron	p.o.
Miboleron	p.o.
Nandrolonphenpropionat	i.m.
Norethandrolon	p.o.
Oxandrolon	p.o.
Oxymesteron	p.o.
Oxymetholon	p.o.
Stanozolol	i.m./p.o.
Testosteroncypionat	i.m.

i.m.: intramuskulär; p.o.: oral.
* Gemäß Rote Liste 1996.
** Nach Kashkin[26]. Diese Wirkstoffe sind in anderen Ländern im Handel oder werden in der Veterinärmedizin eingesetzt.

Wirkungsmechanismus

Wie Testosteron und andere anabole Steroide wirken, ist recht gut verstanden. Das natürliche Hormon wird hauptsächlich in spezialisierten Zellen des Hodens, den Leydig-Zwischenzellen, synthetisiert. Die Synthese steht unter der Kontrolle des Hypothalamus und seines Gonadotropin-Releasing-Hormons (GnRH), welches die Hypophyse zur Synthese und Sekretion von LH anregt. (Dieser Vorgang ist uns bereits aus dem weiblichen System bekannt.) LH schließlich stimuliert die Leydig-Zellen zur Testosteronproduktion (Abbildung 14.1).

Mit dem Blut gelangt Testosteron (und ebenso ein von außen verabreichtes anaboles androgenes Steroid) zu seinen Zielgeweben, durchdringt dort die Membranen der Zellen und bindet sich im Zellinneren, im Cytoplasma, an spezifische Steroidrezeptoren (Abbildung 14.8). Der entstandene Hormon-Rezeptor-Komplex wandert in den Zellkern, tritt dort mit dem genetischen Material (mit der DNA) in Wechselwirkung und schaltet die Expression bestimmter Gene ein, von denen nun viele mRNA-Kopien entstehen (Transkription). Nach den „Vorschriften" dieser mRNA-Moleküle (*messenger*- oder Boten-RNA) stellt die Zelle im Prozeß der Translation neue, spezifische Proteine her, die schließlich das Hormonsignal in biologische Wirkungen umsetzen. Über denselben Weg wirken auch die synthetischen anabolen Androgene. Testosteron

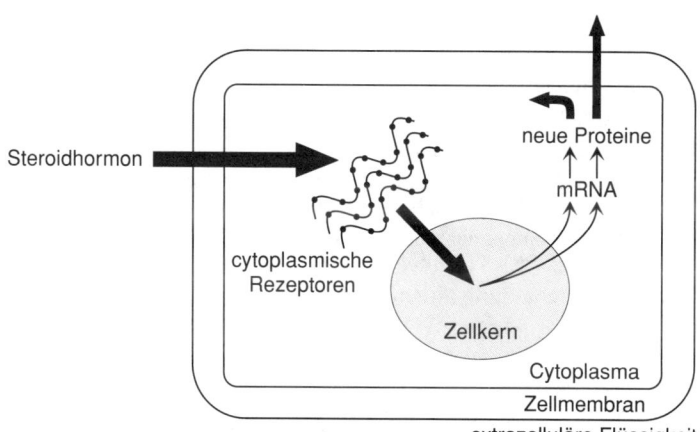

14.8 Zelluläre Wirkung von Steroidhormonen. Das Hormon passiert die Membranen der Zellen im Zielgewebe und bindet sich in deren Cytoplasma an Steroidrezeptoren. Der Komplex aus Hormon und Rezeptor gelangt in den Zellkern, lagert sich dort an spezifische Abschnitte des Erbmaterials an und löst so die Transkription hormonreaktiver Gene aus. Die mRNA-Transkripte dieser Gene werden im Cytoplasma der Zelle in spezifische neue Proteine übersetzt, die letztlich die biologische Funktion des Hormons vermitteln. (Nach Lukas[25], mit freundlicher Genehmigung.)

Tabelle 14.4: Wirkungen anaboler androgener Steroide

günstige Wirkungen

vorübergehender Zuwachs an Muskelkraft und -masse

in der Behandlung kataboler Zustände
nach Traumen
nach Operationen

nachteilige Wirkungen

auf Herz und Blutkreislauf

Zunahme von Risikofaktoren
Bluthochdruck
veränderte Lipoproteinzusammensetzung des Blutes
Anstieg des LDL/HDL-Quotienten

Hirnschlag und Herzinfarkt möglich

auf die Leber (bei oraler Verabreichung)

erhöhter Leberenzymgehalt im Serum

cholestatischer Ikterus und Hepatitis (bei Anwendung über mehr als 6 Monate)

Tumoren
gutartig
bösartig (bei Anwendung über mehr als 24 Monate)

auf das Fortpflanzungssystem

bei Männern

Rückgang der Testosteronproduktion
abnorme Spermatogenese
vorübergehende Infertilität
Hodenatrophie

bei Frauen

veränderte Menstruation

auf endokrine Organe

Schilddrüsenunterfunktion

auf das Immunsystem

veränderte Immunglobulinspiegel (IgM/IgA/IgC)

auf Skelett und Bewegungsapparat

vorzeitiger Stillstand des Längenwachstums bei Kindern und Jugendlichen
(durch Verschluß der Epiphysenfugen in den Röhrenknochen)*

degenerative Sehnenveränderungen
erhöhtes Risiko überdehnter Sehnen

auf die äußere Erscheinung (kosmetische Wirkungen)

bei Männern

Gynäkomastie (Vergrößerung der Brustdrüse)
Hodenatrophie
Akne
beschleunigter Rückgang der Kopfbehaarung

bei Frauen

vergrößerte Klitoris
Akne
Zunahme der Körperbehaarung und Bartwuchs
derbere Haut
Rückgang der Kopfbehaarung
tiefere Stimme

Tabelle 14.4 (Fortsetzung)

nachteilige Wirkungen
auf die psychische Verfassung
Gefahr der Gewöhnung
starke Stimmungsschwankungen
aggressive Tendenzen
psychotische Episoden
Depressionen
gesteigerte Suizidneigung

Aus Haupt[27], mit freundlicher Genehmigung.
* Im Falle übermäßigen Längenwachstums bei Knaben werden Androgene auch therapeutisch eingesetzt; dann ist diese
  Wirkung erwünscht.

koppelt zudem auf den Hypothalamus negativ zurück und hemmt dadurch seine eigene Produktion. Synthetische Androgene zeigen die gleiche Wirkung und senken daher beim Mann den körpereigenen Testosteronspiegel (analog zur Wirkung der Östrogene und Gestagene in oralen Kontrazeptiva bei der Frau).

Die beschriebenen Vorgänge ziehen deutliche körperliche Veränderungen nach sich:

> »Anabole Steroide können unter geeigneten Bedingungen sowohl die Körpermasse als auch die Muskelkraft eines Sportlers steigern. Dadurch erhöhen sie die Leistungsfähigkeit in sportlichen Disziplinen, welche Masse und Kraft erfordern. Anabole Steroide verbessern jedoch nicht die Sauerstoffverwertung der Muskulatur und fördern somit auch nicht die Ausdauer.«[27]

Auswirkungen auf die sportliche Leistungsfähigkeit

Anabole androgene Steroide bewirken einen Kraft- und Massezuwachs aufgrund ihrer antikatabolen, ihrer anabolen und nicht zuletzt ihrer motivierenden Effekte auf den Sportler. Tabelle 14.4 faßt die erwünschten und unerwünschten Folgen zusammen. Der antikatabole Effekt der anabolen Steroide (ihr hemmender Einfluß auf abbauende Stoffwechselprozesse) entsteht dadurch, daß sie die Wirkung des körpereigenen Cortisons unterdrücken. Normalerweise mobilisiert Cortison bei Streßzuständen und unter physischer Belastung die Energiereserven des Körpers, indem es den Abbau von Proteinen zu Aminosäuren fördert, im Extremfall bis hin zum Abbau von Muskelproteinen (Muskelschwund). Anabole Steroide wirken dem entgegen; möglicherweise leisten sie über diesen Weg sogar ihren hauptsächlichen Beitrag zum Massezuwachs des Körpers.[27]

Ihre anabole Wirkung, also ihr positiver Einfluß auf aufbauende Stoffwechselvorgänge, geht auf den vorhin skizzierten Mechanismus zurück, durch den Steroidanabolika die Synthese neuer Proteine in Gang setzen, vornehmlich in Muskelzellen. Zudem regen sie die Ausschüttung des Wachstumshormons (Somatotropin) an, das seinerseits anabole Eigenschaften hat und so ihre Wirkung verstärkt.[27] Um die angestrebten Effekte zu erzielen, führen sich Sportler allerdings meist das Zehn- bis 200fache der Dosis zu, die man bei der Behandlung von Testosteronmangel einsetzt. Das erfordert nicht selten eine gebündelte Verabreichung mehrerer verschiedener Anabolika (*stacking* oder *pyramiding*) und sogar die kombinierte Gabe oraler und injizierter Substanzen innerhalb eines mehrwöchigen Verabfolgungszyklus.[26]

Nach Bower herrscht »in der Wissenschaft weitgehende, wenngleich nicht durchgängige Übereinstimmung darüber, daß anabole Steroide Muskelkraft und Muskelmasse steigern, wenn man ihre Anwendung mit intensivem Training und einer geeigneten Aufbaukost kombiniert«[28]. Kashkin faßt wie folgt zusammen:

> »Es ist bekannt, daß Androgene die Rate der RNA-Transkription in einem größeren Ausmaß zu steigern vermögen, als es sich nur mit Training allein erzielen läßt, und daß sie ferner die Bildung neuer kontraktiler Muskelfilamente induzieren und die sich vergrößernden Myofibrillen (Muskelzellen) zur Teilung veranlassen können.«[29]

Die motivierende Wirkung der Anabolika ist nicht zu unterschätzen und mag wohl teilweise auf einem Placeboeffekt beruhen. Doch entwickeln Sportler, die anabole Steroide einnehmen, häufig eine sehr aggressive Persönlichkeitsstruktur, was in amerikanischen Sportlerkreisen als *roid rage* (etwa: „Pillenwut" oder „Testo-Koller") bespöttelt wird. Dieser aggressive Zustand läßt sich auch bei Tieren herbeiführen, wenn man ihnen hohe Dosen androgener Anabolika verabreicht. Lukas bemerkt dazu: »Für einige Sportarten, etwa American Football, erfüllen diese Steroide ihren angestrebten Zweck möglicherweise in doppelter Hinsicht: zum einen über den Zuwachs an Körperkraft und Leistungsfähigkeit, zum anderen über die Steigerung der Kampfbereitschaft.«[30]

Bei Sportlerinnen entfalten androgene Steroide dieselben anabolen und antikatabolen Wirkungen wie bei ihren männlichen Kollegen. Hinzu treten jedoch virilisierende und andere Effekte, zum Beispiel vermehrte Gesichts- und Körperbehaarung, tiefere Stimme, vergrößerte Klitoris, festere, derbere Haut sowie unregelmäßiger oder ganz ausbleibender Menstruationszyklus. Nach Abbruch des Anabolikagebrauchs gehen diese Veränderungen in unterschiedlichem Ausmaß und nicht immer vollständig zurück.

Recht verbreitet ist der Gebrauch (und Mißbrauch) androgener Anabolika auch unter jungen männlichen Freizeitsportlern, die diese Substanzen in erster Linie zur Heranbildung eines in ihren Augen attraktiven muskulösen Körperbaus anwenden. Nach Schätzungen von Haupt nehmen etwa sechs Prozent der männlichen amerikanischen Oberstufenschüler unter 18 Jahren zeitweilig anabole androgene Steroide.[27] Dies entspricht etwa 250 000 bis 500 000 jungen Männern. Während Leistungssportler nach Abschluß eines Wettkampfes eher zur Einstellung des Anabolikagebrauchs neigen, tendieren Jugendliche, die den kosmetischen Effekt suchen und ihn möglichst lange ausdehnen wollen, häufig zu einem langfristigen Gebrauch – mit erschreckenden Konsequenzen, wie wir noch sehen werden.

Endokrine Wirkungen

Bei Männern entwickelt sich als Folge der Einnahme androgener Anabolika ein Hypogonadismus (Keimdrüsenunterfunktion), der durch gestörte Spermienproduktion, Atrophie der Hoden und Infertilität gekennzeichnet ist. Nach allgemeiner Ansicht verschwinden diese Erscheinungen wieder, wenn die Substanzen abgesetzt werden, doch besteht dafür keine Garantie.[26] Weitere endokrine Wirkungen äußern sich im Rückgang der Kopfbehaarung („Geheimratsecken" und Glatzenbildung), in verringerter Libido, in Akne und in Gynäkomastie (Ausbildung von Brüsten). Die – häufig irreversible – Vergrößerung der Brustdrüsen rührt daher, daß ein Teil der androgenen Anabolika im Stoffwechsel zum weiblichen Sexualhormon Östradiol umgesetzt wird.

Auswirkungen auf Herz und Blutgefäße

Nachteilige Effekte auf das Herz-Kreislauf-System sind zu befürchten. Bislang sind zwei tödliche Herzinfarktfälle bekannt, die nachweislich Benutzer androgener Anabolika betrafen; Infarktursache waren offensichtlich atherosklerotische Verengungen der Herzkranzgefäße. Untersuchungen über den möglichen Zusammenhang zwischen Anabolikagebrauch und Atherosklerose sind daher dringend notwendig. Anabole Steroide beeinflussen den Cholesterinspiegel im Blut, was als Risikofaktor für atherosklerotische Erkrankungen der Herzkranzgefäße durchaus in Betracht gezogen werden muß. Im Blut tritt Cholesterin in zwei Transportformen auf: als „schlechtes" Cholesterin in den Lipoproteinen geringer Dichte (*low-density lipoproteins*, LDL) und als „gutes" Cholesterin in den Lipoproteinen hoher Dichte (*high-density lipoproteins*, HDL). Eine Verschiebung der Anteile zugunsten von LDL und zuungunsten von HDL ist eng mit einem erhöhten Risiko für Erkrankungen der Herzkranzgefäße verknüpft.

Alle anabolen androgenen Steroide bewirken diese Verschiebung: Sie senken den Spiegel des HDL- und erhöhen den des LDL-Cholesterins im Serum. Das legt nahe, daß der Gebrauch von Anabolika in der Tat mit einem gesteigerten Atheroskleroserisiko einhergeht. Damit wächst auch die Gefahr der Entwicklung von Bluthochdruck und der Bildung von Thromben (Blutgerinnseln innerhalb der Gefäße), die nachfolgend zu Embolien (Gefäßverschlüssen), zu Herzinfarkt und zu Hirnschlag führen können. Das tatsächliche Risiko für Kreislauferkrankungen im Zusammenhang mit dem Anabolikagebrauch ist gegenwärtig schwer einzuschätzen, da die Anwender zumeist jugendlichen Alters und von schlanker oder muskulöser Statur sind (also nicht unbedingt übergewichtig, womit ein Risikofaktor wegfällt) und sie die Substanzen zudem meist unregelmäßig einnehmen. In einigen Jahren oder Jahrzehnten wird wohl mehr darüber bekannt sein, inwieweit der Gebrauch von Anabolika zu Spätfolgen für das Gefäßsystem führen kann.

Auswirkungen auf die Leber

Die orale Einnahme anaboler Steroide steht offenbar in Verbindung mit Leberfunktionsstörungen, insbesondere mit Ikterus (Gelbsucht) und Tumoren.[25] Recht häufig steigt bei Anwendern von Anabolika die Konzentration leberspezifischer Enzyme im Blut, was auf eine mögliche Fehlfunktion der Leber hindeutet.[26] Fälle von Hepatitis sind gleichfalls nicht selten. Zudem sind mehrere Dutzend Fälle ungewöhnlicher Leberkarzinome bekannt. Man schätzt die Häufigkeit dieser potentiell tödlichen Krebsformen auf ein bis drei Prozent innerhalb von zwei bis acht Jahren des oralen Gebrauchs.

Auswirkungen auf die psychische Verfassung

Wie erwähnt, tritt bei Sportlern, die hochdosierte Anabolika zu sich nehmen, eine charakeristische Steigerung der Aggressions-, Wettbewerbs- und Kampfbereitschaft auf. Man weiß heute, daß Gehirnbereiche, die den Stimmungszustand und die Urteilsfähigkeit beeinflussen, Steroidrezeptoren enthalten und daß drastische Schwankungen der Steroidspiegel im Blut tiefgreifende psychische Wirkungen nach sich ziehen.[26] Steroidrezeptoren sind im Zentralnervensystem weit verbreitet und kommen insbesondere im Hypothalamus und in den limbischen Regionen vor. Über den Hypothalamus regulieren Steroidhormone ihre eigene Produktion und ihre reproduktive Wirkung (mittels des beschriebenen negativen Rückkopplungssystems). Daneben beeinflußt der Hypothalamus weitere vegetative Systeme des Körpers, was beim Absetzen der Steroide von Bedeutung ist. Die limbischen Rezeptoren sind offenbar für die Steroidwirkungen auf die Gemütsverfassung verantwortlich.

Somit stellen anabole androgene Steroide, wenn sie regelmäßig und in hohen Dosen verabreicht werden, in der Tat gemütsverändernde Substanzen dar. Im Unterschied zu anderen stimmungsbeeinflussenden Substanzen setzen ihre psychischen Effekte jedoch erst verzögert ein, da ihr Wirkungsmechanismus – die Synthese neuer Proteine – Tage oder Wochen erfordert. Aufgrund dieser Verzögerung nimmt ein Benutzer von Anabolika seine Stimmungsveränderungen oft gar nicht als eine Folge der Steroideinnahme wahr. Unmittelbare Wirkungen auf Opioid-, GABA- und andere Rezeptoren wurden in den letzten Jahren nachgewiesen.[26] Haupt faßt die psychischen Folgen zusammen:

>»Mit dem Gebrauch anaboler Steroide sind in signifikantem Ausmaß nachteilige psychische Effekte verbunden, wenngleich diese Wirkungen mit dem gegenwärtigen Inventarium der Psychologie nur schwer gemessen werden können. Sportler, die anabole Steroide einnehmen, erleiden Persönlichkeitsveränderungen, die von leichten Stimmungsschwankun-

gen bis hin zu stationär behandlungsbedürftigen Psychosen reichen können. Nicht selten entsteht eine „Dr. Jekyll und Mr. Hyde"-Persönlichkeit, die sich schon beim geringsten Anlaß zu übersteigerten, gewaltsamen und häufig unkontrollierten Reaktionen hinreißen läßt. Benutzer anaboler Steroide erleben oftmals gestörte persönliche und soziale Beziehungen. Trennungen von Familie oder Freunden und auch Ehescheidungen kommen vor; polizeiliche Festnahmen sind nicht ungewöhnlich. Glücklicherweise sind die psychischen Effekte reversibel und verlieren sich, wenn die Steroide nicht mehr genommen werden, doch die sozialen Narben bleiben mitunter bestehen."[31]

Wie Kashkin in seinem ausführlichen Überblick über derartige psychische Veränderungen unter anderem berichtet, erwies sich bei der Befragung einer Gruppe von Gewichthebern, daß etwa die Hälfte der Sportler an Depressionen und ein noch größerer Prozentsatz an paranoiden Vorstellungen und gewissen psychotischen Symptomen litt.[26]

Mißbrauch, Abhängigkeit und Therapie

Die orale Einnahme oder Injektion anaboler androgener Steroide fällt, wenn sie zu kosmetischen Zwecken oder zur Steigerung der sportlichen Leistung erfolgt, unter die Definition des Substanzmißbrauchs. Denn die verabreichten Mengen übersteigen bei weitem die Dosierungen, die man bei medizinischen Indikationen benötigt; und der Gebrauch wird trotz der erkennbaren unvermeidlichen Nebenwirkungen und der schädlichen Folgen für die körperliche und seelische Gesundheit des Anwenders fortgesetzt.

Die Mechanismen, die zur Abhängigkeit führen, sind weithin unbekannt; in Frage kommen psychologische wie auch physiologische Ursachen. Schon allein der Muskelzuwachs stellt ein psychisches Verstärkungsmoment dar, das ausreichen könnte, um an der Selbstverabreichung der Steroide festzuhalten. Dies mag besonders für Menschen gelten, die ihr Selbstwertgefühl aus ihrer äußeren Erscheinung beziehen.

Körperliche Substanzabhängigkeit ist dadurch gekennzeichnet, daß Entzugserscheinungen auftreten, wenn die Substanz abgesetzt wird. Der Entzug von hochdosierten anabolen Steroiden kann durchaus mit Depressionen, Müdigkeit, Ruhelosigkeit, Schlaflosigkeit, Appetitverlust und verminderter Libido einhergehen. Weitere Entzugssymptome, die man beobachtet hat, äußern sich als starkes Verlangen nach dem abgesetzten Mittel, als Kopfschmerzen, in Unzufriedenheit mit der körperlichen Erscheinung und, wenngleich selten, in Selbstmordgedanken. Ungeachtet dieser Einzelbeobachtungen ist bislang kein fest umrissenes psychiatrisches Entzugssyndrom beschrieben worden. Entzugsbedingte Psychosen oder bipolare (manisch-depressive) Störungen sind bislang nicht bekannt, obwohl Depressionen sehr häufig auftreten.

Wie bei jeder psychotropen Substanz beginnt auch die Therapie einer Anabolikaabhängigkeit mit der Entziehung; Abstinenz ist also das erste Behandlungsziel. In den frühen Phasen der Entwöhnung sollte die Aufmerksamkeit auf mögliche Entzugssymptome gerichtet sein. Die therapeutische Unterstützung des Patienten durch beruhigende Maßnahmen, durch Aufklärung und eine begleitende Beratung ist der Hauptpfeiler einer Entzugsbehandlung.[24] Wenn der Entzug durch starke Depressionen erschwert wird, kann man eventuell Antidepressiva verabreichen. Wenn zusätzliche Behandlungsmaßnahmen gegen hormonelle Veränderungen notwendig sind, sollte ein Facharzt für Endokrinologie hinzugezogen werden.

Nach der Entwöhnung sollte die weitere Therapie auf den Fortbestand der Abstinenz hinwirken und sich Faktoren widmen, die einen Rückfall begünstigen könnten. Eine solche Therapie könnte zwei Ziele verfolgen: zum einen dem Mißbrauchpatienten zu helfen, die Verknüpfung zwischen seiner körperlichen Erscheinung und seinem Selbstwertgefühl zu lösen, und zum anderen ihn dabei zu unterstützen, eine ausgewogene Mischung aus sportlichen und nichtsportlichen Zielen und Betätigungen zu finden, was sein Vertrauen in die eigenen Fähigkeiten fördern kann.[24]

Der Mißbrauch anaboler androgener Steroide unter Sportlern, Bodybuildern und körperbewußten Menschen stellt die Gesellschaft insgesamt vor eine besondere Herausforderung. Zwar besitzen diese Substanzen psychotrope Eigenschaften, doch wirken sie unmittelbar nach der Einnahme weder euphorisierend noch stimmungsverändernd. Das Bedürfnis vieler Menschen, zu Steroidanabolika zu greifen, mag vielmehr aus unserer gesellschaftlichen Fixierung auf Erfolg und Äußerlichkeiten erwachsen sein. Um dem entgegenzuwirken, reichen Aufklärung, Beratung, Gesetze und Kontrollen allein nicht aus. Letztlich muß ein gesellschaftliches Klima geschaffen werden, das nicht mehr wie unser gegenwärtiges zum Gebrauch anaboler Steroide geradezu ermuntert.

Aufgaben

1. Stellen sie den Unterschied zwischen einem Neurotransmitter und einem Neurohormon heraus. Geben sie jeweils ein Beispiel.
2. Wo findet die Befruchtung statt?
3. Welche Klassen oraler Kontrazeptiva gibt es? Wie unterscheiden sich die heutigen Präparate von denen der sechziger Jahre?
4. Auf welche Weise unterdrücken die in oralen Kontrazeptiva enthaltenen Steroidhormone die Fruchtbarkeit?
5. In den zurückliegenden 30 Jahren waren orale Kontrazeptiva aufgrund ihrer möglichen schädlichen Nebenwirkungen immer wieder Gegenstand öffentlicher Aufmerksamkeit. Erörtern Sie, in welcher Richtung Bedenken bestehen und wie die potentielle Schädlichkeit dieser Präparate heute eingeschätzt wird.

6. Unterscheiden Sie zwischen präkoitalen und postkoitalen Verhütungsmitteln und pharmakologischen Abortiva. Führen Sie jeweils Beispiele an.
8. Welche Medikamente werden angewendet, um die Fruchtbarkeit einer Frau zu steigern?
9. Was sind anabole androgene Steroide? Wie beeinflussen sie körperliche Funktionen?
10. Inwiefern ähnelt die Abhängigkeit von anabolen Steroiden der von traditionelleren Mißbrauchdrogen? Wo gibt es Unterschiede?

Literatur

1. Speroff L.; Glass R. H. und Kase N. G. *Clinical Gynecologic Endocrinology and Infertility*, 4. Aufl., Baltimore, Williams & Wilkins, 1989, S. 51–61.
2. Bartosik D. B. *Female Sex Hormones, Oral Contraceptives, and Fertility Agents*. In: DiPalma J. R.; DiGregorio G. J. (Hrsg.) *Basic Pharmacology in Medicine*, 3. Aufl., New York, McGraw-Hill, 1990, S. 521.
3. Speroff, Glass und Kase *Clinical Gynecologic Endocrinology and Infertility*, S. 461–481.
4. Hedon B. *The Evolution of Oral Contraceptives. Maximizing Efficacy, Minimizing Risks*. In: *Acta Obstetricia et Gynecologica Scandinavica* 152, Suppl. (1990), S. 7–12.
5. Mishell jr. D. R. *The Pharmacological and Metabolic Effects of Oral Contraceptives*. In: *International Journal of Fertility* 34, Suppl. (1989), S. 21–26.
6. Stubblefield P. G. *Cardiovascular Effects of Oral Contraceptives: A Review*. In: *International Journal of Fertility* 34, Suppl. (1989), S. 40–49.
7. Thorogood M.; Vessey M. P. *An Epidemiologic Survey of Cardiovascular Disease in Women Taking Oral Contraceptives*. In: *American Journal of Obstetrics and Gynecology* 163 (1990), S. 274–281.
8. Samsioe G.; Mattsson L. A. *Some Aspects of the Relationships Between Oral Contraceptives, Lipid Abnormalities, and Cardiovascular Disease*. In: *American Journal of Obstetrics and Gynecology* 163 (1990), S. 354–358.
9. Frohlich E. P. *Vascular Complications in Women Using the Low Steroid Content Combined Oral Contraceptive Pills: Case Reports and Review of the Literature*. In: *Obstetrical and Gynecological Survey* 45 (1990), S. 578–584.
10. Derman R. J. *Oral Contraceptives and Cardiovascular Risk. Taking a Safe Course of Action*. In: *Postgraduate Medicine* 88 (1990), S. 119–122.

11. Stolley P. D.; Strom B. L. und Sartwell P. E. *Oral Contraceptives and Vascular Disease.* In: *Epidemiologic Reviews* 11 (1989), S. 241–243.
12. Olsson H. *Oral Contraceptives and Breast Cancer. A Review.* In: *Acta Oncologica* 28 (1989), S. 849–863.
13. Gast K.; Snyder T. *Combination Oral Contraceptives and Cancer Risk.* In: *Kansas Medicine* 91 (1990), S. 201–208.
14. Mishell jr. D. R. *Correcting Misconceptions About Oral Contraceptives.* In: *American Journal of Obstetrics and Gynecology* 161 (1989), S. 1385–1389.
15. Godsland I. E.; Crook D. und Wynn V. *Low-Dose Oral Contraceptives and Carbohydrate Metabolism.* In: *American Journal of Obstetrics and Gynecology* 163 (1990), S. 348–353.
16. Speroff L. *The Effects of Oral Contraceptives on Reproduction.* In: *International Journal of Fertility* 34, Suppl. (1989), S. 34–39.
17. Croxatto H. B. *NORPLANT: Levonorgestrel-Releasing Contraceptive Implant.* In: *Annals of Medicine* 25 (1993), S. 155–160.
18. Baulieu E. E. *Contragestion by the Progesterone Antagonist RU 486: A Novel Approach to Human Fertility Control.* In: *Contraception* 36, Suppl. (1987), S. 1–5.
19. Spitz I. M.; Shoupe D.; Sitruk-Ware R. und Mishell jr. D. R. *Response to the Antiprogestogen RU 486 (Mifepristone) During Early Pregnancy and the Menstrual Cycle in Women.* In: *Journal of Reproduction and Fertility* 37, Suppl. (1989), S. 253–260.
20. Glasier A.; Thong K. J.; Dewar M.; Mackie M. und Baird D. T. *Mifepristone (RU 486) Compared With High-Dose Estrogen and Progestin for Emergency Postcoital Contraception.* In: *New England Journal of Medicine* 327 (1992), S. 1041–1044.
21. Ibid., S. 1044.
22. Grimes D. A.; Cook R. J. *Mifepristone (RU 486) – An Abortifacient to Prevent Abortion?* In: *New England Journal of Medicine* 327 (1992), S. 1088f.
23. Hamel R. P.; Lysaught M. T. in einem Brief an den Herausgeber, *New England Journal of Medicine* 328 (1993), S. 354f.
24. Bower K. J. *Anabolic Steroids.* In: *Psychiatric Clinics of North America* 16 (1993), S. 97–103.
25. Lukas S. E. *Current Perspectives on Anabolic-Androgenic Steroid Abuse.* In: *Trends in Pharmacological Sciences* 14 (1993), S. 61–68.
26. Kashkin K. B. *Anabolic Steroids.* In: Lowinson J. H.; Ruiz P.; Millman R. B. und Langrod J. G. (Hrsg.) *Substance Abuse: A Comprehensive Textbook,* 2. Aufl., Baltimore, Williams & Wilkins, 1992, S. 380–395.
27. Haupt H. A. *Anabolic Steroids and Growth Hormone.* In: *American Journal of Sports Medicine* 21 (1993), S. 468–474.

28. Bower *Anabolic Steroids*, S. 98–99.
29. Kashkin *Anabolic Steroids*, S. 386.
30. Lukas *Current Perspectives ...*, S. 63.
31. Haupt *Anabolic Steroids and Growth Hormone*, S. 470.

15. Drogen und Gesellschaft: Prioritäten und Alternativen

> »So weit unsere geschichtlichen Aufzeichnungen auch zurückreichen, hat bisher jede Gesellschaft Substanzen benutzt, die Stimmungen, Gedanken und Gefühle beeinflussen. Und es hat auch immer eine kleine Zahl von Menschen gegeben, die von den jeweils üblichen Sitten, zu welcher Zeit, in welcher Menge und zu welchem Anlaß eine Droge zu nehmen sei, abwichen. Mithin sind sowohl der nichtmedizinische Gebrauch als auch der Mißbrauch von Substanzen so alt wie die Zivilisation selbst.«[1]

Schon im ersten Buch Mose (9:20–23) ist beschrieben, wie Noah reglos und trunken von Wein in seiner Hütte aufgefunden wurde.[2] Aber nicht nur der Alkohol wird seit Jahrtausenden genossen und mißbraucht. In sämtlichen Kulturen machte man sich natürlich vorkommende Substanzen aller Art zunutze, deren Gebrauch Ängste oder Schmerzen linderte, Entspannung versprach, die Langeweile vertrieb, Stärke und Ausdauer vermittelte oder die Wirklichkeit vorübergehend in einem anderen Licht erscheinen ließ. Die meisten Kulturen verfügten allerdings nur über eine einzige oder einige wenige solcher Substanzen. Zudem stand der Gebrauch psychotroper Wirkstoffe unter strenger sozialer und oft sogar religiöser Kontrolle, und lediglich eine relativ kleine Minderheit „mißbrauchte" die Drogen.

Wie aus den vorangehenden 14 Kapiteln ersichtlich ist, unterscheiden sich die heutigen Umstände des Gebrauchs psychotroper Wirkstoffe in einigen Punkten von den traditionellen Gebrauchsformen.

1. Sämtliche psychotropen Substanzen aus allen Teilen der Welt stehen uns heute innerhalb einer Kultur zur Verfügung.
2. Die pharmakologisch aktiven Inhaltsstoffe der meisten Naturprodukte sind inzwischen isoliert und identifiziert und in reiner Form für diejenigen erhältlich, die danach verlangen.
3. Ausgehend von den Naturstoffen lassen sich synthetische Derivate herstellen, deren psychotrope Potenz die der Ausgangssubstanz um den Faktor 100 oder mehr übersteigen kann.
4. Für den Drogenkonsum sind neue Verabreichungswege entstanden, angefangen mit der Erfindung der Injektionsspritze um 1860 bis hin zur Entwicklung der Cocainvariante „Crack" und der Methamphetaminva-

riante „Ice" in den achtziger und neunziger Jahren unseres Jahrhunderts. Diese Verabreichungsweisen ermöglichen eine erhebliche Dossteigerung und verkürzen drastisch die Wartezeit bis zum Einsetzen der Drogenwirkung.

Den gestiegenen und besorgniserregenden Problemen hinsichtlich des Mißbrauchs psychotroper Substanzen stehen auf positiver Seite bemerkenswerte Fortschritte im medizinischen Bereich gegenüber:

1. 50 Jahre pharmakologischer Forschung erbrachten ausgezeichnete Wirkstoffe, die in der Behandlung von Geisteskrankheiten und psychischen Störungen sehr hilfreich sind, so etwa bei Schizophrenie, Depression, bipolarer (manisch-depressiver) Störung, starken Angstzuständen und Phobien, chronischen Schmerzen, Epilepsie und Schlafstörungen.
2. Viele dieser Medikamente leisten zudem nützliche unterstützende Dienste bei der Psychotherapie von Zwangs- und Angstneurosen, von Bulimie (Eß-Brech-Sucht), Anorexie (Magersucht) und einer Reihe von Persönlichkeitsstörungen. Ausführlich erörtert wird der Einsatz von Arzneimitteln als Adjuvantien in der Psychotherapie in mehreren Übersichtsartikeln in einer neueren Ausgabe der *Psychiatric Clinics of North America*.[3] Wir werden uns in Kapitel 16 näher mit der kombinierten Anwendung psychotherapeutischer und psychopharmakologischer Methoden befassen.

Schon seit Jahrzehnten sind Coffein, Nicotin und Ethylalkohol die gebräuchlichsten Suchtdrogen. Die überwiegende Mehrzahl heutiger Menschen konsumiert mindestens eine dieser Substanzen regelmäßig. Nahezu umfassend verbreitet ist der Coffeinkonsum: So nehmen beispielsweise von den 203 Millionen Amerikanern, die älter als elf Jahre sind, 180 Millionen – also fast 90 Prozent – jede Woche Coffein zu sich (Abbildung 15.1). In Deutschland dürfte der Anteil wohl in ähnlicher Größenordnung liegen. Glücklicherweise scheinen daraus jedoch kaum nachteilige Folgen zu entstehen (Kapitel 7).

Nicotin und Alkohol besetzen die nächsten Plätze in der Liste der bevorzugten Sucht- und Mißbrauchdrogen. Als Ursache für Tod und Invalidität richten beide Substanzen enormen Schaden an (Kapitel 5 und 7). Wie Goldstein anführt, liegt die Wahrscheinlichkeit, daß ein Amerikaner im Laufe seines Lebens eine Mißbrauch- oder Abhängigkeitserkrankung entwickeln wird, gegenwärtig bei 36 Prozent für Nicotin und bei 14 Prozent für Alkohol.[4] Demgegenüber schlagen Cannabisdrogen mit nur vier Prozent zu Buche. (Marihuana und Haschisch sind weit weniger verbreitet und ungefährlicher als Nicotin oder Alkohol; Kapitel 13.) In Deutschland ist die Situation kaum anders: Rund

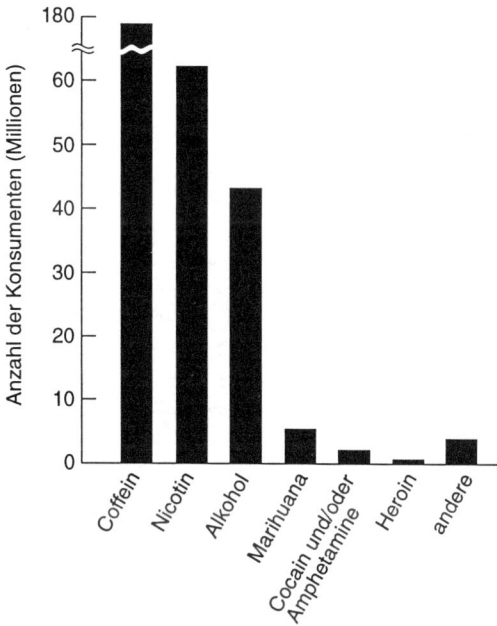

15.1 Gebrauch abhängigkeitserzeugender Drogen in den USA im Jahre 1991. Zahlenmäßig erfaßt wurden Personen, die die jeweilige Droge mindestens einmal wöchentlich nahmen (Heroin mindestens einmal jährlich). Zu den „anderen" Drogen zählen Schnüffelstoffe und Halluzinogene. (Daten aus dem *National Household Survey on Drug Abuse*, U.S. Department of Health and Human Services, Public Health Service, Alcohol, Drug Abuse, and Mental Health Administration, DHHS-Veröffentlichung Nr. [ADM] 92-1887, Washington, D.C., 1992. Quelle: Goldstein[4], Abb. 1.1, S.6.)

35 Prozent aller erwachsenen Deutschen rauchen[5], jeder fünfte Bundesbürger trinkt zuviel, und etwa 2,5 Millionen Deutsche gelten als behandlungsbedürftig alkoholkrank.[6] Haschisch und Marihuana werden dagegen in den alten Bundesländern nur von knapp drei, in den neuen Bundesländern nur von knapp einem Prozent der Erwachsenen mehr oder weniger regelmäßig konsumiert.[7]

Betrachtet man die übrigen der in Abbildung 15.1 aufgeführten Drogen (die „harten" Drogen), so hatten in der Woche vor der Befragung etwa sechs bis sieben Millionen Amerikaner mindestens eine dieser Drogen konsumiert. Darunter fallen anregende und antriebssteigernde Substanzen (Cocain und die Amphetamine), Heroin und andere Opiate sowie Halluzinogene, Tranquilizer und Schnüffelstoffe. Zu vergleichbaren Ergebnissen kommen Johnson und Muffler in ihren Statistiken, in denen sie nach Drogengebrauch in der bisherigen Lebenszeit, im zurückliegenden Jahr und in den zurückliegenden 30 Tagen aufschlüsseln.[8] Die beiden Autoren weisen nachdrücklich auf die heutige „Crack-Ära" hin: Wie ihre Zahlen erkennen lassen, hat der Cocainkonsum erheblich zugenommen, während der Gebrauch anderer Substanzen nicht mehr gestiegen ist oder sogar wieder nachläßt (Abbildung 15.2).

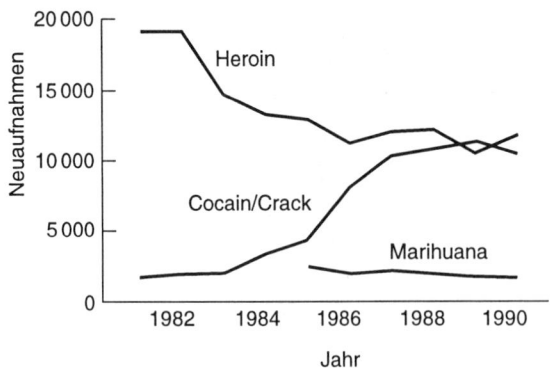

15.2 Neuaufnahmen von Patienten in den Drogentherapieprogrammen der Stadt New York im Zeitraum von 1980 bis 1990, aufgeschlüsselt nach der jeweils mißbrauchten Droge. Die Verschiebung vom Heroin zum Cocain ist deutlich. (Quelle: Johnson und Muffler[8], Abb. 10.4, S. 12.)

Auch in Deutschland läßt sich eine Trendwende weg vom Heroin und hin zum Cocain und den Amphetaminen (unter anderem „Ecstasy") verzeichnen. Zwar dominiert Heroin unter den „harten" Drogen nach wie vor, doch ist sein Anteil bei den Rauschgiftdelikten in den letzten Jahren offenbar zurückgegangen, während der der Psychostimulantien gestiegen ist.[9] Ebenso hat sich die Zahl der behandlungssuchenden Heroinabhängigen 1993 und 1994 weitgehend stabilisiert, nachdem sie zwischen 1986 und 1992 noch gestiegen war; demgegenüber ist der Anteil der behandlungssuchenden Cocainabhängigen (meist als Mehrfachabhängige, reine Cocainabhängige lassen sich selten behandeln) weiterhin gewachsen.[10]

Etwa zwei Prozent der US-Bürger werden im Laufe ihres Lebens von einer Mißbrauch- oder Abhängigkeitserkrankung betroffen sein, die auf eine der „harten" Drogen zurückgeht.[11] In Deutschland gehen Schätzungen des Bundeskriminalamts von rund 200 000 derzeitigen Konsumenten harter Drogen aus.[9] Obwohl es sich hier um eine große Zahl von Menschen handelt, werden wir uns in diesem Kapitel vornehmlich auf Alkohol und Nicotin konzentrieren – auf die Substanzen, die am häufigsten konsumiert werden und die unserer Gesellschaft einen solch hohen Tribut abverlangen.

Zunächst müssen wir uns jedoch der Frage zuwenden, warum Menschen überhaupt zu psychotropen Substanzen greifen und von ihnen ungeachtet der bekannten Gefahren für Leib und Leben nicht ablassen.

Psychotrope Substanzen als positive Verhaltensverstärker

Nach dem Modell, das wir in vorangegangenen Kapiteln bereits kennengelernt haben, kann eine Substanz dann zum Mißbrauch verleiten, wenn sie hirneigene Mechanismen aktiviert, die ein Verhalten mit Belohnungsgefühlen verknüpfen und es damit zur Wiederholung bringen – Mechanismen also, die ein Verhalten positiv verstärken (*behavioral reinforcement*). Daran beteiligte Systeme und Strukturen enthalten Nervenzellen, bei denen unter anderem Dopamin, Serotonin, Opioide, GABA und L-Glutamat als Signalüberträger fungieren. Das mediale Faserbündel im Vorderhirn (Mittelhirnbündel, mesocorticolimbische Bahnen), die Area tegmentalis ventralis im Mittelhirn, der Hippocampus, der frontale Cortex (die frontale Großhirnrinde) und der Nucleus accumbens sind wesentliche Anteile des Belohnungssystems (*reward circuitry*). Wir wollen versuchen, mit diesem Hintergrund ein neuroanatomisches System zu beschreiben, das den verhaltensverstärkenden Wirkungen mißbrauchter Substanzen zugrunde liegt. Da bei der Entwicklung einer Drogenabhängigkeit Konditionierung und Lernprozesse von zentraler Bedeutung sind, werden wir drogensuchendes Verhalten als eine Synthese aus positiver Verstärkung, diskriminativen und aversiven Effekten und mit dem Drogengebrauch verknüpften Stimuli erklären.

Erkenntnisse aus dem Labor

Tiere verabreichen sich im Laborversuch viele psychotrope Substanzen aus eigenem Antrieb. Das Ausmaß dieser Selbstverabreichung ist je nach Substanz unterschiedlich und spiegelt häufig recht genau das Mißbrauchpotential einer Substanz für den Menschen wider.[12] Um ein fortgesetztes Verlangen und das damit verbundene Verhalten erzeugen zu können, muß eine Substanz als positiver Verstärker wirken.[13]

Cocain beispielsweise verabreichen sich Tiere aller bisher untersuchten Arten (darunter Ratten, Eichhörnchen, Paviane, Rhesusaffen, andere Makaken- und sonstige Affenarten, Hunde und, nicht zu vergessen, der Mensch) bis zum Exzeß.[14] Zweifellos ist ein solch übereinstimmendes Verhalten bei vielen Tierarten ein Beleg für die außergewöhnlichen verhaltensverstärkenden Eigenschaften des Cocains.

> »Um eine einzige Cocaininjektion zu erhalten, drücken Tiere sogar mehr als 4 000mal auf einen Hebel. Stellt man ihnen die Droge unbegrenzt zur Verfügung, führen sie sich in der Regel so hohe tägliche Dosen zu, daß schwere toxische Effekte und Selbstverstümmelungsverhalten die Folge sind. ... Nach mehreren Wochen unausgesetzter Selbstverabreichung sterben die Tiere meist an den toxischen Wirkungen und an Entkräftung [Unterernährung].«[15]

Nach einer verbreiteten These soll ein Drogenabhängiger (im Unterschied zu einem Gelegenheitskonsumenten oder Nichtkonsumenten) eine ihm eigene besondere pathologische Verfassung aufweisen, etwa einen bereits bestehenden psychopathologischen Zustand, der die Neigung zum Mißbrauch erst hervorruft. Die Tatsache, daß Tiere unterschiedlicher Arten sich Drogen mit ausgeprägter verhaltensverstärkender Wirkung massiv selbst verabreichen, spricht jedoch gegen diese Auffassung. Werfen wir also zunächst einen kurzen Blick auf die Verstärkungseigenschaften der wichtigsten psychotropen Substanzen.

Das höchste Ausmaß an positiver Verstärkung zeigen Cocain und die Amphetamine.[16] Diese Eigenschaft ist wahrscheinlich der wesentliche Auslöser für den zwanghaften Mißbrauch; in ihr liegt der Reiz begründet, den diese starken Psychostimulantien auf einen Konsumenten ausüben.

Morphin, Heroin und andere Opioide werden von Labortieren bereitwillig angenommen, doch das Muster der Selbstverabreichung unterscheidet sich von dem, das man bei Cocain und den Amphetaminen beobachtet: »Tiere, die sich Morphin verabreichen, steigern zunächst innerhalb eines Zeitraums von einigen Wochen nach und nach ihre Tagesdosis, um dann eine konstante Verabreichungsrate beizubehalten, die weder größere toxische Wirkungen noch Entzugssymptome aufkommen läßt.«[15] Die anfängliche Dosissteigerung geht wahrscheinlich auf die entstehende Toleranz zurück; und die nachfolgende Stabilisierung der Dosis spiegelt offenbar das allmähliche Schwinden der lustvollen Wirkungen wider, so daß die Drogennahme zuletzt vornehmlich deswegen fortgesetzt wird, um Entzugssymptome zu vermeiden.

Nicotin erzeugt bei Tieren erst mit einer gewissen Verzögerung einen Selbstverabreichungsdrang. Die Tiere führen sich die Substanz dann in steigender Menge zu; ersetzt man die Droge durch eine Kochsalzlösung, sinkt die Verabreichungsrate rasch wieder ab.[17] Miller und Gold stellen fest: »Auch Nicotin hat sich als positiver Verstärker erwiesen, wenngleich nicht in einem solchen Ausmaß wie Cocain.«[18]

Coffein wird allgemein als relativ schwacher Verhaltensverstärker angesehen. Bei geringer Dosis beobachtet man gewisse positiv verstärkende Wirkungen, steigert man die Dosis, überwiegen schließlich aversive Effekte. Tiere wie Menschen zeigen einen Hang zum Coffein, doch mit zunehmendem Aufwand, sich die Substanz zu beschaffen, läßt diese Neigung nach.[19,20]

Wie man Anfang der siebziger Jahre nachwies, ist auch Ethanol (Alkohol) ein wirksamer Verhaltensverstärker, obwohl sich Tiere die Substanz in der Regel nicht selbst verabreichen, wenn sie ihr zuvor noch nicht ausgesetzt waren. Man schrieb diese verstärkende Eigenschaft des Alkohols früher seinem angstlösenden oder „enthemmenden" Effekt zu, da die Substanz ansonsten weder euphorisierend noch analgetisch wirkt und auch kein Psychostimulans oder Psychedelikum ist. Unlängst stellten Miller und Gold die interessante, doch sehr umstrittene Hypothese vor, daß der zweistufige Ethanolmetabolismus (mit Hilfe der Aldehyddehydrogenase) eine Verschiebung im Stoffwechsel des Neurotransmitters Dopamin induziert, wodurch ein Tetrahydroisochinolin entsteht, und zwar das *Tetrahydropaperolin* (THP).[18] THP wiederum, so nimmt man an, stimuliert Opioidrezeptoren, die ihrerseits (wie wir noch sehen werden) auf dopaminerge Neuronen einwirken. Zusätzliche verhaltensverstärkende Effekte des Alkohols könnten auf Wechselwirkungen mit GABA-Neuronen zurückgehen, die ebenfalls das Dopaminsystem und den Nucleus accumbens beeinflussen (auch darauf kommen wir noch zurück).[12]

Chlorpromazin und andere Neuroleptika führen sich Labortiere niemals aus eigenem Antrieb zu; im Gegenteil lernen sie sogar, Verhaltensweisen zu vermeiden, die ihnen eine Injektion neuroleptischer Drogen einbrächten. Die Gabe eines Neuroleptikums führt überdies oft zum Abbruch oder zur Blockade der verhaltensverstärkenden Wirkungen anderer Drogen, beispielsweise von Cocain. Ebensowenig neigen Tiere zur Selbstverabreichung klinischer Antidepressiva; und wie bereits in Kapitel 8 ausgeführt, schreibt man diesen Substanzen daher auch kein Mißbrauchpotential zu.

Die Cannabinoide (Haschisch und Marihuana) und die Psychedelika (wie PCP und LSD) werden inzwischen als Verhaltensverstärker angesehen; allerdings sind – zumal im Falle der Cannabinoide – entsprechende Wirkungen schwer nachzuweisen.[2,13]

Mechanismen der positiven Verstärkung

Wie in jüngerer Zeit deutlich wurde, verfügt das Gehirn über spezifische neuronale Schaltkreise, mit deren Hilfe es Gefühle wie Belohnung und Lust entstehen läßt. Der aktivierende oder intensivierende Einfluß auf diese Belohnungsmechanismen ist offenbar das einzige gemeinsame Merkmal, das alle zum Mißbrauch verleitenden Substanzen miteinander teilen. Drogen, die zwanghaft mißbraucht werden, »wirken auf diese Hirnmechanismen und erzeugen so das subjektive Belohnungsgefühl, das die positiv verstärkende und vom Konsumenten angestrebte Hochstimmung, das „High"-Sein oder den „Kick", ausmacht«[21]. Letztlich stimulieren diese Drogen – unter Zwischenschaltung jeweils eigener Wirkungsmechanismen und unterschiedlicher Neurotransmitter – allesamt das dopaminerge System im Mittel- und Endhirn, das den Nucleus accumbens einschließt und durch das mediale Vorderhirnbündel verläuft. Substanzen mit negativ verstärkender Wirkung (wie Chlorpromazin und andere Phenothiazine) dagegen inhibieren die Aktivität dieses Systems oder erhöhen seine Reizschwellen.

Betrachten wir den Belohnungsmechanismus des Gehirns genauer, und gehen wir der Frage nach, auf welche Weise Drogen der verschiedensten Substanzklassen, die zudem über unterschiedliche Neurotransmittersysteme wir-

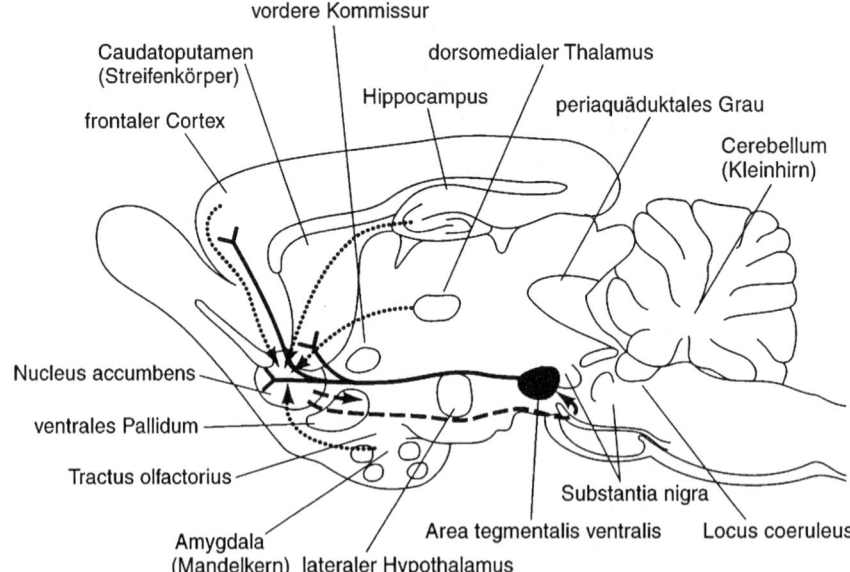

vordere Kommissur

Caudatoputamen
(Streifenkörper)

frontaler Cortex

dorsomedialer Thalamus

Hippocampus

periaquäduktales Grau

Cerebellum
(Kleinhirn)

Nucleus accumbens

ventrales Pallidum

Tractus olfactorius

Substantia nigra

Amygdala
(Mandelkern)   lateraler Hypothalamus

Area tegmentalis ventralis   Locus coeruleus

15.3 Schematische Darstellung des Rattengehirns (Sagittalschnitt). Verdeutlicht sind belohnungswirksame neuronale Verschaltungen, besonders zwischen dem limbischen und dem extrapyramidalmotorischen System. Diese Schaltkreise werden durch Cocain und Amphetamine beeinflußt. Punktierte Pfeile symbolisieren limbische afferente Fasern zum Nucleus accumbens, gestrichelte Pfeile efferente Fasern, die vom Nucleus accumbens ausgehen und vermutlich an den durch Psychostimulantien erzeugten Belohnungsgefühlen beteiligt sind. Durchgezogene Linien kennzeichnen Projektionen des mesocorticolimbischen Dopaminsystems, an dem die positiv verstärkenden Wirkungen der Psychostimulantien wahrscheinlich primär ansetzen. Dieses System entspringt der Zellgruppe A10 in der Area tegmentalis ventralis des Mittelhirns und steigt auf zum Tuberculum olfactorium des Nucleus accumbens und zu den ventralen Regionen des Streifenkörpers (Corpus striatum oder Caudatoputamen). (Nach Koob[12], Abb. 1, S. 178.)

ken, darauf schließlich Einfluß nehmen. Zwei wesentliche dopaminerge (also dopaminausschüttende) neuronale Systeme im Mittelhirn sind hieran beteiligt (Abbildung 15.3). Das erste umfaßt absteigende (caudal projizierende) Fasern dopaminerger Neuronen, deren Zellkörper im Nucleus accumbens und in einer Reihe limbischer Strukturen lokalisiert sind. Die Fasern dieser ersten Stufe verlaufen innerhalb des medialen Vorderhirnbündels und sind mit dopaminergen Neuronen einer zweiten Stufe synaptisch verschaltet, deren Zellkörper sich in der Area tegmentalis ventralis (ATV, einer Region der Mittelhirnhaube) befinden. Die Fasern dieser zweiten Stufe, die Axone der ATV-Nervenzellen, steigen nun, ebenfalls im medialen Vorderhirnbündel, aufwärts (rostral) und enden in Synapsen, die den Kontakt zu Neuronen im Vorderhirn herstellen, und zwar hauptsächlich zu Nervenzellen im Nucleus accumbens, im frontalen Cortex, in der Amygdala (Mandelkern) und im Septumbereich.

Insgesamt bildet dieses zweistufige neuronale System eine dopaminerge Schleife zwischen dem Vorderhirn und der ATV im Mittelhirn.[12,22] Die exakte Funktionsweise dieser Schleife innerhalb der hirneigenen Belohnungsmechanismen kennt man bislang noch nicht, doch Koob postuliert:

>Das mesocorticolimbische Dopaminsystem fungiert offenbar als Modulator, als Instanz zur Filterung und Kanalisierung von Signalen, die aus den limbischen Regionen einströmen und grundlegende biologische Antriebe und Motivationsvariablen transportieren. Diese Signale werden letztlich, so nimmt man an, über den Output des extrapyramidalen Systems in motorische Handlungen übersetzt.«[23]

Cocain und die Amphetamine agieren nach derzeitiger Auffassung auf die Nervenendigungen sowohl der ersten als auch der zweiten Stufe, also auf Axonterminale in der ATV wie auch im Nucleus accumbens. Dabei ahmen die Drogen Wirkungen nach, wie sie ähnlich durch direkte elektrische Stimulation dieser Bereiche entstehen. Andere potentiell mißbrauchte Substanzen wirken dagegen nur auf Neuronen der zweiten Stufe ein, wahrscheinlich über Verschaltungen, bei denen endogene Opioide (Enkephaline und Endorphine) zum Einsatz kommen:

>Zellkörper, Axone und synaptische Endigungen enkephalinerger und endorphinerger Neuronen sind im gesamten Ausdehnungsbereich der belohnungsrelevanten Dopaminverschaltungen des Mittel- und Endhirns überreichlich zu finden. ... Opioidpeptiderge Neuronen stehen in unmittelbarem synaptischen Kontakt zu mesotelencephalischen dopaminergen Axonendigungen und bilden dabei genau jenen Typus axon-axonischer Synapsen, den man in einem System erwarten würde, das den Fluß belohnungswirksamer neuraler Signale innerhalb des Dopaminschaltkreises modulieren soll.«[24]

Wie auch Abbildung 15.3 verdeutlicht, unterliegt

>die drogensensitive dopaminerge Komponente der „zweiten Stufe" des Belohnungssystems der modulatorischen Kontrolle zahlreicher anderer neuronaler Systeme, darunter nicht nur die bereits angesprochenen enkephalinergen, sondern auch GABAerge, serotonerge, noradrenerge und neuropeptiderge Signalübertragungs- und Modulationsmechanismen im Gehirn«[25].

Und Koob stellt fest, daß Dopamin offenbar

>ein entscheidendes Verbindungsglied für jede Art belohnungswirksamer Stimuli darstellt, auch solcher, die von Opiaten und sedativ-hypnotischen Substanzen ausgehen. Trotz der zentralen Position des Dopamins bleibt in diesem Modell genügend Raum für vielfache Inputs und Outputs über diverse andere Neurotransmittersysteme. Auch wenn man multiple und voneinander unabhängige neurochemische Faktoren in den Vordergrund stellen will, ... spricht nichts gegen den Nucleus accumbens als wesentliches und vielleicht maßgebliches Substrat der drogenvermittelten Belohnung.«[23]

Man darf freilich nicht außer acht lassen, daß die Aktivierung hirneigener Belohnungssysteme die Motivation zu zwanghaftem Drogenmißbrauch nur zum Teil erklären kann. Stolerman faßt die einander ergänzenden Mechanismen zusammen, die dem drogensuchenden Verhalten oder dem „Stoffhunger" zugrunde liegen.[13] Wie in Abbildung 15.4 gezeigt, ist die Eigenschaft einer

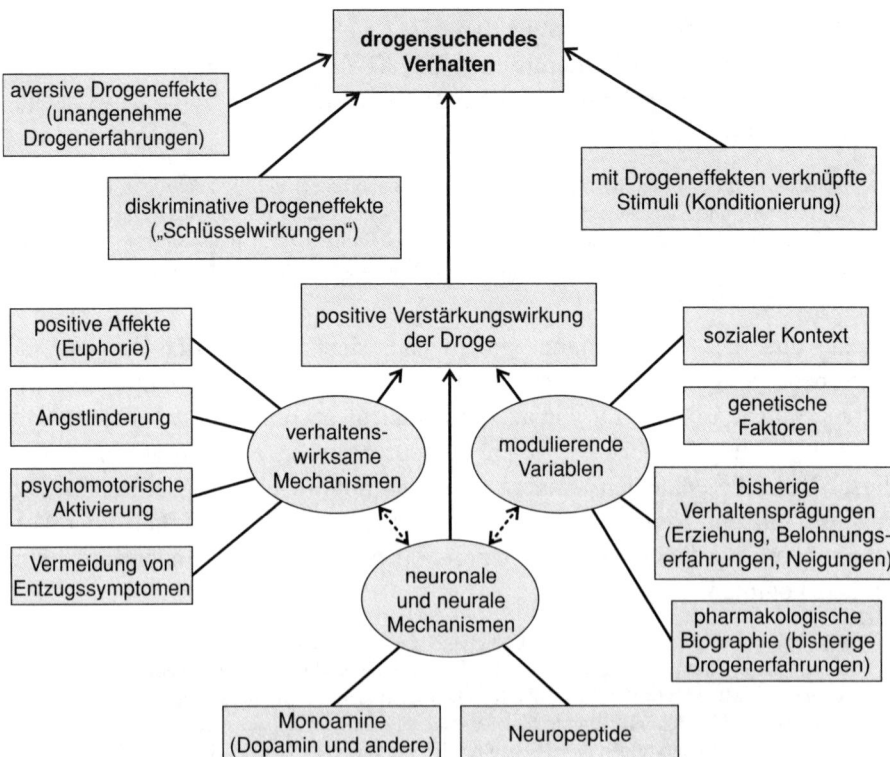

15.4 Ein psychopharmakologisches Modell zur Beschreibung der Abhängigkeit als drogensuchendes Verhalten, das über vier wesentliche Prozesse gesteuert wird: positive Verstärkung, diskriminative Drogenwirkungen, mit der Droge verknüpfte Stimuli (die das drogensuchende Verhalten begünstigen) und aversive Drogeneffekte (die es abschwächen). Der Mißbrauch von Drogen aus den verschiedensten Substanzklassen beruht auf diesen vier gemeinsamen Mechanismen. Das obige Diagramm schlüsselt die positiv verstärkenden Effekte detaillierter auf (ähnliche Analysen lassen sich für die diskriminativen und die aversiven Effekte anstellen). Aus dieser Perspektive wird erkennbar, daß die relative Bedeutung der im Diagramm aufgeführten unterschiedlichen Faktoren je nach Substanzklasse erheblich variieren kann. (Aus Stolerman[13], Abb. 1, S. 171.)

Substanz, als positiver Verstärker zu fungieren, nur eine Mindestvoraussetzung, um den Stoffhunger in Gang zu halten. Die positive Verstärkung verläuft über drei Wege:

1. über die eben geschilderten neuronalen Mechanismen;
2. über verhaltenswirksame Mechanismen, darunter drogenbedingte Euphorie, Angstlinderung, psychomotorische Aktivierung und Vermeidung entzugsbedingter unangenehmer Zustände;
3. über diverse modulierende Variablen, darunter das soziale Umfeld, innerhalb dessen die Droge gebraucht wird, der Komplex aus geneti-

schen Faktoren, Neigungen, Einstellungen und Erwartungen, den der Konsument mitbringt, sowie seine bisherige Biographie in bezug auf Belohnungs- und Verstärkungserlebnisse.

Neben den positiv verstärkenden Wirkungen einer Droge tragen auch diskriminative Drogeneffekte zum Stoffhunger bei, also spürbare „Schlüsselwirkungen", an denen der Konsument erkennt, daß der Einfluß der Droge auf ihn einsetzt, und die er mit dem drogensuchenden Verhalten verknüpft (Abbildung 15.4). Dieser Umstand erschwert, vermutlich als angsterzeugender Reiz, den Entzug. Die Erinnerung an diskriminative Effekte ist »ein möglicher „Stichwortgeber" zur Auslösung drogensuchenden Verhaltens«[12] und begünstigt daher den Rückfall.

Demgegenüber schwächen aversive Drogenwirkungen drogensuchendes Verhalten durch Bestrafungsmechanismen (beispielsweise in Form des „Katers" nach übermäßigem Alkoholkonsum) ab. Solche Wirkungen »können der angestrebten Drogenmenge eine obere Grenze setzen«[26].

Und schließlich können Umgebungsreize durch klassische Konditionierung mit dem Stoffhunger assoziiert werden. Solche Reize verfestigen drogensuchendes Verhalten über das Maß hinaus, das die Drogenwirkung allein erzielen würde. So ist zum Beispiel für einen Nicotinabhängigen der Anblick anderer Raucher und der Geruch fremden Zigarettenrauches ein erhebliches und weit über die alleinigen physiologischen Effekte des Nicotins hinausgehendes Verstärkungsmoment, um seinerseits zur Droge (also zur Zigarette) zu greifen.

Gebrauch und Mißbrauch von Drogen

Die Möglichkeiten, das Ausmaß des Drogenmißbrauchs in der heutigen Gesellschaft zu verringern, sind begrenzt. Mit Hilfe strafrechtlicher Regelungen versucht man seit Jahren, die Verfügbarkeit von Drogen einzuschränken und potentielle wie tatsächliche Konsumenten von einem Verhalten abzuschrecken beziehungsweise abzubringen, das als selbstgefährdend und gesellschaftsschädigend erachtet wird. Die Angst vor einer rigorosen Strafverfolgung kann bei vielen Personen durchaus den Drogengebrauch senken. Doch die Erfahrung zeigt, daß das individuelle Bedürfnis nach bewußtseinsverändernden Substanzen mitnichten durch eine restriktive Gesetzgebung kontrolliert werden kann. Überdies richten sich die bestehenden Gesetze nicht gegen jene beiden Drogen, die den größten Schaden für den einzelnen und für die Gesellschaft verursachen – Alkohol und Nicotin.

Eine umfassende Legalisierung verhaltensverstärkender Substanzen wäre wohl wenig sinnvoll und ist politisch ohnehin kaum durchsetzbar. Jonas schreibt:

> »Die simple Legalisierung derzeit unerlaubter Drogen könnte, in angemessener Weise umgesetzt, das Problem der Drogenhandels- und Beschaffungskriminalität zum großen Teil lösen. Freilich würde eine Legalisierung nichts am Problem des Drogenmißbrauchs selbst ändern, schon gar nicht an dem erheblichen Beitrag, den Tabak und Alkohol zu diesem Problem leisten.«[27]

In den USA stand man staatlicherseits dem Problem des Drogenmißbrauchs von jeher legalistisch und moralistisch gegenüber. Entsprechend schließt die amerikanische Bundesregierung eine Lockerung der Strafgesetzgebung kategorisch aus, und das in bezug auf ausnahmslos alle Drogen, die gegenwärtig illegal sind. So erklärt zum Beispiel der offizielle Bericht des Weißen Hauses zur *National Drug Control Strategy* 1989:

> »Kurz gesagt, eine Drogenlegalisierung wäre eine unverantwortbare nationale Katastrophe. Tatsächlich würde jede nennenswerte Lockerung der Drogengesetze – aus welchem Grund auch immer, und sei sie in noch so guter Absicht – mehr Konsum, mehr Verbrechen und mehr Probleme im Hinblick auf dringend notwendige Behandlungs- und Aufklärungsmaßnahmen nach sich ziehen.«[28]

Der „Krieg" gegen die Drogen, der in den USA stattfindet, richtet sich ausschließlich gegen illegale Substanzen und behandelt das Mißbrauchproblem aus der Sicht der Strafgesetzgebung, anstatt es als Anliegen der individuellen und öffentlichen Gesundheitsvorsorge zu erkennen. Und diese Vorgehensweise wird beibehalten, obwohl aus dem amerikanischen Bundeshaushalt fast zwölf Milliarden Dollar in die Drogenbekämpfung fließen. Etwa die Hälfte davon ist für Strafverfolgungsmaßnahmen und die Durchsetzung der Drogengesetze vorgesehen. In Deutschland und anderen westlichen Ländern besteht vielfach eine vergleichbare Sichtweise. An eine Legalisierung wird nicht gedacht, und noch 1994 hat das Bundesverfassungsgericht die Strafbarkeit des Umgangs mit Cannabisprodukten ausdrücklich bestätigt und ein „Recht auf Rausch" verneint.

Andere traditionelle Ansätze, um dem Drogenmißbrauch zu begegnen, bauen unter anderem auf Erziehung und Aufklärung und sind darauf ausgerichtet, bei aktiven wie auch potentiellen Konsumenten eine ablehnende Haltung gegenüber Drogen zu fördern. Derartige Bemühungen zeigen begrenzte Erfolge, doch zielen sie am eigentlichen Drogenproblem vorbei.

> »Die gegenwärtige Drogenpolitik der USA weist eine Reihe von Mängeln auf. Der wohl gravierendste ist die Tatsache, daß die Regierung ihr Hauptaugenmerk auf das kleinere Übel lenkt. In den Vereinigten Staaten standen 1989 etwa 500 000 Todesfälle im Zusammenhang mit Alkohol- und Tabakkonsum. Demgegenüber verkündet das National Institute on Drug Abuse in seinem Haushaltsbericht 1990, daß die Zahl der regelmäßigen Cocaingebraucher um 15 Prozent gestiegen ist, und zwar von 292 000 auf 335 000. Somit gab es 1990 etwa ein Drittel weniger regelmäßige Cocainkonsumenten, als jedes Jahr Menschen an den Folgen des Alkohol- und Tabakgebrauchs sterben. Und trotzdem befaßt sich das Office of National Drug Control Policy ausschließlich mit den ersteren.«[29]

In Deutschland geht man von jährlich 40 000 alkoholbedingten und 111 000 tabakbedingten Todesfällen aus, also zusammen rund 150 000.[5,6] Demgegenüber starben an illegalen Drogen 1991 in Deutschland 2 125 Menschen (Höchststand), 1994 waren es 1 624.[9]

Dies vor Augen, ist es dringend geboten, das Problem des Drogenmißbrauchs unter dem Aspekt der öffentlichen Gesundheitsfürsorge anzugehen (*public health approach*). Das erste Ziel eines solchen Ansatzes, so fordert Jonas, muß darin bestehen

> »den Umfang des Gebrauchs und des Mißbrauchs aller stimmungsverändernden Genußdrogen zu senken, um dafür Sorge zu tragen, daß Drogen sicher, genußvoll und in Übereinstimmung mit jahrhundertelanger menschlicher Erfahrung gebraucht werden können. Das Risiko für schädliche Auswirkungen auf das Individuum, auf seine Familie und auf die Gesellschaft insgesamt ist dabei so gering wie nur irgend möglich zu halten.«[30]

Um dieses Ziel zu erreichen, müssen wir zunächst folgende Tatsachen anerkennen:

1. Viele psychotrope (und praktisch alle mißbrauchten) Substanzen sind äußerst wirksame Verhaltensverstärker, und allein aufgrund dieser Eigenschaft werden Menschen sie immer wieder mißbrauchen.
2. Es wird immer einzelne Mitglieder oder Gruppen innerhalb der Gesellschaft geben, die verhaltensverstärkende Substanzen mißbrauchen.
3. Solange eine Nachfrage nach Drogen besteht, wird sich jemand finden, der den Bedarf deckt.
4. Es sollte nicht das Ziel der Politik sein, eine drogenfreie Gesellschaft zu schaffen.
5. Zwei legale Drogen, Alkohol und Nicotin, sind weit gefährlicher als viele illegale Drogen.
6. Die Gesellschaft und der einzelne müssen lernen, mit der Existenz potentiell gefährlicher Drogen zu leben und umzugehen, ohne von ihnen gefährdet zu werden.

Den Schulen kommt hierbei eine nicht zu unterschätzende Aufgabe zu, die über die reiner Ausbildungsinstitutionen hinausgeht und eine Rückbesinnung auf umfassendere Erziehungsziele erfordert. Ermutigend ist beispielsweise die Entwicklung in den USA, daß man an dortigen Schulen wieder zunehmend bestrebt ist, ethisch-moralische Werte zu vermitteln. Das erschreckende Ausmaß des Drogenmißbrauchs hat hier einiges in Bewegung gesetzt. Der beste Weg, um Drogenabhängigkeit zu vermeiden, ist die Erziehung der nachwachsenden Generation zu selbstbewußten und ausgewogenen Persönlichkeiten, und diesem Ziel sollte in den Lehrplänen unbedingter Vorrang eingeräumt werden.[31]

Ohne Zweifel können Elternhaus und soziales Umfeld wesentlich zur Verhinderung des Drogenmißbrauchs beitragen. Eltern sollten Beispiele setzen, Anteilnahme zeigen, Fähigkeit zur offenen Kommunikation besitzen, ihren

Einfluß geltend machen und klare Werte und persönliche Verantwortungsbereitschaft vermitteln. Eltern sollten nicht rauchen, nur mäßig Alkohol trinken und nach Alkoholgenuß nicht Auto fahren. Um gute Erzieher zu sein, sollten Eltern ein Vorbild geben, dem die Kinder nacheifern können, sie sollten nichts verheimlichen und ansprechende Alternativen zum Rauscherlebnis aufzeigen. Ebenso können Aktivitäten mit und Einflüsse von Gleichaltrigen sehr nützlich sein, um das Selbstwertgefühl eines Jugendlichen zu festigen und die Anziehungskraft, die Drogen auf ihn ausüben könnten, zu schwächen.

Shedler und Block haben den Einfluß der Erziehung und Wertevermittlung auf den Drogenmißbrauch näher untersucht.[32] Nach ihren Ergebnissen sind drogenmißbrauchende Jugendliche meist schon verhaltensauffällig, bevor sie zu Drogen greifen. Der Drogengebrauch ist daher nur ein Symptom und nicht die Ursache für persönliche und soziale Verhaltensstörungen. Wie die Autoren betonen, sind der Gebrauch und Mißbrauch von Drogen nur im Zusammenhang mit der individuellen Persönlichkeitsstruktur und dem Entwicklungsgang des jeweiligen Konsumenten verstehbar. Drogenmißbrauch stellt lediglich einen Teilaspekt eines tieferliegenden psychischen Syndroms dar, das sich mit Schlagwörtern wie Gruppenzwang und schlechtem Umgang nicht angemessen erklären läßt. Eine vernünftige Drogen- und Sozialpolitik sollte nicht das Ziel verfolgen, Drogenerfahrungen Jugendlicher gänzlich zu unterbinden. Tatsächlich entwickeln sich Heranwachsende, die bedachtsam mit Drogen experimentieren und sie nicht zu häufig gebrauchen, meist zu stabilen und sozial kompetenten Persönlichkeiten. Zweckmäßiger wäre also eine Politik, die eine einfühlsame und anteilnehmende elterliche Erziehung fördert, zwischenmenschliche Beziehungen begünstigt und auf die Vermittlung individueller Selbstachtung und sinngebender Lebensinhalte ausgerichtet ist.

Drogenaufklärung und Erziehung

Im klassischen Ansatz zur Aufklärung über die Wirkungen psychoaktiver Drogen wird erläutert, wie der Körper Drogen resorbiert und in seine Gewebe verteilt, sie im Stoffwechsel abbaut und schließlich wieder ausscheidet, wie das Gehirn organisiert ist und wie es arbeitet, wie neuronale Funktionen das Verhalten bedingen und schließlich wie diese Funktionen durch die Einnahme von Drogen verändert werden. Dieses Konzept vermeidet viele der Probleme, die emotionsgeladene Herangehensweisen zwangsläufig mit sich bringen. Die vermittelten nüchternen Fakten lassen für Geheimnisse und Mysterien keinen Spielraum.

Natürlich beinhaltet ein solcher Ansatz notwendigerweise auch konkrete Angaben darüber, wie Drogen genommen werden. Wie sich vielfach erkennen ließ, verringern Programme zur umfassenden Drogenaufklärung daher nicht unbedingt den Drogenkonsum, sondern regen mitunter sogar zum Gebrauch an. Doch ist die Begrenzung des Gebrauchs nicht das alleinige Ziel der Drogenaufklärung, ein weiteres ist die Vermittlung klarer und korrekter Information. Jemand, der über genaues Hintergrundwissen verfügt, kann die Risiken seines Verhaltens besser einschätzen und wird dadurch in die Lage versetzt, selbstverantwortliche, wohlüberlegte Entscheidungen zu treffen, die ihm ein gesundes Leben innerhalb der Gesellschaft ermöglichen.

Kein Aufklärungs- oder Erziehungsprogramm kann garantieren, daß der Gebrauch psychoaktiver Drogen zurückgeht oder gar zum Erliegen kommt. Doch können solche Programme die Öffentlichkeit über die schädlichen wie auch die nützlichen Eigenschaften einer gegebenen Droge (sei sie legal oder illegal) informieren und so zu einer Gesellschaft beitragen, die das Drogenproblem von einer angemessenen Warte aus zu beurteilen vermag. Freilich wird Aufklärung allein die Jugend nicht davon abbringen, mit Drogen zu experimentieren, noch kann sie jeden einzelnen davor bewahren, drogenabhängig zu werden. Ein neueres Weißbuch des U.S. Office of National Drug Abuse Policy stellt hierzu folgendes fest:

> »Obwohl Programme [zur Drogenprävention] nicht unbedingt verhindern, daß jemand im Laufe seines Lebens zu Drogen greift, können sie sehr wohl dazu beitragen, daß Menschen schließlich doch ein drogenfreies Leben führen. Des weiteren können solche Programme, wenn sie schon nicht das primäre Ziel der Prävention erreichen, zumindest den Zeitpunkt des Erstkonsums hinauszögern und damit die Wahrscheinlichkeit verringern, daß der Konsument abhängig wird und der Gesellschaft zur Last fällt.«[33]

Um das Verhalten Jugendlicher zu verändern, sind neben der Aufklärung auch Vorbilder nötig, Vorbilder, wie sie Lehrer, gleichaltrige Freunde, Eltern und auch die Allgemeinheit insgesamt geben können. Nach Goldstein erfordert die erfolgreiche Einflußnahme auf das Drogenverhalten drei Stufen:

> » • Grundlegende – und wahrheitsgetreue – Information ist zu vermitteln, um die Motivation zur Verhaltensänderung entstehen zu lassen. Nur ehrliche, unumwundene und vollständige Auskünfte über die gesundheitlichen Risiken, die von abhängigkeitserzeugenden Drogen ausgehen, erfüllen diese Anforderung.
> • Hilfen zur Änderung des Verhaltens sind zu leisten. Dabei haben sich vielerlei Vorgehensweisen als wirksam erwiesen, insbesondere die, Kindern beizubringen, wie sie dem Gruppenzwang widerstehen können. Es ist wichtig, daß Kinder ihre drogenkonsumierenden Kameraden nicht bewundern oder als „cool" ansehen.
> • Neue Verhaltensweisen sind positiv zu verstärken. Das bedeutet kurzgefaßt, daß Kinder dafür, daß sie keine Drogen nehmen, Anerkennung, Lob und andere Belohnungen benötigen. Der Hinweis beispielsweise, wie unzuträglich Drogen für einen gesunden Körper und ein attraktives Äußeres sind, appelliert an die sportlichen Interessen eines Heranwachsenden wie auch an seine erwachende Sexualität und an sein Streben nach vertraulichen Beziehungen zu Gleichaltrigen.«[34]

Im wesentlichen zielt dieses Vorgehen darauf ab, das Selbstbewußtsein eines Heranwachsenden in einer drogenfreien Umgebung zu stärken. Der Ansatz ist durchaus lobenswert, doch nur eingeschränkt anwendbar: Er eignet sich vornehmlich für Personen, die nur mit geringer Wahrscheinlichkeit zum Drogen-mißbrauch neigen.[32] Gute Erfolge zeigt er bei Jugendlichen, die in stabilen, ab-stinenten und Rückhalt gebenden Familien aufwachsen und die in ihren Wohn-vierteln nicht oder kaum mit Gewalt und Drogenhandel in Berührung kommen. Ganz anders ist die Situation für schlechter gestellte Bevölkerungsgruppen:

> »Jugendliche, deren Lebensumstände bereits durch zerrüttete Familienverhältnisse, Armut oder Gewalt gezeichnet sind, werden kaum begreifen, warum der Gebrauch oder Verkauf von Drogen die Dinge noch in irgendeiner Weise verschlechtern sollte. Sie betrachten Drogen eher als Mittel, um ihren Schmerz und ihre Verzweifelung zu lindern oder als einen schnellen Weg zu materiellem Gewinn. Diese Jugendlichen brauchen intensivere Präven-tionsprogramme, die zudem besser an ihre Lebensumstände und ihre Erfahrungen angepaßt sein müssen.«[35]

Letztendlich erfordert eine erfolgreiche Mißbrauchprävention die Bereitschaft von Erwachsenen, ein stetes Beispiel zu geben, indem sie auf Drogen verzich-ten und die Gesetze beachten, die den Zugang Minderjähriger zu psychoakti-ven und abhängigkeitserzeugenden Drogen beschränken. Besonders wichtig ist, daß Erwachsene auch in bezug auf Alkohol und Zigaretten konsequent handeln; die Unbefangenheit, mit der wir diese Drogen konsumieren und es zulassen, daß für sie geworben wird, zeugt von unserer Ignoranz und unserer doppelten Moral gegenüber dem Drogenproblem.

Zusätzlich zur Prävention müssen wir uns um die Behandlung bereits dro-genabhängiger Personen kümmern. Diese Menschen müssen zunächst in einen drogenfreien Zustand gebracht und danach vor einem Rückfall bewahrt wer-den. Primm zitiert eine Studie des Institute of Medicine[36]: »Mit der Schlußfol-gerung, daß ›Sucht ... eine chronisch rückfallsbedrohte Erkrankung [ist], die kontinuierliche Nachsorge und Verlaufskontrollen erfordert‹, hat wohl erstma-lig ein wissenschaftliches Gremium von Gewicht dieses Konzept nach intensi-ver Forschung und eingehender Beratung anerkannt.«[37]

Notwendige Maßnahmen

> »Das vielleicht wichtigste Element des *public health approach* liegt in der Forderung nach einer einheitlichen staatlichen Kontrolle für sämtliche stimmungsverändernden Genußdro-gen. Gleichgültig, ob gegenwärtig legal oder illegal, unterlägen ausnahmslos alle dieser Drogen derselben rechtlichen Behandlung. Eine solche Politik würde der derzeitigen Zwei-gleisigkeit, die willkürlich zwischen „akzeptablen" und „nichtakzeptablen" Drogen unter-scheidet, ein Ende setzen.«[38]

Ein politisches Vorgehen nach Maßgabe des obigen Zitats müßte folgende Komponenten einbeziehen:

1. ein wissenschaftlich fundiertes Klassifikationssystem für stimmungs-verändernde Genußdrogen;

2. eine umfassende Definition des „verantwortbaren Gebrauchs" einer jeweiligen Droge, die das Alter des Konsumenten, den Ort und die Zeit des Konsums sowie möglichst sämtliche Risikofaktoren berücksichtigt;

3. ein angemessenes Preis- und Besteuerungsgefüge für alle dann legalen Drogen;

4. bindende Richtlinien zur Werbung für Drogen.

Kernpunkt einer Kampagne gegen den Mißbrauch sollte die Bekämpfung des Konsums von Nicotin und Alkohol sein, da diese beiden Drogen die meisten Opfer an Gesundheit, Arbeitsproduktivität und Menschenleben fordern und dadurch Kosten in Milliardenhöhe verursachen. Aufklärungs- und Erziehungsprogramme sowie gesetzgeberische Maßnahmen und die Geltendmachung der Gesetze sollten vorrangig auf diese beiden Substanzen ausgerichtet sein.

Überdies müssen wir uns darauf einstellen, immer wieder mit der Bedrohung durch plötzlich auftauchende, potente und gefährliche „Modedrogen" umzugehen. Genannt seien hier als aktuelle Beispiele die Cocainvariante Crack, Methamphetamin, Ice-Methamphetamin, anabole androgene Steroide und die von Psychedelika und Opiaten abgeleiteten „Designerdrogen".

Zigaretten

»Für Zigaretten gibt es keine „gefahrlose Verwendung", und ein verantwortlicher Umgang mit Zigaretten ist Fiktion.«[27]

»Zigaretten sind der einzige Handelsartikel, der, wenn er seinem Zweck entsprechend verwendet wird, die Gefahr für Leib und Leben vergrößert.«[39]

Das gravierende Ausmaß der Zigarettenabhängigkeit ist augenfällig. Kapitel 7 schildert die vielen schwerwiegenden Folgen für Lunge, Herz und Kreislauf, die das Rauchen verursacht.

Bei Raucherinnen sind die Konsequenzen während der Schwangerschaft und der Stillperiode besonders verhängnisvoll. Mütterliches Rauchen hinterläßt deutliche Spuren beim Wachstum, in der intellektuellen und emotionalen Entwicklung und im Verhalten eines Neugeborenen. Einer neueren Studie zufolge enthält das Haar von Säuglingen signifikante Mengen an Nicotin, wenn die Mutter während der Schwangerschaft aktiv geraucht hat, und selbst dann, wenn die Mutter nach eigener Aussage nur als „Passivraucherin" dem Zigarettenrauch ihrer Umgebung ausgesetzt war.[40] Um also dem Ungeborenen die besten Voraussetzungen für eine gesunde vorgeburtliche und auch spätere Entwicklung mitzugeben, muß eine werdende Mutter nicht nur das aktive Rauchen unterlassen, sondern auch fremdem Zigarettenrauch aus dem Wege gehen.

In den achtziger Jahren begann der Zigarettenkonsum unter jüngeren Frauen kritische Ausmaße anzunehmen[41]; und inzwischen haben die Frauen, was das

Rauchen anbelangt, in den USA[42] wie auch in Deutschland* gegenüber den Männern um einiges aufgeholt. Daß die Zahl der Raucherinnen so gestiegen ist, führt man in erster Linie auf die Zigarettenreklame zurück:

>In den vergangenen 50 Jahren hat die Tabakwerbung mit auffälliger Beharrlichkeit das Rauchen als ein Zeichen weiblicher Emanzipation und erreichter Gleichberechtigung dargestellt. Werbeslogans wie *You've come a long way, baby* [„Du hast es weit gebracht, Schätzchen"] und die Markteinführung einer neuen Zigarette *for women who know the meaning auf free* [„für die Frau, die weiß, was Freiheit bedeutet"] zeugen von der Fortführung einer Vermarktungsstrategie, die an das Bedürfnis von Frauen nach Unabhängigkeit und nach gleichen Rechten auch bei Genuß und Vergnügen appelliert.«[42]

Mit besonderen Verpackungen und der Einführung speziell „entwickelter" Zigarettenmarken, die durch entsprechende Werbung mit dem Flair von kultivierter Eleganz, Attraktivität und erotischer Ausstrahlung umgeben werden, versucht die Zigarettenindustrie, ihren Absatz bei Frauen zu erhöhen.

>Die schädlichen Folgen des Rauchens für die Gesundheit sind hinlänglich belegt, ebenso seine starke Suchtwirkung, aufgrund derer es vielen Rauchern nicht gelingt, mit Erfolg aufzuhören, bevor die gesundheitlichen Konsequenzen offenbar werden. ... Wir konnten nachweisen, daß die Tabakwerbung in einer zeitlichen und spezifischen Beziehung zur Aufnahme des Rauchverhaltens bei jungen Mädchen steht, die das zum Zigarettenkauf berechtigende gesetzliche Mindestalter noch gar nicht erreicht hatten. Wie unsere und weitere Befunde zeigen, geht von der Tabakwerbung ein erheblicher Impuls auf junge Leute aus, sich in eine lebenslange Abhängigkeit hineinzubegeben, deren Langzeitfolgen sie in ihrem Alter noch gar nicht vollständig überblicken können.«[42]

Die Werbung richtet sich aber nicht nur an junge, leicht zu beeindruckende Mädchen, sondern auch an ihre gleichermaßen empfänglichen männlichen Altersgenossen:

>Indem sie Autorennen, Tennisturniere und andere Sportereignisse unterstützen, gewinnen die Zigarettenfirmen bei jungen, aufnahmebereiten Sportfans an Profil. Die Sponsorenschaft trägt dazu bei, Zigaretten mit Erfolg, Glanz, Popularität und großem Spaß zu verbinden, anstatt an eine tödliche Drogenabhängigkeit denken zu lassen.«[43]

Wie Blum ausführt, ist das Sponsern von Autorennen mittlerweile zu einer der wichtigsten Werbeaktivitäten der Tabakindustrie geworden.[44] So kam im Verlauf der anderthalbstündigen Fernsehübertragung eines Autorennens der Marlboro-Schriftzug 5 933mal ins Bild und war insgesamt 46 Minuten lang zu sehen. In seinem 23. Bericht zum Thema Rauchen und Gesundheit, der 1994 unter dem Titel *Preventing Tobacco Use Among Young People* erschien, befaßt sich nun auch der Surgeon General mit dem Problem des Rauchens unter Jugendlichen.[45]

Das Zigarettenrauchen ist offenkundig die häufigste Form der Drogenabhängigkeit, zudem die am einfachsten zu vermeidende Ursache für Krankheit und

---

* Nach einer telefonischen Repräsentativerhebung rauchten 1994 in Deutschland (alte und neue Bundesländer zusammen) 33 Prozent der Frauen und 40 Prozent der Männer.[7]

Invalidität und schlechthin die unnötigste unter den Epidemien unserer heutigen Zeit. Mehr als jede andere Droge verursachen Zigaretten Krankheit und Tod, und trotzdem rauchen in den USA noch 46 Millionen, in Deutschland rund 20 Millionen Menschen. Das Hauptproblem liegt darin, daß die gesundheitlichen Schäden zumeist erst mit geraumer Verzögerung auftreten – oftmals erst nach 20 Jahren oder sogar später, und dann sind die Folgen kaum noch rückgängig zu machen. Die meisten Raucher gewöhnen sich ihr Laster frühzeitig an und werden schon im Jugendalter abhängig, wenn das Gefühl, nichts könne einem etwas anhaben, am stärksten ausgeprägt ist. In Deutschland ist der Anteil der Raucher unter den Jugendlichen und jungen Erwachsenen (zwölf bis 25 Jahre) praktisch genauso hoch wie unter den Erwachsenen insgesamt[5]; und in den Vereinigten Staaten rauchen drei Millionen Jugendliche unter 20 Jahren. Jeden Tag kommen dort 3 000 junge Neuanfänger hinzu. Die unvermeidlichen Schadwirkungen beginnt ein Raucher meist erst im mittleren Alter ernst zu nehmen.

Jährlich sterben in den Vereinigten Staaten 420 000, in Deutschland mehr als 100 000 Menschen an Krankheiten, die durch das Rauchen verursacht werden. Die gesundheitlichen Folgekosten des Zigarettenkonsums bezifferten sich 1993 in den USA auf mehr als 50 Milliarden Dollar. Diese Summe umfaßt die Ausgaben für die medizinische Versorgung (Krankenhausaufenthalte, Arzthonorare, Medikamente, häusliche Pflege, Heimpflege) der infolge ihrer Abhängigkeit erkrankten Raucher. Umgerechnet auf den Konsum entfielen davon auf jede verkaufte Zigarettenpackung 2,06 Dollar. Hinzu kamen weitere 47 Milliarden Dollar an Produktivitätsverlusten. In Deutschland betragen die volkswirtschaftlichen Schäden durch das Rauchen nach unterschiedlichen Schätzungen 32 bis 83 Milliarden Mark jährlich.[5,46]

Angesichts dieser Zahlen besteht Handlungsbedarf; Aufklärung, legislative und exekutive Schritte sind dringend erforderlich. Folgenden Maßnahmenkatalog zur Eindämmung und Kontrolle des Tabakgebrauchs schlagen Satcher und Eriksen vor[47]:

1. Vordringlich muß verhindert werden, daß Menschen überhaupt mit dem Rauchen anfangen.
2. Nicotinabhängigkeit muß behandelt werden.
3. Nichtraucher sind vor fremdem Tabakrauch zu schützen.
4. Für das Nichtrauchen muß geworben werden, und zugleich ist der Einfluß der Tabakwerbung auf Jugendliche zu begrenzen.
5. Tabakprodukte müssen verteuert werden; die zusätzlichen Einnahmen sind für Behandlungs- und Präventionsprogramme zu verwenden und dürfen nicht dem Fiskus zufließen.
6. Tabakprodukte müssen gesetzlichen Regelungen unterstellt werden.

Antonia Novello, ehemaliger Surgeon General der USA, verlangt weitergehende Schritte[39]:

1. Die Verführung unserer Kinder durch die Tabakindustrie muß bloßgestellt werden; ihren Werbebotschaften und Beeinflussungsmethoden ist mit Vehemenz zu begegnen.
2. Die Gesetzgebung muß den Zugang Minderjähriger zu Tabakprodukten begrenzen. Dazu gehören das Verbot von Zigarettenautomaten und die Einrichtung streng kontrollierter Verkaufsstellen. Des weiteren ist der (in den USA durchaus übliche) Verkauf einzelner Zigaretten zu unterbinden. (Klonoff und Mitarbeiter zeigen auf, wie leicht sich Minderjährige in den USA Zigaretten beschaffen können, insbesondere in Wohnvierteln von Minderheiten.[48])
3. Der frauenspezifischen Zigarettenwerbung muß entgegengetreten werden.
4. Die Öffentlichkeit ist vor den Gefahren des Passivrauchens zu warnen.
5. Der Gebrauch rauchfreier Tabakvarianten (Schnupf-, Kautabak) als angeblich sichere Alternative zum Rauchen muß kontrolliert werden.
6. Besonders im Hinblick auf die Jugend muß die Bedeutung der Preisgestaltung von Tabakprodukten erkannt und in die Kontrolle des Gebrauchs einbezogen werden.
7. Einstellungen und Gewohnheiten der Gesellschaft hinsichtlich des Tabakkonsums müssen erfaßt, bewertet und verändert werden, vor allem unter dem Aspekt des Jugendschutzes.
8. Unsere Instrumente zur Eindämmung des Tabakgebrauchs – Gesetzgebung, Besteuerung sowie individuelle und öffentliche Gesundheitserziehung – müssen geschärft und weitestmöglich ausgeschöpft werden.
9. Jedermann sollte persönlich daran mitwirken, Tabakgebrauch zu verhindern und einzugrenzen.

Obwohl solche Maßnahmen das Rauchen kaum gänzlich aus unserer Welt verbannen können, tragen sie sicherlich dazu bei, daß mehr Erwachsene ein Leben ohne die Zigarette führen werden, und dies auch in einer Gesellschaft, in der Tabakprodukte mühelos erhältlich sind.

Alkohol

Doch nicht nur der Tabak, auch der Alkohol liefert Anlaß zu großer Besorgnis. In den USA sterben jährlich mehr als 31 000 Menschen an den direkten Folgen ihres Alkoholkonsums und weitere 37 000 durch alkoholbedingte Verkehrsunfälle oder Gewalttaten; in Deutschland gehen jedes Jahr 40 000 Todesfälle direkt oder indirekt auf den Alkoholkonsum zurück. Bei 50 Prozent aller tödlichen Verkehrsunfälle ist Alkohol ein beteiligter Faktor, ebenso bei einem erheblichen Anteil der Gewaltkriminalität. In Deutschland wurden 1993 30 Prozent aller schweren Körperverletzungen, 42 Prozent aller Totschlagsdelikte und 53 Prozent aller Sexualmorde unter Alkoholeinfluß begangen[49]; in den Vereinigten Staaten ist Alkohol sogar bei 70 Prozent aller Tötungsdelikte im Spiel.

In Deutschland wie in den USA liegt der jährliche Verbrauch an reinem Alkohol pro Kopf bei mehr als elf Litern. Das entspricht etwa 660 Flaschen Bier (zu 0,33 Liter), 120 Flaschen Wein (zu 0,75 Liter) oder 37 Flaschen 40prozentiger Spirituosen (zu 0,75 Liter). Samson und Harris erwähnen amtliche Schätzungen, denen zufolge der Alkohol in den Vereinigten Staaten im Jahre 1990 Schäden in Höhe von 136 Milliarden Dollar verursacht hat. 1995 dürfte der entsprechende Betrag bei über 150 Milliarden Dollar liegen.[50] Darin enthalten sind die Kosten für Therapiemaßnahmen gegen Alkoholismus, die Aufwendungen für die Behandlung alkoholbedingter Krankheiten einschließlich Alkoholembryopathie, die Verluste an Leben, Arbeitsproduktivität und Eigentum (einschließlich Brandschäden), die durch Verbrechen und Verkehrsunfälle entstandenen Verluste sowie der administrative und soziale Aufwand (anteilige Kosten für Gerichte, Gefängnisse, Polizei und ähnliches). Entsprechende Schätzungen für Deutschland gehen von jährlichen Kosten in Höhe von 30 Milliarden Mark aus.[6] Hierzulande sind etwa 2,5 Millionen Menschen behandlungsdedürftig alkoholkrank, in den USA geht man von zehn Millionen Alkoholikern und sieben Millionen Problemtrinkern aus. Gegenwärtig leidet eine von vier amerikanischen Familien unter einem Mitglied, das Alkohol trinkt – die höchste Rate an Problemtrinkern seit 37 Jahren. Mittelbar oder unmittelbar sterben durch Alkohol mindestens 25mal mehr Menschen als durch alle illegalen Drogen zusammengenommen.

Besonders verheerend sind die Folgen bei Jugendlichen. Unfälle und Todesopfer sind an der Tagesordnung. Einige Zahlen aus den USA mögen dies beispielhaft verdeutlichen:

1. Mehr als 40 Prozent aller Todesfälle von Jugendlichen unter 20 Jahren gehen dort auf Autounfälle zurück, und bei der Hälfte dieser Unfälle ist Alkohol beteiligt.
2. Alkoholbedingte Verkehrsunfälle sind in den Vereinigten Staaten das größte öffentliche Gesundheitsproblem bei Jugendlichen.[51]
3. Täglich sterben auf amerikanischen Straßen etwa zehn Jugendliche im Alter von 15 bis 19 Jahren durch alkoholbedingte Verkehrsunfälle, 37 Prozent der Todesopfer sind zwischen 15 und 24 Jahre alt.
4. Jugendliche Autofahrer verursachen unter dem Einfluß von Alkohol in den USA jährlich Unfälle mit einer Schadenshöhe von insgesamt sechs Milliarden Dollar.

5. Mehr als 30 Prozent der amerikanischen Oberstufenschüler geben zu, kürzlich exzessiv Alkohol getrunken zu haben. Schüler der Ober- und Mittelstufe konsumieren etwa 1,1 Milliarden Dosen Bier jährlich, was der Bierindustrie über 200 Milliarden Dollar einbringt.[51]

In Deutschland (alte Bundesländer) tranken 1993 in der Altersgruppe der 14- bis 25jährigen etwa 37 Prozent mindestens einmal in der Woche Bier, zwölf Prozent Wein oder Sekt und sieben Prozent Spirituosen, wobei der Anteil der männlichen Jugendlichen außer bei Wein und Sekt erheblich höher liegt. Immerhin ist der Trend seit 1973 insgesamt rückläufig.[52]

Nach einer Schätzung aus dem Jahre 1987 hat ein 18jähriger Amerikaner in seinem Leben mehr als 100 000 Fernsehwerbespots mit Bierreklame zu Gesicht bekommen.[53] Auch in Deutschland sind Jugendliche ständig der Werbung für Alkohol ausgesetzt, aber wie die Jugend auf diese Werbung tatsächlich reagiert, beginnt man erst seit neuerem zu untersuchen. Es ist naheliegend, daß Alkoholreklame einen erheblichen Einfluß auf unsere Gesellschaft ausübt, besonders auf Kinder und Jugendliche und deren Freundeskreise und Familien.

Wie Grube und Wallack[54] sowie Madden und Grube[55] belegen, sind die Sportübertragungen im amerikanischen Fernsehen mit Bierreklame regelrecht gesättigt, zumal bei Sportarten mit einem hohen Verletzungsrisiko. Gerade Jugendliche schauen sich solche Sendungen besonders häufig an. Mit Hilfe von Interviews kamen die Forscher zu dem Ergebnis, daß die Alkoholwerbung sich deutlich auf die Vorstellungen und Absichten Jugendlicher in bezug auf das Trinken auswirkt und dadurch ihre Neigung erhöht, zur Flasche zu greifen:

>»Kinder, die in höherem Maße mit Bierreklame vertraut waren, zeigten eine positivere Einstellung zum Alkoholkonsum, hatten den Vorsatz, als Erwachsene häufiger zu trinken, und kannten sich besser in Biermarken und Werbeslogans aus. Die Befunde unterstützen die These, daß Kinder, die Alkoholwerbung bewußt wahrnehmen, von dieser Werbung in ihren Ansichten, Kenntnissen und Intentionen hinsichtlich des Trinkens geprägt werden.«[56]

Auch Mosher gelangt zu dem Schluß, daß die Werbung für Alkohol Kinder und Jugendliche beeinflußt und erhebliche gesellschaftliche Auswirkungen nach sich zieht.[51] Es liegt auf der Hand, daß die Alkoholindustrie kaum Millionensummen in jugendspezifische Werbung investieren würde, wenn sie damit keine neuen Trinker heranziehen könnte. Die Weigerung amerikanischer Brauereien, ihre Vermarktungspraktiken zu ändern, zeugt von einer fundamentalen Mißachtung öffentlicher Sicherheits- und Gesundheitsbedürfnisse. Gesetzgeberische Maßnahmen sind notwendig, um Jugendliche sowohl vor der Alkohol- als auch der Tabakwerbung zu schützen.

Um die Zahl der Alkoholgeschädigten zu verringern, sollten folgende Maßnahmen ergriffen werden:

1. Die jugendorientierte Alkoholwerbung muß eingeschränkt werden, und Minderjährige dürfen überhaupt keiner Alkoholwerbung ausgesetzt sein.
2. Gesetzliche Altersgrenzen für den Zugang zum Alkohol müssen rigoros durchgesetzt werden.
3. Dem einzelnen sind Hilfen an die Hand zu geben, wie er zu Gelegenheiten, in denen ihm das Trinken notwendig, unvermeidbar und/oder sozial angemessen erscheint, verantwortlich mit Alkohol umgehen kann.
4. Das Fahren unter Alkoholeinfluß muß intensiver verfolgt werden, ein dichteres Netz an Verkehrskontrollen ist notwendig. Der gesetzliche Grenzwert der Fahruntüchtigkeit sollte auch in Staaten, in denen dies noch nicht der Fall ist, bei einem Blutalkoholgehalt von 0,8 Promille oder weniger angesetzt werden. Fahrzeugführern unter 18 Jahren sollte überhaupt kein Alkoholgenuß gestattet sein (0,0 Promille).
5. Richter müssen dahingehend ausgebildet werden, daß sie für alkoholbedingte Verkehrsdelikte die Notwendigkeit einer strengen Rechtsprechung und der Anordnung von Rehabilitationsmaßnahmen erkennen.[57] Jedem Fahrer, dessen Blutalkoholgehalt die gesetzlich erlaubte Höchstgrenze übersteigt, muß vorübergehend der Führerschein entzogen werden.*
6. Die Koppelung von Trinken und Rauchen muß durch geeignete Aufklärungsmaßnahmen durchbrochen werden. Denn die meisten langfristigen Trinker sind obendrein Raucher, und einige Schadwirkungen der beiden Drogen addieren sich.
7. Jede Art von Werbung, die Alkoholkonsum und Geselligkeit miteinander in Verbindung bringt, muß bekämpft werden.[53]

Mitunter scheinen wir schon gar nicht mehr wahrzunehmen, welches Ausmaß an Tod und Krankheit, Familienzerrüttung und sozialen Verwüstungen, Unfällen und finanziellen Schäden auf das Konto des Alkohols geht. Das mindeste, was getan werden muß, ist, den einzelnen darüber zu informieren, wie er

---

* Dies ist in Deutschland bereits der Fall. Zur Anwendung kommt § 24a des Straßenverkehrsgesetzes, nach dem das Fahren mit einer Blutalkoholkonzentration von 0,8 Promille oder mehr als Ordnungswidrigkeit mit Geldbuße (DM 500,– bis 1500,–) und mit ein bis drei Monaten Fahrverbot belegt wird; der Führerschein muß abgegeben werden, und der Fahrer erhält ihn nach Ablauf der Frist zurück. Zudem gilt § 319 des Strafgesetzbuches, der „Trunkenheit am Steuer", also den durch Alkoholgenuß verursachten Verlust der Fähigkeit, „ein Fahrzeug sicher zu führen", unter Strafe (bis hin zur Freiheitsstrafe) stellt. In der Praxis gehen die Gerichte davon aus, daß diese Unfähigkeit ab 1,1 Promille vorliegt. Doch gilt keine feste Promillegrenze, bei Auffälligkeiten oder Unfällen kann § 319 schon bei unter 0,8 Promille zur Anwendung kommen. Der Führerschein wird dann sichergestellt und vernichtet und muß neu beantragt werden.

verantwortungsbewußte Entscheidungen zum Umgang mit Alkohol treffen kann. So wissen wir alle, daß der Alkohol die Fähigkeit beeinträchtigt, ein Fahrzeug zu führen. Trotzdem setzen sich manche auch nach dem Genuß einiger Gläser noch ans Steuer. Vielen scheint die Beziehung zwischen dem Alkoholkonsum, dem entstehenden Alkoholgehalt im Blut und der daraus resultierenden Fahruntüchtigkeit gar nicht klar zu sein.

In vielen US-Bundesstaaten liegt die Höchstgrenze des Blutalkoholgehalts, ab der die gesetzliche Fahruntüchtigkeit beginnt, bei 1,0 Promille, in Deutschland bei 0,8 Promille. In Amerika kann gegen einen Fahrer, der die Grenze überschritten hat, Anklage erhoben werden; in Deutschland werden ein Bußgeld und Fahrverbot verhängt, doch auch die strafrechtliche Verfolgung ist möglich (siehe Fußnote). Viele Fahrer gehen davon aus, daß sie, solange sie unterhalb des gesetzlichen Grenzwertes bleiben – und sei es auch noch so knapp –, hinreichend fahrtüchtig sind. Doch Alkohol wirkt sich auf das Verhalten und damit auch auf die Fahrtüchtigkeit keineswegs nach dem Alles-oder-Nichts-Prinzip aus, sondern beeinträchtigt (wie alle Sedativa) die Verhaltensfunktionen um so stärker, je mehr man konsumiert hat. Insofern ist die gesetzliche Höchstgrenze nur ein relativ willkürliches Maß für die Fahruntüchtigkeit (was auch den Unterschied zwischen dem deutschen und dem amerikanischen Wert erklärt). Nur geringfügig beeinträchtigt ist die Fahrtüchtigkeit bei einer Blutalkoholkonzentration (BAK) zwischen 0,1 und 0,4 Promille; doch ab 0,5 Promille beginnen Urteilsvermögen, Reaktionsfähigkeit und Hemmungen deutlicher nachzulassen. Nach amerikanischen Untersuchungen ist bei einer Blutalkoholkonzentration zwischen 0,5 und 0,9 Promille das Unfallrisiko vervierfacht; und zwischen 1,0 und 1,4 Promille steigt es im Zuge der weitergehenden Verschlechterung der Fahrfähigkeit auf das Sechs- bis Siebenfache an. Ein Fahrer mit 1,5 Promille und mehr schließlich ist mit 25fach höherer Wahrscheinlichkeit in einen folgenschweren Unfall verwickelt als ein nüchterner Fahrer.

Aus Abbildung 15.5 läßt sich die Beziehung zwischen Alkoholkonsum und Fahruntüchtigkeit ersehen. Eine Richtwerttabelle zum Blutalkoholgehalt, wie sie in amerikanischen Verkehrsämtern ausliegt, ist hier in einer an deutsche Maßeinheiten angepaßten Übertragung gezeigt. Anhand dieser Tabelle kann man seine Blutalkoholkonzentration und seine Fahrtüchtigkeit grob abschätzen. Am linken Rand ist das Körpergewicht in Kilogramm aufgetragen. Geht man in seiner entsprechenden Reihe nach rechts bis zu der Spalte, die der aufgenommenen Alkoholmenge entspricht, findet man seine Blutalkoholkonzentration. Indem man davon den Betrag abzieht, der im Stoffwechsel bereits wieder abgebaut worden ist (wie in Kapitel 5 erwähnt, setzt der Körper innerhalb von einer Stunde die Alkoholmenge von rund drei Zentilitern einer harten Spirituose um), erhält man seinen aktuellen Konzentrationswert.

Trinkt zum Beispiel ein 80 Kilogramm schwerer Mann innerhalb von zwei Stunden sieben kleine Glas Bier (70 Milliliter Alkohol), so hat er laut Tabelle

Richtwerte zur Blutalkoholkonzentration

Trinkmenge (ml reiner Alkohol)

Körpergewicht (kg)	10	20	30	40	50	60	70	80	90	100
50	0,22	0,44	0,66	0,88	1,10	1,32	1,54	1,76	1,98	2,20
60	0,18	0,37	0,55	0,73	0,92	1,10	1,28	1,47	1,65	1,83
70	0,16	0,31	0,47	0,63	0,79	0,94	1,10	1,26	1,42	1,57
80	0,14	0,28	0,41	0,55	0,69	0,83	0,97	1,10	1,24	1,38
90	0,12	0,25	0,37	0,49	0,61	0,74	0,86	0,98	1,10	1,23
100	0,11	0,22	0,33	0,44	0,55	0,66	0,77	0,88	0,99	1,11
110	0,10	0,20	0,30	0,40	0,50	0,60	0,70	0,80	0,91	1,01

noch relativ fahrtüchtig   eingeschränkt   fahruntüchtig
                                   fahrtüchtig

15.5 Die Blutalkoholkonzentration in Abhängigkeit vom Körpergewicht und von der aufgenommenen Alkoholmenge. Zehn Milliliter Alkohol entsprechen einem kleinen Glas Bier (0,2 Liter, 5 % Vol.) oder einem gut eingeschenkten „Kurzen" (2,5 Zentiliter, 40 % Vol.). Ein Glas Wein (0,25 Liter, 12 % Vol.) enthält 30 Milliliter Alkohol. Im Körper werden pro Stunde etwa 0,15 Promille abgebaut. So müßte zum Beispiel ein Fahrer mit 80 Kilogramm Körpergewicht, der drei Viertelliter Wein getrunken hat (entsprechend 90 Milliliter Alkohol und damit 1,24 Promille), mindestens drei Stunden (ab Beginn des Trinkens) warten, bevor er sich wieder ans Steuer setzen darf: Dann ist seine Blutalkoholkonzentration um 0,45 Promille auf gesetzlich zulässige 0,79 Promille gesunken. Uneingeschränkt fahrtüchtig ist er damit allerdings noch nicht. Die Tabelle kann nur Anhaltspunkte und keinesfalls garantierte Werte liefern.

einen BAK-Wert von zunächst 0,97 Promille. Pro Stunde sinkt der BAK-Wert um etwa 0,15 Promille. In den zwei Stunden sind also 0,3 Promille bereits wieder abgebaut worden, und eine aktuelle Blutalkoholkonzentration von 0,67 Promille bleibt übrig. Der Mann darf also noch ans Steuer, ist aber gleichwohl in seinen Fahrfähigkeiten beeinträchtigt. Trinkt dagegen eine Frau von 60 Kilogramm die gleiche Menge in der gleichen Zeit, so liegt ihr Blutalkoholwert bei 0,98 Promille (Tabellenwert 1,28 Promille, abzüglich der 0,3 Promille Abbau) – sie ist also fahruntüchtig.

Aus Kapitel 5 wissen wir, daß die Gegenwart eines zweiten Sedativums im Körper die Wirkungen des Alkohols verstärkt. Dieser potenzierende Effekt wird in Abbildung 15.5 nicht berücksichtigt, so daß in einem solchen Fall die Fahrfähigkeiten stärker beeinträchtigt sind, als man aus der Tabelle schließen würde. Garantierte Werte liefert die Tabelle ohnehin nicht, da sie nicht alle individuellen Gegebenheiten berücksichtigen kann.

Krankheitslehre des Substanzmißbrauchs

Substanzmißbrauch ist schwierig zu definieren.[58] Der Begriff läßt an einen Gebrauch denken, der nicht dem Zweck entspricht, für den die Substanz eigentlich verwendet werden soll. Es stellt sich die Frage, was unter einem zweckentsprechenden Gebrauch zu verstehen sei. Der Gebrauch einer Substanz als Medikament zur Behandlung einer diagnostizierten Krankheit ist sicherlich zweckentsprechend, doch wenn man die Definition so eng faßt, wäre jeder andere Gebrauch ein Mißbrauch. Und es mag berechtigte Gründe dafür geben, eine Substanz für nichtmedizinische, für Freizeit- und Genußzwecke zu verwenden. Die Geschichte der psychotropen Substanzen zeigt deutlich, in welch vielfältigem Ausmaß Menschen diese Substanzen als Mittel zur Erholung, zur Entspannung und zur Flucht aus der Wirklichkeit genutzt haben und immer noch nutzen, wenn sie keine bessere Alternative sehen.

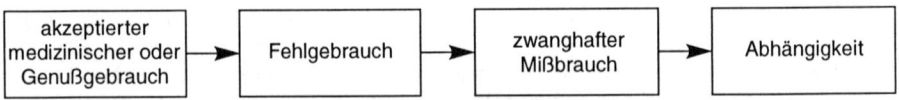

15.6 Übergänge zwischen Gebrauch und Mißbrauch psychotroper Substanzen.

Abbildung 15.6 veranschaulicht die fließenden Übergänge vom berechtigtem Gebrauch psychotroper Substanzen bis hin zum Mißbrauch und zur Abhängigkeit. Die Formen des berechtigten Gebrauchs – Tabelle 15.1 führt nicht nur solche medizinischer Natur auf – lassen sich nicht durch Gesetze vorgeben. Einige psychotrope Substanzen können in durchaus legitimer Weise als Mittel zum Genuß und zur Erzeugung veränderter Bewußtseinszustände verwendet werden. Der erwähnte sozialmedizinische Ansatz (*public health approach*) zur Bewältigung des Mißbrauchproblems erkennt das jahrhundertealte Konzept eines Genußgebrauchs von Drogen an, ist aber zugleich darum bemüht, die möglichen Gefahren für das Individuum und die Gesellschaft weitestgehend zu minimieren.

In der englischsprachigen Literatur unterscheidet man zwischen Mißbrauch (*abuse*) und Fehlgebrauch (*misuse*). Letzterer ist der Gebrauch einer Substanz

Tabelle 15.1: Medizinischer und Genußgebrauch psychotroper Substanzen

zu medizinischen Zwecken
1. Behandlung oder Pävention diagnostizierter Krankheiten
2. Linderung körperlichen oder psychischen Unwohlseins

zu Genußzwecken
1. Linderung von Ängsten
2. Erlangen eines ungehemmten Zustands oder von Euporie
3. Erlangen eines veränderten Bewußtseinszustands
4. Erweiterung kreativer Fähigkeiten
5. Versuch, zwischenmenschliche oder äußere Einsichten zu gewinnen
6. Flucht vor unangenehmer oder bedrückender Umgebungssituation
7. Erleben veränderter Stimmungszustände

(ob legal oder illegal) zu einem medizinischem oder einem Genußzweck, wenn andere Möglichkeiten verfügbar, angemessen oder vorzuziehen sind, um den Zweck zu erreichen, oder wenn der Substanzgebrauch den Gebrauchenden oder seine Mitmenschen gefährdet. Aus medizinischer Sicht bezieht sich der Fehlgebrauch auf das Verlangen, das Verschreiben und das Anwenden einer beliebigen Substanz zu einem anderen Zweck als zur Verhütung oder Behandlung einer diagnostizierten Krankheit oder zur Linderung körperlichen oder psychischen Unwohlseins. Ein Arzt, der ein mildes Sedativum (zum Beispiel ein Benzodiazepin) verschreibt, nur weil er das Behandlungsgespräch abbrechen will oder weil der Patient nach dem Medikament verlangt, ermöglicht dem Patienten den Fehlgebrauch der Substanz. Bei Genußdrogen spricht man dann von Fehlgebrauch, wenn der Gebrauch sich nachteilig auf die sozialen Beziehungen des Gebrauchenden auswirkt, sich zu seinem Hauptanliegen zu entwickeln beginnt oder die körperliche oder geistige Gesundheit des Gebrauchenden oder anderer gefährdet (schädlicher Gebrauch).

Der zwanghafte Mißbrauch (*compulsive abuse*) stellt eine Steigerung des Fehlgebrauchs dar. Er bezieht sich auf einen Zustand, in dem der Gebrauch trotz nachteiliger sozialer oder gesundheitlicher Konsequenzen fortgesetzt wird und in dem der Gebrauchende auf die Wirkungen der Substanz bereits stark angewiesen ist.

Die Abhängigkeit schließlich ist die nächste Stufe des Substanzgebrauchs. Sie kennzeichnet einen Zustand, in der eine Person vordringlich damit beschäftigt ist, die Substanz zu gebrauchen und ihre Beschaffung sicherzustellen; zudem zeigt ein Abhängiger nach dem Absetzen der Substanz eine hohe Rückfallneigung. Der Substanzgebrauch wird zur Sucht: Er überschattet das gesamte Leben des Abhängigen und steuert sein Verhalten.

Die Unschärfe der Begriffe *misuse* und *abuse* veranlaßte die Weltgesundheitsorganisation dazu, von diesen Begriffen Abstand zu nehmen und sie durch folgende fest umrissene Bezeichnungen zu ersetzen:

1. Unstatthafter Gebrauch (*unsanctioned use*): Substanzgebrauch, der von einer Gemeinschaft oder eines Teiles einer Gemeinschaft nicht gebilligt wird. Bei Verwendung des Begriffs sollte klargestellt werden, von wem die Mißbilligung ausgeht. Der Begriff impliziert nicht, daß die Mißbilligung begründet oder gerechtfertigt sein muß.
2. Risikoreicher Gebrauch (*hazardous use*): Substanzgebrauch, der wahrscheinlich zu schädlichen Folgen für den Gebrauchenden führt.
3. Funktionsbeeinträchtigender Gebrauch (*dysfunctional use*): Substanzgebrauch, der die geistigen Funktionen beeinträchtigt und/oder sich nachteilig auf soziale Beziehungen auswirkt, beispielsweise zu Arbeitsplatzverlust oder Eheproblemen führt.
4. Schädlicher Gebrauch (*harmful use*): Substanzgebrauch, der beim Ge-

brauchenden nachweislich Gewebeschädigungen oder psychische Krankheit auslöst.[58]

Bei der Aufklärung über Drogen und der Behandlung einer Abhängigkeit muß das Ausmaß der verhaltensbeeinflussenden und physiologischen Verstrickung einer betroffenen Person mit psychotropen Substanzen berücksichtigt werden. Zwar mögen Aufklärungs- und Erziehungsprogramme sowie das Aufzeigen von Alternativen zur Droge geeignete Ansätze darstellen, um dem Drogengebrauch entgegenzuwirken. Darüber hinaus sind jedoch auch konkrete Therapieprogramme notwendig, um solchen Personen zu helfen, die bereits zwanghaften Mißbrauch betreiben und/oder abhängig sind. Jaffe stellt fest:

>Die Indikationen für eine Behandlung sind je nach gebrauchter Substanz unterschiedlich und zudem abhängig von den soziokulturellen Faktoren, die das jeweils vorliegende Muster des Substanzgebrauchs bestimmen. Einige Formen des Gebrauchs, beispielsweise das wöchentliche Konsumieren von [nur schwach positiv verstärkenden Drogen wie] Marihuana, sind nicht behandlungsbedürftiger als etwa das gelegentliche Rauchen einer Zigarette oder der gesellige Gebrauch von Alkohol. Doch ist auch ein solcher beiläufiger Gebrauch durchaus nicht ohne Risiko und kann zum Beispiel die berufliche Stellung gefährden. ... Allerdings stellen derartige Ausprägungen des Substanzgebrauchs nicht notwendigerweise eine Störung dar, die man behandeln muß. Man kann davon ausgehen, daß aufgrund sich ändernder Sichtweisen zum Substanzgebrauch fortlaufend neue Grauzonen entstehen, in denen die Indikationen für eine Behandlung unklar sind. Es besteht jedoch allgemeine Übereinstimmung darüber, daß eine Behandlung angebracht ist, wenn der Substanzgebrauch mit nachteiligen Folgen einhergeht oder wenn jemand, der zwanghaften Mißbrauch betreibt, freiwillig Hilfe sucht.«[59]

Alternativen zu Drogen

Die Bekämpfung des Drogenmißbrauchs ist eine gesellschaftliche Aufgabe, die nicht nur die Vermittlung erkenntnis- und verhaltensbezogener Entscheidungsfähigkeit erfordert, sondern auch die Bereitstellung geeigneter Alternativen zum Drogenerlebnis verlangt. Nur so läßt sich die verbreitete Angewiesenheit auf Genußdrogen wirksam verringern. Mögliche Alternativen zum Drogengebrauch müssen der Art des Erlebnisses, das der Drogenkonsument anstrebt, und seinen Motiven, dieses Erlebnis zu suchen, entgegenkommen. Jemand, der echte Hochgefühle erreichen kann, ohne Drogen zu benutzen, wird eher auf chemisch ausgelöste Veränderungen seines Bewußtseinszustands verzichten. Auch aus körperintensiven Betätigungen wie Sport und Tanz, aus kreativen Tätigkeiten wie Photographie oder berufliche Weiterbildung, aus gemeinschaftlichen und sozialen Aktivitäten oder aus religiöser Besinnung, Meditations- und Selbsterfahrungsübungen, um nur einige zu nennen, lassen sich neue Erfahrungen schöpfen.

Solche Alternativen anzubieten, sollte für Familien, Gemeinden und die Gesellschaft insgesamt vordringliches Ziel sein. Schon vor 25 Jahren bemerkte Beecher:

>»Diese und andere „Alternativen zum Drogenerlebnis" finden bei jungen Leuten zunehmend Anklang, nicht etwa weil sie sicherer als Drogen, sondern weil sie ihnen überlegen sind. Erfahrene Drogengebraucher ... stellen häufig fest, daß bestimmte Meditationsformen das Bedürfnis nach Hochgefühlen durchaus wirksamer befriedigen können als der „Stoff". Man findet viele Drogengebraucher, die den Stoff zugunsten der Meditation aufgeben, aber man findet keinen einzigen aktiv Meditierenden, der für Drogen die Meditation aufgeben würde. Hat man einmal mit Hilfe einer Droge gelernt, was es wirklich bedeutet, „high" zu sein, kann man darangehen, dieses Gefühl ohne die Droge nachzuvollziehen; jeder, dem diese Leistung gelingt, wird bestätigen, daß der drogenfreie Rauschzustand der bessere ist.«[60]

Politische Leitlinien für die neunziger Jahre und das 21. Jahrhundert

Zum Abschluß seien einige politische Leitlinien genannt, nach deren Maßgabe man das gegenwärtige Problem des Drogenmißbrauchs in Zukunft angehen sollte:

1. Wie erwähnt, müssen wir Drogenmißbrauch und Drogenabhängigkeit im Sinne des *public health approach* vorrangig als sozialmedizinisches Problem und als Anliegen der öffentlichen Gesundheitsfürsorge erkennen.[27] Individuelle und gesellschaftliche Schadensbegrenzung sollten die zentrale Strategie dieses Ansatzes bilden.
2. Aufgabe der Strafverfolgungsbehörden ist in erster Linie die Verbrechensbekämpfung, gleichgültig ob Verbrechen im Zusammenhang mit Drogen begangen werden oder nicht. Doch sollte nur den tatsächlich begangenen Verbrechen nachgegangen werden; es kann kaum Sache der Strafverfolgung sein, sich mit der Mehrheit jener Drogenabhängigen zu befassen, die sich außer ihrem Drogenmißbrauch nichts haben zuschulden kommen lassen. Die Beachtung dieses Grundsatzes würde die Aufgabentrennung zwischen öffentlicher Gesundheitsfürsorge auf der einen und Polizei und Justiz auf der anderen Seite erleichtern.
3. Sämtliche Drogen müssen, unabhängig von ihrem derzeitigen Rechtsstatus, unter dem Aspekt ihrer möglichen Schadwirkung bewertet werden. Eine solche Bewertungsgrundlage würde ebenfalls der Verquickung gesundheitspolitischer Aufgaben mit Polizei- und Justizobliegenheiten ein Ende setzen.
4. Strafmaßnahmen als Mittel zur Unterbindung des Drogennachschubs haben in der Vergangenheit versagt und versagen auch jetzt. Folglich

müssen präventive Maßnahmen darauf abzielen, die Nachfrage zu verringern. Erziehung und Aufklärung, das Angebot von Alternativen zum Drogengebrauch, Einschränkung der Werbung für legale Drogen, Therapien, Rückfallprävention und andere Maßnahmen sind dazu geeignet, die Nachfrage unabhängig vom verfügbaren Angebot zu senken. Nach Jonas wird »das Drogenproblem vornehmlich durch den Bedarf an Drogen verursacht sowie durch diejenigen Faktoren, welche den Bedarf erzeugen«[27].

5. Wir müssen uns, wie bereits ausgeführt, mit dem Problem der jugendorientierten Werbung für Zigaretten und Alkohol befassen.

6. Wir müssen uns damit auseinandersetzen, daß der Gebrauch psychotroper Substanzen während der Schwangerschaft Schädigungen des Fetus und angeborene Mißbildungen hervorrufen kann. Keine Seite des Drogengebrauchs ist entsetzlicher als die, daß unschuldige Opfer durch Drogen zu Schaden kommen, die ihre Mütter während der Schwangerschaft nehmen.

7. Wir müssen zu verhindern suchen, daß die intravenöse Drogeneinnahme der Ausbreitung von Aids weiteren Vorschub leistet.

Diese Ansätze sollten

»den Gebrauch und Mißbrauch sämtlicher Genußdrogen verringern. Strafjustiz- und Polizeibehörden, die durch das derzeitige System überfordert und zudem der Korruption ausgesetzt sind, würden massiv entlastet und bekämen die Hände frei, um andere kriminelle Verhaltensweisen zu bekämpfen. Und schließlich würde sich eine solche Vorgehensweise finanziell weitgehend von selbst tragen: durch Besteuerung des Verkaufs und des Gebrauchs von Genußdrogen, der Werbung für sie und der durch sie erzielten Gewinne. Das größte politische Hindernis, das diesem Ansatz im Wege steht, ist die Tatsache, daß er der Tabak- und Alkoholindustrie kräftig auf die Füße tritt. Doch er läßt sich durchführen. Nach den bisherigen Erfahrungen mit *public health*-Strategien zu schließen, wird er erfolgreich sein.«[61]

Aufgaben

1. Was ist gemeint, wenn man eine psychotrope Substanz einen „positiven Verstärker" nennt?

2. Warum kann die Auswertung der positiv verstärkenden Wirkung einer Substanz im Tierversuch dazu dienen, ihre verhaltenswirksamen Eigenschaften beim Menschen abzuschätzen?

3. Entsteht die Neigung, Substanzen zu mißbrauchen, durch einen psychopathologischen Prozeß beim Konsumenten, oder ist sie vielmehr durch die Eigenschaften der Substanz an sich begründet? Verteidigen Sie ihren Standpunkt.

4. Was könnte die physiologische Ursache dafür sein, daß Phenothiazine und tricyclische Antidepressiva keine verstärkenden Wirkungen zeigen?
5. Auf welchem Mechanismus beruhen die verhaltensverstärkenden Eigenschaften bestimmter psychotroper Substanzen?
6. Geben sie einige grundlegende Prinzipien an, die einem positiven Ansatz zur Aufklärung über den Drogenmißbrauch zugrunde liegen.
7. Wo versagt die Drogenaufklärung? Wie könnten Drogenaufklärung und -erziehung wirksam eingesetzt werden?
8. Zählen Sie die in diesem Buch vorgestellten Klassen psychotroper Substanzen auf. Beginnen Sie mit den schädlichsten, und enden Sie bei den am wenigsten gefährlichen Drogen. Begründen Sie die Wahl ihrer Reihenfolge.
9. Bestehen Zusammenhänge zwischen der Reihenfolge in Ihrer Liste aus Aufgabe 8 und der sozialen Akzeptanz und dem rechtlichen Status von Drogen?
10. Sollten bestimmte Drogen leichter erhältlich sein? In welche Richtung sollten zukünftige gesetzgeberische Bestrebungen gehen?

Literatur

1. Jaffe J. H. *Drug Addiction and Drug Abuse*. In: Gilman A. G.; Rall T. W.; Nies A. S. und Taylor P. (Hrsg.) *Goodman and Gilman's The Pharmacological Basis of Therapeutics*, 8. Aufl., New York, Pergamon, 1990, S. 522.
2. Gardner E. L. *Brain Reward Mechanisms*. In: Lowinson J. H.; Ruiz P.; Millman R. B. und Langrod J. G. (Hrsg.) *Substance Abuse: A Comprehensive Textbook*, 2. Aufl., Baltimore, Williams & Wilkins, 1992, S. 70.
3. Dunner D. L. (Hrsg.) *Psychopharmacology II*. In: *The Psychiatric Clinics of North America* 16, Nr. 4 (Dezember 1993).
4. Goldstein A. *Addiction: From Biology to Drug Policy*. New York, W. H. Freeman & Company, 1994, S. 9.
5. Junge B. *Tabak*. In: Deutsche Hauptstelle gegen die Suchtgefahren (Hrsg.) *Jahrbuch Sucht '96*. Geesthacht, Neuland, 1995, S. 69–83.
6. Hüllinghorst R. *Politische Einflußmöglichkeiten der Konsumreduzierung. Der WHO-Aktionsplan Alkohol und seine Umsetzung in Deutschland*. In: Deutsche Hauptstelle gegen die Suchtgefahren (Hrsg.) *Jahrbuch Sucht '96*. Geesthacht, Neuland, 1995, S. 31–40
7. Herbst K. *Repräsentativerhebung zum Konsum und Mißbrauch von illegalen Drogen, alkoholischen Getränken, Medikamenten und Tabakwaren. Telefonische Befragung 1994*. In: Deutsche Hauptstelle gegen die Suchtgefahren (Hrsg.) *Jahrbuch Sucht '96*. Geesthacht, Neuland, 1995, S. 203–222.

8. Johnson B. D.; Muffler J. *Sociocultural Aspects of Drug Use and Abuse in the 1990s*. In: Lowinson J. H.; Ruiz P.; Millman R. B. und Langrod J. G. (Hrsg.) *Substance Abuse: A Comprehensive Textbook*, 2. Aufl., Baltimore, Williams & Wilkins, 1992, S. 118–137.

9. Peterson R. *Rauschgiftlage 1994*. In: Deutsche Hauptstelle gegen die Suchtgefahren (Hrsg.) *Jahrbuch Sucht '96*. Geesthacht, Neuland, 1995, S. 134–146.

10. Simon R.; Lehnitz-Keiler C. *Jahresstatistik der professionellen Suchtkrankenhilfe*. In: Deutsche Hauptstelle gegen die Suchtgefahren (Hrsg.) *Jahrbuch Sucht '96*. Geesthacht, Neuland, 1995, S. 231–244.

11. Goldstein *Addiction*, S. 6.

12. Koob G. F. *Drugs of Abuse: Anatomy, Pharmacology and Function of Reward Pathways*. In: *Trends in Pharmacological Sciences* 13 (1992), S. 177.

13. Stolerman I. *Drugs of Abuse: Behavioral Principles, Methods, and Terms*. In: *Trends in Pharmacological Sciences* 13 (1992), S. 171.

14. Johanson C.-E. *Behavioral Studies of the Reinforcing Properties of Cocaine*. In: Clouet D.; Asqhar K. und Brown R. (Hrsg.) *Mechanisms of Cocaine Abuse and Toxicity*, NIDA Research Monograph 88, Rockville (Md.), National Institute on Drug Abuse, 1988, S. 110.

15. Jaffe *Drug Addiction and Drug Abuse*, S. 524.

16. Bolster R. L. *Pharmacological Effects of Cocaine Relevant to Its Abuse*. In: Clouet D.; Asqhar K. und Brown R. (Hrsg.) *Mechanisms of Cocaine Abuse and Toxicity*. NIDA Research Monograph 88, Rockville (Md.), National Institute on Drug Abuse, 1988, S. 1–13.

17. Johanson C.-E. *Assessing the Reinforcing Properties of Drugs*. In: Harris L. S. (Hrsg.) *Problems of Drug Dependence, 1989*. NIDA Research Monograph 95, Rockville (Md.), National Institute on Drug Abuse, 1990, S. 136.

18. Miller N. S.; Gold M. S. *A Hypothesis for a Common Neurochemical Basis for Alcohol and Drug Disorders*. In: *Psychiatric Clinics of North America* 16 (1993), S. 105–117.

19. Griffiths R. R.; Bigelow G. E. und Liebson I. A. *Reinforcing Effects of Caffeine in Coffee and Capsules*. In: *Journal of the Experimental Analysis of Behavior* 52 (1989), S. 127–140.

20. Battig K.; Welzl H. *Psychopharmacological Profile of Caffeine*. In: Garattini S. (Hrsg.) *Caffeine, Coffee, and Health*. New York, Raven Press, 1993, S. 213–253.

21. Gardner *Brain Reward Mechanisms*, S. 71.

22. Ibid., S. 76f.

23. Koob *Drugs of Abuse*, S. 178.

24. Gardner *Brain Reward Mechanisms*, S. 78.

25. Ibid., S. 86.

《running header》

26. Stolerman *Drugs of Abuse*, S. 174.

27. Jonas S. *Public Health Approach to the Prevention of Substance Abuse*. In: Lowinson J. H.; Ruiz P.; Millman R. B. und Langrod J. G. (Hrsg.) *Substance Abuse: A Comprehensive Textbook*, 2. Aufl., Baltimore, Williams & Wilkins, 1992, S. 936.

28. Office of National Drug Control Policy *National Drug Control Strategy*. Washington (D.C.), U.S. Government Printing Office, 1989, S. 13.

29. Jonas *Public Health Approach ...*, S. 930.

30. Ibid., S. 929.

31. Forbes M. S. *Fact and Comment*. In: *Forbes* (1. Dezember 1986), S. 25.

32. Shedler J.; Block J. *Adolescent Drug Use and Psychological Health*. In: *American Psychologist* 45 (1990), S. 612–630.

33. Office of National Drug Control Policy, Executive Office of the President *Understanding Drug Prevention*. Washington (D.C.), U.S. Government Printing Office, 1992, S. 16.

34. Goldstein *Addiction*, S. 208f.

35. Office of National Drug Control Policy *Understanding Drug Prevention*, S. 17.

36. Institute of Medicine *Treating Drug Problems: A Study of the Evolution, Effectiveness, and Financing of Public and Private Drug Treatment Systems*, Band 1, Washington (D.C.), National Academy Press, 1990.

37. Primm B. J. *Future Outlook: Treatment Improvement*. In: Lowinson J. H.; Ruiz P.; Millman R. B. und Langrod J. G. (Hrsg.) *Substance Abuse: A Comprehensive Textbook*, 2. Aufl., Baltimore, Williams & Wilkins, 1992, S. 624.

38. Jonas *Public Health Approach ...*, S. 938.

39. Novello A. C. *From the Surgeon General, U.S. Public Health Service*. In: *Journal of the American Medical Association* 270 (1993), S. 806.

40. Eliopoulos C. und andere *Hair Concentrations of Nicotine and Cotinene in Women and their Newborn Infants*. In: *Journal of the American Medical Association* 271 (1994), S. 621–623.

41. Fielding J. E. *Smoking and Women: Tragedy of the Majority*. In: *New England Journal of Medicine* 317 (1987), S. 1343–1345.

42. Pierce J. P.; Lee L. und Gilpin E. A. *Smoking Initiation by Adolescent Girls, 1944 Through 1988*. In: *Journal of the American Medical Association* 271 (1994), S. 608–611

43. Skolnick A. A. *Kid Stuff*. In: *Journal of the American Medical Association* 271 (1994), S. 578f.

44. Blum A. *The Marlboro Grand Prix. Circumvention of the Television Ban on Tobacco Advertising*. In: *New England Journal of Medicine* 324 (1991), S. 913–917.

45. U.S. Department of Health and Human Services *Preventing Tobacco Use Among Young People: A Report of the Surgeon General.* Atlanta (Ga.), U.S. Department of Health and Human Services, Public Health Service, Centers for Disease Control and Prevention, National Center for Chronic Disease Prevention and Health Promotion, Office on Smoking and Health, 1994.

46. Thiel E. *Volkswirtschaftliche Auswirkungen des Rauchens.* In: *Therapiewoche* 16 (1996), S. 846–850.

47. Satcher D.; Eriksen M. *The Paradox of Tobacco Control.* In: *Journal of the American Medical Association* 271 (1994), S. 627f.

48. Klonoff E. A.; Fritz J. M.; Landrine H.; Riddle R. W. und Tully-Payne L. *The Problem and Sociocultural Context of Single-Cigarette Sales.* In: *Journal of the American Medical Association* 271 (1994), S. 618–620.

49. Klein M. *Gewaltverhalten unter Alkoholeinfluß: Bestandsaufnahme, Zusammenhänge, Perspektiven.* In: Deutsche Hauptstelle gegen die Suchtgefahren (Hrsg.) *Jahrbuch Sucht '96.* Geesthacht, Neuland, 1995, S. 53–68.

50. Samson H. H.; Harris R. A. *Neurobiology of Alcohol Abuse.* In: *Trends in Pharmacological Sciences* 13 (1992), S. 206–211.

51. Mosher J. F. *Alcohol Advertising and Public Health: An Urgent Call for Action.* In: *American Journal of Public Health* 84 (1994), S. 180f.

52. Junge B. *Alkohol.* In: Deutsche Hauptstelle gegen die Suchtgefahren (Hrsg.) *Jahrbuch Sucht '96.* Geesthacht, Neuland, 1995, S. 9–30.

53. Postman N.; Nystrom C.; Strate L. und Weingartner C. *Myths, Men and Beer: An Analysis of Beer Commercials on Broadcast Television, 1987.* Falls Church (Va.), AAA Foundation for Traffic Safety, 1988.

54. Grube J. W.; Wallack L. *Television Beer Advertising and Drinking Knowledge, Beliefs, and Intentions Among Schoolchildren.* In: *American Journal of Public Health* 84 (1994), S. 254–259.

55. Madden P. A.; Grube J. W. *The Frequency and Nature of Alcohol and Tobacco Advertising in Televised Sports, 1990 Through 1992.* In: *American Journal of Public Health* 84 (1994), S. 297–299.

56. Grube und Wallack *Television Beer Advertising ...*, S. 257.

57. Colquitt M.; Fielding P. und Cronan J. F. *Drunk Drivers and Medical and Social Injury.* In: *New England Journal of Medicine* 317 (1987), S. 1262–1266.

58. Kleber H. D. *The Nosology of Abuse and Dependence.* In: *Journal of Psychiatric Research* 24, Suppl. 2 (1990), S. 57–64.

59. Jaffe *Drug Addiction and Drug Abuse*, S. 559f.

60. Beecher E. M. und die Herausgeber der Consumer Reports *Licit and Illicit Drugs.* Mt. Vernon (N.Y.), Consumers Union, 1972, S. 510.

61. Jonas *Public Health Approach ...*, S. 941.

16. Kombinierte Anwendung von Psychopharmaka und Psychotherapie in der Behandlung psychischer Störungen

von Donald E. Lange und Robert M. Julien

»Keine Krankheit entsteht und verläuft im luftleeren Raum. Darum wird eine medikamentöse Behandlung alleine nicht genügen. Der Patient und seine Krankheit stehen miteinander in fortlaufender Wechselwirkung (zum Beispiel können Lebensumstände die Krankheit verschlimmern und umgekehrt).«[1]

Dieses Kapitel behandelt die Rolle der Psychopharmakotherapie innerhalb der Gesamtversorgung psychisch kranker Patienten – ein Thema, das zwangsläufig mit der Psychotherapie* verwoben ist. Im einzelnen wird dieses Kapitel

1. die einander ergänzenden Aufgaben beschreiben, welche der medikamentösen und der Psychotherapie in der Behandlung psychisch gestörter Patienten jeweils zukommen, und – unabdingbare Voraussetzung für eine erfolgversprechenden Behandlung – auf die sorgfältige Erfassung und Beurteilung und die genaue Diagnose psychischer Störungen eingehen;
2. einen Überblick über die Einteilung der psychischen Störungen vermitteln, und zwar anhand des Klassifikationssystems der vierten Version des *Diagnostic and Statistical Manual of Mental Disorders*[2] der American Psychiatric Association (DSM-IV, deutsche Übersetzung: *Diagnostisches und Statistisches Manual Psychischer Störungen*[3]);
3. die wichtigsten Kategorien psychischer Störungen erörtern, bei denen ein kombinierter Behandlungsansatz erforderlich ist.

---

* Der Begriff *Psychotherapie* im Sinne dieses Kapitels umschließt ein weit gefaßtes Spektrum verschiedenster behandlungswirksamer Maßnahmen, angefangen von Aufklärung und unterstützender Beratung bis hin zu einsichtsorientierten und dynamisch ausgerichteten Therapien.

Aufgaben der Medikation

Die Anwendung psychotroper Arzneimittel in der Behandlung von psychischen Störungen nennt man *Psychopharmakotherapie*.[4] Heilen läßt sich eine psychische Krankheit allein durch Medikation, also durch Medikamentengaben, nur selten. Wenn ein Patient etwa infolge einer schizophrenen Störung an Halluzinationen leidet, können Neuroleptika (Kapitel 11) einige der Symptome abschwächen, die Schizophrenie als solche beheben sie nicht – den Prozeß, der den Symptomen zugrunde liegt, kann die Medikation nicht abstellen.

Doch ist die Möglichkeit einer medikamentösen Symptombehandlung bereits sehr hilfreich. Zudem kann eine geeignete Medikation prophylaktische Funktionen übernehmen und den Ausbruch eines Symptomenkomplexes unterdrücken, mithin dazu beitragen, daß die Symptome einer psychischen Erkrankung seltener auftreten. Somit lassen sich mit Psychopharmaka die kräftezehrenden Symptome akuter und chronischer psychopathischer Zustände mildern und auch das Auftreten zusätzlicher Symptome verhindern, wodurch günstige Grundlagen für weitergehende nichtpharmakologische Therapien geschaffen werden können.

Wie gesagt, als alleinige Behandlungsmaßnahme ist die Gabe von Psychopharmaka wenig geeignet. In einer ausgedehnten Studie fand man zwischen antidepressiven Medikamenten und psychotherapeutischen Maßnahmen, jeweils für sich eingesetzt, kaum Unterschiede in der Wirksamkeit; eine kombinierte Anwendung beider Verfahren erbrachte dagegen einen synergistischen Effekt, mit dem sich die Genesungszeit deutlich verkürzen ließ.[5,6] Eine umsichtige Anwendung von Psychopharmaka kann also, vornehmlich als ergänzende Maßnahme zur Psychotherapie, für die erfolgreiche Behandlung vieler psychischer Störungen von großem Wert sein.

Aufgaben des Behandlungsteams

Psychiatrische Fürsorge geht nicht von einer einzigen Betreuungsperson aus. In der Regel wird ein Team, das sich aus Fachleuten unterschiedlicher Disziplinen zusammensetzt, die therapeutische und therapiebegleitende Versorgung des Patienten* durchführen. So mag ein Spezialist für die Medikation verantwortlich sein und ein anderer die psychotherapeutischen Maßnahmen leiten. Wichtig ist dabei der Informationsaustausch, denn die Wirkungen und Neben-

---

* Im klinischen Umfeld ist die zu behandelnde Person ein „Patient", während man im psychotherapeutischen Bereich vom „Klienten" spricht. Der Einfachheit halber verwenden wir hier durchgängig den Begriff „Patient".

wirkungen der Medikation beeinflussen die Durchführung – und sogar die Anwendbarkeit – der Psychotherapie. Alle Mitglieder des Behandlungsteams müssen fortwährend auf Symptomveränderungen achten, die auf die Medikation zurückgehen könnten, und bei der Symptombewertung die Wechselbeziehungen zwischen Arzneimittelwirkungen, psychotherapeutischen Wirkungen und den angestrebten Behandlungszielen berücksichtigen. Die Teamangehörigen sollten abschätzen, wie ein bestimmtes Medikament sich auf die psychotherapeutische Strategie auswirkt, und umgekehrt, wie die Psychotherapie die beabsichtigten therapeutischen Wirkungen der Medikation beeinflußt.

Neben dem Arzt, der die Medikamente verordnet, und dem Psychotherapeuten können ferner psychiatrisches Pflegepersonal, Apotheker, Gesprächstherapeuten, Physiotherapeuten, Beschäftigungs- und Arbeitstherapeuten (Ergotherapeuten), Berufsberater und Helfer für die berufliche Wiedereingliederung, Ernährungsberater, Seelsorger, Helfer für die Freizeitgestaltung und nicht zuletzt die Familienangehörigen an der therapiewirksamen Betreuung des Patienten beteiligt sein. Einer fruchtbaren Zusammenarbeit des Teams ist es förderlich, daß sich jeder Beteiligte aktiv einbringt und seine Beiträge im Team anerkannt werden. Jedes Teammitglied wird die Bedürfnisse des Patienten von seiner eigenen fachlichen und persönlichen Warte aus darstellen und so wiederum auf die anderen Mitglieder und deren Auffassungen über erforderliche Behandlungs- und Trainigsmaßnahmen zurückwirken. Die Medikation ist eine wichtige Variable innerhalb der Strategien zur Intervention in den Krankheitsverlauf wie auch für das Ergebnis der Psychotherapie.

Sämtliche Mitglieder des Behandlungsteams müssen wissen, welche Pharmaka der Patient einnimmt und welche Effekte sie daher erwarten sollten. Alle müssen auf günstige und ungünstige Wirkungen achten und sich darüber klar sein, welche Bedeutung die Medikation für den Patienten besitzt. Schließlich hängt eine erfolgreiche Psychotherapie wesentlich davon ab, ob der Patient in der Lage ist, den therapeutischen Erfordernissen gerecht zu werden. Denn Patienten müssen über ein Mindestmaß an Konzentrationsfähigkeit, an Kooperationsbereitschaft und an Motivation verfügen und frei von therapiebehindernden Symptomen sein.

Eine psychotrope Medikation kann dazu beitragen, diese Voraussetzungen in der Verfassung des Patienten zu schaffen. Freilich kann ein Medikament, das man aufgrund seiner zuträglichen Wirkungen verordnet, auch zu unerwünschten Nebenwirkungen führen und etwa die Konzentrations- und Kooperationsfähigkeit des Patienten herabsetzen, was wiederum dessen psychotherapeutischen Fortschritt bremst. Ebenso kann eine falsche Dosierung der Medikamente dem Erfolg der Psychotherapie abträglich sein. Daher sollte man eventuell den Wirkstoffspiegel im Blut überwachen, besonders dann, wenn der Patient unangemessen auf das Medikament reagiert oder wenn unerwünschte Nebenwirkungen zu überwiegen beginnen.[7]

Ungeachtet ihrer jeweils unterschiedlichen Funktion innerhalb des Teams müssen alle Mitglieder auch grundlegende gemeinsame Aufgaben wahrnehmen. Deren wichtigste besteht in der Erfassung der Symptome und in der Beurteilung des Patienten. Ein klinischer Psychologe wird dazu beispielsweise eine Reihe psychometrischer Tests anwenden. Eine Untersuchung des Geisteszustands ist häufig hilfreich, um eine vorläufige Diagnose zu stellen. Das Ziel der psychologischen Bestandsaufnahme ist, ein klares und objektives Bild der Symptome und Krankheitszeichen zu erhalten, die der Patient zeigt, und diese so weit wie möglich zu in Frage kommenden Ursachen in Beziehung zu setzen. Eine solche Beurteilung kann eine formale Diagnose beinhalten oder aus einer Beschreibung der symptomatischen Verhaltensentwicklung des Patienten bestehen. In beiden Fällen sollten die Stärken und Schwächen des Patienten hervorgehoben werden. Lassen sich aus der psychologischen Beurteilung die Kranheitsursachen erkennen, ist sie um so wertvoller.

Der klinische Psychiater wird alle denkbaren Erklärungen für den beobachteten Symptomenkomplex in einer ausführlichen *Differentialdiagnose* zusammenstellen, die häufig die eigentliche Ursache zunächst noch offenläßt. Weniger wahrscheinliche Ursachen lassen sich zwar meist rasch ausschließen, doch können mehrere Möglichkeiten bestehen bleiben. Dann sind weitere Untersuchungen notwendig, um die tatsächlich zutreffende Erklärung einzugrenzen. Die Differentialdiagnose zeichnet den Weg für solche Folgeuntersuchungen und für Behandlungsmöglichkeiten vor, wobei unterschiedliche Krankheitsursachen oft sehr unterschiedliche Behandlungsmethoden erfordern. Eine genaue Symptomerfassung und -beurteilung und die sorgfältige Diagnose der Ursachen für das pathologische Verhalten des Patienten müssen daher der Behandlungsplanung und der therapeutischen Intervention unbedingt vorausgehen.

Als Grundlage für die Beurteilung benutzt man in der Psychiatrie häufig ein formalisiertes und standardisiertes Diagnosesystem, das eine einheitliche Nomenklatur für psychiatrische Symptome und psychische Erkrankungen vorgibt. Ein auch in Deutschland vielbenutztes Klassifikationssystem ist das DSM-IV.[2,3] *

Klassifikation psychischer Störungen nach DSM-IV

Diagnose ist die Praxis, eine Krankheit von anderen Krankheiten zu unterscheiden. In der klinischen Psychiatrie basiert die Diagnose auf den Sympto-

---

* Daneben wird das Diagnosesystem der Weltgesundheitsorganisation, die mittlerweile zehnte Revision der *International Classification of Diseases* (ICD-10), verwendet. DSM-IV und ICD-10 sind zwar aufeinander abgestimmt, allerdings nicht vollständig deckungsgleich, da die beiden Systeme zum Teil unterschiedliche Zielsetzungen verfolgen.

men und Merkmalen einer psychischen Störung und wird unabhängig von den krankhaften Veränderungen gestellt, die zu diesen Symptomen führen. DSM-IV definiert eine psychische Störung als

> »ein klinisch bedeutsames Verhaltens- oder psychisches Syndrom oder Muster ..., das bei einer Person auftritt und das mit momentanem Leiden (zum Beispiel einem schmerzhaften Symptom) oder einer Beeinträchtigung (zum Beispiel Einschränkung in einem oder in mehreren wichtigen Funktionsbereichen) oder mit einem stark erhöhten Risiko einhergeht, zu sterben oder Schmerz, Beeinträchtigung oder einen tiefgreifenden Verlust an Freiheit zu erleiden. Zusätzlich darf dieses Syndrom oder Muster nicht nur eine verständliche und kulturell sanktionierte Reaktion auf ein bestimmtes Ereignis sein, wie zum Beispiel auf den Tod eines geliebten Menschen. Unabhängig von dem ursprünglichen Auslöser muß gegenwärtig eine verhaltensmäßige, psychische oder biologische Funktionsstörung bei der Person zu beobachten sein. Weder normabweichendes Verhalten (zum Beispiel politischer, religiöser oder sexueller Art) noch Konflikte des einzelnen mit der Gesellschaft sind psychische Störungen, solange die Abweichung oder der Konflikt kein Symptom einer oben beschriebenen Funktionsstörung bei der betroffenen Person darstellt.«[8]

Die DSM-IV-Klassifikation liefert zu jeder psychischen Störung eine Kurzbeschreibung der zu erwartenden Verhaltensmuster.

> »DSM-IV ist ein kategoriales Klassifikationssystem, das psychische Störungen anhand von Kriterienlisten mit definierenden Merkmalen in Typen aufgliedert. ... In DSM-IV wird nicht angenommen, daß jede Kategorie einer psychischen Störung eine diskrete Entität mit absoluten Grenzen ist, die sie von anderen Störungen oder von der Normalität trennt. Weiterhin gibt es keine Annahme darüber, daß alle Menschen, denen die gleiche Störung zugeschrieben wird, in allen wichtigen Punkten gleich sind. ... Diese Grundannahme ermöglicht zwar eine höhere Flexibilität bei der Anwendung des Systems, verlangt jedoch in Grenzfällen auch mehr Aufmerksamkeit und erfordert die Einholung von klinischer Information zusätzlich zu der für die Diagnosestellung benötigten.«[9]

DSM-IV enthält also eine Sammlung von Richtlinien zur Beschreibung und Charakterisierung klinischer Symptome. Zudem sind seine Kategorien hilfreich, um die Krankheitsursachen zu bestimmen. Mithin liefert es sowohl Informationen über den Kontext, in dem selten beobachtete abnorme Verhaltensweisen auftreten, als auch die Beschreibungen der Verhaltensweisen selbst.

Innerhalb der DSM-IV-Klassifikation wird ein diagnostizierter Patient nicht einfach einer einzigen diagnostischen Kategorie zugeordnet (zum Beispiel „bipolare Störung"), sondern anhand klinisch relevanter Faktoren charakterisiert, die in fünf „Achsen" untergliedert sind:

Achse I: primäre Klassifikation (Diagnose) des wesentlichen Problems, gegen das vorgegangen werden soll (beispielsweise Alkoholabhängigkeit);

Achse II: geistige Behinderungen und Persönlichkeitsstörungen, die nach allgemeiner Auffassung im Kindheits- oder Jugendalter einsetzen und im Erwachsenenalter fortbestehen;

Achse III: körperliche Störungen (medizinische Krankheitsfaktoren), die in einem vorliegenden Fall möglicherweise von Bedeutung sind und Einfluß auf die Behandlung haben können (beispielsweise Asthma, das durch psychische Faktoren verschlimmert wird);

Achse IV: psychosoziale und umgebungsbedingte Probleme, die sich auf die Diagnose, Behandlung und Prognose der in den Achsen I und II aufgeführten psychischen Störungen auswirken können (beispielsweise Analphabetismus oder Arbeitslosigkeit);

Achse V: Gesamterfassung der psychischen Funktionen, der sozialen Beziehungen und der beruflichen oder anderweitigen Aktivitäten (einschließlich einer Bewertung der gegenwärtigen Situation und der Bestsituation innerhalb des zurückliegenden Jahres).

In Notfällen, wenn die verfügbaren Informationen nicht ausreichen, muß man häufig eine vorläufige Klassifikation durchführen; die Beurteilung ist dann als provisorisch anzusehen und muß gegebenenfalls revidiert werden, sobald eine genauere Erfassung medizinischer, psychologischer und psychosozialer Faktoren möglich ist.

Die ersten drei Achsen des DSM-IV bilden die offiziellen diagnostischen Kategorien der American Psychiatric Association; Achsen IV und V gelten als ergänzende Kategorien zur Anwendung im klinischen und im Forschungsbereich. Doch hat es sich eingebürgert, psychiatrische Fälle unter Einbeziehung aller fünf Achsen zu beschreiben. Die Hauptkategorien der Achse I sind in Tabelle 16.1 aufgeführt.

In diesem Kapitel befassen wir uns mit drei der 16 Kategorien aus Achse I, und zwar mit den affektiven Störungen (Störungen der Gemütsverfassung), mit der Schizophrenie und mit den Angststörungen. Diese Kategorien wurden ausgewählt, weil ihre Syndrome die größte Verbreitung (Prävalenz) zeigen[10-12] und weil die Kombination aus medikamentöser und psychotherapeutischer Behandlung bei diesen Störungen ihr Hauptanwendungsgebiet findet.

Beispielsweise leiden in den USA fast 30 Prozent der Bevölkerung, also mehr 44 Millionen Menschen, an einer psychischen Störung (Tabelle 16.2), davon 1,7 Millionen an Schizophrenie oder einer schizophrenieähnlichen Störung, 15 Millionen an einer affektiven und mindestens 20 Millionen an einer Angststörung. Zudem sind dort 15 Millionen Menschen von Störungen im Zusammenhang mit Substanzmißbrauch (Alkohol oder andere Drogen) betroffen, häufig in Kombination mit Störungen aus den drei zuvor erwähnten Kategorien. Insgesamt leidet der größte Anteil der Patienten, die in den USA eine psychiatrische Behandlung aufsuchen, an einer Störung aus diesen vier Kategorien. Man kann davon ausgehen, daß sich die Prävalenzen in Deutschland in ähnlichen Größenordnungen bewegen.

Tabelle 16.1: DSM-IV-Kategorien der Achse I

Kategorie	Beispiele
Störungen, die gewöhnlich zuerst im Kleinkindalter, in der Kindheit oder Adoleszenz diagnostiziert werden	Störungen der Aufmerksamkeit, der Aktivität und des Sozialverhaltens; Lernstörungen; bestimmte Eßstörungen
Delir, Demenz, amnestische und andere kognitive Störungen	vorübergehende oder permanente Hirnfunktionsstörungen (zum Beispiel als Alterserscheinung); Demenz aufgrund von Schädel-Hirn-Trauma oder durch Alzheimer-Krankheit; amnestische Störungen (Gedächtnisverlust)
Störungen im Zusammenhang mit psychotropen Substanzen	Störungen im Zusammenhang mit Alkohol; sämtliche durch Substanzentzug verursachten Syndrome; einige durch Substanzen verursachte oder mit ihnen in Verbindung stehende Störungen (zum Beispiel substanzinduzierte psychotische Störungen)
Schizophrenie und andere psychotische Störungen	chronisch desorganisiertes Verhalten und sozial isolierendes, zusammenhangloses und psychotisch übersteigertes Denken (mit Wahnvorstellungen und Halluzinationen); Störungen in Form in sich geschlossener Wahnvorstellungen (ohne die sozial isolierenden Merkmale der Schizophrenie, wie Zusammenhanglosigkeit und „Bizarrheit")
affektive Störungen	Depression; bipolare Störung
Angststörungen	Angst, Anspannung und Unruhe ohne zusätzliche psychotische Merkmale (also ohne Wahnvorstellungen oder Halluzinationen); vorübergehende oder chronische posttraumatische (reaktive, belastungsbedingte) Störungen
somatoforme Störungen	körperliche Symptome ohne erkennbare medizinische Ursachen (Symptome, die vom Patienten offenbar nicht willentlich kontrolliert werden können und die mit psychischen Faktoren oder Konflikten in Verbindung stehen)
vorgetäuschte Störungen	körperliche oder Verhaltenssymptome, die absichtlich erzeugt oder vorgetäuscht werden, offenbar aus dem Beweggrund, die Rolle des Patienten zu spielen (oft einhergehend mit chronischem und vordergründigem Lügen)
dissoziative Störungen	plötzliche, vorübergehende Veränderungen normaler Bewußtseinsfunktionen (zum Beispiel Gedächtnisverlust, Identitätsstörungen)
sexuelle und Geschlechtsidentitätsstörungen	abweichende sexuelle Neigungen und Praktiken, welche deutliches Leiden und Beeinträchtigungen in sozialen und anderen Funktionsbereichen verursachen

Tabelle 16.1 (Fortsetzung)

Kategorie	Beispiele
Eßstörungen	Störungen des Eßverhaltens, zum Beispiel Anorexia nervosa (Magersucht)
Schlafstörungen	Schlaflosigkeit, Einschlaf- oder Durchschlafstörungen; übermäßiges Schlafen am Tag; subjektiv empfundene Schlafschwierigkeiten ohne objektiven Hintergrund; Beeinträchtigung der Atmung im Schlaf; Störungen im Schlaf-Wach-Rhythmus; Schlafwandeln; Alpträume
Störungen der Impulskontrolle, nicht andernorts klassifiziert	Fehlanpassungen in Form der Unfähigkeit, plötzlichen Antrieben zu widerstehen (zum Beispiel Spielsucht, Kleptomanie, Pyromanie)
Anpassungsstörungen	übersteigerte Reaktionen auf eingrenzbare Lebensereignisse oder -umstände, die in der Regel nach Wegfall des auslösenden Faktors wieder abklingen (hervorstechende Reaktionen: depressive Verstimmung, Angst, Selbstisolation und Schwierigkeiten in der Lebensführung, etwa „Schuleschwänzen" oder verminderte berufliche Leistungsfähigkeit)
psychische Störungen aufgrund eines medizinischen Krankheitsfaktors, nicht andernorts klassifiziert	psychische Störungen, die auf körperliche Erkrankungen zurückgehen (zum Beispiel eine durch Nierenversagen ausgelöste psychotische Störung)
andere klinisch relevante Probleme	umfaßt Zustände angefangen von arzneimittelinduzierten Bewegungsstörungen (Spätdyskinesie durch Neuroleptika) bis hin zu Problemen in der Eltern-Kind- oder Partnerbeziehung

Zusammengefaßt nach DSM-IV[3], S. 31–49.

Wie eine Studie von Regier und Mitarbeitern ergab, erhielt jedoch – innerhalb des Beobachtungszeitraumes von zwölf Monaten – nur die Hälfte der 44 Millionen psychisch erkrankten Amerikaner eine psychiatrische Behandlung, wobei sich die Patienten in gleichem Umfang an Spezialisten und an Allgemeinmediziner wandten. Regier und Mitarbeiter weisen darauf hin, daß mehr Betroffene sich einer Behandlung unterziehen sollten. Ihrer Studie zufolge waren von den Personen mit diagnostizierter Schizophrenie nur 64 Prozent auch in Behandlung, bei Personen mit affektiven Störungen lag der Anteil der Behandelten bei 45 Prozent, im Falle der Patienten mit Angststörungen bei 32 Prozent.[12]

Die Befunde von Mandersheid[10] und Narrow[11] und ihren Mitarbeitern bestätigen ebenfalls, daß viele Menschen mit einer diagnostizierten psychischen oder abhängigkeitsbedingten Störung ohne Behandlung bleiben oder, wenn sie eine Behandlung erhalten, diese nicht im psychiatrischen Bereich erfolgt. Da-

Tabelle 16.2: Häufigkeit (Prävalenz) psychischer Störungen in der amerikanischen Bevölkerung (einschließlich der in Anstalten lebenden Personen) im Alter über 18 Jahren

Art der psychischen Störung	Einjahres-prävalenz* (%)	Anzahl der Personen
Störungen insgesamt (auch substanzbedingte)	28,1 ± 0,5	44 679 000
alle Störungen außer substanzbedingten	22,1 ± 0,4	35 139 000
alle Störungen mit begleitendem (comorbidem) Substanzgebrauch	3,3 ± 0,2	5 283 000
Störungen durch Substanzgebrauch	9,5 ± 0,3	15 054 000
Störungen durch Alkohol	7,4 ± 0,3	11 766 000
Störungen durch andere Substanzen	3,1 ± 0,2	4 929 000
schizophrene und schizophrenieähnliche Störungen	1,1 ± 0,1	1 749 000
affektive Störungen	9,5 ± 0,3	15 143 000
bipolare Störungen	1,2 ± 0,1	1 908 000
unipolare Depression (*major depression*)	5,0 ± 0,2	7 950 000
Dysthymie	5,4 ± 0,2	8 586 000
Angstsstörungen	12,6 ± 0,3	20 034 000
Phobie	10,9 ± 0,3	17 331 000
Panikstörung	1,3 ± 0,1	2 067 000
Zwangsstörung	2,1 ± 0,1	3 339 000
Somatisierungsstörung	0,2 ± 0,0	365 000
antisoziale Persönlichkeitsstörung	1,5 ± 0,1	2 385 000
kognitive Beeinträchtigungen (hochgradig)	2,7 ± 0,1	4 293 000

Nach Regier und Mitarbeitern,[12] Tabelle 2, S. 88.

* Die Prävalenzraten sind nach Alter, Geschlecht, Rassenzugehörigkeit und Klinikstatus (stationärer Aufenthalt oder nicht) der erwachsenen Bevölkerung der USA im Jahre 1980 standardisiert. Angegeben ist jeweils der Mittelwert in Prozent ± Standardabweichung.

her sollten Therapeuten aus dem klinischen Bereich mit der Beurteilung, der Diagnose und der Behandlung verbreiteter psychischer Störungen vertraut sein und auch die Pharmakologie der Medikamente kennen, die entsprechende Patienten einnehmen könnten.

Integrierte Therapie verbreiteter psychischer Störungen

Affektive Störungen

Der Begriff Affektivität (entspricht etwa dem allgemeinsprachlichen Wort Stimmung, im Englischen *mood*) bezieht sich auf eine bewertende Ausrichtung des Erlebens, die bestimmt, wie man die Welt wahrnimmt. Störungen der Gemütsverfassung – affektive Störungen – können sich in depressiven, manischen oder hypomanen Episoden äußern, die jeweils wiederholt auftreten und untereinander auch abwechseln können. Jeder Mensch erlebt Stimmungsschwankungen, reagiert auf schwierige Lebensereignisse mit Gefühlen wie Angst, Schwermut und Melancholie, Trauer und Leid. Solche Reaktionen sind normal und stellen keineswegs Störungen der Gemütsverfassung dar. Die DSM-IV-Klassifikation der affektiven Störungen bezieht sich auf bestimmte, schwerwiegende Prozesse, die sich auf die alltäglichen Handlungen auswirken. Und solche Funktionsstörungen sind einer Behandlung zugänglich.[13]

Auslösende Ursachen können allgemeinmedizinische Zustände („medizinische Krankheitsfaktoren") wie auch der Gebrauch von Drogen sein. Die normale Verarbeitung einer Trauer, etwa nach dem Tod einer geliebten Person, wird nicht als affektive Störung klassifiziert, obwohl der Betroffene in der Fähigkeit, seinen Alltag zu organisieren, zeitweilig beeinträchtigt sein kann.

Allgemein werden affektive Störungen nach ihrer Form und nach der Dauer ihres Auftretens eingeteilt. So würde man beispielsweise bei einem Patienten, der mindestens zwei Wochen lang an einer schweren depressiven Verstimmung leidet und bei dem zusätzlich mindestens vier damit in Zusammenhang stehende Symptomkriterien erfült sind, eine *Episode einer Major Depression* diagnostizieren.[14] Eine zwei Jahre anhaltende Verstimmung in Zusammenhang mit zwei weiteren Symptomen entspräche der Diagnose einer *Dysthymen Störung*.[15] Das DSM-IV unterscheidet depressive Störungen, bipolare Störungen, substanzinduzierte affektive Störungen sowie affektive Störungen aufgrund medizinischer Krankheitsfaktoren.

Folgende Merkmale sind einer Reihe verschiedener affektiver Störungen gemeinsam, stellen für sich genommen allerdings noch keine spezifischen Krankheitsbilder dar:

1. pathologische Stimmungswechsel zwischen Verzweiflung und Überschwang;
2. verändertes Interesse oder veränderte Fähigkeit, sich Freude zu verschaffen; stark verminderte oder übersteigerte Ausübung lustvoller Aktivitäten;
3. vegetative Veränderungen (des Schlafverhaltens, der Tatkraft, der Libido, des Appetits);
4. Abweichungen in persönlichen Eigenheiten und Verhaltensmustern, die auf eine Veränderung der Selbsteinschätzung (übersteigertes Selbstbewußtsein oder Minderwertigkeitsgefühle) hindeuten;
5. verminderte Denk-, Konzentrations- und/oder Entscheidungsfähigkeit;
6. wiederholt auftretende Selbstmordgedanken, -pläne oder -versuche.

Die Kapitel 8 und 9 beschreiben sowohl das Spektrum der verschiedenen Stimmungsepisoden als auch ihre pharmakologische Behandlung.

Beurteilung und Diagnose. Die sorgfältige Beurteilung psychischer Störungen ist der erste Schritt zur Planung einer aussichtsreichen Behandlung, sei diese nun pharmakologisch, psychologisch oder kombiniert ausgerichtet. Eine gründliche Symptomerfassung ist nützlich, um zwischen funktionalen und organischen Ursachen zu unterscheiden. Mit anderen Worten, die Behandlungsplanung erfordert nicht nur, daß man eine gegebene Verhaltensfehlfunktion anhand ihrer Symptome nach dem DSM-IV klassifiziert, sondern auch, daß man sämtliche Ursachen, die für die beobachteten Verhaltensweisen verantwortlich sein können, in einer Differentialdiagnose zusammenstellt.[16] Nach dem Ausschlußprinzip engt man die wahrscheinlicheren Ursachen ein, so daß nur eine oder vielleicht einige wenige übrigbleiben. Die günstigste Voraussetzung für eine gezielte und wirksame Behandlung liegt naturgemäß in einer eindeutigen Ursachenbestimmung.

Doch läßt sich eine Differentialdiagnose mitunter nur schwierig entwickeln. Als Beispiel sei der Fall eines 19jährigen Studenten geschildert, der allenthalben als der „perfekte Sohn" galt. Als er erstmalig eine Behandlung aufsuchte, berichtete er über Wahnvorstellungen, sprach gepreßt und zeigte psychotische Verbalisationen. Es erwies sich, daß er wiederholt Alkohol, Marihuana und Psychostimulantien mißbraucht hatte. Die Differentialdiagnose erbrachte sowohl bipolare Störung als auch multiplen Substanzmißbrauch (Polytoxikomanie). Im Verlauf eines einwöchigen stationären Aufenthalts gingen seine Symptome zurück, und in den anschließenden drei Wochen zeigte er keinerlei Auffälligkeiten, bis seine Freunde ihm Alkohol und andere Drogen verschafften. Daraufhin wurde er nach einer Kneipenschlägerei festgenommen, und seine Wahnvorstellungen und psychotischen Verbalisationen brachen wieder hervor. Er kam zurück in die Klinik, und nach zwei Wochen hatten sich die Symptome gelegt. Im Anschluß an seine Entlassung blieb er etwa einen Monat symptomfrei; dann fand ihn eine Polizeistreife eines Abends auf einer Straßenkreuzung, wo er splitternackt den Verkehr regeln wollte, und nahm ihn in Gewahrsam. Bei seinem nunmehr dritten Klinikaufenthalt stritt er entschieden jeglichen Alkohol- oder sonstigen Drogengebrauch ab. Als bei ihm erneut hypomane Symptome auftraten – und zwar, ohne daß er Drogen genommen hatte –, ließ sich die Differentialdiagnose schließlich auf bipolare Störung eingrenzen. Erst jetzt war es möglich geworden, eine wirksame Therapie (unter anderem mit Lithium; Kapitel 9) einzuleiten.

Eine gründliche Beurteilung muß auch die psychosozialen Umstände berücksichtigen, die zur Entstehung einer psychischen Störung oder zur Verschärfung einer bereits existierenden beitragen können.[17]

Indem man Psychopharmaka verordnet, um die Symptome zu beseitigen, behandelt man das Problem nicht an seiner Wurzel. Das gilt besonders, wenn die Störung exogen, durch äußere Umstände, bedingt ist und nicht aus einer erkennbar veränderten Physiologie des Patienten entspringt. In einem solchen

Fall läßt sich ein Symptomenkomplex langfristig nur durch eine umfassende und ganzheitliche Behandlung des Patienten beheben.

Behandlung. Um eine affektive Störung umfassend zu behandeln, muß man die biologischen, die psychischen und die sozialen Faktoren der jeweiligen Störung in die Therapieplanung einbeziehen. Wie sich in einer Reihe von Studien zeigte, ist die Kombinationstherapie aus Medikation und psychotherapeutischen Maßnahmen einer einseitig (also nur medikamentös oder nur psychotherapeutisch) ausgerichteten Behandlungsstrategie überlegen.[4,6,7,18–23] Selbst reaktive (exogene) Depressionen und Anpassungsstörungen besitzen eine biologische Komponente, die mitunter zusätzlich zur Psychotherapie den Einsatz pharmakologischer Wirkstoffe erfordert.[24] Und gerade bei sehr hartnäckigen Störungen läßt sich ein psychologischer oder psychotherapeutischer Ansatz mit Medikamentengaben wirksam unterstützen: Die beiden Ansätze ergänzen einander, begünstigen so den Behandlungserfolg und wirken einem Rückfall entgegen. Häufig kann eine geeignete Medikation Symptome, die auf biochemische Dysfunktionen zurückgehen, in ihrem Ausmaß so weit zurückdrängen, daß ein psychologisches Eingreifen überhaupt erst möglich wird.

Wie ein Mensch die Welt wahrnimmt oder wahrzunehmen glaubt und wie er seine Wahrnehmungen vor dem Hintergrund seiner Erfahrungen kognitiv und intellektuell verarbeitet, beeinflußt seine Wechselbeziehungen mit der Umwelt und mit anderen Menschen. Mit der Zeit entwickelt man so etwas wie einen Instinkt dafür, wie das eigene Ich mit anderen Personen in Beziehung tritt, oder anders ausgedrückt, man entwickelt Gewohnheiten im Umgang mit seinen Mitmenschen. Jemand, der an einer affektiven Störung leidet, nimmt dabei Verhaltensmuster an, die seine Probleme verschlimmern und eine Beeinflussung und Behandlung der Störung erheblich erschweren können.

Doch können psychologische Therapien solche Verhaltensmuster ändern. Eine Reihe von Methoden stehen hier zur Verfügung, »von simpler Aufklärung über unterstützende Beratung bis hin zur einsichtsorientierten, dynamisch ausgerichteten Therapie«[25]. Häufig eingesetzt wird die kognitive Therapie (oder kognitive Verhaltenstherapie), die darauf abzielt, jene Muster kognitiver Prozesse zu analysieren und zu beeinflussen, welche funktionsbeeinträchtigende Gedanken und Verhaltensweisen in Gang halten. Zwar können Psychopharmaka den Stimmungszustand heben, den Schlaf fördern, Ängste lindern und dem Patienten helfen, aus seinen täglichen Aktivitäten wieder Freude zu schöpfen, doch muß der Patient auch lernen, die Welt in einem andern Licht zu sehen und in geänderter Weise auf sie zu reagieren. Die Psychotherapie kann ihn dabei unterstützen, indem sie seine Gefühle der Ohnmacht und Unzulänglichkeit anspricht, ihn zu einem aktiven Mitgestalter seiner eigenen Behandlung werden läßt und so seine Bereitschaft zur Kooperation steigert.[26] »Wenn komplexe Probleme oder anhaltende, erschwerende persönliche Aspekte überhandnehmen, kann eine formale Psychotherapie angezeigt sein.«[26]

Im Rahmen eines amerikanischen Regierungsprogramms zur Entwicklung von Praxisrichtlinien für den klinischen Umgang mit verbreiteten psychischen Störungen veröffentlichte die Agency for Health Care Policy and Research (AHCPR) 1993 eine zweibändige Sammlung von Leitsätzen zur Erkennung, Diagnose und Behandlung der Depression (*major depression*).[27,28] Dieses Grundsatzwerk wird eingehend von Clinton, McCormick und Besteman[29], von Schulberg und Rush[30] sowie von Munoz und Mitarbeitern[31] diskutiert. Die letztgenannten Autoren kommen zu dem Schluß:

> »Die Empfehlungen der AHCPR legen nahe, daß verschiedene psychotherapeutische Methoden bei zeitlich begrenztem Einsatz in der Behandlung einer Depression hilfreich sein können, insbesondere die kognitive Verhaltenstherapie und die interaktiven Psychotherapieverfahren. Den Richtlinien zufolge ist die Psychotherapie bei Patienten mit leichten bis mittelschweren Depressionen eine brauchbare Alternative zur Pharmakotherapie; bei ausgeprägteren Störungen ist jedoch die Pharmakotherapie vorzuziehen. ... Eine Kombination von Psychopharmaka und Psychotherapie erweitert die Bandbreite der therapeutischen Wirkungen, wobei die Vorteile der jeweiligen Behandlungsform erhalten bleiben.«[32]

Im Einklang mit dieser Feststellung steht die Folgerung von Miller, Norman und Keitner, daß sich bei der Depression die Rückfallquote innerhalb des ersten Jahres nach Behandlungsende etwa um die Hälfte senken läßt, wenn man die übliche antidepressive Pharmakotherapie durch eine zusätzliche kognitive Verhaltenstherapie ergänzt.[33] Schulberg und Rush führen an:

> »Unter den psychotherapeutischen Ansätzen zur Behandlung der Depression liegen die meisten Erfahrungen mit der kognitiven Therapie vor. Diese Methode versucht, Depressionssymptome zu beseitigen, indem sie die verzerrten und negativ gefärbten Denkweisen des Patienten eingrenzt und korrigiert, und Rückfälle zu verhindern, indem sie seine stillschweigenden Annahmen identifiziert und richtigstellt. ... Verschiedene Kurzzeittherapien, die auf affektive Symptome oder auf psychosoziale Probleme abzielen, die mit einer milden oder mittelschweren Depression in Verbindung stehen, weisen durchweg eine Erfolgsquote von etwa 50 Prozent auf.«[34]

In bezug auf kombinierte Therapien fahren Schulberg und Rush fort: »Man geht davon aus, daß Patienten, die unter ernsteren oder chronischen Formen der Depression leiden oder die auf eine rein medikamentöse beziehungsweise rein psychotherapeutische Behandlung nur unzureichend ansprechen, von einer kombinierten Behandlung profitieren können.«[35]

Die AHCPR-Berichte sind all jenen dringend zu empfehlen, die mit Depressionspatienten arbeiten. Wie bereits früher erwähnt, liegen ähnliche Richtlinien auch zur Therapiepraxis der bipolaren Störung vor (Kapitel 9, Quelle 51).

Schizophrenie

Der Begriff *Schizophrenie* wird häufig als synonym zu dem Begriff *Psychose* angesehen und vielfach als ungenaue Bezeichnung für schwere Geisteskrank-

Tabelle 16.3: DSM-IV-Kategorien der Schizophrenie und verwandter Störungen

Schizophrenie ist ein Störungsbild, das mindestens sechs Monate dauert und mindestens einen Monat andauernde Symptome der floriden Phase beinhaltet (das heißt mindestens zwei der folgenden: Wahnphänomene, Halluzinationen, desorganisierte Sprachäußerungen, grob desorganisiertes oder katatones Verhalten, negative Symptome). Außerdem sind in diesem Kapitel Definitionen der Schizophreniesubtypen (Paranoid, Desorganisiert, Kataton, Undifferenziert und Residual) enthalten.

Die **Schizophrenieforme Störung** ist gekennzeichnet durch ein Symptombild, das der Schizophrenie entspricht, abgesehen von der Dauer (das heißt, die Störung dauert von einem bis zu sechs Monaten) sowie von der fehlenden Voraussetzung, daß es zu einem Funktionsabfall kommt.

Die **Schizoaffektive Störung** ist ein Störungsbild, bei dem eine affektive Episode und floride Schizophreniesymptome gemeinsam aufgetreten und mindestens zwei Wochen lang Wahnphänomene oder Halluzinationen ohne vorherrschende affektive Symptome vorausgegangen oder nachgefolgt sind.

Die **Wahnhafte Störung** ist gekennzeichnet durch mindestens einen Monat anhaltende nichtbizarre Wahnphänomene ohne weitere floride Symptome der Schizophrenie.

Die **Kurze Psychotische Störung** ist ein psychotisches Störungsbild, das länger als einen Tag anhält und sich innerhalb eines Monats zurückbildet.

Die **Gemeinsame Psychotische Störung** ist ein Störungsbild, das sich bei einer Person entwickelt, die von einer anderen Person beeinflußt wird, bei der ein Wahn ähnlichen Inhalts manifest ist.

Bei der **Psychotischen Störung Aufgrund eines Medizinischen Krankheitsfaktors** werden die psychotischen Symptome als direkte körperliche Folge eines medizinischen Krankheitsfaktors aufgefaßt.

Bei der **Substanzinduzierten Psychotischen Störung** werden die psychotischen Symptome als auf die direkte körperliche Wirkung einer Droge, eines Medikaments oder einer Exposition gegenüber einem Toxin zurückzuführen angesehen.

Die **Nicht Näher Bezeichnete Psychotische Störung** wurde zur Klassifizierung von psychotischen Zustandsbildern mit aufgenommen, die die Kriterien für keine der in diesem Kapitel definierten spezifischen Psychotischen Störungen erfüllen, oder von psychotischen Symptombildern, über die unzureichende oder widersprüchliche Informationen vorliegen.

Aus der deutschen Ausgabe des DSM-IV[3], S. 327f.

heiten schlechthin benutzt. Die eindeutige formale Definition der Schizophrenie nach DSM-IV läßt sich Tabelle 16.3 entnehmen. Zu den Symptomen gehören Trugwahrnehmungen, Wahnvorstellungen, konfuses Sprechen und bizarre Verhaltensweisen. Diesen sogenannten „positiven" Symptomen stehen die „negativen" Symptome gegenüber, darunter gestörte soziale Beziehungen, verarmte und abgestumpfte Affekte, fehlende Motivation und ausgeprägte soziale Isolation (Kapitel 11). Die Störung beginnt oftmals im Jugend- oder frühen Erwachsenenalter und nimmt häufig einen progressiven Verlauf; nur wenige Patienten werden vollständig geheilt.

Da die Schizophrenie ehedem so unklar definiert war, wurde sie oft fälschlich schon bei Personen mit mäßigen psychotischen Symptomen diagnostiziert.

Diese Patienten erhielten dann Neuroleptika, die ihnen meist gar nicht halfen. Heute wissen wir, daß eine Psychose auch als Teil einer anderen psychischen Störung oder Erkrankung auftreten kann, so bei der bipolaren Störung oder beim Mißbrauch multipler Substanzen.

Wie Regier und Mitarbeiter berichten, sind bei 1,1 Prozent der erwachsenen amerikanischen Bevölkerung (das entspricht 1,7 Millionen Menschen) Symptome diagnostiziert worden, die sich der Schizophrenie zuschreiben lassen.[12] Diese Zahl stimmt mit der weltweiten Prävalenz von etwa einem Prozent überein. In Bevölkerungsschichten mit niedrigerem sozioökonomischen Status liegt sie offenbar ein wenig höher, was auf die „soziale Drift" zurückgeht: Schizophreniekranke aus höheren gesellschaftlichen Schichten wechseln infolge ihrer beeinträchtigten sozialen und beruflichen Fähigkeiten in die unteren Schichten über. Die Störung betrifft Männer und Frauen in gleicher Weise, allerdings brechen die Symptome bei Frauen im Durchschnitt sechs Jahre später aus als bei Männern.

Häufig zeigen Schizophreniekranke eine Reihe bizarrer Verhaltensweisen, vernunftwidriges und abschweifendes Denken und oberflächliche, abgestumpfte oder unangemessene Gefühlsregungen (Affekte). Unter den positiven Symptomen der Schizophrenie (den sogenannten Symptomen ersten Ranges) erlebt der Patient Erscheinungen wie die folgenden[36]:

1. Hörbare Gedanken: Der Patient hört Stimmen, die seine Gedanken laut aussprechen.
2. Stimmen, die das Verhalten des Patienten kommentieren.
3. Stimmen, die miteinander streiten und gelegentlich vom Patienten in der dritten Person sprechen.
4. Körperliche Passivität, die durch äußere Kräfte erzwungen wird.
5. Gedanken, die von außen kommen, während der Patient sein eigenes Bewußtsein als leer empfindet.
6. Gedanken, die von äußeren Mächten in das Bewußtsein des Patienten eingepflanzt werden.
7. „Gedankenübertragung": die Gedanken des Patienten entfliehen seinem Bewußtsein und können von anderen mitgehört werden.
8. Die Empfindung, daß äußere Kräfte dem Patienten Antriebe, bewußt ausgeführte Handlungen oder fremde Gefühle aufzwingen.
9. Wahnhaft umgedeutete Wahrnehmungen, bei denen der Patient reale Sinneseindrücke mit Wahnideen verknüpft.

Antipsychotische Medikation. Allgemein anerkannte Maßnahme, um die positive Symptome einer diagnostizierten Schizophrenie zu lindern, ist die Anwendung von Phenothiazinderivaten und anderen neuroleptischen Pharmaka:

>Sämtliche Symptome, die mit der Schizophrenie einhergehen, lassen sich in gewissem Ausmaß durch Neuroleptika beeinflussen. Positive Symptome wie etwa Halluzinationen, Wahnideen und Denkstörungen sprechen meist gut auf die medikamentöse Behandlung an, negative Symptome wie die abgestumpften Affekte, der emotionale Rückzug und das fehlende soziale Interesse sind hingegen der Medikation schlechter zugänglich. Vielfach lassen sich die positiven Symptome gänzlich mit Hilfe von Psychopharmaka beseitigen, während die negativen Symptome kaum zurückgehen und weiterhin die soziale Wiedereingliederung des Patienten erschweren. Ein beträchtlicher Anteil der Schizophreniepatienten – etwa zehn bis 20 Prozent – ist allerdings weitgehend therapieresistent und reagiert nur unwesentlich auf die Neuroleptikabehandlung. Solche Patienten müssen oft über Jahre in staatlichen Anstalten und anderen Fürsorgeeinrichtungen untergebracht werden. Clozapin und andere atypische Antipsychotika wären möglicherweise gerade für diese Patienten besonders hilfreich.«[37]

Clozapin ist das erste aus einer neueren Generation antipsychotischer Wirkstoffe, die auch in bislang kaum behandelbaren Fällen gute Erfolge zeigen. Mindestens 30 Prozent jener Schizophreniepatienten, die durch negative Symptome erheblich beeinträchtigt sind und denen man zuvor kaum helfen konnte, sprechen auf diese Medikamente an. Näheres zu diesen Wirkstoffen und den Grenzen ihrer Anwendbarkeit findet sich in Kapitel 11.

Psychotherapie und Rehabilitation. Antipsychotische Wirkstoffe haben sich in der Behandlung psychischer Störungen als hilfreich erwiesen, doch sind ihrer Anwendung auch Grenzen gesetzt. Begleitende Psychotherapie und zusätzliche Rehabilitationsmaßnahmen sind daher auch im Falle der Schizophrenie häufig notwendig. Dies gilt besonders für ambulante Therapien:

>Ungeachtet der wesentlichen Rolle der Antipsychotika für die Behandlung gibt es Hinweise, daß ihre Kombination mit psychosozialen Therapien die Langzeitprognose verbessert. Da chronisch psychotische Patienten in ihrer sozialen Anpassungsfähigkeit beeinträchtigt sind, liegt es auf der Hand, daß sie und ihre Angehörigen von solchen Maßnahmen nur profitieren können. Folglich sollte ein behandelnder Arzt, unabhängig von seiner theoretischen Ausrichtung, die psychosoziale Therapie als Teil einer umfassenden Behandlungsstrategie mitanbieten.«[38]

Allgemein zeigen die meisten Kosten-Nutzen-Untersuchungen, daß bei ambulanten Behandlungen eine ergänzende psychologische Therapie die Bereitschaft zur Medikamenteneinnahme steigert. Tatsächlich eignen sich psychotherapeutische Maßnahmen besonders im ambulanten Bereich.[39] Sie fördern soziale Fähigkeiten und helfen bei der Wiederherstellung kognitiver Funktionen, zudem verzögern sie in Verbindung mit der medikamentösen Therapie den Rückfall und begrenzen die Heftigkeit der Rückfallepisoden.

Eine psychotherapeutische Strategie, die das Selbstwertgefühl des Patienten stärkt und darauf abzielt, daß er seine sozialen und kognitiven Fähigkeiten wiedererlangt, wird in der Regel die gewinnbringendste sein. Ein solcher Ansatz muß die Wechselwirkungen zwischen den Symptomen des Patienten und ihren sozialen und psychologischen Konsequenzen berücksichtigen. Parallel dazu muß die physiologische Komponente der Störung pharmakologisch angegangen werden. Die soziale Therapie in Form von konkreten Lebenshilfen vermittelt und verstärkt die Eigenständigkeit des Patienten und seine Befähigung, normalen sozialen Umgang zu pflegen. Die psychologische Therapie befaßt sich mit den intrapsychischen und psychodynamischen Aspekten. Und die berufliche Wiedereingliederung schließlich ist wichtig, damit der Patient Selbstsicherheit entwickeln und finanzielle Unabhängigkeit erlangen kann.

Aufgaben des Behandlungsteams. Das Behandlungsteam sollte den Patienten über die positiven und negativen Wirkungen der verordneten Psychopharmaka aufklären; zudem sollte es seine Fragen hinsichtlich der Medikation beantworten und seine diesbezüglichen Zweifel entkräften. Um die Rückfallwahrscheinlichkeit zu verringern, ist es wichtig, daß der Patient seine Medikamente bereitwillig einnimmt; dabei muß ihn das Behandlungsteam unterstützen. Eine Überwachung des Wirkstoffspiegels im Blut ist mitunter aufschlußreich und kann dabei helfen, die Wirksamkeit des Medikaments zu steigern und unerwünschte Nebenwirkungen zu vermeiden.[37] Der Patient sollte allerdings auch über die Grenzen seiner Medikation Bescheid wissen. Er muß erkennen – und dabei sollte ihm ein Mitglied des Teams helfen –, daß das Ineinandergreifen von Medikation, psychologischer Therapie und nicht zuletzt seiner eigenen Motivation für den Behandlungsfortschritt und für die Besserung seines Zustands wesentlich ist.

Angststörungen

Angstgefühle dienen normalerweise als ein Frühwarnsignal, das potentiell gefährliche Situationen zu vermeiden hilft, und sind daher nichts Ungewöhnliches. Übersteigerte Ängste jedoch können auf den Betroffenen einen starken Leidensdruck ausüben und bedürfen der Behandlung. Da jeder gelegentlich von Angst überfallen wird, betrachtet man sie erst dann als pathologische Störung, wenn sie eine objektive Bedrohung darstellt oder als nicht mehr kontrollierbar erlebt wird. In solchen Fällen können Angstgefühle derart eskalieren, daß sie die normalen Funktionen des Betroffenen und seine Handlungsfähigkeit beeinträchtigen. Daher erfordern starke Angstsymptome eine diagnostische Beurteilung und müssen entsprechend therapiert werden.

Die Erfassung der zugrundeliegenden Ursachen und die Aufstellung einer Differentialdiagnose erleichtern dem behandelnden Arzt die Auswahl einer möglichst wirksamen Medikation und einer geeigneten psychologischen Therapie. Wie man zunehmend feststellt, ist Angst nicht nur ein subtiles, sondern auch ein nahezu allgegenwärtiges Problem:

> »Angst begleitet fast jede psychische Störung und ist überdies eine häufige Komponente in zahlreichen organischen Erkrankungen (beispielsweise bei Schilddrüsenunterfunktion, Hypoglykämie, Phäochromozytom, komplexen partiellen Krampfanfällen, Lungenfunktionsstörungen, akutem Herzinfarkt, Coffeinvergiftung und Substanzmißbrauch).«[40]

Regier und Mitarbeiter ermittelten unter der erwachsenen Bevölkerung der USA eine Einjahresprävalenz von 12,6 Prozent für sämtliche Angstsyndrome (das sind 20 Millionen Betroffene; Tabelle 16.2).[12] Am häufigsten verbreitet waren Phobien (10,9 Prozent oder 17 Millionen Betroffene), gefolgt von Zwangs- (2,1 Prozent) und Panikstörungen (1,3 Prozent). Unter den diagnostischen Hauptgruppen des DSM-IV zeigen die Angststörungen damit die höchste Prävalenzrate.

Zu diesen 20 Millionen Patienten mit pathologischen Angstzuständen kommen weitere und meist undiagnostizierte Betroffene hinzu, die an einer generalisierten Angststörung (*generalized anxiety disorder*, GAD) leiden. Es ist anzunehmen, daß viele Dienstleistende des psychiatrischen Sektors Patienten mit GAD gar nicht als solche erkennen, sondern die entsprechenden Symptome, vor allem die besorgte Unruhe, als unvermeidlichen Alltagsaspekt eines Betroffenen ansehen. Inzwischen wird man auf dieses Problem allerdings zunehmend aufmerksam, und die Zahl der bekannten Fälle steigt von Jahr zu Jahr. Wie häufig GAD tatsächlich verbreitet ist, weiß man nicht genau; amerikanische Schätzungen gehen davon aus, daß bis zu fünf Prozent aller Erwachsenen daran leiden.[41] Auch GAD gilt mittlerweile als ein Zustand, der auf eine medikamentöse Behandlung (siehe die Diskussion um Buspiron in Kapitel 4) und auf Psychotherapien anspricht.

In ihrem chronischen Verlauf ähneln Angstsyndrome den affektiven Störungen – beide sind anhaltender als substanzbedingte Störungen, jedoch weniger hartnäckig als die Schizophrenien. Nur etwa 30 Prozent aller von Angststörungen betroffenen Personen werden behandelt[12]; rechnet man die GAD-Patienten hinzu, dürfte der Prozentsatz noch niedriger liegen. Mithin bleiben die meisten Betroffenen ohne jegliche beziehungsweise ohne fachmännische Therapie, und dies, obwohl die Angstsyndrome unter allen auftretenden psychischen Störungen einen wesentlichen Anteil ausmachen.

Charakteristische Anzeichen für Angststörungen sind Angstreaktionen und Vermeidungsverhalten. Die Angstreaktion ist ein komplexer psychischer und körperlicher Vorgang, bei dem subjektive Gefühle wie Furcht, Besorgnis, Beklommenheit und Anspannung sowie damit verbundene psychomotorische Effekte auftreten, etwa erhöhte Muskelspannung, gesteigerte vegetative Reaktionen (zum Beispiel beschleunigte Herz- und Atemtätigkeit), Wachsamkeitsverhalten und ständiges besorgtes Umherblicken. DSM-IV unterscheidet verschiedene Subkategorien von Angststörungen[42], die in Tabelle 16.4 kurz umrissen sind.

Die Anwendung von Psychopharmaka zur Behandlung von Angststörungen ist umstritten. Die Kontroverse entzündet sich an diagnostischen Schwierigkeiten, an der chronischen Natur vieler dieser Störungen und an dem Abhängigkeitspotential, das von den entsprechenden Pharmaka ausgeht. In den sechziger Jahren schien es, als könne man Angstzustände mit Hilfe von Benzodiaze-

Tabelle 16.4: DSM-IV-Kategorien der Angstsstörungen

Als **Panikattacke** wird ein abgrenzbarer Zeitraum bezeichnet, in dem starke Besorgnis, Angstgefühle oder Schrecken plötzlich einsetzen und häufig mit dem Gefühl drohenden Unheils einhergehen. Während dieser Attacken treten Symptome auf wie Kurzatmigkeit, Palpitationen, Brustschmerzen oder körperliches Unbehagen, Erstickungsgefühle oder Atemnot und die Angst, „verrückt zu werden" oder die Kontrolle zu verlieren.

Als **Agoraphobie** wird die Angst vor oder das Vermeiden von Plätzen oder Situationen bezeichnet, in denen eine Flucht schwer möglich (oder peinlich) oder in denen im Falle einer Panikattacke oder panikartiger Symptome keine Hilfe zu erwarten wäre.

Panikstörung ohne Agoraphobie ist durch wiederholt auftretende unerwartete Panikattacken gekennzeichnet, über die langanhaltende Besorgnis besteht. Als **Panikstörung mit Agoraphobie** wird das gemeinsame Vorliegen von wiederholt auftretenden unerwarteten Panikattacken und Agoraphobie bezeichnet.

Als **Agoraphobie ohne Panikstörung in der Vorgeschichte** wird das Vorliegen von Agoraphobie und panikartigen Symptomen ohne unerwartete Panikattacken in der Vorgeschichte bezeichnet.

Als **Spezifische Phobie** wird eine klinisch bedeutsame Angst beschrieben, die durch die Konfrontation mit einem bestimmten gefürchteten Objekt oder einer bestimmten Situation ausgelöst wird und häufig zu Vermeidungsverhalten führt.

Soziale Phobie bezeichnet klinisch bedeutsame Angst, die durch die Konfrontation mit bestimmten Arten sozialer oder Leistungssituationen ausgelöst wird und oft zu Vermeidungsverhalten führt.

Die **Zwangsstörung** ist durch Zwangsgedanken (die zu deutlicher Angst und Unbehagen führen) und/oder Zwangshandlungen (die dazu dienen, die Angst zu neutralisieren) gekennzeichnet.

Die **Posttraumatische Belastungsstörung** ist durch das Wiedererleben einer sehr traumatischen Erfahrung gekennzeichnet. Sie geht einher mit Symptomen eines erhöhten Arousals und der Vermeidung von Reizen, die mit dem Trauma assoziiert sind.

Die **Akute Belastungsstörung** ist durch Symptome gekennzeichnet, die der Posttraumatischen Belastungsstörung gleichen und die als direkte Folgewirkung einer extrem traumatischen Erfahrung auftreten.

Die **Generalisierte Angststörung** ist durch eine mindestens sechs Monate anhaltende ausgeprägte Angst und Besorgnis gekennzeichnet.

Eine **Angststörung Aufgrund eines Medizinischen Krankheitsfaktors** ist durch vorherrschende Angstsymptome gekennzeichnet, die als direkte körperliche Folge eines medizinischen Krankheitsfaktors angesehen werden.

Eine **Substanzinduzierte Angststörung** ist durch ausgeprägte Angstsymptome gekennzeichnet, die als direkte körperliche Folge einer Droge, eines Medikaments oder einer Exposition gegenüber einem Toxin angesehen werden.

Nicht Näher Bezeichnete Angststörung erlaubt die Codierung von Störungen, bei denen Angst und phobisches Vermeiden ausgeprägt sind, die jedoch die Kriterien für eine bestimmte Angststörung dieses Kapitels nicht erfüllen (oder bei denen Angstsymptome vorhanden sind, über die unzureichende oder widersprüchliche Informationen vorliegen).

Da die Störung mit Trennungsangst (gekennzeichnet durch Angst in Verbindung mit der Trennung von engen Bezugspersonen) normalerweise in der Kindheit beginnt, wird sie im Kapitel „Störungen, die Gewöhnlich Zuerst im Kleinkindalter, in der Kindheit oder der Adoleszenz Diagnostiziert werden" aufgeführt. Phobische Vermeidung, die auf genitale Sexualkontakte mit einem Sexualpartner beschränkt ist, wird als Störung mit Sexueller Aversion klassifiziert und im Kapitel „Sexuelle und Geschlechtsidentitätsstörungen" diskutiert.

Aus der deutschen Ausgabe des DSM-IV[3], S. 453f.

pinen schnell, wirksam und sicher behandeln. Doch mit der Zeit wurde die Gefahr erkennbar, daß die Benzodiazepinbehandlung zur Abhängigkeit führen kann. Wie man ebenfalls bemerkte, können Anxiolytika, die die äußeren Symptome der Angst vermindern, unter bestimmten Umständen kontraproduktiv wirken. Doch je mehr unser Wissen über die Ursachen von Angststörungen gewachsen ist, desto differenzierter sind auch unsere Methoden geworden, um diese Störungen zu diagnostizieren und zu behandeln.

> »Es ist für einen behandelnden Arzt unumgänglich, sich ein fundiertes Wissen über die grundlegende Pharmakologie dieser Wirkstoffe anzueignen und ihre klinischen Indikationen, ihre Dosierungen und ihre Anwendungszeiträume zu kennen. **Es ist von größter Wichtigkeit, daß den Grenzen und Nachteilen dieser Pharmaka dabei ebensoviel Aufmerksamkeit zuteil wird wie ihrem Nutzen.«**[43]

Sorgfältige Beurteilung und Diagnose sind gerade im Fall der Angststörungen für die Behandlungsplanung unerläßlich. Im allgemeinen erfordern die diffuseren und schwerwiegenderen Symptome anfänglich ein pharmakologisches Eingreifen. Die leichteren und genauer eingrenzbaren Symptome der Phobien sprechen häufig besser auf kognitive und Verhaltenstherapien an; in solchen Fällen kann man auf die Verabreichung der potentiell abhängigkeitserzeugenden Anxiolytika verzichten.

Panikstörung. Die Panikstörung veranlaßt häufiger als viele andere Angststörungen Personen, die an ihr leiden, eine Behandlung aufzusuchen; sie beeinträchtigt das Leben eines Betroffenen auch am stärksten.[44] Eine umfassende Therapie verringert die Schwere des Verlaufs und begünstigt den Behandlungserfolg. Um die Symptome dieser Störung zu lindern, setzt man in der Medikation üblicherweise Antidepressiva (Kapitel 8) und Anxiolytika (Kapitel 4) ein. Meist bevorzugt man Antidepressiva[44], es sei denn, der Patient zeigt große motorische Unruhe und gesteigerte körperliche Erregbarkeit. Dann erscheint ein Anxiolytikum, etwa ein Benzodiazepinderivat, ratsamer, jedenfalls bei kurzfristiger Anwendung.[44]

Unter den Antidepressiva sind die Serotoninrückaufnahmehemmer (zum Beispiel Fluvoxamin, Fluoxetin und Clomipramin) den herkömmlichen tricyclischen Antidepressiva (wie Imipramin) und alternativen Wirkstoffen wie Maprotilin (Kapitel 8) offenbar überlegen.[44] Von den Benzodiazepinderivaten ist zur Behandlung der Panikstörung Alprazolam bislang am besten untersucht, weitere untersuchte Benzodiazepine sind Lorazepam und Clonazepam. Auch die Monoaminoxidasehemmer haben sich gegen die Panikstörung als wirksam erwiesen, insbesondere bei Patienten, die auf die traditionelleren antidepressiven Wirkstoffe nicht ansprechen.[45]

Alle antidepressiven Medikationen sollten über sechs bis zwölf Monate durchgeführt werden. Mit zunehmender Symptombefreiung des Patienten sollte die Dosierung allmählich reduziert werden.

In manchen klinischen Situationen sind zudem kognitive und verhaltensorientierte psychotherapeutische Maßnahmen angezeigt. Solche Maßnahmen sollten auf das Vermeidungsverhalten abzielen, das die Patienten im Verlauf des Syndroms entwickelt haben, um die Häufigkeit ihrer Panikanfälle zu verringern. Ein Teil des kognitiv-verhaltensorientierten Ansatzes besteht darin, dem Patienten bestimmte Entspannungs- und Streßverarbeitungstechniken zu vermitteln.

Die Panikstörung ist offenbar eine chronische Störung; die Rückfallprävention darf daher nicht außer acht gelassen werden. Entsprechend sollte man den Patienten im Zuge der Behandlung dazu anleiten, sich mit Streßfaktoren in seinem Leben auseinanderzusetzen, und ihm vermitteln, wie er mit diesen Streßfaktoren in geeigneter Weise umgehen kann. Durch ein solches Training wird der Patient eher in die Lage versetzt, auch unter starkem Streß eine Panikattacke abzuwenden oder in ihrem Ausmaß zu begrenzen.

Diesbezüglich stellen Janicak, Davis, Preskorn und Ayd fest: »Zu den nicht-medikamentösen Ansätzen, die sich [zur Behandlung der Panikstörung] als nützlich erwiesen haben, zählen die Expositionstherapie, die kognitive Therapie sowie angewandte Entspannungsübungen.«[46] Eine Kombination aus antidepressiver Medikation und kognitiver Verhaltenstherapie ist offenbar wirksamer als die alleinige Anwendung nur einer der beiden Behandlungsformen.[45] Weitere Erörterungen solcher Therapien werden sich dem entsprechenden Bericht der Agency for Health Care Policy and Research[47] entnehmen lassen, der demnächst erscheinen soll.

Generalisierte Angststörung. Personen, die an einer generalisierten Angststörung (*generalized anxiety disorder*, GAD) leiden, wirken fortwährend ängstlich, nervös oder besorgt. Ihren Mitmenschen erscheint diese Besorgtheit irrational, unverständlich, überspannt und unrealistisch. Doch ist sie für die Betroffenen meist schon in jungen Jahren Teil ihres Lebens geworden. Manche Patienten können die Symptome so gut integrieren, daß sie wie ein normaler und selbstverständlicher Aspekt ihrer Persönlichkeit erscheinen. Viele Ärzte gehen davon aus, daß sich die milderen Formen der GAD am besten mit psychotherapeutischen Methoden behandeln lassen, die dem Patienten Strategien zur Angstbewältigung vermitteln. »Für manche Patienten können sorgfältiges Zuhören, geschicktes Befragen und geeigneter Ratschlag bereits die optimale Therapiemethode sein. ... Als hilfreich haben sich einige psychotherapeutische Verfahren erwiesen, die den Patienten darin trainieren, mit seiner Angst umzugehen und/oder sie in Grenzen zu halten.«[48]

Kognitive Verhaltenstherapien leiten den Patienten zum Beispiel dazu an, sich bewußt zu machen, wie seine unrealistischen Gedanken und Grübeleien seine Verhaltensfunktionen beeinflussen. Und mit Hilfe von Entspannungstherapien, Biofeedback und Streßverarbeitungstechniken kann der Patient lernen, auch unter Streßbedingungen ruhig zu bleiben und sich nicht von seinen Ängsten überwältigen zu lassen.

Viele chronisch ängstliche Menschen sind darüber besorgt, daß sie mit ihren Ängsten nicht zurechtkommen könnten. Sie befürchten, die Kontrolle zu verlieren, „verrückt zu werden" oder sich vor anderen zu blamieren. Infolge dieser Befürchtungen verstärken sich wiederum ihre Ängste, so daß ein Teufelskreis entsteht: Angstbesetzte Gedanken lösen Angstsymptome aus, die ihrerseits neue angstbesetzte Gedanken heraufbeschwören. Kognitiv verhaltensorientierte Techniken helfen den Betroffenen, diesen Kreislauf zu durchbrechen, indem sie sie in die Lage versetzen, mit ihrem angsterfüllten Denken und den dadurch bedingten Verhaltensweisen in angemessener Weise umzugehen.

GAD-Patienten, die langfristig mit Benzodiazepinderivaten behandelt worden sind (um die Angstsymptome zu lindern), benötigen weit intensivere Psychotherapien als andere Angst- oder Depressionspatienten. Kushner, Sher und Beitman kommen sogar zu dem Schluß, daß GAD nicht selten ein Anzeichen für verdeckten oder heimlichen Alkoholismus darstellt.[49] Überdies kann GAD als Vorläufer oder subklinische Ausprägung einer Reihe anderer psychischer Störungen (zum Beispiel Depression, Panik- oder Zwangsstörung) auftreten.

Bei Personen mit akuten Angstzuständen sind anxiolytische Pharmaka (wie etwa die Benzodiazepine) zweifellos hilfreich. Anxiolytika schwächen die Symptome rasch ab, zumal in den ersten Wochen einer Therapie.[50] Da aber das Risiko besteht, eine Medikamentenabhängigkeit zu entwickeln, stimmt man in Fachkreisen dahingehend überein, daß Anxiolytika nur in der niedrigstmöglichen Dosierung und nur über einen möglichst kurzen Zeitraum angewendet werden sollen.

Wie in Kapitel 4 erörtert, steht seit neuerem der Wirkstoff Buspiron für die GAD-Therapie zur Verfügung, ein Mittel, das sich besonders für eine Langzeitbehandlung eignet. In Fällen, in denen der verzögerte Wirkungsbeginn des Medikaments in Kauf genommen werden kann und die voraussichtlich eine langfristige Medikation erfordern, wird Buspiron heute als das Mittel der Wahl angesehen.

> »Da die Substanz [Buspiron] nicht zum Mißbrauch verleitet, keine [schädlichen] Auswirkungen auf kognitive oder psychomotorische Funktionen zeigt und, wenn sie plötzlich abgesetzt wird, nicht zu Entzugserscheinungen führt, ist sie auch zur Langzeitbehandlung der generalisierten Angststörung den Benzodiazepinen deutlich überlegen. Allerdings setzen ihre Wirkungen merklich langsamer ein – der Beginn der Reaktion zeichnet sich erst nach einigen Wochen ab –, so daß das Mittel bei Syndromen, die eine akute und rasche Angstlinderung erfordern, weniger geeignet erscheint.«[51]

Auch die Medikation mit Antidepressiva, vor allem mit solchen, die Angstgefühlen (zum Beispiel Imipramin) oder grüblerischen Zuständen (zum Beispiel Clomipramin) entgegenwirken, hat sich als nützlich erwiesen. Die neueren antidepressiv wirkenden Serotoninrückaufnahmehemmer scheinen ebenfalls geeignet zu sein, sind jedoch noch nicht hinreichend in Doppelblindstudien untersucht.

Da GAD häufig chronisch verläuft, muß man bei der Auswahl medikamentöser wie auch psychotherapeutischer Behandlungsmaßnahmen der unmittelbaren Wirksamkeit und der langfristigen Rückfallprävention gleichermaßen Rechnung tragen. Rickels und Schweitzer zufolge zeigen mit Buspiron behandelte Patienten auf lange Sicht eine deutlich niedrigere Rückfallrate als Patienten, denen man Benzodiazepine verordnet hat.[52] Das Rückfallrisiko läßt sich auch dadurch senken, daß man bereits vor dem Ende der Medikation mit der psychotherapeutischen Behandlung beginnt.

Spezifische Phobie und soziale Phobie. Phobien sind gekennzeichnet durch extreme Angstreaktionen gegenüber einem bestimmten Objekt (spezifische Phobie) oder einer allgemeinen oder besonderen sozialen Situation (soziale Phobie). Patienten mit einer sozialen Phobie tragen ein hohes Risiko, eine weitere Angststörung, eine affektive Störung oder eine Schizophrenie zu entwickeln.[53] Wolpe versucht mit einem Modell, das auf publizierten experimentellen Ergebnissen und theoretischen Ansätzen zur Lernpsychologie beruht, die Aneignung phobischen Verhaltens zu erklären.[54] Nach dieser Theorie wählt ein Individuum solche Verhaltensweisen aus, die es aus einem Zustand hoher Streßeinwirkung in einen Zustand verminderter Streßeinwirkung überführen. Würde man, so Wolpe, einen konditionierten Reiz wiederholt auf eine solche Weise präsentieren, daß er nicht die konditionierte emotionale Reaktion auslöst, müßte sich die ursprüngliche Verknüpfung zwischen Reiz und Reaktion löschen lassen.

Auf dieser Argumentation basiert ein Therapieverfahren (die gezielte Expositionstherapie), bei dem furchtauslösende Erlebnissituationen mit Entspannungsübungen kombiniert werden, und zwar in einer aufsteigenden Folge, bis schließlich der ursprüngliche furchtauslösende oder angsterzeugende Reiz präsentiert wird. Eine solche gezielte Konfrontation des Patienten mit dem Objekt seiner Phobie, entweder in konkreter Gestalt oder durch intensive Imagination, ist als verhaltenstherapeutische Behandlung einer Phobie weitgehend akzeptiert.[55]

Die Therapie läßt sich auch in Form einer patientengesteuerten systematischen Desensibilisierung durchführen, bei der der Patient eine größere Verantwortung übernimmt und den Fortgang seiner eigenen Behandlung mitkontrolliert.[56] Kognitive und verhaltensorientierte Therapien erstrecken sich in der Regel über einige Monate und umfassen auch konsolidierende Sitzungen, um das Vertrauen und die Selbstsicherheit des Klienten zu stärken.

Zeigt ein Phobiepatient massive Angstsymptome, kann man zur Behandlung akuter Zustände Anxiolytika verabreichen. Längerfristig sind allerdings Antidepressiva zu bevorzugen, vornehmlich solche mit anxiolytischen Eigenschaften. Alprazolam zeigt häufig recht gute Erfolge, ebenso eignen sich die serotoninspezifischen Antidepressiva und die Monoaminoxidasehemmer (Kapitel 8). Gleichfalls scheinen Fluoxetin und andere serotoninspezifische Rückaufnahmehemmer[57,58] wie auch Buspiron[59] wirksam zu sein.

Zwangsstörung. Die Zwangsstörung (*obsessive-compulsive disorder*, OCD) ist gekennzeichnet durch ständig wiederkehrende beunruhigende Gedanken und/oder wiederholt ausgeführte Verhaltensweisen, zu denen der Betroffene sich zwanghaft getrieben fühlt und die er als unsinnig und übersteigert erkennt.

> »Obwohl OCD nach bislang verbreiteter Sichtweise als resistent gegenüber einer Reihe therapeutischer Interventionen gegolten hat, ließen sich in jüngerer Zeit Fortschritte in der Pharmako- und der Verhaltenstherapie dieser Störung erzielen. So konnte die Wirksamkeit von Inhibitoren der Serotoninrückaufnahme, wie zum Beispiel Clomipramin, Fluvoxamin, Fluoxetin und Sertralin, in der Behandlung von OCD-Patienten anhand von Doppelblindstudien eindeutig nachgewiesen werden. Im Einklang mit diesen pharmakologischen Ergebnissen steht die Hypothese, daß Veränderungen in serotoninbedingten Funktionen für die Behandlung von OCD bedeutsam sind und möglicherweise zur Pathophysiologie dieser Störung, zumindest bei manchen Patienten, beitragen.«[60]

In einer neueren multizentrischen Studie konnten Tollefson und Mitarbeiter die Wirksamkeit von Fluoxetin in der Behandlung von OCD nachweisen.[61] Clomipramin zeigte sich bei 40 bis 60 Prozent der OCD-Patienten als wirksam.[60,62] Den vielen Patienten, die nicht auf Serotoninrückaufnahmehemmer ansprechen, versucht man, mit Tryptophan, Fenfluramin, Lithium oder Buspiron in Einzelanwendung oder in Kombination mit den serotonergen Wirkstoffen zu helfen.

Dager plädiert für eine Kombination aus Medikation und Verhaltenstherapie.[62] Nach seiner Ansicht kann in manchen Fällen eine Verhaltenskonditionierung als primäre Maßnahme gegen Zwangshandlungen gute Dienste leisten; bei Zwangsgedanken scheint sich dieser Ansatz allerdings weniger gut zu eignen. Systematische Desensibilisierung oder kognitive Verhaltenstherapie werden ebenfalls häufig eingesetzt.

Mitunter wendet man auch den paradox erscheinenden verhaltensorientierten Ansatz der Expositionstherapie an, um OCD zu behandeln. Dabei wird der Patient ermuntert, sich gezielt den Reizen auszusetzen, die seine Zwangsgedanken oder seine Zwangshandlungen bestimmen. Einen Patienten, der beispielsweise von der Angst besessen ist, sich in der Öffentlichkeit zu übergeben, würde man dazu auffordern, einen belebten Platz aufzusuchen und sich dort nach Möglichkeit zu erbrechen. Oder, um ein weiteres Beispiel zu schildern, jemandem, der an der fixen Idee leidet, alle Türen im Haus müßten stets verschlossen sein, und der sich daher unablässig getrieben fühlt, dies auch zu kontrollieren, würde man zuraten, wiederholt durchs Haus zu gehen und die Türen zu öffnen.

Während sich kognitiv-verhaltensorientierte Therapien als recht hilfreich erwiesen haben, zeigen andere Formen der Psychotherapie kaum Erfolge. Hierzu

bemerkt Dager: »Insbesondere sind die Psychoanalyse und die psychodyna-
misch orientierte Psychotherapie in der Behandlung von OCD bislang unwirksam geblieben.«[62] Janicak, Davis, Preskorn und Ayd fassen zusammen: »Da
bei der OCD, selbst wenn sich mit einer spezifischen Therapie eine wesentliche Besserung erreichen läßt, häufig deutliche Symptome zurückbleiben oder
wiederkehren, stellt für die Mehrzahl der Patienten ein kombinierter Ansatz
aus einander ergänzenden Therapieverfahren anscheinend die beste Behandlungsstrategie dar.«[63]

Posttraumatische Belastungsstörung. Nach Ansicht von Krystal und Mitarbeitern gehen akute und chronische neuronale Reaktionen nach einem traumatischen Streß möglicherweise auf vorübergehende und länger anhaltende neurologische Veränderungen zurück.[64] Häufig treten zusätzliche Begleitstörungen
auf: Personen, die an einer posttraumatischen Belastungsstörung (*post-traumatic stress disorder*, PTSD) leiden, sind nicht selten auch von einer generalisierten Angststörung, von Phobien und/oder Depressionen betroffen, überdies
neigen sie vielfach zum Substanzmißbrauch.[65] Eine Behandlung muß daher
individuell geplant werden und umfassend ausgerichtet sein; zur Anwendung
kommen sollten ausgewogene pharmakotherapeutische und psychotherapeutische Maßnahmen, die sowohl auf PTSD selbst abzielen als auch auf eventuelle
comorbide Störungen. Vargas und Davidson zufolge »versetzt die pharmako-
therapeutisch erzielte Symptomlinderung den Patienten in die Lage, intensiver
und konzentrierter an einer Einzel-, Verhaltens- oder Gruppentherapie teilzu-
nehmen«[66].

Die meisten Psychopharmaka, die man bei PTSD einsetzt, eignen sich auch
für die Behandlung der *major depression* und der Panikstörung.[67] So versucht
man mit zahlreichen Wirkstoffen, unter anderem mit tricyclischen Antidepressiva, MAO-Hemmern, Carbamazepin, Benzodiazepinderivaten und antidepressiven Serotoninrückaufnahmehemmern das Problem anzugehen. Wie klinische Studien nahelegen, ist »ähnlich wie auch im Falle von GAD eine serotonerge Wirkung notwendig, um einen zufriedenstellenden klinischen Effekt
bei PTSD zu erreichen«[68]. Einige Ärzte befürworten die Anwendung von Hyp-
nosetechniken, um die Verarbeitung des traumatischen Erlebnisses zu erleichtern. Dieser Ansatz basiert auf der häufig beobachteten Wechselbeziehung zwischen dissoziativen Reaktionen und körperlichen Traumen.[67]

Therapeutische Allianz in der Behandlung von Angststörungen

Nirgendwo läßt sich der Begriff *therapeutische Allianz* besser verdeutlichen
als bei der Behandlung von Angststörungen. Da Angstzustände bei vielen psychischen Störungen auftreten, ist die Gefahr einer falschen Diagnose groß.
Man sollte daher ein vorschnelles Urteil vermeiden; eine allzu frühe Festlegung kann den Blick für weitere wesentliche Krankheitsursachen verstellen.

Sich nur auf die Angstsymptome zu konzentrieren, ohne nach anderen Symptomen oder Ursachen zu suchen, führt nicht selten zur Fehldiagnose und damit zur falschen Behandlung.

Ist die Diagnose gestellt, müssen alle für die Betreuung des Patienten verantwortlichen Personen den Ablauf der Behandlung festlegen. Bei Patienten, die unter akuten Angstzuständen leiden, kann ein Anxiolytikum äußerst hilfreich sein. Doch welcher Wirkstoff angewendet und über welchen Zeitraum er verabreicht werden soll, hängt von der jeweils vorliegenden Angststörung und auch von eventuell daneben auftretenden Begleitstörungen ab. So wird etwa im Falle eines Patienten, bei dem man eine Panikstörung und Alkoholismus diagnostiziert hat, die Therapieplanung äußerst problematisch. Potentiell abhängigkeitserzeugende Medikamente (wie die Benzodiazepinderivate) dürfen, selbst für eine kurzfristige Anwendung, nur mit großer Zurückhaltung verordnet werden. Die günstigen Wirkungen einer individuell angepaßten Benzodiazepintherapie bei Alkoholentzug lassen sich einer neueren Studie entnehmen, die sich mit dieser heiklen Situation befaßt.[69,70]

Nach allgemeiner Übereinstimmung umfaßt ein geeigneter Behandlungsablauf für einen Patienten mit Angststörung zunächst eine kurzzeitige anxiolytische Medikation, um die akuten Angstsymptome zu lindern, und eine darauffolgende Psychotherapie sowie sonstige unterstützende Maßnahmen, um die erlernten pathologischen Verhaltensweisen zu verändern. Besonders bei Störungen mit Vermeidungsverhalten, etwa bei der spezifischen oder der sozialen Phobie, sind psychotherapeutische Maßnahmen – hier besonders die systematische Desensibilisierung und andere verhaltenswirksame und kognitive Therapieverfahren – von entscheidender Bedeutung. Unter Umständen verstärken angstlindernde Medikamente die Unwilligkeit, sich einer Psychotherapie zu unterziehen, und halten so das Angstsyndrom letztlich aufrecht, wobei die Gefahr einer Medikamentenabhängigkeit entsteht. Für Patienten mit einer generalisierten Angststörung gelten die mit den Benzodiazepinen verbundenen Nachteile gleichermaßen; auch hier ist eine Psychotherapie vorzuziehen.

Bei den meisten Angststörungen (außer solchen, die auf eine eindeutige biochemische Fehlfunktion zurückgehen) kann die medikamentöse Behandlung nur eine vorübergehende Symptomerleichterung schaffen, nicht jedoch das Lernmuster verändern, das die Angst aufrechterhält. Es ist wichtig, daß sowohl der Psychotherapeut als auch der Patient dies wissen. Kognitive und verhaltensorientierte Therapien zielen dagegen gerade auf diese angststabilisierenden Lernmuster ab, gegen die sehr wirksame Behandlungstechniken zur Verfügung stehen.[71,72] Rasch von seinen Ängsten befreien können diese Verfahren den Patienten freilich nicht. Doch sie vermitteln ihm die Fähigkeit zur Selbstkontrolle und geben ihm die Möglichkeit, sein pathologisches Verhalten auf lange Sicht wirklich zu ändern.

Im Verlauf einer solchen Behandlung sollte die Partnerschaft zwischen Patient und Therapeut im Vordergrund stehen; der Therapeut liefert den Rückhalt, während der Patient allmählich die Kontrolle über sein Verhalten und über die Angstsymptome gewinnt. Dabei läßt es sich nicht vermeiden, daß zu einem gewissen Grad Angstgefühle durchlebt werden, doch ist es möglich, die Häufigkeit und Intensität dieser Angsterlebnisse zu steuern.

Pharmakologische und psychotherapeutische Behandlungsansätze existieren auch für eine Reihe weiterer psychischer Störungen, auf die wir in diesem Kapitel nicht eingegangen sind, unter anderem für Magersucht, Bulimie, Schlaflosigkeit und andere Schlafstörungen sowie für Borderline-Syndrome. Verwiesen sei auf einige neuere Übersichtsartikel, die sich mit diesen Störungen und ihrer Therapie befassen.[73–75]

Literatur

1. Janicak P. G.; Davis J. M.; Preskorn S. H. und Ayd F. J. *Principles and Practice of Psychopharmacotherapy.* Baltimore, Williams & Wilkins, 1993, S. 268.

2. American Psychiatric Association *Diagnostic and Statistical Manual of Mental Disorders*, 4. Aufl., Washington (D.C.), American Psychiatric Association, 1994.

3. *Diagnostisches und Statistisches Manual Psychischer Störungen DSM-IV.* Göttingen, Hogrefe, 1996.

4. Bellack A. S.; Hersen M. und Himmelhoch J. M. *A Comparison of Social-Skills Training, Pharmacotherapy, and Psychotherapy for Depression.* In: *Behavioral Research and Therapy* 21 (1983), S. 101–107.

5. Elkin I. und andere *NIMH Treatment of Depression Collaborative Research Program: General Effectiveness of Treatments.* In: *Archives of General Psychiatry* 46 (1989), S. 971–982.

6. Shea M. T. und andere *Course of Depressive Symptoms Over Follow-Up: Findings From the National Institute of Mental Health Treatment of Depression Collaborative Research Program.* In: *Archives of General Psychiatry* 49 (1992), S. 782–787.

7. Preskorn S. H.; Burke M. J. und Fast G. A. *Therapeutic Drug Monitoring: Principles and Practice.* In: *Psychiatric Clinics of North America* 16 (September 1993), S. 611–641.

8. *Diagnostisches und Statistisches Manual ...*, S. 944.

9. Ibid., S. 945.

10. Mandersheid R. W.; Rae D. S.; Narrow W. E.; Locke B. Z. und Regier D. A. *Congruence of Service Utilization Estimates From the Epidemiologic*

Catchment Area Project and Other Sources. In: *Archives of General Psychiatry* 50 (1993), S. 108–114.

11. Narrow W. E.; Regier D. A.; Rae D. S.; Mandersheid R. W. und Locke B. Z. *Use of Services by Persons With Mental and Addictive Disorders: Findings From the National Institute of Mental Health Epidemiologic Catchment Area Program.* In: *Archives of General Psychiatry* 50 (1993), S. 95–107.

12. Regier D. A.; Narrow W. E.; Rae D. S.; Mandersheid R. W.; Locke B. Z und Goodwin F. K. *The de Facto U.S. Mental and Addictive Disorders Service System: Epidemiologic Catchment Area Prospective 1-Year Prevalence Rates of Disorders and Services.* In: *Archives of General Psychiatry* 50 (1993), S. 85–94.

13. *Diagnostisches und Statistisches Manual ...,* S. 375–376.

14. Ibid., S. 380.

15. Ibid., S. 407.

16. Janicak; Davis; Preskorn und Ayd *Principles and Practice of Psychopharmacotherapy,* S. 187–201.

17. Dunner D. L. *Diagnostic Assessment.* In: *Psychiatric Clinics of North America* 16 (September 1993), S. 431–441.

18. Rush A. J.; Beck A. T.; Kovacs M. und Hollon S. D. *Comparative Efficacy of Cognitive Therapy and Pharmacotherapy in the Treatment of Depressed Outpatients.* In: *Cognitive Therapy Research* 1 (1977), S. 17–37.

19. Beck A. T.; Hollon S. D.; Young J. E.; Bedrosian R. C. und Budenz D. *Treatment of Depression With Cognitive Therapy and Amitriptyline.* In: *Archives of General Psychiatry* 42 (1985), S. 142–148.

20. Covi L.; Lipman R. S. *Cognitive-Behavioral Group Psychotherapy Compared With Imipramine in Major Depression.* In: *Psychopharmacological Bulletin* (1987), S. 173–176.

21. Hollon S. D. und andere *Cognitive Therapy and Pharmacotherapie for Depression: Singly and in Combination.* In: *Archives of General Psychiatry* 49 (1992), S. 774–781.

22. Kupfer D. J. und andere *Five-Year Outcome for Maintenance Therapies in Recurrent Depression.* In: *Archives of General Psychiatry* 49 (1992), S. 769–773.

23. Wells K. B.; Burnam M. A.; Rogers W.; Hays R. und Camp P. *The Course of Depression in Adult Outpatients: Results From the Medical Outcomes Study.* In: *Archives of General Psychiatry* 49 (1992), S. 788–794.

24. Richelson E. *Treatment of Acute Depression.* In: *Psychiatric Clinics of North America* 16 (September 1993), S. 461–478.

25. Janicak; Davis; Preskorn und Ayd *Principles and Practice of Psychopharmacotherapy,* S. 268.

26. Ibid., S. 269.
27. Depression Guideline Panel *Depression in Primary Care*, Band 1, *Diagnosis and Detection*, Clinical Practice Guideline Nr. 5, AHCPR-Veröffentlichung 93-0550, Rockville (Md.), Department of Health and Human Services, Public Health Service, Agency for Health Care Policy and Research, 1993.
28. Depression Guideline Panel *Depression in Primary Care*, Band 2, *Treatment of Major Depression*, Clinical Practice Guideline Nr. 5, AHCPR-Veröffentlichung 93-0551, Rockville (Md.), Department of Health and Human Services, Public Health Service, Agency for Health Care Policy and Research, 1993.
29. Clinton J. J.; McCormick K. und Besteman J. *Enhancing Clinical Practice: The Role of Practice Guidelines.* In: *American Psychologist* 49 (1994), S. 30–33.
30. Schulberg H. C.; Rush A. J. *Clinical Practice Guidelines for Managing Major Depression in Primary Care Practice: Implications for Psychologists.* In: *American Psychologist* 49 (1994), S. 34–41.
31. Munoz R. F.; Hollon S. D.; McGrath E.; Rehm L. P. und VandenBos G. R. *On the AHCPR* Depression in Primary Care *Guidelines.* In: *American Psychologist* 49 (1994), S. 42–61.
32. Ibid., S. 49–50.
33. Miller I.; Norman W. und Keitner G. *Cognitive-Behavioral Treatment of Depressed Inpatients: Six- and Twelve-Month Follow-up.* In: *American Journal of Psychiatry* 146 (1989): 1274–1279.
34. Schulberg und Rush *Clinical Practice Guidelines ...*, S. 38.
35. Ibid., S. 39.
36. Taylor M. A. *Schneiderian First-Rank Symptoms and Clinical Prognostic Features in Schizophrenia.* In: *Archives of General Psychiatry* 26 (1972), 64–67.
37. Marder S. R.; Ames A.; Wirshing W. C. und Van Putten T. *Schizophrenia.* In: *Psychiatric Clinics of North America* 16 (September 1993), S. 567–588.
38. Janicak; Davis; Preskorn und Ayd *Principles and Practice of Psychopharmacotherapy*, S. 158f.
39. Ibid., S. 162.
40. Ibid., S. 406.
41. Cowley D. *Generalized Anxiety Disorder.* In: *Psychopharmacology 1993.* Menlo Park (Ca.), Healthline, 1993, S. 11f.
42. *Diagnostisches und Statistisches Manual ...*, S. 453–508.
43. Janicak; Davis; Preskorn und Ayd *Principles and Practice of Psychopharmacotherapy*, S. 405.

44. Roy-Byrne P.; Wingerson D.; Cowley D. und Dager S. *Psychopharmacologic Treatment of Panic, Generalized Anxiety Disorder, and Social Phobia.* In: *Psychiatric Clinics of North America* 16, Nr. 4 (Dezember 1993), S. 721.

45. Lebowitz M. R. und andere *Phenelzine vs. Atenolol in Social Phobia: A Placebo Controlled Trial.* In: *Archives of General Psychiatry* 49 (1992), S. 290–300.

46. Janicak; Davis; Preskorn und Ayd *Principles and Practice of Psychopharmacotherapy*, S. 458f.

47. Anxiety and Panic Disorder Guideline Panel *Diagnosis and Treatment of Anxiety and Panic Disorder in the Primary Care Setting*, Clinical Practice Guideline Nr. 21, AHCPR Publication, Rockville (Md.), Department of Health and Human Services, Public Health Service, Agency for Health Care Policy and Research, in Vorbereitung.

48. Janicak; Davis; Preskorn und Ayd *Principles and Practice of Psychopharmacotherapy*, S. 419.

49. Kushner M. G.; Sher K. J. und Beitman B. D. *The Relation Between Alcohol Problems and the Anxiety Disorders.* In: *American Journal of Psychiatry* 147 (1990), S. 685–695.

50. Janicak; Davis; Preskorn und Ayd *Principles and Practice of Psychopharmacotherapy*, S. 416.

51. Roy-Byrne P.; Wingerson D.; Cowley D. und Dager S. *Psychopharmacological Treatment of Panic, Generalized Anxiety Disorder, and Social Phobia.* In: *Psychiatric Clinics of North America* 16, Nr. 4 (Dezember 1993), S. 727.

52. Rickels K.; Schweitzer E. *The Clinical Course and Long-Term Management of Generalized Anxiety Disorder.* In: *Journal of Clinical Psychopharmacology* 10 (1990), S. 1015–1105.

53. Roy-Byrne P.; Wingerson D.; Cowley D. und Dager S. *Psychopharmacological Treatment of Panic, Generalized Anxiety Disorder, and Social Phobia.* In: *Psychiatric Clinics of North America* 16, Nr. 4 (Dezember 1993), S. 730.

54. Wolpe J. *Psychotherapy by Reciprocal Inhibition.* Stanford (Ca.), Stanford University Press, 1958.

55. Marks I.; O'Sullivan G. *Drugs and Psychological Treatments for Agoraphobia/Panic and Obsessive-Compulsive Disorders: A Review.* In: *British Journal of Psychiatry* 153 (1988), S. 650–658.

56. Lange D.; Wright F. A. C. *Client-Active Systematic Desensitization in Dentistry.* Winnipeg, Hyperion Press, 1978.

57. Black B.; Uhde T. W. und Taylor M. E. *Fluoxetine for the Treatment of Social Phobia.* In: *Journal of Clinical Psychopharmacology* 12 (1992), S. 293–295.

58. Schneier F. R. und andere *Fluoxetine in Social Phobia*. In: *Journal of Clinical Psychopharmacology* 12 (1992), S. 61–64.

59. Munjack D. J.; Brun J. und Baltazar P. L. *A Pilot Study of Buspirone in the Treatment of Social Phobia*. In: *Journal of Anxiety Disorders* 5 (1991), S. 87f.

60. McDougle C. J.; Goodman W. K.; Leckman J. F. und Price L. H. *The Psychopharmacology of Obsessive Compulsive Disorder: Implications for Treatment and Pathogenesis*. In: *Psychiatric Clinics of North America* 16, Nr. 4 (Dezember 1993), S. 749.

61. Tollefson G. D. und andere *A Multicenter Investigation of Fixed-Dose Fluoxetine in the Treatment of Obsessive-Compulsive Disorder*. In: *Archives of General Psychiatry* 51 (1994), S. 559–567.

62. Dager S. *Obsessive Compulsive Disorder*. In: *Psychopharmacology 1993*, Menlo Park (Ca.), Healthline, 1993, S. 2–4.

63. Janicak; Davis; Preskorn und Ayd *Principles and Practice of Psychopharmacotherapy*, S. 471.

64. Krystal J. H. und andere *Neurobiological Aspects of PTSD: Review of Clinical and Preclinical Studies*. In: *Behavioral Therapy* 20 (1989), S. 177–198.

65. Davidson J. R. T. und andere *Post-Traumatic Stress Disorder in the Community: An Epidemiological Study*. In: *Psychological Medicine* 21 (1991), S. 713–721.

66. Vargas M. A.; Davidson J. *Post-Traumatic Stress Disorder*. In: *Psychiatric Clinics of North America* 16, Nr. 4 (Dezember 1993), S. 745.

67. Janicak; Davis; Preskorn und Ayd *Principles and Practice of Psychopharmacotherapy*, S. 477.

68. Vargas M. A.; Davidson J. *Post-Traumatic Stress Disorder*. In: *Psychiatric Clinics of North America* 16, Nr. 4 (Dezember 1993), S. 743.

69. Saity R.; Mayo-Smith M. F.; Roberts M. S.; Redmond H. A.; Bernard D. R. und Calkins D. R. *Individualized Treatment for Alcohol Withdrawal: A Randomized Double-Blind Controlled Trial*. In: *Journal of the American Medical Association* 272 (17. August 1994), S. 519–523.

70. Fuller R. K.; Gordis E. *Refining the Treatment of Alcohol Withdrawal*. In: *Journal of the American Medical Association* 272 (17. August 1994), S. 557f.

71. Meichenbaum D. *Cognitive-Behavior Modification: An Integrative Approach*. New York, Plenum Press, 1977.

72. Meichenbaum D. *Stress Inoculation Training*. New York, Pergamon Press, 1985.

73. Hoffman L.; Halmi K. *Psychopharmacology in the Treatment of Anorexia Nervosa and Bulimia Nervosa*. In: *Psychiatric Clinics of North America* 16 (Dezember 1993), S. 767–778.

74. Mendelson W. B. *Insomnia and Related Sleep Disorders*. In: *Psychiatric Clinics of North America* 16 (Dezember 1993), S. 841–852.
75. Brinkley J. R. *Pharmacotherapy of Borderline States*. In: *Psychiatric Clinics of North America* 16 (Dezember 1993), S. 853–884.

Anhang

A. Anatomie des Zentralnervensystems

Da das Gehirn die komplexeste biologische Struktur schlechthin darstellt, ist auch jede Beschreibung seiner Anatomie und Funktion zwangsläufig recht komplex. Dennoch ist es möglich, die Anatomie und Physiologie des Gehirns in ihren Grundzügen relativ unkompliziert zu beschreiben und auf diese Weise zu einem besseren Verständnis der Wirkungen psychotroper Substanzen auf die Gehirnfunktionen und das Verhalten beizutragen.

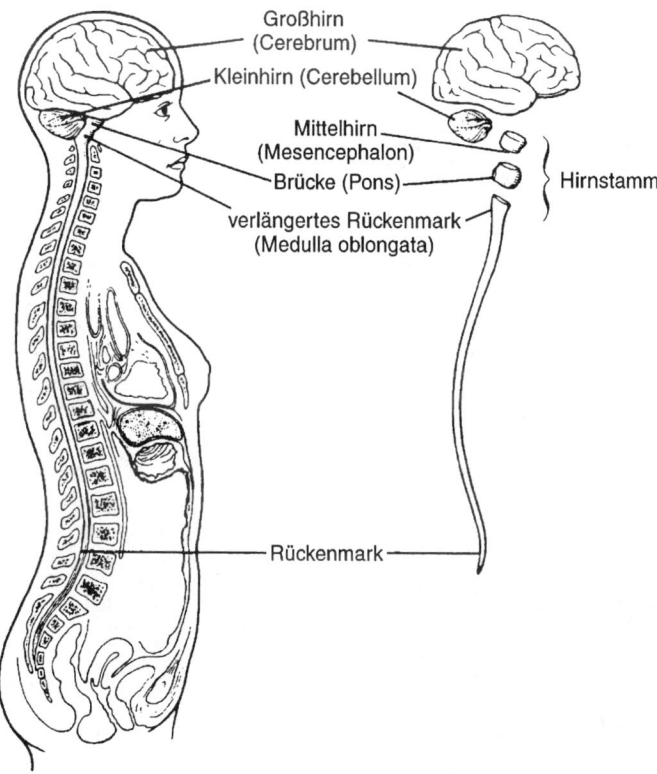

A.1 Das Zentralnervensystem. Links ist die Lage des Gehirns und Rückenmarks im Körper dargestellt, rechts sind die Hauptbestandteile des Zentralnervensystems erkennbar.

Das *Zentralnervensystem* (ZNS) besteht aus den Nervenzellen (Neuronen) des Gehirns und des Rückenmarks (Abbildung A.1). Das Gehirn ist eine Ansammlung von etwa hundert Milliarden Neuronen, die mitsamt ihren Dendriten und Axonen von der Schädelkapsel umschlossen sind. Der untere Teil des Gehirns, der mit dem oberen Teil des Rückenmarks verbunden ist, wird als *Hirnstamm* bezeichnet. Der Hirnstamm befindet sich vollständig im Schädel. Alle Impulse, die zwischen Rückenmark und Gehirn hin- und hergeleitet werden, passieren notwendigerweise den Hirnstamm, der zudem an der Regulation lebenswichtiger Körperfunktionen wesentlich beteiligt ist.

Nach oben hin erweitert sich das Rückenmark und geht über in drei Segmente, die als *Medulla oblongata* (Medulla oder verlängertes Mark), *Pons* (Brücke) und *Mesencephalon* (Mittelhirn) bezeichnet werden. Diese drei Strukturen bilden den *Hirnstamm*. Hinter dem Mittelhirn befindet sich eine große knollenartige Struktur, das *Cerebellum* (Kleinhirn). Die Region unmittelbar oberhalb des Hirnstammes, die von den beiden Hälften (Hemisphären) des Großhirns umgeben wird, ist das *Diencephalon* (Zwischenhirn). Dieser Teil umfaßt den *Hypothalamus*, die *Hypophyse* (Hirnanhangdrüse), verschiedene Faserbahnen (Axone, die als Bündel von einem Hirnareal zu einem anderen ziehen) und den *Thalamus* (Abbildung A.2). Die Region unterhalb des

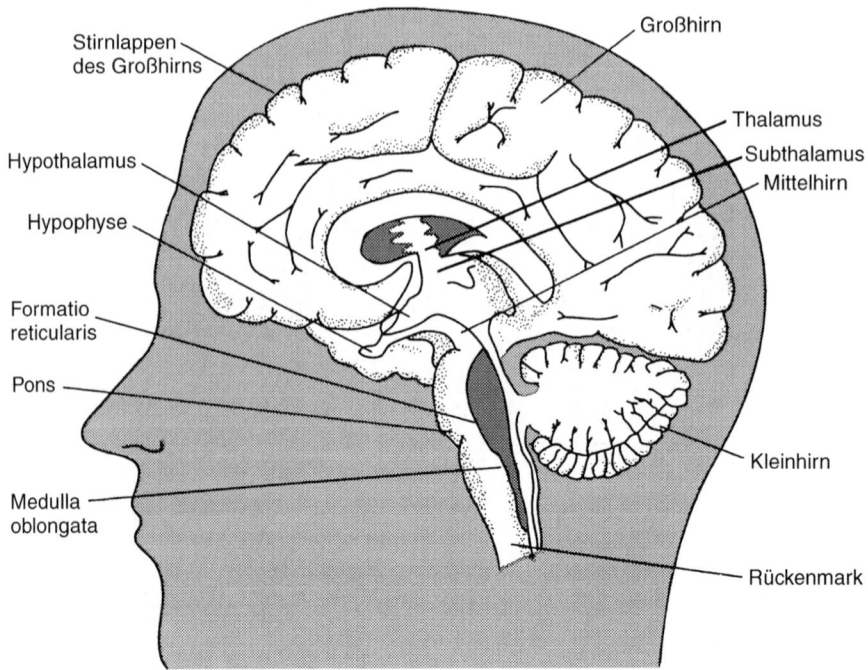

A.2 Längsschnitt durch das Gehirn. Hier lassen sich verschiedene Strukturen erkennen, die unter der Großhirnrinde liegen (und daher in Abbildung A.1 nicht sichtbar sind).

Thalamus wird als *Subthalamus* bezeichnet. Der Hirnstamm und das Zwischenhirn werden fast vollständig von der linken und rechten Großhirnhälfte bedeckt.

Rückenmark

Das Rückenmark erstreckt sich vom unteren Ende der Medulla bis hinunter zum Kreuzbein. Es besteht aus zahlreichen Neuronen und Nervenfasern. Das Rückenmark ist an folgenden Funktionen beteiligt: 1) Übertragung sensorischer Informationen von der Haut, den Muskeln, Gelenken und inneren Organen zum Gehirn, 2) Koordination und Übermittlung der motorischen Signale an die Muskeln (zur Veranlassung koordinierter Muskelbewegungen), 3) Modulation sensorischer Informationen und 4) autonome (unwillkürliche) Steuerung lebenswichtiger Körperfunktionen.

Die Neuronen des Rückenmarks kommunizieren mit höheren Hirnzentren und üben eine lokale Kontrolle über die spinalen Reflexe aus. Diese lokale Steuerung ist äußerst wichtig, beispielsweise für die Modulation von Schmerzimpulsen und für die Wirkung der Opioidanalgetika (Kapitel 10). Die Neuronen des Rückenmarks werden von Signalen aus dem Gehirn stark beeinflußt. Sedativa beispielsweise reduzieren den Informationsfluß vom Gehirn zum Rückenmark. Diese Wirkstoffe werden auch als Muskelrelaxantien (also zur Muskelerschlaffung) eingesetzt, da sie indirekt die Aktivität der motorischen Nervenzellen senken und somit die Kontrolle des Rückenmarks über den Muskeltonus vermindern.

Hirnstamm

Der Hirnstamm verbindet das Rückenmark mit den Großhirnhemisphären und dem Zwischenhirn. Der Hirnstamm ist die direkte Fortsetzung des Rückenmarks in den Schädel. Alle aufsteigenden und absteigenden Bahnen, die Gehirn und Rückenmark verbinden, verlaufen durch die Strukturen des Hirnstammes. Dort befinden sich auch die Zentren, die Funktionen wie Atmung, Blutdruck, Herzfrequenz, Magen-Darm-Funktionen sowie den Schlaf- und Wachzustand maßgeblich steuern. Der Hirnstamm ist über die Formatio reticularis, ein diffus organisiertes System von Nervenzellen und -fasern, auch am Wachheitsgrad und der Aufmerksamkeit (*arousal*) beteiligt. Zentral dämpfende Substanzen (wie die Barbiturate; Kapitel 3) dämpfen dieses Aktivierungssystem des Hirnstammes und entfalten wahrscheinlich auf diese Weise ihre schlaferzeugende Wirkung.

Im Hirnstamm befinden sich wichtige aminhaltige Neuronen, die ihre Axone in das Großhirn entsenden. Diese Regionen sind auch die primären Schaltstellen für sensorische Informationen, die vom Gesicht, dem Kopf und den Eingeweiden zum ZNS gelangen.

Kleinhirn

Das Kleinhirn (Cerebellum) ist eine große, stark gegliederte Struktur und befindet sich unmittelbar hinter dem Hirnstamm, mit dem es über große Bahnen verbunden ist. Das Kleinhirn ist für die Koordination von Bewegung und Körperhaltung (Gleichgewicht) zuständig. Einige Substanzen üben merkliche Effekte auf die Kleinhirnaktivität aus. So scheint die Trunkenheit, die durch Koordinations- und Gleichgewichtsverlust, Taumeln und andere Defizite gekennzeichnet ist, größtenteils durch eine alkoholinduzierte Dämpfung der Kleinhirnfunktion verursacht zu werden.

Zwischenhirn

Das Zwischenhirn (Diencephalon) befindet sich oberhalb des Hirnstammes und unterhalb und zwischen der rechten und linken Großhirnhälfte. Das Zwischenhirn kann in verschiedene Areale unterteilt werden, von denen hier vier beschrieben werden: Thalamus, Hypothalamus, Subthalamus und limbisches System.

Thalamus

Der Thalamus (Sehhügel), die größte Struktur des Zwischenhirns, ist eigentlich eine Gruppe vieler kleinerer Strukturen. Er liegt in der Mitte des Gehirns, unterhalb der Großhirnhemisphären und den Basalganglien und direkt über dem Hypothalamus. Der Thalamus stellt gewissermaßen eine Zwischenstation dar, an der aufsteigende sensorische Übertragungswege, die entlang des Rückenmarks verlaufen und durch den Hirnstamm ziehen, synaptische Kontakte bilden, bevor ihre Signale in die verschiedenen Areale der Großhirnrinde weitergeleitet werden. Daher kann man den Thalamus als eine der wichtigsten Relaisstationen des Gehirns betrachten.

Verschiedene Untereinheiten des Thalamus empfangen Impulse von bestimmten Sinnesorganen; die Neuronen in diesen Untereinheiten wiederum leiten diese Informationen weiter an bestimmte Areale der Großhirnrinde, die mit den jeweiligen Sinnen assoziiert sind. Andere Gebiete des Thalamus, die nicht klar definiert sind, werden als *Assoziationsfelder* bezeichnet. Diese Area-

le empfangen Informationen und leiten sie an die Assoziationsfelder der Hirnrinde weiter. Wieder andere Regionen des Thalamus sind mit der Formatio
reticularis, dem Hypothalamus und dem limbischen System verbunden. Diese
Areale bilden das *diffuse thalamische Projektionssystem*. Durch elektrische
Stimulation dieses Projektionssystems werden ähnliche Wachsamkeitsreaktio-
nen ausgelöst wie nach Stimulierung des Aktivierungssystems der Formatio
reticularis. Das diffuse thalamische Projektionssystem könnte daher eine Ver-
längerung der aktivierenden Areale im Hirnstamm sein.

Subthalamus

Der Subthalamus ist ein kleines Areal unterhalb des Thalamus und oberhalb
des Mittelhirns; er umfaßt eine Reihe kleinerer Strukturen, die zusammen mit
den Basalganglien eines der motorischen Systeme, das extrapyramidale System, bilden. Bei der Parkinson-Krankheit, die durch bestimmte Bewegungsstörungen gekennzeichnet ist, besteht ein Mangel an dem Neurotransmitter
Dopamin in Endigungen von Axonen, die aus Zellkörpern in der Substantia
nigra (eine der subthalamischen Strukturen) entspringen. Durch Verabreichung
von Levodopa wird das fehlende Dopamin ersetzt und die Symptomatik abgeschwächt. Die Strukturen des Subthalamus spielen zusammen mit dem Kleinhirn eine wichtige Rolle bei der Bewegungskoordination.

Hypothalamus

Der Hypothalamus ist eine Neuronenstruktur im unteren Teil des Gehirns in
der Nähe des Übergangsbereichs vom Mittelhirn zum Thalamus. Er befindet
sich nahe der Schädelbasis, genau über der Hypophyse, deren Funktion er
wesentlich beeinflußt. Der Hypothalamus ist als Hauptregulationszentrum des
Gehirns für die Aktivitäten des gesamten autonomen (unwillkürlichen oder
vegetativen) Nervensystems verantwortlich. Er ist also an der Kontrolle vege-
tativer Funktionen wie Essen, Trinken, Schlafen, Regulation der Körpertemperatur, Sexualität, Blutdruck, Flüssigkeitshaushalt und Emotionen beteiligt. Außerdem steuert der Hypothalamus die Hormonausschüttung der Hypophyse:
Neuronen im Hypothalamus produzieren sogenannte Releasing-Hormone
(„Freisetzungshormone"), die zur benachbarten Hypophyse gelangen (Abbildung A.3). Dort regen sie die Produktion und Sekretion von Hormonen an, die
zum Beispiel den Menstruationszyklus und die Ovulation bei der Frau beziehungsweise die Spermienbildung beim Mann steuern.

Der Hypothalamus ist ein Wirkort für zahlreiche psychotrope Substanzen;
manche entfalten dort ihre erwünschten therapeutischen, andere ihre unerwünschten Wirkungen.

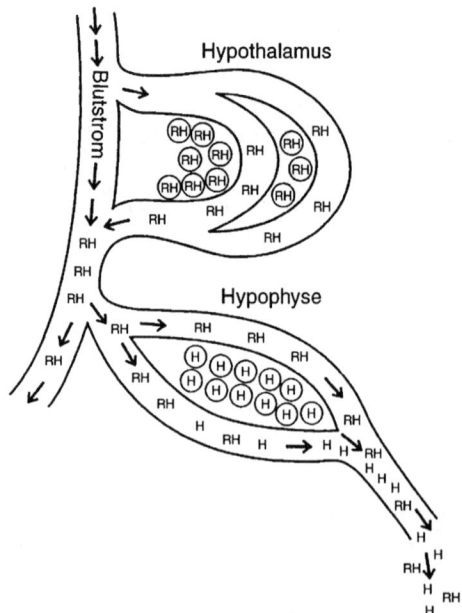

A.3 Der Hypothalamus gibt Releasing-Hormone (RH) ab, die mit dem Blut in die benachbarte Hypophyse gelangen und diese wiederum dazu anregen, ihre eigenen Hormone (H) ins Blut auszuschütten. Mit dem Blut werden die Hypophysenhormone im gesamten Körper verteilt und beeinflussen dort (meistens als übergeordnete Steuerhormone; Kapitel 14) zahlreiche Prozesse.

Limbisches System

In enger Verbindung mit dem Hypothalamus steht das limbische System, dessen Hauptbestandteile die Amygdala (Mandelkern), der Hippocampus, die beiden Mamillarkörper und eine Reihe weiterer kleinerer Strukturen sind. Diese Strukturen regeln das Affekt- und Triebverhalten; sie verknüpfen Emotionen, Belohnungsgefühle und Verhalten mit motorischen und autonomen Funktionen. Da das limbische System und der Hypothalamus Emotionen und Gefühlsäußerungen steuern, sind sie naheliegende Untersuchungsziele, wenn man etwas über die Wirkungsweise psychotroper Substanzen herausfinden will, die Stimmungen, Affekte, Emotionen oder gefühlsmäßige Reaktionen verändern. Überdies schreibt man dem limbischen System eine wichtige Bedeutung für die Lern- und Gedächtnisfunktionen zu, daher wird es zusammen mit dem Hypothalamus auch als möglicher Wirkort für pharmakologische Substanzen untersucht, die diese Funktionen beeinflussen.

Die hypothalamischen und limbischen Areale enthalten Strukturen, die für die Psychopharmakologie und das Mißbrauchpotential von Substanzen eine entscheidende Rolle spielen. Dazu gehören die *limbischen Belohnungszentren*

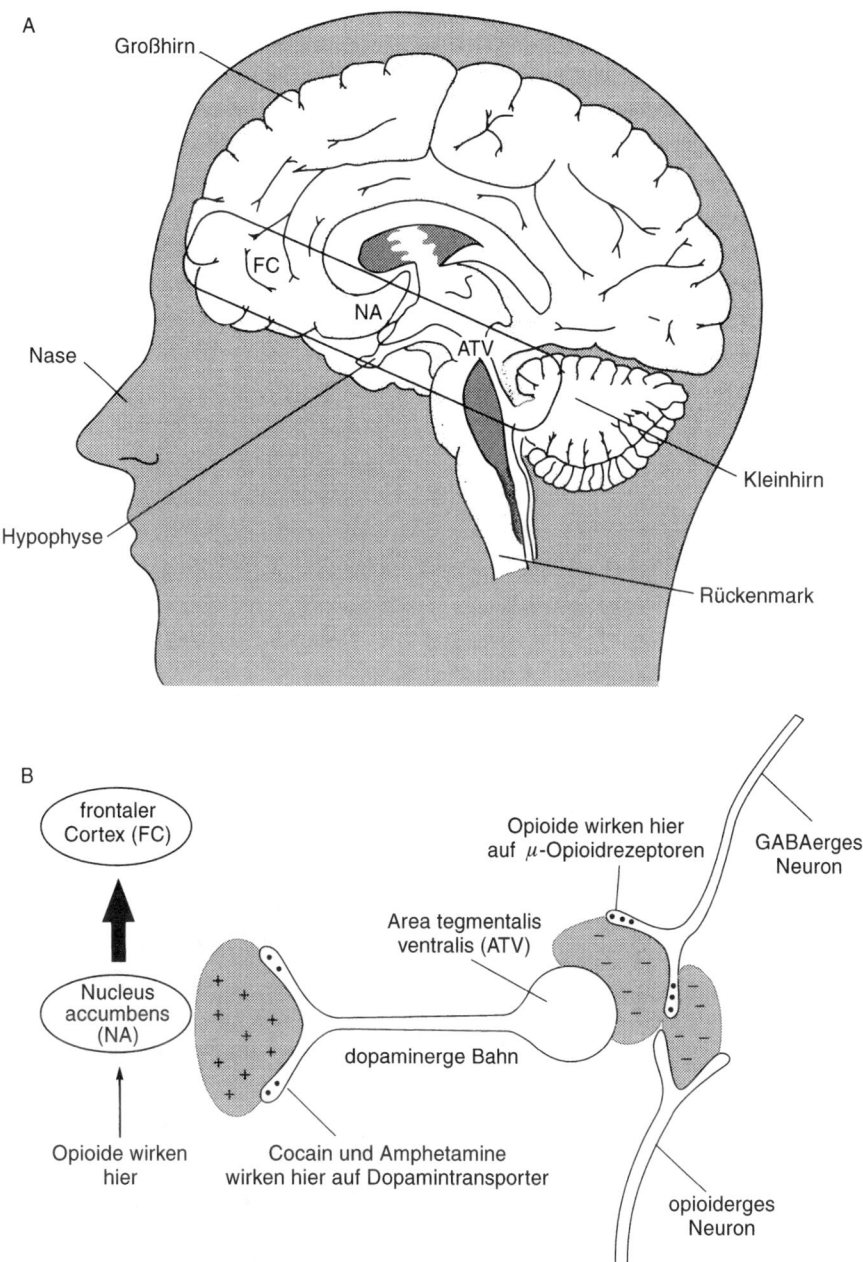

A.4 Das limbische dopaminerge Belohnungssystem. A) Längsschnitt durch das menschliche Gehirn. Das relevante Areal im Mittel- und Vorderhirn mit der Area tegmentalis ventralis (ATV), dem Nucleus accumbens (NA) und dem frontalen Cortex (vordere Großhirnrinde, FC) ist umrahmt. B) Schematische Darstellung des in A hervorgehobenen Bereichs. Punkte: in Nervenendigungen gespeicherte Neurotransmitter; + : exzitatorischer Neurotransmitter; − : inhibitorischer Neurotransmitter. (Mit freundlicher Genehmigung aus Goldstein *Addiction: From Biology to Drug Policy*. New York, W. H. Freeman & Company, 1994, S. 55.)

(Selbstreizungsgebiete und verhaltensverstärkende Zentren), an denen die Area tegmentalis ventralis, das mittlere Vorderhirnbündel, der Nucleus accumbens und das limbische System selbst beteiligt sind (Abbildung A.4). Diese Zentren enthalten dopaminausschüttende Neuronen, die spezifische belohnungsgesteuerte wie auch Vermeidungsverhaltensweisen modulieren. Die Aktivität dieser *dopaminergen Neuronen* wird von opioidergen, GABAergen und anderen Neuronen beeinflußt. Im vorliegenden Buch begegnet uns dieses Belohnungssystem immer wieder als Ort, an dem psychotrope Substanzen mit Mißbrauchpotential ihre verhaltensverstärkende Wirkung entfalten.

Großhirnrinde

Der größte Teil des menschlichen Gehirns entfällt auf das Großhirn (Cerebrum). Es ist in die rechte und die linke Hemisphäre unterteilt, die durch zahlreiche, oberhalb des Thalamus gelegene Bahnen sowie durch die multisynaptischen Bahnen im Hirnstamm miteinander verbunden sind. In Anpassung an das begrenzte Schädelvolumen ist die äußere Schicht des Großhirns, die Großhirnrinde (Cortex cerebri), zur Vergrößerung der Gesamtfläche stark gefurcht und gewunden. Wie andere Teile des Gehirns wird die Hirnrinde nach Funktionen unterteilt; sie enthält Zentren, die für das Sehen, Hören, Sprechen, die sensorische Wahrnehmung und für die Gefühle verantwortlich sind.

Die Regionen der Großhirnrinde können unterschiedlich klassifiziert werden. Für unsere Zwecke ist eine Gliederung nach Funktion oder nach der Art der verarbeiteten sensorischen Informationen am geeignetsten (Abbildung A.5). Zwischen den anterioren (vorderen) und posterioren (hinteren) Anteilen der Großhirnrinde verläuft seitlich eine Furche, die als *Sulcus centralis* (Zentralfurche) bezeichnet wird. Das Rindengebiet unmittelbar vor dem Sulcus centralis heißt *Gyrus praecentralis* (vordere Zentralwindung) und ist an der Steuerung der motorischen Aktivität beteiligt. Hinter dem Sulcus centralis liegt der *Gyrus postcentralis* (hintere Zentralwindung), der als Hauptverarbeitungsstelle für den Tastsinn fungiert. Posterior zum Gyrus postcentralis befinden sich der *Parietallappen* (Scheitellappen), der für die Weiterverarbeitung von Tast- und anderen Empfindungsreizen aus dem Körper sowie für die räumliche Vorstellung zuständig ist, und der *Okzipitallappen* (Hinterhauptslappen), der visuelle Informationen verarbeitet. Vor dem Gyrus praecentralis liegt der *Frontallappen* (Stirnlappen), der an spezialisierten Funktionen wie Verhalten, Belohnung, Lernen, Erinnerung, Verarbeitung viszeraler Reize und abstraktem Denken mitwirkt. Schließlich befindet sich unterhalb des Sulcus centralis der *Temporallappen* (Schläfenlappen), der akustische Reize verarbeitet und an der vom Broca- und Wernicke-Areal gesteuerten Integration von Hören und Sprechen beteiligt ist.

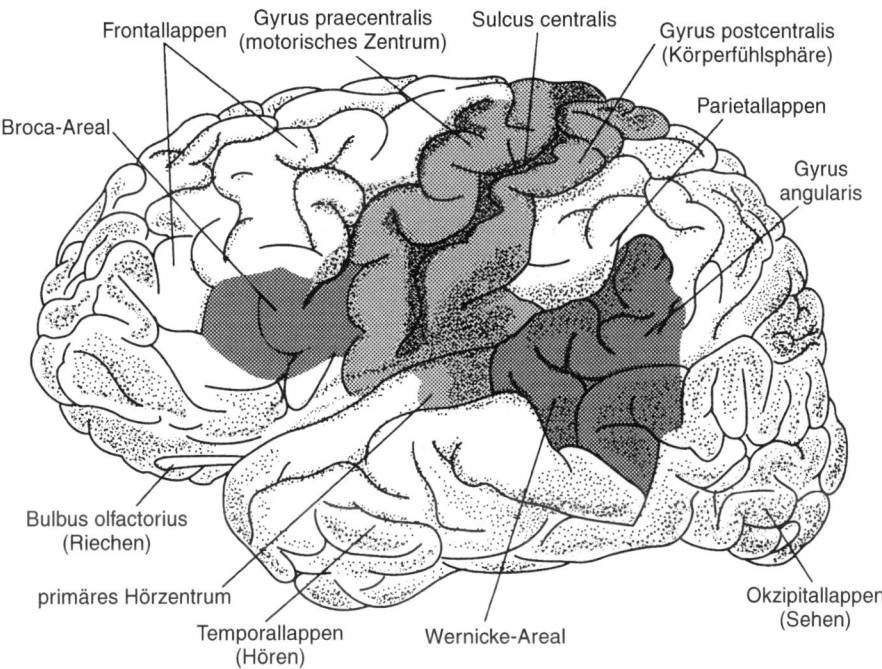

A.5 Oberflächenstruktur des Gehirns mit den wichtigsten Rindenfeldern. (Nach Geschwind *Die Großhirnrinde*. In: *Gehirn und Nervensystem*, 9. Aufl., Heidelberg, Spektrum der Wissenschaft, 1988, S. 115.)

Das Zentralnervensystem ist strukturell und funktionell äußerst komplex, und die Großhirnrinde verkörpert seine höchste Entwicklungsstufe. Erst jetzt beginnen wir ansatzweise zu verstehen, wie das Gehirn arbeitet und auf welche Weise psychotrope Substanzen auf seine Funktionen Einfluß nehmen.

B. Physiologie des Neurons

Um die Wirkungen pharmakologischer Wirkstoffe auf das Nervensystem zu
verstehen, muß man mit der Struktur und Funktion der Nervenzelle, dem
Grundbaustein des Nervensystems, vertraut sein. Neuronen haben besondere
Eigenschaften, die sie von allen anderen Zellen des Körpers unterscheiden.
Zum einen sind sie in der Lage, elektrische Impulse über lange Strecken zu
leiten. Zum anderen können sie mit anderen Nervenzellen und anderen Körpergeweben, deren Funktionen sie kontrollieren, kommunizieren, indem sie
Signale empfangen beziehungsweise aussenden (Input/Output). Diese In-
put/Output-Beziehungen bestimmen die Funktion eines Neurons und damit
letztlich die Verhaltensreaktionen, die durch die neuronale Aktivität insgesamt
ausgelöst werden.

Das menschliche Gehirn enthält etwa hundert Milliarden Neuronen, die bestimmte strukturelle und funktionelle Eigenschaften gemeinsam haben (Abbildung B.1).

Ein typisches Neuron besteht aus dem *Soma* (Zellkörper), das den Zellkern
enthält, zahlreichen *Dendriten* und dem *Axon*. Die Dendriten sind vom Soma
ausgehende Fortsätze (mit Hunderten oder Tausenden von Verzweigungen), die
an bestimmten Stellen auf ihrer Membran Signale von anderen Neuronen empfangen, mit deren Axonen sie an diesen Stellen verbunden sind. Vom Soma
geht ein längerer Fortsatz aus, das Axon. Die Länge der Axone schwankt
zwischen wenigen Millimetern und einem Meter (wie beispielsweise die Axone, die entlang des Rückenmarks verlaufen oder die von den motorischen
Nervenzellen des Rückenmarks zu den Muskeln ziehen). Das Axon überträgt
die elektrische Aktivität vom Soma zu anderen Neuronen oder zu Muskeln,
Organen oder Drüsen des Körpers. Normalerweise leitet das Axon Impulse nur
in eine Richtung: vom Soma bis zu einer spezialisierten Struktur am Axonende, die den Kontakt zu einem zweiten Neuron oder einer anderen Zelle
herstellt. Diese Kontaktstelle bezeichnet man als *Synapse* (Abbildung B.2).

Eine Synapse ist eine winzige Verbindungsstelle zwischen der präsynaptischen Membran an der Axonendigung eines Neurons und der postsynaptischen
Membran – meist auf einem Dendriten – des empfangenden Neurons. Die
präsynaptische Endigung besteht aus zahlreichen strukturellen Elementen, wovon die synaptischen Vesikel die wichtigsten sind (jedenfalls in unserem Zusammenhang). Jedes Vesikel (Bläschen) enthält mehrere tausend Moleküle der
Überträgersubstanz (Neurotransmitter) und speichert diese, bis sie für die
Kommunikation benötigt werden (Abbildung B.3). Erreicht ein Signalimpuls
die Axonendigung, werden die Transmittermoleküle durch den Vorgang der
Exocytose in den synaptischen Spalt ausgeschüttet; anschließend diffundieren
sie durch den synaptischen Spalt hindurch und binden sich an Rezeptoren auf

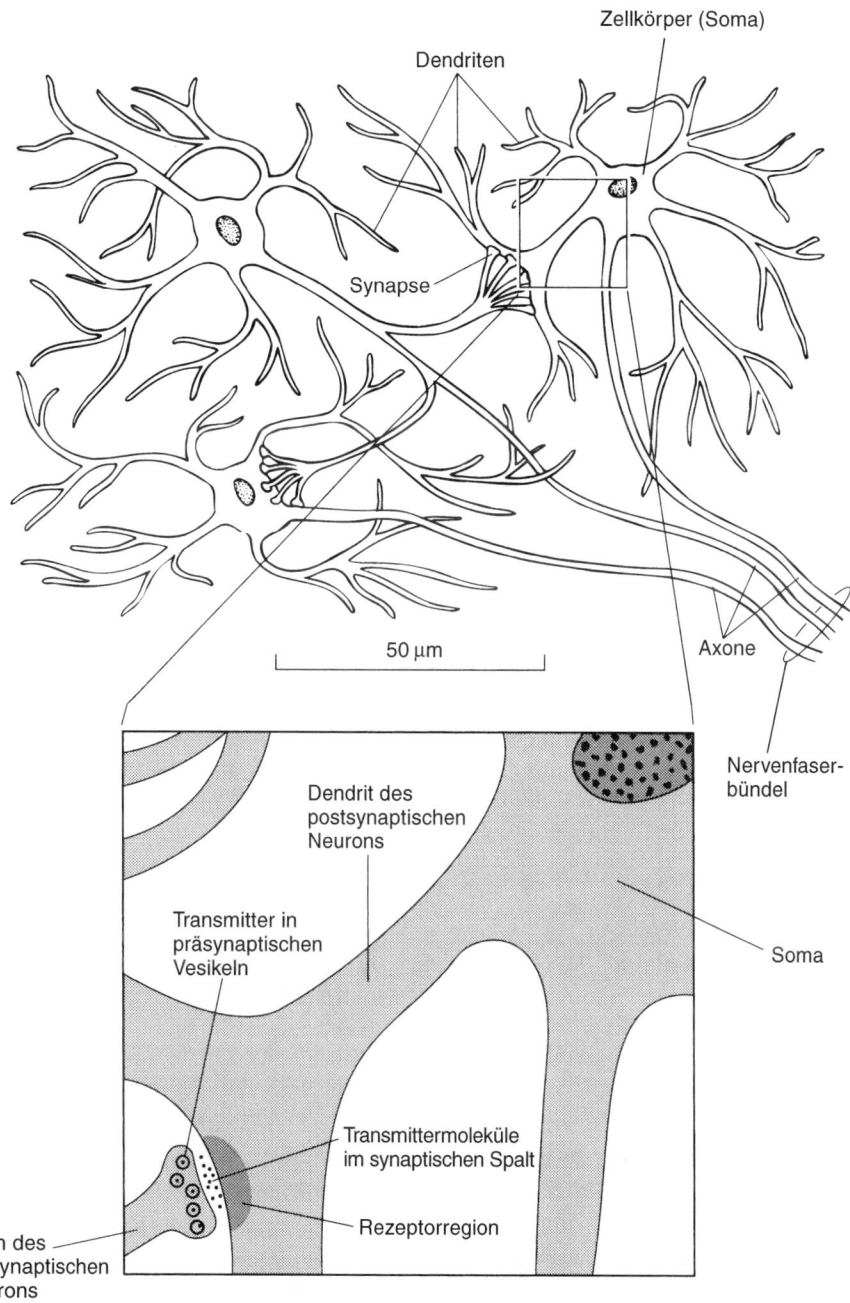

B.1 Drei Nervenzellen in schematischer Darstellung. Man erkennt ihren grundsätzlichen Bau und ihre Kontakte untereinander durch Synapsen.

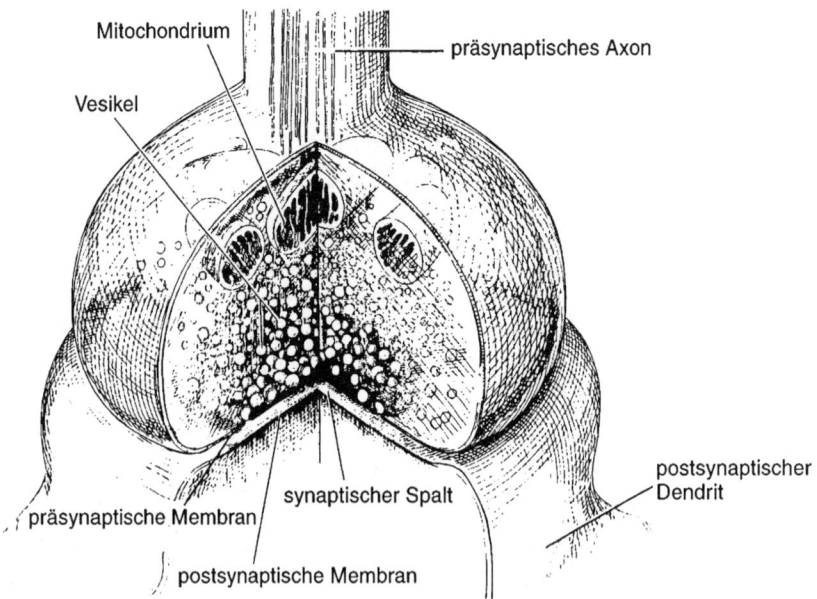

Mitochondrium

präsynaptisches Axon

Vesikel

postsynaptischer
Dendrit

synaptischer Spalt

präsynaptische Membran

postsynaptische Membran

B.2 Eine Synapse ist eine Relaisstation, an der Informationen mittels eines Überträgerstoffes von einem Neuron auf ein anderes übertragen werden. Sie besteht aus zwei Teilen: dem Endknöpfchen der Axonendigung auf der präsynaptischen Seite und der Rezeptorregion auf der Oberfläche eines Dendriten auf der postsynaptischen Seite. Die Membranen der prä- und der postsynaptischen Zelle sind an der Synapse durch einen etwa 200 Nanometer breiten Spalt voneinander getrennt. Moleküle der Überträgersubstanz, die in Vesikeln (Bläschen) im Axonende gespeichert sind, werden in Reaktion auf ankommende Nervenimpulse in den Spalt freigesetzt. Der Transmitter verändert die elektrischen Eigenschaften des empfangenden Neurons. Dadurch steigt oder sinkt die Wahrscheinlichkeit, daß dieses Neuron selbst ein elektrisches Signal abgibt. (Aus Stevens *Das Neuron*. In: *Gehirn und Nervensystem*, 9. Aufl., Heidelberg, Spektrum der Wissenschaft, 1988, S. 5.)

der Dendritenmembran* des nachgeschalteten Neurons. Da die beiden Neuronen sich nicht direkt berühren, erfolgt die synaptische Informationsübertragung zwischen ihnen nicht durch einen elektrischen, sondern durch einen chemischen Vorgang.

---

* Wir betrachten in dieser Einführung Synapsen vornehmlich als Kontaktstellen zwischen der Axonendigung eines Neurons und einem Dendriten eines zweiten Neurons (*axodendritische Synapse*). Jedoch kann eine Axonendigung auch mit dem Soma des nachgeschalteten Neurons synaptisch verbunden sein (*axosomatische Synapse*); in diesem Fall übt der Neurotransmitter einen stärkeren Effekt auf die Aktivität des zweiten Neurons aus. Und schließlich kann ein Axon sogar direkt mit der Axonendigung eines zweiten Neurons in synaptischen Kontakt treten (*axoaxonische Synapse*). Diese Synapsen haben gewöhnlich eine hemmende Funktion: Sie bewirken eine *präsynaptische Inhibition* an der Axonendigung des zweiten Neurons, so daß sich die Transmittermenge verringert, die von dieser zweiten Axonendigung an ein drittes Neuron ausgeschüttet wird. Häufig sind axoaxonische Synapsen offenbar Bestandteil negativer Rückkopplungsschleifen.

Gewöhnlich entspringt dem Soma nur ein einziges Axon, doch dieses kann sich in seinem weiteren Verlauf verzweigen, um Impulse an Hunderte oder Tausende anderer Neuronen zu senden (*Divergenz* der neuronalen Informationsübertragung). Gleichzeitig empfängt ein Neuron Signale von zahlreichen

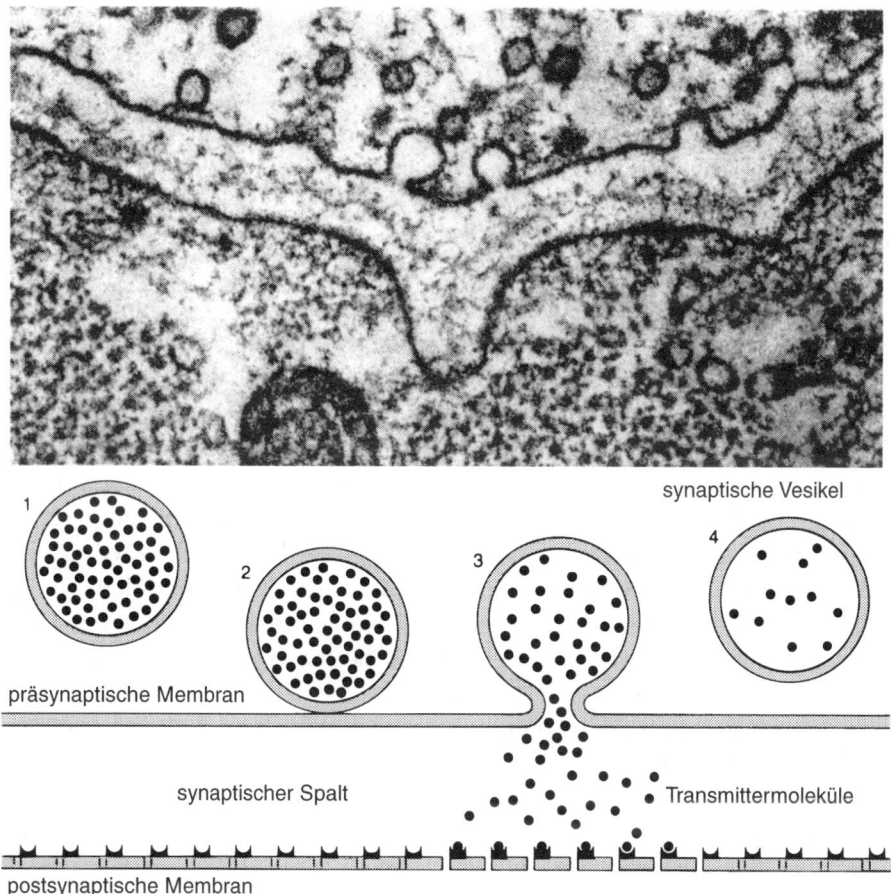

B.3 Neurotransmitter werden durch den Vorgang der Exocytose in den synaptischen Spalt abgegeben: Speichervesikel, die die Transmittermoleküle enthalten, verschmelzen mit der präsynaptischen Membran der Axonendigung, öffnen sich dabei nach außen und entleeren ihren Inhalt in den synaptischen Spalt. Die elektronenmikroskopische Aufnahme von Heuser zeigt diesen Vorgang an einer neuromuskulären Endplatte (der synaptischen Verbindung zwischen einer Nerven- und einer Muskelzelle) eines Frosches in 115000facher Vergrößerung. Man sieht einige Vesikel, die gerade Acetylcholin in den Spalt entlassen. In der Zeichnung ist zudem dargestellt, wie sich die Transmittermoleküle an ihre Rezeptoren (symbolisiert als kleine „Schüsseln") auf der postsynaptischen Membran binden. Infolge der Bindung öffnen sich Ionenkanäle in der Membran (symbolisiert durch die Membranlücken), und die nun durchtretenden Ionen ändern den Erregungszustand der postsynaptischen Zelle. (Aus Stevens *Das Neuron*. In: *Gehirn und Nervensystem*, 9. Aufl., Heidelberg, Spektrum der Wissenschaft, 1988, S. 11.)

anderen Neuronen: Von seinem Zellkörper gehen meist mehrere Dendriten aus, die sich baumartig weiterverästeln und mehrere tausend Kontakte zu anderen Nervenzellen herstellen (*Konvergenz* der Informationsübertragung). Die Dendriten verarbeiten die eintreffenden Impulse und übertragen passiv elektrische Signale zum Zellkörper. Der Zellkörper wiederum integriert die Signale seiner Dendriten und „entscheidet", ob er nun seinerseits einen Impuls aussenden soll. Wenn ja, so schickt er ihn über sein Axon an bis zu 10 000 andere Neuronen. Mithin kommen in einem gegebenen Neuron Signale von einigen tausend anderen Neuronen zusammen, und dieses empfangende Neuron wiederum sendet Impulse an Tausende von weiteren Neuronen. Als Folge dieser Konvergenz und Divergenz der Signalübertragung entstehen Gruppen von Neuronen, die funktionell zusammenarbeiten und Schaltkreise bilden. Von den Eigenschaften dieser Schaltkreise hängt es ab, wie Informationen im Nervensystem verarbeitet werden.

Neuronen sind im Gehirn nicht wahllos verstreut: Es gibt Bereiche, in denen sich Zellkörper konzentrieren und sogenannte *Nuclei* bilden. In anderen Hirnabschnitten findet man vorwiegend Axonbündel, die von einer Zellkörpergruppe zur anderen ziehen. Solche Axonbündel gibt es auch im peripheren Nervensystem, also außerhalb des Gehirns und des Rückenmarks: Sie bilden dort die Nerven. So ist zum Beispiel der Ischiasnerv ein Axonbündel, dessen zugehörige Zellkörper sich im Rückenmark (Motoneuronen) und in den Grenzstrangganglien des autonomen Nervensystems befinden. Die von den Spinalganglien zur Peripherie ziehenden Fasern entsprechen Dendriten.

Im Gehirn gruppieren sich die Nuclei gewöhnlich zu noch größeren Strukturen (wie Thalamus, Hypothalamus, Amygdala und Hippocampus). Die Bahnen, die zwischen Neuronen unterschiedlicher Nuclei verlaufen, werden nach den Zentren benannt, die sie miteinander verbinden. Zum Beispiel heißt das Bündel sensorischer Axone, das vom Rückenmark zum Thalamus zieht, *Tractus spinothalamicus*.

Außer den Neuronen gibt es noch andere Zellarten im Gehirn. Die auffälligsten sind die Gliazellen, die über die Hälfte des Hirnvolumens ausmachen. Bestimmte Gliazellen, die Astrocyten, umgeben die Blutkapillaren im Gehirn und sind somit Bestandteil der Blut-Hirn-Schranke (Kapitel 2). Andere Gliazellen stabilisieren die Struktur des Gehirns und übernehmen metabolische Hilfsfunktionen für die Neuronen, wobei über die Details allerdings wenig bekannt ist. Viele Gliazellen tragen auch Bindungsstellen für Neurotransmitter.

C. F. Stevens faßt die Gehirnstruktur treffend zusammen:

>»Das Gehirn besteht also aus einer ungeheuren Zahl spinnenförmiger Nervenzellen, die, eingebettet in das schützende und stützende Maschenwerk der Neuroglia, in einem komplexen Netz miteinander verbunden sind. Den Nervenzellkörpern entspringen Dendriten, die sich vielfältig verzweigen und die zusammen mit dem Soma die Signale unzähliger Axonendigungen empfangen. Dadurch wird es möglich, daß eine einzige Nervenzelle Informationen von Hunderten anderer Nervenzellen sammeln kann. Die Zellkörper ordnen sich zu

Gruppen, den Nuclei, und diese wiederum sammeln sich zu noch größeren Strukturen. Zwischen den Nuclei oder Ansammlungen von Nuclei ziehen Faserbündel hin und her, die Hauptkanäle für die Kommunikation zwischen den verschiedenen Teilen des Gehirns. Insgesamt fügen sich all diese Strukturen in wohlgeordneter Weise zusammen, um das Gehirn zu bilden und die anatomische Basis für neurale Funktionen zu schaffen.«[1]

Dem fügt S. Cohen hinzu:

»Man kann sich das Gehirn durchaus als Zusammenklang nahezu unendlich vieler Orchester mit unterschiedlichen Instrumentengruppen vorstellen, die ein unendliches Repertoire an informationsspezifischen Reaktionen ausführen. Durch seine Größe und Anpassungsfähigkeit ist das Gehirn in der Lage, für alle Feinheiten der Wahrnehmung, Verarbeitung und Reaktion Sorge zu tragen. ... Das Neuron ist die Grundeinheit der Informationsverarbeitung und -übertragung.«[2]

Entscheidend für die Neuropsychopharmakologie ist die Tatsache, daß psychotrope Substanzen ihre verhaltensbeeinflussenden und psychischen Wirkungen entfalten, indem sie die synaptische Funktion der Neuronen in bestimmten Hirnarealen verändern, gewöhnlich durch Verstärkung oder Hemmung der chemischen Transmission.

Das Axon

Wie bereits erwähnt, besteht das Neuron aus drei Hauptelementen: den Dendriten, dem Soma und dem Axon. Kurz zusammengefaßt, entstehen elektrische Impulse in den Dendriten, werden im Soma integriert und dann über das Axon bis zur Synapse geleitet. Im Gegensatz zu den Dendriten und dem Zellkörper ist das Axon ausschließlich auf die zuverlässige Weiterleitung der elektrischen Signale, der sogenannten *Aktionspotentiale*, spezialisiert. Alle Aktionspotentiale werden schnell und unverändert zum Axonende geleitet. Der Inhalt der vom Axon übermittelten Information wird nur durch die Anzahl der pro Sekunde weitergeleiteten Aktionspotentiale bestimmt. Das Axon wird von psychotropen Substanzen nicht sonderlich beeinflußt, fungiert jedoch als Wirkort für Lokalanästhetika wie Lidocain. Diese blockieren die Weiterleitung des Aktionspotentials zum Axonende, ohne in die synaptische Erregungsübertragung einzugreifen.

Dendriten

Wie beeinflussen die Aktionspotentiale eines Axons die Aktivität der nachgeschalteten Neuronen? Die Axonendigungen stehen über Synapsen mit einem oder mehreren Dendriten oder dem Zellkörper eines benachbarten Neurons in Kontakt. Auf den Dendriten befinden sich *Rezeptoren*, welche spezifische, von

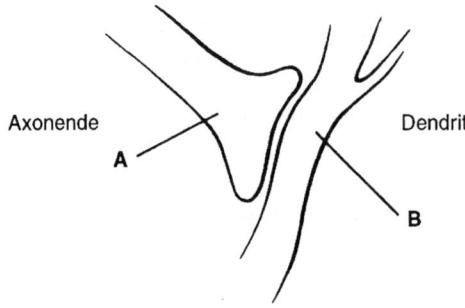

Axonende   Dendrit

A

B

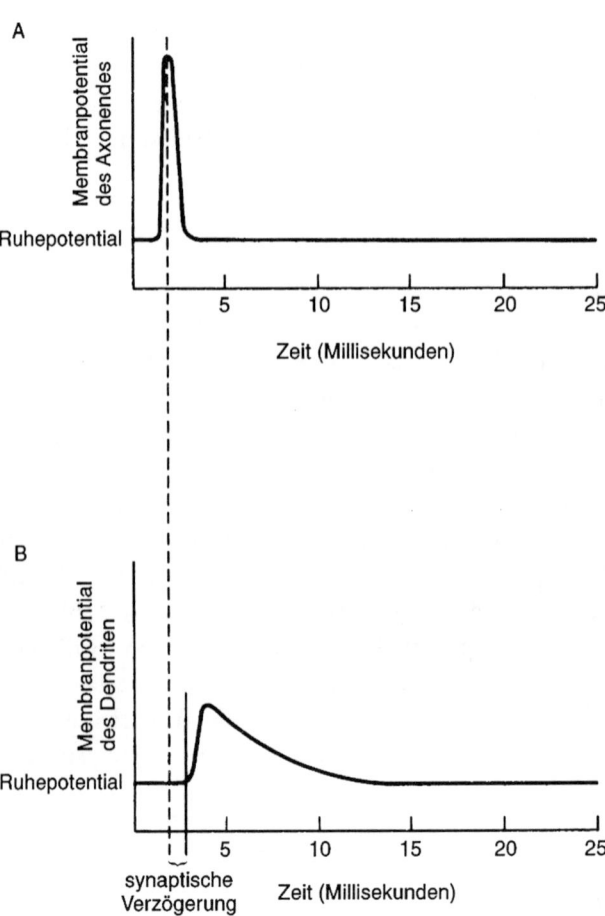

B.4 Impulsübertragung zwischen zwei Neuronen an einer Synapse. Kurve A gibt die elektrische Aktivität am Axonende wieder: Ein Aktionspotential erreicht die Synapse. Kurve B zeigt die elektrische Aktivität im Dendriten des nachgeschalteten Neurons; nach kurzer Verzögerung, die durch die (chemische) Signalübertragung bedingt ist, wird der Impuls am postsynaptischen Dendriten erkennbar. (Nach Stevens *Neurophysiology: A Primer*. New York, Wiley, 1966, Abbildung 3.2, S. 35.)

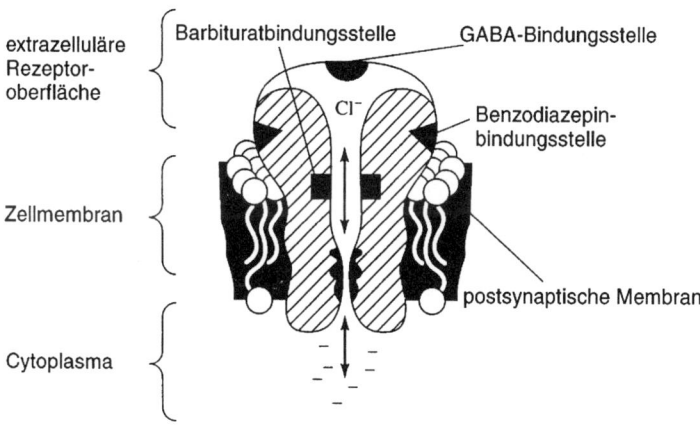

extrazelluläre
Rezeptor-
oberfläche

Barbituratbindungsstelle   GABA-Bindungsstelle

Cl⁻

Benzodiazepin-
bindungsstelle

Zellmembran

Cytoplasma

postsynaptische Membran

B.5 Der GABA$_A$-Rezeptor in einem Schnitt senkrecht zur Membran. Die Lage der verschiedenen Bindungsstellung ist hypothetisch. (Mit freundlicher Genehmigung aus Haefely et al.[3])

anderen Neuronen freigesetzte Transmitter erkennen. Wenn nun ein Aktionspotential an der Axonendigung ankommt, werden dort Transmittermoleküle in den synaptischen Spalt freigesetzt, die den Spalt durchwandern und sich an die Rezeptoren auf der postsynaptischen Membran des Dendriten binden. Infolge der Bindung ändern sich die elektrischen Eigenschaften der postsynaptischen Membran (Abbildung B.4), wobei das Ausmaß der Änderung proportional zu der vom präsynaptischen Neuron freigesetzten Transmittermenge ist.

Was versteht man nun genau unter einem Rezeptor? Die meisten Rezeptoren sind offenbar in die Membran eingebettete, transmitteraktivierte („ligandengesteuerte") zylindrische Kanäle, die aus großen Proteinen bestehen. Diese ordnen sich so an, daß sie in ihrer Mitte eine Pore oder einen Kanal bilden, der sich sowohl zur Innenseite (zum Cytoplasma) als auch zur Außenseite der Neuronenmembran (zur Synapse) öffnet (Abbildung B.5).

Ein Rezeptorproteinkomplex kann zwei verschiedene Zustände einnehmen. Im Ruhezustand ist sein Kanal geschlossen, so daß keine Ionen hindurchtreten und in das Cytoplasma der Zelle gelangen können. Wenn sich nun ein Transmitter an das Rezeptorprotein (auf der synaptischen Seite) heftet, ändert sich die Konfiguration des Proteinkomplexes in der Membran: Er bewegt sich etwas auseinander, so daß die Pore vergrößert wird und Ionen (gewöhnlich Calcium-, Natrium-, Chlorid- oder Kaliumionen) in die postsynaptische Zelle ein- oder auch aus ihr austreten können (Abbildung B.6).

Dieser Ioneneinstrom verändert eine Reihe intrazellulärer Vorgänge. So kann ein Aktionspotential erzeugt oder gehemmt werden, oder es werden intrazelluläre Enzyme beeinflußt, welche die biochemischen Funktionen der Zelle verändern. Allerdings sind nicht alle Rezeptoren transmittergesteuerte Ionenkanäle; es gibt auch solche, die keinen eigenen Kanal besitzen, sondern

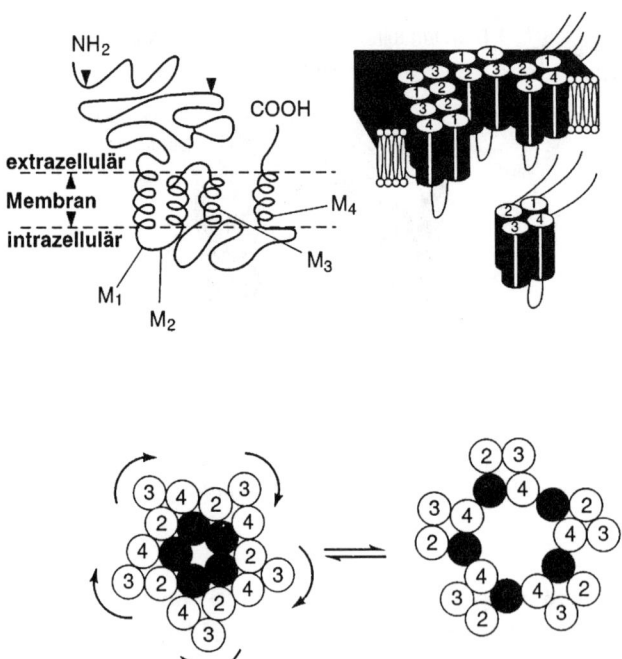

B.6 Vermutliche Topologie des GABA$_A$-Rezeptors. Oben links eine einzelne Untereinheit mit ihrer großen extrazellulären N-terminalen Domäne und den vier Transmembrandomänen (M1 bis M4), oben rechts die Anordnung der Transmembrandomänen von fünf Untereinheiten zu einem zentralen Kanal. Die Zeichnung unten zeigt den Kanal in einem Schnitt parallel zur Membran, links im geschlossenen, rechts im geöffneten Zustand. (Mit freundlicher Genehmigung aus Haefely et al.[3])

nach der Bindung des Transmitters im Cytoplasma bestimmte Proteine aktivieren. Dadurch setzen sie in der Zelle Reaktionskaskaden in Gang, die zur Bildung bestimmter Moleküle mit Signalfunktion führen, sogenannter *second messenger* (sekundäre Botenstoffe – der primäre Botenstoff ist der Transmitter selbst). *Second messenger* (siehe Anhang C) wiederum können in der Zelle eine ganze Reihe Veränderungen auslösen, darunter auch die Öffnung (oder Schließung) von Ionenkanälen, die nicht direkt an einen Rezeptor gekoppelt sind.

Beeinflußt ein Transmitter die Rezeptorfunktion so, daß positiv geladene Ionen in das postsynaptische Neuron gelangen, kommt es zur Depolarisierung der Membran und damit zu einer stärkeren Erregbarkeit des Neurons (Abbildung B.4). Die Depolarisierung erzeugt ein sogenanntes *exzitatorisches postsynaptisches Potential* (EPSP). Wie in Abbildung B.4 zu sehen ist, besteht zwischen der Ankunft eines Aktionspotentials an einer Nervenendigung und dem EPSP in der postsynaptischen (dendritischen) Membran eine geringfügige Verzögerung (etwa 0,5 Millisekunden). Diese synaptische Verzögerung spiegelt die Zeit wider, die der aus dem Axon freigesetzte Transmitter braucht, um den Dendriten der nachgeschalteten Zelle zu erreichen.

Einige Neurotransmitter (wie die γ-Aminobuttersäure, GABA) bewirken durch Induzierung des Einstroms negativ geladener Ionen (hauptsächlich Chloridionen) anstelle einer Depolarisierung eine Hyperpolarisierung der dendritischen Membran. Das Resultat wird als *inhibitorisches postsynaptisches Potential* (IPSP) bezeichnet. Dieses IPSP wirkt dem Effekt des EPSP entgegen, wodurch das Neuron stabilisiert und die Erzeugung von Aktionspotentialen verhindert wird.

Alle Neuronen im ZNS erhalten Impulse sowohl von exzitatorischen (erregenden) als auch von inhibitorischen (hemmenden) Synapsen und werden in einem Gleichgewicht zwischen Erregung und Hemmung gehalten. Dieses empfindliche Gleichgewicht sorgt für die Aufrechterhaltung der Funktionen unseres Nervensystems und entsteht aus dem faszinierenden Zusammenspiel seiner Komponenten. Da psychotrope Substanzen die synaptische Erregungsübertragung beeinflussen, indem sie auf verschiedene Rezeptortypen einwirken, stören sie dieses Gleichgewicht. Solche Veränderungen der Erregbarkeit in bestimmten Gebieten des Nervensystems führen zu den substanzbedingten psychischen Veränderungen, von denen in diesem Buch immer wieder die Rede ist.

Das Soma

Die Dendriten und das Soma (Abbildung B.7) erhalten über die Synapsen Informationen von anderen Neuronen und reagieren darauf mit Depolarisierung oder Hyperpolarisierung. Der Nettoeffekt drückt sich in der Erregbarkeit des Zellkörpers aus. Ist der Einfluß erregender Synapsen größer als der Einfluß hemmender Synapsen, erzeugt das Soma ein Aktionspotential, das sich entlang seines Axons fortpflanzt und zur nächsten Synapse weitergeleitet wird. Überwiegt aber der Einfluß hemmender Synapsen, kommt es zur Hyperpolarisierung des Zellkörpers, und die Erregbarkeit des Neurons nimmt ab.

Abbildung B.8 faßt die Schritte der Informationsübertragung zwischen Neuronen zusammen. Anhang C befaßt sich mit der synaptischen Erregungsübertragung, den beteiligten Substanzen, der Proteinstruktur repräsentativer Rezeptoren und einigen Konzepten, die mit den wirkstoffinduzierten Veränderungen der synaptischen Erregungsübertragung zusammenhängen.

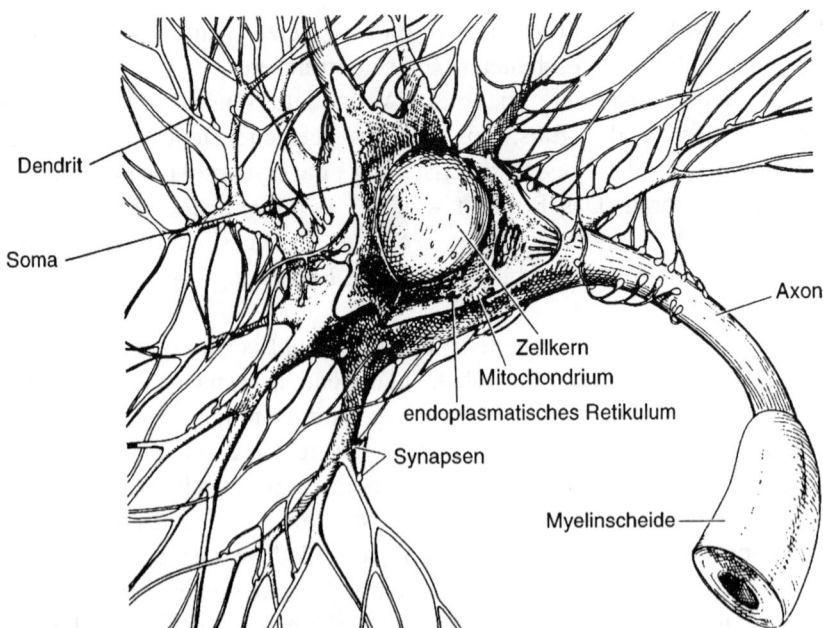

B.7 Das Soma – der Zellkörper – einer Nervenzelle enthält prinzipiell den gleichen komplexen Stoffwechselapparat und im Zellkern das gleiche genetische Material wie jede andere Zelle im Körper. Doch im Gegensatz zu vielen anderen Zellen teilen sich Neuronen nach Abschluß der embryonalen Entwicklung nicht mehr: Der bis zur Geburt entstandene „Vorrat" muß ein Leben lang reichen. Vom Zellkörper gehen verschiedene Dendriten und ein einzelnes Axon aus. Der Zellkörper und die Dendriten sind mit Synapsen übersät – mit knopfartigen Strukturen, an denen Informationen von anderen Neuronen empfangen werden. Mitochondrien liefern der Zelle Energie, und Ribosomen am endoplasmatischen Retikulum und frei im Cytoplasma synthetisieren die von der Zelle benötigten Proteine. Ein Transportsystem befördert die Proteine und andere Substanzen vom Zellkörper zu den Stellen, wo sie gebraucht werden. (Aus Stevens Das Neuron. In: *Gehirn und Nervensystem*, 9. Aufl., Heidelberg, Spektrum der Wissenschaft, 1988, S. 5.)

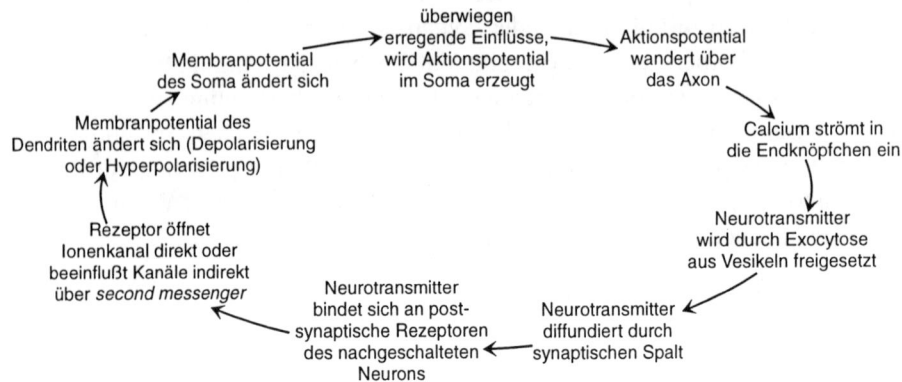

B.8 Ereignisfolge bei der Informationsübertragung zwischen Neuronen.

C. Synaptische Erregungsübertragung, Neurotransmitter und Informationsweiterleitung im Zentralnervensystem

In Anhang B haben wir in Grundzügen die elektrischen Phänome kennengelernt, die an Neuronen stattfinden und die für die Funktion des Nervensystems essentiell sind. Und wir haben gesehen, daß die „Einheit" des Informationstransfers im Gehirn ein zweistufiger Vorgang ist, der sich zwischen zwei Neuronen abspielt: Zunächst wird ein chemischer Transmitter (der „erste Bote") in den synaptischen Spalt zwischen den beiden Neuronen entlassen, worauf sich im nächsten Schritt der Zustand des postsynaptischen Neurons ändert – durch die Aktivierung eines *second messengers* (eines intrazellulären „zweiten Boten") und/oder durch die Öffnung (oder Schließung) von Ionenkanälen.

Die Vorstellung von der chemischen Signalübertragung entwickelte sich allmählich während der letzten 75 Jahre. Mit Hilfe dieser Theorie, die heute allseits anerkannt ist, lassen sich die Wirkungen der meisten psychotropen Substanzen als Eingriffe in Schritte der synaptischen Erregungsübertragung begreifen. Neuere Untersuchungen verschaffen uns Einblicke in die Vorgänge, durch welche die chemische Signalübertragung letzlich die Funktion eines postsynaptischen Neurons verändert.

Den Schwerpunkt dieses Anhangs bilden die spezifischen körpereigenen Substanzen, die im ZNS als synaptische Transmitter fungieren. Des weiteren wird die Bedeutung dieser Transmitter für neurologische und psychische Störungen und für die Wirkungen psychotroper Substanzen erörtert.

Rückblick

Forschungsarbeiten zu Beginn des 20. Jahrhunderts bestätigten die These, daß die neuronale Erregung im peripheren Nervensystem zur lokalen Freisetzung eines Stoffes führt, der durch Interaktion mit einem Bestandteil eines Organs, eines Muskels oder einer Drüse eine spezifische Aktivität auslöst. Diese Arbeiten ermöglichten die Identifizierung von Acetylcholin und Adrenalin als Transmittersubstanzen im peripheren Nervensystem (also in den Nerven außerhalb von Gehirn und Rückenmark).

Zwischen 1946 und den siebziger Jahren gelang es, zahlreiche neurochemische Übertragungswege zu skizzieren und Acetylcholin, Serotonin, Noradrenalin und Dopamin als Neurotransmitter im ZNS zu identifizieren. Untersuchungen mit psychedelischen Substanzen stützten die These, daß psychische und verhaltensändernde Effekte auf die Stimulation oder Blockade eines oder mehrerer Schritte in der synaptischen Erregungsübertragung zurückgehen.

In den achtziger Jahren wurden zahlreiche weitere Neurotransmitter nachgewiesen. Mittlerweile hat man etwa 40 Neurotransmitter identifiziert; einige dienen als primäre Transmitter, während andere als Modulatoren – beispielsweise der präsynaptischen Freisetzung eines primären Transmitters – oder als Neurohormone fungieren, welche die Ansprechbarkeit der postsynaptischen Neuronen verändern (siehe die Beschreibung von Coffein in Kapitel 7).

Es ist unklar, ob ein einzelnes Neuron nur eine einzige oder gleich mehrere Transmittersubstanzen freisetzt. Früher nahm man an, ein Neuron könne nur einen Neurotransmitter, einen Neuromodulator oder ein Neurohormon synthetisieren und ausschütten. Cohen schreibt dazu:

> »Möglicherweise enthalten die meisten Neuronen mehrere Transmitter, zum Beispiel ein Amin oder eine Aminosäure [als primären Transmitter] sowie ein Neuropeptid zur Modulierung der Transmission und mitunter ein Neurohormon, das die Transmissionsdauer verlängert. Alle neurochemischen Informationsschaltkreise sind weit verstreut und befinden sich so gut wie nie in einem einzigen umgrenzten Hirnareal. Als logische Folge treffen viele Neurotransmittersysteme in einzelnen Hirnregionen zusammen. Aufgrund dieser Merkmale der Transmitterfunktion werden einfache Aussagen über die Wirkungen verschiedener Transmitter zwangsläufig unvollständig. Außerdem zeichnen sich die Rezeptoren durch eine beträchtliche Fähigkeit zur Selbstregulation aus, da sie ihre Empfindlichkeit bei übermäßiger oder seltener „Beanspruchung" ändern können.
>
> Viele der wichtigen Transmitter sind Amine. Man faßt diese Transmitter unter der Gruppenbezeichnung „biogene Amine" zusammen. Die meisten sind Monoamine; das heißt, ihre Struktur weist eine einzelne Aminogruppe ($-NH_2$) auf. Die vom Brenzcatechin (Catechol) abgeleiteten biogenen Amine werden als Catecholamine bezeichnet und umfassen Dopamin, Noradrenalin und Adrenalin. Ein weiteres Monoamin ist Serotonin (5-Hydroxytryptamin). Acetylcholin ist kein Amin, da es keine NH_2-Gruppe enthält. Es kann als Cholinester klassifiziert werden.«[4]

Die heutige Forschung produziert eine wahre Flut an Erkenntnissen über Rezeptorstrukturen und über Vorgänge, durch die Neurotransmitter biochemische oder funktionelle Änderungen im Cytoplasma postsynaptischer Neuronen bewirken.

Schritte der synaptischen Erregungsübertragung

In Anhang B wurde die Synapse als entscheidendes Element für die Funktion des Nervensystems und für die Wirkung psychotroper Substanzen vorgestellt. Nun wollen wir uns den einzelnen Schritten der synaptischen Erregungsübertragung zuwenden. Abbildung C.1 zeigt eine schematische Darstellung einer idealisierten Synapse.

Bei der synaptischen Übertragung lassen sich etwa ein Dutzend Schritte unterscheiden (in Abbildung C.1 numeriert), die jeweils von pharmakologi-

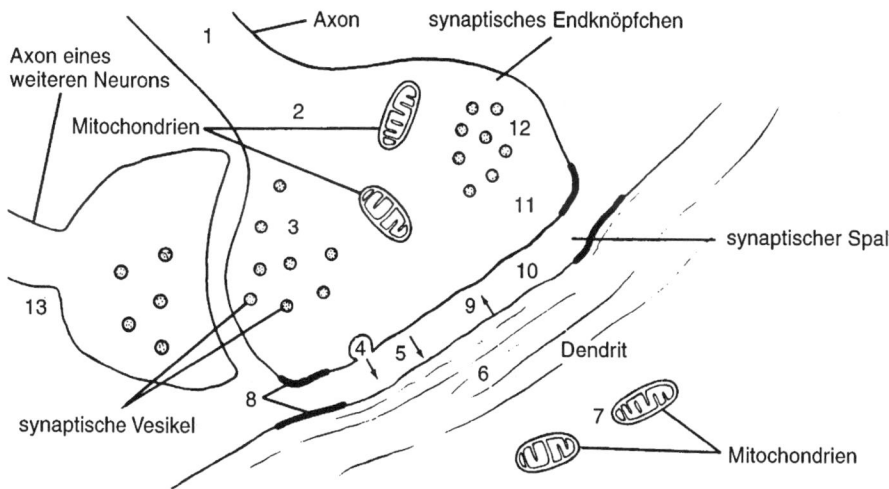

C.1 Schematische Darstellung einer idealisierten Synapse im Zentralnervensystem. Die Schritte der synaptischen Informationsübertragung sind numeriert.

1. Das Aktionspotential wird über das präsynaptische Axon geleitet.
2. Das Aktionspotential erreicht die Nervenendigung.
3. Der Transmitter wird synthetisiert und in synaptischen Vesikeln gespeichert (dies kann auch vor den Schritten 1 und 2 geschehen).
4. Bei Ankunft des Aktionspotentials werden Transmittermoleküle durch Exocytose in den synaptischen Spalt ausgeschüttet.
5. Transmittermoleküle diffundieren durch den synaptischen Spalt.
6. Transmittermoleküle stimulieren postsynaptische Rezeptoren.
7. Die postsynaptische Zelle reagiert auf die Rezeptoraktivierung.
8. Durch Transmitterüberschuß oder -mangel werden „adaptive" oder „plastische" Vorgänge auf der prä- und der postsynaptischen Membran ausgelöst.
9. Transmittermoleküle lösen sich von den postsynaptischen Rezeptoren und gelangen zurück in den synaptischen Spalt.
10. Einige Transmittermoleküle werden im synaptischen Spalt durch extrazelluläre Enzyme metabolisiert.
11. Einige Transmittermoleküle werden zurück in die präsynaptische Nervenendigung transportiert.
12. Transmittermoleküle, die frei in der intrazellulären Flüssigkeit der präsynaptischen Nervenendigung vorliegen, werden wieder in die synaptischen Vesikel aufgenommen, wo sie vor der Zerstörung durch cytoplasmatische Enzyme geschützt sind.
13. Das Axon einer dritten Nervenzelle kann die Synapse inhibieren (präsynaptische Inhibition).

schen Wirkstoffen beeinflußt werden können. Diese Schritte spielen sich in der präsynaptischen Endigung, auf der präsynaptischen Membran, im synaptischen Spalt, auf der postsynaptischen Membran und im postsynaptischen Neuron ab. Die Vorgänge in der präsynaptischen Endigung und im synaptischen Spalt können mit langfristigen zellulären Anpassungsmechanismen verbunden sein (die möglicherweise bei der Toleranzentwicklung oder Abhängigkeit eine Rolle spielen);

sie können auch mit einer präsynaptischen Modulation einhergehen, also mit Vorgängen, welche die Transmittermenge kontrollieren, die in Reaktion auf den Calciumeinstrom nach Ankunft des Aktionspotentials freigesetzt wird.

Auf wachsendes Interesse stoßen die Ereignisse, die sich auf und in der postsynaptischen Membran abspielen. Die modernen Techniken der Molekularbiologie und die Klonierung von Genen vermitteln uns wichtige Einblikke in die Struktur und Funktion postsynaptischer Rezeptoren. Im Prinzip sind diese Rezeptoren große Proteine, die grob in drei Gruppen eingeteilt werden können[5]:

1. transmittergesteuerte (ligandengesteuerte) Ionenkanäle;
2. Transportproteine, die in Zellmembranen eingebettet sind;
3. helikale, in die Membran eingebettete Proteine, die eine zylindrische Struktur ohne zentrale Pore bilden.

Die transmittergesteuerten Ionenkanäle werden an späterer Stelle in diesem Anhang ausführlicher beschrieben.

Alle Zellmembranen (sowohl die von Neuronen als auch die von anderen Zellen) enthalten Membrantransporter für wichtige Stoffe wie Zucker und Aminosäuren, die wegen ihrer Größe normalerweise nicht die Zellmembran passieren können. Diese Transportproteine sind für die Zelle lebenswichtig. Andere spezifische Transporter, die sich an den Axonendigungen befinden, entfernen bestimmte Neurotransmitter (zum Beispiel Noradrenalin, Adrenalin, Dopamin und Serotonin) aus dem synaptischen Spalt und schalten auf diese Weise die Transmitterwirkung wieder ab.

Einer dieser Transporter (der Dopamintransporter, der von Cocain selektiv blockiert wird) ist gut charakterisiert; seine Struktur ist in Kapitel 6 (Abbildung 6.4) dargestellt. Dieser Transporter kann folgendermaßen beschrieben werden:

> »Die Proteinkette [des Transporters] durchzieht die [präsynaptische] Zellmembran zwölfmal. Große C- und N-terminale Domänen befinden sich intrazellulär, Schleifen unterschiedlicher Größe extrazellulär. Die größte extrazelluläre Schleife trägt vier Zuckerketten. Wie solch eine Struktur einen Neurotransmitter wie Dopamin nun durch die neuronale Zellmembran in das Innere des Neurons schleust, ist noch völlig rätselhaft. Cocain bindet sich an diesen Transporter und blockiert damit dessen Funktion, wodurch sich Dopamin in übermäßigen Konzentrationen in den Synapsen ansammelt.«[5]

Schließlich sind noch die membranständigen Proteine der sogenannten „Superfamilie der G-Protein-gekoppelten Rezeptoren mit sieben Transmembranhelices" zu erwähnen, wozu der muscarinische Acetylcholinrezeptor, der GABA$_B$-Rezeptor sowie Rezeptoren für Dopamin, THC und Serotonin zählen. Als Beispiel für einen derartigen Rezeptor wollen wir die Struktur und Funktion des *Serotonin$_{1A}$-Rezeptors* betrachten, eines der mindestens zehn Subtypen von

Serotoninrezeptoren. An diesem Rezeptor setzt die anxiolytische Wirkung von Buspiron an (Kapitel 4).

Der Serotonin$_{1A}$-Rezeptor ist ein einzelnes Protein mit einer Länge von etwa 420 Aminosäuren. Er ist unterteilt in sieben Transmembranregionen von jeweils etwa 25 Aminosäuren, die in die Zellmembran eingelagert sind (Abbildung C.2). Vier der nicht in die Membran eingebetteten Proteinanteile liegen extrazellulär, während die vier anderen dem Cytoplasma zugewandt sind. Die längste cytoplasmatische Schleife weist die größte genetische Vielfalt auf und interagiert vermutlich mit Proteinen, die zu intrazellulären *second messenger*-Systemen gehören (worauf wir noch zurückkommen).

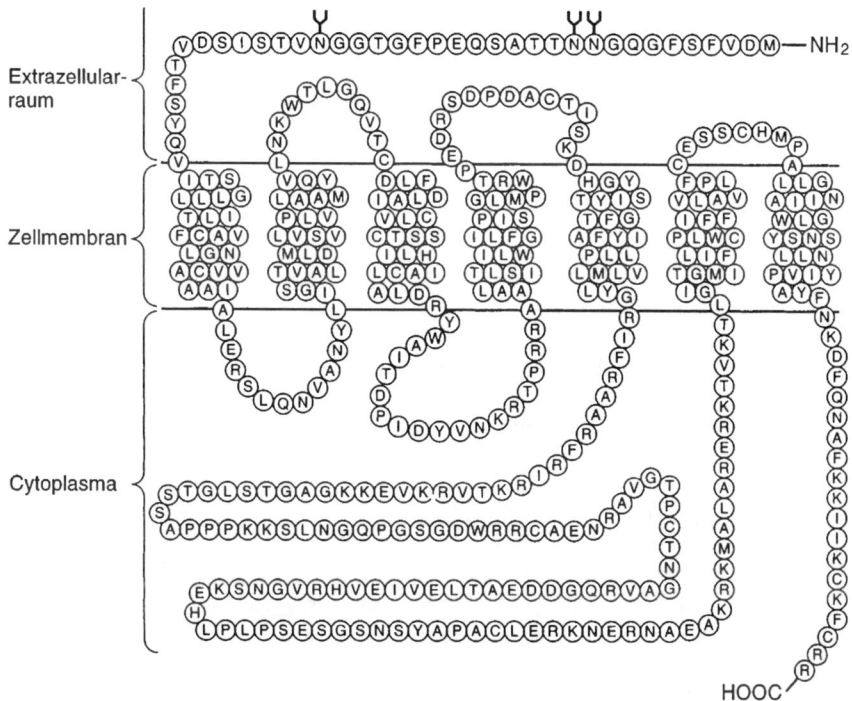

C.2 Schematische Darstellung der Primärstruktur des Serotonin$_{1A}$-Rezeptors der Ratte. (Mit freundlicher Genehmigung aus El Mestikawy et al.[6])

In Abbildung C.2 ist der Serotoninrezeptor zweidimensional dargestellt; in Wirklichkeit aber ähnelt er in seiner dreidimensionalen Struktur einem Zylinder und ist daher mit einem Ionenkanal vergleichbar, jedoch ohne zentrale Pore. Statt dessen bildet der extrazelluläre „Mund" eine Tasche für den spezifischen Liganden, also für Serotonin. Wenn sich nun dieser Neurotransmitter in der Synapse an den Rezeptor anheftet, ändert letzterer wahrscheinlich seine

Konformation, und als Folge wird im Inneren der Zelle ein Prozeß in Gang gesetzt, den man als *Signaltransduktion* bezeichnet.

An die lange intrazelluläre Schleife ist ein besonderes Protein, ein *G-Protein*, gebunden, das nach seiner Freisetzung vom Rezeptorprotein andere funktionelle Proteine in der Zelle entweder aktivieren oder inhibieren kann (Abbildung C.3). Durch die transmitterinduzierte Veränderung der dreidimensionalen Struktur des Rezeptorproteins wird die Aktivierung des G-Proteins ausgelöst. Im Falle des Serotonin$_{1A}$-Rezeptors inhibiert das freigesetzte G-Protein (G$_i$) die Adenylatcyclase.[6,7] Es gibt auch G-Proteine, die dieses Enzym oder andere intrazelluläre Enzyme, etwa die Phospholipase C, aktivieren oder die das Öffnen oder Schließen von Ionenkanälen in der Membran regulieren (Abbildung C.3).

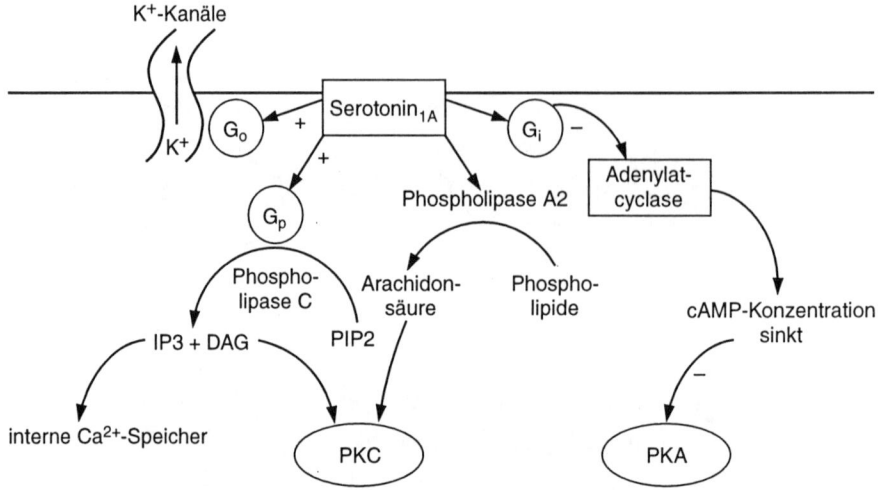

C.3 *Second messenger*-Signalwege, die vom Serotonin$_{1A}$-Rezeptor ausgehen können. Ca: Calcium; cAMP: cyclisches Adenosinmonophosphat; DAG: Diacylglycerin; G$_i$, G$_o$, G$_p$: verschiedene G-Proteine (GTP-bindende Proteine); IP3: Inositoltrisphosphat; K: Kalium; PIP2: Phosphoinositolbisphosphat; PKA: cAMP-abhängige Proteinkinase; PKC: Proteinkinase C. (Mit freundlicher Genehmigung aus Harrington et al.[7])

Erst jetzt, in der Mitte der neunziger Jahre, beginnen wir zu erkennen, wie die Bindung eines Neurotransmitters an seinen Rezeptor zu Veränderungen der Zellfunktion führt. Dieses Wissen wird es uns ermöglichen, die Effekte psychotroper Substanzen besser zu verstehen, sowohl solcher, die als Agonisten oder Antagonisten an einem Rezeptor wirken, als auch solcher, die Vorgänge innerhalb von *second messenger*-Systemen verändern – zum Beispiel die G-Protein-induzierte Hemmung der Adenylatcyclase. Auf einer derartigen Beein-

flussung postsynaptischer *second messenger*-Systeme beruht möglicherweise
– wie in Kapitel 9 erwähnt – die antimanische Wirkung von Lithium.[8]

Neurotransmitter

Die wichtigsten Neurotransmitter im Gehirn sind Acetylcholin, Noradrenalin,
Dopamin, Serotonin, exzitatorische und inhibitorische Aminosäuren sowie die
Opioidpeptide.

Acetylcholin

Acetylcholin (ACh) wurde als Transmittersubstanz zuerst im peripheren Nervensystem identifiziert. Große ACh-Mengen befinden sich aber auch im Hirngewebe. Im folgenden wollen wir uns mit der Rolle von ACh als Transmitter
im ZNS beschäftigen.

Die chemischen Reaktionen in der Nervenendigung, die zur Synthese von
ACh führen, sind in Abbildung C.4 verdeutlicht. Die Vorgänge an einer cholinergen Nervenendigung (einer Nervenendigung, die ACh freisetzt) zeigt Abbildung C.5. Nach der Synthese wird ACh im Inneren der Nervenendigung in
synaptischen Vesikeln gespeichert. Ein Aktionspotential führt zur Ausschüttung von ACh in den synaptischen Spalt. ACh durchquert dann den Spalt und
heftet sich an seinen postsynaptischen Rezeptor (wahrscheinlich ein Rezeptor
mit sieben Transmembranhelices, ähnlich dem Serotonin$_{1A}$-Rezeptor aus Abbildung C.2). Ein Beispiel für einen exogenen Wirkstoff, der die postsynaptischen ACh-Rezeptoren blockiert, ist Scopolamin, eine psychedelische, delirant
wirkende Substanz. Daher wird Socolamin in Kapitel 12 als anticholinerges
Psychedelikum bezeichnet.

C.4 Synthese von Acetylcholin (ACh) im Gehirn. Acteylcholin entsteht aus Acetyl-CoA und
Cholin.

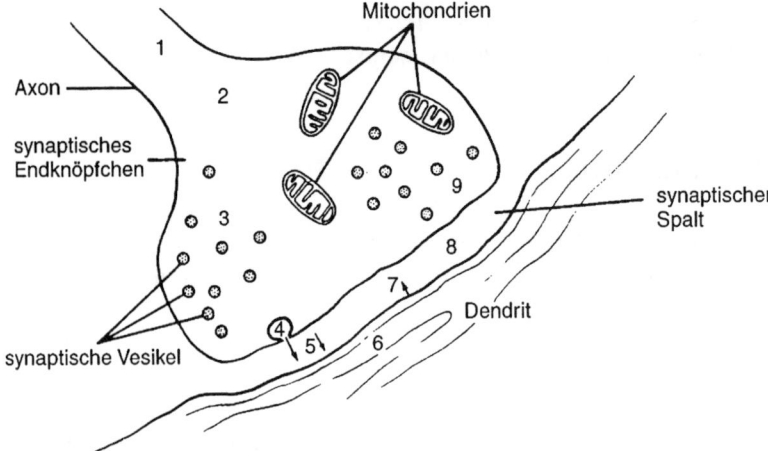

C.5 Schematische Darstellung einer Acetylcholinsynapse. Die Schritte der synaptischen Informationsübertragung sind numeriert.

1. Das Aktionspotential wird zur präsynaptischen Axonendigung geleitet.
2. Das Aktionspotential kommt an der Nervenendigung an.
3. ACh wird synthetisiert (siehe Abbildung C.4) und in den synaptischen Vesikeln gespeichert (dies kann auch vor den Schritten 1 und 2 geschehen).
4. Bei Ankunft des Aktionspotentials wird ACh in den synaptischen Spalt ausgeschüttet.
5. ACh diffundiert durch den synaptischen Spalt.
6. Die postsynaptischen Rezeptoren werden durch ACh stimuliert.
7. ACh löst sich von den postsynaptischen Rezeptoren und gelangt in den synaptischen Spalt zurück.
8. ACh wird im synaptischen Spalt durch die Acetylcholinesterase abgebaut (siehe Abbildung C.6).
9. Das beim Abbau entstehende Cholin wird in die präsynaptische Nervenendigung zurücktransportiert und dort für die Neusynthese von ACh verwendet.

$$H_3C - \overset{\overset{\displaystyle CH_3}{|}}{\underset{\underset{\displaystyle CH_3}{|}}{N^+}} - CH_2 - CH_2 - O - \overset{\overset{\displaystyle O}{\|}}{C} - CH_3 \quad \xrightarrow{\text{Acetylcholinesterase}}$$

Acetylcholin

$$H_3C - \overset{\overset{\displaystyle CH_3}{|}}{\underset{\underset{\displaystyle CH_3}{|}}{N^+}} - CH_2 - CH_2 - OH \quad + \quad H_3C - \overset{\overset{\displaystyle O}{\|}}{C} - OH$$

Cholin   Essigsäure

C.6 Abbau von Acetylcholin durch die Acetycholinesterase (AChE).

Es gibt zwei ACh-Rezeptortypen: einen *nicotinischen*, der ein ligandenge-steuerter Ionenkanal ist, und einen *muscarinischen*, der zur Familie der Re-zeptoren mit sieben Transmembranhelices gehört. In beiden Fällen wird ACh, sobald es seine Wirkung auf der Membran des postsynaptischen Dendriten entfaltet hat, durch ein Enzym, die Acetylcholinesterase (AChE), inaktiviert. Der Vorgang ist in Abbildung C.6 dargestellt. Dem enzymatischen ACh-Abbau kommt eine besondere Bedeutung zu, da viele pharmakologische Wirkstoffe die AChE hemmen. Diese AChE-Inhibitoren sind recht toxisch. Kommerziell ausgenutzt wird ihre Toxizität in der Landwirtschaft, da sich AChE-Inhibitoren als Insektizide verwenden lassen. Auch viele der in aller Welt für militärische Zwecke gelagerten tödlichen Nervengase sind AChE-Inhibitoren.

ACh ist im Gehirn weit verbreitet (Abbildung C.7). Die höchsten Konzen-trationen findet man im Nucleus caudatus (Schweifkern), in bestimmten Nuclei des Hirnstammes und in der Großhirnrinde (vor allem in deren vorde-ren Teil). Einen hohen ACh-Gehalt weisen auch die Motoneuronen auf, die ihre Axone aus dem Rückenmark entsenden, da ACh der Transmitter der neu-romuskulären Endplatte ist.

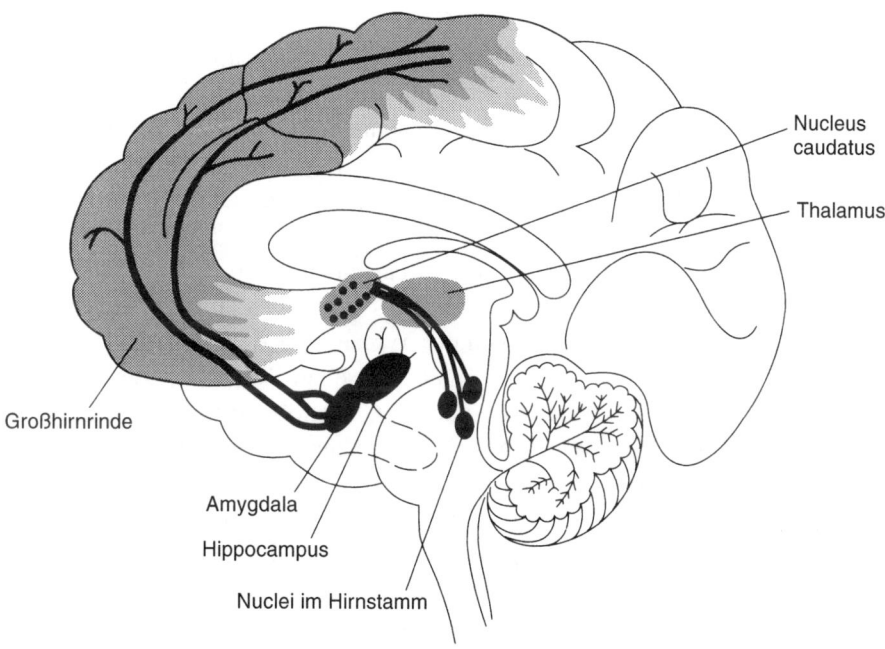

C.7 ACh-Bahnen im menschlichen Gehirn. Zellkörper und Nervenbahnen (Axonbündel) sind schwarz dargestellt. Die schattierten Areale zeigen die Lage der cholinergen Nervenendigun-gen. (Modifiziert nach Iversen *Die Chemie der Signalübertragung im Gehirn.* In: *Gehirn und Nervensystem*, 4. Aufl., Heidelberg, Spektrum der Wissenschaft, 1984, S. 24.)

Bei Parkinson-Patienten sind nach der Degeneration der dopaminergen Neuronen in den Basalganglien weiterhin ACh-haltige Neuronen vorhanden; die daher relativ ungehemmte Wirkung von ACh hängt möglicherweise mit der Symptomatik dieser Krankheit zusammen. Demgegenüber ist bei Patienten mit Alzheimer-Krankheit (präseniler Demenz) die Zahl der Acetylcholinrezeptoren in der Großhirnrinde offenbar erheblich vermindert.[9,10] Interessanterweise blockiert Scopolamin ACh-Rezeptoren und hat eine stark amnestische Wirkung; Amnesie ist wiederum ein hervorstechendes Symptom der Alzheimer-Krankheit. ACh ist an neuronalen Vorgängen beteiligt, die mit Wachheitsgrad, Lernen, Erinnerung, Aufmerksamkeit, Energieerhaltung, Stimmung und REM-Aktivität während des Schlafes zusammenhängen. ACh-ausschüttende Neuronen im Hippocampus und in der Großhirnrinde wirken mit beim Lernen, bei der Gedächtnisbildung und beim Abruf von Erinnerungen.

Noradrenalin und Dopamin

Als *Catecholamine* werden drei verwandte Verbindungen bezeichnet: Adrenalin, Noradrenalin und Dopamin. Adrenalin, ein Neurotransmitter im peripheren Nervensystem (und zudem ein Hormon der Nebenniere), beeinflußt Blutdruck und Herzfrequenz. Adrenalin kommt im Gehirn nicht in besonders großen Mengen vor, die wichtigsten Catecholaminneurotransmitter sind hier Noradrenalin und Dopamin. Viele Wirkstoffe, die die Hirnfunktion und das Verhalten beeinflussen, lösen ihre Effekte dadurch aus, daß sie in die synaptische Aktivität von Noradrenalin und Dopamin im Gehirn eingreifen. Häufig ließen sich die Auswirkungen neuer Substanzen auf das Verhalten vorhersagen, da man wußte, wie sie die Funktionen der Catecholaminneurotransmitter verändern.

Dopamin und Noradrenalin werden in catecholaminergen Neuronen durch die in Abbildung C.8 dargestellten Schritte synthetisiert. Wir wollen uns hier auf den Schritt beschränken, der von der Tyrosinhydroxylase katalysiert wird. Wird dieses Enzym durch einen pharmakologischen Wirkstoff, beispielsweise durch α-Methyltyrosin, gehemmt, sinkt der Catecholaminspiegel im ZNS ab, und es kommt zu einer Sedierung. Dieser sedierende Effekt, der durch die Inhibition der Noradrenalinsynthese verursacht wird, läßt darauf schließen, daß die Neurotransmittermengen und -funktionen im Gehirn das Verhalten beziehungsweise die Psyche prägen. Ebenfalls kann daraus gefolgert werden, daß Substanzen, die das Verhalten oder die Psyche beeinflussen, ihre Wirkungen wahrscheinlich dadurch hervorrufen, daß sie die chemische Übertragung zwischen Neuronen verändern.

Beispielsweise geht die Parkinson-Krankheit mit einer abnorm niedrigen Dopaminkonzentration im Nucleus caudatus einher. Die Verabreichung von Dopamin ist therapeutisch nicht sinnvoll, da Dopamin die Blut-Hirn-Schranke

C.8 Synthese von Noradrenalin (NA) aus Tyrosin. Als Zwischenprodukte entstehen Dihydroxyphenylalanin (DOPA) und Dopamin.

nicht durchdringen kann. Doch läßt sich die Dopaminmenge in diesem Nucleus durch Gabe von L-Dihydroxyphenylalanin (L-DOPA oder Levodopa) erhöhen: L-DOPA kann die Blut-Hirn-Schranke passieren und wird im Gehirn zu Dopamin umgewandelt. Dieses Beispiel zeigt, wie man die chemische Synthese eines Transmitters ausnutzen kann, um eine klinische Wirkung zu erzielen.

Metabolisierung. Ein Transmitter wird synthetisiert, gespeichert und freigesetzt, entfaltet einen postsynaptischen Effekt und wird dann inaktiviert. Die Inaktivierung geschieht auf zwei Wegen:

1. durch enzymatischen Abbau des Transmitters im synaptischen Spalt;
2. durch aktive Rückaufnahme des Transmitters aus dem synaptischen Spalt in die präsynaptische Nervenendigung.

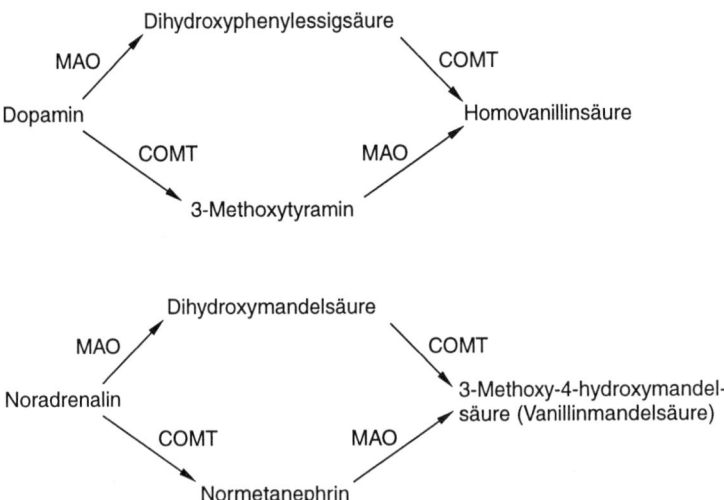

C.9 Abbau von Dopamin und Noradrenalin. Beteiligte Enzyme sind die Monoaminoxidase (MAO) und die Catechol-*O*-Methyltransferase (COMT).

Für den enzymatischen Abbau der Catecholamine sind die Monoaminoxidase (MAO) und die Catechol-*O*-Methyltransferase (COMT) zuständig (Abbildung C.9). Jedoch ist die enzymatische Inaktivierung zu langsam, um die postsynaptische Wirkung von Dopamin oder Noradrenalin schnell genug abzuschalten. Daher werden die beiden Transmitter vorrangig durch aktiven (energieverbrauchenden) Rücktransport inaktiviert – durch die präsynaptische Membran hindurch zurück in die Nervenendigung. Nach dieser Rückaufnahme werden Noradrenalin und Dopamin erneut in synaptischen Vesikeln gespeichert und können später wieder verwendet werden.

Das Prinzip der Rückaufnahme in die Nervenendigung und der anschließenden erneuten Speicherung in den Vesikeln ist von entscheidender pharmakologischer Bedeutung, da bestimmte Wirkstoffe den ersten oder den zweiten Vorgang blockieren können. Hemmt eine Substanz die Wiederaufnahme eines Transmitters, so verlängert sie die Dauer seiner synaptischen Wirkung. Beispiele hierfür sind Cocain, das den Dopaminrücktransport in präsynaptische Nervenendigungen blockiert, und die tricyclischen Antidepressiva, die in entsprechender Weise die präsynaptische Wiederaufnahme von Noradrenalin und Serotonin unterdrücken (wobei die neueren Antidepressiva eher auf den Serotonintransporter wirken). Andere Wirkstoffe behindern den zweiten Schritt, also den Transport der wiederaufgenommenen (und auch der neu synthetisierten) Transmittermoleküle aus dem Cytoplasma der Axonendigung in die Speichervesikel – sie führen zu einer „Entspeicherung". Dadurch verringern sie die Transmittermenge, die bei Ankunft eines Aktionspotentials freigesetzt werden kann, und dämpfen somit die Aktivität der Synapse. Ein Beispiel für eine solche Substanz ist Reserpin.

Catecholaminsynapsen. Die Dynamik von Dopamin und Noradrenalin ähnelt der anderer zentralnervöser Transmitter. In Abbildung C.10 ist eine Noradrenalinsynapse dargestellt. Strukturell ist sie der in Abbildung C.5 dargestellten Acetylcholinsynapse ähnlich; in beiden Fällen enthalten die präsynaptischen Nervenendigungen Mitochondrien und kleine Vesikel mit gespeichertem Transmitter. In biochemischer Hinsicht unterscheiden sich die beiden Synapsentypen allerdings erheblich. Die Axonendigung einer Catecholaminsynapse nimmt aktiv die Aminosäure Tyrosin auf und wandelt sie um zu DOPA, weiter zu Dopamin und gegebenenfalls schließlich zu Noradrenalin (Abbildung C.8).

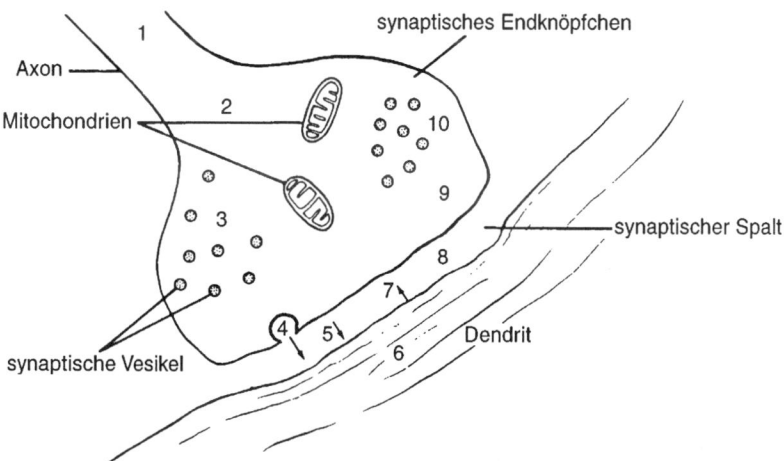

C.10 Schematische Darstellung einer Noradrenalinsynapse. Die Schritte der synaptischen Informationsübertragung sind numeriert.

1. Das Aktionspotential wird zur präsynaptischen Axonendigung geleitet.
2. Das Aktionspotential erreicht die Nervenendigung.
3. Noradrenalin wird synthetisiert (siehe Abbildung C.8) und in den synaptischen Vesikeln gespeichert (dies kann auch vor den Schritten 1 und 2 geschehen).
4. Bei Ankunft eines Aktionspotentials wird Noradrenalin in den synaptischen Spalt ausgeschüttet.
5. Noradrenalin diffundiert durch den synaptischen Spalt.
6. Die postsynaptischen Rezeptoren werden durch Noradrenalin stimuliert.
7. Noradrenalin löst sich von seinen postsynaptischen Rezeptoren und gelangt in den synaptischen Spalt zurück.
8. Einige Noradrenalinmoleküle werden im synaptischen Spalt durch extrazelluläre Enzyme abgebaut.
9. Die meisten Noradrenalinmoleküle werden in die präsynaptische Nervenendigung zurücktransportiert.
10. In der präsynaptischen Nervenendigung wird Noradrenalin wieder in die synaptischen Vesikel aufgenommen.

Catecholaminerge Nervenendigungen, die nicht über die Dopamin-β-Hydroxy-lase verfügen, sparen sich den letzten Schritt und verwenden Dopamin als Transmitter.

Nach der Synthese wird der Transmitter in den synaptischen Vesikeln gespeichert. Wenn ein Aktionspotential an der Nervenendigung ankommt, wird ein kurzer Calciumeinstrom induziert und der Transmitter durch Exocytose aus den Vesikeln (die sich in der Nähe des Spaltes ansammeln) in den synaptischen Spalt entlassen. Der Transmitter diffundiert durch den Spalt und bindet sich an seine Rezeptoren auf der postsynaptischen Membran. Beendet wird der Übertragungsvorgang hauptsächlich durch die aktive Rückaufnahme des Transmitters in die präsynaptische Nervenendigung.

Noradrenerge Bahnsysteme und ihre Funktion. Zellkörper noradrenerger Neuronen befinden sich im Hirnstamm (Abbildung C.11). Von dort aus ziehen Axone aufwärts in die Großhirnrinde, ins limbische System, in den Hypothalamus und ins Kleinhirn wie auch abwärts zu den Hinterhörnern des Rük-

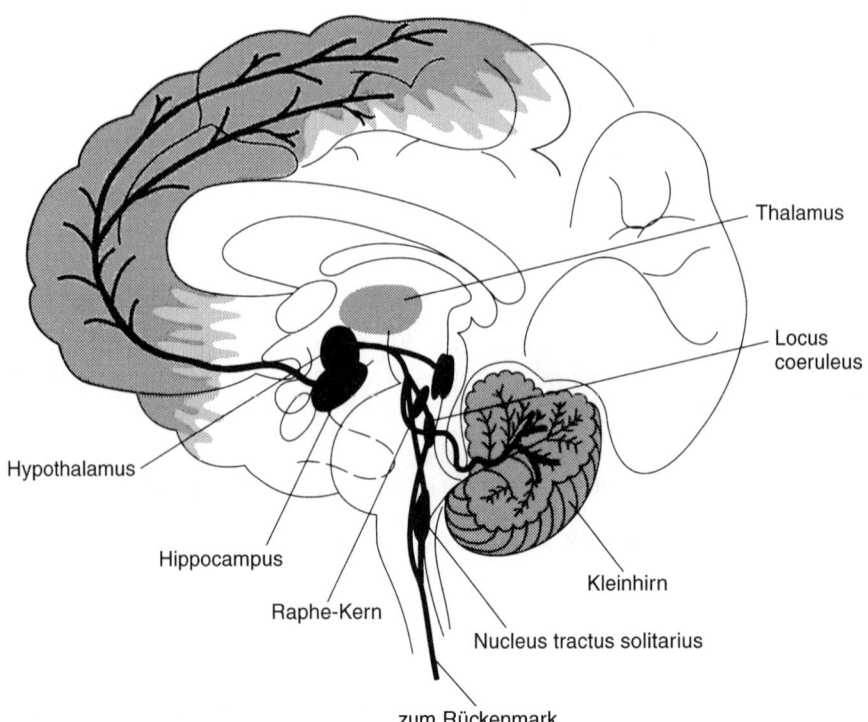

C.11 Noradrenerge Bahnen im menschlichen Gehirn. Zellkörper und Nervenbahnen (Axonbündel) sind schwarz dargestellt. Die schattierten Areale zeigen die Lage der noradrenergen Nervenendigungen. (Modifiziert nach Iversen *Die Chemie der Signalübertragung im Gehirn.* In: *Gehirn und Nervensystem*, 4. Aufl., Heidelberg, Spektrum der Wissenschaft, 1984, S. 24.)

kenmarks. Dort üben sie eine analgetische Wirkung aus (Kapitel 10). Die Freisetzung von Noradrenalin führt zu einer Steigerung der gerichteten Aufmerksamkeit (vergleichbar mit der peripheren Alarmreaktion, der *fight/ flight/ fright*-Reaktion), zu Belohnungsgefühlen und zu Analgesie. Außerdem sind noradrenerge Neurone an der Regelung des Blutdrucks und an der Entstehung von Hunger- und Durstgefühlen, Emotionen und Sexualverhalten beteiligt.

Dopaminerge Bahnsysteme und ihre Funktion. Dopamin kommt in hohen Konzentrationen in den Basalganglien vor (einem Teil des extrapyramidalmotorischen Systems) sowie in der vorderen Großhirnrinde und im limbischen System. Die Zellkörper dieser Nervenendigungen befinden sich vor allem in einer Struktur des Hirnstammes, der Substantia nigra (Abbildung C.12). Darüber hinaus findet man solche Zellkörper auch in anderen Kernen des Mittelhirns, die mit der Steuerung von Gefühlen und dem Belohnungssystem in Zusammenhang stehen. Wie in Kapitel 15 erörtert, zählen hierzu die Area tegmentalis ventralis und der Nucleus accumbens. Jene Axone, die zur vorderen Großhirnrinde ziehen, sind an Denkvorgängen und an der Integration von Emotionen beteiligt.

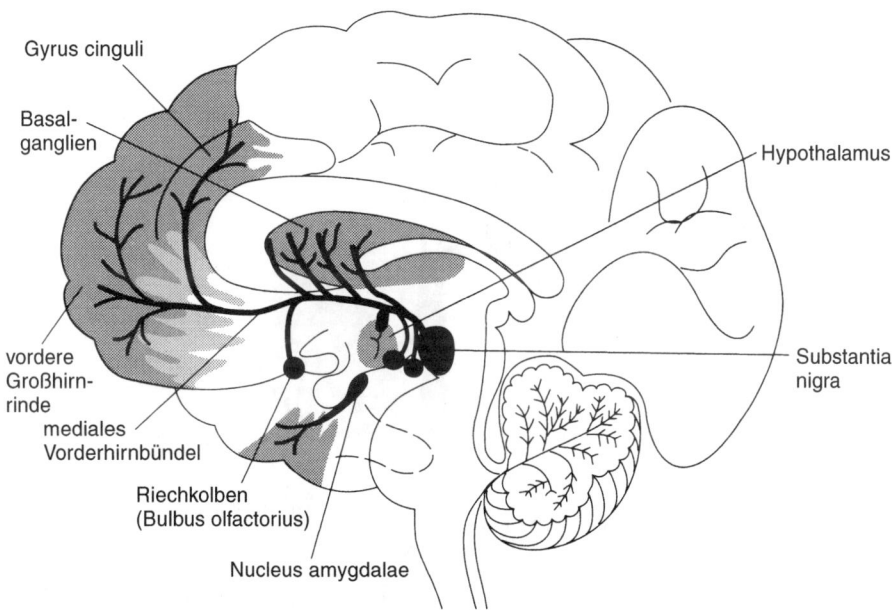

C.12 Dopaminerge Bahnen im Rattenhirn. Zellkörper und Nervenbahnen (Axonbündel) sind schwarz dargestellt. Die schattierten Areale zeigen die Lage der dopaminergen Nervenendigungen. (Modifiziert nach Iversen *Die Chemie der Signalübertragung im Gehirn*. In: *Gehirn und Nervensystem*, 4. Aufl., Heidelberg, Spektrum der Wissenschaft, 1984, S. 24.)

Zwei Beispiele für die Veränderung der Dopaminfunktion sind die Schizophrenie und der Parkinsonismus. Schizophreniepatienten weisen eine erhöhte
Empfindlichkeit der Dopaminrezeptoren in der vorderen Großhirnrinde auf;
daher behandelt man sie mit Dopaminrezeptorblockern (Kapitel 11). Phenothiazine blockieren aber nicht nur in der Großhirnrinde Dopaminrezeptoren,
sondern auch in den Basalganglien, wodurch ihre parkinsonartigen Nebenwirkungen zustande kommen.

Bei der Parkinson-Krankheit (Kapitel 11) mangelt es in den Neuronen der
Basalganglien (zu denen der bereits erwähnte Nucleus caudatus gehört) an
Dopamin; aus diesem Grunde kann hier die Verabreichung der Dopaminvor-
stufe Levodopa oder die Gabe von Wirkstoffen, die Dopaminrezeptoren stimulieren (Rezeptor-Agonisten), hilfreich sein. Durch die Aktivierung von Dopaminrezeptoren entstehen letztlich auch die stimulierenden und verhaltensverstärkenden Wirkungen von Cocain und den Amphetaminen (Kapitel 6 und 15).

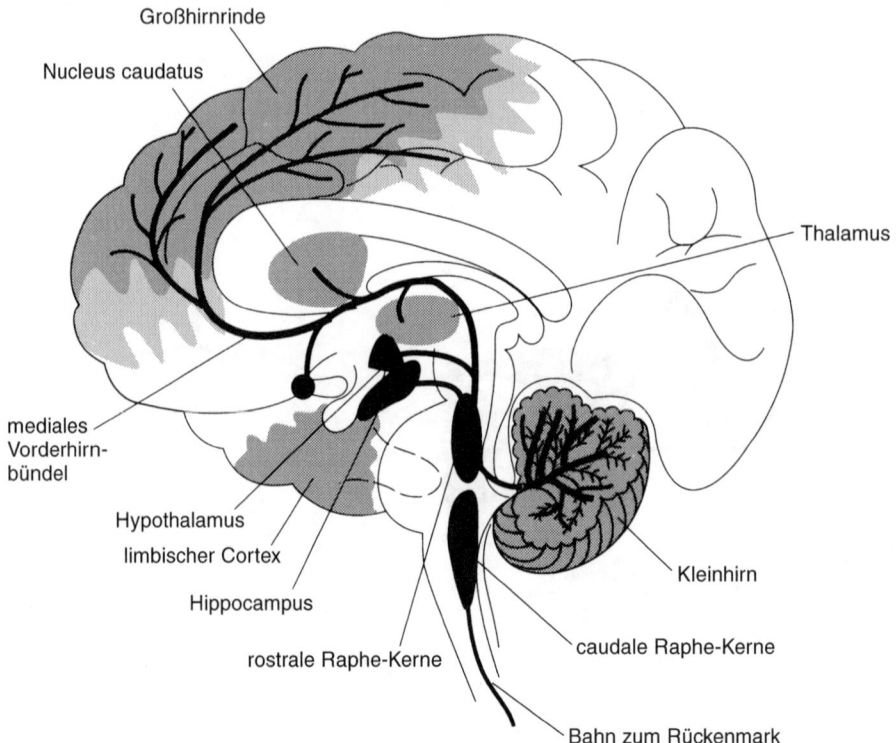

C.13 Serotonerge Bahnen im Rattenhirn. Zellkörper und Nervenbahnen (Axonbündel) sind
schwarz dargestellt. Die schattierten Areale zeigen die Lage der serotonergen Nervenendigungen. (Modifiziert nach Iversen *Die Chemie der Signalübertragung im Gehirn*. In: *Gehirn
und Nervensystem*, 4. Aufl., Heidelberg, Spektrum der Wissenschaft, 1984, S. 24.)

Darüber hinaus werden in diesem Buch viele weitere Wirkstoffe beschrieben, die dopaminerge Neuronen beeinflussen.

Serotonin

Serotonin wurde zum ersten Mal als zentralnervöser Neurotransmitter untersucht, als man die strukturelle Ähnlichkeit von LSD und Serotonin feststellte. Damals vermutete man, daß die drogeninduzierten Halluzinationen durch eine veränderte Funktionsweise serotonerger Neuronen hervorgerufen werden könnten. Im Gehirn kommen größere Serotoninmengen im oberen Hirnstamm vor, wobei große serotonerge Kerngruppen im Pons und in der Medulla oblongata liegen (diese Nuclei werden zusammen als Raphe-Kerne bezeichnet). Von dort aufsteigende Bahnen enden diffus in der gesamten Großhirnrinde, im Hippocampus, im Hypothalamus und im limbischen System (Abbildung C.13).

Da Serotonin aktivitäts- und verhaltensdämpfend wirkt, sind diese Bahnen vermutlich an der Steuerung des Schlaf- und Wachzustands, der Stimmungsverfassung, der Nahrungsaufnahme, der sexuellen Aktivität und auch der Körpertemperatur beteiligt. Die serotonergen Bahnen verlaufen weitgehend parallel zu den noradrenergen; allerdings sind die Wirkungen des Serotonins denen des Noradrenalins offenbar entgegengesetzt (ähnlich wie Dopamin und Acetycholin in den Basalganglien einander entgegenwirken). Von den Raphe-Kernen entspringen auch absteigende Bahnen, die im Rückenmark die Freisetzung der Substanz P inhibieren (Kapitel 10) und spinale Reflexe modulieren.

Aminosäuren und andere Transmittersubstanzen

Vier Aminosäuren fungieren im ZNS als Neurotransmitter (Abbildung C.14): Glutaminsäure und Asparaginsäure wirken erregend, γ-Aminobuttersäure (GABA) und Glycin hemmend. Im folgenden werden wir uns GABA als repräsentativen Vertreter dieser Transmittergruppe näher ansehen.

C.14 Molekülstrukturen der vier Aminosäuretransmitter im Zentralnervensystem.

GABA ist der wichtigste inhibitorische Neurotransmitter im Gehirn.[11] Wie sich in pharmakologischen Studien zeigte, können sich zahlreiche Wirkstoffe (Benzodiazepine, Barbiturate, Narkosemittel, Steroide, Alkohol und andere) an verschiedene Stellen des GABA-Rezeptors binden und dadurch die endogene GABA-vermittelte Inhibition verstärken. Wahrscheinlich tragen alle Neuronen des ZNS auf den Membranen ihrer Zellkörper, Dendriten und Axonenden GABA-Rezeptoren und stehen in unterschiedlichem Maße mit GABAergen (GABA-ausschüttenden) Neuronen in Kontakt.[3] Daher spricht vermutlich so gut wie jedes Neuron im ZNS auf GABA an.

Wie aus älteren Forschungsarbeiten hervorging, steigt bei Aktivierung bestimmter GABA-Rezeptoren die Membrandurchlässigkeit für Chloridionen, wodurch die Nervenzelle hyperpolarisiert wird. Der entsprechende GABA-Rezeptortyp wird inzwischen als $GABA_A$-Rezeptor bezeichnet. Ein zweiter GABA-Rezeptortyp, der $GABA_B$-Rezeptor, öffnet nach seiner Aktivierung Kaliumkanäle und schließt Calciumkanäle. Während die Aktivierung der $GABA_A$-Rezeptoren für schnelle inhibitorische postsynaptische Potentiale (Anhang B) verantwortlich ist, führt die Aktivierung von $GABA_B$-Rezeptoren zu einer wesentlich langsameren und auch länger anhaltenden Inhibition, deren funktionelle Bedeutung noch weitgehend unklar ist. Die beiden Rezeptortypen gehören zu unterschiedlichen Rezeptorfamilien: Der $GABA_A$-Rezeptor ist ein ligandengesteuerter Ionenkanal mit zahlreichen Bindungsstellen für pharmakologische Wirkstoffe (Abbildung B.5). Der $GABA_B$-Rezeptor hingegen ist ein G-Protein-gekoppelter Rezeptor und gehört wie der bereits beschriebene Serotonin$_{1A}$-Rezeptor zur Superfamilie der Rezeptoren mit sieben Transmembranhelices.

Der $GABA_A$-Rezeptor ist ein Proteinkomplex aus fünf Glykoproteinuntereinheiten, die sich in einer Weise zusammenlagern, daß ein Kanal durch die Zellmembran entsteht (Abbildung B.6). Auf der extrazellulären Seite dieses Kanalkomplexes befindet sich die Bindungsstelle für GABA. In Abwesenheit von GABA ist der Kanal geschlossen und für Chloridionen weitgehend undurchlässig. Wenn GABA bindet, ändert sich die Konformation des Proteinkomplexes: Der Kanal wird freigegeben, Chloridionen strömen aus der extrazellulären Flüssigkeit ins Zellinnere, und die Nervenzelle wird hyperpolarisiert. Wie in Kapitel 4 erläutert, binden sich auch Benzodiazepine an diesen Rezeptorkanal (an ihre eigene Bindungsstelle) und erleichtern so die GABA-Bindung.[3]

In Abbildung C.15 ist eine GABAerge Synapse schematisch dargestellt. GABA wird mit Hilfe des Enzyms Glutamatdecarboxylase aus der Aminosäure Glutamat synthetisiert und anschließend gespeichert. Nach der Freisetzung wirkt der Transmitter in der beschriebenen Weise sowohl auf präsynaptische als auch auf postsynaptische $GABA_A$- und $GABA_B$-Rezeptoren. Die Wirkung wird durch aktive Wiederaufnahme aus dem synaptischen Spalt beendet.

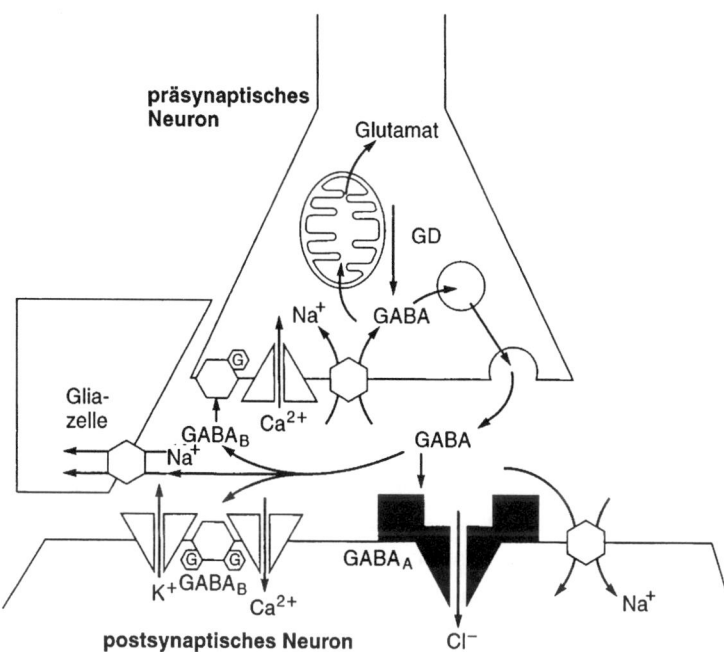

C.15 GABAerge Synapse. Schematisch dargestellt sind sowohl die Synthese und Freisetzung von GABA aus einer präsynaptischen Endigung als auch die Wirkungen des Transmitters auf GABA$_A$- und GABA$_B$-Rezeptoren am postsynaptischen Neuron. Die präsynaptische
Endigung trägt ebenfalls GABA$_B$-Rezeptoren. GD: Glutamatdecarboxylase; G: G-Protein.
(Mit freundlicher Genehmigung aus Tanelian et al.[11])

Pharmakologische Wirkstoffe, die die GABAerge Neurotransmission verstärken (klassisches Beispiel sind die Benzodiazepine; Kapitel 4), rufen recht
gut untersuchte Veränderungen körperlicher und psychischer Funktionen hervor, darunter Angstlinderung, antiepileptische Wirkung, Sedierung, verminderte emotionale Reaktionsfähigkeit, geringere Wachsamkeit, anterograde Amnesie, Schlaf, Muskelerschlaffung (zentral vermittelt) und Ataxie. Mit dem relativ neuen Wirkstoff Flumazenil, einem Benzodiazepin-Antagonisten am
GABA$_A$-Rezeptor, wurde ein bedeutender Fortschritt in der Behandlung der
Benzodiazepinintoxikation erzielt.

Von besonderem Interesse sind gegenwärtig bestimmte experimentelle Benzodiazepin-Antagonisten („partielle inverse Agonisten") mit geringer intrinsi-
scher Aktivität, die eine bemerkenswerte Verbesserung kognitiver Funktionen
und eine Erhöhung des Wachheitsgrades herbeiführen; beide Wirkungen lassen
sich vielleicht therapeutisch ausnutzen.[3] In Kapitel 4 wird der möglicherweise
positive Einfluß von GABA$_A$- und GABA$_B$-Antagonisten auf kognitive Funktionen erörtert. In ihrem Artikel nennen Haefely und Mitarbeiter verschiedene
andere experimentelle Substanzen, die die Funktion des GABA$_A$-Rezeptors

beeinflussen; auch diese Wirkstoffe könnten sich als therapeutisch nützlich erweisen.[3]

Glutamin- und Asparaginsäure sind die wichtigsten exzitatorischen Transmitter.[12] Ein synthetisches Derivat der Asparaginsäure, N-Methyl-D-Aspartat (NMDA; Kapitel 12), wirkt ebenfalls erregend. Die Wirkungen von L-Glutamat werden über die Aktivierung von Ionenkanälen und proteingekoppelte Rezeptoren vermittelt. Die durch die Aktivierung des NMDA-Rezeptors ausgelösten neuroplastischen Veränderungen spielen für Lernen und Gedächtnis eine Schlüsselrolle. Die Wirkungen von Aminosäuretransmittern werden durch Neurosteroide und Neuropeptide moduliert. In Kapitel 12 wird der Einfluß der psychedelischen Substanz Phencyclidin auf den NMDA-Glutamatrezeptor beschrieben.

Purinnucleotide, insbesondere Adenosin, können im ZNS offenbar als Neurotransmitter oder Neuromodulatoren fungieren. Wie in Kapitel 7 erörtert, entfaltet Coffein wahrscheinlich seine stimulierenden Effekte, indem es der adenosinvermittelten Neuromodulation entgegenwirkt.

Substanz P ist ein Peptidtransmitter, der von nozizeptiven afferenten Neuronen freigesetzt wird, die synaptische Kontaktstellen im Hinterhorn des Rückenmarks bilden. Substanz P wird in Kapitel 10 ausführlicher erläutert.

Opioidpeptide

1967 wurde die These aufgestellt, daß im Gehirn Stoffe existieren, die durch Beeinflussung bestimmter Rezeptoren eine analgetische Wirkung hervorrufen, und daß Opiate die Wirkungen dieser körpereigenen Substanzen nachahmen könnten, indem sie sich an genau diese Rezeptoren binden.

1973 entdeckte man in bestimmten Hirnarealen Opioidrezeptoren. So enthält die Wand des vierten Ventrikels im Hirnstamm Opioidrezeptoren in hoher Dichte. In diesem Areal kann durch Morphin oder elektrische Stimulation eine Analgesie erzeugt werden, die sich mit Naloxon, einem reinen Opioid-Antagonisten, unterdrücken läßt. Auch der mediale Thalamus weist eine hohe Dichte an Opioidrezeptoren auf. Diese Hirnregion läßt offenbar das Gefühl des tiefen Schmerzes entstehen – den Schmerz, der schwer lokalisierbar ist und der emotionalen Einflüssen unterliegt, genau den Schmerz also, der von Opioiden am wirksamsten gelindert wird. Ferner befinden sich Opioidrezeptoren in Arealen des Rückenmarks, die für die Integration eintreffender sensorischer Informationen zuständig sind. Hier schwächen Opioide die Intensität schmerzhafter Reize ab. Weitere Rezeptoren befinden sich in einem Nucleus des Hirnstammes, in dem nozizeptive Bahnen vom Gesicht und von den Händen ankommen, sowie in Hirnstammzentren, die den Hustenreflex, Übelkeit und Erbrechen, den Blutdruck und die Magensekretion kontrollieren. Die höchste Opioidrezeptordichte im Zentralnervensystem schließlich findet man im limbischen System, und zwar in der Amygdala. Auch wenn Opioide ihre analgetische Wirkung vermutlich nicht über die limbischen Rezeptoren ausüben, beeinflussen sie über diese Rezeptoren wahrscheinlich das emotionsgesteuerte Verhalten (Kapitel 10).

Man unterscheidet heute drei Subtypen von Opioidrezeptoren: μ, κ und δ. Ihre funktionelle Zuordnung ist noch nicht gesichert.

μ-Rezeptoren vermitteln offenbar die morphininduzierte Analgesie und die Atemdepression. κ-Rezeptoren im Hirnstamm vermitteln die opioidinduzierte Sedierung und Miosis (Pupillenverengung). δ-Rezeptoren sind vermutlich – neben den μ-Rezeptoren – an den Veränderungen des affektiven Verhaltens und an der Euphorie beteiligt, die durch Opioide ausgelöst werden.

Wie erwähnt, können einige Opioidrezeptoren weiter unterteilt werden. So ist zum Beispiel der μ-1-Rezeptor möglicherweise für die Analgesie verantwortlich, während der μ-2-Rezeptor vermutlich die Atemdepression entstehen läßt. Zukünftig lassen sich vielleicht rezeptorspezifische synthetische Opioide entwickeln, die eine spezifische μ-1- oder κ-vermittelte Analgesie herbeiführen, ohne daß die unerwünschten Wirkungen an δ- oder μ-2-Rezeptoren auftreten.

Die Entdeckung der Opioidrezeptoren war zwar ein Hinweis, aber kein Beleg für die Existenz körpereigener Substanzen, die mit diesen Rezeptoren interagieren. 1975 jedoch isolierte man Hirnextrakte, die an Dünndarmpräparaten aus Meerschweinchen ähnliche Wirkungen hervorriefen wie Morphin. Konkret ließ sich mit dem Hirnisolat die normale Kontraktionsaktivität der Darmpräparate unterdrücken, gab man aber den Opioid-Antagonisten Naloxon hinzu, verschwand dieser Effekt. Aus dem Hirnextrakt wurden zwei Peptide isoliert, die aus fünf Aminosäuren bestehen: Met-Enkephalin und Leu-Enkephalin („Met" steht für Methionin, „Leu" für Leucin, für die jeweils letzte Aminosäure in der ansonsten identischen Pentapeptidkette). Später wurden diese Peptide auch aus Schweine- und Rinderhirn, aus der menschlichen Cerebrospinalflüssigkeit und aus der Hypophyse verschiedener Tierarten isoliert. Des weiteren isolierte man aus der Hypophyse ein längeres Protein, das β-Lipotropin, in dem die Aminosäuresequenz des Met-Enkephalins und anderer Proteine mit Opioidwirkung enthalten sind (Abbildung C.16).

Für die endogenen Opioide wurden eine Reihe möglicher Funktionen postuliert, unter anderem als Neurotransmitter und als „natürliche Opiate". Der Mechanismus ihrer analgetischen Wirkungen ist bislang weitgehend unklar. In diesem Zusammenhang taucht natürlich die Frage nach dem Abhängigkeitspotential dieser Substanzen auf. Hat man mit ihnen endlich Opioide gefunden, die nicht zur Sucht führen? Neueren Forschungsarbeiten zufolge lautet die Antwort nein. Denn auch diese Proteine führen zu körperlicher Abhängigkeit, und es entsteht sowohl eine Kreuztoleranz als auch eine Kreuzabhängigkeit zwischen ihnen und Morphin. Daher haben diese körpereigenen Substanzen wahrscheinlich das gleiche Abhängigkeitspotential wie körperfremde Opioide (Kapitel 10 und 15).

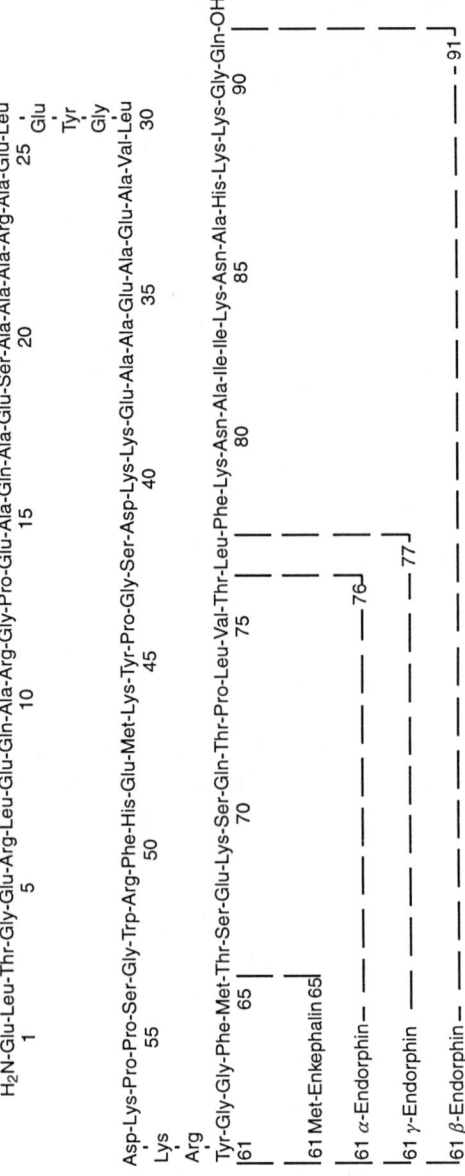

C.16 Aminosäuresequenz (Primärstruktur) des β-Lipotropins. In ihm sind vier gekennzeichnete Peptide mit opioidartiger Wirkung enthalten. β-Lipotropin ist seinerseits ein Spaltfragment eines noch größeren Proteins, des Proopiomelanocortins (POMC), aus dem weitere funktionelle Proteine hervorgehen.

Verschiedene Befunde deuten darauf hin, daß Enkephaline in bestimmten neuronalen Systemen des Gehirns als physiologische Neurotransmitter fungieren. Sie vermitteln die Integration sensorischer Impulse, die mit dem Schmerzempfinden, der Sinneswahrnehmung und dem emotionalen Verhalten in Zusammenhang stehen. Bei Tieren ist dieses System wahrscheinlich kaum aktiv, andernfalls würden reine Opioid-Antagonisten wie Naloxon die Enkephaline von ihren Rezeptoren verdrängen und Schmerzen oder zumindest eine verstärkte Reaktion auf einen Schmerzreiz auslösen. Es gibt einige wenige Untersuchungen über den Einfluß der Enkephaline bei der Akupunktur, und möglicherweise spielen sie bei diesem Verfahren zur Schmerzdämpfung eine Rolle.

Unklar ist, ob Enkephaline an der durch Opioide wie Morphin induzierten Toleranzentwicklung und Abhängigkeit beteiligt sind. Durch Verabreichung von Opioidanalgetika wie Morphin werden Enkephalinrezeptoren deutlich stimuliert, wodurch die Aktivität von Enkephalinneuronen über einen negativen Rückkopplungsmechanismus unterdrückt wird. Mit sinkendem Enkephalinspiegel müssen höhere Opioidmengen verabreicht werden, um den bisherigen Effekt zu erzielen (das heißt, es entsteht eine Toleranz). Wird Morphin abgesetzt, befinden sich weder Morphin noch Enkephaline am Rezeptor, und es treten Entzugssymptome auf (das heißt, es besteht eine körperliche Abhängigkeit). Die Entzugssymptome gehen nur zurück, wenn die Enkephalinneuronen reaktiviert werden.

Zusammenfassend läßt sich feststellen, daß körpereigene Substanzen identifiziert worden sind, die ähnliche Wirkungen besitzen und offenbar an dieselben Rezeptoren binden wie körperfremde Opioide.[13-20] Ob eine Opioidabhängigkeit durch diese endogenen Opioide erklärt werden kann und welche Rolle diese Substanzen bei bestimmten emotionalen Zuständen spielen, muß noch geklärt werden.

Literatur

1. Stevens C. F. *The Neuron.* In: *The Brain.* San Francisco, W. H. Freeman, 1979, S. 25.
2. Cohen S. *The Chemical Brain: The Neurochemistry of Addictive Disorders.* Irvine (Ca.), Care Institute, 1988, S. 8.
3. Haefely W. E.; Martin J. R.; Richards J. G. und Schoch P. *The Multiplicity of Actions of Benzodiazepine Receptor Ligands.* In: *Canadian Journal of Psychiatry* 38, Suppl. 4 (November 1993), S. S102–S107.
4. Cohen *The Chemical Brain: The Neurochemistry of Addictive Disorders.* Irvine (Ca.), Care Institute, 1988, S.11.

5. Goldstein A. *Addiction: From Biology to Drug Policy.* New York, W. H. Freeman, 1994, S. 43.

6. El Mestikawy S.; Fargin A.; Raymond J. R.; Gozlan H. und Hnatowich M. *The 5-HT₁ₐ-Receptor: An Overview of Recent Advances.* In: *Neurochemical Research* 16 (1991), S. 1–10.

7. Harrington M. A.; Zhong P.; Garlow S. J. und Ciaranello R. D. *Molecular Biology of Serotonin Receptors.* In: *Journal of Clinical Psychiatry* 53, Suppl. (Oktober 1992), S. 8–27.

8. Manji H. K.; Chen G.; Shimon H.; Hsiao J. K.; Potter W. Z. und Belmaker R. H. *Guanine Nucleotide-Binding Proteins in Bipolar Affective Disorder.* In: *Archives of General Psychiatry* 52 (1995), S. 135–144.

9. Whitehouse P. J.; Martino A. M.; Antuono P. G.; Lowenstein P. R.; Coyle J. T.; Price D. L. und Kellar K. J. *Nicotinic Acetylcholine Binding Sites in Alzheimer's Disease.* In: *Brain Research* 371 (1986), S. 146–151.

10. Cohen *The Chemical Brain: The Neurochemistry of Addictive Disorders.* Irvine (Ca.), Care Institute, 1988, S. 14–16.

11. Tanelian D. L.; Kosek P.; Mody I. und MacIver M. B. *The Role of the GABAₐ Receptor/Chloride Channel Complex in Anesthesia.* In: *Anesthesiology* 78 (1993), S. 757–776.

12. Monaghan D. I.; Bridges R. J. und Cotman C. W. *The Excitatory Amino Acid Receptors: Their Classes, Pharmacology, and Distinct Properties in the Function of the Central Nervous System.* In: *Annual Review of Pharmacology and Toxicology* 29 (1989), S. 365–402.

13. Snyder S. H. *Drug and Neurotransmitter Receptors in the Brain.* In: *Science* 224 (1984), S. 22–31.

14. Civelli O. und andere *The Next Frontier in the Molecular Biology of the Opioid System. The Opioid Receptors.* In: *Molecular Neurobiology* 1 (1987), S. 373–391.

15. Bloom F. E. *Neurotransmitters: Past, Present, and Future Directions.* In: *FASEB Journal* 2 (1988), S. 32–41.

16. Simon E. J. *Opioid Receptors and Endogenous Opioid Peptides.* In: *Medicinal Research Reviews* 11 (1991), S. 357–374.

17. Goodman M.; Ro S.; Osapay G.; Tamazaki T. und Polinsky A. *The Molecular Basis of Opioid Potency and Selectivity: Morphiceptins, Dermorphins, and Enkephalins.* In: *NIDA Research Monograph* 134 (1993), S. 195–209.

18. Reisine T.; Bell G. I. *Molecular Biology of Opioid Receptors.* In: *Trends in Neurosciences* 16 (1993), S. 506–510.

19. Pasternak G. W. *Pharmacological Mechanisms of Opioid Analgesics.* In: *Clinical Neuropharmacology* 16 (1993), S. 1–18.

20. Self D. W.; Stein L. *Receptor Subtypes in Opioid and Stimulant Reward.* In: *Pharmacology and Toxicology* 70 (1992), S. 87–94.

Glossar

Abhängigkeit Zustand, in dem der Gebrauch einer *Substanz* für das körperliche oder psychische Wohlbefinden notwendig ist. Siehe auch *körperliche Abhängigkeit, psychische Abhängigkeit, Sucht.*

Abstinenzsyndrom Siehe *Entzugssyndrom.*

Acetylcholin (ACh) *Neurotransmitter* im peripheren und im *Zentralnervensystem.*

additiver Effekt Verstärkter Effekt, der nach Verabreichung zweier Substanzen mit ähnlicher biologischer Wirkung eintritt. Der Nettoeffekt entspricht dabei der Summe der Einzeleffekte, die die beiden Substanzen jeweils bei Einzelverabreichung auslösen würden. Wenn die Gesamtwirkung stärker wird als die Summe der Einzelwirkungen, spricht man von einem überadditiven Effekt (Potenzierung).

Adenosin Ribonucleosid aus Adenin und Ribose, Bestandteil von Nucleinsäuren. Daneben Neuromodulator im Zentralnervensystem, besonders an inhibitorischen Synapsen.

Adenylatcyclase Intrazelluläres Enzym, das die Umwandlung von Adenosintriphosphat in cyclisches Adenosinmonosphosphat (*cAMP*, ein *second messenger*) katalysiert. Die Adenylatcyclase wird durch *G-Proteine* aktiviert oder inhibiert.

affektive Störung Psychische Störung, die durch wiederkehrende manische und/oder depressive *Episoden* gekennzeichnet ist.

Agonist Substanz, die sich an einen *Rezeptor* bindet und dadurch Wirkungen hervorruft, die denen des jeweiligen endogenen (also körpereigenen) *Liganden* (beispielsweise eines *Neurotransmitters*) gleichen, ähneln oder sie verstärken. Siehe auch *Antagonist.*

Aldehyddehydrogenase Enzym, das für einen bestimmten Schritt im Alkoholmetabolismus verantwortlich ist, und zwar für den Abbau von Acetaldehyd zu Acetat. Dieses Enzym kann durch *Disulfiram* gehemmt werden.

Alkoholembryopathie Symptomenkomplex angeborener Anomalien; tritt bei Neugeborenen von Frauen auf, die während der kritischen Schwangerschaftsphasen hohe Alkoholmengen zu sich nahmen.

Alzheimer-Krankheit Fortschreitende neurologische Krankheit, die vor allem bei älteren Menschen auftritt. Sie ist charakterisiert durch eine Abnahme der Leistung des Kurzzeitgedächtnisses und der intellektuellen Funktionsfähigkeit. Sie geht mit einem Verlust der Funktion cholinerger Neuronen einher.

Amantadin (zum Beispiel PK-Merz®) Antiviraler Wirkstoff (Virostatikum), der auch als Antiparkinsonmittel eingesetzt wird.

γ-Aminobuttersäure Siehe *GABA*.

Amphetamin Ein Psychostimulans.

anabol-androgene Steroide Testosteronderivate, die die Proteinsynthese stimulieren, einen Zuwachs an Muskelmasse bewirken und andere virilisierende Wirkungen hervorrufen.

Anandamid Körpereigenes Arachidonsäurederivat, das sich spezifisch an Cannabinoidrezeptoren im ZNS – offenbar als deren natürlicher *Ligand* – sowie an bestimmte Komponenten des lymphatischen Systems bindet.

Antagonist Substanz, die sich an einen *Rezeptor* bindet und die Wirkung des endogenen *Liganden* oder eines anderen *Agonisten* blockiert.

Antidepressiva Wirkstoffe, die bei entsprechenden Patienten zur Behandlung der Depression geeignet sind, bei normalen Personen jedoch keine stimulierenden Wirkungen besitzen.

Antiepileptika Wirkstoffe, die epileptische Anfälle hemmen oder verhindern. Viele Antiepileptika (zum Beispiel Carbamazepin, Valproinsäure) werden auch zur Behandlung bestimmter nichtepileptischer psychischer Störungen eingesetzt.

Antikonvulsiva Siehe *Antiepileptika*.

Antipsychotika Wirkstoffe, die psychotische Zustände mildern und psychotische Patienten umgänglicher machen; auch als Neuroleptika bezeichnet.

Anxiolytika Angstlösende Wirkstoffe, die die Symptome von Angststörungen und verwandten Krankheitsbildern lindern.

Aufmerksamkeitsdefizit-/Hyperaktivitätsstörung Verhaltensstörung, die durch Lernschwäche, Konzentrationsmangel sowie gesteigerte Unruhe und Aktivität gekennzeichnet ist und vor allem in der Kindheit auftritt. Frühere Bezeichnungen: hyperaktives oder hyperkinetisches Syndrom des Kindesalters, Aufmerksamkeitsdefizitsyndrom, im Englischen auch *minimal brain dysfunction* oder *minimal brain disorder*.

autonomes Nervensystem Teil des peripheren Nervensystems, das die vegetativen beziehungsweise autonomen Körperfunktionen (wie Herzfrequenz und Blutdruck) kontrolliert oder reguliert; auch als vegetatives Nervensystem bezeichnet.

Baclofen (zum Beispiel Lioresal®) *GABA*-Derivat und *Agonist* am GABA$_B$-Rezeptor, der zur Behandlung spastischer Zustände angewendet wird.

Barbiturate Klasse chemisch verwandter sedativ-hypnotischer Wirkstoffe, denen ein charakteristisches Ringsystem aus vier Kohlenstoff- und zwei Stickstoffatomen gemeinsam ist.

Basalganglien (Stammganglien) Eine Gruppe von *Nuclei* (darunter der Nucleus caudatus und das Putamen) unterhalb der Großhirnhemisphären mit sehr hoher Anzahl dopaminerger Synapsen. Bildet Teil des extrapyramidalen Systems. Dopaminmangel in dieser Struktur führt zur *Parkinson-Krankheit*.

Benzodiazepine Klasse chemisch verwandter sedativ-hypnotischer Wirkstoffe, darunter Chlordiazepoxid (zum Beispiel Librium®) und Diazepam (zum Beispiel Valium®).

bipolare Störung *Affektive Störung*, die durch abwechselnde manische und depressive *Episoden* gekennzeichnet ist. Auch als manisch-depressive Krankheit bezeichnet.

Blackout Phase, während der man wach sein kann, aber die Erinnerung nicht gespeichert wird. Solche Erinnerungslücken treten häufig bei übermäßigem Alkoholkonsum auf.

Bufotenin Psychotrope Substanz, die in Cohoba (einem Schnupfpulver aus den bohnenartigen Samen der Mimosenart *Piptadenia peregrina*), in der Haut und der Parotoiddrüse verschiedener Krötenarten der Gattung *Bufo* sowie in kleinen Mengen in Pilzen der Gattung *Amanita* (Fliegenpilz, Gelber Knollenblätterpilz) vorkommt.

Buspiron (Bespar®) Ein *Anxiolytikum* der zweiten Generation, das nicht zu den *Benzodiazepinen* gehört und eine schwache agonistische Wirkung auf den Serotonin$_{1A}$-Rezeptor ausübt.

cAMP Cyclisches Adenosinmonophosphat. Ein *second messenger*, der durch die *Adenylatcyclase* erzeugt wird.

Cannabis Hanf. Quelle von *Haschisch* und *Marihuana*.

Carbamazepin (zum Beispiel Tegretal®) Antiepileptikum, das auch zur Behandlung bestimmter psychischer Störungen angewandt wird.

Carbidopa Wirkstoff, der das Enzym DOPA-Decarboxylase in der Peripherie hemmt und damit zu einer erhöhten Verfügbarkeit von *Levodopa* im Gehirn führt. Wird in Kombinationspräparaten zusammen mit Levodopa verabreicht (zum Beispiel NACOM®).

Chlordiazepoxid (zum Beispiel Librium®) Sedativ-hypnotisches *Benzodiazepin*.

Chlorpromazin (Propaphenin®) *Neuroleptikum*, das zu den *Phenothiazinen* gehört.

Citalopram Wirkstoff, der die aktive Wiederaufnahme von *Serotonin* in die präsynaptischen Nervenendigungen selektiv blockiert.

Clomifen (zum Beispiel Dyneric®) Ovulationsauslösende Substanz; ihre Wirkung kommt vermutlich durch Blockade des hemmenden Effekts (der negativen Rückkopplung) zustande, den *Östrogene* auf den *Hypothalamus* ausüben.

Clonazepam (zum Beispiel Rivotril®) Anxiolytisches *Benzodiazepin*, das zur Behandlung der *bipolaren Störung* geeignet ist.

Clonidin (zum Beispiel Paracefan®) Antihypertonikum, das zur Besserung der Symptome des Opiatentzugs geeignet ist.

Clozapin (Leponex®) Atypisches *Neuroleptikum*, das nicht zu den *Phenothiazinen* gehört.

Cocain Ein Psychostimulans.

Codein Sedierendes und schmerzlinderndes Morphinderivat, das im *Opium* vorkommt (zu etwa 0,5 Prozent) und eine geringere *Potenz* als *Morphin* besitzt.

Coffein Psychisch und allgemein stimulierende Substanz, die in Kaffee, Tee, Colagetränken und Schokolade enthalten ist.

Coffeinismus Akute Coffeinvergiftung.

Comorbidät Das Nebeneinanderbestehen zweier oder mehrerer (psychischer) Störungen (zum Beispiel Polytoxikomanie, also Mehrfachabhängigkeit, und endogene Depression).

Crack Jargonbezeichnung für eine rasch wirkende rauchbare Cocainform (freie Cocainbase).

Delirium tremens Das Alkoholdelir; ein Syndrom, das mehrere Tage nach Alkoholentzug auftritt und mit Zittern, Halluzinationen, psychomotorischer Unruhe, Verwirrtheit und Desorientiertheit, Schlafstörungen und anderen Begleitbeschwerden einhergeht.

Demenz Allgemeine Bezeichnung für eine unspezifische Abnahme geistiger Fähigkeiten.

Depo-Clinovir® Injizierbares hochdosiertes *Gestagen*präparat zur Langzeitkontrazeption bei Frauen („Dreimonatsspritze").

Desintoxikation Entgiftungsphase, in der dem Körper Gelegenheit gegeben wird, kumulierte Substanzen zu metabolisieren und/oder auszuscheiden. Normalerweise erster Schritt zur Beurteilung und Behandlung einer Substanzabhängigkeit.

Diazepam (zum Beispiel Valium®) *Benzodiazepin* mit angstlösender Wirkung.

Diethylstilbestrol Synthetische östrogenähnlich wirkende Substanz, die früher gelegentlich als postkoitales Kontrazeptivum verwendet wurde. In Deutschland nicht mehr im Handel.

Differentialdiagnose Aufführung aller möglichen Ursachen, die eine gegebene Symptomenkombination erklären könnten.

Dimethyltryptamin (DMT) Psychedelische Substanz, die in vielen südamerikanischen Schnupfpulvern enthalten ist.

Disinhibition Enthemmung; physiologischer Zustand des Zentralnervensystems, der durch eine verminderte Aktivität der inhibitorischen Synapsen und damit einen Nettoüberschuß exzitatorischer Aktivität charakterisiert ist.

Disulfiram (Antabus®) Substanz, die in den Abbau von Alkohol eingreift und eine Kumulation von Acetaldehyd bewirkt.

Dopamintransporter Protein in der präsynaptischen Membran, welches im synaptischen Spalt befindliches Dopamin bindet und diesen *Neurotransmitter* zurück in die präsynaptische Nervenendigung transportiert.

Dosis-Wirkungs-Beziehung Abhängigkeit der Wirkungsstärke einer Substanz von der jeweils verabreichten Dosis.

Droge Im Sinne dieses Buches eine *Substanz* – gleichgültig, ob legal oder illegal –, die zu Genußzwecken angewendet oder die mißbraucht wird.

Droperidol (Dehydrobenzperidol®) *Neuroleptikum*, das zu den Butyrophenonderivaten gehört.

DSM-IV *Diagnostic and Statistical Manual of Mental Disorders*, 4. Auflage (1994), veröffentlicht von der American Psychiatric Association. Deutsche Ausgabe: *Diagnostisches und Statistisches Manual Psychischer Störungen DSM-IV*, Göttingen (Hogrefe) 1996. Ein Klassifikationssystem der psychischen Störungen.

Elektrokrampftherapie (EKT) Nichtpharmakologische Behandlung der Depression *(major depression)*.

Endorphine Opioidpeptide; körpereigene *Peptide* mit morphinähnlicher Wirkung.

Enkephaline Opioidpeptide; körpereigene morphinähnlich wirkende *Peptide* aus fünf Aminosäuren.

Entzugssyndrom Symptome und Verhaltensänderungen, die nach dem Absetzen einer Substanz auftreten. Auch als *Abstinenzsyndrom* bezeichnet.

Enzym Proteinmolekül, das eine spezifische biochemische Reaktion im Körper vermittelt.

Enzyminduktion Erhöhte Produktion (Neusynthese) von *Enzymen* in Reaktion auf bestimmte regulatorische Signale. Die Anwesenheit einer psychotropen Substanz im Körper kann ein solches Signal sein und zur Induktion von Enzymen in der Leber führen, die diese Substanz abbauen. Dadurch steigt die Geschwindigkeit, mit der die Substanz aus dem Körper entfernt wird. Dies ist einer der Mechanismen, durch den pharmakologische *Toleranz* entsteht.

Epilepsie Neurologische Störung, die durch gelegentliche, plötzliche und unkontrollierte Entladungen von Neuronen im Gehirn und dadurch bedingte Krampfanfälle gekennzeichnet ist.

Episode Begrenzter Zeitraum, in dem ein Betroffener sich in einem veränderten psychischen Zustand (zum Beispiel Depression, Manie oder Psychose) befindet.

Felbamat (Taloxa®) Neueres *Antiepileptikum*.

Fentanyl Hochwirksames Analgetikum und Narkosemittel.

Flumazenil (Anexate®) *Antagonist* der *Benzodiazepine*.

Fluoxetin (Fluctin®) Prototypischer *serotoninspezifischer Rückaufnahmehemmer* (*serotonin-specific reuptake inhibitor*, SSRI) und *Antidepressivum*.

Freiname (*generic name*) Warenrechtlich nicht geschützte, international empfohlene Bezeichnung eines Wirkstoffes zur Deklaration in Arzneimitteln. Ein Wirkstoff mit einem bestimmten Freinamen wird oft unter unterschiedlichen *Handelsnamen* von mehreren Herstellern vermarktet.

GABA γ-Aminobuttersäure. Aminosäure, die im Gehirn als inhibitorischer *Neurotransmitter* fungiert.

Ganglion Ansammlung von Nervenzellkörpern, in der Regel außerhalb des Gehirns. Die *Basalganglien* allerdings befinden sich im Gehirn. Siehe auch *Nucleus*.

Gestagene *Progesteron* sowie synthetische Progesteronderivate, die etwa zur oralen Kontrazeption angewendet werden.

G-Protein Ein GTP-bindendes Protein, das extrazelluläre Signale ins Zellinnere weiterleitet. Es gibt verschiedene G-Proteine, die von unterschiedlichen *Rezeptoren* aktiviert werden und daraufhin ihrerseits bestimmte Signalsysteme der Zelle in Gang setzen, zum Beispiel die Produktion eines *second messengers*.

Halluzinogene *Psychedelische Substanzen*, die eine tiefgreifende Verzerrung der Wahrnehmung verursachen..

Haloperidol (zum Beispiel Haldol®) *Neuroleptikum*, das zu den Butyrophenonderivaten gehört.

Handelsname Geschützte Arzneimittelbezeichnung, unter der ein Hersteller ein Präparat vertreibt. Gegensatz: *Freiname*.

Harmin Psychedelische Substanz, die in den Samen der Steppenraute (*Peganum harmala*) enthalten ist.

Haschisch Harz der weiblichen Blütensprosse des Hanfes (*Cannabis sativa*). Haschisch enthält eine höhere Konzentration an *THC* als *Marihuana*.

Heroin Halbsynthetisches *Opiat*, das durch chemische Modifikation des *Morphins* hergestellt wird.

Hypophyse Hirnanhangdrüse. Sezerniert bestimmte Hormone, zum Beispiel das follikelstimulierende Hormon (FSH), das die Follikelreifung im Eierstock steuert und den Eierstock zur Produktion von *Östrogenen* anregt.

Hypothalamus Teil des Zwischenhirns, der oberhalb der *Hypophyse* lokalisiert ist und unter anderem deren Hormonproduktion reguliert.

Hypoxie Herabgesetzte Sauerstoffversorgung im Körper- und Hirngewebe.

Ibuprofen Schmerzstillende und entzündungshemmende Substanz, die ähnlich wie Acetylsalicylsäure wirkt.

Ice Jargonbezeichnung für eine rasch wirkende rauchbare Methamphetaminform (freie Base).

Ketamin (zum Beispiel Ketanest®) Psychedelisch wirkendes, bei chirurgischen Eingriffen angewendetes Narkosemittel. Entfaltet seine Wirkung über Blockade der Ionenströme durch den NMDA-Glutamatrezeptor.

Konvulsiva Wirkstoffe, die unter anderem durch Blockade der inhibitorischen *Neurotransmission* Krampfanfälle auslösen.

körperliche Abhängigkeit Zustand, bei dem der Gebrauch einer Substanz für die „normale" Funktionsfähigkeit des Organismus erforderlich ist. Dieser Zustand äußert sich dadurch, daß bei abruptem Absetzen der Substanz ein *Entzugssyndrom* auftritt. Charakteristischerweise verschwinden die Entzugssymptome nach erneuter Verabreichung der Substanz.

Kreuzabhängigkeit (*cross dependency*) Zustand, bei dem die Entzugssymptome, die durch die *körperliche Abhängigkeit* von einer Substanz bedingt sind, durch eine andere Substanz verhindert wird.

Kreuztoleranz Zustand, bei dem die *Toleranz* gegenüber einer Substanz zu einer verminderten Wirkung einer anderen Substanz führt.

Levodopa (L-DOPA) Vorstufe des *Neurotransmitters* Dopamin, die zur Abschwächung der Symptome der *Parkinson-Krankheit* geeignet ist.

Ligand Molekül, das sich spezifisch an einen *Rezeptor* bindet und dadurch dessen physiologische Funktion in Gang setzt (beispielsweise die Öffnung eines Ionenkanals oder die Aktivierung eines *G-Proteins*). Der Begriff ist in etwa gleichbedeutend mit *Agonist*, wird jedoch vorwiegend für körpereigene Stoffe verwendet (zum Beispiel ein Hormon oder ein *Neurotransmitter*), während sich Agonist eher auf exogene pharmakologische Wirkstoffe bezieht.

limbisches System Gruppe von Hirnstrukturen, die an emotionalen Reaktionen, dem Gefühlsausdruck und dem Gedächtnis beteiligt sind.

β-Lipotropin Aus 91 Aminosäuren bestehendes Protein, das Peptidsequenzen mit morphinähnlicher Wirkung (*Endorphine* und Met-*Enkephalin*) enthält. Es stellt eine Vorstufe dieser Opioidpeptide dar und ist zugleich selbst ein Hormon, das den Fettstoffwechsel beeinflußt.

Lithium Alkalimetall, das in Form seiner Salze (als Li^+) zur Behandlung manischer und depressiver Zustände verwendet wird.

Lorazepam (zum Beispiel Tavor®) Sedierendes und anxiolytisches *Benzodiazepin*, das auch zur Behandlung der *bipolaren Störung* geeignet ist.

LSD (Lysergsäurediethylamid) Halbsynthetische *psychedelische Substanz*.

Manie *Affektive Störung*, die durch ein Gehobensein aller Lebensgefühle, erhöhte Gereiztheit, übermäßigen Rededrang, Ideenflucht und Antriebsüberschuß gekennzeichnet ist.

MAO-Hemmer Substanz, die die Aktivität des Enzyms *Monoaminoxidase* hemmt.

Marihuana Mischung aus getrockneten, zerkleinerten Blättern, Blüten und kleinen Zweigen der weiblichen Hanfpflanze (*Cannabis sativa*).

MDA Methylendioxyamphetamin. Synthetisches Amphetaminderivat.

MDMA Methylendioxymethylamphetamin (Ecstasy). Psychedelisch wirkendes synthetisches Amphetaminderivat.

Meprobamat (Visano®) Sedativ-hypnotischer Wirkstoff, der häufig als angstlösendes Medikament verwendet wird.

Mescalin Psychedelische Substanz, die aus dem *Peyotl*-Kaktus (*Lophophora williamsii*) gewonnen wird.

Methadon (Polamidon®) Synthetisches *Opiat*, wird zur Substitution bei der Behandlung Opiatabhängiger angewendet.

Methylphenidat (Ritalin®) Psychostimulans, das chemisch und pharmakologisch mit Amphetamin verwandt ist.

Mifepriston (RU-486) Postkoital angewandtes orales Kontrazeptivum, das bei Verabreichung in einem frühen Schwangerschaftsstadium einen Abort induzieren kann. In Deutschland nicht zugelassen.

Monoaminoxidase (MAO) Enzym, das Noradrenalin, Dopamin und *Serotonin* zu unwirksamen Verbindungen abbaut.

Monoaminoxidasehemmer Siehe *MAO-Hemmer*.

Morphin Wichtige sedierende und schmerzlindernde Substanz, die im *Opium* vorkommt (zu etwa zehn Prozent).

Muscarin Substanz, die im Fliegenpilz (*Amanita muscaria*) enthalten ist und Acetylcholinrezeptoren direkt stimuliert.

Myristicin Psychedelisch wirkender Inhaltsstoff der Muskatnuß und der Muskatblüte.

Naloxon (zum Beispiel Narcanti®) Reiner Opioid-Antagonist.

Naltrexon (Nemexin®) Langwirksamer Opioid-Antagonist.

Narkosemittel Sedativ-hypnotische Substanzen, die meist so dosiert werden, daß sie eine allgemeine Narkose (Vollnarkose), also Schmerzunempfindlichkeit und Bewußtlosigkeit, bewirken.

Nebenwirkung Meist unerwünschte Wirkung eines Medikaments, die begleitend zu dessen therapeutischer Hauptwirkung auftritt.

Neuroleptika Siehe *Antipsychotika*.

Neurotransmission Signalübertragung zwischen Nervenzellen.

Neurotransmitter Endogene Substanz, die von einem Neuron freigesetzt wird und die elektrische Aktivität eines nachgeschalteten Neurons verändert.

Nicotin Zentral erregende Substanz, die im Tabak vorkommt und für die psychischen Effekte des Tabaks und die Tabakabhängigkeit verantwortlich ist.

Nucleus (Kern) Ansammlung von Nervenzellkörpern im Gehirn. Siehe auch *Ganglion*.

Ololiuqui Psychedelisches Rauschmittel aus den Samen der mexikanischen Trichterwinde (*Ipomoea violacea*).

Opiate Natürliche oder synthetische Derivate des *Morphins*.

Opioide Natürliche oder synthetische Substanzen mit morphinähnlicher Wirkung. Dazu gehören die *Opiate* und die körpereigenen Opioidpeptide (*Endorphine, Enkephaline*).

Opium Eingetrockneter Saft des Schlafmohns (*Papaver somniferum*).

Östrogene Weibliche Geschlechtshormone, die vorwiegend von den Eierstökken (Follikel und Gelbkörper) in Reaktion auf das follikelstimulierende Hormon (FSH) der Hypophyse sezerniert werden.

Parkinson-Krankheit Degenerative neurologische Erkrankung, die durch Muskelsteifigkeit (Rigor), reduzierte und verlangsamte Bewegungen (Akinese) und grobschlägiges Zittern (Tremor) sowie psychische Veränderungen gekennzeichnet ist.

partieller Agonist/Antagonist Substanz, die sich an einen Rezeptor bindet und dadurch schwache agonistische Effekte hervorruft, jedoch wirksamere Agonisten verdrängt. Bei Opiatabhängigen führen schwache Opioid-Agonisten mit solchen partiell antagonistischen Eigenschaften zu Entzugssymptomen.

Peptid Chemische Verbindung aus linear verknüpften Aminosäuren.

Peyotl *Mescalin* enthaltender Kaktus (*Lophophora williamsii*).

Pharmakodynamik Teilgebiet der *Pharmakologie*, das sich mit den Einflüssen von Wirkstoffen auf den Körper befaßt, insbesondere mit den Mechanismen, durch welche die Wirkungen von Substanzen im Körper entstehen. Ein wichtiges Untersuchungsgebiet der Pharmakodynamik sind die Wechselwirkungen zwischen Wirkstoffen und körpereigenen *Rezeptoren*.

Pharmakokinetik Teilgebiet der *Pharmakologie*, das sich mit den Einflüssen des Körpers auf Substanzen befaßt, das also die Resorption, die Verteilung, den Stoffwechsel und die Ausscheidung von Wirkstoffen untersucht.

Pharmakologie Wissenschaftszweig, der die Wechselwirkungen zwischen Wirkstoffen und dem Organismus untersucht.

Phencyclidin (PCP) *Psychedelische Substanz*, die früher als Narkosemittel in der Chirurgie benutzt wurde. Phencyclidin bindet sich an NMDA-Glutamatrezeptoren und blockiert dadurch den Ionenstrom durch diese Rezeptorkanäle.

Phenothiazine Klasse chemisch verwandter Verbindungen, die zur Behandlung von Psychosen geeignet sind.

Phenytoin (zum Beispiel Zentropil®) Ein *Antiepileptikum*.

Placebo Wirkstofffreies „Scheinmedikament", das gleichwohl Wirkungen und sogar Nebenwirkungen hervorrufen kann, die man auf die Erwartungshaltung des Patienten und die dadurch ausgelösten Reaktionen im Körper zurückführt.

Potenz Maß für die Wirksamkeit einer pharmakologisch aktiven Substanz, ausgedrückt als die Konzentration, die eine bestimmte (üblicherweise die halbmaximale) Wirkungsstärke hervorruft. Je potenter eine Substanz, desto geringer ist die zur Erzielung einer Wirkung erforderliche Dosis.

Progesteron Steroidhormon, das infolge der Stimulation durch das luteinisierende Hormon (LH) der *Hypophyse* in den Eierstöcken (im Gelbkörper) gebildet wird.

Psilocybin Psychedelische Substanz, die aus dem Pilz *Psilocybe mexicana* gewonnen wird.

psychedelische Substanz Substanz, die die Sinneswahrnehmung verändern kann.

psychische Abhängigkeit Zwang, eine Substanz wegen der damit verbundenen angenehmen Wirkungen zu konsumieren.

Psychopharmakotherapie Behandlung psychischer Störungen mit Arzneimitteln.

Psychosyndrom, hirnorganisches Muster psychischer Störungen, die auftreten, wenn Neuronen in ihrer Aktivität reversibel gedämpft oder irreversibel zerstört werden. Charakteristische Symptome sind Bewußtseinstrübung, Desorientiertheit, Affektabflachung und -labilität sowie Beeinträchtigung von Gedächtnis, intellektuellen Funktionen, Einsicht und Urteilsvermögen.

Psychotherapie Nichtpharmakologische Behandlung psychischer Störungen, bei der unterschiedliche Verfahren – angefangen von einfacher Aufklärung und unterstützender Beratung bis zu einsichtsorientierten und dynamisch ausgerichteten Therapieformen – zur Anwendung kommen können.

psychotrope Substanz Substanz, die das Verhalten oder den Stimmungszustand durch Veränderungen der Hirnfunktionen beeinflußt; auch als psychoaktive Substanz bezeichnet.

Remoxiprid Atypisches *Neuroleptikum*, das nicht zur Gruppe der *Phenothiazine* gehört. In Deutschland nicht im Handel.

Resorption Vorgang, durch den eine Substanz von der Haut, aus der Lunge, dem Magen, dem Darm oder einem Muskel in den Blutkreislauf gelangt.

Reye-Syndrom Seltene, allerdings meist tödliche Erkrankung mit Hirn- und Leberschädigungen, die vor allem bei Kindern auftritt und mit fieberhaften Infekten und der Einnahme von Acetylsalicylsäure in Verbindung gebracht wird.

Rezeptor Spezifische molekulare Struktur im Körper, an die sich ein körpereigener *Ligand* oder ein pharmakologischer Wirkstoff bindet, wodurch eine bestimmte Wirkung entsteht (beispielsweise die Öffnung eines Ionenkanals oder die Aktivierung eines *G-Proteins*).

Risperidon (Risperdal®) Neueres atypisches *Neuroleptikum*, das nicht zur Gruppe der *Phenothiazine* gehört.

Scopolamin Anticholinergikum, das die Blut-Hirn-Schranke durchdringt und Sedierung und Amnesie hervorruft.

second messenger Sekundärer Botenstoff (zum Beispiel *cAMP*), der als Folge eines extrazellulären Signals (zum Beispiel der Bindung eines *Neurotransmitters* – des „primären Botenstoffes" – an seinen *Rezeptor*) in der Zelle gebildet wird und den physiologischen Zustand der Zelle verändert. Siehe auch *G-Protein*.

sedativ-hypnotische Substanzen Substanzen mit nichtselektiver allgemein dämpfender Wirkung auf das Nervensystem.

Serotonin (5-Hydroxytryptamin, 5-HT) *Neurotransmitter* im Gehirn und im peripheren Nervensystem.

serotoninspezifische Rückaufnahmehemmer (*serotonin-specific reuptake inhibitors*, SSRI) *Antidepressiva* der zweiten Generation, die den Rücktransport von Serotonin aus dem synaptischen Spalt in die präsynaptische Nervenendigung unterdrücken.

Spastik Anomale Zunahme der Muskelspannung, die zu erhöhtem Widerstand des Muskels gegen Dehnung führt.

Spätdyskinesie Bewegungsstörung, die nach monate- oder jahrelanger Therapie mit *Neuroleptika* auftritt und sich in der Regel nach Absetzen des Medikaments verschlimmert. Die Symptome sind während der Neuroleptikatherapie oft verschleiert.

Substanz Der in diesem Buch überwiegend für (meist psychotrope) Wirkstoffe verwendete neutrale Oberbegriff. Er umfaßt sowohl Stoffe, die zu medizinischen Zwecken angewendet werden, also Arzneimittel, als auch Stoffe, die zu Genußzwecken konsumiert oder die mißbraucht werden, also *Drogen* im Sinne von Rauschmitteln.

Substanzfehlgebrauch (*drug misuse*) Gebrauch einer (legalen oder illegalen) *Substanz* aus medizinischen oder anderen Gründen, wenn andere Möglichkeiten verfügbar, praktizierbar oder gerechtfertigt sind, um den angestrebten Zweck des Gebrauchs zu erreichen, oder wenn der Substanzgebrauch den Gebraucher oder seine Mitmenschen gefährdet.

Substanzwechselwirkung Veränderung der Wirkung einer Substanz durch gleichzeitige oder vorherige Verabreichung einer anderen.

Sucht Im Sinne dieses Buches ein Zustand, der den Zustand der *Abhängigkeit* umschließt, darüber hinaus jedoch bedeutet, daß für einen Betroffenen die Suche nach und der Gebrauch von einer *Substanz* alle anderen Lebensaspekte durchdringt und überschattet, trotz negativer gesundheitlicher und/oder sozialer Folgen. In der Medizin wird der Begriff „Sucht" aufgrund seiner Unschärfe und Mehrdeutigkeit inzwischen allerdings zunehmend vermieden.

Teratogene Substanzen, die fetale Entwicklungsstörungen auslösen.

Testosteron Steroidhormon, das von den Hoden sezerniert wird und für die Ausbildung der männlichen Geschlechtsmerkmale verantwortlich ist.

THC (Δ^9-Tetrahydrocannabinol) Wichtigster psychoaktiver Wirkstoff von *Marihuana, Haschisch* und anderen aus der Hanfpflanze (*Cannabis sativa*) gewonnenen Zubereitungen.

therapeutisches *drug monitoring* (TDM) Überwachung der Konzentration eines Arzneimittels im Plasma des Patienten, um eine Beziehung zu den therapeutischen (und unerwünschten) Wirkungen herzustellen.

Toleranz Rückgang der Ansprechbarkeit des Körpers auf einen Wirkstoff, das heißt, die Wirkung wird mit fortlaufender Verabreichung schwächer.

toxische Wirkung Substanzinduzierter, vorübergehend oder dauerhaft schädlicher Effekt auf ein Organ oder Organsystem eines Tieres oder Menschen. Zur Substanztoxizität gehören sowohl die relativ leichten Nebenwirkungen, die unweigerlich mit der Substanzverabreichung einhergehen, als auch die schwereren und unerwarteten Symptome, die bei einem kleinen Anteil der mit der betreffenden Substanz behandelten Patienten auftreten.

Tranquilizer *Sedativ-hypnotische Substanzen*, die auch zur Therapie von Angststörungen angewendet werden, zum Beispiel die *Benzodiazepine*.

Transmitter Siehe *Neurotransmitter*.

Urogonadotropin (*human menopausal gonadotropin*, HMG) Hormonpräparat aus FSH und LH, das aus dem Urin postmenopausaler Frauen gewonnen wird.

überadditiver Effekt Siehe *additiver Effekt*.

Valproinsäure (Valproat, zum Beispiel Convulex®) *Antiepileptikum*, das sich auch zur Behandlung der *bipolaren Störung* eignet.

Verabreichung Vorgang, durch den ein Wirkstoff dem Körper zugeführt wird (zum Beispiel orale Einnahme von Tabletten oder Flüssigkeiten, Inhalation von Pulvern, Injektion steriler Flüssigkeiten oder Aufbringen von Salben oder wirkstofffreisetzenden Pflastern auf die Haut).

Verapamil (zum Beispiel Isoptin®) Calciumkanalblocker, der zur Behandlung kardiovaskulärer Erkrankungen angewendet und mitunter auch zur Behandlung der *bipolaren Störung* eingesetzt wird.

Zentralnervensystem (ZNS) Gehirn und Rückenmark.

Zirrhose Leberzirrhose; schwere, in der Regel irreversible Leberkrankheit. Häufig mit chronischem übermäßigem Alkoholkonsum assoziiert.

Zolpidem (zum Beispiel Bikalm®) *Sedativ-hypnotischer Wirkstoff*, der nicht zu den *Benzodiazepinen* gehört und seine Wirkung durch Stimulation der $GABA_A$-Rezeptoren entfaltet.

Weiterführende Literatur

American Medical Association *Drug Evaluations Annual 1994*. Milwaukee (Wis.), American Medical Association, 1993.

Barondes S. H. *Moleküle und Psychosen. Der biologische Ansatz in der Psychiatrie*. Heidelberg, Spektrum Akademischer Verlag, 1995.

Benkert O.; Hippius H. *Psychiatrische Pharmakotherapie*. 6. Aufl., Berlin, Heidelberg, New York, Springer, 1996.

Bloom F. E.; Kupfer D. J. (Hrsg.) *Psychopharmacology: The Fourth Generation of Progress*. New York, Raven Press, 1994.

Bromm B.; Desmedt J. E. (Hrsg.) *Pain and the Brain: From Nociception to Cognition. Advances in Pain Research and Therapy* 22 (1995).

Cooper J. R.; Bloom F. E. und Roth R. H. *The Biochemical Basis of Neuropharmacology*, 6. Aufl., New York, Oxford University Press, 1991.

Craig C. R.; Stitzel R. E. (Hrsg.) *Modern Pharmacology*, 4. Aufl., Boston, Little/Brown, 1994.

Deutsche Hauptstelle gegen die Suchtgefahren (Hrsg.) *Jahrbuch Sucht '96*. Geesthacht, Neuland, 1995.

DiPalma J. R.; DiGregorio G. J. *Basic Pharmacology in Medicine*, 3. Aufl., New York, McGraw-Hill, 1990.

Dudel J.; Menzel R. und Schmidt R. F. (Hrsg.) *Neurowissenschaft*. Berlin, Heidelberg, New York, Springer, 1996.

Facts and Comparisons *Drug Facts and Comparisons*, Ausgabe 1994, St. Louis, Facts and Comparisons, 1994.

Feuerlein W. *Alkoholismus: Warnsignale, Vorbeugung, Therapie*. München, Beck, 1996.

Forth W.; Henschler D.; Rummel W. und Starke K. (Hrsg.) *Allgemeine und spezielle Pharmakologie und Toxikologie*, 7. Aufl., Heidelberg, Spektrum Akademischer Verlag, 1996.

Geschwinde, T. *Rauschdrogen. Marktformen und Wirkungsweisen*. 3. Aufl., Berlin, Heidelberg, New York, Springer, 1996.

Gilman A. G.; Rall T. W.; Nies A. S. und Taylor P. (Hrsg.) *Goodman and Gilman's The Pharmacological Basis of Therapeutics*, 8. Aufl., New York, McGraw-Hill, 1990.

Goldstein A. *Addiction: From Biology to Drug Policy*. New York, W. H. Freeman, 1994.

Goth A. *Medical Pharmacology*, 13. Aufl., St. Louis, Mosby, 1992.

Janicak P. G.; Davis J. M.; Preskorn S. H. und Aid F. J. *Principals and Practice of Psychopharmacotherapy.* Baltimore, Williams & Wilkins, 1993.

Julien R. M. *Drugs and the Body.* New York, W. H. Freeman, 1988.

Kandel E. R.; Schwartz J. H. und Jessell T. M. (Hrsg.) *Neurowissenschaften. Eine Einführung.* Heidelberg, Spektrum Akademischer Verlag, 1996.

Lowinson J. H.; Ruiz P.; Millman R. B. und Langrod J. G. (Hrsg.) *Substance Abuse: A Comprehensive Textbook*, 2. Aufl., Baltimore, Williams & Wilkins, 1992.

Mann K.; Buchkremer G. (Hrsg.) *Sucht: Grundlagen, Diagnostik, Therapie.* Stuttgart, G. Fischer, 1996.

Rang H. P.; Dale M. M. *Pharmacology*, 2. Aufl., Edinburgh, Churchill Livingstone, 1991.

Riederer P.; Laux G. und Pöldinger W. (Hrsg.) *Neuro-Psychopharmaka. Ein Therapie-Handbuch.* 6 Bde., Berlin, Heidelberg, New York, Springer, 1992–1995.

Schmidbauer W.; vom Scheidt J. *Handbuch der Rauschdrogen.* Frankfurt/M., Fischer Taschenbuch, 1989.

Schmidt R. F.; Thews G. (Hrsg.) *Physiologie des Menschen.* 26. Aufl., Berlin, Heidelberg, New York, Springer, 1995.

Smith C. M.; Reynard A. M. *Textbook of Pharmacology.* Philadelphia, W. B. Saunders, 1992.

Soyka M. *Die Alkoholkrankheit – Diagnose und Therapie.* Weinheim, Chapman & Hall, 1995.

Spiegel R. *Einführung in die Psychopharmakologie.* 2. Aufl., Bern, Huber, 1995.

Täschner K.-L. *Drogen, Rausch und Sucht.* Stuttgart, Trias, 1994.

Völger G.; Welck, K. (Hrsg.) *Rausch und Realität. Drogen im Kulturvergleich.* Reinbek, Rowohlt, 1982.

Wingard L. B.; Brody T. M.; Larner J. und Schwartz A. *Human Pharmacology: Molecular to Clinical.* St. Louis, Mosby Year Book, 1991.

Index

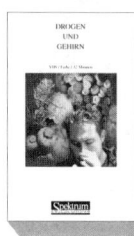
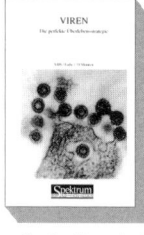
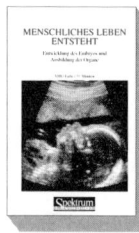
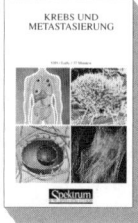
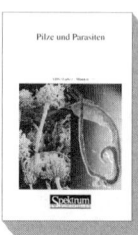